U0653734

上海高校心理咨询协会第二十三届年会
暨上海高校心理健康教育开展30周年学术研讨会论文集

黄晞建 朱 健◎主 编

高校心理健康教育
理论与实践

上海交通大學出版社
SHANGHAI JIAO TONG UNIVERSITY PRESS

图书在版编目(CIP)数据

高校心理健康教育理论与实践/黄晞建,朱健主编.—上海:上海交通大学出版社,2015(2016重印)

ISBN 978-7-313-14084-5

Ⅰ.①高… Ⅱ.①黄…②朱… Ⅲ.①高等学校—心理健康—健康教育—中国—学术会议—文集 Ⅳ.①B844.2-53

中国版本图书馆CIP数据核字(2015)第259622号

高校心理健康教育理论与实践

主　　编:黄晞建　朱　健

出版发行:上海交通大学出版社　　地　　址:上海市番禺路951号

邮政编码:200030　　电　　话:021-64071208

出 版 人:韩建民

印　　制:常熟市文化印刷有限公司　　经　　销:全国新华书店

开　　本:710mm×1000mm　1/16　　印　　张:43.75

字　　数:675千字

版　　次:2015年11月第1版　　印　　次:2016年6月第2次印刷

书　　号:ISBN 978-7-313-14084-5/B

定　　价:98.00元

序

大学生心理健康教育与日常社会生活指导是大学生思想政治工作重要组成部分。在中共中央《关于进一步加强和改进大学生思想政治教育的意见》中,明确指出:要重视心理健康教育,根据大学生的身心发展特点和教育规律,注重培养大学生良好的心理品质和自尊、自爱、自律、自强的优良品格,增强大学生克服困难、经受考验、承受挫折的能力。

1980年代初,以上海交通大学成立专门的大学生心理健康教育与咨询机构——益友咨询中心为代表,拉开了新时期上海高校学生心理健康普及教育专项工作的大幕。

时光荏苒,30年间,上海高校心理健康教育事业取得丰硕的成果。在中共上海市科教党委、上海市教育委员会的支持下,实施上海市高校心理健康教育区域示范中心制度;建立并完善高校心理咨询社会协同工作体系;与发达国家实施心理健康教育的人才培养的战略合作计划;推进伦理、督导、科研一体化发展;研发互联网心理健康咨询自助系统等,为大学生的成长、成才做出了重要的贡献，也培养了一批国家一流的心理健康教育专家。

此次上海高校心理健康教育工作三十周年暨上海高校心理咨询协会第二十三届年会，将收录的30所学校的69篇论文结集出版，充分展示了多年来健康教育一线工作者们在心理健康教育理论探索、实践经验、创新等各个层面的积极工作，凝聚了他们的智慧与才能。借此机会，我谨向曾经和正在大学生心理健康教育第一线工作的教师们致以崇高的敬意，并祝愿上海高校心理健康教育工作走向更加美好的未来。

姜斯宪

2015年10月

目 录

第一篇　大学生心理发展研究

第二篇　大学生心理健康教育的方式、方法研究

第三篇 大学生心理咨询理论研究

第四篇 大学生心理咨询个案报告

第五篇 大学教师素质提升研究

第一篇

大学生心理发展研究

网络成瘾:定义、诊断标准及与人格特质的关系*

姚玉红[1]　魏珊丽[2]　彭贤杰[2]　许倩倩[2]

(1　同济大学心理健康教育与咨询中心,2　同济大学职业技术教育学院)

摘　要　过度网络使用可导致各种心理社会问题。为深入探究网络成瘾的心理机制,本文对近二十年有关网络成瘾的定义、诊断标准及网络成瘾与人格特质的关系的文献作一回顾。研究发现,网络成瘾的核心症状在于:不含物质摄入;成瘾者会产生戒断症状;同时社会功能受到损害。网络成瘾与人格特质的研究表明可能存在导致网络成瘾的高危人格特质,且不同人格特质间也可能存在交互影响。虽然网络游戏障碍(Internet Gaming Disorder)已被列入 DSM－5 的附录体系(Section III),但对于是否应将网络成瘾视作一种确诊的精神障碍并纳入手册正文仍有争论。

关键词　网络成瘾;定义;诊断标准;人格特质

1　引言

20 世纪末,有学者注意到网络过度使用的现象并提出网络成瘾障碍(Internet addiction disorder)的概念(Goldberg, 1996)。Young 首次对网络成瘾进行实证研究(Young, 1996)。同一时期英国的 Griffith(2000)在研究科技成瘾(technological addiction)的基础上也对网络成瘾进行阐述,并质疑 Young 的一些观点。此后有关网络成瘾研究的文献陆续增长,研究的领域涵盖网络成瘾的定义、特征、诊断标准、

* 作者简介:姚玉红,同济大学心理健康教育与咨询中心,博士,副教授,硕士生导师,Email: yaoyuhong@tongji. edu. cn

引起的社会心理效应、与人格特征如焦虑、羞怯、自尊、抑郁的关系等。从近几年的文献检索结果看,研究网络成瘾的热度依然不减,并转向更加具体的范畴,如对网络游戏成瘾(Wan 和 Chiou, 2010; Kuss 和 Griffiths, 2012)、职场中的网络滥用等开展研究(Griffiths, 2010; Kim 和 Byrne, 2011)。多种新兴的社交应用如Twitter, Facebook 也引起不少学者的研究兴趣(Cheuk 和 Chan, 2007)。

本文旨在澄清并梳理网络成瘾的相关概念及其发展历程,并对网络成瘾与人格特质的相关研究进行回顾,以期更好地理解网络成瘾及其背后的心理机制。

2 网络成瘾的定义与分类

2.1 网络成瘾的定义演变

对于网络成瘾的定义,迄今为止并没有统一的意见。成瘾这一概念最初被认为只与精神刺激物质如酒精、烟草及其他毒品及药物相关;这个过程必须包括化学物质的摄入(Chou, Condron 和 Belland, 2005)。之后,成瘾这一概念的使用范围不断扩大,如赌博成瘾、性行为成瘾、进食成瘾等也开始有学者提及(Truan, 1993)。英国的 Griffith(2000)最早关注的是科技成瘾(technological addiction),即一种非物质的包含人机互动的行为成瘾。Young(1996)借用 DSM - IV 中病理性赌博的诊断标准,将网络成瘾(Internet addiction)定义为一种并不涉及吸入致醉物质(Intoxicant)的冲动控制障碍,而 Goldberg(1996)则将网络成瘾定义为:因为网络过度使用而造成沮丧,或是身体、心理、人际、婚姻、经济或社会功能的损害。

还有学者,如 Kandell(1998)将网络成瘾定义为"一种与成瘾者进行的线上活动无关的对网络的心理性依赖"。国内的学者中,岳晓东(2007)对网络成瘾的定义是"指由于反复使用网络不断刺激中枢神经系统,引起神经内分泌紊乱,以精神症状、躯体症状、心理障碍为主要临床表现,从而导致社会功能活动受损的一组症候群,并产生耐受性和戒断反应"。

由于对网络成瘾的定义存在不同见解,因此术语的表述也有分歧。如"Internet addictiondisorder" (Goldberg, 1996)、"Internet addiction"(Young, 1996)

及“pathological Internetuse”(Davis, 2001; Morahan-Martin 和 Schumacher, 2000)等。从这些分歧中可以看出,不同学者所关注的网络成瘾的内涵是不同的。如 Goldberg 提出“Internet addiction disorder”时是从精神病学的角度去解读这一概念的,因此使用“disorder”。之后,Goldberg 建议使用“pathological Internet use”,更多强调的是过度网络使用带来的后果。值得一提的是,国内使用较频繁的术语仍是最早的“网络成瘾”(岳晓东,2007)。笔者在后文中也将采用这一术语。

综合以上几种网络成瘾的定义,其共性有 3 点:①不含物质的摄入;②过度使用并产生戒断症状;③对个体的正常社会功能产生损害。

2.2 网络成瘾的类型

网络成瘾者究竟对什么成瘾,对网络本身成瘾?还是只把网络当做一个媒介而对其中特定应用成瘾?要探讨这一问题,首先需要澄清网络成瘾的不同类型。

Young(1999)认为网络成瘾有 5 个子类型:①网络性成瘾:如过度使用成人网站获取色情信息;②网络关系成瘾:如沉溺于线上社交;③强迫上网行为:如沉溺网络赌博,网络购物或当日交易;④过量下载信息:如强迫性的网站浏览和数据搜索;⑤电脑成瘾:如沉溺于电脑游戏。Young(1998)的另一项调查发现网络成瘾者使用最多的应用是聊天室和 MUDs(一项大型网络游戏),属于网络关系成瘾和计算机成瘾;而非成瘾者使用最多的是 E-mail 和万维网。

Davis(2001)在构建病理性网络使用(pathological Internet use: PIU)模型时将 PIU 分成了两大类:一般性病理网络使用(General PIU)和特定性病理网络使用(Specific PIU)。特定性 PIU 指的是网络用户对网络上的一项特定功能有病态依赖,如过度使用在线色情服务、在线股票交易或在线赌博等。这种成瘾是与网络内容相关(content-specific)的,并且在线下也会存在。一般性 PIU 涵盖的则是总体性的,多维的过度网络使用。用户可能并无具体目的,只在网上消磨时间。Davis 认为精神病理学因素可导致特定性 PIU,如一个有强迫性赌博倾向的患者在意识到可以通过网络赌博后,可能会选择上网赌博,最终对网络赌博即特定性 PIU 成瘾。类似的还有沉溺于网络色情的用户。Davis 主张一般性 PIU 和个人的社交环境相关,认为缺乏家庭或朋友给予的社会支持以及被社会孤立会导致一般性 PIU。一般性 PIU 人群往往花费大量时间在网络聊天室、BBS、邮箱等应用上。一般性 PIU 个体通常会逃避或拖延承担责任，日常功能因此受到严重损害，此外，Davis 认为由于他们的病态症状只在上网时存在，因此会产生更多的与网络相关的问题。

从对网络成瘾的分类方式可以发现，成瘾者更多的是对网络提供的内容和对网络互动成瘾。如沉溺于网络游戏、线上关系等。网络本身只是一个媒介和工具。此外，不同人格特质的成瘾者在成瘾内容上也表现出差异，这点将在第四部分具体阐述。

3 网络成瘾的诊断与共病

3.1 网络成瘾的特征与诊断标准

Goldberg(1996)首先提出网络成瘾障碍(Internet addiction disorder)应满足以下症状：①耐受性；②戒断反应；③渴求；④消极的生活影响。Griffith(2000)进一步提出网络成瘾的 6 个特征：①突显性(salience)：网络成为最重要的日常活动，并且占据个体的思想，感情和行为；②情绪调节(mood modification)：个体沉溺于网络并将网络视作一种应对策略，以逃避现实或麻痹自己；③耐受性(tolerance)：为了达到情绪调节的效果，需要不断地延长网络使用；④戒断反应(withdrawal symptom)：当网络使用中断或减少时，个体出现不良情绪或者生理反应如颤抖、烦躁等；⑤冲突(conflict)：网络使用与其他活动如社交、职业、兴趣爱好等发生冲突，或与个体的内心冲突；⑥复发性(relapse)：控制网络使用一段时间后早期的网络使用模式再次出现，甚至程度更加频繁。这些特征与 DSM - IV 中病理性赌博有着相似之处。也正是因为这种相似性，促使以 Young 为代表的一些学者参照 DSM - IV 中病理性赌博的诊断标准来制定网络成瘾的诊断标准。

基于已有的这些诊断标准，研究者们发展出多种成瘾量表和问卷作为研究工具。Young(1996)通过改良 DSM - IV 中病理性赌博的诊断标准制订一个包含 8 个条目的网络成瘾诊断问卷，被试如回答 5 个条目或以上的同意，便被诊断为网络成瘾者(Internet dependent)。Young 以招募志愿者接受网上采访及电话采访的方式征集 596 份有效答卷,通过诊断量表的测试,区分出 396 名网络成瘾者(dependent)和 100 名非成瘾者(non-dependents)并进行研究。Young 从网龄、每周上网时间、使用的具体应用以及所引起的问题 4 个方面对成瘾组和非成瘾组进行了比较研究。结果显示 83%的成瘾者的网龄小于一年,成瘾者每周花在网上的时间平均为 38.5 小时,而非成瘾者所花的时间为 4.9 小时/周。前者所花的时间几乎为后者的八倍。非成瘾者受网络的影响较小,而成瘾者则在学业、人际关系、财政、职业和生理问题上都受到了一定的损害。一半以上的成瘾者在前 4 个方面都受到了严重的损害,而在生理层面上受影响较小。

其后,Brenner(1997)制订一个网络相关成瘾行为量表(Internet-related addictive behavior IRABI),该量表用 32 个两分法问题(对或错)来评估受访者的网络使用程度。该量表的设计参考 DSM-IV 中物质成瘾(substance abuse)的诊断标准。通过对 563 名受访者的调查研究,发现网龄较长的用户受网络的不良影响比网龄较短的用户小。并有证据显示网络用户表现出耐受性,阶段反应以及渴求等成瘾症状。

在 Greenfield(1999)做的一项大型虚拟世界成瘾调查中,所用的测试问卷条目同样参考 DSM-IV 中病理性赌博的诊断标准,该问卷包括人口统计学条目,描述性信息条目(网络使用的时间及频率,具体的网络使用等)以及临床条目(如去抑制,上网行为等)。利用这份问卷采访 17 251 名被试,近 6%的受访者符合网络成瘾的标准。该研究中也有证据显示网络成瘾者的许多症状都与其他类型成瘾(如物质成瘾)的症状相似,比如耐受和戒断反应。

还有一些量表也被广泛使用,如 Caplan 制订的一般问题性网络使用量表(GPIUS),台湾学者制订的中国网络成瘾量表(ChineseInternet Addiction Scale)(Chen 和 Chou,1999),以及台湾中学生网络成瘾量表(Lin 和 Tsai,1999)等。由于不同学者理解网络成瘾的角度不同,因此网络成瘾的诊断标准也有所不同。近几年,有关诊断量表的实证探索逐年增多,主要围绕已有量表的心理测量特性、对不同文化的适用性等展开研究。(Kelley 和 Gruber,2010;Pontes,Patro 和 Griffiths,2014)。

3.2 网络成瘾与共病

不少文献研究了网络成瘾与其他精神障碍的共病问题，较常见的共病有情绪障碍、物质使用障碍、焦虑障碍、冲动控制障碍以及人格障碍等。Shapira et al.(2000)在对20名被诊断为问题性网络使用的个体研究时观察到至少一种精神障碍的显现，尤其是处于DSM－IV轴一上的障碍。Shapira等人同样发现这20名被试中至少有一个在发展出问题性网络使用前出现精神障碍的情况。这些被试每周花在网上的非必要时间（为了娱乐休闲或个人原因）平均为27到28小时，过度的网络使用带给他们精神压力，社交，职业以及财政上的损害。Shapira et al(2003)在另一项研究里提议将问题性网络使用（problematic Internet use）视作一种冲动控制障碍，并建议未来的研究焦点放在网络与精神疾病的交互关系上。

网络成瘾者有时会表现出其他精神障碍的症状，这无疑增加了单独研究网络成瘾的难度，并且很难辨别这些成瘾者表现的症状是否由其他精神障碍诱发，还是只作为其他精神障碍的一种应对机制（Shapira，2000）。如有双相障碍患者在躁狂发作时借助网络暂时转移或者平复自己易激惹的心绪，一旦发现此应对机制有效，患者会不断重复这种行为并最终导致病态性网络使用。

4 网络成瘾与人格特质

一些人格特质如孤独、抑郁、羞怯、低自尊等被认为与网络成瘾显著相关（Armstrong，Phillips和Saling，2000；Chak和Leung，2004；Fioravanti，Dèttore和Casale，2012；Morahan-Martin和Schumacher，2000）。然而，究竟是个体的某些人格特质增加了网络成瘾的可能，还是网络成瘾导致了特定人格特质的发展，又或是两者互相影响，这个问题始终没有定论。

Young和Rodgers(1998)使用16PF来研究网络成瘾者的人格特质。研究发现成瘾者在独立性、情绪敏感性、活动性、警觉性、低自我暴露以及特立独行（他们很容易被网络的匿名性所吸引）方面得分较高。两人的研究结果预示特定的人格特质会使个体更容易有网络成瘾倾向。

4.1 网络成瘾与孤独

EricJ. Moody(2001)利用 Robert Weiss 的双重孤独理论来研究两种维度的孤独——社交孤独(social loneliness)和情感孤独(emotional loneliness)与大学生网络使用的关系。Weiss(1973)认为社交孤独指的是由于缺乏有意义的友情或者社区归属感而产生的一种厌倦感和被排斥感。而情感孤独是缺少亲密关系导致的空虚和不安。Moody 的实证研究发现,频繁使用网络的用户在情感孤独量表上得分较高,而在社交孤独量表上得分较低。网络作为一种沟通工具,虽然比传统的面对面(FTF)沟通更加高效,但这种建立在虚拟的网络基础上的线上人际关系,并没有 FTF 的人际关系质量高。Moody 的研究表明过度网络使用与孤独的关系不能仅仅用负相关或正相关来表示,而是比预想更加复杂。

Caplan(2003)在使用认知行为模型研究孤独和抑郁的个体是否会对在线社交互动产生偏好时,同样发现个体的孤独和抑郁水平能够预测他们对在线社交互动的偏好水平,并且,个体对在线社交互动的偏好程度与问题性网络使用(PIU)呈正相关。Caplan 假定心理社会健康和 PIU 的关系是通过对在线社交互动的偏好为中介来发生的,并比较了网络中介沟通(computer-mediated communication, CMC)和面对面沟通(face-to-face communication, FtF)的心理社会特性。

4.2 网络成瘾与羞怯

Scealy、Phillips 和 Stevenson(2002)在研究羞怯是否能预测个体的网络使用模式时,发现尽管焦虑不能具体的预测网络沟通功能的使用,却可以预测网络的娱乐性使用。他们认为,随着网络变得越来越实用,一方面,就网络的社交便利性而言,发展线上的人际关系或可促进线下的人际关系,另一方面,羞怯水平较高的个体也许会偏好维持虚拟人际关系,以填补现实人际关系缺失导致的空虚感。这一观点与前文 Moody(2001)认为过度网络使用与低社交孤独以及高情感性孤独相关的发现间接呼应。

Chak 和 Leung(2004)采用方便取样的调查方式,结合线上和线下搜集的问卷数据,研究羞怯是否能预测网络成瘾。数据分析验证了他们的假设:较高的羞怯水平能够良好地预测网络成瘾。此外，和 Scealy 等人的研究认为羞怯的个体使用较多的是聊天工具不同，Chak 和 Leung 发现羞怯的男性反而较少使用聊天室、ICQ 等网络沟通工具。这表明羞怯的个体不一定认为线上沟通比线下沟通让他们感到更少不适和焦虑。当然，这其中或许有性别差异的因素。

4.3 网络成瘾与感觉寻求

感官/感觉寻求（sensation seeking）与网络成瘾的关系亦引起不少学者的关注。Lavin 等人（1999）在一项研究中假设网络成瘾与感觉寻求有正相关关系，利用 Zuckerman 的感觉寻求量表，包括一个一般因素量表，和四个因素子量表，分别为：兴奋与冒险寻求（thrill and adventure seeking）、经验寻求（experience seeking）、去抑制（disinhibition）和无聊易感性（boredom susceptibility）。对 342 名大学生样本（本科）进行调查研究，43%的被试被诊断为网络成瘾者。研究发现，与预先的假设对立的是，网络成瘾者在总的感觉寻求条目，以及兴奋与冒险寻求，经验寻求两个子条目上得分比非成瘾者明显要低。Lavin 等人对这一结果解释为网络成瘾者的感觉寻求可能不是物理上的，而是精神上的或者虚拟的，并不适用于 Zuckerman 的感觉寻求量表。

Lin 和 Tsai(2002)以台湾高中生为样本对网络成瘾和感觉寻求的联系做了研究。Lin 和 Tsai 采用整体取样法，筛选出 753 个有效的样本。在测量被试的感觉寻求维度时，原本包含 40 个条目的 Zuckerman 感觉寻求量表得到改进，最终的台湾版感觉寻求量表只有 27 个条目，包含三个维度：①生活经历寻求（11 个条目），结合了原始量表的经历寻求和易感无聊两个要素；②兴奋和冒险寻求（9 个条目）；③去抑制（7 个条目）。研究发现，网络成瘾者比非成瘾者花费更多的时间在万维网，聊天室和 BBS 上，同时两者花在 E-mail，网络游戏，新闻浏览上的时间相差不大。并且，成瘾组每周平均有 17.574 小时在线上，而非成瘾组平均只花 8.972 个小时。研究结果表明网络成瘾者在去抑制和总的感觉寻求量表上得分比非成瘾者明显要高，然而，他们在生活经历寻求和兴奋与冒险寻求两个维度上得分相当。这一研究结果和 Lavin 等人的发现相矛盾。对此，Lin 和 Tsai 认为，这可能是由于两项研究里被试的年龄、文化，或者性格存在差异。此外，Lin 和 Tsai 还发现去抑制是一个关键的预测网络成瘾的维度。高中生处在学业最重的时期,可能会通过打破社会束缚的方法来释放压力和寻找自我。Lin 和 Tsai 表示这种发展性需要可能是台湾高中生对网络成瘾的一个重要原因。

5　总结与展望

考虑到网络与人们日常生活的关联如此密切,对网络成瘾是否存在,以及网络成瘾者是否应像其他精神障碍患者一样接受临床治疗的质疑声始终存在。需要澄清的是,网络带给人们的便利是毋庸置疑的,然而过度使用网络导致的一系列社会心理后果也提醒人们需要理智对待网络(Weiser, 2001)。笔者认为,研究网络成瘾的核心并不在网络本身,而是个体与网络的一种互动模式,或是个体对外界刺激的一种应对机制。也许正所如 Griffith(2000)所说,大部分过度使用网络的人并不是对网络本身成瘾,而只是把网络当做激发其他成瘾的媒介。

网络成瘾与人格特质的研究表明可能存在导致网络成瘾的高危人格因素。人格特质对网络使用的影响是通过复杂的中介作用来进行的,因此澄清具体的网络使用并区分网络成瘾的中介作用(mediating effects)和调节作用(moderating effects)显得尤为必要。网络中介沟通的匿名性、可控性、自我暴露的灵活性等特点提供了一种新的人际互动模式,具有孤独、抑郁等人格特质的个体通过 CMC 来获得自我满足感并减轻外部关注压力,然而过度沉溺网络,削弱了他们和现实世界的联系,有意义的面对面沟通被中断,反而变相加剧他们的孤独感和抑郁感(Caplan, 2003)。

关于网络成瘾是否应该被视作正式的精神障碍的争论仍在继续,最新的 DSM-5(APA, 2013)将网络游戏障碍(Internet Gaming disorder)纳入其附录的 SECTION III,这一改变表明作为网络成瘾的一个子分类,网络游戏障碍带来的社会心理问题已引起重视,未来的研究需更深地探讨它的诊断标准和治疗方法。

参考文献

[1] 陶然,应力,岳晓东,郝向宏. 网络成瘾探析与干预[M]. 上海:上海人民出版社,2007.

[2] American Psychiatric Association. Diagnostic and Statistical Manual of Mental Disorders (5th Edition) [M]. Washington DC: APA, 2013.

[3] Armstrong L, Phillips J G, Saling L L. Potential determinants of heavier Internet usage [J]. International Journal of Human Computer Studies, 2000,53:537 - 550.

[4] Beard K W. Internet Addiction: A Review of Current Assessment Techniques and Potential Assessment Questions [J]. *CyberPsychology & Behavior*, 2005(8):7 - 14.

[5] Brenner V. Psychology of computer use: XLVII. Parameters of Internet use, abuse and addiction: The first 90 days of the Internet usage survey [J]. Psychol. Rep., 1997,*80*:879 - 882.

[6] Caplan S E. Problematic Internet use and psychosocial well-being: development of a theory-based cognitive - behavioral measurement instrument [J]. Computers in Human Behavior, 2002(18):553 - 575.

[7] Chak K, Leung L. Shyness and Locus of Control as Predictors of Internet Addiction and Internet Use [J]. CyberPsychology & Behavior, 2004(7):559 - 570.

[8] Chen S H, Chou C. Development of Chinese Internet addiction scale in Taiwan [C]. Poster presented at the 107th American Psychology Annual convention, Boston, USA, 1999.

[9] Cheuk W S, Zenobia C Y. ICQ (I Seek You) and Adolescents: AQuantitative Study in Hong Kong. *CyberPsychology & Behavior*, 2007(10):108 - 114.

[10] Chou C, Condron L, Belland J C. A Review of the Research on Internet Addiction [J]. Educational Psychology Review, 2005,17:363 - 388.

[11] Davis R. A cognitive-behavioral model of pathological Internet use [J]. Computers in HumanBehavior, 2011,17:187 - 195.

[12] Fioravanti G, Dèttore D, Casale S. Adolescent Internet Addiction: Testing the Association Between Self-Esteem, the Perception of Internet Attributes, and Preference for Online Social Interactions [J]. Cyberpsychology, Behavior, and Social Networking, 2012,15:318 - 323.

[13] Goldberg I. Internet Addiction Disorder [M]. 1996. Retrieved in November 24,2014 from http://www.rider.edu/~suler/psycyber/supportgp.html.

[14] Greenfield D N. Psychological characteristics of compulsive Internet use: A preliminary analysis [J]. Cyberpsychol. Behav. ,1999,2(5):403 - 412.

[15] Griffiths M D. Internet Addiction-Time to be Taken Seriously [J]. Addiction Research & Theory, 2000(8):413 - 418.

[16] Griffiths M D. Internet abuse and Internet addiction in the workplace [J]. Journal of Workplace Learning, 2010, *22*:463 - 472.

[17] Kandell J J. Internet addiction on campus: The vulnerability of college students [J]. Cyberpsychol Behav, 1998,1(1):11 - 17.

[18] Kelley K J, Gruber E M. Psychometric properties of the Problematic Internet Use Questionnaire [J]. Computers in Human Behavior, 2010,26:1838 - 1845.

[19] Kim S J, Byrne S. Conceptualizing personal web usage in work contexts: A preliminary framework [J]. Computers in Human Behavior, 2011,27:2271 - 2283.

[20] Kuss D J, Griffiths M D. Online gaming addiction in children and adolescents: A review of empirical research [J]. Journal of Behavioral Addictions, 2012(1):3 - 22.

[21] Lavin M, Marvin K, McLarney A, Nola V, Scott L. Sensation seeking and collegiate vulnerability to Internet dependence [J]. Cyber Psychology and Behavior, 1999(2): 425 - 430.

[22] Lin S S, J, Tsai Chin-Chung. Sensation seeking and Internet dependence of Taiwanese high school adolescents [J]. Computers in Human Behavior, 2002,18:411 - 426.

[23] Lin S S J, Tsai C C. *Internet Addiction among High Schoolers in Taiwan*. Poster presented at the 107th American Psychology Association (APA) Annual Convention [C]. Boston, USA, 1999.

[24] Moody E J. Internet Use and Its Relationship to Loneliness [J]. CyberPsychology & Behavior, 2001(4):393 - 401.

[25] Morahan-Martin J, Schumacher P. Incidents and correlates of pathological Internet use among college students [J]. Computers in Human Behavior, 2000,16:13 - 29.

[26] Pontes H M, Patro I M, Griffiths M D. Portuguese validation of the Internet Addiction Test: An empirical study [J]. Journal of Behavioral Addictions, 2014(3): 107 - 114.

[27] Scealy M, Phillips J G, Stevenson R. Shyness and Anxiety as Predictors of Patterns of Internet Usage [J]. *CyberPsychology & Behavior*, 2002(5):507 - 515.

[28] Shapira N A, Goldsmith T G, Keck P E Jr, Khosla U M, McElroy S L. Psychiatric features of individuals with problematic Internet use [J]. J Affect Disorders, 2000 (57):267 - 272.

[29] Shapira N A, Lessig M C, Goldsmith T D, Szabo S T, Lazoritz M, Gold M S, Stein D J. Problematic Internet use: Proposed classification and diagnostic criteria [J]. Depression and Anxiety, 2003, *17*:207 - 216.

[30] Truan F. Addiction as a social construction: A postempirical view [J]. J. Psychol, 1993,127(5):489 - 499.

[31] Wan C S, Chiou W B. Inducing attitude change toward online gaming among adolescent players based on dissonance theory: The role of threats and justification of effort [J]. Computers & Education, 2010,54:162 - 168.

[32] Weiser E B. The Functions of Internet Use and Their Social and Psychological Consequences [J]. CyberPsychology & Behavior, 2001(4):723 - 743.

[33] Young K S. Psychology of Computer use: XL. Addictive Use of the Internet: A Case That Breaks the Stereotype [J]. Psychological Reports, 1996,79:899 - 902.

[34] Young K S. Internet Addiction: The Emergence of a New Clinical Disorder [J]. Cyber Psychology & Behavior, 1998(1):237 - 244.

[35] Young K S. Internet addiction: evaluation and treatment [J]. Student British Medical Journal, 1999(7):351 - 352.

[36] Young K S, Rodgers R. Internet addiction: Personality traits associated with its development [M]. Paper presented at the 69th annual meeting of the Eastern Psychological Association, 1998.

大学生网络成瘾研究*

易晓明(上海交通大学心理咨询中心,上海,200240)

摘　要　为了揭示大学校园中网络成瘾学生的上网动机以及网上行为特征,探讨大学生网络成瘾的主客观条件,本研究用问卷法对某大学近2000名学生(含研究生)的背景资料以及上网情况进行调查,得到988份有效的调查资料,并追踪到有效的603位同学入学该校时的心理测验资料。结果发现:一是网络成瘾学生与非网络成瘾学生在上网动机和网上行为方面有以下差异:①在所采集的各个时段,网络成瘾者的上网时间都多于非网络成瘾者;②所有学生在假期中的上网时间均少于平时,寒假期间的上网时间最少,但网络成瘾学生在寒假中的时间减少更明显;③除学校公寓外,网络成瘾者倾向于选择网吧而非自家上网,非网络成瘾者与此相反;④与非网络成瘾学生相比,网络成瘾学生在网上的交友、自我调节、自我展示或自我塑造的动机较强,学习或工作动机较弱。与此相应,网络成瘾者的聊天、发帖、打电子游戏、浏览与性有关的网站、当网络黑客等网上行为更多。二是学生的性别、社会类别、上网条件与网络成瘾的关系体现为:①男女大学生网络成瘾的平均分无差异,但男生成瘾的比例高于女生;②网络成瘾与学生生源之间的关系随采用的网络成瘾测验的不同而不同:一测验表明农村和小城市生源的学生成瘾比例高于大中城市生源的学生,但另一

* 申明:①本研究内容已分别以《网络成瘾大学生的上网特征》《大学生的类别、上网条件与网络成瘾的关系》《网络成瘾大学生的心理问题》为题发表在《心理科学》《中国临床心理学杂志》《心理科学》。②本文基于咨询师同行信息分享的初衷,且因相关论文已公开发表,故不再参加各类成果评选活动。

作者简介:易晓明,上海交通大学心理咨询中心专职教师,Email: xiaomingyi@sjtu.edu.cn

测验不支持该结论;③该校大二及其以上年级学生的成瘾分数高于大一,但各个年级学生的网络成瘾的比例无差异;④各专业的学生网络成瘾状况无差异。三是成瘾学生与非成瘾学生在心理方面的差异表现为:①网络成瘾者与非网络成瘾者在社会支持、生活满意度、交往焦虑、自我和谐、抑郁、自尊等方面都存在差异;②网络成瘾者的负面的心理因素多,积极的心理因素少;③从历史资料来看,网络成瘾者与非网络成瘾者在16PF测验的多项人格特征上存在差异。上述结果表明:①网络成瘾学生与非网络成瘾学生在上网动机、网上行为方式上存在差异。②网络成瘾与学生负性的心理状况有直接而紧密联系;网络成瘾可能也与性别有关,但与学生的年级、专业、上网方便程度无必然联系。

关键词 网络成瘾;上网时间;上网场所;上网动机;网上行为;上网的便利性;心理问题

1 引言

网络成瘾(internet addiction, IA,或 internet addiction disorder, IAD),是指由于过度使用互联网从而导致明显的社会、心理损害的现象。随着网络用户的增多和网络成瘾的危害的凸显,网络成瘾的研究正在受到越来越多的关注,成为心理学研究的新领域。

到目前为止,网络成瘾的研究主要集中在欧美发达国家。这些研究探讨了网络成瘾的界定,网络成瘾的原因以及网络成瘾的矫正问题。在中国大陆,网络成瘾还处在关心者多,研究者少的阶段。文章不多,且基本属于描述和转述性质。网络成瘾的研究尚有深入开展的必要。在前人研究的基础上,本研究用问卷对地处上海的某国内名牌大学的学生(含研究生)进行调查(结合心理档案追踪),以揭示大学校园中网络成瘾学生的上网动机、网上行为特征,探讨与网络成瘾有关的主客观因素。其中,在网上行为特征方面,本研究深入探讨了成瘾学生的上网场所的选择规律以及不同情景下的上网时间波动规律。在探讨与网络成瘾有关的主客观因素方面,本研究综合探讨了性别、生源地、年级、专业以及若干可能与网络成瘾有关的主观心理因素与网络成瘾的关系。这样做的目的是为了全面准确地把握大学生网络成瘾的状况，为有效解决大学生的网络成瘾问题奠定良好的基础。

2 研究方法

2.1 被试

地处上海的某国内名牌大学本科一、二、三年级学生(2003级、2002级、2001级)，硕士生一、二年级学生(2003级、2002级)以及博士生(因抽取到的博士生人数均较少，故统称博士生)为本研究的研究对象，其中有988位被试的答卷被判定为有效答卷(具体判定方法见下文)。

2.2 研究工具

2.2.1 在前人研究的基础上编写的《大学生网络使用及其心理状况调查表》(简称《调查表》)

该表包括表头(要求学生填写个人基本信息)和正文部分(包括由11个部分，共176题)。各个部分的内容介绍如下。第一部分，上网时间、地点情况调查(自编)。第二部分，网络成瘾鉴定问卷1。该问卷是8条目的2等级(是、否)评定量表。问卷总分达到5分，即可判定该被试网络成瘾。第三部分，网络成瘾鉴定问卷2。问卷包括6等级的20个条目。按照问卷的总分，可以把被试分成四个等级。总分达到31分者达到第二等级，即轻度的网络成瘾症状标准。本研究的分析表明，问卷的第二、三部分(即两个网络成瘾鉴定问卷)的总分呈中度的正相关($r=0.652$(Spearman相关)，$p=.00$)，可见两个网络成瘾衡量标准具有一致性，但又略有差异。本研究同时采用了两个判定标准，以便更客观、全面地揭示大学生的类别、上网条件与网络成瘾的关系。第四部分，上网动机的调查问卷(自编)。问卷包括11个5等级的条目，调查被试基于某种目的的上网的多少，借以了解上网动机；第五部分，网上行为的调查问卷(自编)。问卷包括了11个5等级的条目，调查被试在网上相应的行为的多少。第六部分，社会支持问卷，略微改编。原量表包括10个条目。由于本次调查的对象是在校大学生，所以施测时对个别的题目的说法略微进行了一些修改。具体改法为:原问卷第 3 题题干“您与邻居”改为“您与家中的邻居”;第 4 题的题干“您与同事”改为“您与同学(或同事)”;在原来的第 5 题的题干上加上如下说明:“如果您没有夫妻(恋人),兄弟姐妹,则在相应的选项上选“无”选项”。第七部分,生活满意度指数 A,略微改编。原量表为 20 条目的 3 等级问卷。其中某些项目被 Wood 等人列入了生活满意度指数 Z。由于调查对象为大学生,所以对部分题目的题干进行了修改,具体为:第 1 题的题干由“当我老了以后发现事情似乎比原来想象得好。”改为“我现在发现事情似乎要比原来想象得好”;第 4 题的题干由“我现在和年轻时一样幸福”改为“我现在和以前一样幸福”;第 10 题的题干由“我感到自己老了、有些累了。”改为“我感到自己不再年轻,有些累了。”;第 11 题题干由“我感到自己的确上了年纪,但我并不为此而烦恼。”改为“我感到自己不小了,但我并不为此而烦恼。”。第八部分,交往焦虑量表。问卷包括 5 等级的 15 个条目。第九部分,自我和谐问卷。包括 5 等级的 35 个条目。第十部分,自评抑郁量表。该量表包括 4 等级的 20 个条目。第十一部分,自尊量表。量表由 4 等级的 10 个条目组成。

2.2.2 辽宁省教科所 1981 年修订的卡特尔 16 种人格因素(16PF)测试(包括 3 等级的 187 个条目)

2.3 研究过程

2.3.1 抽样

在院系老师的协助下,综合考虑专业、性别以及同学的意愿,以班级为单位抽取学生约 2 000 人(约占该校总人数的 10%)参加问卷调查。在理科、工科和农科的专业中,女生抽取涉及到的班级要多于男生抽取涉及到的班级(如抽取某年级、某专业一个班的男生,匹配上该年级、该专业两个甚至三个班的女生)。本调查在 2004 年 5 月下旬开展。当时本科大四学生(2000 级)学生大都在外实习,研三(2001 级)硕士生已毕业,故未抽取。

2.3.2 招收、培训测验的主试,进行问卷调查

面试合格的高年级学生(多为研究生)接受约 1 个小时的培训后负责开展本科生的问卷调查。研究生的问卷调查则由老师负责实施。调查以在教室集体答卷的

方式进行。

2.3.3 筛选出有效问卷

本研究依次采取两种方法对问卷进行筛选。首先，用直观判断法筛选。具体为：在本研究的问卷回答中，凡是学号、性别、入学该校前学习生活所在地等个人基本信息缺失，或发现问卷出现了漏选、答案不合逻辑（如每周上网天数超过 7 天），或者连续很多题选择相同的选项，或者选项的连线为有规律的折线，则问卷判断为废卷。经过直观判断，从近 2 000 份试卷中筛选出 1 615 份无明显问题的试卷。其次，用专用的数据分析程序筛选。该问卷中设有两对重复题、三对说法相反的题以及一道有固定答案的题。如果被试在答案固定的题目上没有选择那个固定的选项，或者被试在两道重复题以及三对说法相反的题中有两对（或更多）题目的得分差距超过 1 分（考虑到这里的判断具有模糊的性质，1 分的差距为可接受范围），则该问卷被程序自动判定为废卷。经过上述筛选，最终得到有效问卷数据 988 份（男生 567，女生 421）。

2.3.4 统计分析。将有效的数据导入 SPSS7.0 系统，进行统计分析。

3 结果与讨论

本研究中多次涉及两个网络成瘾问卷的得分。本文规定，《调查表》第二部分的得分为 P1，《调查表》第三部分的得分为 P2。

3.1 网络成瘾大学生的上网特征

本研究对网络成瘾者和非网络成瘾者作出如下规定：P1 值大于或等于 5 且 P2 的值大于或等于 31 分的被试为网络成瘾者；P1 的值小于 4 且 P2 的值小于 30 的被试为非网络成瘾者。由于本研究中的数据分布均不符合参数检验的条件，所以都用非参数的检验方法。

3.1.1 网络成瘾大学生与非网络成瘾大学生的上网时间、场所的情况

两类大学生上网的时间、场所情况如表 1 所示。

表 1 两类大学生的上网时间、场所的比较($N=781$)

	非成瘾组($M\pm SD$) $n=731$	成瘾组($M\pm SD$) $n=50$	χ^2	p
上网时间				
1. 正常周工作日上网天数	3.62±1.633	3.90±1.317	.679	.410
2. 正常周工作日上网小时数	8.86±8.900	12.08±9.649	10.520	.001
3. 正常周周末上网天数 1.47±.663	1.76±.527	10.038	.002	
4. 正常周周末上网小时数	5.52±6.216	8.23±4.801	23.521	.000
5. 04 年五一节上网天数 3.03±2.371	4.48±2.073	18.599	.000	
6. 04 年五一节上网小时数 11.28±14.273	18.01±13.040	21.368	.000	
7. 03—04 寒假每周上网天数 2.82±2.423	2.79±2.148	.064	.801	
8. 03～04 寒假每周上网小时数	7.61±12.181	9.09±10.147	4.193	.041
经常上网的场所				
1. 学校公寓	.65±.477	.68±.471	.172	.679
2. 学校公共机房	.26±.441	.18±.388	1.721	.190
3. 实验室	.09±.281	.10±.303	.112	.738
4. 自家	.47±.499	.16±.370	18.061	.000
5. 网吧	.19±.393	.38±.490	10.439	.001
6. 其他地方	.03±.171	.02±.141	.167	.683

分析表明：在各个时段（平时、周末、五一节以及寒假），网络成瘾者都要比非网络成瘾者花费更多的时间来上网；在经常上网的地点方面，除学校公寓外，非网络成瘾的学生经常在家上网的比较多，而网络成瘾的大学生经常在网吧上网的比较多。

如果我们以周（七天）为计量周期，统计两类学生在学年中不同阶段的上网时间，则又可发现：无论是否网络成瘾，学生在非节假日的平时上学期间上网时间都最多，在寒假期间上网的时间都最少（非参数 Friedman 检验，网络成瘾者和非网络成瘾者的卡方值分别为 29.91 和 295.82，p 值均为.00），且寒假期间两类学生上网的时间已很接近。这表明：学生在网上花费的时间是随着具体的情景不同而波动的，并且网络成瘾的学生在寒假期间的上网时间减幅最大。

从经常上网的场所来看，学校公寓显然是学生上网比较多的地方。但为什么网络成瘾者在网吧中的上网频率高于非成瘾者，而在家中的上网频率又低于非成瘾者呢？可能的情况有：第一，网络成瘾者在家中上网的方便程度低于非网络成瘾者；第二，两类学生在网上的活动不同，相应地会选择不同的上网环境。我们无法检验第一条假设，但第二个假定在本研究中已得到验证（见下文）。

3.1.2 网络成瘾大学生与非网络成瘾大学生的上网动机和网上行为的比较

两类大学生基于各种目的上网以及网上实际行为的情况如表 2 所示。

表 2 两类大学生的上网目的和网上实际行为的比较（$N=781$）

	非成瘾组（$M\pm SD$）$n=731$	成瘾组（$M\pm SD$）$n=50$	χ^2	p
上网目的				
1. 了解外面的世界发生的事情	3.74±.960	3.62±1.008	.682	.409
2. 结交新网友，形成网上朋友圈子	1.99±.875	2.86±1.069	34.071	.000
3. 以不同于现实生活中的形象在网络中出现，展示另一个自我	1.78±.894	2.72±1.070	38.647	.000
4. 忘记现实生活中的烦恼，减轻现实生活的压力	2.20±1.052	3.44±1.091	50.544	.000
5. 利用网上影视资源，丰富业余文化生活	3.72±1.035	3.80±1.010	.435	.510
6. 满足自己与性有关的需求	1.64±.848	2.44±.993	36.109	.000
7. 成为网络游戏的高手，证明自己的能力	1.47±.839	2.14±1.107	25.176	.000
8. 利用网络资源，为学习和工作创造更好的条件	3.69±1.014	3.40±.990	4.665	.031
9. 打发无聊的时光	2.85±1.029	3.34±1.081	11.206	.001
10. 发表自己对人对事的见解	2.43±1.025	2.76±.894	7.287	.007
11. 作为传统方式的替代，与同事和亲友保持联系	3.62±1.111	3.58±.883	.376	.540

（续表）

	非成瘾组（$M\pm SD$）$n=731$	成瘾组（$M\pm SD$）$n=50$	χ^2	p
网上行为				
1. 上网聊天	3.40±1.092	3.80±.990	6.078	.014
2. 到BBS的板块或论坛上发帖子	2.62±1.139	2.92±1.007	4.024	.045
3. 收发电子邮件	3.73±1.040	3.58±1.052	.921	.337
4. 打电脑游戏	2.25±1.237	2.80±1.498	6.269	.012
5. 浏览与性有关的网站	1.65±.798	2.30±1.015	24.187	.000
6. 当网络黑客	1.09±.385	1.34±.848	9.594	.002
7. 制作或完善个人网页	1.32±.744	1.58±1.090	2.282	.131
8. 看新闻	3.60±1.095	3.76±1.135	1.306	.253
9. 查看与学习或工作有关的资料	4.03±.892	3.86±.904	2.131	.144
10. 下载网上个人娱乐方面的音像资料	3.80±1.068	3.78±.790	.621	.431
11. 收集、下载、整理可能有用的其他资料	3.91±.971	3.88±.824	.321	.571

上述结果表明：网络成瘾者在网上的交友（2）、自我调节（4，6，9）、自我展示以及自我塑造（3，7，10）等动机强于非网络成瘾者，而创造良好的学习或工作条件的动机弱于非网络成瘾者少（8）。两类学生的网上行为也有差异，且这种差异与上网目的的差异有关：上网聊天与交友、自我调节有关；上网发帖是一种明显的自我展示行为；打电脑游戏与自我调节、自我展示和自我塑造有关；浏览与性有关的网站与自我调节有关；当网络黑客与自我展示有关。

但是，我们还存在下面的疑问：在现实生活中，网络成瘾是否有形成的主客观条件？如果有，主客观条件是什么？这些问题将在下文中得到回答。

3.2 大学生的类别、上网条件与网络成瘾的关系

3.2.1 网络成瘾与性别之间的关系

非参数分析（Kruskal Wallis分析，下同）表明：男女学生在P1、P2上的得分差异不显著（对于P1，$\chi^2=.000$，$df=1$，$p=.993$；对于P2，$\chi^2=2.341$，$df=1$，$p=$

.126)；在P1得分达到成瘾程度以及P2得分达到轻度成瘾程度的人数比例上男生高于女生(对于P1，$\chi^2=7.062$，$df=1$，$p=.008$；对于P2，$\chi^2=5.003$，$df=1$，$p=.025$)。男女生网络成瘾的分数和比例为表3所示。

表3 男女生网络成瘾的分数和比例($N=988$)

性别 ($M\pm SD$)	P1 ($M\pm SD$)	P2 的人数和比例	P1达到成瘾标准	P2达到轻度成瘾标准人数和比例	n
男生	1.84±1.631	23.13±12.400	43(7.6%)	158(27.9%)	567
女生	1.72±1.283	21.82±11.624	15(3.6%)	91(21.6%)	421

3.2.2 网络成瘾状况与生源地的关系

各生源地学生网络成瘾分数和成瘾比例如表4所示。

表4 四生源地学生的网络成瘾分数和成瘾比例($N=988$)

生源地 ($M\pm SD$)	P1 ($M\pm SD$)	P2	成瘾的人数和比例(依据P1)	轻度成瘾的人数和比例(依据P2)	n
1	1.63±1.365	22.05±11.667	11(3.1%)	86(24.0%)	359
2	1.70±1.437	21.73±11.843	14(5.1%)	61(22.3%)	273
3	2.02±1.670	24.26±12.951	24(9.8%)	71(29.1%)	244
4	1.99±1.545	22.61±11.843	9(8.0%)	31(27.7%)	112

注(生源地)：1. 上海本地 2. 外地大中城市 3. 外地小城市或城镇 4. 外地农村。下同。

非参数分析表明：各生源地的P1之间差异显著($\chi^2=9.446$，$p=.024$，$df=3$)；各生源地的P2得分差异不显著($\chi^2=5.594$，$p=.133$，$df=3$)；各生源地学生的P1分数达到成瘾标准的比例差异显著($\chi^2=13.270$，$df=3$，$p=.004$)；各生源地学生P2分数达到轻度以上成瘾程度的比例差异不显著($\chi^2=3.804$，$df=3$，$p=.283$)。

显然，采取不同的网络成瘾测验及其判断标准，得到的结果不同。

对各生源地P1值，以及P1达到成瘾标准的人的比例进行相互对比检验，结果如表5所示。

表 5　各生源地学生 P1 值及其成瘾比例的差异检验($N=988$)

生源地(分数对比)	生源地	$\chi 2$(分数对比)	p(比例对比)	$\chi 2$(比例对比)	p
1	2	.264	.608	1.736	.188
	3	6.610	.010	12.165	.000
	4	4.703	.030	5.179	.023
2	3	3.706	.054	4.185	.041
	4	2.749	.097	1.192	.275
3	4	.008	.929	.295	.587

由表 5 的分析结果可以看出，从整体来看，四种生源的学生基本上分成两类，而且大中城市学生(1，2)比小城市(城镇)以及农村学生(3，4)的成瘾分数和成瘾比例都略低一些。

从学生生源地与网络成瘾的关系来看，尽管成瘾指标 P1 的结果表明小城市(城镇)以及农村生源的学生比大中城市生源的学生容易网络成瘾，但这种结果并没有在另一项成瘾指标 P2 的结果中得到验证，所以尚不能肯定网络成瘾与生源地有明确的联系。

3.2.3　网络成瘾状况与学生所处年级的关系

各年级学生网络成瘾分数和成瘾比例如表 6 所示。

表 6　6 个年级学生的网络成瘾分数和成瘾比例($N=988$)

年级	P1($M\pm SD$)	P2($M\pm SD$)	P1 达到成瘾标准的人数和比例	P2 达到轻度成瘾标准人数和比例	n
大一	1.59±1.440	19.48±12.062	12(4.8%)	50(20.1%)	249
大二	1.90±1.439	23.81±11.927	13(4.7%)	75(27.4%)	274
大三	1.74±1.418	23.26±10.857	9(5.5%)	43(26.4%)	163
研一	1.89±1.674	23.30±11.565	17(8.8%)	48(24.7%)	194
研二	1.89±1.565	23.94±14.054	4(5.7%)	21(30.0%)	70
博士生	1.84±1.366	24.63±14.191	3(7.9%)	12(31.6%)	38

非参数分析表明：各年级学生 P1 分数差异接近显著($\chi^2=10.068$，$df=5$，$p=.073$)；各年级学生 P2 分数差异显著($\chi^2=24.569$，$df=5$，$p=.000$)；不同年级学生 P1 达到网络成瘾标准的人数比例差异不显著($\chi^2=4.380$，$df=5$，$p=$

.496)；不同年级的学生 P2 分数达到轻度(或以上)网络成瘾的比例差异不显著($\chi^2=5.960$，$df=5$，$p=.310$)。

对各个年级学生的网络成瘾分数 P1，P2 进行两两比较，结果如表 7 所示。

表 7　六个年级学生网络成瘾分数(P1，P2)差异的相互比较(*N*=988)

年级	年级	χ2(依据 P1)	*p*(依据 P1)	χ2(依据 P2)	*p*(依据 P2)
大一	大二	10.137	.001	18.614	.000
	大三	2.100	.147	13.005	.000
	研一	2.871	.090	13.375	.000
	研二	2.807	.094	5.941	.015
	博士生	2.149	.143	4.407	.036
大二	大三	1.383	.240	.066	.797
	研一	.670	.413	.041	.840
	研二	.025	.876	.044	.834
	博士生	.021	.884	.008	.930
大三	研一	.116	.734	.008	.927
	研二	.376	.540	.000	.989
	博士生	.266	.606	.028	.867
研一	研二	.079	.779	.001	.982
	博士生	.096	.757	.014	.905
研二	博士生	.000	.987	.055	.814

由表 7 可以看出：无论是采取哪种指标(P1 或 P2)，从大一到大二，网络成瘾的得分均有所提高，此后在各年级保持相对稳定。

有一个事实必须说明：该校规定大二以上(含大二)的学生才可在宿舍连线上网。所以从大一到大二出现了网络成瘾分数的上升极可能与上网条件的显著改善有关。对该校学生的访谈证明了这个假设。

此前已由由表 6 可知，从大一开始网络成瘾的比例在各年级中均保持稳定。表 7 又表明大二以后各年级网络成瘾的得分保持稳定。这说明学生的年级与是否网络成瘾之间缺乏固定关系。

3.2.4　网络成瘾与学生专业的关系

各专业学生网络成瘾的分数和成瘾比例如表 8 所示。

表 8 六个专业的学生的网络成瘾的分数和成瘾的比例($N=988$)

学科类别 (M±SD)	P1 (M±SD)	P2	P1 达到成瘾标准的人数和比例	P2 达到轻度成瘾标准人数和比例	n
文科	1.82±1.496	22.67±11.452	14(6.4%)	60(27.3%)	220
理科	1.84±1.621	22.96±13.112	10(7.6%)	31(23.7%)	131
工科	1.76±1.488	22.74±12.239	24(6.0%)	103(25.8%)	400
农科	1.79±1.410	21.42±12.860	4(4.4%)	20(22.2%)	90
医(药)科	1.73±1.584	20.95±11.082	4(6.1%)	13(19.7%)	66
管理	1.83±1.340	23.43±11.326	2(2.5%)	22(27.2%)	81

非参数分析表明:在两种网络成瘾测验的得分上,各学科学生之间的差异均不显著(对于 P1,$\chi^2=1.352$,$df=5$,$p=.929$;对于 P2,$\chi^2=2.94$,$df=5$,$p=.709$);在达到 P1 的成瘾标准和 P2 的轻度成瘾标准方面,各专业学生的比例差异均不显著(对于 P1,$\chi^2=2.874$,$df=5$,$p=.719$;对于 P2,$\chi^2=2.376$,$df=5$,$p=.795$)。总起来看,网络成瘾与学生的学科类别无关。

3.3 网络成瘾者的心理特征

3.3.1 网络成瘾者和非成瘾者在社会支持、生活满意度等六种心理测验上结果

网络成瘾者和非网络成瘾者在六种调查表上的情况如表 9 所示。

表 9 网络成瘾者与非成瘾者在社会支持等心理测验上的情况

N=781		非成瘾组(M±SD) n=731	成瘾组(M±SD) n=50	χ^2	p
社	主观的社会支持	20.68±3.64	20.30±3.07	.92	.34
会	客观的社会支持	11.39±3.05	10.22±3.65	5.95	.02
支	社会支持的利用	8.01±1.76	7.62±1.50	2.59	.11
持	社会支持总分	40.08±6.34	38.14±5.58	6.10	.01
生活	生活满意度总分	25.64±6.99	19.66±6.28	33.98	.00
满意度	生活满意度指数 Z	16.79±5.07	12.80±4.85	28.80	.00
社交焦虑		36.32±8.78	41.88±10.41	13.51	.00

（续表）

N=781		非成瘾组($M\pm SD$) n=731	成瘾组($M\pm SD$) n=50	χ^2	p
自我和谐	自我与经验不和谐	40.05±9.00	47.32±8.99	31.30	.00
	自我灵活性	47.73±6.02	45.40±5.27	9.38	.00
	自我刻板性	16.16±3.70	17.74±4.69	5.85	.02
	自我和谐量表总分	80.49±13.42	91.66±12.76	32.62（F值）	.00
抑郁		34.59±7.14	40.68±7.54	29.39	.00
自尊		32.23±4.04	29.22±4.40	23.27	.000

注：检测表明，只有自我和谐总分符合 F 检验的条件。

上述结果表明：在社会支持、生活满意度、社交焦虑、自我和谐、抑郁、自尊方面，成瘾组学生均不同与非成瘾组学生。这些结果与前人的研究一致[3]。但本研究表明网络成瘾的学生的客观支持低于非网络成瘾学生，而并不是在主观支持方面的存在差异，与王立皓、童辉杰的研究结果不同[12]。

3.3.2 网络成瘾者和非网络成瘾者的积极、消极心理因素情况

本研究同时获得了被试在六个心理测验上的得分。可根据各分测验的心理含义以及被试在这些测验上的得分，依次给出正性的、中性的或负性的评价，并计算出获得各类评价的次数，作为良性和负面的心理因素的指标。方法是：首先，把各个测验的总分分为三个等级：得分高于平均值一个标准差以上的为高分组，得分低于平均值一个标准差以上的为低分组，其他的为普通组。其次，依据各分测验的心理含义，对应三等级的得分给出正性的、中性的和负性的评价。正性的评价用来表明被试在该方面的状况有助于维护心理健康，或者本身可以作为心理健康程度较高的一个指标（如：高的社会支持性、低的抑郁）；负性的评价用来表明被试在该方面的状况会危害心理健康，或者本身可以作为心理健康程度较低的一个指标（如低的社会支持性、高的抑郁）。最后，统计被试获得正性的和负性评价的总次数。网络成瘾和非成瘾组学生获得负性、正性评价的情况如表 10 所示。

表 10　网络成瘾和非网络成瘾者得到正性、负性评价的总次数及其分布

	非成瘾组($M\pm SD$) $N=988$	成瘾组($M\pm SD$) $n=731$	$\chi 2$ $n=50$	p
负性评价总分	.75±1.20	2.00±1.58	44.50	.00
正性评价总分	1.21±1.48	.40±.73	17.08	.00
得到负性评价的人数比例	.39±.49	.80±.40	32.11	.00
得到正性评价的人数比例	.56±.50	.30±.46	12.82	.00

可见,网络成瘾者比非网络成瘾者有更多的负面的心理因素,更少的良性心理因素。但该结果不能回答这样的问题,即是由网络成瘾引起了心理问题,还是由心理问题引起了网络成瘾?对16PF测验历史资料的追踪有助于解决这个问题。

3.3.3　网络成瘾者与非网络成瘾者在16PF测验上的比较

本研究中的16PF资料源于该校新生测验保留下来的资料(该校在每年新生入学时对他们进行16PF测验)。由于一些学生没有参加新生16PF测验,以及部分学生的16PF测验结果被判定为无效,因此,用来进行16PF结果对比的样本要小于参与网络心理调查的样本。16PF测验结果被判为无效的原因是,学生在答卷中不能肯定自己了解了指导语,或者不能肯定自己认真回答所有的问题。两类学生的16PF测验结果如表11所示。

表 11　网络成瘾者和非网络成瘾者的 16PF 测验结果

	非成瘾组($M\pm SD$) $N=603$	成瘾组($M\pm SD$) $n=566$	$\chi 2$ $n=37$	p
乐群性(A)	10.53±3.54	10.08±3.87	.76	.38
聪颖性(B)	8.92±1.83	8.57±1.54	1.78	.18
情绪稳定性(C)	16.51±3.84	15.84±3.76	1.24	.27
恃强性(E)	13.09±3.82	12.11±3.91	1.97	.16
兴奋性(F)	16.19±4.96	14.35±4.95	5.92	.02
有恒性(G)	12.79±3.49	12.97±3.13	.12	.73
敢为性(H)	13.56±5.06	12.14±4.61	2.82	.09
敏感性(I)	10.97±3.54	10.68±4.06	.45	.50

（续表）

	非成瘾组(*M*±*SD*) *N*=603	成瘾组(*M*±*SD*) *n*=566	$\chi 2$ *n*=37	*p*
怀疑性(L)	8.23±2.88	9.73±2.93	8.12	.00
幻想性(M)	13.81±3.35	13.24±3.62	.98	.32
世故性(N)	9.70±2.63	8.78±2.85	3.66	.06
忧虑性(O)	6.97±4.03	9.65±4.33	13.11	.00
实验型(Q1)	12.39±2.63	12.43±3.29	.01	.92
独立性(Q2)	11.78±3.09	11.89±3.31	.01	.93
自律性(Q3)	13.14±2.96	12.14±2.83	3.35	.07
紧张性(Q4)	9.39±4.07	11.49±3.67	10.04	.00
适应—焦虑	4.49±1.84	5.62±1.77	12.17	.00
内外向	6.89±2.35	6.43±2.46	1.47	.23
感情用事—安详机警	5.39±1.81	4.84±2.08	1.79	.18
怯懦—果断	6.11±1.52	5.86±1.67	.68	.41
心理健康程度	26.11±5.74	23.08±6.08	7.75	.01
专业有成就	58.38±8.67	54.76±8.51	5.80	.02
创造力	5.81±1.69	5.62±1.86	.82	.37
成长能力	21.30±3.90	20.73±3.69	.21	.65

注：一元人格因素的得分均为原始分。

上述结果表明，网络成瘾者与非网络成瘾者在某些人格特征上有差异。具体体现为：在与心理健康有关的四项一元人格因素中（C，F，O，Q4）有三项差异显著，并导致网络成瘾者的心理健康（二元因素5）分数低于非网络成瘾者，充分说明网络成瘾者的心理健康程度低于普通学生；网络成瘾学生的适应性低（二元因素1），专业有成就水平低；网络成瘾的学生还具有处事不老练（N）、胆怯（H）、缺乏自律（Q3）的倾向。

特别需要说明的是，本16PF测试结果为新生入学时的结果，而且从可查找的材料来看，大部分成瘾者的材料来源于本科生（本科生为25人，研究生为12人）。当时，大多数本科学生还没有大量上网的条件和经历，当然也不会有网络成瘾问题。本研究表明，人格因素的确是影响网络成瘾的一个重要的因素。

4　总讨论

4.1　网络成瘾者的上网动机及其网上行为方式

在上网动机和网上实际行为上，本研究表明，网络成瘾大学生在网上的交友、自我调节、自我展示或自我塑造的动机较强，学习或工作动机较弱。与此相应，网络成瘾者的聊天、发帖、打电子游戏、浏览与性有关的网站、当网络黑客等网上行为更多(见表2)。该结果与前人对网络成瘾者的研究结果一致，而且这些差异解释了两类学生上网地点选择上的差异(除学校公寓外，网络成瘾者倾向于选择网吧而非自家上网，非网络成瘾者与此相反。见表1)。但本研究还表明，网络成瘾大学生与非网络成瘾大学生在上网的目的和网上的实际行为方面很多相同的地方。如基于“了解外面的世界发生的事情”、“利用网上影视资源，丰富业余文化生活”、“作为传统方式的替代，与同事和亲友保持联系”等目的上网的比例都比较大，相应的，“收发电子邮件”、“看新闻”、“查看资料(与学习或工作有关的资料、个人娱乐方面的资料、其他资料)等网上行为都比较多。由于大学教育在中国大陆尚处在精英教育阶段，并且本研究的对象为某所名牌大学生的学生，所以，大学生是否在上网动机和行为方面有特异之处，尚有待于进一步的研究。

在上网时间方面，网络成瘾者要在网上耗费更多的时间是一个无需证明的结果。本研究的作用在于发现：所有学生在假期中的上网时间均少于平时，寒假的上网时间最少，且网络成瘾学生的在寒假期间的上网时间减幅最大。这种上网时间的波动模式对深入理解和矫正网络成瘾具有重要意义。从原因上看，上述的波动可能源于以下三个方面：第一，学校具备比校外更便利的上网条件(该校的上网条件在全国高校中处于领先水平)；第二，学生在校学习期间的压力(主要有学习压力、人际关系压力、情感压力)大于他们在假期中的压力(学习压力、人际关系压力在假期中降低)，因而那些倾向于通过上网来减压的成瘾者在平时上网更多；第三，在假期(特别是寒暑假)，上网更容易被其他活动替代。笔者的心理咨询经验以及后来对该校部分网络成瘾者的访谈结果证明了上述假设。这为网络成瘾的矫正提供了一条思路，即：降低网络成瘾者的压力以及培养新的适应方式（用良性的行为习惯代替上网）都将有助于矫正网络成瘾。

4.2 与大学生网络成瘾有关的主客观因素

不少人把网络成瘾归因为优越的上网条件，并把网络成瘾戒断的措施简单化为少接触甚至不接触网络。但本研究发现：上网条件的改善虽然提高了总体的成瘾分数，但并未提高成瘾者比例。该事实可做如下解释：小部分易于成瘾的学生总会设法找到上网的途径（即便是上网不特别方便），而大部分不易成瘾的学生虽然会在上网条件明显改善的情况下增加上网次数（因而提高总体的成瘾分数），但不会因此而达到成瘾那样的严重程度。可见，网络成瘾的原因远非上网条件可以解释，该问题的解决也不能简单化为少接触或者不接触网络。

那么网络成瘾是否与主观状况有关呢？如果有关，那么哪种类型的人容易网络成瘾？在性别方面，一些研究表明男性比女性容易成瘾，另一些研究的结果与此恰恰相反。但从看到的一篇以我国大学生为被试的研究来看，男性比女性的成瘾比例高。本研究虽未发现男女生在网络成瘾平均分上的差异，但男性的成瘾比例的确高于女性。该结果与一般智力测验在两性之间的表现上很相似。在一般智力测验中，男性与女性的平均成绩相当，但智力超常和低常的人都是男性占多数。而且这种结果与研究者本人在心理咨询实践中的一般印象吻合。由于尚未找到网络成瘾与生源地、年级、专业等因素的关系的研究报告，所以本研究只能依据心理学的原理或日常工作中人们的一般看法提出了一些待检验的假设。在生源地方面，出生于大中城市的学生和小城市（城镇）或农村的学生在入学该校之前的上网条件不同，因而对网络的好奇程度不同，进而在对过度上网的免疫力上也可能不同。但本研究的结果并未充分证明这种设想。生源地与网络成瘾是否有关，尚有待于进一步探讨。在年级方面，本研究预测，随着年龄的增长，学生自我控制能力会增强，因而网络成瘾的分数及其比例会下降。但这种预测也没有得到验证。在专业方面，由于该校上网导致成绩不良以至于退学在理工科学生中相当严重，而在文科学生中几乎没有出现过，所以一些人认为网络成瘾在理工科学生中严重一些。但本研究表明，不同专业的学生网络成瘾方面无差异。根据对该校不同专业的考试要求进行了解后发现，该校理工科学生退学多极有可能是因为理工科学生考试过关难度较大，而不是因为理工科的学生更容易网络成瘾。

本研究对网络成瘾者心理面貌的全方位考核表明，网络成瘾有可靠的心理原因。网络成瘾者的负面的心理因素多，积极的心理因素少。他们在社会支持、生活满意度、交往焦虑、自我和谐、抑郁、自尊等方面都与非网络成瘾者不同。从追踪到的历史资料来看，网络成瘾者与非网络成瘾者在多项人格特征上都有差异。可以确信，心理健康状况存在的问题是网络成瘾的内因。

但是，网络的使用以及网络成瘾是否会引起人格特征的变化？这个问题有待进一步研究。

参考文献

[1] 陈侠，黄希庭. 关于网络成瘾的心理学研究[J]. 心理科学进展，2003，11(3)：355 - 359.

[2] 6.4%的大学生有网络成瘾倾向. http://www.edu.cn/20011017/3005313.shtml

[3] 林绚晖. 网络成瘾现象的研究综述[J]. 中国临床心理学杂志，2002，10(1)：74 - 80.

[4] Young. What is Internet Addiction? http://www.netaddiction.com/whatis.htm.

[5] Leung, L. Net-generation attributes and seductive properties of the Internet as predictors of online activities and Internet addiction. *Cyberpsychology & Behavior*, 2004，7(3)：333 - 348.

[6] 肖水源. 社会支持评定量表[J]. 心理卫生评定了表手册(增订版). 北京：中国心理卫生杂志社，1999，127 - 131.

[7] 范肖冬. 生活满意度量表[J]. 心理卫生评定了表手册(增订版). 北京：中国心理卫生杂志社，1999，75 - 79

[8] 马弘. 交往焦虑量表[J]. 心理卫生评定了表手册(增订版). 北京：中国心理卫生杂志社，1999，230 - 232.

[9] 王登峰. 自我和谐量表[J]. 心理卫生评定了表手册(增订版). 北京：中国心理卫生杂志社，1999，314 - 317.

[10] 舒良. 自评抑郁量表和抑郁状态问卷[J]. 心理卫生评定了表手册(增订版). 北京：中国心理卫生杂志社，1999，194 - 197.

[11] Rosenberg. 自尊量表(The self-esteem scale)[J]. 心理卫生评定了表手册(增订版). 北

京:中国心理卫生杂志社,1999,318-320.

[12] 王立皓,童辉杰.大学生网络成瘾与社会支持、交往焦虑、自我和谐的关系的研究[J].健康心理学杂志,2003,*11*(2):94-96.

[13] Johansson A, Gotestam, K G. Problems with computer games without monetary reward: Similarity to pathological gambling [J]. Psychological Reports, 2004,95(2):641-650.

[14] 潘琼,肖水源.病理性互联网使用研究进展[J].中国临床心理学杂志,2002,10(3):237.

大学生希望特质对其心理健康水平影响的研究*

李永慧(华东理工大学心理咨询中心,上海,200237)

摘　要　目的:通过对大学生希望特质现状调查分析,探讨希望特质与其他个体心理健康状况的指标之间的关系,从而为有针对性地对高校心理健康工作提供参考。方法:采用问卷调查的方法,通过分层抽样测试的方式,对500名大学生希望特质现状以及与自尊、幸福感、抑郁、焦虑和应对方式的相互关系进行了分析。结论:①大学生希望特质水平较高;年级、性别、专业、来源地对其希望特质没有显著影响;②希望特质与自尊、主观幸福感以及积极应对方式呈显著正相关,与抑郁、焦虑以及消极应对方式呈显著负相关;③不同希望特质水平个体的自尊、主观幸福感、抑郁、焦虑和应对方式有着极其显著的差异;④线性回归分析显示,希望特质对自尊、幸福感、抑郁、焦虑以及应对方式均有显著的回归效应。

关键词　高校心理委员;希望特质;心理健康;相关研究

作为人类重要的心理特质,希望一直是哲学、宗教等人文学科讨论和关注的焦点。20世纪80年代以来,随着积极心理学研究思潮的兴起,希望开始进入科学心理学的研究视野。希望作为人对未来的积极期望,影响人的各方面。希望理论提出者施奈德等认为,希望是:“一种基于内在成功感的积极的动机状态,它包括目

---

* 基金项目:本文为2014年上海高校心理咨询协会课题《大学生希望特质心理调查及其干预的实证研究》的阶段性成果(项目编号:Gxx-2014-4)。

作者简介:李永慧,女,副教授,临床心理咨询技术学在读博士;研究方向:临床心理咨询理论与技术,积极心理学。Email: 545687425@qq. com

标、动力信念和路径信念。”目标是希望的核心部分，是个体需要达成和满足的心理预期；动力信念是一组引发个体行动，并支持个体朝向目标，沿着既定的路径持续前进的自我信念系统；路径信念是一组有关个体对自已有能力找到有效途径来达到渴望的目标的信念和认知。动力的启动和维持系统以及路径的设计和调整系统都是希望必不可少的组成部分，路径信念和动力信念在孕育希望时同时出现，两种成分是累计和叠加的，两者之间会产生涟漪效应。

诸多研究已证明“希望”是一个对人类身心健康有着重要影响的个体特质，研究发现个体内在希望水平的高低与个体心理健康状况有显著的相关。那些怀有较高希望的人健康状况较好。他们从意外的身体伤害中康复得更快，对于慢性病有更好的适应和调整能力；他们较少遭受抑郁和焦虑，他们面对和解决问题的能力也更强；他们倾向于通过积极的行动和坚持不懈的努力来解决实现目标过程中的种种障碍；他们更多地使用幽默的方式来应对生活中的紧张事件，行为更健康。Snyder 的系列研究发现，高希望水平与高生活满意度、良好功能、低身体症状、高应对技巧和正常情绪体验等密切相关。研究表明以希望这一新研究视角为出发点探讨个体的身心健康状况，对促进其发展、适应及其身心健康是很有意义的。

本论文以大学生为研究对象，对其希望特质进行了初步考察，并在此基础上进一步探讨了希望与自尊、幸福感、抑郁、焦虑和应对方式之间的关系，目的是在了解大学生希望现状的基础之上，揭示希望特质与其他一些能反映个体心理健康状况的指标之间的关系，以便通过提高大学生的希望特质水平来提高大学生心理健康水平，力图构建积极的学校心理健康教育实践模式，从而为改善高校心理健康教育的实效性方面进行深入的探索。

1 对象与方法

1.1 对象

采用分层整群随机取样法，抽取某大学文科、理科和工科各年级的大学生为研究对象。发放问卷500份，回收有效问卷485份，样本中男生246人，女生239人。文科93人，理科148人，工科244人，样本学生年龄介于17～24岁。

1.2 方法

1.2.1 成人一般希望感量表(Adult Dispositional HopeScale, ADHS)

该量表以Snyder等人的希望理论为构架，总共有12个题项，其中4个(1、4、6、8)测量路径思维，4个(2、9、10、12)测量意愿动力。此外，该量表还设计了4个关于目标的题目用来转移被试注意，对其不记分。此量表的信度值为0.74～0.84，重测信度为0.80；研究检验该量表亦有良好的结构效度。

1.2.2 自尊量表(Self-Esteem Scale, SES)

该量表共10道题目。该量表在国内外得到了广泛应用，具有良好的信度和效度[10]，本研究中其分半信度为0.87。

1.2.3 幸福感指数量表(Index of Well-Being, Index ofGeneral Affect)

该量表由Campbell等人(1976)编制，包括总体情感指数量表和生活满意问卷，前者由8个项目组成，从不同的角度描述了情感的内涵，后者仅有1项。每个项目均为7级计分。本研究中总体情感指数与生活满意度的一致性为0.66，总体情感指数量表的A系数为0.83，分半信度为0.81。

1.2.4 应付方式问卷(CSQ)

采用肖计划等编制的应对方式问卷，研究表明该问卷具有良好的信效度[12]。该问卷由62个项目构成，用“是”、“否”计分。应对方式包含6个因子：其中“解决问题”、“合理化”、“求助”被认为是成熟的、积极的应付方式，“自责”、“退避”、“幻想”被认为是不成熟的、消极的应付方式，各因子上分值越高说明越多的采取此种应对方式。本研究中各分量表的A系数分别为0.78、0.80、0.79、0.83，0.77、0.76。

1.2.5 自评抑郁量表(SDS)[13]和自评焦虑量表(SAS)

采用国内研究中普遍使用的自评抑郁量表和自评焦虑量表，考察被试的抑郁和焦虑状况，以此来探讨希望感与负性情绪状态的关系。以上2个量表均有20个项目，4级计分。其中SDS的指标是抑郁严重指数：在0.25～1.0之间，指数越高抑郁程度越严重。SAS 的指标是总分，其范围是 20～80，总分越高焦虑越严重。本研究中 SDS 与 SAS 的 A 系数分别为 0.81、0.82。

1.3 数据分析及统计学处理

采用 SPSS18.0 软件包进行数据录入及统计分析，主要统计方法采用单因素方差分析、Pearson 相关分析与一元线性回归分析。

2 结果与分析

2.1 大学生希望特质基本状况

大学生希望特质水平的基本状况如表 1 所示。由表 1 可以看出，大学生的希望特质水平较高，总体希望特质水平为 25.53±5.67(总分为 32 分)。以年级、性别、专业、来源地为自变量，以希望特质为因变量进行单因素方差分析，结果见表 1。表 1 说明了年级、性别、专业、来源地的主效应均不显著，各因素的交互作用也不显著。

表 1 大学生希望特质基本状况 ($\bar{x}\pm s$)

		希望特质	F	P
年级	大一	24.42±5.23	0.52	0.79
	大二	25.32±6.13		
	大三	25.6±5.78		
	大四	26.5±4.98		
性别	男	25.6±6.22	0.93	0.47
	女	25.32±5.45		
专业	文科	25.35±6.84	1.98	0.27
	理科	25.62±5.38		
	工科	25.41±5.82		
来源地	农村	25.04±5.73	1.67	0.31
	小城镇	25.14±5.44		
	城市	26.2±5.71		

2.2 大学生在其他量表上的得分情况

被试在自尊、主观幸福感、抑郁、焦虑以及应付方式上的基本情况如表 2 所示。表 2 显示了被试的自尊和幸福感的整体水平比较高。抑郁和焦虑程度处于中等偏低水平，其较多地采取积极的应对方式。进一步以年级、性别、专业、生源地为自变量，以上各因素为因变量进行多元方差分析，发现各因素的主效应均不显著，也不存在显著的交互作用。这说明了年级、性别、专业以及生源地对大学生的主观幸福感、自尊、抑郁、焦虑以及应付方式没有显著影响。

表 2　大学生在其他量表上的总体状况 ($\bar{x} \pm s$)

	幸福感指数	自尊	抑郁严重指数	焦虑总分	积极应付	消极应付
总体状况	11.72±3.11	32.13±5.12	0.47±0.1	43±8.12	23.21±5.32	9.78±6.33

2.3 希望特质与主观幸福感、自尊、抑郁、焦虑以及应付方式的相关分析

采用 Pearson 相关法对总体希望特质水平与主观幸福感指数、自尊、抑郁严重指数、焦虑总分以及应付方式的 2 个维度：积极成熟应付方式和消极不成熟应付方式进行相关分析，结果如表 3 所示。表 3 说明了希望感总分与幸福感指数、自尊、积极应付方式呈现显著的正相关（$P<0.05$），相关系数在 0.530～0.622 之间；而与抑郁严重指数和消极应付方式呈现显著的负相关（$P<0.05$），相关系数在 −0.640～−0.372之间。

表 3　希望特质与幸福感、自尊、抑郁、焦虑以及应付方式的相关(r)

	幸福感指数	自尊	抑郁严重指数	焦虑总分	积极应付	消极应付
希望特质总分	0.574*	0.622*	−0.640*	−0.372*	0.530*	−0.433*

注：* $P<0.05$

2.4 希望特质与主观幸福感、自尊、抑郁、焦虑以及应付方式的关系

为进一步探讨希望特质与主观幸福感、自尊等心理健康指标的关系，分别以幸

福感指数、自尊、抑郁严重指数、焦虑总分、应付方式的5个因子为因变量，以希望特质总分为预测变量，逐个进行一元回归分析，所得预测指数如表4所示。

表4 希望特质对主观幸福感、自尊、抑郁、焦虑以及应付方式的预测度

预测变量	因变量	决定系数 R^2	标准化回归系数	t	P
希望特质	主管幸福感	0.324	0.632	12.143	0.000
	自尊	0.355	0.731	14.271	0.000
	抑郁	0.371	−0.651	−14.085	0.000
	焦虑	0.063	−0.379	−6.227	0.000
	应付-问题解决	0.416	0.643	13.489	0.000
	应付-自责	0.212	−0.536	−9.237	0.000
	应付-求助	0.073	0.375	6.542	0.000
	应付-幻想	0.032	−0.301	−4.647	0.000
	应付-退避	0.187	−0.426	−7.284	0.000
	应付-合理化	0.027	0.227	4.372	0.000

由表4可以看出，大学生的希望特质水平对主观幸福感、自尊、抑郁、焦虑、应付方式有着非常显著的预测作用，其中对于自尊、抑郁、应付之问题解决，主观幸福感的影响最大，分别解释了总变异量的35.5%、37.1%、41.6%、32.4%。对应付之自责、应付之退避亦有很大的影响，分别解释了总变异量的21.2%、18.7%。

3 讨论

3.1 大学生希望特质的状况

本研究表明，大学生的希望特质处于中等偏上水平，而且不同年级、性别、专业以及来源地的大学生的希望特质没有显著的差异。本研究结果发现大学生的整体希望特质水平处于中等偏上水平，这与大学生这一群体的特殊性有关，主要因为大学生较为年轻、思想积极活跃、思维开阔、对未来充满期望，愿意为自己的目标和理想而努力。

3.2　大学生希望特质与主观幸福感、自尊、抑郁、焦虑以及应付方式的关系

本研究发现，大学生希望特质与主观幸福感、自尊、抑郁、焦虑以及应付方式之间存在非常显著的相关，如图 1 所示：

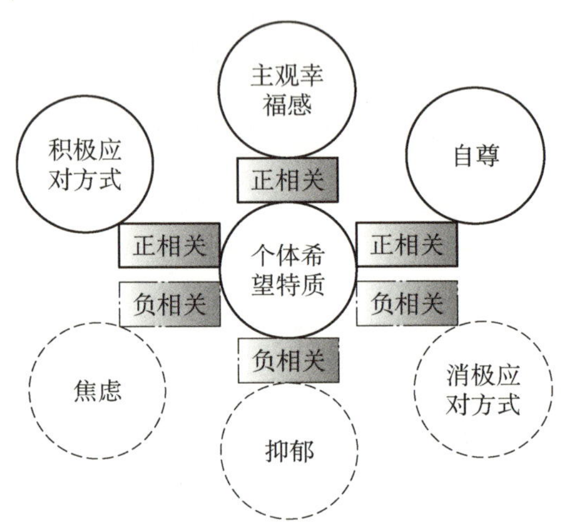

图 1　个体希望特质与心理健康之间的相关性

其中与主观幸福感、自尊、积极应付方式、抑郁、焦虑和消极应付方式有着显著的负相关。这说明了希望特质水平高的个体，其体验到的主观幸福感比较高，也有较高的自尊水平，经常会采取主动解决问题、主动求助他人等一些积极的、成熟的方式应对生活和学习中的各种困难和压力；希望特质水平比较低的个体，其体验到的主观幸福感较低，自尊水平也较低，他们经常被一些负性情绪如抑郁、焦虑所困扰，不能很好调整自己的状态以更好地适应环境，通常采取退避、幻想、自责等一些消极的、不成熟的方式应付生活中的各种问题和压力。进一步的回归分析发现，希望特质对主观幸福感、自尊、抑郁、焦虑以及应付方式有着显著的预测效应，这为我们以希望特质为切入点来提高大学生的心理健康水平提供了重要的理论依据。这是因为具有高希望特质水平的个体，对自己有更高的期望，他们目标明确，并能够制定通向目标的计划，当计划受挫时能够及时采用候补策略。在这一过程中，他们往往会体验到一种自我肯定的积极的情绪体验，这种积极体验又会强化他们的努

力，因而他们也往往具有较高的自我效能感。

3.3 学生希望特质状况对心理健康水平的影响与启示

3.3.1 大学生希望特质状况对心理健康水平的影响

以往研究发现个体内在希望水平的高低与其发展和心理健康状况有显著的相关[1—3]。本研究也发现了类似的结果：高希望特质水平的个体其主观幸福感、自尊水平显著高于低希望特质水平的个体，而低希望特质水平的个体其所体验到的负性情绪如抑郁、焦虑显著高于高希望特质水平者所体验到的。在应付方式上，高希望特质个体与低希望特质个体也有着显著的不同，前者往往采取积极主动方式，后者经常采取消极被动的方式。以上研究结果表明，个体的希望特质状况和他们的心理健康水平密切相关。个体的希望特质水平是影响他们主观幸福感、自尊、积极应付方式等积极情绪和抑郁、焦虑、消极应付方式等消极情绪的重要因素。究其原因，在应对困难与挫折方面，人们的高希望的思维模式能够在他们遭遇未来可能的问题或压力事件的时候起到保护的作用。当问题已经发生时，高希望水平的个体会采取更加灵活的应对方式来处理压力，会积极寻求解决问题的应对策略，表现出更多的求助意识和求助行为，因此也更容易尽快从忧伤、焦虑、孤独等不良情绪中摆脱出来。在心力增强方面，更高的希望水平导致更好的表现，而好的表现会提高自尊和对生活的满意度。处在希望和目标追求中的个体会体验到更多的积极情绪，对生活充满意义感，从而增强心理力量，提高其心理健康水平。

3.3.2 大学生希望特质对心理咨询工作的启示

相关研究已经证明，希望特质是可以通过干预来提高的，由于本研究发现希望特质对主观幸福感、自尊、抑郁、焦虑以及应付方式有着显著预测效应。因此，可以通过提高个体的希望特质水平来提高其心理健康水平。希望干预模式可以分为 4 个步骤，分别为灌输希望、确立目标、丰富路径思维、加强动力信念 4 个方面（见图 2）。

首先，帮助来访者灌输希望信念。灌输希望是指心理咨询师采用一定的技术方法使来访者对本疗法产生积极的期待和对未来生活的改善产生积极的预期。其次，帮助来访者建立适当的目标。目标是希望的核心，目标的性质和特点会影响希望水平。心理咨询师在心理咨询实践中运用希望理论需要帮助来访者发现和制定符合自己价值的、积极的、清晰的目标。再次，帮助来访者丰富路径思维。有了合适的目标，实现目标的过程中需要更多有效的途径和方法，以克服个体在奔赴目标过程中遇到的阻力。最后，帮助来访者增强动力信念系统。动力信念提供了目标追求所需要的动力。在希望干预中，回顾成功经验、发展积极思维和选择难度适当的子目标都是加强动力信念的有效手段。

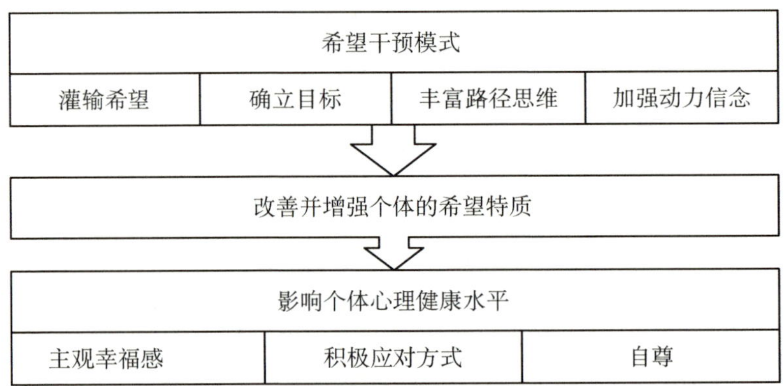

图 2　通过心理咨询干预个体希望特质以影响个体心理健康水平

参考文献

[1] French T M. The Integration of behavior [M]. Chicago: University of Chicago Press, 1952.

[2] Menninger K. The academic lecture: Hope [J]. The American Journal of Psychiatry, 1959(6):481 - 491.

[3] Frank J. The role of hope in psychotherapy [J]. International Journal of Psychiatry, 1968(6):383 - 395.

[4] Udelman D L, Udelman H D. A preliminary report on anti-depressant therapy and its effects on hope and immunity [J]. Social Science Medicine, 1985, *20*:1069 - 1072.

[5] Cousins N. Head first: the biology of hope and the healing power of the human spirit [M]. New York: Penguin Group, 1989.

[6] Elliott T R, Witty T E, Herrick S, et al. Negotiating reality after physical loss:

hope, depression, and disability [J]. Journal of Personality and Social Psychology, 1991,61:608 - 612.

[7] Yoshinobu, L G. The will and the ways: Development and validation of an individual differences measure of hope [J]. Journal of Personality and Social Psychology, 1991, 60:570 - 585.

[8] C R. The psychology of hope: you can get there from here [M]. New York: Free Press, 1994.

[9] 陈灿锐,申荷永. 成人素质希望量表的信效度检验[J]. 中国临床心理学杂志,2009,17(1):24 - 2.

[10] 汪向东,王希林,马弘. 心理卫生评定量表手册[J]. 中国心理卫生杂志,1999(增刊):318 - 320,335,83 - 84.

[11] 张国华,王春莲,李月华. 大学新生主观幸福感状况及影响因素研究[J]. 中国健康心理学杂志,2009,17(9):1065 - 1068.

[12] 刘明. 高中生自尊水平与学业、人际成败归因方式关系研究[J]. 心理科学,1998(2):281 - 282.

[13] 汪向东,王希林,马弘. 心理卫生评定量表手册[J]. *中国心理卫生杂志*,1999(增刊):127 - 131,109 - 115.

[14] 肖计划,许秀峰. "应付方式问卷"的信度和效度研究[J]. 中国心理卫生杂志,1996,10(4):164.

[15] Tollett J H, Thoms S P. A theory-based nursing intervention to instil hope in homeless veterans Advance [J]. Nursing Science, 1995,18(2):76 - 90.

关于高职生心理现状特点分析与对策的研究

——以上海市三所高职院校调查为例*

颜苏勤(上海商业学院高等技术学院共和新路院区,上海,200072)

摘 要 高职生是大学生群体的一部分,他们虽具有一般大学生的心理共性,也有高职生群体的特殊性。笔者从2005年起有过三次针对高职生心理现状特点的调查。本文是在总结以往2次调查的基础上,于2014年自编了《高职生心理状况调查问卷》,并对上海三所高职院校的高职生作了调查。揭示了高职生的心理状态,即实践积累较重视,但学习意志力较弱;自我认识较清晰,但自我评价较低;对待他人较友善,但求助安全感较弱;异性交往较正常,但爱的能力较弱;社会定位较理性,但就业信心较弱;价值观较积极阳光,但自我要求较低。在分析讨论的基础上,针对高职生的成长需求与心理缺失提出了相应的对策。

关键词 高职生;心理现状特点;对策

1 引言

2014年,国务院印发了《关于加快发展现代职业教育的决定》,明确指出“坚持以立德树人为根本”,培养高职生树立正确的人才观。贯彻职教会议的精神,把立德树人落细、落实,心理健康教育不可忽视。

有针对性地开展心理健康教育,必须了解高职生的成长需求和心理缺失。基于这一思考,笔者在总结以往调查的基础上,于2014年自编了《高职生心理状况调查问卷》,并对上海三所高职院校的高职生作了调查。

---

* 作者简介:颜苏勤,上海市商业学校,Email: shsxysq@163.com.

2 对象与方法

2.1 研究对象

本研究对象为上海市三所高职院校学生，其中男生 226 人，占 32.7%；女生 465 人，占 67.3%。一年级 360 人，占 52.1%；二年级 331 人，占 47.9%。共计 691 人。

2.2 研究工具

本研究的问卷为自编问卷《高职生心理状况调查问卷》(见附录)，问卷分为选择题和开放题两部分，选择题为 37 题，包括五个方面：第一、学习和意志力；第二、对自我的认识；第三、对他人的认识；第四、对异性交往的态度；第五、对就业与未来的看法；第六、对生活的态度。开放题为 3 题，用于高职生畅所欲言地表达自己的所思所悟。本次调查共发出问卷 705 份，收回 691 份，有效率达 98%。同时，笔者召开了 5 次专题访谈会，访谈人数达 30 人。

统计分析。所有数据的处理在 SPSS11.5 for Windows 软件包和 Excel 上进行。

3 调查结果与讨论

通过问卷调查和深度访谈，笔者发现高职生的心理现状具有如下特点：

3.1 实践积累较重视，但学习意志力较弱

调查发现，高职生对经验积累和实践教学比较重视。表现在选择“你进入高职最大的心愿是”一题(多选)时，有 75.8%的高职生选择“完成学业的同时积累更多的经历”，有 45.9%的高职生选择“一心一意完成学业”。在选择“如果在你身上可以发生一些改变，你最希望改变的是”一题时，选择最多的是改变“知识”，占

69.8%。在选择“你最喜欢的上课方式是”一题时，选择“校外参观学习”、“观看多媒体”、“动手操作为主”，分别占到44.3%、45.7%和46.3%。但是，在选择“你对考试的态度”一题时，选择“学习扎实、不怕考试”的仅占10.4%。在选择“如果对自己的现状不满意，你采取的行为是”一题时，选择“想改变但不知道怎么做”的高职生占35.9%，选择“知道怎么做，但没有采取实际行动”的占28.2%，说明超过六成的高职生学习意志力不强。

从调查结果可以看出，一方面高职生普遍对学业比较重视，更重视实践积累，且上课方式也多选择“观看多媒体”、“动手操作”等注重实践的教学形式，他们希望通过实践积累顺利就业。另一方面高职生学习意志力并不强，相对于一般的大学生而言比较贪玩，自觉学习的能力较弱，有些高职生对其所选的专业没有归属感、对学习不感兴趣。

3.2 自我认识较清晰，但自我评价较弱

调查发现，高职生对自我的认识比较清晰。在“进入高职，你的感觉是”一题选择上，有51.4%的高职生认为高职生与本科同样可以大有作为，有22.7%的高职生认为“自己比本科生更具有专业优势。”在“目前你最关心的是什么”一题选择上，有48.9%的高职生选择了“培养个性特长”。在“你目前最担忧的是”一题选择上，选择“所学能否所用”的高职生占47.8%，选择“能否找到好工作”的高职生占65.6%。但是，在选择“你最喜欢的人生阶段”一题时，选择喜欢高职阶段的学生仅占10.7%。有25.5%的高职生认为“进入高职，自卑、低人一等”。在选择“你的情绪常常是”一题时，45.9%的高职生选择了“表面平静，实际压抑很多愤怒或忧伤等复杂情绪”，10.7%的高职生选择了“常发脾气，想控制但控制不住”。

从调查结果可以看出，一方面高职生对自己的认识比较理性。笔者通过与2010年(以下简称10年)对高职生的调查的比较发现，现在的高职生对自己的认识更清晰。对进入高职的良好感觉与高职生有上升通道，甚至可以取得硕士学位有关。另一方面高职生自我评价并不高，他们觉得自己不是“应试教育”的“宠儿”，使一些高职生自信心受到了严重打击，降低了他们的自尊水平，使他们自我评价偏低。

3.3 对待他人较友善，但求助安全感较弱

调查发现，高职生在与家长、教师、朋友（同学）相处时比较友善。在选择“对你为人处世的原则影响最大的方面来自”一题时，第一位的是“父母”，占 80.2%；在与父母的关系上，认为父母“理解自己，像朋友一样”的占 68%。在与教师的关系上，在选择“在你的学习经历中，你认为老师对你的教育行为使你”一题时，53.8%高职生选择了“自信”。在与朋友的关系上，在选择“当有困惑烦恼时，求助的对象是”一题时，“找知心朋友倾诉”的占 69.6%，其中，女生选择此项的占女生总数的76.1%，男生占其总数的 58.8%，女生显著高于男生，说明女生更容易寻求同伴帮助和宣泄。但是，在回答“当你处于困惑、烦恼、痛苦时，你采取的求助方式”一题时，求助父母的为 31.4%，求助心理教师的仅占 16.6%，求辅导员的更少，仅为 13.9%。

从调查结果可以看出，一方面高职生在与家长、教师、朋友（同学）相处时比较友善，这与 10 年时的调查结果比较一致。同伴依然是高职生的重要社会支持来源，同伴关系对高职生的健康成长有重要作用。另一方面，高职生人际关系有需要改进的地方。高职生在遇到困难时更多求助同学或朋友，很少求助父母和教师。求助心理教师的比例较 10 年有所增加，但学生对心理咨询依然认识不足，虽然学校配备了心理教师，但其作用未得到很好的发挥。

3.4 异性交往较正常，但爱的能力较弱

调查发现，大多数高职生已经有过恋爱经历，异性交往比较正常，有 1 至 3 次恋爱经历的达 60.5%。在回答“你对高职生性行为的看法”一题时，选择“可以理解，但我目前不会尝试”的达 56.7%，比 10 年时下降了 14.5%；“不应发生”占 21.7%，与 10 年时相比有显著差异，增加了 87%。在选择“你认为在恋爱中可以得到什么”一题时，选择“一个了解自己的人”占 64.3%，第二位的是“有陪伴自己的人”。在选择“你了解性知识的途径”一题时，第一位是上网，占 67.7%；第二位是“问同学朋友”，占 43%；第三位是“自己找书看”，占 39.7%。但是，至少有 14.5%的高职生不回避自己“发生性行为”。从表面上看校园里成双成对的异性交往比以

前增多，不过有37.3%的高职生是为了“有个倾诉对象”，13.6%的高职生谈恋爱是为了满足“对异性的好奇心”，9.8%的高职生是为了“面子”。

从调查结果可以看出，一方面高职生对恋爱和性有很大的好奇心。知道自己为什么恋爱，在恋爱中想要得到什么，这与学校和社会对性教育不再回避有一定关系。另一方面，有些高职生对性行为态度随便，这对尚未具备责任能力和性保健知识缺乏的高职生来说，极易酿成不良后果并带来一定的社会问题。

3.5 社会定位较理性，但就业信心较弱

调查发现，高职生对自己未来的定位比10年时更理性。在选择“你认为自己将来在社会上的地位”一题时，选择“社会中层”的人数增加了，达到43.4%；选择“社会中上层”下降，仅占27.5%。在回答“目前你最关注的是什么?”一题时，63.5%的高职生选择“就业”。在选择“你希望辅导员”一题时，希望辅导员与“学生分享人生成长经历”的占50.9%。但是，65.6%的高职生担心“能否找到好工作”，42.1%担心“能否找到工作”，47.8%担心“所学能否所用”。找工作时最看重“收入”的高职生占72.1%。

从调查结果来看，一方面大部分高职生认为自己将来会处于社会中层，与10年相比，高职生对自己的定位更理性。高职生希望辅导员与学生分享人生成长经历，从各种渠道获取有用的发展和就业信息，说明高职生对未来有一定的思考。另一方面，高职生的职业价值观偏向于收入，这与目前社会急功近利的功利主义思想的影响有密切的关系。

3.6 价值观较积极阳光，但自我要求较低

调查发现，高职生的价值观比较阳光积极。在选择“你认为周围人对你的看法是”一题时，“都很友好”的占32.1%，“比较友好”的占46.9%，说明大部分高职生能感受到他人的友善以及对他人的好感。在选择“你对未来的中国最关心的是”一题时，第一位是“社会秩序良好”，占62.2%，第二位是“安全、平和”。在选择“你认为生活中最重要的东西是”一题时，选择第一位的是健康，占72.1%，选择“责任感”的占58.6%。但是，选择“自由”的占65.6%。

从调查结果来看,一方面高职生价值观总体上是积极向上、待人友善、有责任感的。另一方面,高职生在现实生活中对自我要求却比较低。大多数高职生认为人生最重要的是自由,然而他们对自由的理解却是有偏颇的,他们需要的自由是不受任何约束,是相对学校规章制度的约束而言的,并不懂得自由的真正意义。

4 思考与对策

高职教育是我国高等教育的重要组成部分,高职生心理素质的好坏将直接影响其健全人格的发展,最终也将影响到我国国民素质的提高。这次问卷调查发现高职生具有“六优六弱”的特点。所以,我们既要看到高职生成长中的积极因素,同时又要看到其在成长中出现的新问题。为此,笔者结合长期从事高职生心理健康教育的实践探索,从学校环节,提出如下几点对策:

4.1 实行理论与实践教学一体化,培养学习意志力

高职生重视实践积累,希望在完成学业的同时积累更多的经历,期待未来更好地发展。从高职生的学习愿望和现有的学习状况出发,培养良好的意志品质,使其在学习中获得乐趣和自信,更好地完成学业并终身受益。

具体干预途径:①开设心理健康教育课程,提高自我管理能力。②举办素质拓展活动,锻炼意志品质。③创新教学活动,培养学习兴趣。④激发学习动机,提升自我价值。可以先从树立身边专业学习的榜样入手,再收集行业标兵的成长历程和社会价值,让高职生学习如何让自己做一个有价值的人,使高职生的学习动机由外部诱因转化为内在驱动力。

4.2 推行“因材施教”的教育理念,提升自信心

高职生个体差异较大,推行“因材施教”的教育理念,可以更好地提升高职生的自信心,使高职生的消极情绪转化为积极情绪,提高高职生的自我评价。

具体干预途径:①推行因材施教,使每个高职生都能得到接纳。②采用合理的

激励方式，抓住时机对高职生进行激励。③关注高职生的发展图景，使高职生的社会地位得到真正的提升。

4.3 设置“情景体验式”活动，提高人际关系处理能力

高职生在应对困难情境时，更多求助于同伴朋友，较少选择求助教师和父母，这与高职生人际关系处理有着很大的关系。高职生对教师的信任较少，也不想让父母担心，对心理咨询没有建立充分的安全感，很少求助心理辅导老师，这一点亟须改善。

具体干预途径：①以人际交往为主题，开展同质团体心理辅导，培养高职生人际关系处理能力。②采用情景体验和角色扮演的方式，让高职生感受教师和父母对他们的接纳和期待。③开展师生和亲子活动，让教师和父母了解高职生遇到的问题，对于高职生的倾诉给予合适的反应，让高职生对他们产生安全感。

4.4 开设爱情课程，培养爱的能力

异性交往是高职生生活的一部分，健康的恋爱心理是高职生健康成长的保障。培养高职生健康的恋爱心理，正确认识性行为，对高职生有着重要意义。只有懂得爱、会爱，才能在异性交往中得到更好的发展，避免受到伤害。

具体干预途径：①开设友情与爱情课程，使高职生正确看待恋爱生活。②创设各种条件，给男女生广泛正常接触的机会，帮助他们异性交往的技巧。③对高职生进行性健康教育。完整的性教育既包括知识，也包括性观念和性态度。让高职生懂得尊重自己、尊重他人正确看待性行为的意义和生命的责任。

4.5 倡导“行行出状元”的成才观，增强就业信心

高职生对自己有理性的定位，但就业信心较弱，往往过度烦恼和焦虑，从而不能更好地择业和就业，这就需要倡导“行行出状元”的成才观，增强高职生的就业信心，结合职业生涯规划教育，使他们理性规划自己的职业生涯。

具体干预途径：①鼓励高职生培养自己的职业能力和爱好，引导高职生形成“行行出状元”的成才观。②发挥职业生涯规划课程的指导作用，培养高职生正确的择

业观和就业观。③传授高职生面试技巧，使高职生在面试、实习和工作中更容易得到单位的认可。④建立健全心理疏导机制，消除高职生就业过程中的焦虑、自卑、盲从、逃避、依赖等消极心理，使高职生拥有积极的心态。

4.6 从积极心理学视角，充分调动成长潜质

积极心理学强调开发个人积极的心理潜能，培养积极的心理品质，得到可持续的发展。从积极心理学的视角出发，关注高职生的成长潜质，让高职生的个性特长得到发展。

具体干预途径：①人格教育。人格教育通过心理健康教育与德育相结合进行。具体地说，即通过设计一系列社会实践活动，如开网店、兼职、做志愿者等，让他们感受社会生活，磨练自己的意志，培养高职生合作、负责、自信、乐观、坚韧、宽容等个性心理品质。②"三观"教育。"三观"教育即人生观、世界观、价值观的教育，结合中西文化和古今文化的精髓，通过课程和活动等多种形式展开。③个性培养。鼓励形成兴趣小组和组织社团活动，给高职生充分发展特长的空间和氛围，培养高职生的创新意识。

总之，及时掌握高职生的心理动态，根据高职生的心理特点，制定适合高职生的心理健康教育的活动，探索富有针对性的方法和途径，才能使高职院校的心理健康教育有针对性和实效性，才能促进高职生的健康发展和人格成长。

参考文献

[1] 任俊. 积极心理学[M]. 上海：上海教育出版社，2006.

[2] 杨彦. 高职生就业心理健康现状研究[J]. 职教论坛，2013(11)：89 - 91.

[3] 陈梦薇. 高职院校学生自信心影响因素分析[J]. 传承.，2010，(12)：132 - 134.

[4] 刘甜芳. 高职生的社会支持：获得支持与提供支持的关系与相互作用[D]. 南京：南京师范大学硕士论文，2012.

[5] 郭海燕. 自尊、自我评价与人际关系的相关研究[D]. 保定：河北大学硕士论文，2010.

[6] 曹士东. 高职生恋爱误区及其教育[J]. 教育与职业，2009，29：161 - 163.

[7] 杜琦. 怎样引导高职生树立正确的恋爱婚姻观[J]. 网友世界 · 云教育，2014，(13)：

130－131.

[8] 颜苏勤. 加强对高职生的心理健康教育是一项系统工程[J]. 上海商业，2006(3).

[9] 颜苏勤. 高职生心理现状特点分析与对策[J]. 上海商学院学报，2010，11(3)：69－72.

团体音乐辅导对大学生积极心理品质的培育*

许燕平　崔　赟　宋　娟　虞亚君　马　爽　宋晓东

（上海第二工业大学，上海，201209）

摘　要　20世纪末以来，在Seligman等人的大力倡导和世界同行的积极推动下，积极心理学已成为越来越多人推崇的时代精神，积极心理学运动给人们带来了认识理念、研究范式和实践导向的根本转型。高校心理健康教育也不例外，关注对象从少数心理问题严重的学生转向全体学生，心理健康教育的目标已不再仅仅满足于心理问题的应对，而是从积极心理学出发，致力于激发和培养积极心理品质，促进学生人格的完善与生活的美好。为此，了解学生积极心理品质的现状和特点，进而促进积极心理品质的开发和成长，成为当前积极心理健康教育的重点。

关键词　团体音乐辅导，积极心理品质，高校心理健康教育

引言

目前国内外关于积极心理品质的研究主要从积极心理品质的概念、结构和内容、相关变量和干预实践等几个方面展开（管群，孟万金，Keller，2009；Park，Peterson，2006c；孟万金，官群，2009；刘秀华，张杰，2013；张春，2013）。针对学生积极心理品质的培育主要通过心理健康教育课程、主题班会、社团活动、专题讲座、校园宣传等传统心理健康教育方式，也有学者对如何促进积极心理品质的培育进行

---

* 作者简介：许燕平，女，教授。上海第二工业大学学生处副处长，心理健康教育中心主任，Email：ypxu@sspu.edu.cn。

了实验研究。有研究表明,团体辅导对于学生积极心理品质的培养有一定的作用(杨慧,2014;胡慧敏,2014;李凤兰,2005)。奥尔夫音乐团体辅导是团体辅导的一种形式,能够利用人与音乐的特殊关系培养和训练其调节人际关系的能力和技巧,有助于情绪调节(考试焦虑和社交焦虑)和缓解心理压力(吴骕骦,2014;王琳,2010),提高大学生的情绪智力(王威,2012)。但关于团体辅导对培养大学生积极心理品质的文章很少见到,因此,本研究拟把奥尔夫音乐治疗的理念及方法,应用于团体辅导中,培育大学生积极心理品质,一定程度上实现了心理健康教育的一级目标,即以预防教育为主,面向全体学生,注重潜能的开发和心理素质的培养(孟万金,2008),极大地丰富和发展传统心理健康教育的内容。

1 研究对象与方法

1.1 研究对象

在某高校随机选取 70 名学生。主要为大一、大二学生,其中男生 52 人,女生 18 人,年龄最大 25 岁,最小 18 岁,平均年龄 20.5 岁。

1.2 研究方法

1.2.1 研究工具

本研究采用 Seligman 提出的《24 项积极心理品质问卷》,包括创造力、好奇心、开放思想、热爱学习、有视野、真诚、勇敢、坚持、热情、友善、爱的品质、社会智能、公平、领导力、团队精神、宽容、谦虚、谨慎、自律、审美、感恩、希望、幽默、信仰等 24 项积极心理品质。

1.2.2 施测

团体音乐辅导前,采用《24 项积极心理品质问卷》对实验组和对照组的学生进行测试,了解两组学生的积极心理品质的基线水平,并对两个组进行同质性检验。

1.2.3 干预过程

本次团体音乐辅导共分为八次,主要包括:

第一次，团体建立；

第二次，音乐总动员——圆圈舞；

第三次，音乐综合训练——身体与声音；

第四次，希腊风格的七拍子卡农；

第五次，即兴创作——我们的打击乐；

第六次，鼓圈；

第七次，手语舞——动感非洲；

第八次，真情道别。

八次团体辅导的结构为：在第一、第二次团体建立及音乐总动员中，除简要介绍活动设计和预期目标，学生签订团体协约书及相互认识外，通过圆圈舞的活动，进行肢体上的接触、眼神的交流，营造和谐的氛围，建立彼此的信任；在第三至第五次的活动中，通过模仿、节奏、语言、歌唱，消除孤独感，达到认识自我，悦纳自我，管理与控制自我的目的；在第六次的活动中，建立自信，培养观察能力，寻找到从未见到过的自我。第七次的活动中，通过挑战、联想、交流、需要，达到相互支持、共同成长的目的。第八次活动中，团体成员互相赠送自制的心愿卡，表达祝福和愿望，使此次团体活动成为一次美好的回忆。

1.2.4　实验后测

团体音乐辅导后，采用《24 项积极心理品质问卷》对实验组和对照组的学生进行测试，了解两组学生的积极心理品质水平的变化情况。从实验组里随机抽取 5 名学生进行访谈，通过定性分析的方式来考察辅导的效果。

1.3　数据处理

采用 SPSS19.0 对前后数据进行配对样本 t 检验、独立样本 t 检验等数据处理。

2　结果

2.1　实验组、对照组前测数据比较

采用独立样本 t 检验对实验组和对照组的前测差异进行检验，结果如表 1 所

示，两个组学生的24项积极心理品质在前测阶段都不存在显著差异，表明在前测阶段，这两个组是同质的。

表1 实验组对照组前测数据比较

积极心理品质名称	实验组($M\pm SD$)	对照组($M\pm SD$)	t	p
创造力	6.31±1.26	6.23±1.06	0.65	0.52
好奇心	6.51±1.15	6.26±0.78	1.66	0.11
开放思想	6.17±1.47	6.09±1.20	0.59	0.56
热爱学习	6.14±1.22	6.09±0.92	0.42	0.68
有视野	6.51±1.48	6.34±0.91	0.83	0.41
真诚	6.34±1.08	6.20±0.76	1.04	0.30
勇敢	3.94±1.53	4.14±1.41	−0.67	0.51
坚持	6.63±1.00	6.54±1.20	0.31	0.76
热情	5.94±0.68	6.00±0.91	−0.28	0.78
友善	5.86±1.48	5.74±1.27	0.48	0.64
爱的品质	5.74±1.34	5.66±1.19	0.90	0.37
社会智能	6.57±0.95	6.34±1.28	1.31	0.20
公平	6.14±1.06	5.77±0.94	1.85	0.07
领导力	6.00±1.06	5.83±1.18	1.64	0.11
团队精神	6.46±1.25	6.43±1.31	0.14	0.89
宽容	5.83±1.15	5.97±1.42	−0.47	0.64
谦虚	5.54±0.95	5.60±0.95	0.35	0.73
谨慎	6.03±1.07	5.97±1.01	−0.39	0.70
自律	6.89±1.45	6.97±1.54	−1.35	0.19
审美	5.89±1.47	6.11±1.30	−1.00	0.32
感恩	5.63±0.97	5.83±0.86	−0.90	0.37
希望	6.17±1.25	6.40±1.22	−0.74	0.46
幽默	5.54±1.15	5.69±1.21	1.82	0.07
信仰	6.11±0.80	5.80±0.99	1.663	0.106

2.2 实验组、对照组后测数据比较

采用独立样本t检验对实验组和对照组的后测差异进行检验，结果如表2所示，两个组学生的创造力($t=8.31$，$p<0.01$)，好奇心($t=5.11$，$p<0.01$)，真诚($t=6.77$，$p<0.01$)，勇敢($t=10.85$，$p<0.01$)，坚持($t=4.21$，$p<0.01$)，热

情($t=8.65$, $p<0.01$),友善($t=6.69$, $p<0.01$),爱的品质($t=8.34$, $p<0.01$),公平($t=2.25$, $p<0.05$),领导力($t=5.04$, $p<0.01$),团队精神($t=6.25$, $p<0.01$),谦虚($t=4.90$, $p<0.01$),感恩($t=-2.60$, $p<0.05$)13种积极心理品质在后测阶段存在显著差异,实验组的创造力、好奇心、真诚、勇敢、坚持、热情、友善、爱的品质、公平、领导力、团队精神、谦虚、感恩等积极心理品质的水平显著高于对照组学生的积极心理品质水平。由此可见,干预方案是有效的。

表2 实验组对照组后测数据比较

积极心理品质	实验组($M\pm SD$)	对照组($M\pm SD$)	t	p
创造力	7.77±1.06	6.20±0.76	8.31**	0.00
好奇心	7.60±0.88	6.40±0.98	5.11**	0.00
开放思想	5.43±1.63	6.03±1.04	−1.73	0.09
热爱学习	6.06±1.11	6.26±1.09	−0.89	0.38
有视野	6.26±0.92	6.40±0.91	−0.67	0.51
真诚	7.77±1.17	6.17±0.62	6.77**	0.00
勇敢	7.63±1.22	4.43±0.98	10.85**	0.00
坚持	8.20±1.59	6.74±1.09	4.21**	0.00
热情	8.97±1.22	6.20±1.16	8.65**	0.00
友善	8.11±1.26	5.77±1.37	6.69**	0.00
爱的品质	8.31±1.57	5.77±0.97	8.34**	0.00
社会智能	6.74±1.27	6.37±1.19	1.29	0.21
公平	6.51±1.50	5.86±1.12	2.25*	0.03
领导力	7.37±1.26	6.00±1.00	5.04**	0.00
团队精神	8.06±1.53	6.31±1.26	6.25**	0.00
宽容	6.43±1.58	5.94±1.41	1.58	0.12
谦虚	6.74±1.04	5.63±1.00	4.90**	0.00
谨慎	6.51±0.92	6.11±0.96	1.91	0.07
自律	7.00±1.26	6.69±1.57	0.81	0.42
审美	6.26±1.22	5.97±1.27	1.04	0.30
感恩	5.37±0.77	5.80±1.02	−2.60*	0.01
希望	5.89±1.05	6.29±1.10	−1.75	0.09
幽默	5.97±1.25	5.91±1.17	0.18	0.86
信仰	7.77±1.06	6.00±1.24	1.22	0.23

2.3 实验组前后测数据比较和对照组前后测数据比较

采用配对样本 t 检验分别对实验组和对照组的前、后测数据进行差异性检验，结果如表 3、表 4 所示，实验组学生创造力 ($t=-4.78$，$p<0.01$)、好奇心 ($t=-4.12$，$p<0.01$)、真诚 ($t=-5.18$，$p<0.01$)、勇敢 ($t=-10.92$，$p<0.01$)、坚持 ($t=-4.78$，$p<0.01$)、热情 ($t=-13.17$，$p<0.01$)、友善 ($t=-6.66$，$p<0.01$)、爱的品质 ($t=-7.28$，$p<0.01$)、领导力 ($t=-4.73$，$p<0.01$)、团队精神 ($t=-5.51$，$p<0.01$)、谦虚 ($t=-5.76$，$p<0.01$) 的后测数据显著高于前测数据，对照组的前后测数据之间不存在显著差异。这在一定程度上表明干预方案是有效的。

表 3　实验组前、后测数据比较

	前测 ($M\pm SD$)	后测 ($M\pm SD$)	t	p
创造力	6.31±1.26	7.77±1.06	−4.78**	0.00
好奇心	6.51±1.15	7.60±0.88	−4.12**	0.00
开放思想	6.17±1.47	5.43±1.63	1.99	0.06
热爱学习	6.14±1.22	6.06±1.11	0.314	0.76
有视野	6.51±1.48	6.26±0.92	0.93	0.36
真诚	6.34±1.08	7.77±1.17	−5.18**	0.00
勇敢	3.94±1.53	7.63±1.22	−10.92**	0.00
坚持	6.63±1.00	8.20±1.59	−4.78**	0.00
热情	5.94±0.68	8.97±1.22	−13.17**	0.00
友善	5.86±1.48	8.11±1.26	−6.66**	0.00
爱的品质	5.74±1.34	8.31±1.57	−7.28**	0.00
社会智能	6.57±0.95	6.74±1.27	−0.69	0.49
公平	6.14±1.06	6.51±1.50	−1.40	0.17
领导力	6.00±1.06	7.37±1.26	−4.73**	0.00
团队精神	6.46±1.25	8.06±1.53	−5.51**	0.00
宽容	5.83±1.15	6.43±1.58	−1.75	0.09
谦虚	5.60±0.95	6.74±1.04	−5.76**	0.00
谨慎	6.03±1.07	6.51±0.92	−1.97	0.06
自律	6.89±1.45	7.00±1.26	−0.33	0.74
审美	5.89±1.47	6.26±1.22	−1.14	0.26

（续表）

	前测（$M\pm SD$）	后测（$M\pm SD$）	t	p
感恩	5.63±0.97	5.37±0.77	1.16	0.26
希望	6.17±1.25	5.89±1.05	0.97	0.34
幽默	5.54±1.15	5.97±1.25	−1.55	0.13
信仰	6.11±0.80	6.37±1.33	−0.96	0.34

表 4　对照组前、后测数据比较

	前测（$M\pm SD$）	后测（$M\pm SD$）	t	p
创造力	6.23±1.06	6.20±0.76	0.18	0.86
好奇心	6.26±0.78	6.40±0.98	−0.87	0.39
开放思想	6.09±1.20	6.03±1.04	0.35	0.73
热爱学习	6.09±0.92	6.26±1.09	−0.90	0.37
有视野	6.34±0.91	6.40±0.91	−0.32	0.75
真诚	6.20±0.76	6.17±0.62	0.26	0.80
勇敢	4.14±1.41	4.43±0.98	−1.89	0.07
坚持	6.54±1.20	6.74±1.09	−1.13	0.27
热情	6.00±0.91	6.20±1.16	−1.42	0.17
友善	5.74±1.27	5.77±1.37	−0.12	0.91
爱的品质	5.66±1.19	5.77±0.97	−0.73	0.47
社会智能	6.34±1.28	6.37±1.19	−0.21	0.84
公平	5.77±0.94	5.86±1.12	−0.46	0.65
领导力	5.83±1.18	6.00±1.00	−1.03	0.31
团队精神	6.43±1.31	6.31±1.26	0.60	0.55
宽容	5.97±1.42	5.94±1.41	0.14	0.89
谦虚	5.60±0.95	5.63±1.00	−0.19	0.85
谨慎	5.97±1.01	6.11±0.96	−1.54	0.13
自律	6.97±1.54	6.69±1.57	1.17	0.25
审美	6.11±1.30	5.97±1.27	0.93	0.36
感恩	5.83±0.86	5.80±1.02	0.22	0.83
希望	6.40±1.22	6.29±1.10	1.28	0.21
幽默	5.69±1.21	5.91±1.17	−1.54	0.13
信仰	5.80±0.99	6.00±1.24	−1.31	0.20

2.4 定性研究的结果

在团体辅导结束后，随机选取实验组中的5名学生进行半结构化访谈，了解本实验方案对大学生积极心理品质的影响。5名学生访谈结果显示，经过实验干预，一些积极心理品质发生了变化，如好奇心、团队精神、审美、幽默等，如学生讲述“自己在兴趣爱好方面，好奇心方面有所变化，今后会多尝试自己感兴趣的事情”，“在活动中，每位同学脸上都洋溢着热情的微笑”，“我会在以后积极主动地参加一些课外活动”，由此可知，学生的积极心理品质在一定程度上发生了改变。

3 讨论

通过数据分析，实验组的创造力、好奇心、真诚、勇敢、坚持、热情、友善、爱的品质、公平、领导力、团队精神、谦虚、感恩等积极心理品质的水平显著高于对照组学生的积极心理品质水平，说明奥尔夫音乐团体辅导对大学生的积极心理品质的培育有重要影响，在创造、表演、欣赏等音乐活动过程中，大学生的心境也会产生截然不同的效果，从而达到宣泄情绪，表现自我，实现自我，发展智力等作用(欧胜虎，2010)。

干预前，实验组和对照组在前测阶段不存在差异，说明这两个组是同质的。干预后，实验组前、后测存在显著差异，对照组前、后测不存在显著差异，表明干预方案在一定程度上是有效的。对大学生积极心理品质的培养之所以取得了效果，是因为:第一，该方案进行了详细地规划，认真落实。干预方案是在教育学专家和几位心理学、音乐学硕士研究生等共同探讨下产生的，每个环节都有理有据。在实施过程中，实验主试严格按照计划操作，每一周干预结束后认真总结和反思，对下一周的干预进行预演。第二，在此次团体辅导中，采用了奥尔夫音乐治疗的方法，以音乐为手段，刺激学生的听觉、触觉、视觉、动觉等，由于音乐本身具有一定的内在吸引力，从而引发学生的高度参与，并使其积极投入到训练当中。圆圈舞、即兴创作等内容能够有效调动学生的积极性，让每一个学生都受到团体训练的影响，而不是表面上的参与。这种寓教于乐的方式放大了音乐训练的影响效应，这也是近年来参与式音乐治疗广泛流行的原因。第三，积极心理品质比起具有持久性特征的人格特质、行为方式，是可以在短时间内进行改善的。团队音乐辅导有针对性的训练旨在培养学生的热情、坚持、希望、友善等特质，这些特质都是在人际接触中能够得到改善。在团队音乐辅导活动中，不仅仅是调动了学生的积极情绪，改善了学生的积极心理状况，而且教会了学生如何把提升积极心境的方法有效地迁移到现实生活中。

参考文献

[1] 孟万金. 论积极心理健康教育[J]. 教育研究，2008(5)：41－45.

[2] 刘翔平. 当代积极心理学[M]. 北京：中国轻工业出版社，2010.

[3] Seligman, MEP, & Csikszentmihalyi M.. Positive psychology: An introduction [J]. American Psychologist, 2000，55：5－14.

[4] Park N, Peterson C. Moral competence and character strengths among adolescents: The development and validation of the Values in Action Inventory of Strengths for Youth [J]. Journal of Adolescence, 2006，29：891－910.

[5] 管群，孟万金，Keller. 中国中小学生积极心理品质质量表标志报告. 中国特殊教育[J]. 2009(4)：70－87.

[6] Park N, Peterson C, Seligman MEP. Strengths of character and well-being: a closer look at hope and modesty [J]. J Soc Clin Psychol, 2004，23(5)：628－634.

[7] Duan WJ, Bai Y, Tang XQ, et al. Virtues and positive mental health [J]. Hong Kong J Ment Health, 2012，*38*(5)：24－31.

[8] 王旭东. 音乐疗法的实施[J]. 音乐中国(台湾)，1995(14)：55.

[9] 欧胜虎. 音乐治疗在高效心理健康教育与咨询中的应用[J]. 四川文理学院学报，2010，20(2)：80－82.

[10] 张春. 奥尔夫音乐对高职大学生心理亚健康的治疗方法和效应探析[J]. 湖南理工学院学报，2013，26(4)：88－92.

[11] 杨慧. 团体心理辅导对高一学生人际交往状况改善的研究[D]. 呼和浩特：内蒙古师范大学硕士论文，2014.

[12] 胡慧敏. 团体辅导对研究生积极心理品质的影响研究[D]. 北京：北京化工大学硕士论

文,2014.

[13] 李凤兰.人际交往团体辅导对改变大学生抑郁状况的作用研究[D].武汉:华中师范大学硕士论文,2005.

[14] 吴骕骦.音乐审美欣赏对大学生情绪适应干预的实验研究[D].重庆:西南大学硕士论文,2014.

[15] 王琳.接受式音乐治疗对缓解大学生心理压力的干预研究[D].呼和浩特:内蒙古师范大学硕士论文,2010.

基于积极心理学视角的青少年网络使用研究*

郭顺清

摘　要　目的了解学生网络使用过度者及其影响因素，为实施干预措施提供科学依据。方法采用整体抽样的方法，抽取上海市有代表性的10所学校8 943名学生，采用网络使用过度者量表、抑郁自评量表、症状自评量表及自编一般情况调查表进行测试分析。结果：在全部参与调查的8 943名学生中，有89.8%的学生(8 034名)没有网络成瘾问题；可能有网络使用问题的学生为909名，占10.2%。在参与调查的1 793名职业院校学生中，有1 505名(约占83.9%)没有网络成瘾问题，可能有网络使用问题的同学为288名(约占16.1%)。在参与调查的2 391名高中学生中，有2 159名(约占90.3%)没有网络成瘾问题；可能有网络使用的问题的同学为232名(约占9.7%)。参与调查的4 760名初中学生中，有4 371名学生(约占91.8%)没有网络使用问题，可能有网络使用的问题的学生为389名，约占参与调查初中生总数的8.2%。

结论

(1) 青少年为网络过度使用的高危人群，职业院校类学生网络过度使用情况更为严重。

(2) 网络过度使用学生与网络正常使用学生在情绪症状、行为问题、过度活动、同伴问题及总的困难等五方面均有极其显著的差异($P<0.001$)。

(3) 初中、高中及职业院校三类学校的网络过度使用学生之间的心理特征不存在显著差异。结论：应当关注互联网过度使用的青少年，尤其要重点关

* 作者简介：郭顺清，高级讲师，Email：Hong818204@126.com

注中职业院校学生，其心理特征主要表现在情绪症状、行为问题、过度活动、同伴问题及总的困难等五方面。在干预中需要动员教育、卫生以及学生和家长共同参与开展干预活动。

关键词 网络过度使用者；网络正常使用者；长处与困难问卷；因素分析；中职学生

网络使用过度者(Interner Addiction Disorder, IAD)是近年来心理学界研究的热点之一。众多相关研究指出，网络用户对网络的过度使用，造成工作、学习、家庭上一系列消极影响。CNNIC《第 24 次中国互联网络发展状况统计报告》披露，我国网民规模已稳居世界第一位。我国"网络使用过度者"标准制定负责人、北京军区总院网络使用过度者治疗中心主任陶然强调，网络使用过度者就是精神疾病，其主要临床症状是对网络渴求、戒断后有强烈反应、非工作原因每天上网超过 6 小时。国内在各专业领域关于网络使用过度者的研究与报道颇多，但对网络使用过度者倾向影响的因素研究不多见，这严重制约了干预效果，一部分本可避免成瘾的学生因缺乏有效的帮助而演变为成瘾者，从而导致不可预计的后果发生。本调查选择上海市学生为对象，从上网情况、内容、家庭背景以及成瘾群体人格特征等方面进行分析，希望可以进一步为学生网络使用过度者的防治提供科学依据，引导学生科学地使用网络，避免网络使用可能带来的对学生、心理与生理健康的负面影响。

1 对象与方法

1.1 对象

样本选自上海市 3 类学校(初中、高中和职业院校)的在校学生。采用整群抽样的方法，分层按比例抽取上海地区有代表性的 12 所学校(包括高中 5 所、初中 5 所和 2 所中等职业院校技术学校)，预初至职业院校四年级共计 7 个年级 8 944 名学生为调查对象。剔除无效问卷。被试年龄初中学生年龄 10～18 岁，13.70±

0.78岁；高中学生年龄 14～18 岁，16.53±0.62 岁；职业院校学生年龄 15～20 岁，16.89±0.64 岁。排除严重躯体疾病、重型精神疾病和药物成瘾者。

1.2 方法

1.2.1 调查方法

本研究为现况调查，测试前取得被试人知情同意，在学校的班主任协助下统一主试和指导语。采用以班级为单位集体自填问卷的调查方法，要求学生根据自己的真实情况填写问卷，时间控制在 1 小时内且答卷当场收回。由培训后的数据输入员录入数据，调查问卷中资料不完整或不真实的答卷(如全选相同答案、测题漏答、背景材料填写不完整)均判为无效问卷。对全市确认为网络过度者由七名经过培训的精神科医生对被试者的心理特征进行评估。

1.2.2 调查工具

①网络使用过度者测评问卷，Beard 修订的 Yonng 网络使用过度者诊断问卷(Diagnostic Questionnaire for Internet Addiction, YDQ)共 8 个条目，由学生回答"是"或"否"。8 个条目中，前 5 项必须都满足，并同时满足后 3 项中的任一项才能诊断为网络过度使用；②长处与困难量表(儿童版，SDQ)。调查正式实施前对所有参与调查的人员都统一作了培训。

1.2.3 统计方法

所有数据应用 SPSS17.0 统计软件处理，采用统计描述、单因素方差分析、卡方检验、t 检验及 Pearson 积差相关系数统计描述。数据符合正态分布时，采用参数统计方法，即计量资料采用 T 检验，其中多采用独立样本的团体 *T* 检验。

2 结果

2.1 网络使用的基本问题情况

经核实后有效人数 8 944 名，其中共有 909 名学生存在网络使用问题，其中初中生 389 名，高中生 232 名，职业院校生 288 名；各类学校之间的成瘾程度比较经卡方检验差异均有显著性(P<0.05)(见表1)。

表1 学校类型 网瘾类型 Crosstabulation 比较

	职业院校(n=1 793)	高中(n=2 391)	初中(n=4 760)
没有网络问题	1 505(83.9%)	2 159(90.3%)	4 371(91.8%)
可能有网络使用的问题	288(16.1%)	232(9.7%)	389(8.2%)

表1显示:不同类型学校网络使用过度者之间的差异分别达到显著水平。职业院校(16.1%)>高中(9.7%)>初中(8.2%)。中职业院校有网络使用问题的同学明显多于高中与初中同学。这与目前中职业院校的生源和家庭以及社会的关注度有明显的关系。

表2中显示,此次调查中学生网络使用过度者阳性率为职业院校(16.1%)>高中(9.7%)>初中(8.2%)。职业院校男性学生中网络使用过度者为19.4%,明显高于高中男性13.2%。另外,中学生网络使用过度者中,男性仍多于女性,这与既往报道相似。而又以中等职业院校技术学校学生中网络使用过度者的比例最高。中学生是网络使用过度者的高危人群,表1表2说明网络使用过度者行为干预对象年龄重点应放在进入高中阶段的学龄段的男生,尤其是那些可能进入中等职业院校技术学校的男生。这与《2007年上海市大中学生网络使用过度者倾向及其影响因素分析》报告中得出的结论相似。

表2 不同类型学校不同水平网络过度使用的性别差异

	性别	网瘾类型	
		没有网络问题	可能有网络使用的问题
职业院校	男性	773(83.9%)	186(19.4%)
	女性	732(87.8%)	102(12.2%)
高中	男性	977(86.8%)	149(13.2%)
	女性	1 182(93.4%)	83(6.6%)

2.2　不同类型学校可能有网络使用问题和没有网络问题的总分及各分量表差异性检验

Strength and Difficulties Questionnaire(以下简称 SDQ),由父母评估儿童青少年的行为、情绪问题。量表共有 25 个条目,每个条目按 0～2 三级评分,0 分不符合,1 分有点符合,2 分完全符合。包括情绪症状、品行问题、多动注意不能、同伴交往问题和社会行为等 5 个因子及困难总分。困难总分是由情绪症状、品行问题、多动注意不能、同伴交往问题构成,它们的得分越高提示儿童青少年的情绪、行为问题越多,困难越大。而社会行为因子得分越高,提示儿童青少年适应社会的正性行为越多,长处越多。国内应用具有良好的信度(重测信度为 0.72, Cronbachα 系数为 0.78)和效度。

2.2.1　上海市职业院校可能有网络使用问题和没有网络问题的总分及各分量表差异性检验

A 代表可能有网络使用问题的学生,B 代表没有网络问题的学生。表 3、表 4 显示这一部分 t 检验的结果,第一行表示方差齐性情况下的 t 检验的结果,依次为显示值(t-value)、自由度(df)、双侧检验概率(2-Tail Sig)、差值的标准误(SE of Diff)及 95%可信区间(Cl for Diff)。抑郁自评量表、焦虑自评总分(修改前)和修正后 SAS 的总分及大部分量表之间不存在显著性的差异;在情绪症状因子、多动冲动因子、同伴相处因子和总的困难因子偏高显著高于没有网络问题 $p<0.05$,情绪症状因子、多动冲动因子得分相对低,提示可能有网络使用的问题学生认为自己的行为更不得当。

表 3　上海职业院校 SDQ 均数的比较

	可能有网络使用的问题 (n=288)	没有网络问题 (n=1 505)	T 值	P
网络使用情况问卷总计	58.05±8.568	33.27±9.889	43.81	0.000
抑郁自评　总分	37.31±7.636	37.31±8.368	0.008	0.994
焦虑自评　总分	31.61±7.302	32.55±7.990	−1.97	0.050
情绪症状因子	3.60±2.385	2.13±2.035	9.798	0.000
行为问题因子	3.10±1.746	2.14±1.499	8.784	0.000
多动冲动因子	4.74±1.962	3.26±1.951	11.83	0.000
同伴相处因子	3.02±1.743	2.78±1.582	2.155	0.032
总的困难因子	14.47±5.328	10.31±4.966	12.27	0.000

表 4　上海高中 SDQ 均属的比较

	可能有网络使用的问题（n=232）	没有网络问题（n=2 159）	T 值	P
网络使用情况问卷总计	58.48±8.606	31.65±8.141	47.42	0.000
抑郁自评　总分	37.17±7.174	37.40±7.957	−0.461	0.645
焦虑自评　总分	33.01±7.292	32.45±7.990	1.052	0.293
情绪症状因子	4.07±2.567	2.30±2.033	10.16	0.000
行为问题因子	3.13±1.805	2.00±1.336	9.299	0.000
多动冲动因子	4.94±2.016	3.12±1.977	13.31	0.000
同伴相处因子	3.13±1.765	2.51±1.501	5.096	0.000
总的困难因子	15.27±5.734	9.93±4.732	13.69	0.000

2.2.2　上海市高中可能有网络使用问题和没有网络问题的总分及各分量表差异性检验

A 代表可能有网络使用问题的学生，B 代表没有网络问题的学生。表 5、表 6 这一部分显示 t 检验的结果，第一行表示方差齐性情况下的 t 检验的结果，依次显示(t-value)、自由度(df)、双侧检验概率(2-Tail Sig)、差值的标准误(SE of Diff)及其 95%可信区间(Cl for Diff)。抑郁自评总分、焦虑自评总分(修改前)和修正后 SAS 的总分及大部分量表之间不存在显著性的差异；情绪症状因子、多动冲动因子得分相对低，是心理学家们研究网络用户的网络使用行为时较多关注的个体心理

表 5　不同学校 SDQ 均属的平均分比较

	职业院校（n=288）	高中（n=232）	初中（n=389）
抑郁自评　总分	37.31±7.636	37.17±7.174	37.89±7.591
焦虑自评　总分	31.61±7.302	33.01±7.292	32.84±6.980
情绪症状因子	3.60±2.385	4.07±2.567	3.51±2.300
行为问题因子	3.10±1.746	3.13±1.805	3.56±1.757
多动冲动因了	4.74⊥1.962	4.94±2.016	4.98±2.092
同伴相处因子	3.02±1.743	3.13±1.765	3.52±1.736
总的困难因子	14.47±5.328	15.27±5.734	15.57±5.141
社会化行为因子	6.73±2.039	7.02±2.237	6.14±2.224
网络使用情况问卷总计	58.05±8.568	58.48±8.606	58.48±7.945

特征之一。一般认为情绪症状因子、多动冲动因子、同伴相处因子和总的困难因子偏高的人在实际生活的面对面交往中更加缺乏信心，因而难以建立现实生活中的同伴关系，他们因此转向网络寻求网上友谊。北京大学心理系的钱怡铭教授在谈到哪一类人上网容易成瘾时也曾指出，那些总的困难因子比较严重的人有可能在现实生活的交往中遇到的困难较多，而网络具有匿名性，有限的感官接触等特殊性质，使他们在网上社交中易获成功，这种网上社交游刃有余和现实生活中的不断遭遇挫折，势必导致更多的重复上网行为，因此导致网络使用过度者。本研究结果提示具有不良的在情绪症状因子、多动冲动因子、同伴相处因子和总的困难因子偏高显著特征才导致容易成瘾，还是由于成瘾才导致情绪症状因子、多动冲动因子、同伴相处因子和总的困难因子偏高，显著高于没有网络问题，或两者兼而有之，还有待进一步的研究。

2.2.3 上海市各类学校可能有网络使用问题和没有网络问题的SDQ均属的平均分比较

不同类别学校的网络使用情况(见表7)中，我们可以清楚地读出，各类别学校学生上网率由低到高依次为初中、高中、职业院校。而各学校学生上网率差异有统计学意义($P<0.001$)。抑郁自评总分由低到高依次为高中、职业院校、初中。说明学生生活压力初中明显升高，情绪症状因子由低到高依次为初中、职业院校、高中。说明随着年龄和生活广度的延伸自控能力也有明显不同。行为问题因子由低到高依次为职业院校、高中、初中。多动冲动因子依次为初中(4.98)>高中(4.94)>职业院校(4.74)，没有明显区别。同伴相处因子依次为初中(3.52)>高中(3.13>职业院校(3.02)。总的困难因子依次为初中(15.57)>高中(15.27)>职业院校(14.47)。社会化行为因子依次为高中(7.02>职业院校(6.73)>初中(6.14)，这也与CNNIC《第24次中国互联网络发展状况统计报告》中显示的网瘾向低龄低层次发展相一致。

3 讨论

3.1 青少年是成瘾行为的高危人群

网络使用过度者是网络心理障碍中最为常见的一种症状。由于网络的使用者主要集中在青少年群体中，所以在网络使用过度者中，青少年所占的比例也较高。国内相关报道显示，有3.5%～14.9%的青少年有网络使用过度的行为。而本次上海调查职业院校生发生率16.1%、高中生9.7%、初中8.2%。性别也是网络成瘾发生的又一个相关因素。这可能与男生具有较强的攻击性、富于好奇和冒险精神以及难于管束有关，还与男生的心理成熟度比女生相对较晚，自我约束能力较差有关。到温暖，很容易“躲”进网络。第三种是自制力弱的孩子。一接触电脑就情不自禁，容易“上瘾”。

3.2 不同性别不同学段中学生网络使用情况构成比较

表2显示男性更容易走向网络使用过度者性别也是网络成瘾发生的又一个相关因素。这可能与男生具有较强的攻击性、富于好奇和冒险精神以及难以管束有关，还与男生的心理成熟度比女生相对晚一点，自我约束能力较差有关。

结论：该方面结论有待于从游戏、聊天、购物、信息检索及邮件等方面分层研究网络使用过度者男女的差异。

3.3 本研究主要探讨了中学生可能有网络使用者的影响因素

结果表明，青少年从网络使用中获得的知识经验显著地预测他们的自我效能；青少年从网络使用中获得的调节能力显著地预测他们的乐观态度；青少年从网络使用中获得的正性情绪与调节能力可以显著地预测他们的心理弹性。青少年心理发展的积极品质，如自尊与自信、道德与亲社会行为、心理弹性与意志可以在网络空间内培养。信息时代青少年的积极心理品质应该突破现实空间的限制，充分体现鲜明的信息时代特点。因此网络使用过度者行为的干预是一个庞大的社会工程。青少年是成瘾行为的高危人群，需要动员教育、卫生及相关部门，包括学生和家长共同参与开展干预活动。

总之，网络使用过度者是一种不健康的现象，对在校学生的正常学习、生活和社交均产生重大的影响。国内吴芳[4]等诸多研究提示网络对学生来说是一把双刃剑，既能给学生生活和学习带来很多便利，同时也对其心理健康状况产生较大的负面影响。

参考文献

[1] CNNIC《第24次中国互联网络发展状况统计报告》

[2] Beard K W, Wolf E M. Modification in the proposed diagnostic criteria for Internet addiction [J]. Cyber psychology and Behavior, 2001, *4*, 377 - 383.

[3] 蓝燕. 6.4%大学生有网络使用过度者倾向[N]. 中国青年报, 2001, (5).

[4] 吴芳. 网络使用与大学生心理健康状况调查[J]. 临床心身疾病杂志, 2006, 12(3), 208

[5] Morahan-Martin J, Schumacher P. Incidence and correlates of pathological Internet use among college students [J]. Computers in Human Behavior, 2000, 16, 13 - 29.

[6] 潘琼, 肖水源. 病理性互联网使用研究进展[J]. 中国临床心理学杂志, 2002, 10, 237 - 240.

[7] 肖汉仕, 苏林雁, 高雪屏, 范方, 曹枫林. 中学生互联网过度使用倾向的影响因素分析.

[8] 寇进华, 杜亚松, 夏黎明. 儿童长处和困难问卷[J]. 上海常模的信度和效度. 上海精神病学, 2005, *12*(1).

高校研究生情感现状及对策探析*

——基于上海 H 校调查

徐玉兰　胡　娟（华东理工大学，200237，上海）

摘　要　婚恋观是个体对恋爱、婚姻、性等问题的态度和观念。本文通过对上海某高校 505 名研究生恋爱、婚姻、性行为及观念的调查，旨在探查研究生恋婚性方面的总体状况及特点，为高校有针对性地开展和加强研究生恋婚性教育与引导提供参考，从而帮助研究生树立成熟、理性的婚恋观和性观念。

关键词　研究生；恋爱；婚姻；性行为；调查；对策

婚恋观是个体对恋爱、婚姻、性等问题的态度和观念。依据 Erikson 的人格发展理论，研究生正处于亲密——孤独的发展阶段，恋爱、婚姻、性成为他们无法回避的发展主题。随着经济的发展，社会文化多元化与价值多元化趋势的进一步增强，原有的恋婚性价值评判体系正受到冲击，研究生的恋婚性行为及观念也显现出新的状况及特点。本文通过调查，试图了解当前研究生的恋爱、婚姻及性行为状况与观念，把握研究生恋婚性行为及观念的特点与发展趋势，为高校有针对性地开展和加强研究生恋婚性教育引导工作提供借鉴，倡导学生树立成熟、理性的恋婚性行为与观念。

1　研究对象及方法

1.1　调查对象

在上海 H 校全校研究生范围内采用分层随机抽样方式抽取 550 人并发放问

* 作者简介：徐玉兰，华东理工大学，Email：ylxu@ecust. edu. cn.

卷,收获有效问卷 505 份,问卷回收有效率为 91.8%。具体组成情况如表 1 所示。

表 1 研究生恋婚性现状调查样本分布情况

类型	性别		专业		学历		生源地		独生子女	
	男	女	文科	理工	硕士生	博士生	农村	城镇	是	否
频数(N=505)	231	274	186	319	441	64	269	236	192	313
百分比(%)	45.7	54.3	36.8	63.2	87.3	12.7	53.3	46.7	38	62

1.2 调查方法

本调查针对当前高校研究生在恋爱、婚姻、性等方面突显的问题,自编问卷,问卷主要包括:对性行为的态度及看法、性知识及安全意识、恋爱动机、择偶标准、对婚姻和家庭生活的态度及看法等。本调查采用公开纸笔测量方式。对调查数据采用 EXCEL 进行统计处理。

2 调查结果

2.1 研究生恋爱状况及分析

2.1.1 恋爱状态

由图 1 可见,恋爱状态方面,43.6%学生正在恋爱中,18.4%曾经谈过恋爱现已分手,3%目前正处于失恋中,3%处于单/暗恋状态,17.6%未曾谈过恋爱,处于单身状态,1%已婚。可见,研究生恋爱现象较为普遍,66%有正式恋爱经历,31%没有正式恋爱经历。

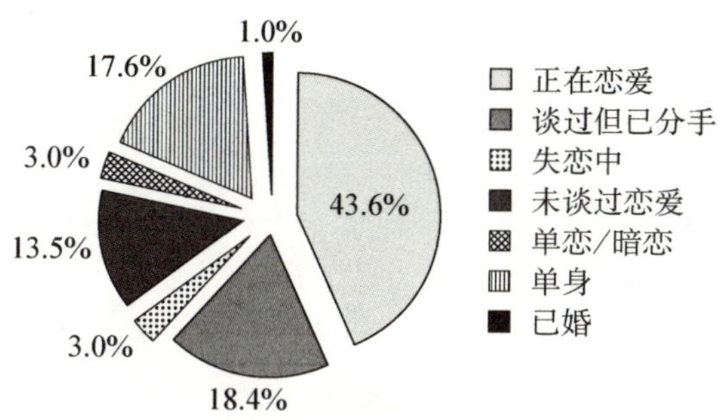

图 1 你的恋爱现状

对于初恋年龄(见图2),10%在16岁以下,近37%在17～20岁间,41.4%发生在20～25岁,11.7%发生在25岁以后。可见,大多数(78.4%)同学初恋发生在大学校园。

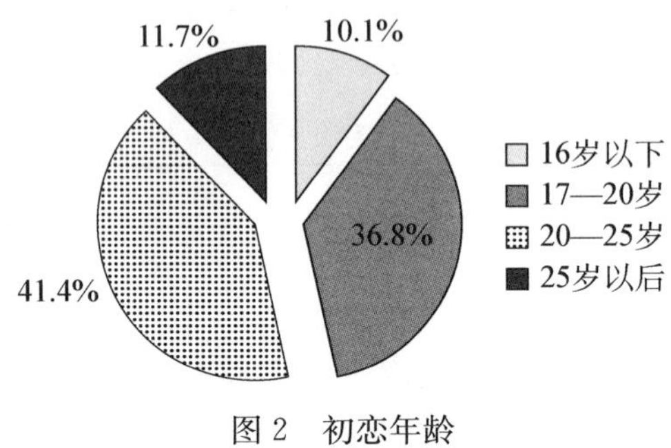

图2 初恋年龄

2.1.2 恋爱观念

在恋爱观上,研究生认为维持爱情最重要的因素依次是信赖(56.6%)、尊重(46.1%)、坦诚忠诚(43.6%)、宽容(42.4%)、慷慨大方(8.5%)。由图3可知,恋爱时会主要考虑对方的品德(62%)和性格(50.7%)两大因素,其次是能力(35.25%)、相貌(33.66%),再次是气质(24.16%)、家庭(20.59%)等外在因素,成绩不被看重(2.38%)。与此相似,选择男女朋友时(见图4),考量最多的是人品好(67.3%),其次是"志趣相投"(50.7%),第三是"能力强"(19.21%),而后依次是"相貌好"(17.4%)、"学历高"(9.11%)、"经济条件好"(5.74%)等。可见,品德、性格是恋爱选择的最重要砝码。

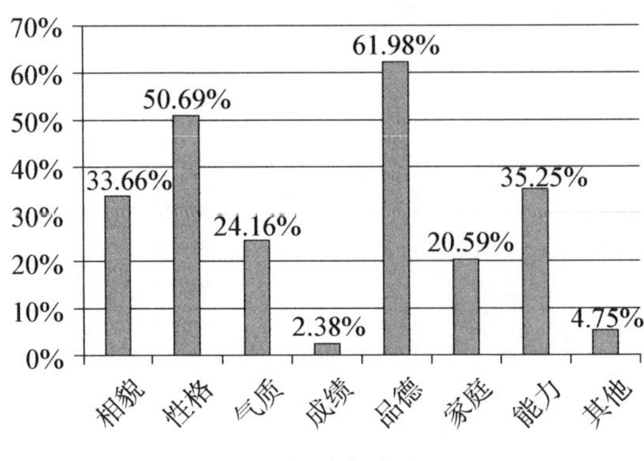

图3 恋爱考虑方面

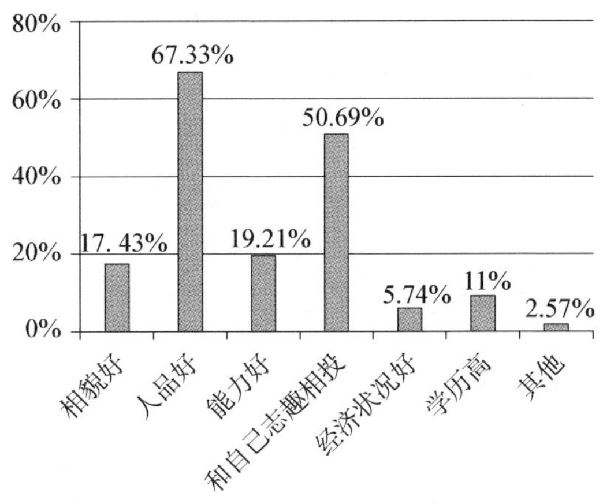

图 4　选择男/女友的依据

2.1.3　恋爱动机

谈及恋爱动机及原由(见图 5),68.2%认为恋爱是为婚姻做准备,其次 18.6%是“希望得到呵护、排解孤独寂寞”;也有小部分学生恋爱是因为担心毕业后“剩下”(4.4%),满足好奇(3.8%),觉得恋爱是有能力、魅力的体现(2.6%),寻求刺激(1.8%),或为获取一定的社会经济地位(0.6%)等。总之,大多数学生对恋爱是基于感情、婚姻来考虑的。

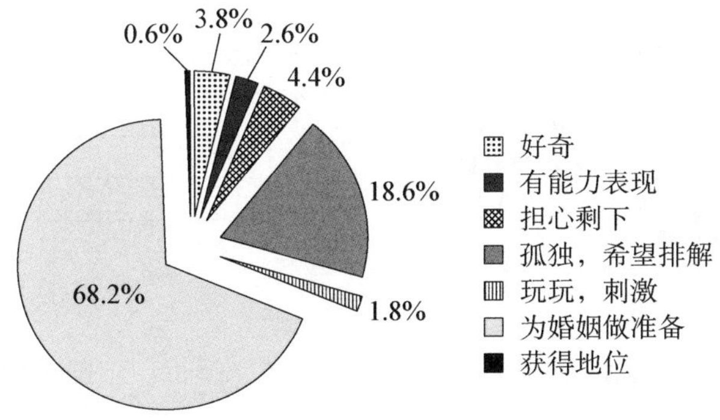

图 5　恋爱动机及原由

2.1.4　恋爱行为

在认识恋人的渠道和途径方面(见图 6),60.8%是由同学关系发展而来;经朋友介绍占比 18.1%,在社会活动中认识占比近 12%;其他近 10%学生是通过偶然机会邂逅、网友、校园BBS开始恋爱的。恋爱过程中，恋人间可接受的亲密行为（见图7），约会牵手仅占7.7%，接吻占32.5%，性爱抚占14.5%，边缘性性行为占15.6%，近30%能接受发生性行为。恋爱花销方面（见图8），比较多的认同AA制（占比42.8%）和男生多女生少（占比36%）、谁富有谁花销多（占比近18%）三种主要方式，女生花销多男生少依然不占主流（3.4%）。在谈恋爱遇到困惑或问题想要咨询时（见图9），选择最多的是向朋友（62.6%），其次是同学（28.1%），再次是自己解决（25.7%），向长辈倾诉解决（占比9%），向老师解决比例最小，仅占2%。

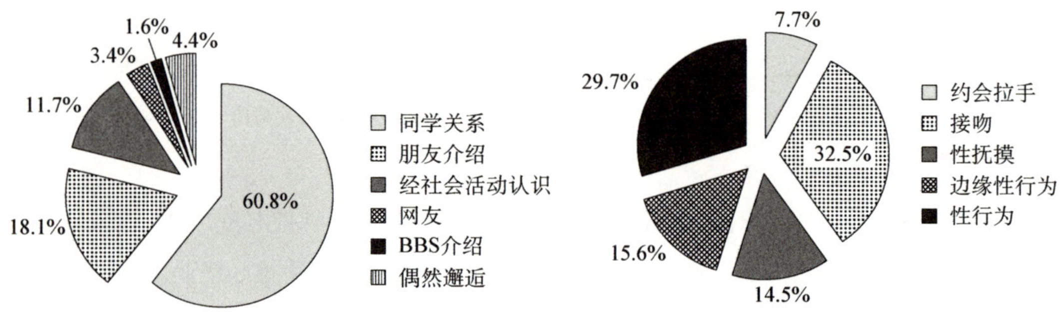

图6 认识恋人渠道

图7 恋人间可接受亲密行为程度

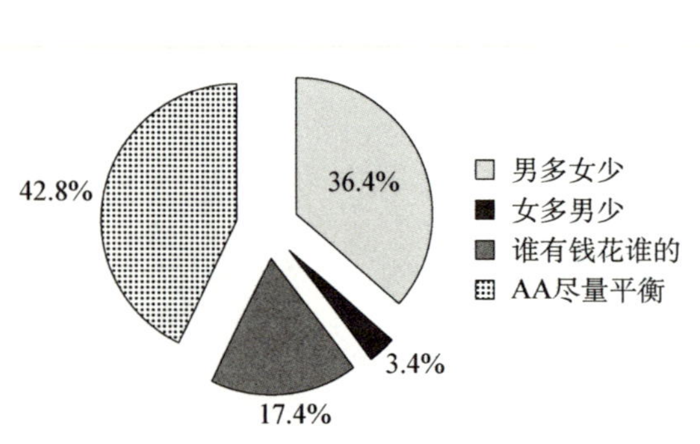

图8 恋人间花销方式

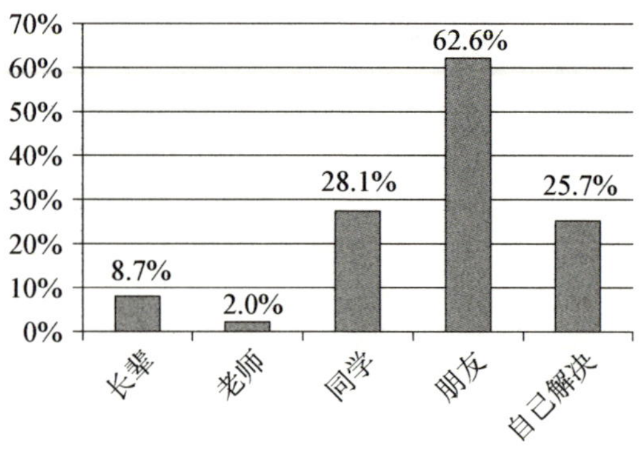

图9 遇到恋爱问题咨询对象

2.1.5 对网恋、异地恋的看法

在对待“网恋”和“异地恋”上，51.5%能接受网恋，另48.5%并不看好。异地恋方面，62%能接受，26%对此不接受，12%持无所谓态度。看来，研究生对异地恋的接受认可程度高于网恋10个百分点，这可能是源于异地恋虽然双方分隔两地，但

有真实相处的经历，且双方了解更为真实；而网恋为虚拟交往，没有共同相处的经历，了解不全面，所以认可度更低。

2.2　研究生婚姻状况及态度

2.2.1　婚姻观念

在婚姻观上，37%认为婚姻是双方相互了解，相处融洽，相互扶持，共同生活；37%认为婚姻是柴米油盐等生活琐事，7%认为婚姻是建立在金钱与外表上的关系，5%认为婚姻会束缚爱情的自由发展；5%认为婚姻就是一张结婚证，有没有无所谓，1%认为进入婚姻，爱人即变亲人。

选择配偶时（见图10），75%把“人品性格”排在第一位，占绝对优势；8.3%看重家庭背景，经济条件、外表、学历比较接近，占比4%左右；父母意见占3.2%。另外，有0.8%关注性方面情况。此外，85%表示择偶会受到家庭意见的影响。关于不愿意结婚的原因（见图11），经济条件不允许是首要原因，占比36.2%；其次是担心较早地失去自由，占比22.8%；再次是感情上曾受过伤，不敢轻易触碰婚姻，占比12.1%；懒得处理婚姻带来的复杂关系（占比7%）是第四大原因；不想负责任（占比5%）、爱情不需要婚姻来证明（占比2%）分别是第五、六位原因；同性恋和宗教问题也成为较小原因之一（分别占比1%）。

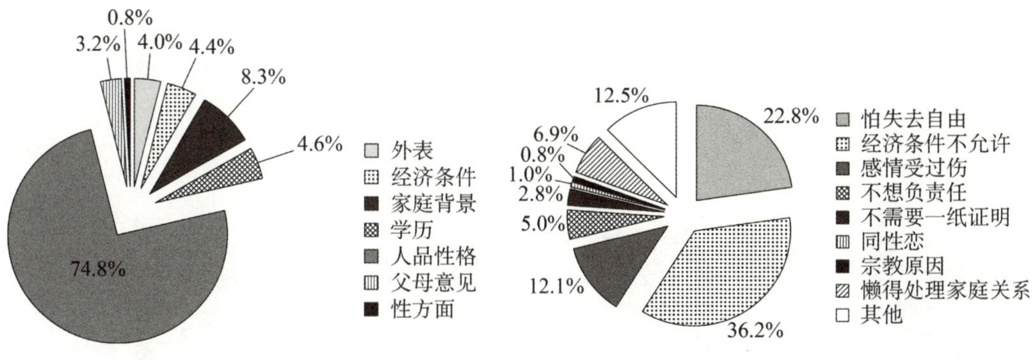

图10　择偶在意方面

图11　不愿意结婚的原因

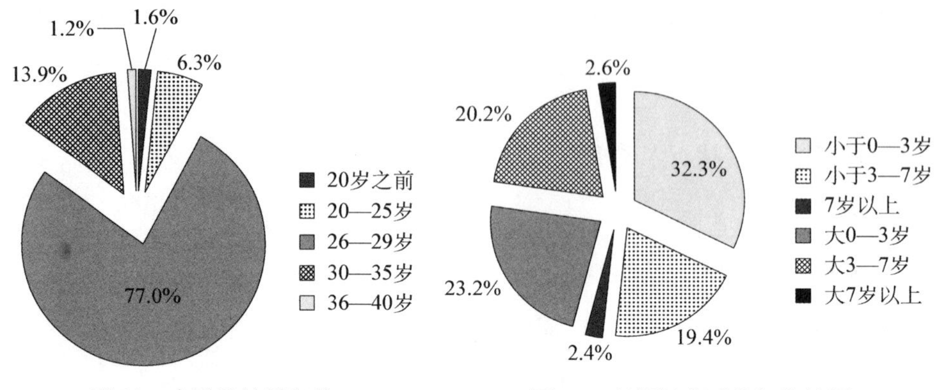

图12　合适的结婚年龄　　　　图13　配偶间合适的年龄差距

2.2.2　婚姻行为

对于适婚年龄，77%选择26～29岁之间结婚，13.9%选择在30～35岁结婚，6.3%认为在20～25岁。另外，对于配偶年龄差距，55.5%学生认可0～3岁之差，近40%认可3～7岁之差，其中男生希望配偶比自己小，而女生希望配偶年龄比自己大，这一点性别差异显著。

对于理想的家庭组合形式（见图14），近70%选择父母与孩子的三口小家，21%选择三代同堂的复式家庭，另有5%选择丁克家庭，虽然占比较小，也是一种存在，表现出当代家庭类型的多元化新特点。对于理想的单身形式（见图15），30.7%倾向于独来独往，31.7%对这一问题从未想过；14.3%倾向与父母住在一起；10.9%喜欢不结婚但有固定性伴侣；另有5.7%认为单身但和小孩一起生活是理想的单身形式。

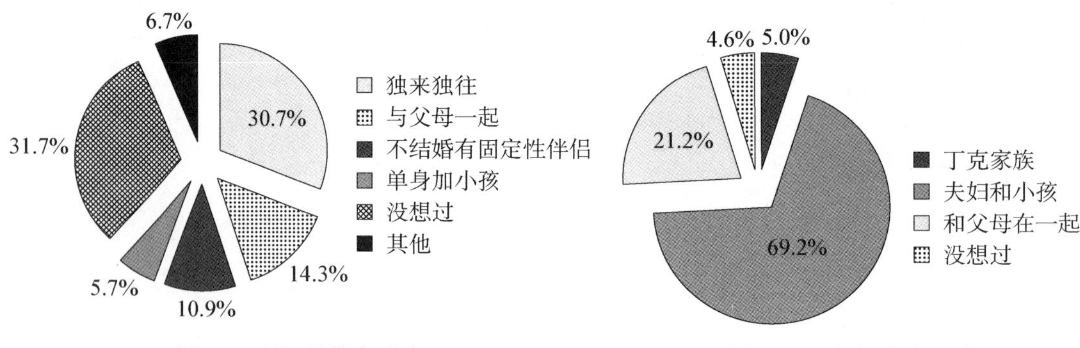

图14　理想的单身形式　　　　图15　理想的家庭形式

婚姻经营方面(见图17),对于婚后家庭开支,75%认可"共同承担,15%认可视双方的经济情况而定,仅有2%~3%认可某方独自承担或各自承担。对于《婚前财产协议》(见图16),34%认同这一点,37%觉得此举不太好但勉强能接受,16%觉得无所谓,13%持否定意见。可见,大部分学生还是持肯定意见,与《新婚姻法》意见精神接近。

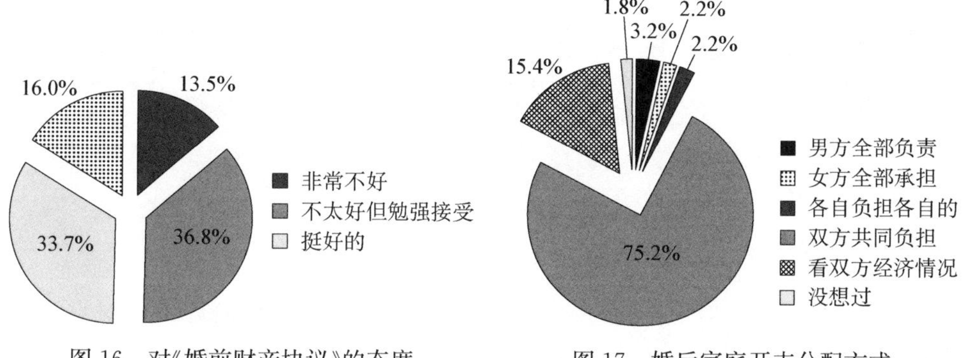

图16 对《婚前财产协议》的态度　　图17 婚后家庭开支分配方式

对待生育问题,23%选择婚后一年左右,37%的学生选择婚后3~5年,有27%的学生顺其自然,另有近5%的学生选择丁克,2.6%的选择婚后5年以上,6%的学生暂没想这个问题。

对婚内出轨,16.4%不能忍受配偶精神出轨,略高于不能忍受身体出轨者(14.7%),63%学生两方面均不能忍受,另有1.6%表示无所谓。可见绝大多数学生向往婚姻忠诚。

2.3 研究生性行为状况及态度分析

2.3.1 婚前性行为态度

由调查得知,婚前性行为在研究生群体并不生疏,69.1%认为婚前性行为在校园里普遍存在,22%明确表示有过性行为,而30.9%对此持不同意见。在评估自己会否发生婚前性行为这一点上(见图18),20%认为自己坚决不会,23.4%认为可能会,17%觉得说不准,近6%认为在两情相悦、情到深处时可能会身不由己,33.7%认为会否发生婚前性行为要看两人的感情发展情况,这一点是较多人的态度。由

图 19 可知，52.9%的研究生对同学或朋友发生婚前性行为持“可接受”态度，37%认为现在时代不同了，婚前性行为很正常，9.5%认为此举不应该，仅 0.6%认为婚前性行为不道德或是人品问题。

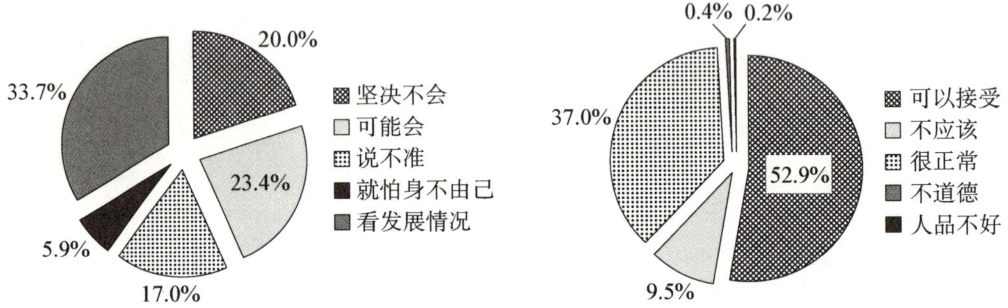

图 18　对自己发生婚前性行为的评价　　图 19　对他人发生婚前性行为的态度

可见，高达 90%对他人发生婚前性行为持开放接受态度，而近 80%对自己与恋人发生婚前性行为持接受或理解态度，两者相差 10 个百分点。从这一组数据看来，当前研究生对婚前性行为持较为开放的理解和接受态度，这可能源于研究生年龄大都超过了 22～23 岁，性生理成熟，有正常的性冲动和性需求；而目前在校研究生大多是“90 后”，他们是真正伴着改革开放成长起来的，受西方的性解放、性自由等观念的影响，研究生的性观念和性态度已日趋开放和自由。

2.3.2　性行为状况

在性行为安全意识方面，88.8%会选择使用安全套，但也有 5.9%表示不会，这说明绝大部分学生具备一定的性行为安全意识。但在性行为会否引发怀孕、性病或艾滋病一点上，仅 21.6%认为“很有可能”，超一半学生认为可能，而近 28%认为基本不可能，存在较大的认识误区或盲目乐观态度，亟须予以重视和引导。

由图 20、图 21 可见，对待特殊性行为情况，如“一夜情”，32.5%认为是一件“愿打愿挨、两厢情愿”的事情，27%认为一夜情害人害己，18.8%持折中观点，近 12%认为一夜情对男生无所谓，对女生而言损失大，10%认为是这时代的产物，能够接受。可见，当前研究生对一夜情现象表现出较为多元的观点和比较宽容的态度，这一点值得引起深思。在“性交易”这一点上，虽有 91%的学生表示自己不会发生此举,但4.4%明确表示会进行性交易,另有4%表示无所谓,可见当前研究生的性行为已不完全是简单的情感表达,有很小一部分受社会氛围的影响进行性与金钱的交易,这一点也需要引起相关部门及教育工作者的重视。

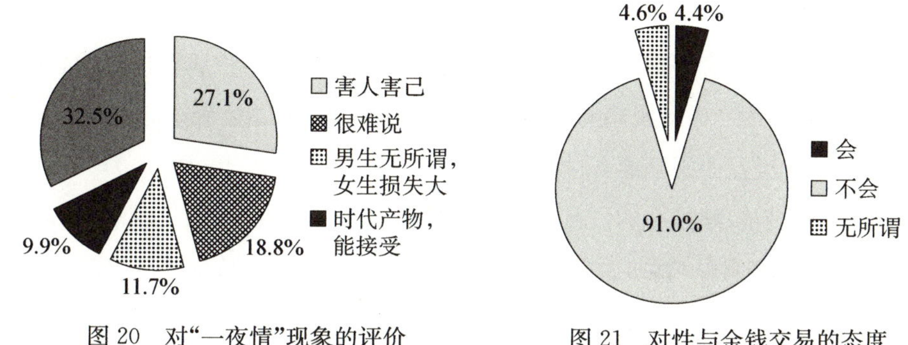

图20 对"一夜情"现象的评价　　图21 对性与金钱交易的态度

2.3.3 性知识教育渠道

目前,研究生获取性知识来源于多种渠道(见图22):从网络传媒或同辈群体处获知比例最高,各占30%多;其次为健康卫生类杂志(15.2%),再次是通过色情书刊及影碟(7.5%),从男友及好友处得知占6.5%,从性教育卫生课程中获得占5%,从老师和父母处获知最少,各占2%。可见,当今大部分学生的性教育依然是"自学"而得,从老师、父母等长辈途径了解得少之又少,规范、科学的性教育卫生课程亟须加强并发挥作用。

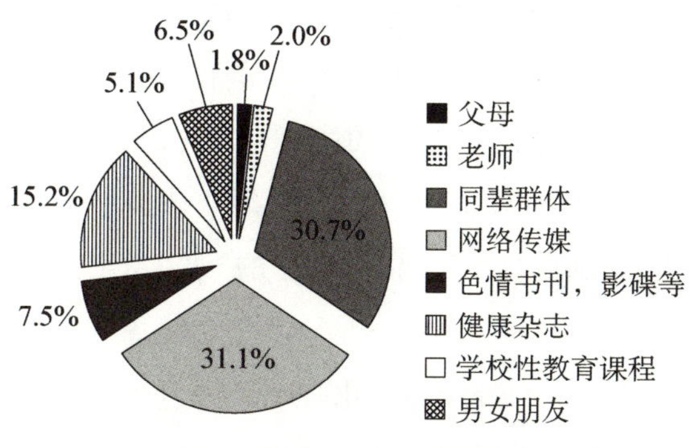

图22 获取性知识来源渠道

3 研究生恋婚性现状结论和分析

3.1 研究生恋婚性观念及行为特征

当前研究生的恋婚性观念存在着多维度、多元性的特征，由传统保守的恋婚性观向开放的恋婚性观发展趋势明显。如66%研究生谈过恋爱；恋爱动机正确，68.2%认为恋爱是为婚姻准备；择偶标准注重个性、人品、学识学历、能力经历等内在素质；注重爱情、婚姻中的信赖、坦诚、尊重成分；经营爱情、婚姻比较现实、理性；性观念开放程度明显增强，婚前性行为比较普遍，80%～90%持理解、接受意见。除婚前性行为之外，甚至也不乏“一夜情”、性交易等不良现象。

3.2 影响研究生婚恋和性价值取向的主要因素分析

第一，改革开放和市场经济体制建立导致人们人生观、道德价值观变化。研究生的价值观念逐渐从社会本位向个人本位倾斜，从奉献到重奉献与索取的统一，从重义轻利到重利轻义与义利并重，金钱逐渐成为衡量人生价值的重要标准，越来越注重个体的内在需要和享受等等。由此影响到婚恋和性价值观的变化表现为传统与现代并存的多元化色彩，婚恋动机多样化，性观念进一步开放，婚前性行为等明显增多，且对这些现象更加宽容和认同。

第二，西方文化思潮影响。经济体制转变和改革开放过程中，在引进国外先进技术的同时，西方文化思潮流入，弗洛伊德、萨特、尼采、叔本华等大批西方著作被介绍到中国，对研究生婚恋和性价值观影响较大的是性解放和人本主义思潮。此外，自由主义、个人主义及女权运动等都冲击着研究生婚恋和性价值取向，除了恋爱更自由、婚姻更自主外，传统婚恋的“永久”等观念受到挑战，性观念开放。

第三，当前的改革进程中，社会难免出现道德失范、价值观混乱、离婚率升高、婚姻问题增多等现象，高校并非“象牙塔”，研究生在学习搞科研的同时，也受到社会中这些现象的消极影响。

第四，各种传播媒介进一步影响了对研究生婚恋和性价值观的变化。改革开放以来，电影电视普及、报纸杂志增多、网络的普及和通信手段的进步等加快了信息传递，加速了外来文化的传播，必然影响到包括研究生婚恋和性价值取向。

4　研究生婚恋观及性教育对策及建议

4.1　建设心理健康公选课，以此为载体加强研究生正确的婚恋性教育

目前，本科生心理健康教育课程已得到大力普及，而研究生心理健康课程少之又少。当前及今后一段时间应着力建设研究生心理健康课程，指导研究生正确认识爱情的本质，掌握科学的择偶原则和标准，指导他们正确处理爱情与事业、爱情与人生的关系，着力培养正确的恋婚观，以高层次的恋爱生活方式作为恋爱指导思想，明确婚姻的本质是以男女两性结合为特征的伦理关系，其根本点是爱情与义务的统一。在社会主义市场经济条件下，研究生性观念呈现开放和多元化态势，应进行性伦理教育，追求健康的爱情生活方式，倡导健康安全的性行为和性关系。

利用专题讲座，心理情景剧、活动沙龙、主题辩论、心理健康宣传周活动等载体，开展形式多样、丰富活泼的恋婚性教育宣传及辅导活动，让研究生能够从中感悟，学习性性地对待自己的恋爱、婚姻及性，并认真去面对，勇敢地担负起责任。

4.2　加强校园文化建设，营造良好的校园文化氛围

学校应当大力加强校园文化建设，通过校园文化艺术节、社会实践活动、学术报告、文化素质教育影片等多种渠道和方式来丰富研究生的校园文化生活，从多方面来满足研究生的精神需求，培养知爱，懂爱，惜爱，赏爱的高素质新青年，营造积极文明健康的校园文化氛围。

4.3 注重女生的恋婚性专门教育

女性在历史上受封建传统思想影响较深，婚恋和性问题常受到比男性严厉的约束。在新形势下，女研究生的婚恋观更加开放，由于她们情感追求比较专注，一旦越轨常更加自责、痛苦；当然也有个别女研究生受西方性解放思潮影响而行为不良。因此，有必要对女研究生专门教育，增强女研究生的婚恋性的责任感，促使其自尊、自重、自强与自爱。

参考文献

[1] 詹成峰，何瑾. 女研究生婚恋观研究及教育对策[J]. 北京教育，2010.
[2] 徐姗，厉云飞. 研究生婚恋观现状及引导对策探析[J]. 重庆科技学院学报，2012，(19).
[3] 肖平，罗琼. 高校研究生婚恋观特点及教育对策分析[J]. 湖北经济学院学报，2011，(9).

大学生亲子关系特点及与依恋风格的关系研究*

马婷婷(上海师范大学心理咨询中心,上海,200030)

摘　要　亲子三角关系是家庭系统理论中的重要概念,是指当父母婚姻发生冲突时,子女通过涉入父母之夫妻子系统,形成父—母—子女间的彼此拉扯互动模式,以稳定父母情绪性的紧张与束缚性的焦虑,维系家庭系统的平衡状态(Bowen 1978)。本研究通过实证研究,探讨大学生亲子三角关系的人口学特点,及与依恋风格间的关系,为大学生及父母建立功能良好的亲子关系,有效改善大学生依恋焦虑与回避问题提供意见。研究结论:①性别、年级、排行、父母婚姻状态不同的大学生在亲子三角关系的部分维度上存在显著差异;大学生婚恋状态在亲子三角关系各维度均无显著差异。②大学生亲子三角关系不固定跨世代联盟、固定跨世代同盟、支持性迂回、攻击性迂回、亲子三角关系总分均与依恋各维度及依恋总分呈正相关;亲职化维度与依恋回避呈负相关。

关键字　大学生;亲子三角关系;依恋风格

1　问题的提出

Bowen家庭系统理论中的“亲子三角关系”是指本该属于父母间的却将子女卷进其中的关系模式,当父母之间发生冲突,使得夫妻联结将变得不稳定时,他们将家庭中现存的第三人——子女拉进他们的关系中,或者子女在知觉到父母冲突带给他的威胁和不安全感之后,主动介入到父母的婚姻冲突中去,那么父、母、子女三

* 作者简介:马婷婷,女,上海师范大学心理咨询中心专职教师,Email:mtt@shnu.edu.cn

方将构成一个三角形，父、母、子女各为三角形上一个顶点，经过彼此间的关系调整，家庭内一个新的平衡状态就达成了。由于父母间的婚姻冲突是通过将子女拉进他们的关系而得以稀释，子女是被迫进入的，因此这种三角关系对子女的影响多是偏负性的。

Bowen虽然最早提出了亲子三角关系的概念，但是对于亲子三角关系运作的类型却并没有加以区分，后来的研究者（Bell和Bell，1979；Minuchin，1974；Guerin、Fay、Burden和Kautto，1987；Kerr和Bowen，1988；Brotherton，1989；Richie，1986；Broszormenyi-Nagy和Spark，1973）逐渐发展出不同的划分标准。现加以整理，大致可以将亲子三角关系区分为以下几种类型：

（1）跨世代联盟（cross-generational coalition）：当夫妻在婚姻关系中的紧张程度升高时，其中一方借由指责另一方的错误与寻求小孩的支持与来避免直接面对婚姻问题（Bell和Bell，1979，引自柴兰芬，2007）。

① 固定跨世代联盟（stable coalition）：子女长期固定与父亲或母亲某一方联盟。

② 不固定跨世代联盟（unstable coercive coalition）：子女有时与父亲联盟，有时又与母亲联盟。

（2）代罪羔羊（scapegoating）：当婚姻关系的紧张程度升高时，夫妻借由把注意力转移至子女的问题上，以避免直接面对彼此间的冲突。

① 攻击性迂回（detouring-attacking）：指父母联合起来指责、管教强势的或有问题行为的子女。

② 支持性迂回（detouring-supportive）：指父母联合起来一同照顾较软弱或生病的子女。

（3）亲职化（parentification）：指儿童和青少年超出自身发展水平过早地扮演父母角色或承担成人责任。

① 功能性亲职化（instrumental parentification）：指子女承担家务劳动、照顾手足等责任。

② 情感性亲职化（emotional parentification）：指子女承担照顾家人的情绪，以家人的快乐为快乐等。

在发展早期，个体根据不同的依恋经验对自我和他人做出相应的归因，并在随后形成相应的依恋风格。Bowlby 认为与看护者的重复交往质量导致了内部工作模式或者心理表征的形成。依恋风格在反应敏感、及时的看护下，个体会形成积极的心理表征模式，把自己归结为可爱的和有能力的，他人是值得信赖的和有同情心的。而不一致、拒绝的看护，会使得个体形成消极的心理模式，把自己归结为不可爱的和没有能力的，他人是不值得信赖和冷漠的。这些关于自我和他人的期望一旦形成和固化，心理模型就很难改变了。

本研究拟通过实证研究的方式确定涉入亲子三角关系的子女的人口学变量，以及亲子三角关系与子女依恋风格间的作用机制，为父母、子女以及心理、社会工作者提供建议与指导。

2 研究方法

2.1 研究目的

从年级、性别、家庭排行、父母婚姻状况、婚恋状况方面考察大学生亲子三角关系的现状特点；探讨大学亲子三角关系各维度与依恋风格的关系，为该领域内的相关研究提供参考。

2.2 研究工具

2.2.1 亲子三角关系量表

该量表由张博雅(2005)编制，适用于大学生被试，共包含 5 个维度，分别为非固定跨世代联盟、固定跨世代联盟、支持性迂回、攻击性迂回及亲职化，内部一致性信度分别为 0.539、0.773、0.793、0.772 和 0.785。问卷项目采用六点计分形式，无反向积分，分量表上得分越高，表明被试在该种亲子三角关系类型上的倾向性越明显。

2.2.2 亲密关系体验量表(Experiences in Close Relationships Inventory, ERC)

该量表包含 56 个项目，焦虑和回避两个分量表分别包含 18 个项目，用以测量与依恋相关的焦虑和回避。对每项描述的确切性从“一点都不符合—1 分”到“十分符合—7 分”进行评分。研究采用田瑞琪所修订的中文版量表，回避与焦虑维度的内部一致性系数分别为 0.805 5 和 0.802 6，重测信度分别为 0.805 和 0.820，表明该量表具有良好的同质性信度和重测信度。

2.3 研究对象

采用分层整群随机抽样的方法，选取了华东理工大学、上海立信学院、上海海洋大学 3 所大学，从大一到大四，各年级随机选择一个班级发放问卷。问卷调查共发放问卷 820 份，回收 734 份，问卷回收率为 89.51%。将回收的问卷用 spss17.0 软件录入后进行筛选，剔除无效的问卷，剔除标准如下：①回答缺失 10%以上的数据；②胡乱作答，不认真数据；③得分在抽样群体平均得分的三个标准差之外的异常数据，最终剩下有效问卷 700 份，有效率为 85.37%。样本构成如表 1 所示。

表 1 正测被试样本人口学特征分布

		人数	百分比%
年级	大一	180	25.7
	大二	168	24.0
	大三	182	26.0
	大四	170	24.3
	缺失	0	0
性别	男	227	32.4
	女	473	67.6
	缺失	0	0.00
科目	文科	381	54.40
	理科	318	45.40
	缺失	1	1.00
排行	独子	470	67.10
	老大	111	15.90
	老幺	93	13.30
	其他	26	3.70
	缺失	0	0.00

（续表）

		人数	百分比%
父母婚姻状态	结婚并同住	642	91.70
	离婚或分居	37	5.30
	父母一方去世	13	1.90
	其他	7	1.00
	缺失	1	1.00
婚恋状态	单身	564	80.60
	已有非常确定的恋爱关系	129	18.40
	已婚	7	1.00
	缺失	0	0.00

3 研究结果

3.1 大学生亲子三角关系的特点研究

3.1.1 不同性别大学生涉入亲子三角关系状况

表2显示，除了在亲职化维度上女生得分低于男生，其余各维度及亲子三角关系量表总分，男生得分均显著高于女生。

表2 性别对大学生涉入亲子三角关系影响

变量	性别	平均数	标准差	*t*	*sig*
不固定跨世代联盟	男	12.99	3.53	3.09	0.00
	女	12.04	4.29		
固定跨世代联盟	男	11.00	3.84	3.34	0.00
	女	9.97	3.81		
支持性迂回	男	11.81	3.68	4.22	0.00
	女	10.56	3.68		
攻击性迂回	男	10.06	3.75	4.85	0.00
	女	8.66	3.19		
亲职化	男	15.37	4.29	−0.31	0.76
	女	15.48	4.56		
亲子总分	男	61.20	12.76	4.41	0.00
	女	56.71	12.47		

3.1.2 不同年级大学生涉入亲子三角关系状况

表3数据表明，不同年级大学生在涉入亲子三角关系总量表及固定跨世代联盟方面，大四学生均显著高于大一、大二、大三学生。

表3 年级对大学生涉入亲子三角关系影响

变量	年级	平均数	标准差	*F*	*sig*	PostHoc检验
不固定跨世代联盟	① 大一	11.92	3.83	1.47	.22	
	② 大二	12.20	3.83			
	③ 大三	12.50	5.09			
	④ 大四	12.78	3.23			
固定跨世代联盟	① 大一	9.57	3.80	6.01	.00	①<④
	② 大二	10.13	4.08			②<④
	③ 大三	10.28	3.66			③<④
	④ 大四	11.28	3.71			
支持性迂回	① 大一	10.49	3.55	2.53	.06	
	② 大二	10.92	4.07			
	③ 大三	10.91	3.57			
	④ 大四	11.57	3.64			
攻击性迂回	① 大一	8.97	3.36	2.10	.10	
	② 大二	8.70	3.32			
	③ 大三	9.18	3.66			
	④ 大四	9.60	3.37			
亲职化	① 大一	15.62	4.65	2.24	.09	
	② 大二	15.87	4.40			
	③ 大三	14.72	4.49			
	④ 大四	15.58	4.26			
亲子总分	① 大一	56.48	12.15	3.66	.01	①<④
	② 大二	57.90	12.19			②<④
	③ 大三	57.60	13.92			③<④
	④ 大四	60.81	12.20			

3.1.3 不同家庭排行大学生涉入亲子三角关系状况

表4 家庭排行对大学生涉入亲子三角关系影响

变量	年级	平均数	标准差	*F*	*sig*	PostHoc 检验
不固定跨世代联盟	① 独生子女	12.25	4.30	.28	.84	
	② 老大	12.59	3.62			
	③ 老幺	12.50	3.52			
	④ 其他	12.56	3.61			
固定跨世代联盟	① 独生子女	10.23	3.89	.46	.71	
	② 老大	10.27	3.61			
	③ 老幺	10.74	3.88			
	④ 其他	10.28	4.19			
支持性迂回	① 独生子女	10.90	3.72	3.37	.02	①<③
	② 老大	10.50	3.20			②<③
	③ 老幺	12.03	4.34			
	④ 其他	10.44	2.87			
攻击性迂回	① 独生子女	9.05	3.52	3.05	.03	①<④
	② 老大	8.70	3.18			②<④
	③ 老幺	9.47	3.21			
	④ 其他	10.84	3.40			
亲职化	① 独生子女	15.20	4.60	1.64	.18	
	② 老大	16.14	3.97			
	③ 老幺	15.86	4.25			
	④ 其他	15.20	4.60			
亲子总分	① 独生子女	57.66	13.02	1.38	.25	
	② 老大	58.16	11.26			
	③ 老幺	60.55	12.87			
	④ 其他	59.32	12.73			

表4数据表明,不同家庭排行大学生在支持性迂回、攻击性迂回差异均达到显著水平。其中,在支持性迂回上,老幺显著低于独生子女、老大;在攻击性迂回上其他排行大学生显著高于独生子女、老大。

3.2 大学生亲子三角关系与依恋风格的关系

由表5可知,不固定跨世代联盟、固定跨世代同盟、支持性迂回、攻击性迂回、亲子三角关系总分均与依恋各维度及依恋总分呈正相关。亲职化维度与依恋回避呈负相关。

表5 大学生亲子三角关系对依恋风格的影响

	依恋回避	依恋焦虑	依恋总分
不固定跨世代联盟	.11**	.28**	.26**
固定跨时代联盟	.14**	.33**	.32**
支持性迂回	.14**	.20**	.22**
攻击性迂回	.17**	.27**	.30**
亲职化	−.10**	.07	−.01
亲子总分	.14**	.34**	.32**

** $p<0.01$

4 讨论

4.1 大学生亲子三角关系的特点研究

4.1.1 性别与亲子三角关系

在不固定跨世代联盟维度上,大学男生显著高于大学女生,即男生更容易与父母中某一不固定成员达成同盟,与国外Bell(2001)研究相反。可能原因是受中国传统男尊女卑的家庭结构影响,男生在家庭中拥有更高家庭地位,父母更倾向于将儿子拉入自己的联盟中。

在固定跨时代联盟维度上,大学男生显著高于大学女生,即男生更容易与父母中某一固定成员达成同盟,与以往国内外研究结果相同。原因可能是一方面受中国男尊女卑的传统文化影响,父母一方更倾向于拉拢较有家庭权威的男子增强自己的联盟;另一方面,受男强女弱观点影响,男子一般会固定选择与传统意义上弱势母亲达成联盟,而女儿则一般会选择游走于父母之间,充当润滑剂的作用。

在支持性迂回维度上，大学男生显著高于大学女生，即相较于女孩，父母更多会选择男孩作为支持对象转移婚姻冲突。原因可能是：一方面受中国重男轻女的传统文化影响，家中男子一般会得到更多的关注，女儿在家中的权利与地位则容易会忽视。

在攻击性迂回维度上，大学男生显著高于大学女生，即相较于女孩，父母更多会选择男孩作为攻击对象转移婚姻冲突。原因可能是：父母婚姻发生冲突时，一般会选择家中强势或者问题多发的子女转移婚姻问题，相较于女孩，男孩更强势且有更多显性问题。

在亲职化维度上，大学男生低于女生，但无显著差异。原因可能是：当父母发生婚姻冲突时，女孩更易于选择如做家务，代替母亲角色等方式缓和家庭矛盾，但随着独生子女家庭的增多，一般独生男孩也会选择通过提供亲情支持、功能性角色支持等方式承担维系家庭关系的责任。

4.1.2 年级与亲子三角关系

在亲子三角关系总量表及固定跨世代联盟维度上，大四学生均显著高于大一、大二、大三学生，即大四学生更容易涉入亲子三角关系，尤其是与父母固定一方建立同盟。原因可能是：大四学生值毕业季，随着经济的独立，社会地位的提高，在家庭方面也会承担更多的家庭责任，争取更高的家庭地位及更大的家庭权力，因而涉入亲子三家关系的程度会高于大一、二、三年级。

4.1.3 家庭排行与亲子三角关系

在支持性迂回维度，老幺显著低于老大及独生子女，即父母更多联合选择老大或者独生子女作为支持对象转移婚姻冲突。原因可能是受中国长幼有序的传统文化影响，老幺通常拥有较少的家庭权力与地位，父母会选择权力较大、地位加高的长子长女或者独子独女转移婚姻问题。

在攻击性迂回维度上，独生子女、老大显著低于其他排行，即父母更多选择中间排行的子女作为攻击对象转移婚姻冲突。其他排行指家庭中非老大及老幺的排行，通常得到父母关注及管束最少，拥有的家庭权力最少，因此父母通常会对其采取攻击性行为转移家庭问题。

4.1.4 父母婚姻状况对大学生涉入亲子三角关系的影响

在亲子总分及亲职化维度上，父母离婚或分居大学生显著低于父母结婚并同住及其他的大学生，即父母结婚并同住的大学生更容易卷入父母的夫妻关系中，尤其是代替父母一方，行使其角色功能。原因可能是：相较于父母离婚或分居的大学生，父母结婚并同住的大学生与父母相处的时间更多，关系更紧密，结婚并同住的父母婚姻状态给子女提供了更多的卷入父母夫妻关系，尤其是提供情感支持、顶替家庭角色，行使父母角色的权力功能等亲职化的时机。

4.1.5 大学生婚恋状态与亲子三角关系

婚恋状况不同的大学生在亲子总分及个维度上均未达到显著水平，原因可能是：亲子三角关系自孩子出生伊始即已产生，是一种相对稳定的关系，而大学生处于成年初期，婚恋观处于萌芽发展阶段，因此大学生的婚恋观很难对其亲子三角关系产生显著影响。且受距离及现代恋爱自由观的影响，父母较少干涉子女的恋爱状况，大学生恋爱关系一般都是独立于亲子关系的存在，较少与亲子三角关系产生互动作用。

4.2 大学生亲子三角关系与依恋风格的关系研究

亲子三家关系量表中不固定跨世代联盟、固定跨世代同盟、支持性迂回、攻击性迂回、亲子三角关系总分均与依恋各维度及依恋总分呈正相关。子女卷入父母夫妻关系中，与父母一方建立联盟，成为父母夫妻关系冲突的代罪羊、形成三角化亲子关系，过多体验因父母婚姻问题而产生的焦虑，并迁移到之后的亲密关系中，在与亲密他人的依恋关系中重演家庭三角关系模式。

亲子三角关系中亲职化维度与依恋回避呈负相关。子女在亲子三角关系中按照父母的期望，代替父母一方角色行使家庭权力，担当与角色相应的责任的程度越高，则其在亲密关系中对亲密他人回避的程度越低。

5 研究结论

本研究通过实证研究，探讨大学生涉入亲子三角关系在的人口统计学差异，以及与依恋风格间的关系，为大学生及父母建立功能良好的亲子三角关系，有效改善大学生依恋焦虑与回避提供意见。研究结论如下：

(1) 性别、年级、家庭排行、父母婚姻状态不同的大学生在亲子三角关系的部分维度上存在显著差异。大学生婚恋状态在亲子三角关系各维度均无显著差异。

(2) 大学生亲子三角关系不固定跨世代联盟、固定跨世代同盟、支持性迂回、攻击性迂回、亲子三角关系总分均与依恋各维度及依恋总分呈正相关;亲职化维度与依恋回避呈负相关。

参考文献

[1] Bell L G. Triangulation and adolescent development in the U. S. and Japan [J]. Family Process, 2001,40(2):173 - 187.

[2] Bowen M. Family therapy in clinical practice [M]. Northvale, NJ: Jason Aronson,.

[3] Bsrtholomew K, Horowitz L. Attachment styes among young adults: A test of a four-category model [J]. Journal of Personality and Social Psychology, 1991,61:226 - 244.

[4] Buehler C, Gerard J M. Marital conflict, ineffective parenting, and children's and adolescents' maladjustment [J]. Journal of Marriage and the Family, 2002,64(1):78 - 93.

[5] Interparental Conflict Scale for Use With Late Adolescents [J]. Journal of Family Psychology, 11(2):246 - 250.

[6] Jacobvitz D B, Bush N F. Reconstructions of family relationships: Parent-child alliances, personal distress, and self-esteem [J]. Developmental Psychology, 1996,32(4):732 - 743.

[7] Katz. L F, Gottman J M. Patterns of marital conflict predict children's internalizing and externalizing behaviors [J]. Developmental Psychology, 1993,29(6):940 - 950.

[8] Intimacy. A woman's guide to courageous acts of change in key relationships [J]. 台北:远流出版社,.

[9] Goldenberg, Irene, Herbert Goldenberg. 家庭治疗概论(第 6 版)[M]. 李正云,译. 西安:陕西师范大学出版社,2009,10.

[10] Nichols, Michael P. Richard C Schwartz. 家庭治疗基础[M]. 北京:中国轻工业出版社,2008.

[11] Minuchin S, Nichols M P. 回家 Family healing [M]. 刘琼英,黄汉耀,等,译. 太原:希

望出版社,2010.

[12] Nicho ls M P, Schw artz R C. 家族治疗概论[M]. 王惠玲,连雅慧,译. 台北:洪叶文化事业有限公司,2002.

[13] 曹丽丽. 结构式家庭治疗及其对中国家庭的运用性[J]. 国际中华应用心理学杂志,2005,(2):278

[14] 柴兰芬. 高中生亲子三角关系、手足关系与情绪适应之相关研究[D]. 台北:国立政治大学教育学系教育心理与辅导组硕士论文,2007.

[15] 郭孟瑜. 青少年的亲子三角关系类型与人际行为之研究[D]. 台北:国立政治大学心理学研究所硕士论文,2003.

[16] 金艳,唐日新. 大学生依恋类型与抑郁和幸福感的关系[J]. 社会心理科学,2007,1-2:163-165.

[17] 金艳,唐日新. 亲密关系经验量表在中国大学生中的初步应用研究[J]. 中国临床心理学杂志,2007(3):242-243.

[18] 李同归,加藤和生. 成人依恋的测量:亲密关系经验量表(ECR)中文版. 心理学.

[19] 王争艳,刘迎泽,杨叶. 依恋内部工作模式的研究概述及探讨[J]. 心理科学进展,2005,5,629-939.

[20] 吴薇莉,方莉. 成人依恋测量研究[J]. 中国临床心理学杂志,2004,(2):217-220.

[21] 张博雅. 亲子三角关系与大学生亲密关系适应之相关研究[D]. 台北:淡江大学教育心理咨商研究所硕士论文,2005.

[22] 张虹雯,郭丽安. 父母争吵时的三角关系运作与儿童行为问题之相关研究[D]. 彰化市:国立彰化师范大学辅导研究所硕士论文,1999.

[23] 郑淑君. 夫妻婚姻满意度与其子女三角关系运作情形之分析研究[D]. 彰化市:国立彰化师范大学辅导研究所硕士论文,2002.

[24] 郑淑君. 夫妻婚姻满意度与其子女三角关系运作情形之分析研究[D]. 彰化市:国立彰化师范大学辅导研究所硕士论文,2002.

探究过往生活感受对大学生心理健康水平的预测作用*

韩俊萍[1,2]　张　麒[1]

(1　华东师范大学心理与认知科学学院,上海,200062;
2　上海市松江区教师进修学院附属立达中学,上海,201600)

摘　要　本研究以×高校大学新生为研究对象,采用自编问卷《过往生活感受调查问卷》调查分析了学生的过往生活感受,主要包括效能感,归属感,乐观感;并使用《心理健康测查表,PHI》和《SCL－90症状自评量表》调查分析了×高校大学新生的心理健康状况。结合两份调查结果,本文探究了大学生过往生活感受和心理健康之间的关系,并运用回归分析的方法探索大学生过往生活感受对于心理健康的预测作用。最后,从家庭、学校和同伴三个方面,为促进大学生心理健康,预防大学生心理问题提出了可行性建议和干预策略。

关键词　大学生;心理健康;心理问题;过往生活感受;保护因子

1　引言

心理健康问题,特别是当代大学生的心理健康问题一直以来都受到世界各国心理工作者的积极关注。国内外关于大学生心理健康的研究非常广泛,而且深入,查阅文献有近60多万篇。关于大学生心理健康的标准趋于统一:①各种心理活动正常;②人际关系协调;③主观内容与客观现实一致;④人格相对稳定。而对于影响心理健康的因素,众说纷纭。对于心理问题的成因,各个治疗流派也有不同的看法。新精神分析学派特别考虑了社会文化的影响作用,认为个体早期的依恋关系(特别

* 作者简介:张麒,华东师范大学心理与认知科学学院副教授,硕士生导师,Email: qzhang@fl.ecnu.edu.cn.

是亲子关系)是心理问题的根源。行为主义心理学认为,个体的行为不管是功能性或是失功能性的,不管是正常的或是病态的,都是通过学习(条件反射)而获得的,而个体的心理问题是由于过往经验中的条件反射作用而产生的。人本主义认为当自我概念和自我经验发生冲突时,个体的自我实现倾向被阻滞,从而导致心理问题。认知心理治疗学则认为个体的心理与行为,与其对己、对人、对事的"认知"和看法有关。非适应或非功能的心理与行为,常常受不正确或歪曲的认知而产生,而这些"非理性信念"的最内层"核心信念"来自于个体早期经验。这四大理论流派分别从人际关系角度、环境刺激角度、自我实现角度和个体认知角度阐述了心理问题的起因。我们可以发现,每一种起因都与个体早期经验和过往感受有着不可分割的关系。

从欧美国家兴起的"抗逆力"研究课题,也为促进心理健康提供了一个行之有效的突破口。抗逆力(Resilience),主要是指一个人处于困难、挫折、失败等逆境时的心理协调和适应能力,包括:家庭、学校、社区和同伴四个外在保护因子;社会胜任力、自尊和自主性、目标感和有意义的感觉四个内在保护因子。21 世纪以来,抗逆力的研究重点逐渐转向应用抗逆力研究成果,干预提高抗逆力,从而促进学生心理健康。但从个体感受角度研究抗逆力对于心理健康影响的研究极少,且国内研究大多是翻译国外文献,本土化研究较少。

鉴于以往研究不足,并结合我国文化环境,我们构建了本土化的抗逆力结构模型,并在此基础上编制了《过往生活感受调查问卷》(见附录),包括了学校、家庭、同伴三个外在保护因子和归属感、效能感、乐观感三个内在保护因子(见下图)。

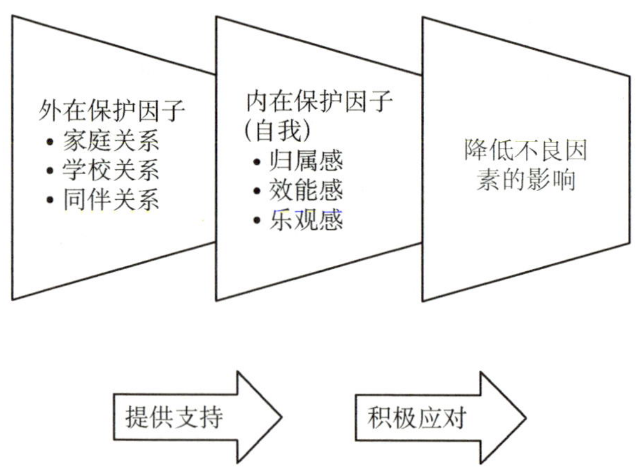

2 实验过程

2.1 对象

上海×高校测试被试 5 937 名，有效回收问卷 3 523 份，其中男生 1 063 人，女生 2 460 人。

2.2 方法

问卷施测：在×高校网络上进行问卷测试，每个被试使用自己的密码卡登陆测试系统，在限定的时间内完成测试题目，测试完成后将得到一份反馈报告。具体过程如下：

(1) 完成测试一《过往生活感受调查问卷》的所有题目；

(2) 完成测试二：由宋维真、张建平编制的“心理健康测查表(Psycho-logical Health Inventory; PHI)”；

(3) PHI 测试中两点式的、L 量表 T 分>70 和 K 量表 T 分>70 的被试，进一步完成测试三《SCL－90 症状自评量表》；

(4) 数据整理与统计分析，采用 SPSS18.0。

3 实验结果

3.1 PHI 测试中问题组与对照组过往生活感受的差异检验

在参加 PHI 测试的有效被试 3 523 人，伪装好人数为 53 人，诈病人数为 63 人，未显示阳性症状的人数为 3 061 人，占比 89.84%，存在各类阳性症状的人数为 346 人，占比 10.16%。将被试分为两组：由 PHI 量表筛查出来的被试为有心理问题组，其余被试为无心理问题组，对于有无心理问题的两组被试的过往生活感受调查问卷得分进行独立样本 T 检验。

由表 1 可知，两组被试在家庭、学校、社交和自我四个因子的得分及总分上均存在显著差异，表明无心理问题的被试在家庭关系、学校关系、同伴关系、自我和过往生活感受总分上的得分均显著高于有心理问题的被试。

表 1　有无心理问题被试之间过往生活感受得分的独立样本 T 检验(PHI)

	t	*df*	*P*
家庭关系	－9.313	438.569	.000
学校关系	－11.272	462.347	.000
同伴关系	－6.461	459.518	.000
自我	－9.938	460.364	.000
过往生活感受总分	－7.836	482.341	.000

3.2　SCL－90 测试问题组与对照组过往生活感受各因子的关系分析

经 PHI 筛选出来的被试继续完成 SCL－90 测试，筛检出 337 人呈现心理问题行为，作为有心理问题组；其余 3 186 人作为无心理问题组。

由表 2 可见，四个因子得分和 SCL－90 的各因子之间均呈现较弱的负相关，过往生活感受四个因子得分和 SCL－90 的总分之间也呈现较弱的负相关，但过往生活感受总分与 SCL－90 的多个因子之间呈现显著的负相关(强迫、人际关系、抑郁、焦虑等)过往生活感受总分和 SCL－90 总分之间也呈现显著的负相关。因此，过往生活感受总分越高，SCL－90 的强迫症状、人际关系敏感、抑郁、焦虑、精神病性这五个因子得分越低，SCL－90 总分也越低。

表 2　过往生活感受各因子与 SCL－90 之间的相关关系

	家庭关系	学校关系	同伴关系	自我	过往生活感受总分
躯体化	－0.302**	－0.289**	－0.244**	－0.424**	－0.405**
强迫	－0.357**	－0.371**	－0.433*	－0.430**	－0.512**
人际关系	－0.364**	－0.436**	－0.484**	－0.390**	－0.543**
抑郁	－0.410**	－0.395**	－0.468**	－0.469**	－0.560**
焦虑	－0.371**	－0.372**	－0.418**	－0.433**	－0.515**
敌对	－0.292**	－0.289**	－0.243**	－0.286**	－0.329**

（续表）

	家庭关系	学校关系	同伴关系	自我	过往生活感受总分
恐怖	−0.235**	−0.307**	−0.344**	−0.375**	−0.402**
偏执	−0.280**	−0.345**	−0.306**	−0.304**	−0.411**
精神性	−0.424**	−0.379**	−0.423**	−0.428**	−0.537**
其他	−0.328**	−0.239**	−0.324**	−0.368**	−0.400**
总分	−0.411**	−0.415**	−0.454**	−0.477**	−0.568**

对有心理问题和无心理问题的两组被试，将其过往生活感受得分进行独立样本 T 检验。结果发现，在过往生活感受调查问卷四个因子的得分上，两组呈现出显著差异；在过往生活感受调查问卷总分上，两组也呈现出显著差异。结果表明，无心理问题的被试在家庭关系、学校关系、同伴关系、自我和过往生活感受总分上的得分均高于有心理问题的被试（见表 3）。

由表 4 可见，以过往生活感受四个因子为自变量，SCL－90 得分为因变量进行回归分析。4 个预测变量预测效标变量（SCL－90 得分）时，进入回归方程式的显著变量共有 4 个，多元相关系数为 0.588，其联合解释变异量为 0.345，也即表中 4 个变量能联合预测 SCL－90 得分 34.5%的变异量。

表 3　有无心理问题被试之间过往生活感受得分的独立样本 T 检验（SCL－90）

	t	df	p
家庭关系	−7.842	433.025	.000
学校关系	−6.558	438	.000
同伴关系	−7.884	429.343	.000
自我	−8.890	438	.000
过往生活感受总分	−10.474	438	.000

表 4　自我、学校、家庭、同伴预测 SCL－90 之逐步多元回归分析摘要表

选出的变项顺序	多元相关系数 R	决定系数 R2	增加解释量 ΔR	F 值	净 F 值	标准化回归系数
1 自我	.477	.228	.228	129.166	129.166	−.289
2 学校关系	.551	.304	.076	95.335	47.725	−.182

（续表）

选出的变项顺序	多元相关系数 R	决定系数 R2	增加解释量 ΔR	F 值	净 F 值	标准化回归系数
3 家庭关系	.578	.334	.030	72.935	19.893	－.173
4 同伴关系	.588	.345	.011	57.347	7.380	－.129

就个别变量的解释量来看，以“自我”层面的预测力最佳，其解释量为 22.8%，其余依次为“学校”、“家庭”，其解释量分别为 7.6%、3.0%，这三个变量的联合预测力达 33.4%。标准化回归方程式为：

SCL－90 得分＝372.043－.289* 自我－.182* 学校－.173* 家庭－.129* 同伴

4 讨论与建议

4.1 讨论

本研究发现，过往生活感受四个因子得分和 SCL－90 各因子之间均呈现较弱的负相关，而过往生活感受总分与 SCL－90 的多个因子（强迫、人际关系、抑郁、焦虑等）及总分之间呈现显著的负相关。这表明过往生活感受的各个因子并不是单独影响心理健康水平的某个方面，而是作为一个整体对心理健康产生影响作用。这意味着，改善个体对于生活各方面的感受，将从整体上影响其心理健康。另外，研究还发现无心理问题的被试在过往生活感受四个因子的得分和总分均显著高于有心理问题的被试。这表明家庭关系、学校关系、同伴关系和自我对于心理健康水平均有较大的影响作用，提升个体的归属感、效能感、乐观感等生活感受将有助于促进个体心理健康。

多元回归分析结果显示，大学生过往生活感受的四个因子全部进入了心理健康的回归方程，这表明过往生活感受对心理健康有着显著的预测力。其中“自我”层面的预测力最佳，这意味着，个体的感受特别是效能感、乐观感对于心理健康具有较强的预测作用。也就是说，过往生活感受水平，个体的心理健康状况就越好。“学校”、“家庭”的预测力其次，表明过往生活感受的外在保护因子——家庭关系、学校关系为个体提供支持和协助，对于个体的归属感也具有较大的作用。当个体遇到困难时，家长、学校及同伴需为其提供援助和支持，个体感到家长、老师及同伴的关心及爱护，归属感自然而生。归属感越高，心理健康状况就越好。

根据本研究的结果显示，过往生活感受的三个外在保护因子（家庭关系、学校关系、同伴关系）和三个内在保护因子（归属感、效能感、乐观感）对于大学生的心理健康具有较大的影响作用和较强的预测作用。改善个体的生活感受，将有助于促进其心理健康。

4.2 建议

从改善个体的生活感受角度促进大学生心理健康，可以从学校，家庭，同伴三个外在保护因子入手。

家庭方面，增加家庭成员的集体活动（如一起吃饭、一起外出游玩），关心孩子的需要，关注孩子的日常行为习惯，关心孩子的身心体验，鼓励孩子表达自身情绪感受和自我想法，对于提高孩子的归属感会有重要作用。民主型的教育方式也将赋予孩子更多的支持和帮助，培养其效能感和归属感。家庭关系作为第一大外在保护因子，对于改善生活感受，促进心理健康具有重大意义。

学校方面，设置丰富多彩的班级活动，鼓励学生参与集体活动，和学生一起交流谈心，善于倾听学生的意见，关心并尊重学生的需要，也将有助于提高学生的效能感和归属感，从而促进其心理健康。

同伴关系方面，个体与同伴建立平等和谐的关系，同伴持续给予其支持和鼓励，甚至作为榜样给与他们指引，让他们学习及模仿。在这个过程中，个体不仅可以学到正确的解决问题和做人处事的方法，而且可以提升其归属感和效能感，进而提升个体心理健康水平。

参考文献

[1] 沈之菲. 青少年抗逆力的解读和培养[J]. 思想理论教育，2008，(71).

[2] 曹科岩. 大学生心理弹性与心理健康的关系[J]. 教育评论，2013(3)：79.

[3] Corey G. 心理咨询与治疗的理论与实践[M]. 谭晨，译. 北京：中国轻工业出版

社,2010.

[4] 席居哲,桑标.心理弹性研究综述[J].健康心理学杂志,2002(4).

[5] 任学亮.论大学生心理弹性和心理健康[J].科技信息,2009(11):444-445.

[6] 郑晓边,刘华山.大学生心理健康测评与干预[J].教育研究与实验,2000(3):46.

[7] Masten A S. Ordinary magic: resilience processes in development [J]. American Psychologist, 2001,7(8):13-15.

时间管理倾向对大学生手机上网成瘾的回归分析*

张　芝（上海理工大学学生处心理健康教育中心，上海，200093）

摘　要　*目的*了解大学生手机网络使用及成瘾的现状，探讨时间管理倾向与手机网络成瘾的关系，为预防大学生移动网络成瘾的发生及提高时间管理倾向提供依据。方法随机选取六所高校806名在校大学生，进行手机上网使用及成瘾现状和时间管理倾向问卷调查。*结果*大学生手机网络成瘾率为7.69%；与非网络成瘾大学生相比，网络成瘾大学生的时间监控感、时间效能感及时间管理倾向总体水平更低；时间效能感对手机网络成瘾有显著的负向预测作用，时间价值感和时间监控感通过时间效能感影响网络成瘾得分，时间效能感对手机上网成瘾起完全中介作用。*结论*网络成瘾学生时间监控及时间效能感较低，提升时间效能感一定程度上有助于手机互联网络成瘾的改善。

关键词　时间管理倾向；手机上网；网络成瘾；回归分析

1　引言

据调查，截至2015年6月底，我国手机网民已达5.94亿，网民中使用手机上网的人群达到88.9%，其中又以青年群体所占比例最高（中国互联网络信息中心，2015）。据笔者所在高校初步调查，使用过手机网络的大学生达总数的98%以上，平均每天用手机上网一次或以上的在校大学生已超过总数的90%，部分学生甚至

---

* 本文系2012年度上海市教育科学研究市级项目（项目编号：B12037）结题成果之一。作者简介：张芝，女，上海理工大学学生处心理健康教育中心博士，副教授，Email：zzpsy@usst.edu.cn

形成手机网络成瘾,影响其学业、工作和生活。手机网络成瘾隐蔽性极强,手机设备便于携带,无线网络无刻不在,给其干预带来极大挑战。

时间管理倾向由黄希庭和张志杰(2001)最先提出,它是时间管理上一种具有动力性的人格特征,由时间价值感,时间监控观、时间效能感 3 个维度构成。研究发现,时间管理倾向与成就动机、主观幸福感、满意度、自尊、自我效能等(钟慧,2003;范翠英,孙晓军,刘华山,2012;张志杰,2005)存在显著的正相关,与压力、抑郁、焦虑等(NorHaniza, NurZakiah, Chee, et al, 2012; Hatice, Nurten, Aylin, et al, 2012)存在显著的负相关。时间管理行为的改变不能产生相应的变化,因此 Macan(1994)提出了知觉时间控制,并认为知觉时间控制在时间管理行为与工作压力、工作满意度及工作绩效之间具有中介作用,时间管理行为、知觉时间控制与时间管理倾向中的时间监控感和时间效能感有逻辑上的对应关系。有研究也发现,时间效能感在时间监控感与自尊、自我效能、学习满意度和主观幸福感、工作倦怠之间具有部分中介作用(张志杰,2005;周永康,姚景照,秦启文,2008)。

近年,有关传统网络成瘾的研究从互联网自身特点、社会因素和个体因素等方面进行了大范围的探讨,得到了丰富的研究成果,网络成瘾与成就动机、自尊(沈潘艳,张梓涵,王琳等,2013; Betül, Serkan, 2011)、主观幸福感(路红,郑志豪,2011)、自信、自我效能(万晶晶,刘丽芳,方晓义,2012)等健康人格特征方面存在显著的负相关。但截至目前很少有关于移动互联网络成瘾的研究。网络成瘾最典型的行为特征之一是对上网时间不能合理有效控制(Young, 1998),现代高等教育和管理的特点也决定了大学生自由支配的时间余地大,尤其在使用移动互联网络带来便捷性的同时客观上更需要大学生进行有效合理的时间管理。纵观已有研究,作为自主学习为主要学习方式的大学生,其时间管理倾向与移动互联网络成瘾的关系也尚未见到深入研究。因此本文拟就移动互联网络快速发展背景下,调查分析大学生手机上网及成瘾状况,并对大学生时间管理倾向与手机上网成瘾的关系进行分析。

2 研究方法

2.1 研究对象

选取6所高校，随机选取一至四年级本科生，共发放问卷900份，收回850份，其中有效问卷806份，有效率为94.82%。男生419人，女生387人，年龄从17岁～24岁。

2.2 研究工具

2.2.1 大学生手机上网使用现状及人口学资料调查

自行设计大学生手机网络使用现状及人口学资料调查，内容包括性别、年级、生源地、是否独生子女、是否学生干部、是否使用Wi-Fi、使用手机上网时间、地点、历史等。

2.2.2 大学生网络成瘾

采用Young(1998)的网络成瘾量表来测查大学生的手机上网成瘾程度，该量表有8个题目，采用“是”和“否”计分，其中“是”记1分，“否”记0分。

2.2.3 时间管理倾向量表

选用黄希庭等(2001)编制的时间管理倾向量表，该量表由时间价值感、时间监控感、时间效能感三个分量表构成，每个分量表所包含的项目数分别为10、24和10。在本次测量中，三个分量表的Cronbach's α系数分别为.679、.817和.731，整个量表的内部一致性系数为.884。

2.3 研究程序

以班为单位进行施测，主试按统一的指导语说明作答要求，解释移动互联网络及手机上网，并要求被试按照使用手机上网的情况作答。时间大约10分钟。数据分析采用SPSS15.0软件进行处理。

3 研究结果

3.1 大学生手机上网成瘾状况

对大学生手机上网成瘾状况进行分析，结果显示，在施测大学生中，有62人达到Young的网络成瘾标准，占施测人群的7.69％。

对不同人口统计学特征组别大学生的Young网络成瘾量表得分的t检验或ANOVA表明，仅独生子女因素对网络成瘾得分有显著影响，独生子女的网络成瘾得分显著高于非独生子女（$t=2.02$，$p<0.05$）。对经常参与以及不参与某种上网活动类型的大学生网络成瘾得分进行t检验，结果如表1所示，仅“游戏”这一活动类型两组大学生之间得分差异显著，而对于社交、影音、信息、购物、下载等活动类型的大学生，两组之间无显著差异。

表1 经常参与及不经常参与某种上网活动类型两组大学生网络成瘾得分差异（$M\pm SD$）

上网活动类型	经常参与	不经常参与	t	p
网络游戏	2.13±1.66	1.80±1.53	2.057	0.040*
网络社交	1.92±1.56	2.06±1.78	−0.640	0.523
网络影音	1.98±1.57	1.85±1.67	0.769	0.442
网络信息	1.94±1.55	1.96±1.67	−0.169	0.866
网络购物	2.07±1.65	1.88±1.57	1.085	0.279
网络下载	1.98±1.63	1.92±1.58	0.314	0.754

3.2 不同成瘾大学生时间管理倾向特点

使用独立样本t检验分别考察在手机网络情景下网络成瘾与非网络成瘾两组大学生的时间管理倾向差别，结果如表2所示。

表 2 网络成瘾与非网络成瘾大学生时间管理倾向差异($M \pm SD$)

	网络成瘾(n=62)	非网络成瘾(n=744)	t	p
时间价值感	35.97±5.46	37.60±6.06	−1.456	0.146
时间监控感	74.48±13.79	79.23±11.04	−2.252	0.025*
时间效能感	33.68±5.23	35.81±5.06	−2.248	0.025*
时间管理倾向	144.13±20.79	152.64±19.07	−2.371	0.018*

3.3 时间管理倾向各维度对移动互联网络成瘾的回归分析

以时间管理倾向的三个维度时间价值感、时间监控感和时间效能感为自变量，以移动互联网络成瘾得分为因变量进行逐步回归分析。结果显示，时间效能感为移动互联网络成瘾的显著预测变量($\beta=-0.078$，$t=-5.117$，$p<0.001$)，解释网络成瘾 6.1%的变异量。其次，以时间价值感和时间监控感为自变量，以时间效能感为因变量进行回归分析，结果显示，时间价值感($\beta=0.153$，$t=6.540$，$p=0.000$)和时间监控感($\beta=0.283$，$t=22.659$，$p=0.000$)为时间效能感的显著预测变量，解释时间效能感 54.1%的变异量。时间管理倾向与大学生手机上网成瘾的回归模型如图 1 所示。

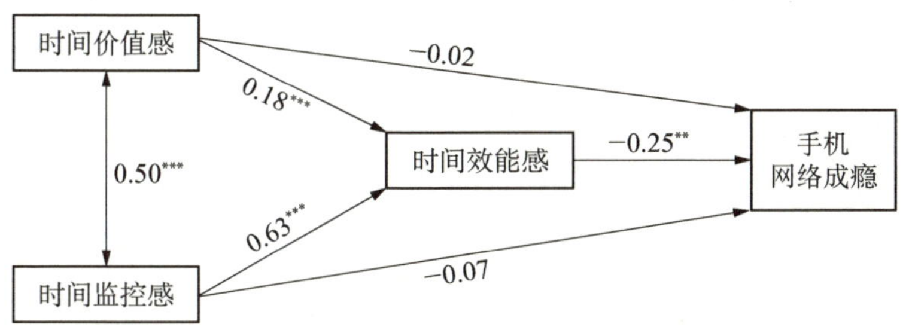

图 1 时间管理倾向各维度对手机网络成瘾的回归模型

4 讨论

4.1 手机网络成瘾与时间管理倾向特点

本研究发现大学生手机上网成瘾率为 7.69%。顾海根(2007)对上海大学生的研究表明传统网络成瘾率为12.9%，有研究采用同样的问卷发现，大学生传统网络成瘾率为8.88%（郑林园，方晓义等，2012）。手机网络成瘾率稍低于传统网络成瘾率，WiFi和3G/4G等网络的发展使得移动互联网络更加便捷，大学生可以在碎片化时间随时随地上网，增加了网络的使用频率；同时应用软件的丰富性，几乎覆盖了生活的各个方面，便利了手机网民的工作和生活，增加了网络的使用黏度。另一方面，有研究显示（马文超等，2012），Young的网络成瘾标准具有较小的误判率和较高的漏判率，因此相对低于采用其他标准所得出的比率。基于此，本文所得大学生手机上网成瘾率与传统网络成瘾率基本一致。研究中还发现，独生子女、上网时刻、上网活动类型等对大学生手机网络成瘾有显著影响，这也与以往研究有一定的一致性（张志松，李福华，2011）。独生子女大学生大多来自城市，经济较为宽裕，较早接触智能手机及手机上网，但现实人际交往能力相对较差，与人分享和互动的意识相对较少，手机网络的便利性、虚拟性和开放性正好给他们提供了交往的平台和娱乐的空间。经常使用手机进行网络游戏的大学生网络成瘾得分较高，在现实中，很多大学生就是因为经常用手机上网打游戏而逐渐成瘾不能自拔，网络游戏是大学生网络成瘾的最主要表现形式之一。

网络成瘾与非网络成瘾个体在时间监控感、时间效能感和时间管理倾向总分上有显著差异，在时间价值感方面没有显著差异。随着社会的关注以及媒体的宣传，大学生作为高学历群体，大多都具有较高的时间价值感。网络成瘾者时间管理能力较差，网络成瘾个体在计划安排、目标设置、时间分配、结果检查等运用和运筹时间的能力较低，和对自己时间管理的信心及对时间管理行为能力的估计较差。自我效能与个体的自我控制能力有关，对网络成瘾有抑制作用（万晶晶，刘丽芳等，2012）因此大学生的自我监控能力越低，自我效能水平越低，越可能失去对时间的控制，失去对自我的控制，长期迷恋于手机网络而成瘾。

4.2 时间管理倾向各维度与手机网络成瘾的关系即时间效能感的中介作用

本研究发现，时间管理倾向中，仅有时间效能感这一维度能够显著负向预测手机网络成瘾，时间效能感对时间价值感、时间监控感与网络成瘾具有完全中介作用，即时间价值感和时间监控感通过时间效能感影响手机网络成瘾。有研究表明，时间效能感对时间监控感与主观幸福感、工作倦怠、自尊、自我效能、自我满意度等具有部分中介作用(Macan, 1994; Jex, 1999; Claessens, 2004;张志杰,2005;周永康等,2008)。而本研究结果表明，提高个体对时间功能和价值的认识和态度，加强利用和运筹时间能力的训练与实施，只有形成了对自己利用和运筹时间的较强自信和预期，只用通过时间效能感的提高，才能降低手机网络成瘾可能性。这表明了手机上网成瘾这一行为的特殊性，Young将其定义为成瘾者不能控制自己的互联网使用，其核心是冲动控制障碍，表现为多方面的人格、心理动力、社会、家庭、生理、认知等特征的差异性，具有复杂的作用机制(Young, 1998)。网络成瘾个体具有很强的内在心理动力和需求，对网络具有强烈的渴望，通过网络来满足(万晶晶等,2012)，因此，网络成瘾的预防可能需要个体具有较高的对自我、对时间管理的信心与评估能力，尤其在手机网络环境下，网络易得性更高、隐蔽性更强、资源更加丰富，使得个体对时间效能有更大的依赖。目前，越来越多的研究者认识到自我效能对行为的重要性(Bonitz, 2010;孟慧等,2010)，自我效能已成为研究网络成瘾影响因素的一个新趋势，因此时间效能感对手机网络成瘾的影响至关重要。这也可以解释，大学生网络成瘾群体中有部分个体时间价值感较高，懂得时间对于个人的意义，对时间价值具有稳定的态度，同时他们也曾经拥有较高的利用和运筹时间的能力，但一旦这两种能力没能最终转化成对自己时间管理的强大信念和预期，还是在手机网络的诱惑下没能控制住自己，从而沉迷于网络。

5 结论

大学生手机网络成瘾率为7.69%，独生子女、上网活动类型等对大学生手机网络成瘾有显著影响；网络成瘾个体与非成瘾个体在时间监控感、时间效能感和时间管理倾向总分上有显著差异；时间效能感对时间价值感、时间监控感与网络成瘾具有完全中介作用。

参考文献

[1] 邓林园，方晓义，万晶晶. 大学生心理需求及其满足与网络成瘾的关系[J]. 心理科学，2012，35(1)：123-128.

[2] 范翠英，孙晓军，刘华山. 大学生的时间管理倾向与主观幸福感[J]. 心理发展与教育，2012，28(1)：99-104.

[3] 顾海根. 上海市大学生网络成瘾调查报告[J]. 心理科学，2007，30(6)：1482-1483.

[4] 黄希庭，张志杰. 青少年时间管理倾向量表的编制[J]. 心理学报，2011，33(4)：338-343.

[5] 路红，郑志豪. 大学生网络成瘾与主观幸福感核心自我评价的关系[J]. 中国学校卫生，2011，32(8)：951-952.

[6] 马文超，边玉芳，骆方. 网络成瘾的潜在结构：连续的还是分类的[J]. 心理发展与教育，2012，28(5)：554-560.

[7] 孟慧，梁巧飞，时艳阳. 目标定向、自我效能感与主观幸福感的关系[J]. 心理科学，2010，33(1)：96-99.

[8] 沈潘艳，张梓涵，王琳. 成就动机在大学生网络成瘾与自尊间的中介作用[J]. 中国学校卫生，2013，34(3)：260-262.

[9] 万晶晶，刘丽芳，方晓义. 大学生心理需求、自我效能与网络成瘾的关系研究[J]. 中国特殊教育，2012，19(3)，86-91.

[10] 张志杰. 时间管理倾向与自尊、自我效能、学习满意度：中介作用分析[J]. 心理科学，2005，28(3)：566-568.

[11] 张志松，李福华. 大学生网络成瘾现状调查[J]. 教师教育研究，2011，23(2)：44-48.

[12] 中国互联网络信息中心. 中国互联网络发展状况统计报告[R]. 2015.

[13] 钟慧. 大学生时间管理倾向与成就动机的相关研究[J]. 心理科学，2003，26(4)，747-749.

[14] 周永康，姚景照，秦启文. 时间管理倾向与主观幸福感、工作倦怠的关系研究[J]. 心理科学，2008，31(1)：85-87.

[15] Bonitz V S, Larson L M, Armstrong P I.. Interests, self-efficacy, and choice goals: An experimental manipulation [J]. Journal of Vocational Behavior, 2010, 76(2): 223-233.

[16] Betül A, Serkan V S. Internet addiction among adolescents: The role of self-esteem [J]. Procedia-Social and Behavioral Sciences, 2011,15:3500 - 3505.

[17] Claessens B J, Rutte C G, Rote R A. Planning behavior and perceived control of time at work [J]. Journal of Organizational Behavior, 2004,25(8):937 - 950.

[18] Hatice K, Nurten K, Aylin Ö P, et al. Assessing time-management skills in terms of age, gender, and anxiety levels: A study on nursing and midwifery students in Turkey [J]. Nurse Education in Practice, 2012,12(5):284 - 288.

[19] Jex S M, Elaqua T C. Time management as a moderator of relations between stressors and employee strain [J]. Work & Stress, 1999,13:182 - 191.

[20] Macan, T. H. Time management: Test of a process model [J]. Journal of Applied Psychology, 1994,79:381 - 391.

[21] NorHaniza A W, NurZakiah M S, Chee K C, et al. Time Management Skill and Stress Level Among Audiology and Speech Sciences Students of Universiti Kebangsaan Malaysia [J]. Procedia-Social and Behavioral Sciences, 2012,59:704 - 708.

[22] Young, K. S. Internet addiction: The emergence of a new clinical disorder [J]. Cyber Psychology & Behavior, 1998,1(3):237 - 244.

上海市某工科院校高职生抑郁现状调查*

梁秀清(上海电子信息职业技术学院
心理健康教育与咨询中心,上海,201411)

摘　要　目的:了解工科类高职大学生的抑郁现状,为进一步做好心理健康教育工作、有效改善学生抑郁状况提供科学依据。方法:采用随机抽样对上海市某工科院校480名在校高职生进行匿名问卷调查,调查内容包括学生的基本情况、对专业的满意度、实习经历、就业情况、抑郁自评量表(SDS)。结果:有36.9%的被调查者有不同程度的抑郁表现,其中女生有抑郁的比例显著高于男生,$\chi^2(1, N=480)=9.98$, $p<0.05$;大二学生有抑郁的比例显著高于大一生,$\chi^2(1, N=368)=9.68$, $p<0.0125$;文科生的有抑郁比例显著高于工科生,$\chi^2(1, N=393)=12.30$, $p<0.0125$;对专业满意者的有抑郁比例显著低于其他学生,$\chi^2(1, N=480)=13.25$, $p<0.0125$;"未签约,未实习"的学生有抑郁的比例显著低于其他学生,$\chi^2(1, N=480)=8.53$, $p<0.0125$。结论:高职生群体是抑郁多发的群体,他们的抑郁情况在性别、年级、专业上存在显著性差异,他们的专业满意度、就业状态也影响着抑郁表现。

关键词　高职大学生;抑郁

在心理健康领域,抑郁是一个很重要的心理健康指标,也是当前社会上一种普遍存在的消极情绪,这种不良情绪表现在大学生群体中,会使得学生对学业或常见的爱好活动缺少兴趣,在课堂上消极被动,在社会交往活动中也表现得无精打采。

---

* 作者简介:梁秀清,上海电子信息职业技术学院心理健康教育与咨询中心,Email: liangx0@163.com。

世界卫生组织统计，抑郁症已成为世界第四大疾患，到 2020 年可能成为仅次于心脏病的第二大疾病。

高职院校学制短，大多学生在校学习时长只有 2 年左右，其中包括他们在生产和服务一线实习或打工时间，学生对未来职业以及毕业后就业的预期与他们的心理健康状况密切相关。工科高职院校的培养方向主要是先进制造业和生产性服务业高素质技术技能型人才。了解工科高职生的抑郁状况，有助于在校期间更有针对性的开展心理健康教育工作，为做好早期预防和干预提供必要参考。

1 对象与方法

1.1 对象

上海市某工科类高职在校大一、二、三年级学生，利用学生课余时间，随机抽样填写问卷。共发放问卷 530 份，回收 522 份，回收率 98.5%，其中剔除无效数据后得到有效数据 480 个，有效率 92.0%，的学生基本情况的有效数据如表 1 所示。

表 1 有效样本分布

		理工科	文科	艺术	合计
大一	男生	165	31		256
	女生	27	33		
大二	男生	42	13	14	112
	女生	9	18	16	
大三	男生	35	3	39	112
	女生	9	8	18	
	合计	287	106	87	480

		专业满意度			合计
		不满意	说不清楚	满意	
上海市	城市	8	88	118	250
	农村	0	16	20	
外省市	城市	1	49	48	230

（续表）

	专业满意度			合计
	不满意	说不清楚	满意	
农村	14	62	56	
合计	23	215	242	480

		实习经历			合计
		0 次	1 次	2 次及以上	
未签约未实习	学生干部	68	21	23	381
	非学生干部	189	37	43	
未签约实习中	学生干部	5	15	8	77
	非学生干部	8	24	17	
已经签约	学生干部	0	3	2	22
	非学生干部	1	11	5	
	合计	271	111	98	480

1.2 方法

使用抑郁自评量表(SDS，Zung 于 1965 年编制)，通过 20 个项目反映受测者的抑郁感受，包括了抑郁的情感症状、躯体性障碍、精神运动型障碍及心理障碍四组特异性症状，按照“从不、有时、经常、持续”4 级评分，总粗分×1.25 后用 SPSS 函数取整，根据中国常模以 53 分为临界值，其中≤52 为无抑郁，53～62 为轻度抑郁，63～72 为中度抑郁，≥73 为重度抑郁。

1.3 统计学处理

用 SPSS17.0 进行统计，对不同特征组别进行了描述统计，对抑郁表现分为“有”和“无”两种，进行了 χ^2 检验，当变量水平数大于 2 个时，在多组之间两两比较进行 χ^2 检验。

2 结果

2.1 高职生的抑郁状况

根据中国常模计算，以标准分 53 分为临界值，480 名有效调查对象的抑郁的平均分为 49.47±10.26，最低分 25 分，最高分 92 分。被调查学生中抑郁状况分布比例如表 2 所示。

表 2 受调查者的抑郁总体状况

抑郁程度	数量	百分比	抑郁程度	数量	百分比
无抑郁	303	63.1%	重度	4	0.8%
轻微	126	26.3%	合计	480	100.0%
中度	47	9.8%			

2.2 不同性别高职生的抑郁状况比较

男生的抑郁平均分为 48.24±10.17，女生平均分为52.53±9.86。根据是否有抑郁，经皮尔逊 χ^2 检验，性别与抑郁表现有显著相关性，$\chi^2(1, N = 480) = 9.98$，$p < 0.05$，Cramer's $V = 0.144$。其中，67.5% 的男生是无抑郁表现的，而女生中有抑郁表现的比例是 47.8%(见表 3)。

表 3 性别与抑郁的交叉表

		抑郁		合计
		无	有	
性别	男生	231(67.5%)	111(32.5%)	342
	女生	72(52.2%)	66(47.8%)	138
	合计	303	177	480

2.3 不同年级高职生的抑郁状况比较

在受调查者中，大一学生的抑郁平均分为 47.94 ± 10.32，大二的平均分是

52.13±10.33，大三学生的平均分是50.34±9.44。根据是否有抑郁表现，采用独立样本的非参数检验，$\chi^2(2, N=480)=9.78$，$p<0.05$，故不同年级高职生的抑郁状况有显著不同(见表4)。

表4　年级与抑郁的交叉表

		抑郁		合计
		无	有	
年级	大一	176(68.8%)	80(31.2%)	256
	大二	58(51.8%)	54(48.2%)	112
	大三	69(61.6%)	43(38.4%)	112
	合计	303	177	480

进一步做卡方分割检验发现：大一与大二学生比较，$\chi^2(1, N=368)=9.68$，$p<0.0125$；大一与大三学生比较，$\chi^2(1, N=368)=1.79$，$p>0.0125$；大二与大三学生比较，$\chi^2(1, N=224)=2.20$，$p>0.0125$。因此，在不同年级间，高职生抑郁状况的不同主要表现在大一与大二学生之间，大二学生比大一新生有更多的抑郁现象，大一有68.8%比例的学生是无抑郁表现的，而大二学生中有48.2%是有抑郁表现的。

2.4　不同专业高职生的抑郁状况比较

在受调查者中，理工科学生抑郁平均分47.98±9.53，文科生平均分52.57±11.59，艺术生平均分50.64±9.97。根据是否有抑郁表现，经皮尔逊χ^2检验，专业与抑郁表现有显著相关性，$\chi^2(2, N=480)=12.31$，$p<0.05$，Cramer'sV = 0.16。理工科和艺术类高职生的无抑郁比例超过或接近2/3，但文科生的有抑郁比例则超过了50%(见表5)。

表5　专业与抑郁的交叉表

		抑郁		合计
		无	有	
专业	理工科	196(68.3%)	91(31.7%)	287
	文科	52(49.1%)	54(50.9%)	106
	艺术	55(63.2%)	32(36.8%)	87
	合计	303	177	480

进一步做卡方分割检验，文科与艺术类学生比较，$\chi^2(1, N = 193) = 3.88$，$p > 0.0125$，差异不显著；理工科与艺术类学生比较，$\chi^2(1, N = 374) = 0.78$，$p > 0.0125$；理工科与文科学生比较，$\chi^2(1, N = 393) = 12.30$，$p < 0.0125$。因此，不同专业高职生抑郁状况的不差异要表现在理工科与文科学生之间，文科生比理工科生有更多的抑郁现象，差异达到显著性水平。

2.5 高职生对专业的不同满意度下的抑郁状况比较

在受调查者中，根据对专业的满意度的不同，对专业不满意者的抑郁平均分为52.65±8.77，说不清楚者的平均分为51.46±10.33，满意自己专业者的均分是47.41±9.92。

根据是否有抑郁表现，采用独立样本的非参数检验，$\chi^2(2, N=480)=13.27$，$p<0.05$，Cramer'sV = 0.17，故对专业的不同满意度导致高职生的抑郁状况有显著不同，其中满意者无抑郁的比例71.1%，而不满意和说不清者中有抑郁的比例为43.5%和45.1%(见表6)。

表6 专业满意度与抑郁的交叉表

		抑郁		合计
		无	有	
专业满意度	不满意	13(56.5%)	10(43.5%)	23
	说不清	118(54.9%)	97(45.1%)	215
	满意	172(71.1%)	70(28.9%)	242
	合计	303	177	480

进一步做卡方分割检验，对专业不满意与说不清楚的学生比较，$\chi^2(1, N = 238) = 0.02$，$p > 0.0125$，差异不显著；不满意者与满意者比较，$\chi^2(1, N = 265) = 2.11$，$p > 0.0125$，差异也不显著；说不清者与满意者比较，$\chi^2(1, N = 457) = 12.87$，$p < 0.0125$；若以满意者与其他两类人比，$\chi^2(1, N = 480) = 13.25$，$p < 0.0125$。因此，在不同专业满意度上，高职生抑郁状况的不同主要表现在满意者与说不清者之间，对自己专业满意的学生比其他学生更少抑郁，差异达到显著性水平。

2.6 高职生不同就业情况下的抑郁状况比较

在受调查者中，“未签约未实习”者的抑郁平均分为 48.52±10.36，“未签约实习中”者的平均分是52.81±9.48，“已经签约”者的平均分为 54.36±7.64。根据是否有抑郁表现，经检验，$\chi^2(2, N=480)=9.65$，$p<0.05$，Cramer'sV $=0.14$，故就业情况不同，高职生的抑郁状况也有显著不同。其中“未签约未实习”者无抑郁的比例较高，为 66.4%，而其他两类学生有抑郁的比例较高分别为 46.8% 和 59.1%(见表 7)。

表 7　就业情况与抑郁的交叉表

		抑郁		合计
		无	有	
就业情况	未签约未实习	253(66.4%)	128(33.6%)	381
	未签约实习中	41(53.2%)	36(46.8%)	77
	已经签约	9(40.9%)	13(59.1%)	22
	合计	303	177	480

进一步做卡方分割检验，“未签约，正在实习”与“已经签约”的学生比较，$\chi^2(1, N=99)=1.04$，$p>0.0125$，差异不显著；“未签约，未实习”与“已经签约”比较，$\chi^2(1, N=403)=5.94$，$p>0.0125$，差异也不显著；“未签约，正在实习”与“未签约，未实习”比较，$\chi^2(1, N=458)=4.82$，>0.0125，差异也不显著；若以“未签约，未实习”与其他两类人比，$\chi^2(1, N=480)=8.53$，$p<0.0125$。因此，在不同就业情况上，高职生抑郁状况的差异主要表现为“未签约，未实习”的学生比其他学生更少抑郁，差异达到显著性水平。

2.7 其他特征下的抑郁状况比较

也对受调查者的学生干部身份、实习经历、生源地和居住地进行了统计分析，χ^2检验结果均显示不同因子的各水平之间无显著性差异。具体均分如表 8 所示。

表 8　关于学生干部、实习经历、生源地和居住地的抑郁状况结果

		抑郁(均分±标准差)
学生干部	是	49.00±10.21
	否	49.68±10.28
实习次数	0 次	48.66±10.35
	1 次	50.95±9.29
	2 次及以上	50.04±10.89
生源地	上海市	49.32±10.21
	外省市	49.65±10.33
居住地	城市	49.56±10.59
	农村	49.31±9.64

3　讨论

就结果来看，所调查高职生中有抑郁的比例 36.9%，这与国内近几年其他针对大学生抑郁的研究结果一致，高于前些年对大学生的调查结果。可见，随着社会的发展，经济水平的提高，生活压力的加大，大学生群体中的抑郁状况也在发生着变化，表现出明显抑郁状态的高职生的比例较高。

不同性别的抑郁差异。我们的结果中，女生抑郁的比例比男生高，这与李彤、周榕等、叶庆红等的研究一致。这个现象与抑郁症患病的性别差异一致，也可能与男女的心理及生理差异有关，一般而言，在同样的压力下，女生总体上的身心压力承受能力逊于男性，更何况在工科为主的高职院校女生的学习压力和就业压力比男生更重。同时女生在抑郁状态下，往往会被误读为文静、不爱说话，因而也容易遭遇忽视，因此在心理健康教育和其他教育管理工作中应加强对女生尤其是沉默寡言女生的关注。

不同年级间抑郁的差异。大二学生有抑郁的比例显著多于大一生，这可能与高职的学制特点有关，高职生多数在中学时期学业不佳，在高考的压力下，他们可能备受打击，屡受挫折，刚进入大学，高职教育对学生的评价已经不再唯成绩论，他们可以有更多的机会表现出自己在其他方面的才能，全面发现并发展自我，初入大

学对大学生活抱有理想的期待。但随着时间的推移,他们也会慢慢发现,虽然不再唯分数论,但评价仍在,动手能力、人际能力重要,中学时期的劣势——学习能力也仍然是非常重要的,而且大二结束,大部分高职生就要走上实习岗位,要具备独自生存、融入社会的能力,这对他们提出了新的要求和压力,再加上许多大二学生已有不少社会实习经历,生存、生活使得他们对专业学习的认识、对就业生活前景的期待就更为现实,压力感会更强。这提示我们,在从学校迈向社会的过渡环节中,加强引导,加强心理教育关注是非常重要的。

不同专业间抑郁的差异。文科生比理工科学生更抑郁,这可能跟工科院校的专业设置有关,工科院校的工科生的学习和就业资源都远远优于文科生。在现实压力面前,文科生自然会倍感压力。

不同专业满意度间的抑郁差异。对专业满意的学生,抑郁比其他学生更少,这与周榕等[6]的研究一致,对所学专业的兴趣、情感强度极大地影响着大学生的抑郁表现。这提示我们,在教育教学中进行专业普识教育、带领学生参观、接触未来工作领域,提升他们对专业的兴趣、热爱是极其重要的。

不同就业情况的抑郁差异。"未实习未签约"的学生抑郁比例显著低于其他学生,这部分学生与另两类相比缺少社会接触,对专业的理解和期待停留在书本和学校模拟实训里,没有工作现场直观的认识和操作,也就缺少了现实中矛盾的接触和挑战,压力感较低。

抑郁状况并不因学生的生源地、城乡、学干身份或实习次数而不同,这反映了抑郁的内源性本质。有研究表明,大学生的自我接纳差、自我评价过低,更有可能存在明显的心理问题或者不良症状,而自我接纳程度越高,心理健康水平越高。因此,高职生的抑郁现象作为一种弥漫的消极情绪状态或时有破坏性的行为表现,从专业、年级、性别及专业满意度等综合因素来看,心理健康和其他教育管理必须加强关注,宜从引导他们全面而客观地认识自己的专业,忠于并热爱自己的所学,理性定位自我,接纳自我,接纳现实,树立科学而健康的就业观为重,尤其是工科院校的高职女生和大二生的抑郁状况,更应引起各级教育管理人员的注意。

参考文献

[1] 蒋德勤,姚荣英,袁长江.蚌埠市在校大学生抑郁和焦虑状况及其影响因素分析[J].卫生研究,2011,40(3):541-543.

[2] 崔庆霞,王在翔.大学生抑郁现状调查及其影响因素研究[J].中国卫生事业管理,2014,8:629-633.

[3] 李艳红.高校贫困生的抑郁症状及其影响因素.健康心理学杂志[J],2003,11(1):27-28.

[4] 董晓梅,陈雄飞,荆春霞.大学生抑郁影响因素的多元线性回归和路径分析.中华疾病控制,2009,13(3),306-309.

[5] 李彤.大学生抑郁状况及相关因素调查[J].社会心理科学,2008(6):547-553.

[6] 周榕,杨翠华,潘集阳.广州地区重点医科大学生抑郁状况及相关因素调查分析[J].神经疾病与精神卫生,2003,3(5),367-368.

[7] 叶庆红.桂林高校大学生抑郁症状调查及干预研究[J].中国健康心理学杂志,2012,20(8):1185-1187.

[8] 范寅莹,张灏,陈国典.高职院校大学生自我接纳与心理健康的关系研究[J].中国健康心理学杂志,2011,19(8):997-999.

[9] 余结根,鲁玮,常微微.某医学院女大学生抑郁现状及其与自我接纳关系的研究[J].齐齐哈尔医学院学报,2015,36(9):1353-1355.

高语境文化下大学生人际交往"冷暴力"研究*

王爱丽　孙　月　孔婧雯(华东理工大学心理咨询中心,上海,201424)

摘　要　高语境文化背景下的人际交往喜欢以间接的方式,迂回、隐晦或婉转地表达自己的意愿。本文通过调查发现在高语境文化背景下大学生人际交往冷暴力现象普遍存在,但是存在成长背景、年级和性别的差异,表现形式多样。本文从高语境文化背景的角度分析了大学生人际交往冷暴力产生的原因及危害,并提出了在这种高语境文化背景下预防大学生人际交往冷暴力的教育引导策略。

关键词　高语境;大学生;人际交往;冷暴力

美国著名文化人类学家霍尔(Hall, 1959)在1976年出版的《超越文化》一书中提出文化具有语境性。他根据信息由语境或编码表达的程度,将文化分为高语境和低语境,并提出两种交际类型:高语境交际(high-context communication)与低语境交际(low-context communication)。不同文化对交际环境有着不同的依赖程度,高语境的交际是"绝大部分信息或存于有形的语境中,或内化在个人身上,极少存在于被编码的、清晰的、被传递的信息中,(Hall, 1976)。低语境交际刚好相反,是"大量的信息组含在清晰的、编码中"。Gudykunst等根据霍尔的理论,把12个不同文化背景的国家按高语境到低语境的方式排列为:中国—日本—阿拉伯—希腊—西班牙—意大利—英国—法国—美国—斯堪德纳维亚—德国—瑞士。在这个排序

* 作者简介:王爱丽,女,华东理工大学心理咨询中心,讲师,研究方向:大学生心理健康教育,E-mail:ailiwang@ecust.edu.cn。

中，中国属于典型的高语境国家，美国等属于低语境国家。高语境和低语境的不同决定了交流方式的不同。美国等低语境国家的人愿意坦率直白地表达自己的观点，而中国等高语境国家的人则喜欢以间接的方式表达自己的意愿。在交际的过程中，习惯于把自己的真实思想隐蔽起来迂回、隐晦或婉转地表达出来。我们往往不愿意直接说出不同意对方的看法、或是拒绝对方的要求，而常试图利用表情、身势来婉转地暗示对方，真正意图有时很难从字面上判断。在语言之外，人们需要“听话听音”、“只可意会，不可言传”，因此，在人际交往中要想把意思弄清楚，需要察言观色，更多的是要有很强的推断能力和领悟力。

冷暴力指“双方产生矛盾时，不是通过殴打的暴力方式处理，而是对对方表现出较为冷淡、轻视、放任和疏远等不作为手段，主要包括孤立、冷漠相向、关系攻击、置之不理等。在这种高语境的文化背景下，我们大学生的人际交往“冷暴力”现状和特征是怎样的呢？本文试图研究这问题。

1 研究方法

以随机分层抽样的方法分别选取某高校大一至大三年级本科大学生。

根据冷暴力的主要形式，结合与部分大学生的访谈结果，查阅已有的大学生人际关系冷暴力调查研究资料，编制了大学生人际交往的冷暴力调查问卷。问卷共分为两部分，一部分关于被调查者的性别、年级、专业和是否为独生子女；另一部分共有 15 道题，其中 11 道单选题，4 道多选题。调查研究对象在人际交往中所遇到的冷暴力形式，以及调查对象所认为的冷暴力发生群体、表现形式、产生原因和应对方式。发放抽样调查问卷 100 份，收回有效问卷 100 份，有效率 100%。其中男生 32 人，女生 68 人，一年级 61 人，二年级 24 人，三年级 15 人，调查对象专业随机分布，以理工科为主。根据问卷指导语，独立完成填写并当场收回。

2 研究结果与分析

2.1 高语境文化下大学生人际交往“冷暴力”现象普遍存在和差异并存

在高语境文化中，人们注重隐含的含义，人们认为隐含的东西要比说出来的东西更重要，人们能够识别出实际的话语和真实意图之间的差异。很多意思可意会不可言传，“口不能言，有数存焉于其中(庄子)”。中国有着五千年文明史，人口之间相似的经历，使人们很容易接收或发出利用环境发出来的刺激，如空间、时间、沉默等非言语信息。因此，社会成员之间容易达到默契，彼此心照不宣，心领神会。此外，Ting-Tnomey 认为在高语境中的人更愿意采取非对立的和非直接冲突的态度。因此，高语境更依赖于非言语交际，人们善于通过如面部表情、行为举止甚至交往的位置等细微的差别表达不同的意思。在本文的调查中可以看出，在高语境文化背景下成长的大学生已经将这种依赖于非语言的交际方式刻进了骨子里，不自觉地认同，潜移默化地表现出来，因此65%的大学生认为冷暴力是一种正常的现象，只有35%的大学生认为冷暴力是不正常的，当存在争议时，会有76%的大学生以“冷暴力”形式：不理睬、摆脸色、沉默等形式表现出来。具体表现在：当无法理解别人的思维方式时，75%的大学生会躲避对方来避免交流；如果室友或同学与自己的价值观相差很远，64%的大学生会疏远对方；与他人相处发生矛盾争吵时，89%的大学生认为冷战是在所难免的。

2.2 高语境文化下大学生人际交往“冷暴力”现象的差异性

男女生所遭受的冷暴力形式基本上是一致的：忽视、漠不关心、冷战、疏远是较为普遍的。但是男女生面对冷暴力时的态度是存有一定差异的，男生情感较为理性，当遭遇冷暴力时多数会自我反省，但并不会对人际交往感到失望与恐惧，情感耐挫能力优于女生。通常来说，女生对于认同、感情依赖和人际相处较为敏感，所以一旦受挫，会比较脆弱，易受伤。当女生遭遇冷暴力，大部分会伤心难过生气郁闷同时也会自我反省，还有一部分会对人际交往感到失望与恐惧。

2.2.1 年级差异

一年级生经历完紧张严酷的高三，步入了一个全新的环境，刚踏进大学校园，对一切事物都充满了新鲜感和好奇，结交朋友、扩大人际交往等需求驱使他们能以饱满的热情与周围同学、朋友和舍友相处。二、三年级随着相处的增多，对周边人尤其是舍友的了解进一步深入，周围人的缺点也涌现出来了，因此冷暴力更多的表现为情感上的冷漠疏远，漠不关心。

2.2.2 原有不同生活环境的差异

根据问卷收集的信息，是否独生子女等因素也一定程度上影响了冷暴力的形成。通常独生子女在家中是集万千宠爱于一身的，因此不会很大程度地去尝试包容他人，多数遇到和自己价值观相差很远的同学时会采取疏远对方的措施，而且有时会故意不理睬他人，对他人反应冷淡。非独生子女虽然也存在同种情况，但没有独生子女的明显。

2.3 高语境下大学生人际交往“冷暴力”表现形式多样

在低语境文化中，人际交往主要通过语言来实现，沉默是需要填补的空间。如美国人乐于侃侃而谈，崇尚能言善辩，尽量回避沉默，一旦出现，人们就会竭力用语言来填补。而高语境文化的人们却认为沉默具有交际功能，并不是交谈中的空缺。中国人十分重视交谈中沉默的作用，认为停顿和沉默有丰富的含义，既可表示无言的赞许，也可以是欣然默认，也可以是保留己见；既可以视为附和众议的表示，也可以是决心已定的标志。恰到好处的停顿能产生惊人的效果，具有‘此时无声胜有声’的艺术魅力，因此有人称它为‘默语’，认为它是超越语言力量的一种高超的转换方式。高语境文化背景下赋予了沉默多重含义，其中也包括对立、不接纳等“冷暴力”的含义。调查显示84％的大学生经常采取的“冷暴力”的方式为漠视他人、与他人冷战，不理睬他人，无视他人的需求，66％的大学生经常摆脸色对他人表示不满等。其他非直接对话形式包括：拉帮结派、孤立他人的占54％，背后说他人坏话、诋毁甚至诽谤占44％，故意躲避、疏远他人占74％，过度批评他人占30％，故意泄露他人隐私占30％，无端猜忌他人占48％，过度干涉他人占36％。

下面有这样一个典型案例，相信这个个案有很多大学生的影子：

小美，刚进入大学时跟宿舍同学的关系挺融洽的，可是自从交了男朋友，宿舍的同学关系就变了。每天当她回到宿舍，推开门的一刹那，原本喧闹的宿舍里一下子没了声音，小美心里很委屈，但是不会说什么，默默走到自己的书桌前，打开电脑，查资料，其实内心有想哭的冲动，根本没心思学习。此刻，其他几位室友又开始讨论要出去逛街买衣服，小美默默听了半天，努力的想加入她们的讨论，鼓起勇气说，“我也正好想去买件衣服，我们一起去吧”，原本热闹的讨论又停止了，没有人回应她，又是一阵让人心痛的沉默……

以上案例中“沉默”，正是“冷暴力”的一种表现形式，这“冷暴力”在高语境文化背景下表现得淋漓尽致，“只可意会，不可言传”的痛比语言暴力等其他暴力形式给人的心理带来的冲击更加强烈，因为这种暴力会让当事人无人可诉、无法可依、无人可断。

2.4 高语境文化下大学生冷暴力产生的原因

2.4.1 高语境文化的特征增加了大学生人际交往“冷暴力”的概率

高语境文化中语言表达模糊含蓄，大多数信息不必明白地表达出来，或者通过其他非直接对话的形式，语义通常存在于语言之外，人们“听话听音”。这种文化固然有文化传承、约定俗称的原因，但是大学生毕竟来自五湖四海，具体的生活背景、区域语言不同，这种高语境的文化在某种程度上难免带来交流沟通的障碍。因为这种高语境文化需要人们察言观色、领悟力强，一些非语言的行为：比如表情和声调，在中国这种高语境文化下还有很多区域的文化背景，因此一方面都处于高语境文化背景下，另一方面具有区域差异，一旦不能及时的领悟或者理解，就会增加人际交往“冷暴力”的概率。

2.4.2 大学生主体的原因

大学生处于生理成熟而心理“断奶”期，离家住宿的生活，使得大学生有着更强的人际交往需求，但由于人际交往能力缺乏及其他各种主客观原因，一方面他们愿意为人际交往做出积极的努力；另一方面，在实际交往的过程中出现挫折时，由于自身成长环境和个人焦虑的原因，使得他们手足无措，找不到合适的解决问题的方法，通常会采取回避等消极的处理方式。调查显示 40％的大学生认为出现冷暴力的原因是大学生自己的个人的处理事情的能力、情绪调节能力差；19%的大学生认为缺乏人际交往技能技巧，如不能换位思考造成冷暴力的产生。一些大学生认为"冷暴力"是一种"更文明"的应对方式，它既能给当事人造成心理伤害，达到惩罚他人的目的，又不用负法律责任和产生太过于明显的人际冲突。使用冷暴力解决人际冲突，既符合大学生这个群体成熟和幼稚并存的特点，又与大学生个体的个性、心理健康水平等因素有关。

2.5　高语境文化下大学生冷暴力的危害

很多大学生认为相比身体上受到惨重的创伤来说，冷暴力是一件微不足道的事，只不过给人心理带来一丝的不愉快。心理学家认为，一个人心理的创伤比身体的创伤更难修复，往往心理上受过伤害的人宁愿让他们的身体来承受他们心理的痛苦，哪怕是刀割也比心理的折磨来得痛快，冷暴力会给承受者带来不可小觑的伤害。很多同学有过这样的亲身体验："当你有好事发生时，绵里藏针地说话噎你；当你大声和她说话，她装作听不见不理你，背地和别人说你的坏话"。冷暴力会让当事人无人可诉、无法可依、无人可断，这种痛苦只有当事人才能体会。胡适自传里说过：这世上最可恶的事莫过于一张生气的脸，这世界上最下流的事莫过于一张生气的脸摆给别人看。

2.5.1　冷暴力会让当事双方都产生心理压力，进而产生身心影响

长期受到"冷暴力"影响的学生，处于压抑的环境中，被孤立、冷漠、威胁、排挤，没有归属感和安全感，产生恐惧进而情绪消极，情绪得不到有效宣泄、疏导，会对性格造成严重影响：一种是"退缩性人格"，受到"冷暴力"影响的学生往往回避问题，不愿意与人交流；另外一种是"爆发性人格"，受到"冷暴力"影响的学生性格变得暴躁，不甘于受到冷落、排挤与歧视，内心充满了"攻击性"，对他人和社会产生威胁，甚至引发犯罪。调查显示20%的大学生在遭受冷暴力会伤心、难过、生气郁闷；13%的大学生会对人际交往感到失望和恐惧，2%的大学生会心生怨恨、产生报复心理。而施加冷暴力的一方，虽然是主动的一方，但是问题矛盾并没有解决，时常处于警戒或伪装状态，压抑自己的正常情绪，长期的压力也容易导致心理失衡，进而产生心理问题。"冷暴力"时，双方身心都处于消极状态，心理的压力也会使人的

身体出现一些不适，如食欲不振、失眠、头疼、疲倦等，身体的不适将会进一步影响其精神和心理健康，由此形成恶性循环。

2.5.2 冷暴力易使大学生产生厌学情绪

受到“冷暴力”影响的大学生容易变得孤僻、封闭敏感，发生“风吹草动”，就会使人际关系变得紧张，不仅仅令受到“冷暴力”影响的学生焦躁不安，还让实施“冷暴力”的学生也难以静下心来去做一件事，他们无心学习，整日思考如何应对对方，学习成绩势必会下降，从而产生“厌学”的情绪。

3 高语境文化下大学生“冷暴力”教育引导策略

3.1 增进大学生彼此的了解，认识差异

交际的双方更要增进彼此的认识和了解，加强沟通，认识到“意会”与“言传”的区别，交际中应提供足够的明码信息，加强直接的对话和交流。

3.2 增加大学生间的信任，认真倾听

交际的双方应相互信任，避免误解非语言层面蕴涵的信息。要多方留意，认真倾听，多从对方的文化角度去理解对方的真正意思。

3.3 大学生要有合作意识，友好交往

交际的双方应遵循语言交际的“合作原则”，若发生了冲突，双方应持友好合作的态度，合理有效地解决冲突。

参考文献

[1] 王德恩.谈高职大学生宿舍冷暴力[J].淮南职业技术学院学报，2014(6)：27－30.

[2] 赵胤伶，曾绪.高语境文化与低语境文化中的交际差异比较[J].西南科技大学学报(哲学社会科学版)，2009(2)：45－48.

[3] 金晓琳，丁薇.高语境文化与低语境文化下的语言表达[J].宜宾学院学报，2010(1)：

87－90.

[4] 黄琼. 浅析高语境文化特征在中国课堂礼仪中的表现[J]. 科教文汇,2008(12):32.

[5] 戢焕奇,朱海玉. 试论高语境文化和低语境文化之间的交际[J]. 商场现代化,2005(12):195.

[6] 贺琳. 高低语境文化冲突及有效沟通策略[J]. 长沙铁道学院学报(社会科学版),2009(3):157－158.

[7] 黄韩杨. 中美高低语境下的交际差异及中国文化的低语境趋势[J]. 南昌高专学报,2012(1):51－53.

[8] 钱静. 高低语境视角下中美言语交际风格的对比研究[J]. 重庆电子工程职业学院学报,2012(6):45－47.

对当前大学生的智能手机使用行为和使用心理的研究*

王凤仙(上海立信会计学院,上海,201260)

摘　要　该文结合问卷调查和访谈两种方法研究当前大学生的智能手机使用行为和使用心理。调查结果表明,大学生所安装的智能手机应用程序的分布呈现出多元性和兼容性,且频繁在各场景中使用智能手机应用软件,从而在使用智能手机的应用软件中得到满足。在大学生手机使用心理形成过程中,主观需求、社会因素和家庭因素是影响他们的三大主要因素。

关键词　智能手机;使用行为;使用心理

随着技术的迅猛发展,最初以语音通信为目的的手机到如今已是集上网、游戏休闲等诸多功能于一身的智能手机。放眼望去,各种场合都能看见使用手机的人群。手机已像空气一样弥漫在我们的周围,地铁里、人行道上等无处不是盯着手机并不停地滑动手指的“手机人”。

选择研究当前大学生的智能手机的使用行为和使用心理,有以下两个目的:一、大学生智能手机使用行为情况和使用心理特征是怎样的;二、哪些因素影响了大学生的使用行为和使用心理。做这样的调查研究,从大学生自身的角度而言,可以帮助他们了解自己以便调控自己的行为;从教育者的角度而言,可以引导他们适度使用手机,帮助他们正确地对待影响因素从而形成自己的价值标准。

---

* 作者简介:王凤仙,上海立信会计学院,Email: fxwang@lixin.edu.cn

1 理论基础

在使用与满足理论的模式里，使用行为的目的是为了实现着某些功能，从而满足某种需求。“使用”是个内涵丰富的词语，它的过程是一个颇为复杂的过程。在本文中的使用对象智能手机，将其定义为一台可以随意安装和卸载应用软件的手机，扩展性更高，性能更强。其特点是手机内预装开放式操作系统、可以安装第三方应用软件。因此，重点研究智能手机的多种应用软件的使用情况，具体包括应用软件的安装卸载、使用频率、使用场景等。

使用与满足理论，是从受众的视角来看待媒介的使用问题，强调受众的能动性和主动性，突出受众的地位。使用与满足理论的研究者们假设，受众清楚自己消费各种媒介内容的原因，并能将这些原因表达出来[1]。这一理论考察的是人们如何使用媒介，以及他们如何在使用过程中寻求并得到满足。本文将依据使用与满足理论中的侧重点——受众成员对媒介产品的消费是有目的的，旨在满足某些个人的、经验化的需求。即用户在使用智能手机时，会为了各自不同的愿望，在手机应用软件大商店下载软件以使自己的某些需求得到满足。

2 研究方法

在调查大学生智能手机使用行为和使用心理的过程中，主要运用了问卷调查和访谈两种研究方法。

2.1 问卷调查

以松江大学城的大学生为调查对象，采用随机抽样的方式，使用自行设计问卷，以无记名方式进行调查。本次调查共发放问卷 300 份，回收问卷 257 份，合计回收率为 85.67%。其中有效问卷 241 份，占总回收问卷的 93.77%。男生占 35.80%，女生占 64.20%。在问卷编排上，由单选题、多选题和填空题组成，其中单选题 9 道，多选题 7 道，填空题 3 道。从内容上分，主要分为五大部分：第一部分是使用手机的最初原因;第二、三部分是调查智能手机使用者的具体使用行为情况;第四部分是使用智能手机后对你可能产生的影响;最后一部分是受访者的个人基本信息。针对有效回收的问卷数据,应用 EXCEL、SPSS 16.0 统计分析软件建立数据库并对此进行数据处理。

2.2 访谈

由于问卷题量少、调查对象涉及面小,所以在数据统计之后又针对个别问题进行访谈以弥补问卷的不足。访谈主要涉及以下两个问题:第一、智能手机用户的行为特征和使用需求;第二、智能手机用户需求的满足情况和其对手机的认知。

综合问卷调查和访谈两种研究方法,能够比较客观地看待数据并分析出原因,从而了解到大学生真实的想法和做法,达到研究的目的。

3 统计结果及分析

通常人们认为,人类的行为是对心理的反应。所以,要了解当前大学生的智能手机使用心理,必须先着手了解他们的使用行为。

3.1 对所安装的智能手机应用程序的调查

通过对制定问卷前的访谈资料的整理发现,被访大学生使用的智能手机应用程序主要包括以下 9 种形式:游戏、社交、交通导航、音乐、摄影、视频、手机浏览器、阅读客户端、手机安全。

调查发现,大学生最常使用的应用软件类型是社交类,共有 83.40%的被访者(201 人)认为该类软件是他们使用最多的。紧随其后使用较多的应用软件类型依次是手机浏览器、游戏和音乐,比例分别为 70.21%、62.17%和 52.10%。其他几类应用软件类型,除了摄影有 77 位(31.95%)大学生认为是其使用最多的,剩下的用户规模较小。其中分别有 58 人和 51 人认为阅读客户端和交通导航是他们使用最多的应用软件之一,而只有 46 人和 40 人认为手机安全和视频也是其最常用的应用软件之一。

在这种经常使用应用软件的习惯方式背后，删除智能手机中的应用软件原因主要如下，“使用后感觉不好，找到同类更好的替代”被选择的次数最多(149 人)，占 61.83%，该原因成为最多受访者更换或删除智能手机里的应用软件的原因。其次是“从来不用”和“为了节约空间”，刚好有同样的人数(118 人)选了该原因，占 48.96%；接下来是“玩腻了，直接删除”(97 人)，占 40.25%。在进一步的访谈中发现，很多受访者更换或删除智能手机里的应用软件的原因往往不止一个，而可能是几个原因综合起来一起导致的。

3.2 对智能手机的使用行为调查

3.2.1 使用场景

在受访大学生人群中，智能手机的使用场景分布呈现出多元性。96.9%的大学生会在排队等候时使用手机，96.2%、93.1%和 92.71%的大学生分别会在乘地铁等交通工具时、临睡前和上洗手间时会接触智能手机。其他场景如走路时、自习时、和朋友聊天时、使用电脑时、上课时和看电视时等都会使用智能手机。使用智能手机拾起了大学生们零碎的时间，在各个场景都可能出现他们使用智能手机的身影。

3.2.2 使用内容的强度

在一定程度上，受访大学生在各个场景的零碎时间中频繁地使用智能手机。那么，受访者在这些使用场景中使用些什么内容，尤其值得关注的是每个场景的使用内容是否一样？在各个场景中使用应用程序的强度又是如何？在各个场景中应用程序的使用强度的调查中，先是对使用强度予以赋值，从 1 分到 5 分，“使用强度最弱”为 1 分，“使用强度最强”为 5 分，不使用不填写，最终得到受访者对于智能手机应用软件在不同场景中的使用强度的具体得分。

调查发现，手机浏览器类、社交类和游戏类应用软件在使用强度的调研中普遍得分很高，这与上文得出的受访者安装应用程序后最常使用的三类应用软件完全吻合。其中，上洗手间时，使用手机浏览器类应用程序得分最高，高达 1029 分，均值为 4.27 分；在临睡前，社交类应用软件得分最高，为 866 分，均值为 3.59 分；乘地铁等交通工具时，社交类、手机浏览器类、游戏类、阅读客户端类的应用软件使用强度都得了高分。尤其值得注意的是，在走路时，使用音乐类应用程序得分最高，为 796 分，均值为 3.30 分；在自习时，使用社交类应用程序得分最高，为 917 分，均值为 3.80 分。此外，上课时、吃饭时、使用电脑时、电视机前、和朋友聊天时等场景的智能手机应用软件的使用强度得分都低于 600 分，与上文得出在这些场合的使用频率相对较小基本相符。

3.2.3 对智能手机使用期望的调查

使用智能手机应用软件的动机决定着用户对手机应用软件的主动选择行为，但是使用后达到的满足程度则决定着用户对手机应用软件的再利用和满意程度。本研究以非常不满意、不满意、基本满意、满意、非常满意这五个维度，通过对当前大学生中最主要的三类需求“娱乐休闲”、“资讯获取”、“社交沟通”的满足程度的问卷调查统计来看，清晰地反映了被调查大学生对智能手机应用软件的满足程度，持有不满意或者非常不满意态度的都在 15%以内。值得注意的是，社交沟通的需求满意度高达约 95%。

在不同需求的促使下，大学生们认为智能手机不同程度地满足了自己的使用需求。其中，获取信息是用户们最普遍、最常见的一种心理需求。而手机应用中的微信、微博、QQ、飞信等成为他们获取信息最常用的工具。而休闲娱乐是受访者们在繁忙的学习生活中使用智能手机的另外一种不可忽视的动机，通过手机游戏、手机音乐等放松情绪消除烦恼和疲劳、释放日常生活带来的种种压力。这种需求得到满足的作用是显而易见的。

4 大学生智能手机使用心理的特征及影响因素

任何一种新技术的传播和扩散都不是受众被动接受的结果，相反，受众总是出于一定的社会和心理需求接触、使用产品。那么，当前大学生的智能手机使用心理有哪些特征呢？

第一，追求个性化。大学生的自我意识不断增强，有他们各自的兴趣爱好等，在各类活动中表现他们的特殊性。个人化的智能手机在功能上充分满足了大学生们不同个性的需求。有了智能手机，大学生可以自主地安装所需要的应用软件，自主地选择微信聊天，还是听音乐打游戏。总之，他们在使用智能手机的过程中反映出了自己的个性心理。

大学生使用智能手机的行为往往是多个心理动机综合作用的结果。因此，造成了他们对智能手机的认知往往也是多种多样的，比如很多大学生认为智能手机既是“娱乐工具”又是“信息终端”。这样的研究结果也在一定程度上说明了大学生对通信功能的关注已经逐步淡化，相反的，他们对智能手机的种种附属功能更加关注。

第二，增加安全感。当前大学生面对越来越多的社会压力和社会问题，造成其心理和精神层面的焦虑、紧张和不安全感的增加。而智能手机可以使得人与人之间随时随地相互联系，从而潜在地缓解了大学生们的焦虑情绪，起到了心理安抚的作用。

为什么当前大学生会产生以上所述的使用行为并形成他们特有的使用心理特征呢?

首先是主观因素。根据马斯洛需求层次理论，需求分为五种，像阶梯一样从低到高，按层次逐级递升，分别为:生理上的需求，安全上的需求，情感和归属的需求，尊重的需求，自我实现的需求。受访者随着年龄和自我意识的不断增强，社会交往、信息沟通、情感交流、休闲娱乐和自我实现等的需求愈加强烈，而智能手机的使用在一定程度上恰巧可以满足他们的这些需求。传统意义上的普通手机像是一个个体专卖店，通讯功能为其主要功能;而智能手机像电脑一样，可以安装、卸载不同的程序，从而使得手机的功能可以得到无限的扩展，就犹如一个百货商场。大学生在使用智能手机时，会为了各自不同的愿望，在手机应用软件大商店下载软件以使自己的某些需求得到满足。

其次是客观因素。在人的成长过程中，尤其是大学生非常容易受到外界因素的影响。一是社会因素。每一社会都有和自己社会形态相适应的社会文化，并随着社会物质生产的发展变化而不断演变。随着技术的进步，互联网的发展为人类社会带来了不可估量的影响，推动了人类的文明向更高层次迈进。互联网不仅将大大扩展手机通信的内涵，还使得手机几乎能全面实现固定网络所具备的所有功能，满足了人们碎片化时间下的信息需求，切合了用户已有的互联网使用习惯与体验，因此智能手机的普及率正以难以置信的速度增长。如今，在任何场合和时间，放眼望去，都能看见使用手机的人群。二是家庭因素。在大多数的独生子女家庭中，除了家庭的一般开支，剩下的就是为了孩子吃好、穿好、用好、学好。在智能手机风靡的情况下，几乎每个家庭都会给大学生购买一部智能手机。再者，不同的家庭教育方式很可能会影响大学生个体行为的形成和发展。积极或是消极的父母教养方式与大学生智能手机的使用行为息息相关。

5 需要进一步研究的问题

通过这次调查，基本上达到了预期目的。但由于受到精力、时间的限制，本文调研和访谈对象的数量较少。从智能手机的庞大用户群来说，研究的深度、广度非常有限，可能导致部分数据的偏差，而无法作出进一步的推论和预测。

此外，此次研究没有对受访大学生的个性因素和使用行为之间的相关性进行分析，未来的研究可以着眼于受访者个体因素与使用行为选择以及满足程度之间的关系，这对于智能手机的研究会是一个很有价值的补充。再者，此次研究发现通讯功能已不是大学生得到满足的首要条件，但是没有进一步去探求具体的原因。

参考文献

[1] 黄河. 手机媒体商业模式研究[M]. 北京：中国传媒大学出版社，2010，14.
[2] 张国良. 传播学原理[M]. 上海：复旦大学出版社，2009，210.
[3] 尼葛洛·庞蒂. 数字化生存[M]. 海南：海南出版社，1996.
[4] 武林. 触屏智能手机使用行为影响因素研究[D]. 北京：北京邮电大学硕士论文，2012.
[5] 张耀灿，陈万柏. 思想政治教育学原理[M]. 北京：高等教育出版社，2007.
[6] 楚亚杰. 社会交往与手机使用实证研究[J]. 新闻大学，2010(2)：53 - 58.
[7] 赖昀. 上海大学生使用手机短信情况调查[J]. 新闻记者，2004(2)：43 - 44.

高校学生中慢性病患者的心理健康与人格特质初探*

沈可汗　刘在佳(华东师范大学心理健康
教育与咨询中心,上海,200241)

摘　要　慢性病患者是高校心理健康教育中的一个特殊群体。躯体疾病容易导致心理问题的产生,而心理因素也会恶化疾病状况。为了更好开展针对此类学生的心理健康工作,了解他们的人格和心理健康状况很有必要。本研究招募63名普通被试和30名患有慢性病的被试进行大五人格(NEO-FFI)和一般健康问卷(GHQ)施测。结果发现,男性慢性病学生的心理健康水平略低于正常人,而女性患者和正常人无异。慢性病患者和正常人在人格宜人性、外向性上存在显著差异。以上结果表明,慢性病患者并不如常人理解地那样脆弱,疾病可能使得他们得到了创伤后成长,他们并未产生严重的心理问题。这对于针对这一群体的心理健康教育工作有一定启示。

关键词　慢性病;大五人格;心理健康教育

1　引言

慢性病患者是学校心理健康教育中面临的一个特殊群体,该类学生患有某些较为严重的慢性病,目前处于缓解期或康复期,往往病情并不足以休退学,仍可在校生活学习。躯体疾病对于学生的影响是显而易见的,在学习和生活上受到诸多限制,很容易引起负性情绪甚至严重的心理问题。由于该类学生总体人数较少且情况多变复杂,一般高校的心理健康机构没有专门针对此类学生系统的规划和工

* 作者简介:沈可汗,华东师范大学心理健康教育与咨询中心教师,Email: khshen@mail.ecnu.edu.cn

作流程，往往等学生上门寻求咨询，甚至发生危机时才介入，而缺乏主动的针对性心理健康宣传教育和三级预防网络的建立，许多学校心理咨询师在处理此类学生时缺乏相应的实务能力，相关的教学科研力量也很薄弱。

虽然慢性病患者仅仅是学校中的一个极少数群体，但确是一个高危群体，需要引起足够的重视。许多严重躯体疾病患者都容易出现极端行为。谢伦芳(2011)等人研究了系统性红斑狼疮患者自杀意念的产生和神经质倾向的联系，他们发现神经质倾向人格和消极应对方式显著影响系统性红斑狼疮患者自杀意念。侯永梅(2004)认为疾病与心理健康损害相互影响，心理损害可引发疾病，疾病又可作为生活事件加剧心理损害，形成恶性循环，使病情迁延难愈。

过强或持续时间过长的应激状态可导致能量过度消耗和激素分泌紊乱，影响心身健康。研究表明，应激对于糖尿病、造血系统恶性肿瘤、食道癌均有显著作用(侯永梅，2004)。张瑶等人发现高血压、冠心病等心身疾病和癌症患者抑郁、焦虑，紧迫感和敌意等特征显著，经历负性事件后更容易引起消极性情绪(张瑶等，1992)。杜宇(2010)等人发现湿疹患者存在着较多的心理问题，并可能通过神经肽对湿疹的发生发展起着促进作用。王铃等(2006)对 180 例癌症患者进行调查，发现 89.2%的癌症患者有睡眠问题，10.5%的患者睡眠质量较差，女性睡眠质量较差者的发生率明显高于男性。癌症患者的 SCL－90 得分除人际关系敏感、偏执和精神病性 3 个因子外，其余 6 个因子平均分均明显高于常模。

既然心理因素可以显著地影响生理症状，那么，人格作为稳定心理特质的反应，必然也和生理症状有关系。人格反映的是个体比较一致的行为倾向、内心体验以及稳定的内在动机。崔红(2005)等人发现重感情，对人热情，严谨、沉稳、谨小慎微和自我克制等人格特质会引发或加重心身症状，而乐观、诚信、坚韧和耐性对心身症状有抑制作用。而身体体质也直接和心理因素有关，尹博(2006)等人发现体质状况好的学生乐群外向、随从附众、随遇而安、善于交际、好强自信；而体质较差的学生情绪稳定，谨慎恒心、抑郁忧愁、自卑孤独。王敬华(2001)发现银屑病患者性格倾向于争强好胜，成功欲望很强，有时间紧迫感，此性格特征是银屑病发病的重要危险因素之一。

本研究关心的是心理状况，人格因素和慢性病的关系。大五人格是被普遍采用的人格模型(罗杰,2011),包括神经质(Neuroticism, N)、外向性(Extraversion, E)、开放性(Openness, O)、宜人性(Agreeableness, A)和责任性(Conscientiousness)(Goldberg, 1993)。其测量工具,NEO-FFI (Neuroticism Extraversion Openness Five-Factor Inventory)被广泛应用于学术及临床研究中(Costa, 1989)。

本研究运用一般健康问卷(General Health Questionnaire, GHQ)测量被试的心理状况。最初一般健康问卷主要用来测量一般病人的非精神病性症状,其初期版本包括 60 个问题。李虹(2002)对其进行修订,编制出了符合中国人的 GHQ-20,达到了令人满意的信度和效度。GHQ-20 包括三个维度,自我肯定,抑郁和焦虑,是一个较为理想的心理问题测量工具。

综上,本研究考察大学生慢性病患者的心理健康状况和人格特点,为学校心理健康教育工作提供实证数据,帮助心理健康教师更好了解这一学生群体特点,也为相关政策的制定提供参考。

2 方法

研究招募 63 名普通被试,其中男性 23 名,女性 40 名。被试均是选修心理学课程的非心理学系学生,为了获得课程规定的实验学时而来。同时,招募慢性病被试 30 名,其中男性 18 名,女性 12 名。被试来自于某大学体疗班,体疗班是针对身体有残疾或慢性病的同学开设的专门体育课,旨在通过体育锻炼促进患有慢性病同学的身体机能。此 30 名被试均患有较为严重的慢性病,如颅底血管病变,肿瘤,慢性肾炎,心脏病等,大多数动过手术或长期住院。

被试在心理学实验室内进行问卷填写,整个过程约 20 分钟。被试首先填写大五人格量表,然后填写一般健康问卷(GHQ)。本研究采用的大五人格量表选用的是 60 题的 NEO-FFI 版本,一般健康问卷(GHQ-20)由李虹等人修订。采用 SPSS 19.0, Microsoft Excel 和 R 进行数据分析。

3 结果

首先比较两组被试的 GHQ 和大五人格得分的异同。大五人格量表可计算出五个维度的得分，GHQ 量表可计算出三个维度的得分，把其中两个维度（抑郁，焦虑）反向以后，三维度相加即可得到 GHQ 的总分，分数越高，表示心理健康程度越高。

普通组 GHQ 量表存在明显男女差异，男性自我肯定的平均分为 6.78，标准差为 1.62，女性自我肯定平均分为 5.55，标准差为 2.25，两者差异显著，$t(61)=2.3$，$p<0.05$。男性焦虑的平均分为 4.26，标准差为 1.18，女性自我肯定平均分为 3.55，标准差为 1.58，两者差异显著 $t(61)=1.87$，$p<0.05$。男性 GHQ 总分为 16.39，标准差为 2.25，女性为 14.33，标准差为 3.60，两者差异显著，$t(61)=2.48$，$p<0.01$。慢性病组的 GHQ 量表的各维度和总分均不存在男女差异。

由于普通组的 GHQ 分数存在显著的男女差异，因此分性别检验普通组与慢性病组的差异。结果发现慢性病的女性和普通的女性的 GHQ 总分无显著差异，而患有慢性病的男性比普通男性的 GHQ 总分低，差异边缘显著（$p=0.057$）。各分维度均无显著差异，详细的数据和检验结果如表 1 和表 2 所示。

表 1　男性两组 GHQ 比较

（男性）	慢性病组	普通组	T 检验
GHQ-自我肯定	5.94($SD=1.98$)	6.78($SD=1.62$)	$t(39)=-1.48$，$p=0.07$
GHQ-抑郁	5.22($SD=0.81$)	5.35($SD=0.48$)	$t(39)=-0.58$，$p=0.28$
GHQ-焦虑	3.94($SD=1.35$)	4.26($SD=1.18$)	$t(39)=-0.08$，$p=0.21$
GHQ 总分	15.11($SD=2.83$)	16.39($SD=2.25$)	$t(39)=-1.61$，$p=0.057$

表 2　女性两组 GHQ 比较

（女性）	慢性病组	普通组	T 检验
GHQ-自我肯定	6.33($SD=1.92$)	5.55($SD=2.25$)	$t(50)=1.09$，$p=0.14$
GHQ-抑郁	5.41($SD=0.67$)	5.22($SD=0.80$)	$t(50)=0.75$，$p=0.23$
GHQ-焦虑	4.00($SD=1.28$)	3.55($SD=1.58$)	$t(50)=0.90$，$p=0.19$
GHQ 总分	15.75($SD=3.33$)	14.33($SD=3.60$)	$t(50)=1.22$，$p=0.11$

对大五人格的检验发现，无论是普通组还是慢性病组，在五个维度上都没有发现男女差异。而将两组互相检验发现，慢性病组外向性的得分显著低于普通组，而慢性病组的宜人性得分显著高于普通组，其他三个维度的差异不显著。详细数据和检验如表 3 所示。

表 3 两组大五人格比较

	慢性病组	普通组	T 检验
大五-神经质	32.43($SD=4.96$)	33.80($SD=5.71$)	$t(65)=-1.18$, $p=0.24$
大五-外向性	38.33($SD=5.79$)	41.08($SD=6.63$)	$t(65)=-2.04$, $p<0.05$
大五-开放性	41.67($SD=5.56$)	41.37($SD=4.83$)	$t(65)=0.25$, $p=0.80$
大五-宜人性	44.53($SD=4.95$)	41.98($SD=5.31$)	$t(65)=2.27$, $p=<0.05$
大五-责任性	42.07($SD=6.11$)	41.54($SD=5.95$)	$t(65)=0.39$, $p=0.70$

在进行慢性病组施测之前，被试为自己病情对自己生活的影响和疾病的预后情况进行打分，为 5 点量表。分数越高表明影响越大或预后越好。将被试自评的影响和预后情况与各因素进行相关检验。结果发现，大五人格的宜人性和 GHQ 抑郁影响疾病预后，宜人性越高，预后越好（$r=0.32$）；抑郁程度越高，预后越差（$r=-0.20$）。大五人格的神经质和 GHQ 的自我肯定，抑郁对被试疾病的主观影响有作用。神经质越高，疾病对生活的影响就越大($r=0.28$)；抑郁程度越高，影响就越大($r=0.37$)；自我肯定程度越高，影响就越小($r=-0.34$)。具体数据如表 4 所示。

表 4 慢性病对生活的影响和预后与人格和心理因素的相关

	预后	影响		预后	影响
大五-神经质	−0.12	0.28*	大五-责任性	0.13	0.02
大五-外向性	0.05	0.03	GHQ-焦虑	−0.18	0.18
大五-开放性	−0.11	0.04	GHQ-抑郁	−0.20*	0.37*
大五-宜人性	0.32*	0.02	GHQ-自我肯定	0.01	−0.34*

* $p<0.05$

4 讨论

本研究发现，男性慢性病患者的心理健康状况略差于普通学生，主要体现在自我肯定维度上，而焦虑、抑郁维度没有区别。而女性慢性病患者的心理健康状况和普通人没有显著差异，从数据上看，甚至有好于普通人的趋势（$p=0.11$，不显著但有显著的趋势）。如果补充更多数据，可能会有统计差异，但学校里慢性病群体本来人数就很少，并且有很多被试并不愿意参加研究，因此，30 个被试的量已经是非常珍贵了。

本研究的发现并不完全符合预期。对男性而言，慢性病患者并没有更多的焦虑、抑郁，而仅仅是在自我肯定有功能降低，而女性患者和正常人没有差异。一般认为，慢性病患者理应有更多的心理问题，但实际上可能并非如此。普通人为了一些生活琐事产生抑郁焦虑等心理障碍，而患有慢性病的人在生命受到威胁的情况下竟能保持相对健康的心理状态。这有几种可能，其一，本研究的被试群体属于长期患病，可能已经进入"接受期"，此阶段的病人不再显现出高抑郁；其二，患者低水平的抑郁很有可能是他们从创伤中成长，积极应对生活的产物。患病经历给患者一个浴火重生的机会，重构了人的信念系统，重塑了自己的行为模式。

本研究发现在大五人格的各维度中，慢性病组和普通组存在着差异，普通组比慢性病组外向，慢性病组比普通组宜人性更高。很多人得病以后就变得内向，沉默，但同时也更加宽容，有爱心。这个差异的结果与我们生活中观察到的一致。同时，慢性病的预后和对生活的影响也受到心理人格因素的影响。宜人性越高，预后越好；抑郁程度越高，预后越差。神经质越高，疾病对生活的影响就越大；抑郁程度越高，影响就越大；自我肯定程度越高，影响就越小。总的来说，如果患者能够保持健康的心理状态，对待生活更加宽容，则预后就会越好，对生活的影响也就越小。这样的结果和文献基本一致。

综上所述，本研究发现了普通组和慢性病组在 GHQ 和大五人格上存在差异的趋势，慢性病患者并不如常人理解的那样脆弱，疾病可能使得他们得到了创伤后成长。这对于针对这一群体的心理健康教育工作很有启示。未来的研究可以考虑加大被试量，采用更加完善的量表，以及运用生理测量及脑神经技术进行深入的研究。

参考文献

［1］Costa P T，McCrae R R.. The NEO - PI/NEO - FFI Manual supplement［M］. Odessa，FL：Psychological Assessment Resources，1989.

［2］Goldberg L R. The Structure of Phenotypic Personality Traits［J］. American

Psychologist, 1993,48(26):341.

[3] 崔红,王登峰.一般人群中人格维度与心身症状的相关研究[J].中国临床心理学杂志,2005,13(3):298-300.

[4] 杜宇,廖勇梅,许飏,颜丹.湿疹患者心理健康状况与神经肽相关性分析[J].现代预防医学,2010(4).

[5] 侯永梅.心理社会因素对心身疾病的影响[J].中国临床康复,2004,8(12):2358-2359.

[6] 李虹,梅锦荣.测量大学生的心理问题:GHQ-20的结构及其信度和效度[J].心理发展与教育,2002(1):75-79.

[7] 罗杰,戴晓阳."大五"人格测验在我国使用情况的元分析[J].中国临床心理学杂,2011,19(6):740-743.

[8] 王铃,王晓华,林文花.癌症患者睡眠质量及心理健康状况调查[J].中国临床保健杂志,2006(05).

[9] 王敬华.心理健康与银屑病[J].皮肤病与性病,2001(03).

[10] 谢伦芳,陈佩玲,叶冬青.系统性红斑狼疮患者自杀意念的心理易感性[J].中国预防医学杂志,2011.

[11] 尹博,田万生.青少年体质健康差异与人格发展的实证研究[J].中国青年政治学院学报,2006(4):6-9.

[12] 朱敬先.健康心理学:心理卫生[M].北京:教育科学出版社,2002.

[13] 张瑶,宋维真,姚林,夏朝云,冯而娟,张宗卫,郭艳容,于彦英,邹之光.生活事件、性格对某些心身疾病的影响的调查分析[J].心理学报,1992(1):35-42.

大学生啃老族现象研究*

于俊杰　张梁萍（上海应用技术学院，上海，200233）

摘　要　目的：了解大学生的啃老现象，调查啃老现象背后的原因；方法：对117名高校毕业生进行问卷调查；调查结果，大学生的啃老原因可以从社会、教育、个人心理三大维度据探析，文章最后根据啃老的程度，针对性地提出预防、减少高校毕业生"啃老"现象发生的对策和建议。

关键词　啃老；大学生

所谓"啃老"，是指已经成年，并有谋生能力，但仍存在依靠父母供养的行为。现如今，"啃老"成为一种普遍的社会现象，甚至形成规模日益庞大的"啃老族"。据中国老龄科研中心公布的调查结果，目前我国20～30岁的成年人中，约有30%左右基本依赖父母生活，65%的家庭存在"老养小"情况。社会上有7成的年轻人在买房时存在着"啃老"行为，李淑文教授调查后认为高校毕业生啃老数量增多，几乎接近百万人。

高校毕业生"啃老"现象的出现不论对个人，还是家庭，甚至社会都造成巨大的影响。对社会的影响，首先是冲击公众教育投资。高校毕业生出现啃老现象势必会让人产生类似于"读书没什么用"的想法。一旦人们对教育投资回报丧失信心并形成一种社会共识，对投资教育的积极性就会减退。对家庭的影响，产生"老养小"现象，它严重侵蚀家庭经济，尤其是父母的养老基金，造成家庭严重的经济问题。对个人的影响，一些存在"啃老"行为的高校毕业生，在个性上大多过于依赖，对前

* 作者简介：于俊杰，上海应用技术学院人文学院，Email：yujunjie@sit. edu. cn

途迷茫，缺乏动力，随着年龄的增长和不工作的时间延长，他们与社会的交流越来越少，适应能力也将下降，以后就更难适应工作的要求；长期脱离社会造成人格上的缺陷。

高校毕业生甚至成为啃老族的主力军，作为一群接受了专门的高等教育，具备一定知识能力的人，为何会成为“啃老”一族呢？这其中的原因值得深思、探讨。

1 研究对象与方法

本研究采用问卷调查的方法。在问卷项目设计时，本调查通过文献资料查询和小规模预测等方式，最终确定 34 个项目，1 个开放式问题，从基本信息、社会、教育、个性心理人格和“啃老族”这五大方面进行调查。

研究对象，本研究主要的研究对象来自上海市嘉定区 2 个社区和上海应用技术学院，共计 117 名高校毕业生通过街头拦截和网上分发问卷来进行抽样调查。回收有效问卷共 93 份，包括街头问卷调查 42 份和网络问卷调查 51 份。运用 SPSS 统计工具对样本进行分析。

2 数据分析与讨论

2.1 样本的基本情况

本次调查对象的年龄分布在 22～28 岁之间，年龄上呈标准正态分布。本次调查中，男生 41 人，女生 52 人，分别占总人数的 44%和 56%。其中已婚人数为 10 人，占总体的 11%，其中有 4 名男生，6 名女生。在 117 名调查对象中，有 27 名处于正在找工作阶段，11 名表示目前不打算工作，有 55 名已就业。从中可以看出，没有固定工作的人的比例高达 30%，他们的生活主要依靠父母，给“啃老”现象的产生埋下隐患。

2.2 基本情况分析

高达 81%的被试者对“啃老”还是有一定了解的，他们通过网络、电视传媒、报纸杂志等途径对“啃老”已有一定的认识。而相对的，还有19％的人不太了解甚至不知道“啃老”为何物，也不清楚“啃老”到底会带来如何影响。有67％的被试者认为他们身边存在着一定数量的“啃老”现象，这说明“啃老”行为发生的普遍性，需要社会大众去关注并解决。相对的，有33％的人没有注意过身边的“啃老”现象，可能由于现在啃老现象已经趋于大众化。

高校毕业生出现的“啃老”现象，在调查后总结为如下几项：啃钱财，啃遗产，啃体力，啃关系，啃感情。无论是哪种类型的“啃老”，都存在着经济上或多或少依赖父母的情况。比如说，啃体力：许多已经结婚生子的子女干脆把小孩丢给父母代养，导致现在社会上隔代抚养的情况越来越多，一定程度上影响父母的老年生活，而对于这些年轻父母来说，与子女接触的不够，更是失去一个培养其父母意识和责任感的有效途径；啃关系：为了尽早找到好的工作，一些“能力”较强的高校毕业生极易使用非正常的方法，如跑关系、找熟人、搞贿赂，这对那些没有这种“能力”的高校毕业生们来说是权其不公平的，极可能引发新一轮道德失范，对社会带来不良影响。

2.3 社会维度分析

54％的高校毕业生认为他们的就业形势是困难的，而相对的46％的高校毕业生觉得他们的就业并不困难。两者数据相差不大，说明现在的高校毕业生对于就业环境的认识和态度具有两种极端。一部分人认为激烈的就业竞争市场正是锻炼他们的一个好环境，将学校所学到的知识运用到实际工作中，不仅能得到许多社会经验，更重要的是能体会到自我价值的满足感。而另一部分人却被竞争所淘汰，有些甚至都没尝试过就败下阵来，宁愿在家啃老，白白浪费在学校里学到的知识技能，主观上对就业的消极心态让他们觉得找工作十分困难。同时，被试者中57％的人在毕业后3个月就找到工作，这使他们早早就摆脱“啃老”的阴影，17％的高校毕业生也能在1年之内找到工作，而26％的被试者却还存在未就业的现象，这些人大都处于刚刚高校毕业的待业期，他们的经济来源主要还是依靠父母，主观上存在着就业的期望。

2.4 教育维度分析

2.4.1 学校教育维度分析

51%的调查对象认为他们在学校里所学的专业知识、技能对他们的就业有帮助,同时49%的大学生则觉得他们在就业过程中,在学校所学的专业知识和技能帮助影响不大。而相对的,44%的大学生同意"学校的应试教育导致肯老行为增多"的说法,只有15%的少数人不同意这个观点。

可能存在以下两个原因:首先,学校教育机制不完善。不能否认在竞争日益激烈的市场经济环境和严峻的就业形势下,近年来我国有些高校的课程设置和职业教育脱节;其次,灌输式教育,忽视学生的主体性作用,忽视责任实践教育,缺乏学生的主动参与性与实践性。所以,部分学生的学校学的知识和训练,对他们的就业帮助不大,从而导致他们的就业遇到困难。

2.4.2 家庭教育维度分析

32%的被试者认为他们在条件的允许下会选择"啃老",而68%的被试者则不这么认为。这说明绝大多数人还是能够正确认识"啃老"会带来的众多不良影响而不选择"啃老"行为。后者,高达82%的被试者在结婚等需要较大开支时,其父母会给予资助,这一现象也渐渐被社会所接受。

调查分析中有5%的高校毕业生表示他们的父母可以接受他们在毕业后闲散在家,这些大学生并非自愿"啃老",而是父母要其"啃老"。有些家庭经济生活条件优越,做父母的愿意养着自己的儿女,不让他们去"卖苦力";有的则是舍不得他们远离自己,希望他们守在身边,殊不知这些过度的爱,反而会害了孩子。在这一点上87%的被调查者不赞同这种过度的"护犊心理",他们基本赞同年轻人出现啃老行为也是一种不孝的观点。同时也有93%的被调查者认为这些被"啃"的父母是可怜而又可悲的,被中国传统文化观念所束缚着的家长们在一定程度上也存在着一丝的无奈。

2.5 个人心理维度分析

有高达71%的调查对象认为就业惰性、性格缺点会导致"啃老"行为的增多,而只有3%的被试者不同意这个看法，这说明个人心理因素成为引发高校毕业生啃老现象的重要缘由，调查发现出现“啃老”现象的大学生在就业的压力下产生了两个心理维度方面的问题：

第一，认知心理维度。在问卷调查总结中，有67%的高校毕业生在求职过程中，首先关注的是工资待遇，其次是工作是否轻松赚钱又多，之后才是工作环境、工作压力等。说明高校毕业生就业时普遍期望值很高，青睐于压力少而工资多的工作。访谈中发现，这些大学生“我穷我有理”，眼高手低现象非常多见，错误的择业观使其无法正常就业。

第二，情绪心理维度。很多毕业生都存在不满情绪和焦虑情绪。不满的对象可以是其周围的事物或人群，特别是对周围同学感到不满（如嫉妒），焦虑情绪更是普遍。

2.6 关于“啃老族”的分析

本研究将“啃老”分为三个类型：

I. 轻度型：是指成年人有固定的工作，有一定的经济基础，但在某些程度上还是需要父母在经济等方面的帮助。如：买房、买车等需要大额支出时等。

II. 中度型：是指成年人没有固定的工作，但有一定的经济基础，在某些程度上还是需要父母在经济等方面的帮助。如：两份工作之间的待业期。本研究认为高校毕业生是其中的一个特例。

III. 重度型：是指成年人没有固定的工作，没有经济基础，完全依赖父母，寄生在家庭中。出现这种“啃老”现象的群体也被称为“啃老族”。

21%的被试者认为他们是重度“啃老族”，这说明大学生出现“啃老”现象已是不争的事实。据中国媒体调查，“啃老族”分为六种类型，高校毕业生因就业挑剔找不到满意的工作而成为“啃老族”，这类人约占20%，这项调查印证了本研究的数据分析结果。作为“啃老族”中为数众多的群体，虽然他们在生活上，经济上依靠父母，但在一定程度上也说明他们对自己现在生活状态的不满，映射出社会、教育、及其个体出现的问题，这值得引起社会大众的关注。

3 结论和建议

3.1 对于轻度型啃老现象

这类现象在社会上已是很普遍，由于社会经济发展等各种因素的影响，刚踏入社会没多久的大学生没有雄厚的经济基础来承担诸如买房、结婚等高额费用的支出，所以在经济上依靠父母，向父母预支一笔费用达到投资的效果，在今后经济能力提高后，再将费用还给父母，这是可以理解的。而就我国传统文化观念来看，父母偶尔在经济上资助子女也是可以接受的，相对的，子女应该拟订一份合理的理财计划，在生活的各个方面好好赡养父母，以报养育之恩。

3.2 对于中度型啃老现象

他们由于处于待业期，虽然有一定经济基础，但是没有经济收入，早晚会坐吃山空，频繁的更换工作最终会使其从经济上的半依靠转变成为完全依靠父母生活。本研究希望能为这类人敲响警钟，预防他们沦为“啃老族”。而对于高校毕业生来说，应树立正确的就业观，为自己拟订一份合理的就业计划，积极投身于找工作的状态中，而父母也应该早日放手，让子女们去经历社会的磨练，早日自食其力。

3.3 对于重度型啃老现象

3.3.1 从个人方面

需要增强责任意识，形成良好的自我评价，懂得自立自强，自食其力。在毕业后，应该转换自己的角色，从学生到从业人员需要承担不同的社会义务与责任，将自己的个人价值建立在社会价值的基础上，才能正确认识个人和社会之间的关系，处理理想与现实、成功与失败的关系，以积极向上、乐观自信而又切合实际的自我评价来面对人生的选择。

对于在心理态度上甘做“啃老族”的那群人，我们可以与社区居委会联手在社区内成立志愿者队伍，建立“啃老族”动态档案，定期上门探望他们的家庭，以聊天、交朋友等方式了解这些人的想法，并及时组织心理咨询师主动上门，对其进行辅导，帮助他们承担起家庭和社会的责任，尽早融入社会。

3.3.2 从家庭教育方面

改善家庭教育是解决“啃老”现象的重要手段之一，做家长的应及早改变大包大揽、溺爱的教育手段，该放手的时候就要放手，多给孩子们一些磨难和锤炼，以强化他们的自立能力和责任意识，才能根本改变孩子的依附性格，让他们的精神尽早“断乳”。

对于出现“啃老”行为比较严重的高校毕业生，家长应该通过社区联系社工，开展“啃老”行为个体的个案或者小组活动，让社工通过专业的方法和理念对这些群体进行帮助。

3.3.3 从学校教育方面

学校从最初的职业生涯规划到最终的职业定位，帮助大学生转变就业理念，加强择业观教育。要以恰当的方式指导学生形成符合社会要求的自我评价的心理品质，使学生在面临人生，重大的决策时能正确权衡，在就业决策中能够正确地评价自己，端正就业态度，调整心理准备，倡导从业即就业的新理念。

参考文献

[1] 赵宁. 2008大学生就业形势分析. 中国爱国主义教育网，2008-03-23.

[2] 李淑文. “啃老族”应早日做好职业规划[J]. 职业时空：研究版，2007(3)：53-54.

积极心理学在高职学生团体心理辅导中的应用研究*

陈江媛(上海工商外国语职业学院心理健康咨询中心,上海,201300)

摘　要　积极心理学之父塞利格曼通过大量的研究提取了24种品格优势,并将其分为6个维度。本研究在积极心理学理论指导之下,针对这6个维度的品格优势,设计了团体心理辅导方案,对21位学生心理委员开展8次团体心理辅导并运用"VIA特征优势调查"问卷,进行前后测收集数据。通过对数据进行分析,结果显示积极心理学指导的团体心理活动能够提高学生的积极心理品质,"VIA特征优势调查"总分平均数差异检验看出,通过干预学生的品格优势得到提高,其中在勇气与精神卓越两个维度差异显著。

关键词　积极心理学;品格优势

1　引言

积极心理学是当代新兴的心理学思潮。积极心理学是致力于研究人的发展潜力和美德的科学。它通过帮助人们发现并利用自己的内在资源,发掘潜力,进而提升个人素质和生活的品质。当下各个高校在学生心理健康工作中,工作重点是存在心理症状的少数学生群体。而对绝大部分心理健康的学生的心理工作,难以通过传统的以干预和治疗为目的的方法开展。运用积极心理学的理论为指导,开展相关的心理健康教育活动,是对传统心理健康教育的一个补充。

---

* 作者简介:陈江媛,上海工商外国语职业学院心理健康咨询中心,Email: chenjiangyuan.0909@163.com

通过对心理委员们进行用积极心理学理论指导的团体心理辅导进行培训，不仅能够提高心理委员品格优势，同时让其掌握一定程度的积极心理学知识，对其在班级开展心理健康教育活动有着促进的作用。

2　研究对象及方法

2.1　研究对象

本次以积极心理学方法为指导设计的团体心理辅导，选取上海工商外国语职业学院 14 级系心理委员 24 人，除去未参加前测和后测的 3 名学生，收集到有效前后测数据 21 人。其中男生 11 人，占 52.4%；女生 10 人，占 47.6%。

2.2　研究工具

塞利格曼领导的“价值在行动项目组”（Values in Action, VIA），通过对“重要优势品质”的研究，确立了 24 个为人们广泛认可的品格优势。本研究以塞利格曼编制的优势调查问卷（VIA Strengths Survey）作为评估量表。每一道问题的描述，对应“非常符合我”、“符合我”、“既没有符合也没有不符合”、“不符合我”、“非常不符合我”等 5 个选项。问卷采用 5 点计分方法，分数高表示有更高的优势。

24 个品格优势中，每个品格优势对应两个问题，同时，赛利格曼将这 24 个品格优势划分为六个维度，分别是：

(1) 智慧与知识：好奇心、热爱学习、判断力、创造性、社会智慧、洞察力。

(2) 勇气：勇敢、毅力、正直。

(3) 仁爱：仁慈、爱。

(4) 正义：公民精神、公平、领导力。

(5) 节制：自我控制、谨慎、谦虚。

(6) 精神卓越：美感、感恩、希望、灵性、宽恕、幽默、热忱。

优势调查问卷共 48 道，每个品格优势对应 2 道题目。将每个维度的品格优势题目得分相加，得到每个维度的分数。6 个维度的分数总和便是优势调查问卷的总分。

2.3 量表数据分析

将收集到的数据采用 SPSS15.0 统计软件进行数据分析统计。

3 团体心理辅导过程

3.1 团体心理辅导设计

本团体心理辅导旨在提高心理委员积极心理品质，提升其在班级心理工作方面的能力。根据塞利格曼积极心理品质的六个维度，加上第一次破冰活动以及最后一次结束活动，设计团体心理活动，共计 8 次，每周开展一个主题活动，共进行 8 周活动(见表 1)。

表 1 团体心理辅导安排

序号	单元主题	单元目标	活动过程	备注
1	有缘相聚	团体成员之间建立良好的关系，拉近团体成员之间的距离	1. 领导者致辞，介绍本团体的目的与活动方式 2. 破冰游戏： 姓名接龙 大风吹，小风吹 棒打薄情郎 3. 讨论游戏感悟	通过破冰活动，成员之间建立起良好的互动关系
2	智慧之光	培养成员的观察力与创造性	1. 通过梅花开等活动将成员分成 2 组 2. 活动：名字串串烧。将小组成员的姓名串成一首诗或一个故事或其他。 3. T 字谜：每人一个 T 字谜的道具，完成将其摆成 T 字	通过本次活动，启发小组成员的想象力和创造力

（续表）

序号	单元主题	单元目标	活动过程	备注
3	勇者无敌	培养成员的勇气	1. 保持上次活动的分组。完成踩气球游戏 2. 完成游戏：信任背摔 3. 讨论游戏感悟	通过本次活动，成员能够对自己有一定的挑战
4	你我同行	培养成员关爱他人与接受他人关爱的能力	1. 完成游戏：信任之旅 2. 完成游戏：秘密会审 3. 讨论游戏感悟	成员表达理解与被理解的感受
5	任务突击	提高成员团队精神，责任感和领导能力	1. 完成游戏：盲人方阵 2. 完成游戏：贪吃蛇 3. 讨论游戏感悟	通过本次活动，锻炼了成员集体合作意识
6	关注当下	让成员感受恰当地、适度地表现以及满足需要	1. 完成游戏：过电 2. 完成游戏：优点轰炸 3. 讨论游戏感悟	成员感到兴奋、满足
7	链接你我	培养成员的情绪优势	1. 成员之间围成一个圈，完成小活动：心灵按摩 2. 活动：我的生命线 3. 讨论游戏感悟	成员对他人及对自己有进一步的感悟
8	展望明天	结束团体心理辅导，处理成员离别的情绪	1. 小组完成合作绘画：今天，明天 2. 合唱：朋友。结束团体心理辅导活动	成员表示在这个团体当中受益良多，并表示不舍分别

3.2 学生成员反馈

团体心理辅导活动结束后，为了更好地了解成员对本团体心理辅导的感受，对成员进行了活动反馈调查。成员们认为在本次团体心理辅导中感到非常开心和放松，在团体当中能够表达自己的想法和感受，能够感受到其他成员的关心与支持，对自己也有了更进一步的了解。希望能够多参加这样的团体心理辅导，同时表示也会将在团体心理辅导中学到的方法带到班级心理活动中去，加强班级成员的沟通交流，创造和谐班级氛围。

4 分析结果

4.1 团体辅导活动能够提高学生积极心理品质

通过对上海工商外国语职业学院系心理委员的团体心理辅导前后测数据统计可以看出，团体心理辅导能够提高学生积极心理品质。优势调查问卷当中，六大优势的分数以及总分的后测分数均高于前测分数。同时，在优势总分、勇气、精神卓越这三个维度的存在显著性差异(见表 2)。

表 2 团体心理辅导小组前后测优势调查量表平均数的差异检验

	前测 后测	*N*	*M*	*SD*	*df*	*Sig.* (2 - tailed)
优势总分	前测	21	174.38	10.55	20	0.01**
	后测	21	179.76	12.55		
智慧与知识	前测	21	44.52	3.14	20	0.09
	后测	21	45.71	4.12		
勇气	前测	21	21.42	1.77	20	0.03*
	后测	21	22.428 6	2.25		
仁爱	前测	21	13.90	2.02	20	0.19
	后测	21	14.523 8	2.56		
正义	前测	21	22.38	1.88	20	0.932
	后测	21	22.42	2.60		
节制	前测	21	19.76	2.74	20	0.41
	后测	21	20.24	1.95		
精神卓越	前测	21	52.38	3.81	20	0.02*
	后测	21	54.43	4.83		

4.2 团体辅导活动对提高学生积极心理品质上的局限

4.2.1 优势品格六个维度改变的程度不一，正义与节制维度通过团体心理辅导改变的幅度较小

从数据分析来看，虽然在优势品格六个维度上，同过团体心理辅导都得到了一

定程度的提高。但出现差异显著的仅勇气维度和精神卓越两个维度，智慧与知识维度、仁爱维度有一定程度的提高，但未达到显著程度。而在正义与节制维度上，通过团体心理辅导提升的幅度较小。

4.2.2　优势品格六个维度改变程度不一的原因有待研究

从得到的前后测数据来看，勇气与精神卓越两个维度得到了显著性的提高，而正义与节制的维度从平均数来看后测数据高于前测数据，但无法说明这两个维度得到了提高。这究竟是针对这两个维度设计的方案没有解决该问题，还是大学生原本这两个维度分数就已经较高，或是这两个维度的优势品格需要更多团体辅导活动才能得到提高，目前还无法得到检验。

4.3　赛利格曼提出的优势品格共有 24 种，需要有针对性地进行工作

赛利格曼提出的优势品格共 24 中，希望通过一个系列的团体心理辅导就能够提升所有维度的分数是困难的。

5　应对策略

5.1　提高积极心理学在学生团体辅导中的应用广度

对于在校大学生而言，绝大部分大学生是健康的，病态的学生是少数。目前各大高校学生心理咨询中心的工作对象大多是针对少数的这部分学生，对大部分心理健康的学生的心理健康教育工作开展还是比较有限的。而提升大部分学生积极人格品质，对提升大学生的主观幸福感和积极情绪有着重要作用。

5.2　团体心理辅导之外，采取多样化的方式提升大学生积极心理品质

本次团体辅导活动设计收集到的数据表明，团体心理活动在提升大学生积极心理品质的某些维度上，有一定困难。对提高学生积极心理品质，不局限于团体心理辅导这一种方式。通过开设积极心理学相关的课程，也能够提高学生积极心理品质。研究表明，积极心理学课程能够提高学生的生活满意度，提高学生自我效能

感，社会交往技能以及情绪智力。

5.3 了解哪些是大学生亟须提升的优势品格，设计有针对性的团体心理辅导方案

赛利格曼提出的优势品格总共24种，这些优势品格当中，哪些是大学生已经具备了的，哪些是有待提升的。在今后的工作当中，可以开展这样的调查研究，以便设计更加有针对性的团体心理辅导方案，以避免平均用力。

参考文献

[1] 克里斯托弗.积极心理学[M].北京：群言出版社，2010.
[2] 马丁·塞利格曼.真实的幸福[M].沈阳：万卷出版公司，2010，141-167.
[3] 阳志平.积极心理学团体心理辅导课操作指南[M].北京：机械工业出版社，2010.
[4] 许燕平.积极心理学在大学生心理健康教育中的应用[J].哲学社会科学论坛，2014(9)：79-82.

社会工作的理念与方法在辅导员心理健康工作中的运用*

——基于上海市1045名大学生的调查

秦向荣(上海海洋大学人文学院,上海,201306)

摘　要　时代及其现实的要求传统的辅导员必须转型。社会工作的理念与方法与大学生思想政治教育尤其心理健康教育有极大的耦合之处,本研究考察社会工作的理念与方法在辅导员心理健康工作中的运用情况及其大学生心理求助辅导员的情况。自编问卷在上海五所大学对1 045大学生的调查发现:大学生对与辅导员的关系评价为伙伴与师生较多,四分之三的大学生对自己的辅导员工作满意,大学生遇到心理问题向辅导员求助不积极,不去求助原因在于辅导员在开展心理辅导的实效性不强;大学生认为辅导员在心理辅导中运用社会工作的理念要比运用社会工作的方法更好;大二学生、工科跟医科大学生相比其他对辅导员在心理辅导中运用社会工作理念与方法的评价较低。

关键词　辅导员;心理健康;社会工作理念与方法

1　引言

随着高校的扩招,高校的学生人数急剧扩大,当下大学生思想独立、多变性与差异性明显增强,受各种思想文化影响较多,高校辅导员工作面临巨大的挑战。在中共中央16号文件中,党中央明确了辅导员的身份与定位,上海市教委也提出辅导员专家化专业化的目标。然而,高校辅导员工作一直沿用传统辅导模式已经不能满足新

* 作者简介:秦向荣,上海海洋大学人文学院,Email: xrqin@shou.edu.cn
本文系上海海洋大学校科技专项基金项目(2014年)“社会工作理念与方法在高校心理健康辅导员工作中的运用”成果。

时代学生的需求，急需创新工作理念和方法去适应当前大学生出现的各种问题与需要。

在新时期，高校辅导员的工作除了思想政治教育、班级管理，还有咨询服务这一个工作内容，其中心理健康教育成为高校德育教育中非常重要的一方面。社会工作是一门从实践中发展出来的科学，“助人自助，以人为本”价值理念与个案工作、小组工作及社区工作方法与高校的学生工作，尤其是心理健康工作有极大的契合之处，因此，探索学校社会工作在高校辅导员心理健康工作的运用，有助于改善高校辅导员的工作方法，有利于辅导员的专家化与专业化，促进大学生思想政治工作的开展，更好地帮助大学生成才。

2 调查研究

2.1 工具

本研究探讨社会工作的理念与方法在辅导员心理健康工作中运用的现状。调查工具中的核心问卷借鉴大学生对辅导员心理辅导期望(徐晓涵)，从社会工作的理念与社会工作的方法两个方面考察社会工作理念方法在大学生心理健康教育中的实际运用状况。此外，试图了解大学生就心理健康问题向辅导员的求助倾向。

2.2 实际调查

发放问卷 1 100 份，去除无效问卷，最终有效问卷 1 045 份，分别来自上海五所高校，涉及到文、理、工、农、医等学科大学生，样本情况如表 1 所示。

表 1 样本分布

属性		人数	百分比%
学校	上海海洋大学	509	48.7
	复旦大学	100	9.6
	上海大学	174	16.7
	上海理工大学	106	10.1
	上海市健康职业技术学院	156	14.9

（续表）

属性		人数	百分比%
性别	男	464	44.4
	女	581	55.6
年级	大一	299	28.6
	大二	374	35.8
	大三	277	26.5
	大四及研究生	95	9.1
系别	文科	290	27.8
	理科	267	25.6
	工科	262	25.1
	农科	131	12.5
	医科	95	9.1

2.3 学校辅导员工作的现状

2.3.1 学生对辅导员工作的认知

数据统计显示，96%的同学知道自己学院有辅导员。对于辅导员工作的了解程度上，33.4%的同学了解辅导员工作，57.7%同学对辅导员工作略知一二，也有近10%的同学对辅导员工作不了解。可见，只有三分之一大学生对辅导员工作情况有了解。

在大学生眼中，辅导员的工作内容最主要的分别为(按照选择人数多少排序)：落实学校下发的行政工作、学生的思想政治教育与德育、服务学生(包括指导学生学习、生活与就业等)、党团工作、心理辅导。如此看来，大学生认为辅导员的工作更多集中在行政管理、教育部分，心理健康工作不是辅导员较主要的工作。

2.3.2 大学生对辅导员工作的满意度

35.8%对辅导员工作非常满意，48.7%对辅导员工作比较满意，12.5%对辅导员工作不好评价，只有3%同学对辅导员工作不满意。总的说来，大学生对自己辅导员满意度较高。

2.3.3 大学生对与辅导员的关系评价

大学辅导员是思想政治教育的践行者，大学生如何评价自己与辅导员的关系也是本研究关注的一个重点内容。调查发现，大学生更愿意将辅导员与学生的关系定位为师生 45.6%、朋友跟伙伴 44.2%，师生关系、朋友跟伙伴关系是大学生对辅导员关系评价的两大主流(见表 2)。

表 2　大学生对与辅导员关系的评价

关系	人数	百分比%
师生	476	45.6
家人	36	3.4
朋友跟伙伴	462	44.2
上下级	65	6.2
其他	6	.6
合计	1 045	100

在具体形容与辅导员关系的调查中，按照选择人数多少排序：像朋友一般(51%)、很有亲和力(49.4%)、很有耐心(37.4%)、很难接近(9.3%)、高高在上(7.1%)、不太尊重学生(2.9%)，总的说来正向评价较多。

2.4　辅导员心理辅导现状调查

2.4.1　向辅导员求助心理困扰

87.3%的同学自评为心理为健康、12.1%的同学自认心理健康状况一般，只有 0.6%的认为自己心理不够健康。

有近 20%的同学遇到心理困扰向辅导员寻求过帮助，37%的同学想过但是没有付出行动，43%的同学没有想过求助辅导员。也就是说，近一半的大学生在遇到心理问题的时候没有想过求助辅导员。

本研究比较关注大学生不去寻求辅导员心理帮助的原因，选择人数最多的是：辅导员对学生的心理辅导都是一概而论，对我作用不大(32.4%)；其次，辅导员做的主要是思想政治工作和行政工作，心理辅导不是辅导员工作范畴(28.7%)；再次辅导员不具备心理辅导的专业知识与技巧(13.1%)。那么，大学生遇到心理困扰而不是求助的原因集中在辅导员干预心理困扰的能力与对辅导员进行心理辅导的认知误区这两个方面。

2.4.2 大学生面对心理困扰向辅导员求助

心理健康教育是思想政治教育的一部分，是高校辅导员重要工作内容之一。那么大学生遇到心理困扰，是否选择向辅导员求助。根据调查，在人生发展、学业困难、突发重大事件、大学生活适应、生活方面困难或缺少资源上，有超过三分之一的人愿意向辅导员求助，而网游、睡眠及其人际关系问题有较少的大学生愿意求助。在某种意义上说，在更加宏观层面的问题上或者物质利益方面的问题，大学生更愿意求助辅导员，但是具体到个人层面、精神层面大学生并不愿意求助辅导员。

表3　心理困扰求助及其方法的选择

困惑	求助(%)	最合适的方法(%)				
		一对一的交流、谈心	教导	组织遇到相同问题的同学小组活动	有主题导向和榜样导向的活动	寻求并整合资源
焦虑、抑郁、恐惧等情绪不稳定	28.3	78.7				
学业困难	56.1	30	27.3	23		
睡眠困难	13.1	52				
大学生活适应	41.2	40				
人际关系(包括恋爱)	20.3	53.2				
认识自我	30.6	51.6				
生活方面的困难及缺少资源	38.8	35.9				
沉迷网游、网购	17.9	34.2				
人生发展与就业选择	71.8					
突发重大事件(亲人去世或重大自然灾害等)	43.5					

在选择处理心理问题的方法上，大学生最倾向的是一对一的交流，只有在学业问题上，大学生觉得小组辅导、教导等方法也是他们比较接受的方法。

2.5 社会工作理念与方法在心理辅导中的运用

2.5.1 社会工作理念与方法在辅导员心理辅导中运用的差异

大学生对辅导员心理辅导中运用社会工作的理念与方法上，根据 t 检验的结果，发现在心理健康中运用社会工作的价值与方法差异显著(t=7.108)，大学生对辅导员运用社会工作的价值评分更高。也就是说，大学生认为辅导员在心理辅导时，在运用社会工作的价值方面比社会工作方法上表现较好。具体来说，辅导员在对学生心理辅导上，运用社会工作的价值理念，比如：平等、尊重等，要比具体辅导员运用工作方法：个案工作、小组工作、社区工作上做得更好。

学生对辅导员的进行心理辅导也有一些心理期望，在问卷的最后，设定了一个问题：辅导员具备以上 15 个项目中提到的特质，当你有心理困惑的时候会求助你的辅导员吗？调查发现，76.9%的同学表示会向辅导员求助。相比之前，20%的同学求助想过也求助辅导员，这个比例有较大的提升。因此，我们可以看到辅导员，如果真正可以将社会工作的理念与方法运用到大学生的心理辅导中，大学生更愿意求助辅导员。

2.5.2 社会工作理念与方法在辅导员心理辅导运用的影响因素

来源

不同来源的大学生，也就是来自农村、中小城镇及其大城市的大学生对辅导员在心理辅导中运用社会工作的理念与方法上差异不显著。

年级

不同年级在社会工作理念与方法在心理辅导上的运用上差异显著，($f_{理}$=7.997，$f_{方}$=6.547)，多重比较发现，大学二年级的同学对辅导员在心理辅导中运用社会工作方法上评价最低，低于大一、大三、大四。同样的情况也出现在同学对辅导员在心理辅导中运用社会工作理念上，也就是说，大二同学对辅导员在心理辅导中无论是社会工作价值的运用还是社会工作与方法的运用都显著低于其他三个年级。

专业

在不同专业上，对辅导员在心理辅导中运用社会工作理念与方法上差异都显著($f_{理}$=13.899，$f_{方}$=13.194)，工科、医科的大学生评价相比文科、理科跟农科对辅导员在心理辅导中运用社会工作理念及其方法上评价偏低。

3 分析与讨论

3.1 社会工作理念在辅导员工作中渗透

在社会工作价值观念运用的调查中“辅导员帮助你时，你感受到尊重”这一项评分中平均分为 4 分（满分为 5 分），并且在“辅导员不尊重学生”选项中，只有 2.9%的人选择此项。辅导员作为大学生生活学习中的重要人物，大学生如何评价自己的辅导员反映出辅导员的角色定位。本调查发现大学生形容自己与辅导员的关系，分为两种：一种是师生关系，一种是伙伴关系。伙伴关系体现出辅导员与大学生更多是平等、尊重的关系。

在传统的辅导员角色中，辅导员更多是管理者的角色，这样荣誉与大学生之间产生距离，呈现出一种上下级关系，但是在时代的要求下辅导员积极寻求自我转型，将接纳、尊重、平等等社会工作理念引入辅导员的工作，按照国家教育部的 24 号令的要求，做好大学生的知心朋友与人生导师。

然而，不得不看到的是在中国文化下的师生关系，不是一种完全平等的关系，辅导员转型还是需要一个过程。

3.2 引入社会工作系统的视角开展心理健康工作

社会工作中的系统理论认为个人是家庭的组成部分，家庭又是社区、社会的组成部分，每一个系统都是另一个高级系统的子系统，每个系统环环相扣密切相关，任何一个子系统出现问题都会导致整个大系统或其他系统的异常，反之亦然。

在本研究发现，大学生在人生发展、学业困难、突发重大事件、大学生活适应、生活方面困难或缺少资源上有三分之一大学生愿意求助辅导员。遇到一些情绪、人际交往等心理问题反而不怎么求助自己的辅导员。也就是说，大学生可能因为人生未来方向、学业困难或者生活困难等来向辅导员求助。

那么借鉴社会生态系统理论，大学生心理有困扰与他生活的系统是有密切关系的，也可能在各个系统中呈现出问题。因此，就辅导员开展心理辅导的策略上，应该将心理辅导与大学生生活的全景联系起来。一个想调换宿舍的学生、一个学业有困难的学生、一个生活困难的学生，当与这些学生一起工作时，心理辅导渗透到其中。辅导员开展心理辅导，可以采用不同于心理咨询中心的模式，在日常管理、处理学生的问题、就业指导时，开展心理辅导，而且辅导员可以站在系统的角度，将大学生的家庭、学校和学生自身成长的社区看做一个系统，联合各方面的力量促进大学生成长。

辅导员在运用社会工作的理念与方法进行心理辅导时，也需要关注大学生的实际情况，站在系统的高度，具体情况具体分析。在本调查中发现，大学二年级同学对辅导员运用社会工作理念与方法的评价较其他年级较低。在很多对大学生心理健康水平中发现，大二的水平是略低的。大一新生入学，辅导员会进行大量的关注与适应性的指导，在大三即将面临毕业，辅导员进行较多的关注及其就业指导，但是大二处于一个有点适应大学生活但是又不知道未来方向的阶段，可能会是一个相对容易忽略的年级。

3.3 大学生向辅导员心理求助不积极与高期望并存

虽然心理辅导是辅导员工作的重要内容之一，但是实际求助辅导员的比例很低，在以往对大学生寻求专业心理帮助的调查中，大学生的求助比例也是很低。关于不向辅导员求助的原因，本调查发现辅导员自身缺少相关的专业素质，大学生觉得是效果差是一个原因。因此，将社会工作理念与方法运用到辅导员的心理辅导中尤其必要。在问到“如果自己辅导员具备更多的专业素质是否求助”时，有七成大学生愿意求助。这也说明，大学生对辅导员心理求助存在较高的期望。如何解决这种学生的高期望与不求助行为，引入社会工作的理念与方法，从而提升辅导员开展心理健康教育素质与水平。

3.4 辅导员在心理辅导上更需要学习实践社会工作方法

本次调查发现，辅导员在心理辅导中，大学生认为在社会工作的方法的运用不如社会工作理念的好。也就是说，辅导员在心理辅导的社会工作的方法上，比如个案工作、小组工作、社区工作等运用不是很娴熟，实际效果不佳。从实际上来说，辅导员自身事务工作较繁重，即便是外出培训很多内容大多都是理念上，在实际工作中如何运用社会工作的方法需要更多实践指导与训练。只有如此，大学生才能真正将大学生的求助期望转化成实际求助行为。总之，社会工作的方法为辅导员进行心理辅导提供清晰的途径，解决辅导员思想方法单一、针对性不强等问题，使其工作专业化、具体化、实效性增强。

具体来说，个案工作中一对一面对面的沟通方式，是本调查中大学生偏好的一种沟通方式，可以深入了解大学生所处的环境及其自身，帮助大学生澄清自己的问题了解自己，并制定相关的行动计划；小组工作可以相似的人群组织起来，形成团体与小组，通过小组成员的互助互动，个体的情绪得到支持与宣泄，问题得以解决。这样，辅导员就可以成立面临不同问题的小组，比如：新生适应小组、学习促进小组、人际交往训练小组、就业指导小组、危机干预小组等；高校本身就是一个社区，多样化的活动场所，有学生活动经费支持，因此辅导员可以借助学校的资源力量开展全校性的一些活动。比如引进一些企业对大学生开展求职指导，举办毕业生家长会，利用网络媒介引导学生在虚拟空间中互动等。

本研究的数据样本有限，加上社会称许性的影响，结论无法进一步推广。

参考文献

[1] 安稳. 社会工作理念和方法在高校辅导员工作中的运用[D]. 河北：河北师范大学硕士论文，2011.

[2] 邓辅玉. 学校社会工作的理念和方法在大学生心理健康教育中的作用[J]. 高等建筑教育，2008，*17*(5).

[3] 彭玉美. 在高校德育教育中渗透专业社会工作的价值理念和方法[J]. 山东省青年管理干部学院学报，2004(3).

[4] 秦向荣，马莹. 大学生专业性心理求助的现状及思考——基于上海市1139名大学生的实证研究[J]. 高校辅导员学刊，2014(2).

[5] 孙晓煜. 探索社会生态系统理论对学校社会工作的意义[J]. 智富时代，2015(8).

[6] 汪清. 基于学校社会工作理念与方法应用的大学生心理健康教育[J]. 产业与科技论坛，2013，12(21).

[7] 吴夏蓉.浅析个案社会工作在大学生思想政治工作中的运用[J].科技信息,2011(3).
[8] 许邦华.角色升级与功能拓展——社会工作视野下高校辅导员职业化和专业化的路径探索[D].南京:南京大学硕士论文,2012.
[9] 徐晓涵.学校社会工作理念与方法介入高校辅导员心理辅导的必要性研究——基于L大学学生的调查[D].甘肃:兰州大学硕士论文,2013.

紧急事件应急晤谈对抓捕遇袭目击学警危机干预效果评估*

徐　睿(上海公安高等专科学校,上海,200260)

摘　要　目的:探讨紧急事件应急晤谈(CISD)对抓捕遇袭目击学警早期心理危机干预的有效性。方法:在一次警方抓捕嫌疑人的过程中,实习学警目睹带教民警遭遇嫌疑人袭击受伤。事后第3天,对5名现场参与抓捕的学警应用紧急事件应急晤谈(CISD)进行心理危机干预。于遇袭后第3天和第3个月采用症状自评量表(SCL-90)和团队凝聚力量表分别进行两次心理评估。结果:经过干预,目击学警的心理健康状况呈现显著性改善,SCL-90总分、躯体化、强迫、人际关系敏感、抑郁、焦虑、敌对、恐怖、偏执得分均有所下降;学警团体凝聚力中情感一致性、任务一致性、行为一致性评分呈上升趋势。结论:紧急事件应急晤谈(CISD)不仅可能有益学警个体心理健康,还有可能提升团队凝聚力。

关键词　紧急事件;集体晤谈;危机干预

上海公安高等专科学校是上海警察的摇篮。在以“应用型、复合型人才”培养为导向,不断加强与实战部门合作的职业化教育理念指导下[1],每位学警都会面临3～6个月的岗位实习期。在实习过程中,由于警察工作的特殊性质,可能就会目击或遭遇多种危险状况,比如面临突发群体性暴力事件、处理酒后肇事人员、

---

* 【基金项目】上海学校德育实践研究课题《大学生思政工作问题解析模式研究》,基金编号:2015-D-97

作者简介:徐睿,上海公安高等专科学校基础部心理教研室,Email:shuangyj@hotmail.com。

手持利刃的精神病人、抓捕暴力袭警的犯罪嫌疑人等，这些事件的处置存在一定危险，实质上均可视为危机事件。如何评估这些危机事件对学警的心理影响，降低危机事件对学警个体以及警察组织内部的负面影响，促使警察组织尽快恢复士气和效率，增强团队凝聚力和战斗力，是我们警察心理工作者一直关心的问题。

紧急事件应急晤谈(CISD)是由 Mitchell JT 于 1983 年创建的一种简短的、结构性的干预技术，在危机事件后立即进行[2]，其主要通过语言表达、交流、反应正常化、健康教育和对未来反应做好准备来减轻事件当事人压力，促进当事人个体心理健康[3]。本研究是抓捕遇袭事件后，运用紧急事件应急晤谈(CISD)针对相关目击学警的个体心理状况以及组织团体凝聚力的一次干预研究。

1 对象与方法

1.1 研究对象

2015 年 2 月某分局一次抓捕偷窃犯罪嫌疑人的过程中，遭遇该犯罪嫌疑人暴力抗法，学警的带教民警被犯罪嫌疑人利刃刺伤左肩部。5 位目击学警(均为男性，年龄 22～24 岁)当天即存在程度轻重不等的心理应激反应，表现为焦虑、恐惧、内疚、警觉、强迫、注意力不集中、难以入睡或易惊醒，食欲减退等症状。

1.2 方法

1.2.1 测评工具

症状自评量表又名 90 项症状清单(SCL-90)，是目前国内心理健康研究领域应用最多一种自评量表，该量表共有 90 个项目，包含有较广泛的精神病症状学内容，从感觉、情感、思维、意识、行为直至生活习惯、人际关系、饮食睡眠等，均有涉及，并采用 10 个因子分别反映 10 个方面的心理症状情况。研究表明[4]，该量表的信度较高得到一致结论，而效度存在诸多争议，特别是结构效度。中国正常人 SCL-90常模已近 30 年未有权威的修订。随着社会的发展变化，其参考价值有待进一步研究。但是，在目前尚无更好的可供选择的心理健康评定量表的情况下，SCL－90仍有其存在和应用的价值。

团队凝聚力量表参照方世煌[5]和Henry[6]等研制的团队凝聚力相关量表编制调查问卷，包括情感一致性（4条目）、任务一致性（4条目）、行为一致性（4条目），每条目Likert点测量，按1—5正向计分，从“强烈反对”到“完全赞同”。经Cronbachα检验，情感一致性、行为一致性、任务一致性分别为0.70、0.74、0.84，KMO效度检验为0.81[7]。

本研究应用症状自评量表和团队凝聚力量表对目击学警进行心理评估，第一次测量时间为事件发生后第3天（2015年2月4日），第二次测量时间为事件发生后3个月（2015年5月12日）。

1.2.2 干预过程

事件发生后第3天采用紧急事件应急晤谈（CISD）对目击学警进行心理干预。由1名资深心理干预专业人员主持，按照晤谈法的6个步骤实施干预：①介绍阶段：干预者进行自我介绍，解释干预目标，强调干预不是心理治疗，而是有关心理和教育的讨论；②事实阶段：目击学警描述在这次危机事件中看到了什么，干预者会询问诸如“谁最先到达事发地点的”“当时你做了什么”等问题；③认知阶段：鼓励目击学警谈论他们在这次危机事件的想法以及该事件对他们来说有什么个人意义；④反应阶段：这是整个干预过程中耗时最长、涉入最深的一个阶段，鼓励目击学警直接、自由地说出他们的包括现场、事后、此刻的情绪感受，可以集中于剧烈的恐惧、否认和内疚等情绪；⑤症状阶段：这个阶段集中于危机事件中和之后的应激症状，这些症状可以是躯体的、认知的、情绪的或行为等方面的，如失眠、食欲不振、脑子不停地闪出事件的影子，注意力不集中，记忆力下降，易发脾气，易受惊吓等。典型问题包括“到目前为止，你感觉怎么样？”等，这个阶段要评估目击学警的症状是趋于好转还是逐渐恶化；⑥教育阶段：干预者提供有关应激反应的一般信息，并将这些反应正常化，并且指导目击学警一些应对应激反应的放松技巧。整个过程2个小时。

2 研究结果

2.1 SCL－90 量表干预前后对照比较

对比 5 名目击学警实施 CISD 干预前后的测试结果，SCL－90 总分显著降低，在大部分因子上也出现显著的变化，评分明显降低，各个症状都趋向好转（见表 1）。

表 1 干预前后 SCL－90 结果比较 ($\bar{x} \pm s$)

因子	干预前	干预后
总分	139.17±22.61	121.68±17.59
躯体化	1.78±0.39	1.54±0.39
强迫	1.45±0.41	1.34±0.33
人际敏感	1.93±0.55	1.59±0.40
抑郁	1.63±0.45	1.28±0.32
焦虑	1.74±0.50	1.35±0.38
敌对	1.53±0.29	1.24±0.21
恐怖	1.61±0.34	1.35±0.54
偏执	1.86±0.49	1.56±0.36

2.2 团体凝聚力量表干预前后对照比较

对比 5 名目击学警实施 CISD 干预前后的测试结果，干预后情感一致性、任务一致性、行为一致性和总评分较干预前均表现出明显的上升趋势（见表 2）。

表 2 干预前后团体凝聚力结果比较 ($\bar{x} \pm s$)

干预行为	团体凝聚力评分			
	情感一致性	任务一致性	行为一致性	总评分
前	7.21±1.34	7.86±1.21	7.36±1.24	22.43±3.49
后	10.63±1.84	9.86±1.34	10.26±1.51	30.75±4.61

干预 3 个月后对 5 名目击学警进行随访，结果 5 名（100%）全部反映心理干预对他们有帮助，体现在：①心理干预为他们提供相互交流的机会，公开讨论内心感

受,使不良情绪得到有效宣泄;②在交流、讨论的过程中可以获得安慰和支持,团队成员间相互信任、理解程度上升;③认识到危机后常见应激反应,并学会积极应对的方法和技巧。测试结果和随访结果表明,在不考虑其他影响因素的情况下,对目击学警实施 CISD 干预是有效的,对减轻创伤后应激反应,提升团队凝聚力均有一定效果。

3 讨论

由于警察职业的特殊性,警察面临的危机事件远比一般群众要多得多。警察的职业素养要求警察个体面临危机事件需保持良好的心理素质,并在协同任务完成中具备良好团体合作精神和能力。学警作为未来警察,危机事件后,如果不予立即干预,任由发展,很容易在多个危机事件叠加后引发个体严重心理问题,影响警察社会功能;任何严重心理问题个体的发生,不但是警察个体的损失,还有可能诱发同质性团队战斗力的下降。因此,针对目击学警,属于危机事件二级受害者(目击事件发生,但身体未受到伤害)采取相应心理干预非常必要。

紧急事件应急晤谈(CISD)作为一种心理危机的早期干预技术,对于创伤事件的受害者,尤其是二级受害者缓解心理痛苦,预防 PTSD 的发生具有重要意义[8]。本研究进一步证实了 CISD 模式的心理干预对二级受害者心理健康的维护具有一定效果。具体分析本次干预之所以有效得益于以下几个主观、客观因素:①事件发生后,相关学警具有高度求助意识,当他们感到难以克服内心的恐惧和震惊并有躯体反应时及时向干预者提出干预申请;②干预时间设定在 CISD 黄金干预的有效期内(突发事件后 24～72 小时),及时对目击学警的情绪进行有效疏泄和心理重建;③干预者是求助学警的心理教官,过去在教学活动中和求助学警建立了良好信任关系,这种良好信任关系的建立有利于处理目击学警的现实心理困惑;④目击学警来自同一班级,事件发生后能够积极地互帮互助,相互沟通,由此获得更多的心理支持。本研究同时表明,CISD 模式的心理干预在一定程度上对团队凝聚力呈现正性作用,可能与 CISD 模式中团队成员有共同目标,并且团队成员充分沟通与交流相关[9]。

需要指出的是，从危机事件的不可预测性角度来讲，本次研究存在样本容量小、无法设置控制组以及评估工具比较单一等缺陷。

4 结论与展望

本研究表明，CISD模式的心理干预对抓捕遇袭目击学警心理健康维护具有一定效果，并在一定程度上对团队凝聚力呈现正性作用。本研究呈现的心理干预效果有利于学警个体心理健康，有利于警察思想政治工作，有利于警察组织内部团队凝聚力建设，既符合学警个体利益，又符合警察组织核心利益。因此基于CISD心理干预模式有必要在警察团体早期心理危机干预中进一步拓展应用，在精确、严谨、合理的设计和控制的基础上，进行深入、系统的研究，并与其他有效的心理危机干预技术加以整合，更好地提升警察整体心理危机应对水平。

参考文献

[1] 郑万新.上海公安教育训练的改革和发展[J].上海公安高等专科学校学报，2013，(2)：10-19

[2] Mitchell JT. When disaster strikes: the critical incident debriefingprocess [J]. J Emergency Med Services, 1983,8:36-39

[3] Kaplan Z, Iancu I, Bodnar E. A review of psychologicaldebriefing after extreme stress [J]. Psychiatr Services, 2001,52:824-827

[4] 边俊士，井西学，庄娜.症状自评量表(SCL-90)在心理健康研究中应用的争议[J].中国健康心理学杂志，2008，16(2)：231-233

[5] Thomas J Peters. Leadership sad facts and silver linings [J]. HarvardBusinessReview, 2001,12(2):44-47.

[6] Henry KB, Arrow H, Carini B. A tripartite model of groupidentification theory and measurement [J]. Small Group Research, 1999,30(5):558-581.

[7] 王海燕，陈金华，姚丽，等.低年资护士团队凝聚力与专业素质考核相关性研究[J].西部医学，2014，26(10)：1391-1392.

[8] 姜荣环,马弘,吕秋云.紧急事件应急晤谈在心理危机干预中的应用[J].中国心理卫生杂志,2007,21(7):496-498
[9] 程建君,董睿岫.国外团队凝聚力研究述评[J].社会心理科学,2014,29(7):725-728

开心吧

——大学生职业生涯团体心理咨询案例解析*

田守花(上海立信会计学院心理咨询中心,上海,201620)

摘　要　本文案例选取团体心理咨询对大学生职业能力发展的影响为研究视角,选取8名大学生,开展为期8周的团体心理咨询,结合定量和定性分析发现,团体心理咨询有效地促进大学生职业能力的提升和职业心理品质的形成。同时,通过本案例的实施折射出90后大学生典型的职业规划困扰,为今后的相关工作提供方向和借鉴。

关键词　大学生;职业生涯;团体心理咨询

科技信息的高速发展,社会竞争的日益激烈给象牙塔里的青年学子带来了更多的就业机遇,但同时也对他们的就业心理素质提出了更高的要求。处于第二断乳期的大学生,在通往独立和成熟的求职道路上难免会遭遇挫折困惑。笔者在近年来的工作实践中也发现,因就业问题而引发心理困扰前来咨询的大学生日趋增多,而且呈现低年级化。因此,培养大学生的职业意识,提高其职业规划能力就成为当前高校思想政治工作的重要现实问题。

团体心理咨询是相对于个体心理咨询而言的一种主要的心理咨询方式。它是指在专业心理老师的指导下,根据成员问题的相似性或成员自发组成咨询小组,利用团体过程和团体动力学的作用,促进成员在彼此的互动中通过观察、学习和体

---

* 作者简介:田守花,女,上海立信会计学院心理咨询中心,Email: shouhuatian@126.com
基金项目:上海市教育科学研究项目(B14040);教育部人文社会科学研究青年基金项目(12YJC880096)

验，认识和探索自我，调整与周围人或事的关系，学习新的态度与行为方式，增进其社会适应能力，以预防或解决成员共同问题并激发个体潜能。针对大学生就业难的现实困境，考虑到团体心理咨询的特点，笔者在日常咨询实践中开展了“开心吧——大学生职业生涯成长小组”活动，寓意大家敞开心扉，共同探讨和经历团体心理咨询对大学生职业生涯能力发展的干预作用。

1　活动对象与方法

1.1　活动对象

采用海报宣传的方式在上海某高校招募，共自愿报名 10 人。为了保证团体的同质性，对报名的学生每人进行约半小时的面谈，一周内面谈完毕。面谈问题包括:近期是否有重大的生活或学习变迁？近期是否面临重要的外在压力，如突出的学业受挫、与某人关系决裂或丧失亲友等？为什么要参加此团体？希望自己在团体中有什么收获？对于即将参加的团体活动有什么期望？以往是否有过团体经验？希望团体以怎样的方式进行？进行面谈的目的一是筛选被试，了解团体成员的情况；二是向参与者澄清团体目标、活动方式、说明对参与者的要求、消除学生可能对团体的神秘感和过高期望，提醒学生慎重对待这次团体活动；第三，针对学生的疑问，回答相关问题，告知团体的活动次数、持续时间、要求等事宜，请报名学生自己决定是否确定参加此团体。通过面谈，发现一名学生存在明显的情绪障碍问题，建议其直接进行个案咨询；另一名学生因时间冲突，不能加入团体。所以经过筛选，最终有 8 名学生参与团体，其中男生 3 人，女生 5 人；大一 4 人，大二 3 人，大三一人。所有参与者均身体健康，无明显心理障碍。

1.2　活动方法

本活动采用定量和定性两种方法评估活动效果。定量方法有两个，一是使用夏海燕编制的《大学生职业生涯规划量表》，量表共 24 个题目，包括就业信心、职业认识、生涯定向、自我认知和规划认知五个维度，采取 Likert5 点计分，得分越高，被试的职业生涯规划现状越令人满意，反之，则令人堪忧。对团体成员进行前后测，并在3个月后进行追踪测量，考察团体活动对成员职业能力的影响及维持情况。二是采用《团体心理咨询效果评估表》在小组活动结束时施测，考察成员对整个团体心理咨询过程中自身目标实现、自我成长及团体属性方面的看法；定性方法包括作业分析、感受总结以及小组成员的事后反馈。

2 活动设计与实施

2.1 活动设计

Super职业发展理论认为职业发展是终身的成长与学习历程，可将其分为成长期、探索期、建立期、维持期、衰退期5个阶段，每个阶段都各有其发展任务。根据Super的理论，大学生正处于职业生涯探索期和建立期的转换阶段，个人能力迅速提高，职业兴趣趋于稳定，逐步形成了对未来职业生涯的预期，许多学生往往需要就自己的未来职业做出关键性的决策[1]。因而本活动侧重于唤醒学生的职业意识，帮助她们正确认识自我，剖析自我职业倾向，树立正确的职业观和就业观，探寻职业定位，规划适合自己的职业道路，同时培养积极、乐观的职业心理素质。

2.2 活动实施

大学生职业生涯团体心理咨询活动持续进行了8周，每周1次，每次约2.5小时。咨询以焦点解决短期心理治疗理论和认知行为理论为基础，重点在于讨论和分享，每次咨询后布置相应的家庭作业，下次讨论，分享成员的体会和感受。咨询地点为校心理咨询中心的团体辅导室。具体活动方案包括3个阶段：

第一阶段是认识与目标确立阶段，一次活动完成，内容包括：①讲解团体规则，签订权利义务书，目的是为了团体的信任感和安全感。特别要强调：不迟到早退；对团体成员的表现，不批评、不建议、只表达感受；离开团体时，只带走自己的感受，不带走别人的故事；避免小团体或部分成员在团体外进行活动，如果对团体有影响，其他成员有权利知晓。②协商、确定和理解团体目标，笔者在实践探索的基础上决定采用半结构式的团体，先由咨询师简单介绍大学生职业发展的相关信息和知识，再和成员一起讨论确定团体目标和活动内容。③以游戏活动的形式让咨询师与成员彼此了解与熟悉。④完成《大学生职业生涯规划量表》的第一次施测。

第二阶段是工作阶段，围绕三个主题开展六次活动：①第一个主题是知己，即自我探索，两次活动完成。通过“20个我”和“自画像”活动，引导成员对自己进行深入剖析，利用焦点解决短期治疗理论的例外原则挖掘自己的职业优势和长处，找到自我悦纳点。②第二个主题是知彼，即对外部职业环境的认知，三次活动完成。首先是对专业认可度的探讨，引导他们厘清现实与理想、专业与兴趣的关系；其次是对人际关系现状的分析，通过“我手画我心”活动，觉察和领悟自己在人际关系事件中的感受和收获，化“危”为“机”，将其吸收为职业生涯规划中的有利资源；最后是对社会支持系统的探讨，通过“进化论”、生命线”等活动，探索成员成长中的重要事件，协助成员澄清事件背后的关系模式，引导成员学习与探索所描述事件的正向价值，赋予新的意义，同时通过反馈和讨论，引导他们建构辩证的职业观念和合理的职业目标。③第三个主题是对职业规划过程中内、外资源整合的探讨，通过价值观澄清，引导他们看到自己的职业倾向性，学会以平等和接纳的态度对待每个持有不同职业价值观的成员。

另外在工作阶段的每次团体心理咨询开始时，都会用15分钟的时间进行放松冥想，由咨询师引领，让成员静心进入团体和感受自己的存在，保持在当下；然后成员彼此分享上一次团体心理咨询结束后，自己在学习和生活中遇到的喜悦事件和难过事件各1项，并就此成员之间彼此进行反馈，发现和注意自己的微小变化与不同之处，引导他们看到团体的力量。

第三阶段是巩固与结束阶段，一次活动完成，期间咨询师带领成员回顾整个团体咨询历程，彼此分享在职业观和就业心态上的变化与学习，评估目标的达成；协助成员之间彼此反馈、肯定其在团体中表现与行为的变化，推进团体中正能量的流动；巩固成员在团体中得到的新收获，并启发成员分享如何将新的收获运用于职业规划现实。同时完成《大学生职业生涯规划量表》的第二次施测。最后成员之间相互告别，结束团体。

活动收集到数据采用SPSS 15.0进行百分比分析法和非参数检验。

3 结果分析

3.1 定量分析

3.1.1 大学生职业生涯规划量表前后测及追踪测量的差异性检验

对团体心理咨询前后测以及追踪结果的平均数进行差异显著性检验，由于被试人数较少，不符合 T 检验的条件，所以我们采用了配对样本的非参数检验法，结果如表 1 所示。

表 1 《大学生职业规划量表》的前后测及追踪测量的均值比较 ($\bar{x} \pm s$)

因子	前测	后测	追踪	后测—前测 P	后测—追踪 P	追踪—前测 P
就业信心	3.32±0.45	3.71±0.40	3.62±0.41	0.004**	0.345	0.019*
职业认知	2.58±0.65	3.03±0.40	2.91±0.62	0.005**	0.260	0.007**
生涯定向	3.65±0.57	3.72±0.63	3.66±0.57	0.842	0.773	0.740
自我认识	3.11±0.52	3.88±0.40	3.90±0.40	0.000***	0.169	0.000***
规划认知	3.29±0.45	3.54±0.39	3.50±0.43	0.031 2*	0.510	0.042 2*
总体均分	3.21±0.36	3.67±0.29	3.63±0.33	0.004**	0.387	0.005**

注：* $P<0.05$　** $P<0.01$　*** $P<0.001$

由表 1 可以看出，经过团体心理咨询后，小组成员的职业规划能力得到了显著提高，并且追踪结果表明，团体心理咨询效果保持良好。总量表后测和追踪得分均显著高于前测，追踪得分虽低于后测，但差异不显著；从各个维度情况来看，“自我认识”维度后测和追踪得分与前测得分达到了差异极其显著($p<0.001$)，而且追踪得分平均分甚至高于后测，说明在该维度上咨询效果和保持效果都较好；“就业信心”、“职业认知”和“规划认知”这三个维度后测和追踪得分也显著高于前测得分；“生涯定向”维度后测和追踪得分与前测比较，都没有表现出显著差异，只是后测得分略高于前测和追踪得分，说明在该维度上，团体心理咨询效果不明显。

3.1.2 大学生职业生涯成长小组成员对团体心理咨询进行的主观评价

表2为团体心理咨询效果评估情况。

表2 团体心理咨询效果评估

题目	选项	结果(百分比%)
1. 通过参加这个团体,你对职业选择的信心	A 有很大提高	75.00
	B 有一些提高	25.00
	C 没有提高	0
2. 是否喜欢参加这个团体	A 很喜欢	100
	B 较喜欢	0
	C 不喜欢	0
3. 这次的团体活动对于你了解自己并与他人分享情感和经验	A 有很大帮助	100
	B 比较有帮助	0
	C 没有帮助	0
4. 这项活动中你学到的求职方面的知识和技能	A 非常多	75.00
	B 很多	25.00
	C 不多	0
5. 活动内容的实用性如何	A 非常实用	87.50
	B 比较实用	22.50
	C 不实用	0
6. 活动方式对于你理解、思考职业方面的问题	A 有很大帮助	75.00
	B 比较有帮助	25.00
	C 没有帮助	0
7. 这个团体的凝聚力如何	A 非常强	62.50
	B 很强	37.50
	C 一般	0
8. 参加这个职业团体活动对你的帮助	A 非常大	50
	B 很大	50
	C 不大	0
9. 团体活动目标的达成程度	A 非常好	87.50
	B 比较好	22.50
	C 一般	0
10. 如果再次开展类似的团体活动你愿意参加吗?	A 肯定参加	75.00
	B 很想参加	25.00
	C 不想参加	0

从对大学生职业能力提升的效果来看,参加团体心理咨询后,有75%的成员认

为此次团体咨询对职业选择的信心有很大提高；对于自身理解、思考职业方面的问题有很大帮助；学到的求职方面的知识和技能也非常多。从对团体的感受度方面来看，所有成员都非常喜欢参加这个团体，认为团体的凝聚力非常强(62.50%)。从对团体活动实施的效果来看，87.50%的成员认为活动内容非常实用；很好地达成了团体心理咨询的活动目标。

此外，所有成员都认可团体心理咨询有效地促进了他们对自身的了解，帮助他们更好地与他人交流情感与经验。参加此次活动的成员均是第一次参加这样的团体活动，87.50%的成员表示会继续参加类似的咨询活动，这也表明他们对这次团体心理咨询的肯定。

3.2 定性分析

从成员的现场作业以及活动后的总结反馈分析看，他们在认知和行为上发生了明显的改变。他们主要从活动过程中的感受和活动结束之后的影响两方面进行了分享和反馈。

关于过程中的感受，他们谈到："每一次的活动都让我开心，让我期待"；"感谢半年来老师与所有成员的聆听与鼓励"；"感觉到了信任的力量"；"释放自己，表达自己，了解自己，也了解别人，更好地与人交流"；关于活动后的影响，他们分享到："我整个人的心态变了"；"让我变得自信，勇敢，愿意接受自己，突破自己"；"每一次的参与，都会有不一样的感悟，也让我渐渐学会聆听别人，接纳自己的一切，专业、学校包括未来的工作"；"正在尝试着改变自己的一些想法"；"试着将自己的想法与事实分开，不再那么排斥所学专业了"；"正在尝试让自己从内心真正去改变原来的一些专业偏见或者是错误的就业想法"；"慢慢明白放弃一些念头，自己的心更能静下来些，比如说名次"；"它让我不再那么随波逐流，关于职业关于就业，我开始有自己的思考了"。从这些书面的反馈中，我们可以看出每位成员的变化。

4 讨论与反思

4.1 大学生职业生涯团体心理咨询的价值

对比团体心理咨询前后的研究结果显示，8 名大学生在自我认识、就业信心、职业认知、规划认知和职业规划总分方面均有所变化，表明团体心理咨询在一定程度上可以促进大学生职业能力的发展。焦点解决理论认为任何事情都有正反两面，咨询过程重新诠释事件，赋予新的正向意义，对于个体来说具有重要的意义。本次团体心理咨询通过个人求学经历自传、每周愉快与难过事件在团体内的分享与探讨，引导成员看到以往事件中存在的正向意义和其在成长过程中带来的正向资源，引导其对自己的学习能力进行重新评价。同时认知行为理论认为情绪或不良行为并非由某一诱发性事件本身引起的，而是由经历这一事件的个体对这一事件的看法和观念引起的。成员通过对自己有关学业和职业的不合理信念的辩论和澄清，逐渐学会辩证看待自己的专业、能力和未来的职业发展可能性，进而形成相对客观的职业观和就业观。

4.2　大学生职业生涯发展存在的突出问题

通过此次大学生职业生涯成长小组的团体咨询心理活动，笔者总结发现当前我校90后大学生职业生涯发展中存在两个突出问题。

第一，自我定位模糊，缺乏自我认识。自我认识是个体职业生涯发展的基础，而在本次团体心理咨询活动中，笔者发现我校90后大学生在这方面做得不够全面和深入。在小组中有二分之一的同学对“将来找什么样的工作”、“自己喜欢什么样的工作”、“你能做什么样的工作”这样的问题回答都是“不知道”。当咨询师试图从他们现在的学习和生活中探寻其自我价值时发现，竟然有三分之二的同学不喜欢自己，觉得自己过于普通，有的是对自己形象的不满，有的是对所学专业的排斥，有的是对自己能力的怀疑。由此不难看出，他们普遍对自己不能做出全面、客观、正确的认识和评价，自我意识模糊，对未来的职业生涯更是没有规划。

第二，兴趣不稳定，对专业认识不足。专业和兴趣相统一是我们期望的理想状态，但在现实中专业与兴趣往往相冲突。例如清清同学是法学专业大二学生，她在咨询中反馈：相对自己的专业，她更喜欢数学、经济学等抽象思维的东西，因为她是一名理科生，当初因为高考分数不够被调剂到法学专业，现在让她每天面对诸多冗长的法律条文背诵，她觉得生不如死，所有她辅修了第二专业会计学。但学了一段时间后她发现这个专业实际与自己想象的情况有很大差异，于是想放弃。但是自已对于主专业又缺少了解，比如法学专业怎么找工作，到底能做什么工作，她都不知道。从清清身上我们不难发现，现在有一些学生选择的第二专业与本专业相差很远，虽然他们可能希望通过第二专业学习作为一个转折点，扭转高考指挥棒的影响，完全按自己兴趣学习、择业，但由于对自己的兴趣了解不足，在深入学习后发现原来感兴趣的东西变得越来越陌生和枯燥。

4.3 本次团体心理咨询活动的不足

4.3.1 成员的选择

本次团体心理咨询的成员横跨大一、大二、大三三个年级，这种取样从代表性上来说，具有积极的意义，但是正因他们来自不同年级，对于职业规划问题他们具有不同的认识、看法和需求，所以很难在团体咨询中都兼顾到。另外，这次的小组成员来自法学、文学、会计学和金融学四个专业，其中法学和文学专业共 5 人，会计学和金融学共 3 人。从我校的专业发展来看，前两个专业属于弱势专业，相比会计学和金融学，不论是专业认可还是就业前景，二者的确有差距。这导致咨询中很容易出现非正式小团体，进而影响整个团体凝聚力的发挥。

4.3.2 团体动力的流向

在团体心理咨询中，人际互动是多样且多变的，咨询师必须了解成员的感情并帮助其认识自己的感情，而且要观察咨询的内容对其他成员带来了什么影响，引导各个成员参与讨论[4]。比如某些成员特别能说，在咨询和分享的过程中，他们的话语量很多，所占时间过长，有时甚至出现停不下来的情况，此时个别成员则会表现出不耐烦的情绪，在这点上，咨询师的“打断”和“引导”技巧还有待提高。又比如在探讨专业认可和职业定位问题时，有小部分成员一直在提出负性的情绪和看法，咨询师本想让他们先宣泄再干预，没想到引发了某位成员现场情绪崩溃，随后不得不花费较长时间对其进行干预处理，导致这次的团体活动直接影响了团体心理咨询的效果。因此，在今后的团体心理咨询活动中应当注意：团体成员能够将自己的负面情绪毫无保留地宣泄出来是对团体的信任，但是必须将这种负面情绪及时加以转化和利用，注意把握团体动力的流向，不能任由这种负面情绪影响其他成员的状态，这样会破坏团体活动营造的良好氛围。

总的来说,“开心吧——大学生职业生涯成长小组”在咨询实践中对一些成员产生了重要的影响,诱发了他们的再次成长,在他们的内心中播下了一粒希望的种子,期待他们每一位在其职业生涯道路上越走越灿烂!

参考文献

[1] 樊富珉.团体心理咨询.北京:高等教育出版社,2005.

[2] 夏海燕.团体辅导对大学生职业生涯规划的影响研究[D].硕士学位论文.南京师范大学,2006.

[3] 王凤兰.大学生职业生涯规划团体心理辅导方案设计[J].长春理工大学学报,2011,6(6):26-28.

[4] 吴彩霞.大学生职业生涯规划团体心理辅导研究.巴音郭楞职业技术学院学报,2015(1):43-53.

第二篇

大学生心理健康教育方式、方法研究

神话心理剧概述及其在大学生成长团体中的应用*

李淑臻（复旦大学心理健康教育中心，
复旦大学社会发展与公共政策学院，上海，200433）

摘　要　神话心理剧是建立在荣格心理分析、心理剧、艺术治疗等理论的基础上，形成的一种别具特色的团体或个体心理治疗的策略和方法。它不直接针对现实的问题工作，而是在荣格派积极想象技术的基础上，采用写故事、绘画、故事演出等形式，在原型意象的层面象征性地对现实问题做工作，从而能够绕过意识的防御，直接从无意识中获得面对现实问题的启示。

本文介绍了神话心理剧的操作流程，并针对小样本团体进行成长主题的神话心理剧的实践，结果发现该形式在一定程度上对参与者面对现实问题的确有重要的启发，从针对该形式的接受度上来看，不同的参与者存在较为明显的差异。本文还对神话心理剧和其他类似形式的艺术治疗方式进行了简单的比较，对神话心理剧的带领者所具备的条件进行了较为概括化的分析。

关键词　神话；心理剧；荣格心理分析；表达性艺术治疗

神话心理剧（Mythdrama）是世界著名的问题和冲突管理专家、瑞士荣格心理分析学家、苏黎世大学教授 Allan Guggenbühl 在 1999 年创立的一种团体治疗的策略和方法。Allan Guggenbühl 曾经是一名演员，后经过系统的训练成为一名荣格心理分析学家，他结合荣格分析心理学理论和莫雷诺的心理剧，整合了自己在艺术领域的实践，从而创立了神话心理剧。神话心理剧是一种别具特色的团体心理治

* 作者简介：李淑臻，复旦大学心理健康教育中心，复旦大学社会发展与公共政策学院，Email：lishuzhen@fudan. edu. cn.

疗的策略和方法,目前在欧洲、美国和日本,都深受欢迎。

神话心理剧并不直接针对现实问题工作,而是综合运用了叙事、绘画、积极想象、心理剧等方式方法,借助故事作为媒介,通过表达性艺术治疗的形式,在原型意象的层面,象征性地对现实问题工作,由此得以绕过人性呈现过程中复杂的防御,找到面对现实问题和内在困扰的方法和策略。它既可作为个别咨询和治疗使用,也可作为团队治疗或团体互动的方式,是心理分析积极想象技术的重要发展和运用。

1 神话心理剧的理论基础

1.1 原型和原型意象

瑞士心理分析学创始人卡尔·古斯塔夫·荣格从大量的临床经验和对多文化背景下的古代神话、原始艺术和部落传说的研究发现,不同文化背景的族群中出现的神话、艺术等形式中有着相同的内在结构,于是1917年提出了“集体潜意识”的概念。荣格认为集体潜意识具有自主性。荣格认为集体潜意识是由原型构成,而“原型是人类原始经验的集结,它们(荣格往往把原型作为复数)像命运一样伴随着我们每一个人,其影响可以在我们每个人的生活中被感觉到”。

荣格认为,原型不能直接被经验到,但是原型通过象征,在意识层面显现为原型意象,可以通过研究原型意象来研究原型。因此,也可以通过对原型意象工作,进而间接对原型工作。

原型意象作为人类祖先重复了无数次同一类型经验的产物,是从感性到理性的中间环节和具体表现,向上它联系着抽象的、纯粹形式的原型;向下它联结着人的具体情感体验和心理活动。在心理动力学中,荣格强调原型意象具有一种力量,能够促进一种心理态度或者状态向另一种的转化。

我国的荣格分析家申荷永指出,由于原型以及原型意象总是具有其集体无意识的渊源,因而一旦将这些理论运用在实际的临床心理分析过程中,实际上就是在利用集体无意识、原型以及原型意象本身所包含的治愈功能与作用。他认为荣格心理分析中最重要的方法与特色就是意象、象征与积极想象。

著名的神话学大师坎贝尔所说"神话是集体的梦,梦是个人的神话"。神话心理剧的创始人 Allan 认为,发生在个体身上的故事,是个体心灵的重要组成部分,每个人有自己的故事主题,如失败、抗争、温顺、幸运等,这些主题中蕴含的模式也就成为个体"人生脚本",被称为个人的神话。因此,将个人的故事放在集体无意识背景下的神话、童话等故事中来看,将会给个人更多的人生启示。神话心理剧采用故事作为媒介,就是在使用故事中蕴含的原型和原型意象的转化和治愈功能。

1.2 象征的超越功能和整合功能

在《象征世界的语言》一书中,对象征有这样的描述"在人们的内心世界中,有些感觉是人们不愿意直接表述出来的,这是他们通常借助象征意象来表达自身心理与精神上更深层次的直觉反应。"弗洛伊德的门徒之一琼斯强调,只有被压抑的才是被象征了的;也只有被压抑的才需要被象征(Agnes Petocz. Freud, 1999:14)[4]

荣格说:"象征不是一种用来把人人皆知的东西加以遮蔽的符号(C. G. Jung, 1966:287)",象征的作用是"借助于与某种东西的相似,力图阐明和揭示某种完全属于未知领域的东西,或者某种尚在形成过程中的东西"(C. G. Jung, 1930:760)[6]。"象征是在心灵内部统一(整合)相互对立的心灵组件并使之一体化的自然尝试,是促使人的心灵发生转换和变化的工具"。

荣格认为象征具有超越功能和整合作用,它能使彼此对立、相互冲突的心理内容处于有机统一的状态,因此象征具有治愈能量,个人的发展可以仅仅由象征的方法来获得,因为象征代表着此人未来的某种状态。因此象征的主要意义在于:通过激发心灵唤起想象,创造出更为新颖、更具韵味、更富吸引力的境界,并因此把人带入意义更加充实、内容更加丰富的存在,人的"自性化"和精神整合无论如何离不开象征的发现和创造。

因此,Allan(2012)提出,"现在我想提出一个更为原型的、神话的方法。一个方法,不聚焦在人格层面,但是运用故事象征性的来接近来访者的灵魂。""创造、引用和发明故事的能力是人类的一个基本特性。通过讲故事,我们和我们的生活拉开了距离，把我们自身转化到其他的现实中”“这些故事不是关于现实的不是关于真理的，他们是被创造出来的，是我们生存恐惧和焦虑的载体，我们就是故事本身，故事是我们的避难所。现实的支票不是我们的第一选择。”

1.3 表达性艺术治疗

艺术疗法对心理健康效果的文献综述得出，利用可视意象、音乐、动作的创造性表达和表达性写作等涉及艺术(art-engagement)的疗法对心理健康有积极疗效。

Allan认为，人类存在的适应陷阱(Adoption Trape)，是指为了适应外部世界，人类的意识、情感、心灵的层面发生了断裂，将很多内容压抑到无意识当中，因此自我的资源也受到了很大的限制(Allan，2012)，这也是产生人类心理困扰的源头。

荣格认为，艺术形式是内在想象或积极想象活动被赋形(give form)的方式，例如通过绘画、雕塑、舞蹈、写作、音乐，甚至仪式和戏剧等，意象会完全以自发的方式通过诸如此类表达性的媒介呈现出来，而这便具有治疗功能，即这过程本身也是积极想象活动，是无意识自发自主地进行心灵自愈的过程。不必用理智的方法去治疗情绪紊乱，而是给这种情绪赋予一种可见的形状，通过赋予模糊内容一个可见的形式来澄清它，这种方式常常是必要的，而意象正是将无形之心理内容赋形于表达之外物。于是，意象及其象征意义便具有了心理治疗的作用。荣格说，“充分利用心灵创造象征物的能力，把潜意识的内涵以音乐、绘画、油画、雕刻、舞蹈等方式表现出来，以消除心理上的不安现象”。

神话心理剧就是通过参与者在积极想象的状态创造出来的故事，使用故事中的原型和意象的治愈功能，来面对现实中的困境。

1.4 积极想象

荣格认为“意象有自己的生命，所包含的事物是根据它自己的逻辑发展的”，在这一基础上他创立了积极想象技术。积极想象是意识与无意识直接沟通的方法，是荣格分析心理学最重要的技术。简单来说，积极想象技术包括以下几个步骤：

首先是诱发意象。在这个过程中，意识退居为谦卑的角色，静静等待无意识内容的浮现，可以是梦中的意象，也可以是任何视觉化的影像或者绘画等。

其次是观感意象。用整个身心去体验和感受这个意象，意识付诸全然的注意力到无意识浮现出来的意象上，来体验和吸收来自无意识意象的气氛和意义。

再次是呈现意象。一旦有了与意象的直接对话和感受，有了整个身心所参人的意象性体验，就可以准备选择某适当的形式来予以表达，给予这个内在的意象以某种外化的表现形式。比如写作、绘画、雕刻，甚至是舞蹈或者音乐等等。

再次是赋予意象意义。带着谦卑的态度去理解无意识内容传递的信息，赋予意象以适合参与者的对参与者有积极作用的意义。

最后是付诸意义于生活。鼓励参与者将积极想象中所获得的积极意义展现于现实的生活中，从而达到在心理的层面以及社会生活的层面整合意识自我与唤起的无意识内容。

1.5 潜意识的复杂性

神话心理剧的创始人 Allan Guggenbuehl 认为，人性是复杂的。他认为作为治疗师遇到的最大的挑战是清楚地理解自己和案主。

有时候，咨询师觉得他自己是开放的，对案主也积极关注，但实际上他或许正在嫉妒他的案主，或者为了咨询师自己的自恋需求或性幻想而“虐待”案主，对此却丝毫没有觉察。因此，咨询师和来访者工作的领域是充满了不确定性的领域，在咨询室中案主的内在存在诸多无意识的冲突，甚至是互相矛盾但缺乏觉察的内容。作为治疗师，自己的内在同样面临这个问题。面对这一困境，Allan 提出了神话心理剧这一绕过人性在有意识的呈现过程中的复杂性，通过故事中的原型和原型意象这个媒介，象征性地处理案主内在困扰的团体心理治疗方法。

1.6 心理剧

心理剧是由美国心理学家、集体心理治疗的先驱雅各布·莫雷诺在 20 世纪 20 年代创立的，它能帮助参与者将心理事件，透过一种即兴与自发性的演剧方式表达出来。在表演过程中,参与者可以表达出无法用言语描述的复杂情感状态,在演出之后有助于减少习惯性的口语表达及心理的防卫性,并能有效地唤起创造力、自发性和想像力,进入深一层的自我认识。

2 成长主题的神话心理剧的操作框架

2.1 讨论现实困扰

将组员分为2人一组,可以找个安静的地方坐着讨论,也可以边散步边讨论。期间,组员相互做角色扮演,扮演案主的一方向扮演咨询师的一方倾诉某个烦恼,并做自由联想,并尝试探索个人烦恼的意义,扮演咨询师的一方给扮演案主的一方的困扰命名,该命名最好是具有强烈的冲击性的,但这个命名暂时不告诉对方。结束后角色转换,重复相同流程。

2.2 讲述故事

组员或坐或躺在放松的情况下,带领者开始绘声绘色地讲述一个充满意象的故事。一般来说,故事的主题和这个小组的主题存在必然联系,但又不能立刻感觉出这个联系,而且故事要包含出人意料的细节,不被社会允许的、现实中不可能发生的事情,都可以在故事中呈现。Allan(2012)认为,这些细节承担了心灵搬运工的功能(mental-mover)。出人意料的细节可以将个体压抑的内容或程式化的模式打破,贴近真实的自己。故事要听起来要有异国色彩,这就要从另外的文化和时间中选择故事,从而给组员更自由投射的心灵空间。

本阶段最重要的是,故事要在其高潮来临时戛然而止。

2.3 完成故事和绘画

组员继续在放松的情况下,不带任何批判的让故事自由发展,从而形成一个属于自己的结局,并详细的用文字记录下来。现实生活中我们约束自己的行为,依从行为准则,而想象是我们灵魂自身表达的方法和途径,也是酝酿新观点、从生活中探寻新方法的地方。

完成故事的结局之后,组员就故事的发展过程中对个人印象最深刻的部分用图画的形式表达出来,抽象、写实均可。把想象的场景画成图画是很重要的,这样可以分析和讨论,以便进一步激发思考。

2.4 集体演出

首先每个组员讲述自己的故事,目的是最终达成一致,形成整个组共同认可的故事结局,并由整个小组将该故事上演。达成共同认可的故事结尾的过程中,可以是挑选出某个组员的故事作为小组共同的故事,也可以针对某个结尾做一些改变最终形成小组故事,不管怎么样,目标是组员间达成一致。

通过表演,组员可以更加诚实的表达自己。组员们选择的角色和他们的台词有心理学的意义,通常组员不会随便选择一个角色,他们选择的角色和他们诠释角色的方法展现了他们自己的一些人格特点。

如果有条件,也可以把表演的内容录下来,这样之后可以更深入的讨论,看到更多可能性。

2.5 转化和具体的改变

演出结束后,回到小组中,小组带领者向组员解释举行神话心理剧的团体的目标,目的是鼓励参与者找到一个可以实施的解决个人困扰的方法和策略。

带领者需要将心理剧的环节和个人最初提出的问题进行联系,如故事文本、绘画、在达成小组故事过程中组员的反应、故事上演过程中的台词设计和感受等,通过象征性的看待组员的绘画和演出,来协助组员解释画作中的投射,以及表演过程中的投射。

解释神话心理剧中的表演和图画,不是为了搜寻可证实某些内容的事实,而是为了扩大组员们的视野,并发现新的可能性,进一步理解故事之于个人和团体的意义。

讨论之后,鼓励参与者找出一个或多个具体可行的改变,来面对个人的内在困扰。这个改变必须是具体可行的,这样改变就是可见的而不是仅仅停留在想象中的。

3 成长主题的神话心理剧团体的应用

3.1 团体设计

参与对象:在校大学生群体

参与人数:8 人

参与频率:每周 1 次,一次 2～3 小时,共 4 次

3.2 团体进程

第一次小组:

目标:小组关系建设

大概流程:艺术形式的自我自我介绍、小组规则共建、小组共同作画、介绍成长主题的神话心理剧概况以及目标

第二次小组:

目标:借助积极想象完成故事

大概流程:积极想象的介绍和绘画练习、带领者讲故事、组员完成故事并绘画

第三次小组:

目标:小组故事上演

大概流程:组员分享故事、团体故事达成共识、排练、上演

第四次小组:

目标:达成组员具体的改变和结束

大概流程:两人组讨论、大组中组员绘画和故事反馈、针对 1～3 个意象采用积极想象的技术发现其更多可能性,达成组员具体的改变、结束庆祝

3.3 效果评估

这是第一次在学生群体中尝试开设神话心理剧的成长团体,这是一个直接针

对无意识工作的方式，和惯常性的咨询或治疗模式非常不一样的。

从最后小组讨论的结果来看，在 8 名成员中有 4 名成员达成了具体的改变来面对现实问题，其中 1 位的故事被选中作为小组故事，在故事上演完成之后，该组员的角色又被选中做更加深入积极想象。

该组员的角色是一个“年轻人”，他面临典型的冲突。在故事中一块石头在指引着这个“年轻人”行动，这块石头一面是看上去单纯童花头的孩子，另一面是衣衫褴褛的老者，童花头要年轻人去杀掉所有的人，衣衫褴褛的老者告诫年轻人不要这么做，年轻害怕听从了衣衫褴褛的老者，最终自己也会变得衣衫褴褛看上去一无所有，但是老者和童花头的声音让年轻人无法做出抉择。

通过对大石头中两个冲突的部分的积极想象，协助整个小组看到两个冲突部分的核心，最终年轻人看到了童花头没有残忍地指引背后深深的恐惧，童花头和衣衫褴褛的老者和解。年轻人最终没有杀死所有的人，他接受了自己的限制，既没有成为全能的英雄，也做出了在自己范围内的努力。

这在一定程度上协助组员与内在的自己达成和解，更加现实的去看待自己，知道自己能够做得很优秀的部分，也接受自己在某些方面的限制。

而这正是成长小组的主要目标：客观认识自己，对自己更多接纳和认可。

小组结束后的简单评估看出，总的来说，组员对该形式的接受度在 3.8(0—5 计分)，但在一些问题上也出现了两极性举例来说，“你认为故事中蕴含着对现实生活的启示”该问题上，选择“认同”和“非常认同”的组员 5 名，极不认同的 2 名；针对“你希望从故事中寻找到生活的智慧的动机有多大”这一问题(0～5 计分)，选择 4～5 分的有 4 位组员，0～2 分的 2 名组员；关于“这次小组中获得东西并不能让我满意”这一反向计分的题目，5 位组员的得分在 2 分以下，表示对收获感觉满意和很满意，只有 1 位组员选择了不满意。

不过，因为参与样本量较少，在样本的获得方式上也不严格，不能作为一个学术意义上的研究，仅作为一次实践和应用。

另外，针对神话心理剧参与者的人格特质和参与效果因为样本量少也没有纳入研究中，以期在将来的应用过程中，做更进一步的实证研究。

4　比较与反思

在心理学界，诸多分析性的研究大多采用了弗洛伊德或者荣格的理论，针对童话故事、神话故事等进行深入地剖析，以此来更加清楚的理解人类无意识世界的运作，并希望获得对心灵成长之路的指引。神话心理剧也采用此策略进行，但不同的是，前者是针对在某文化背景下流传或者世界范围内流传的经典故事文本进行心理学分析，而神话心理剧则是对个体在想象的世界中创造的属于个人的故事进行心理学分析，因此，在原型的基础上，经过个人不同的人生经历从而又个体化的形成了属于个人的原型意象。因此，本文作者认为，针对这个原型意象的工作，更适合当下的个人的心灵发展阶段。

作为一个原型心理剧的带领者，也存在诸多挑战。

首先，带领者需对集体无意识或者个体无意识有充分的信任和尊重，相信它们蕴含着指引人类心灵前进的智慧，谦卑的使用意识的功能，传递给组员对无意识的尊重和信任，才能真正带领组员从神话心理剧的形式中所有收获。

其次，带领者对各国故事应该有广泛的涉猎，了然于心，并善于创造出属于一个小组的故事，从而激发小组对接下来故事的想象。

最后，带领者需要对荣格心理分析有深入的理解和体验，从象征的角度对意象有必要的把握，但又不刻板的使用象征，而是帮助个体通过个人所创造出来的意象寻找到属于组员个人的有价值信息。

最后，带领者需对艺术有一定的敏感性。在阿瑟·罗宾斯的《作为治疗师的艺术家》一书中提到，作为一个艺术治疗师，必须是懂得艺术的科学家或者是懂得科学的艺术家。对于心理治疗师来说，已经具备了必要的心理学理论和实践，但是需要在一定程度上提高在艺术层面的体验和领悟，才能更好地运用神话心理剧这一形式。

参考文献

[1] 申荷永.荣格与分析心理学[M].广州：广州高等教育出版社，2006.

[2] 戴维方坦纳. 象征世界的语言[M]. 何盼盼，译. 北京：中国青年出版社，2001，7.
[3] Agnes Petocz. Freud，psychoanalysis and symbolism. [M] New York：Cambridge University Press，1999.
[4] C G Jung. The Collected Works of Jung [M]. 1966.
[5] C G Jung. Introduction to Kranefeldt's 'Secret Ways of the Mind'[J]. In：The Collected Works of C. G. Jung. Volume 4. Princeton：Princeton University Press，1930，760.
[6] 荣格. 潜意识与心灵成长 [M]. 张月，译. 上海：上海三联书店，2009.
[7] C G Jung. Collected works of Jung C. G. 3nd ed. [M]. Vol. 8：The Structure and dynamics o f the psyche(R. F. C. Hull). London：Routledge，1969：34 - 35.
[8] Stuckey，Nobel. The Connection Between Art，Healing，and Public Health：A Review of Current Literature [J]. American Journal of Public Health，2010，100(2)：254 - 263.
[9] Chodorow. Jung on Active Imagination [M]. Princeton：Princeton University Press，1997.
[10] 荣格. 现代灵魂的自我拯救[M]. 董奇铭，译. 北京：工人出版社，1987，10.
[11] 荣格. 分析心理学的理论与实——塔维斯托克讲演[M]. 成穷，王作虹，译. 北京：生活读书新知三联书店，1991.

非结构团体实践中的困惑与反思*

——以欧文·亚隆小组和HANAL人际敏感性训练团体为例

汪国琴(上海交通大学心理咨询中心,上海,200240)

摘　要　本文简单介绍了HANAL团体咨询,这是韩国柳东秀教授开发的敏感性训练。本文以欧文.亚隆团体和HANAL团体这两种较为典型的非结构性团体为例,探讨了在带领非结构团体中的三组典型困惑:何谓真实的此时此地的感受?何谓团体领导者的有为与无为?何谓有效的团体?

关键词　敏感性训练;非结构团体;欧文·亚隆团体

最近一些年,业内同仁对于非结构团体的关注与投入大大增加,其中备受关注的是自2008年5月起北京万生心语机构推动的欧文·亚隆团体心理咨询与治疗系统培训项目。授课导师为朱瑟琳·乔塞尔森(Ruthellen Josselson,菲尔丁研究院临床心理学教授,《在生命最深处与人相遇:欧文·亚隆思想传记》一书的作者)和莫林·莱什(Molyn Leszcz,医学博士,加拿大多伦多大学精神病学系教授,与欧文.亚隆合著了《团体心理治疗:理论与实践(第五版)》)。此外,韩咨询(HANAL团体咨询)也颇具影响力,授课教师为韩国柳东秀(韩国企业咨询学会会长、韩国咨询学会前会长、专著有《职业人的精神健康》、《改善人际关系训练》、《感受性训练》等)。还有精神动力性小组,也有诸多的培训。在各类团体招募信息中,我们可以看到最多的是欧文亚龙团体招募和精神动力性小组招募。除了在高校医院之外,社会人士参与小组体验的人数正在大幅增长,甚至都出现了淘宝销售心理成长小组的团体招募形式。

---

* 作者简介:汪国琴,上海交通大学心理咨询中心副主任,副教授,Email: jinch@sjtu. edu. cn

笔者对于非结构团体的团体动力也非常感兴趣，在受训学习的同时也尝试带领一些非结构的小组。目前主要接受的系统培训一是欧文亚龙团体心理咨询与治疗培训体系，授课教师为朱瑟琳·乔塞尔森，一是人际敏感性训练，授课教师为韩国柳东秀。此外。先后作为成员体验过小亚隆、米勒和安娜的非结构团体。

作为团体带领者和团体成员、团体学习者、团体观察员的多重身份，让我有机会从不同视角对团体历程进行反思。下文以欧文亚龙团体模式和柳东秀团体为例讨论我在非结构化团体中体验到的迷思与大家探讨。

1 欧文亚隆团体和柳东秀人际敏感性训练简介

欧文亚龙团体大家相对比较熟悉，在此不再赘述。本文在此对另一种典型的非结构团体——HANAL 团体咨询做一个简单介绍。这是韩国柳东秀教授结合韩国文化背景开发的敏感性训练。敏感性训练(Sensitivity Training)，也称为感受性训练，ST—敏感性团体训练，通过导致增加人际意识的“内心深处的”相互作用而达到行为的改变。在活动中通过耳濡目染，在潜移默化、润物无声中增强积极观念和人性修养，真正领会团结、互助、合作的团队精神。积极的参与，放下自我的身份，展示真实的自己，用心去体会、感悟每个环节，使自己真正的融入活动之中，体验内心的收获。

1.1 HANAL 团体咨询的基本理论假设

面对外界刺激，人的内在会体验到非常丰富的感受；

人有能力去选择积极的感受或者消极的感受；

韩咨询鼓励在人际交往中用语言表达积极的感受；

语言是非常有力量的，语言是思想的外化，是一个思维录音机，一旦消极的体验被语言说出去了就会被录音；在训练中刻意学习用语言表达积极体验；

情绪体验包括四个方面：我对我；我对你；你对你，你对我；

要想人际关系好，说你想听的，而非说我想说的。具体做法是以你为中心的表达法。你……，你感到……，你需要；

多进行以关系为导向的对话而非以事实为导向的对话。

1.2 HANAL 团体咨询的阶段

入门教育。团体开始之初，咨询师引导成员明确韩咨询的目标，讲解如何从韩咨询中获益的学习态度和学习方法，包括：相信改变是容易的，只要找对方法；坚信自己在三天的训练中一定会有改变；多开口，多说话的人收获多；去帮助别人，团体彼此互相帮助；争取进内圈，轮流进内圈；说感受，此时此地的感受；真实地给予反馈，练习赞美和肯定的技术，进行体验式学习，不做笔记。在入门教育中会对团体过程做出约定并提醒注意事项。

初始阶段。此阶段一开始成员会产生对我们要在这里做什么，怎么做的疑问，容易用理性参与，或者依赖，总体上成员会觉得困惑、混乱，然后才逐步从表达混乱，经过梳理，找回安定，感受安全和稳定的过程。

训练阶段。注重此时此地的感受；选择此时此地的感受中积极的情感进行表达；多进行以关系为导向的对话，少进行以事实为导向的对话；区分自己想说的话和对方想听的话；学习面质、赞美、肯定等，学习听的要领。此阶段在成员通过训练提升相互助人的能力之前，不会试图去解决问题，而更加集中训练他们解决问题的能力。

成熟阶段。这阶段成员开始形成一体感（你、我、他成为我们），成员彼此真实地交谈自己的真心、相信变化的可能性、形成解决问题的氛围，成员之间相互促进，努力解决自己的问题或者试图去改善与团体成员以外人员的关系。

结束阶段。团体会处理未解决的问题，回顾分享在团体中获得的经验，带领者向成员解释训练后适应社会环境的事项。这个阶段满足、期待感与害怕别离、失落相交织。

1.3 HANAL 团体咨询的典型设置

亚隆团体的典型设置是：8～12 人面对面围成一圈，每次 2 小时，每周一次，持续 10～12 周甚至更长。每次团体 1.5～2 小时，包括明确的开始和结束时间，到点准时结束，通常不会延时。这么设置的假设是：团体就是现实生活的缩影，生活总是有遗憾的，在你还没有准备好的时候就结束了；一般不会因为某个话题很深入就延时，而是事先告诉团体临近结束时不要提出大议题，因为一旦延时，可能成员就会期待下一次的延时而且会犹豫着是否要讲出来，预期哪怕最后讲也还来得及从而错过了成长契机；在团体结束时，也没有类似于团体回顾，总结心得体会之类的。

在柳东秀的敏感性训练中，通常团体规模为 30～40 人，甚至 100 多人，团体通常以封闭式密集马拉松团体的形式进行，持续 3～5 天。每次团体，全体成员用同心圆一层层叠加的方式环坐两至三圈。设置上内外圈轮换，每 1～1.5 小时变换一次座位，让成员都有机会进内圈，而且柳还会特别关注到一些在圈外的人，极力鼓励甚至直接把他们拉进来。每次团体 60 分钟或者 90 分钟，结束时视情况需要会做点小结，例如你今天学到了一些什么？

2 “非结构化团体”带领实践中的典型困惑与探讨

2.1 何谓“真实”的此时此地的表述

在上述两类非结构团体都非常强调此时此地，但对于何谓此时此地真实感受的表达上，两类团体有所区别。很多成员在亚隆团体中，被鼓励进行“脱口而出”的即刻表达，尤其把能够表达此时此刻的负面感受视作团体深入的表现之一。有时候团体会给人一种讲话口无遮拦、肆无忌惮的感觉。让我感触特别深的是在一次朱的 7 天团体培训课程结束时，她请成员四人一组椅子背靠背，闭上眼睛，然后将此时此地想说的话自由浮现出来表达出来。在那个团体里，有大声向老师喊我爱你的，有表达很不舒服的感受的，有大声斥责某位不断插话的成员，有说一些自己此时此刻身体感受的，林林总总，特别是有一些在我看来肆无忌惮的攻击性语言的时候，我那个当下的第一反应是：当人用这种方式自由表达时，让我想到“群魔乱舞”这个词。

在柳的敏感性训练中，他鼓励对自己的内在感受进行觉察，说出口的时候，表达出来的要是积极的情感。选择性地表达。例如，成员 A 在团体中讲话已经好一会儿了，成员 B 觉得有些走神，有点心不在焉，他觉得这个人怎么这么不识趣，大家都已经没兴趣听了他还在滔滔不绝地说。在柳的敏感性训练团体中，B 被鼓励的表达方式不是直接呈现自己当下的即刻感受:听你说这么一大段话后,我觉得有点烦躁,也有点心不在焉了。而是去觉察自己在这份烦躁之下的积极情感和期待,被鼓励说出口的话是:我看到你非常努力地想要表达自己,努力试着融入团体(对说话者的行为、动机进行积极的解读,看到对方基于融入团体的努力,这种努力虽然笨拙不受欢迎但是认可这份努力),或者被鼓励说以下类似的话:刚才你说这一大段话时,好像并没有意识到有不少人开始走神了,我不由得替你捏着一把汗,我对你有一份特别的牵挂。(引导B觉察为什么会觉得烦躁,这份烦躁背后是什么,如果是担忧和关切,那就把担忧和关切表达出来。)

笔者对比了这两类团体对于"真实表达"的不同方向后,感觉在团体初期,可能柳的这种表达方式会更适合我们内地的表达习惯一些。表达积极感受的历程,仿佛是品一杯卡布基诺咖啡,浮在最上面的"咖啡泡沫"部分,是最容易被自己意识到的、最常说出口的一部分负面感受,我们需要掠开咖啡泡沫,继续去品味、探寻泡沫之下香醇的咖啡原液,及时表达出对别人的积极的期待与正向的感受(当然也包括对自己的,甚至更重要的部分是觉察到自己的积极情感、积极期待,并且把它们用语言说出来)。这个历程,是那个掠开咖啡浮末的过程,在团体初期有着积极的意义。对于华文化背景下的团体成员来说,这种真实的表达也是需要学习的,同时是安全的和更乐意去学习的,对于营造安全互助的氛围颇有价值。

2.2 何谓团体带领者的"有为与无为"

初次接触亚隆团体等非结构团体的成员,感受最大的一点恐怕就是"咨询师原来是不干活的",典型的咨询师形象似乎就是微笑着不说什么话,或者只说很少的话。在团体进入工作期后更是如此。在亚隆培训体系中,我注意到朱瑟琳·乔塞尔森在带领团体时,看上去相当的"无为",当然她也对团体发生的一切保持着高度觉察,但是并不轻易出手进行干预。特别是团体开始阶段,如果团体成员"要"得很厉害,咨询师是基本不说什么话不做直接干预和回应的。她的解释是:团体刚开始阶段成员都强烈地渴望被咨询师"看见",渴求咨询师的认同,相当部分注意力都放在了咨询师身上,很容易忽略其他成员的反应。所以作为团体带领者她尽量保持安静、中立,并不直接对成员做反应或者评价。一是这种评价可能并不准确;二是这种评价可能会有贴标签的效应。特别是当成员都想着去找咨询师“要”的时候，TA 自己对团体的那一部分责任可能被忽略，对咨询师也会有一些不切实际的期待。所以，通常从一开始，朱瑟林就很少出手干预，而让成员彼此间互动。虽然在不同的团体中，她介入和干预的力度是不一样的，但整体上，她呈现出更多的“无为而为”。

在柳东秀的敏感性训练团体中，我注意到柳从一开始接触团体成员，就会很强有力地去评价(反馈)或者说解释成员的行为，我注意到他是有意识地在运用他作为团体咨询师、一个权威者的影响力，他总是从积极正向的角度去肯定团体成员，甚至把成员认为的负向行为进行积极解读，然后强有力地反馈给团体。例如在团体第一次历程中，一个一开口说话就会引起大家发笑的男性成员 Z，在成员谈及一个有点沉重的话题时，他一脸认真地说自己觉得屁股发热，然后大家都望着他笑了。柳对这个情境的反应是对着 Z 说：你很有创造性，你有一种魔力，当你想说话时你就会说而且很会找准时机插进去话题。后来指着另外一个情绪体验丰富善于照顾别人感受的女性学员对 Z 说：你可以向她多学习一些等一等再说话的技巧。总体感觉，柳的即刻介入是比较多的，该出手时就出手而且狠准稳。柳强调：团体训练并不总是温暖的。并且强调一个咨询师要有“消毒水、包扎带和手术刀”，对于有些来访者就是要用“手术刀”，甚至冒着去碰疼他的风险去做手术。在是否给成员直接反馈上，两位带领者呈现出颇为不同的风格。在团体历程阐释上，在亚龙团体中，朱瑟琳·乔塞尔森经常做的工作是问大家：刚才发生了什么？她自己并不直接阐释历程，而是邀请成员从历程阐释的角度来做很多工作。柳会自己做一些历程阐释的工作，但当成员试图回顾团体历程时会常常被他打断，被他理解为回到彼时彼地讲故事了。总体看上去柳更加“有为”，而朱瑟林看上去更加“无为”，采取了一种静观其变、保持淡定包容抱持的态度。

我们说一个领导者能带进团体的最有力的资源就是他自身，虽然同是非结构的动力性团体，不同的领导者呈现出的“作为”程度很不一样。领导者如何平衡好想要出手“有所为”的焦虑与尽量“无所为”让成员多一些自我成长的空间，这是一个微妙的平衡关系。笔者注意到在东方文化背景下，咨询师常常被期待“有所为”，柳在敏感性训练中是去在很大程度上满足这种期待的，咨询师有较多的干预和直接回馈成员的部分，看上去更加冒险一些，在成员面前暴露较多，更容易被挑战和质疑。朱在亚隆团体的培训体系中，更致力于促进成员之间的互动与他们自发的历程阐释，在团体初期阶段，成员会更迷惑一些。

2.3 何谓有效的团体

在团体发展阶段的分期上，大致上都有团体工作期一说。什么样的团体是有效的团体？动力性的非结构化团体如何评估其团体效果？如何决定团体结束时间？柳认为团体最有效率最有生产力的状态是团体中每个人说话的时间差不多，没有特别明显的差异。这是评估团体进入工作期的标志之一。在亚隆团体中，也有类似表述，当团体成员之间形成了 Member to Member 的多向沟通网络而非如团体初期一般的 Member to Leader 的双向沟通网络时，团体开始进入有生产力的阶段。然而，这种成员之间的互动、互助网络，跟领导者聚焦在某个团体成员身上进行工作所带来的效率感相比，似乎还是后者显得更有效一些。在亚隆团体中，眼泪是很自然的，甚至有些成员把团体中的哭泣、谈论性作为团体是否深入的标志之一。在柳东秀敏感性训练团体中，以积极的关系取向进行对话，总体氛围是支持的、平静愉悦的，成员会有被支持、被肯定的满足感。

在上述两类团体中，成员反复呈现的困惑也有诸多共同之处。例如：怎么区分想法和感受，我说出口的以为是感受，但总被你（咨询师）说成想法；我既渴望被“看见”又渴望能安全地隐身团体等等。

非结构团体吸引了越来越多的从业人员投身其中，也逐步得到社会大众的认可。对团体动力的好奇探索会是一个无止境的历程。

参考文献

[1] （美）亚隆. 团体心理治疗—理论与实践（第五版）[M]. 李敏，李鸣，译. 北京：中国轻工业出版社，2010.

[2] （美）柯瑞. 团体咨询的理论与实践（第6版）[M]. 方豪，译. 上海：上海社会科学院出版社，2006.

大学生宽恕心理的研究综述*

李永慧（华东理工大学心理咨询中心，上海，200237）

摘　要　宽恕是一种调节人与人之间关系的重要的道德品行，它对于解决人与人之间的纷争、达成人际谅解和自我精神平衡、促进社会和谐都具有非常重要的意义。大学生在成长阶段会面临一些特殊的冲突和矛盾，譬如校园暴力和心理健康问题，而宽恕是一种有益的、理性的、道德的、智慧的调节方式，因此宽恕心理的研究显得尤为重要。本文分析了宽恕研究的状况、内容，国内外关于大学生宽恕的研究，国内大学生宽恕心理和宽恕教育研究存在的不足等方面，对高校大学生心理健康教育系统的完善具有重要意义。

关键词　大学生；宽恕心理；研究综述

宽恕是一种调节人与人之间关系的重要道德品行，它对于解决人与人之间的纷争、达成人际谅解和自我精神平衡、促进社会和谐都具有非常重要的意义。许多哲学家、伦理学家把宽恕视为人类的一种美德加以提倡。西方哲学家将宽恕视为西方的一种基本精神加以推崇，中国传统文化中儒家提出了恕人恕己的恕道，“推己及人”、“犯而不校”，将此作为君子修身养性的要则，也成为中国社会处理人际关系的道德标准之一。宽恕进入心理学研究领域由临床开始，宽恕作为对伤害情境的宽容反应，因其在调节社会人际关系冲突和保护、调节个体自身心理健康方面的

* 本文为2015年上海高校心理咨询协会课题《大学生宽恕心理及其实证的干预研究》的阶段性成果（项目编号：Gxx－2015－3）。

作者简介：李永慧，女，副教授，临床心理咨询技术学在读博士；研究方向：临床心理咨询理论与技术，积极心理学。Email：545687425@qq. com

意义，引起了临床心理学家的关注，近年来宽恕与心身健康的关系及促进研究已成为一个研究主题。

1 现代宽恕研究发展的一般状况

对宽恕的科学研究最早开始于20世纪80年代中期，开始于心理治疗领域，以Lewis Smedes在1984年出版的《宽恕和忘记：处理我们不应受的伤害》一书为标志。虽然Smedes只是一个理论家，但是他却在心理治疗和科学领域开创了一场运动，提出了宽恕对个人的心理健康和主观幸福感有益的观念。这种观念引起了心理治疗家的共鸣，他们开始研究怎样提高、改进宽恕以处理愤怒、失望、抑郁和心理创伤。另外，婚姻咨询和家庭治疗也通过实验室自然观察到不宽恕的害处和宽恕的治疗作用。宽恕进入心理学研究领域由临床开始，宽恕与个体的心身健康有着密切的关系，具有重要的现实意义。

2 国内外宽恕心理研究的主要内容

2.1 宽恕的定义

在心理学中，宽恕作为一个科学研究的对象，首先需要一个严格的定义。心理学文献关于宽恕的一般定义为：宽恕包括三个层面：宽恕他人、宽恕自己与寻求宽恕。就此，心理学家提出了一些不同的宽恕定义。

Cunningham(1985)将宽恕定义为一种在思想、情感和行为上对不公正的转化，被冒犯者对犯罪者的出现较少负性反应。即一个被侵犯的当事人把先前的憎恨、怨恨、恶意和报复(甚至应该导致这种反感时)放弃，以一种仁慈的方式对待一个侵犯者。Mona Gustafson Affinito(1999)定义宽恕意味着决定不去惩罚一个意识到的不义，将决心付诸行动，并感受随之而来的情绪慰藉。North(1987)认为宽恕是一种仁慈反应。因为受害者选择不去复仇，即使他们有正当的理由去做(复仇)。Enright扩展了North对宽恕的定义，将判断(受害者对冒犯者的看法)和行为(受害者对冒犯者做出的反应)纳入宽恕定义中,认为宽恕包括六个成分:形成对冒犯者的积极认识、避免消极认识;呈现积极情感、避免消极情感;做出积极反应、避免消极反应。McCullough 的定义则以共情、利他和迁就理论为基础,认为宽恕概念是由理论和经验研究成果两方面的影响而发展起来的。一方面,从理论研究的角度来看,宽恕是一个动机结构,是促使受害者对侵犯者产生共情的一系列的动机变化过程,该过程降低了受害者报复和疏远侵犯者的动机,增强了受害者善待侵犯者的动机,并促使受害者与侵犯者和解;同时,另一方面,从社会实证角度讲,宽恕也是一种亲社会行为。

综上所述,我们可以看到心理学家对宽恕的定义虽然多样,但共同之处在于把宽恕视为一种积极的情绪调节过程。即宽恕的情绪调节目的是宽恕的本质,而具体的导致调节的力量和调节过程则有不同的侧重和阐释。

2.2　宽恕的模式

各种关于宽恕模式的研究实际上是从宽恕的类型、发展、过程以及病理机制等角度去试图解释宽恕的本质和机制。Trainer 首次对宽恕做了实证研究。她认为存在三种类型的宽恕:角色期待宽恕(role-expected forgiveness)、利己的宽恕(expedient forgiveness)和内部的宽恕(intrinsic forgiveness)。

角色期待宽恕表面上有宽恕的行为表现,但受害者并没有真正宽恕冒犯者,仍旧感到恐惧、焦虑,并心怀对冒犯者的憎恨。利己的宽恕也有明显的宽恕行为表现,但这种行为伴有敌意,宽恕被作为体现受害者道德优越感的手段,之所以宽恕冒犯者是为了向人们展示自己宽宏大量的气度。内部的宽恕是一种真正的宽恕形式,受害者将对冒犯者的憎恨变为对其的仁慈和爱心,这种宽恕是主动的、积极的、发自内心的。

Veenstra 的分类模式提出人际宽恕的 6 个类别,即疏忽、道歉、原谅、对不起、释怀和重建信任。这些类别描述了宽恕是如何被应用于人际关系心理学的。Veenstra 指出,每一个方面可以分别用于解释各种特定类别的冲突从开始到关系重建的各个阶段。

Enright 根据不同年龄阶段的个体对宽恕的不同理解将其分为:①报复性的宽

恕，主要表现在儿童早期，小孩认为他人伤害了自己后，只有对自己进行某种补偿，才能得到宽恕；②压力迫使下的宽恕，在青年早期表现较明显，只有在外部压力迫使下才会宽恕冒犯者；③无条件的宽恕，主要表现在青年晚期或成年期，宽恕是无条件的，是为了提升爱的体验。Enright 的分类主要侧重于不同年龄阶段的个体做出宽恕决定的理由或条件等方面。

英国安德鲁·瑞格比认为宽恕可以分为利他主义的宽恕和自我中心的宽恕。两种宽恕类型之间的区别：利他主义的宽恕(Altruistic Forgiveness)：这是一个像约翰·阿诺德这样的基督徒所做出的为他人着想的—"强烈"宽恕。他敦促我们给予宽恕，不仅为了自己，也为了帮助犯人赎罪，减轻他们的负罪感、痛苦和折磨。自我中心的宽恕(Self-directed Forgiveness)：相比较而言，有一种我们可称之为实用主义、自我中心的"微弱"宽恕，它不是作为赎罪和改造的手段提供给有罪者的。这一类宽恕的关键特征是一种内心对于过去经历的重新界定，以使自己能够从"受害者"的身份中解脱出来，能够不被过去的创伤过分缠绕而面对未来。

2.3　宽恕的相关和影响因素研究

2.3.1　宽恕与文化背景

个人的文化背景影响着人的宽恕的产生，已有研究发现东西方文化对宽恕的理解存在着差异。宽恕自己在西方个人主义文化中被认为是必要的，而在东方集体主义的文化中被认为是不合理的。在西方宽恕自己是通过个人领悟、专业咨询的途径而达成，而在东方则是通过群体的叙述、仪式和象征而达成的。Christiany，Prawasti 和 Mullet(2007)以印尼和法国大学生为被试研究东西方文化背景下的个体的宽恕。结果发现在欧洲样本中得到证实的宽恕三因子模型(持久的怨恨、迫于压力下的宽恕以及自愿的宽恕)在印尼样本中同样得到证实。而集体主义文化背景中的印尼学生比个人主义文化背景下的法国学生在迫于压力下的宽恕和自愿的宽恕因子上得分高，在持久怨恨这一因子上得分低。主要研究证据显示，东西方不同的文化背景中，对宽恕的理解、宽恕的功能以及宽恕的形成是存在差异的。

2.3.2　宽恕与伤害事件等客观因素的关系

影响宽恕的客观因素包括侵犯事件及其后果的严重性、与侵犯者的关系以及侵犯者的动机、道歉行为等。侵犯事件的严重程度直接影响宽恕倾向。Brose 等人的研究表明,侵犯事件的严重程度与宽恕呈负相关。Peggy 等人也发现,侵犯事件的严重程度与宽恕倾向呈负相关,但与情景性宽恕(逃避、报复、仁慈)呈正相关。如侵犯事件使个体遭受重大的经济损失,给个体留下明显的身体创伤,并被个体认为这种侵犯是故意的、有损自尊的,侵犯者很难得到对方的宽恕。另外侵犯事件的性质也会影响宽恕,Sastre 等人把侵犯事件分成身体上的伤害和心理上的伤害,研究结果发现人们更容易宽恕造成身体伤害的事件。

2.3.3 宽恕与认知

宽恕与认知的关系研究主要有宽恕与责任归因的关系研究等。影响宽恕的责任归因因素是指受害者对侵犯产生的原因解释。Fincham 等的研究发现责任归因既可以直接影响宽恕也可以经由情境性共情和负面情绪反应间接影响宽恕。

McCullough 等的研究将宽恕分成倾向性宽恕与状态性宽恕,并发现责任归因与克制呈负相关,且会直接影响倾向性宽恕。高共情者把责任归于自己,并较容易体验到状态性宽恕。也有研究发现对侵犯的思虑会直接影响宽恕,这可能是因为对侵犯的回忆和思虑会使人对侵犯产生痛苦的感觉,从而产生回避和或寻求报复的动机。

2.3.4 宽恕与共情

"empathy"共情,又译为移情、共感、同理心,或心理移位,它是一种将心比心、感同身受、体察他人内心世界的心理品质。尤其是指设身处地地感受他人当前情绪体验的一种心理倾向。它是许多道德品质发展的一个重要心理基础,对助人等许多利他行为有促进作用,因而也被认为是促进宽恕的一个关键性因素。

McCullough 等研究过亲密人际关系中的宽恕。其研究一发现宽恕与和解行为和对冒犯者的回避行为密切相关,共情可以直接影响宽恕;还发现接受道歉和原谅冒犯者与共情功能的增加之间的相关,道歉对宽恕的间接影响也是经由共情而达成的。对被试进行共情教育和宽恕的临床干预,结果也显示在操纵同理心的情况下,共情与宽恕间有着更加紧密的联系。研究结果普遍支持这样一个概念即宽恕作为一个动机现象和共情密切相连。McCullough 等的研究考察过共情、道歉、深思熟虑以及与人际关系亲密程度有关的几个变量之间的关系,发现共情对宽恕有直接影响，道歉、关系的亲密程度对宽恕的间接影响都是经由共情达成的。同情心，道歉，反思，关系亲密度等对自我报告的宽恕有预测作用。

2.3.5 宽恕与心身健康

在心理学领域，宽恕则主要是由于它对个体心理健康的巨大影响作用而引起心理学家的注目，从而成为心理学研究的对象。对宽恕的心理学研究开始于临床心理学家。

临床心理实践中的大量案例表明，许多来访者由于受到某种伤害后，没有恰当地处理好这种伤害遭遇，使自己持久地怀有怨恨、无助、愤怒、记仇和报复的情绪，久而久之，形成了心中难以释怀的心结，逐渐酿成了心理问题，继而又影响了自己与他人的交往。被人曲解和伤害，本能地反应就是报复，但报复发泄，一时痛快后，会激化矛盾，误入"歧途"，造成邻里不睦、夫妻不和、同事不谐，乃至触犯法律。所以，解决人际冲突问题的最好办法是宽恕。心理学家研究发现，一个苛求别人的人，他的心理往往处于紧张状态，内心冲突得不到解脱，会引起神经紧张、血压升高等，产生头痛、心情烦躁等症状。如果为人宽宏大量，和气待人，能大事化小，小事化了，减少对大脑和神经的刺激，则会有益于身心健康。

3 国内外大学生宽恕心理的研究

3.1 国外有关大学生宽恕心理的研究

Lawler 研究了大学生对人际冲突的宽恕与心身反应的关系，测量了 108 名大学生的血压、心率、EMG 和皮肤电阻，结果发现宽恕能降低对应激刺激的心身反应，可降低血压水平低、减慢心率，保护心血管系统。Hui 在香港调查了 230 名中国教师(20～50 岁)和 714 名学生(11～19 岁)，发现中国的文化价值影响宽恕的理解，宗教信仰影响对宽恕的态度和实践行为。研究了 224 名英国学生的对宽恕与幸福感的关系，发现宽恕与享乐主义幸福观和理性主义幸福都有一定相关。Edwards 研究了 196 名白人大学生的宗教信仰与宽恕的关系，发现他们的宗教信仰与宽恕倾向有极其显著的相关。

3.2 我国关于大学生宽恕心理的研究

与国外研究所不同的是，我国的宽恕心理的实证研究主要集中于学校领域，而且主要在大学生群体中进行。这一方面可能是由于宽恕心理研究是我们引入的国外研究的一个概念范畴而不是像国外一样发端于临床实践的需要。因此，国内高校的学者首先接受了这样研究概念和理论，率先进行研究。另一方面可能也是由于我国的临床心理咨询和治疗实践和理论水平还较低，咨询和治疗技术尚没有细化，而且也缺乏专业的临床心理研究机构。大学生群体是高校工作者容易选取的研究对象，中国关于大学生宽恕的实证研究目前已经起步，现在已有相关论文十几篇。主要内容是：

3.2.1 大学生对宽恕内涵的理解

张蕊以 168 名大学生为被试通过采用开放式问卷调查收集大学生对宽恕内涵理解和认识，结果发现大学生对宽恕内涵理解前几位的名词是：①原谅，谅解；②宽容，包容，容纳；③心胸宽广，大度，忘记仇恨，不钻牛角尖，不拘小节，慷慨，目光远大。经过探索性因素分析发现，大学生对宽恕理解有 5 个维度：①人际交往方式，即认为宽恕是一种人际交往方法、手段；②个人品质，即认为宽恕是作为个人的一种品质存在的；③负面评价，即认为宽恕是没有价值的，是懦弱的行为，否定宽恕，等等；④自我宽恕，即认为宽恕是针对自己的，对自我的放松、解脱；⑤超越性，即认为宽恕是一种超越的、宗教的精神。这是一种文化心理学的研究取向。

3.1.2 大学生宽恕与人格的相关

有几个研究侧重分析了大学生宽恕与人格等其他心理品质和状态的相关。徐晓娟对大学生宽恕与人格的相关研究发现，大学生的宽恕水平与艾森克量表三方面因子分的相关显著。另外也有研究指出宽恕他人、宽恕自己与大五人格也存在显著相关。有的研究分析男、女大学生宽恕行为及相关影响因素的差异。总体上来说，男生的宽恕水平受到自尊、情绪性以及人际失败 3 个因素的影响；女生的宽恕水平受到自尊、情绪性、外内向以及偏执 4 个方面的因素影响。还有研究表明大学生宽恕与心理症状呈负相关；自尊与宽恕之间既有正相关，又有负相关；复合正义与宽恕的相关程度大干报复正义与宽恕的相关。这些研究说明大学生宽恕水平与人格等维度呈一定的相关。

3.1.3　大学生宽恕与心理健康的关系

有几项研究证实了大学生的宽恕水平与心理健康水平之间呈正相关，倾向于宽恕的大学生心理健康总体水平较高，倾向于报复的学生其心理健康总体水平较低。另外，有研究也以SCL－90为心理健康指标，发现宽恕水平越高心理健康水平越好。大学生的宽恕与主观幸福感也有正相关。也有研究对大学生宽恕与抑郁的关系作出了初步探索，其结果显示大学生宽恕倾向与抑郁情绪呈负相关。这些研究说明宽恕确实具有情绪调节作用，有益于个体的心理健康。

4　国内大学生宽恕心理和宽恕教育研究存在的不足

综上所述，我们可以看到国外对宽恕心理和宽恕教育的研究已经有了非常多的实证资料，对宽恕心理的概念、模式、影响因素以及宽恕的训练和教育都有涉猎，他们取得的研究成果对宽恕教育实践提供了很有效的指导作用。

由于中国的国情与西方不同，中国文化与西方文化有着巨大差异，尤其是宽恕是一个与文化密切相关的复杂的概念，因此，我们照搬国外的研究成果，用于直接解释中国人（中国大学生）的宽恕心理，其干预方法也不能没有验证地直接用于中国大学生的宽恕心理教育。因此，借鉴国外的宽恕研究理论和方法，开展中国大学生的宽恕心理与教育研究非常必要。

与国外宽恕研究的繁荣相比，在中国有关宽恕主题的研究还相对较少，大多是对国外研究成果的介绍。在介绍的有关宽恕的研究中，其结论是在西方文化背景下做出的，是否能进行跨文化的解释有待考证。针对中国人的宽恕问题的原创性、实证性研究十分缺乏。直接将国外的现有的宽恕研究成果拿来运用于中国学校教育尚缺乏足够的论证。因此，我们需要对宽恕的基本心理问题进行研究和澄清。从国内宽恕心理研究的状况看，国内目前的宽恕心理研究有许多是针对大学生的，但我国大学生宽恕心理的研究主要是涉及基本问题的研究，即宽恕内涵、宽恕的相关及影响因素，宽恕与健康的关系等。对于大学生宽恕的更深层的心理机制与规律尚缺乏必要的研究。如大学生宽恕道德水平的确定，大学生宽恕发展的规律或特征的研究等。

参考文献

[1] C. D. Batson. Adv. Exp. Soc. Psych. 1987,20,65.

[2] Christiany S, Prawasti C Y, Mullet E.. Effect of culture on forgivingness: ASouthern Asia-Western Europe comparison [J]. Personality and Individual Differences, 2007, 42:513-523.

[3] Cunningham B B. The Will to Forgive: A Pastoral Theological View of Forgiving [J]. The Journalof Pastoral Care, 1985,39:141-149.

[4] Enright R D, The human development study group. Piaget on the moral development offorgiveness: identity or reciprocity [J]. Human Development, 1994,37:63-80.

[5] Enright R D, The Human Development Study Group. Counseling within the forgiveness triad: On forgiving, receiving forgiveness, and self-forgiveness [J]. Counseling and Values, 1996,40:107-126.

[6] Exline J J, Baumeister R F. Expressing forgiving and repentance: Benefits and barriers [M]. In M McCullough, K Pargament, C Thoresen (Eds.), Forgiving: Theory, research and practice. [M] New York: Guilford, 2000:133-155.

[7] Flack J C, Waal F B M. de in Evolutionary Origins of Morality, L D Katz Ed. (ImprintAcademic, Thorverton, UK),2000:1-29.

[8] Fincham F D, Paleari F G, Regalia C. Forgiveness in marriage: The role of relationship quality, attribution, and empathy [J]. Personal Relationships, 2002(9): 27-37.

[9] Freedman S, Knupp A. The impact of forgiveness on adolescent adjustment to parental divorce [J]. Journal of Divorce & Remarriage, 2003,39(1-2):135-164.

[10] Jonathan H. The New Synthesis in Moral Psychology [J]. *Science*, 2007, 316: 998-1002.

[11] Jorge M, Roberto G. Forgiveness and Reparation in Chile: The Role of Cognitive andEmotional Intergroup Antecedents [J]. Peace and Conflict: Journal of Peace Psychology, 2007,13(1):71-91.

[12] Kaminer D, Dan J Stein, Irene Mbanga, Nompumelelo Zungu-Dirwayi.. Forgiveness: Toward anintegration of theoretical models [J]. *Psychiatry*: *Winter*, 2000, 63, 4, Academic Research Library: 344.

[13] Karremans J C, Paul A M, Van Lange. Does activating justice help or hurt in promotingforgiveness [J]. Journal of Experimental Social Psychology, 2005, 41: 290 - 297.

[14] Kim Eun-Seol. Effects of forgiveness education for college students with insecure attachment totheir mothers: A self-administered educational approach [J]. *Humanities and Social Sciences*, 2005,66(5 - A):1638.

超个人心理学指导下的团体工作方法及技术*

马前广[1]　杨晓哲[2]

（1，华东政法大学心理健康教育与咨询中心，上海，201620）

（2，华东政法大学马克思主义学院，上海，201620）

摘　要　超个人团体工作方法与技术是基于超个人心理学理念，采取团体工作的形式而进行的团体活动。它的理论基础与工作方法与其他团体工作方法具有很大不同。超个人团体以关于人的三个基本假设为核心工作内容，试图运用现代心理学与东西方传统文化中的诸多方法和技术，促使人的觉悟与精神发展，最终将个人与其他存在建立起认同与联系。为了达到这一目的，需要对人的诸多方面进行训练。本文首先介绍了超个人团体工作方法的理论基础和它的多元文化特点，然后介绍了超个人团体的基本假设和目标设定，超个人团体目标包括宏观和具体两类目标。在此基础上，介绍了国外超个人团体的一般结构。在本文最后，详细介绍了超个人团体训练的一般领域，可以为国内开展超个人团体工作提供借鉴。

关键词　超个人团体；超个人心理学；精神发展；内在联系；道德训练；注意力训练

超个人心理学在西方通常被认为是心理学的"第四股势力"，超个人心理学与传统心理学的研究目标、范围和方法都有非常大的不同。超个人心理学是超越传统心理学那些约定俗成的结构的。沃尔什和沃恩强调说，超个人思想是一个发展

---

* 作者简介：马前广（1982—　），男，华东政法大学心理健康教育与咨询中心专职教师，博士在读，主要研究方向为心理健康教育、思想政治教育。Email：maqianguang@gmail. com

杨晓哲（1990—　），女，华东政法大学马克思主义学院思想政治教育硕士研究生，主要研究方向为大学生心理健康与人生发展。Email：1294614684@qq. com

过程，在这个过程中人能够超越身体、心理、社会和精神上的自我限制，从而达到对个人无限潜能的自我实现。在超个人心理学家看来，超个人心理学的最终目的是获得超越个体存在的体验，这种体验可以定义为自我同一感扩展到超越个体或个人层面，围绕更广泛的人类、生命、心理或宇宙等方面。通俗地说，能够超越自我，并将自己与周围的环境、人群、心理、自然、宇宙等外部存在进行整合，获得整合式的体验，而非囿于某种理论流派的狭隘的视角。国外对超个人团体的研究丰富且多样化，肯·威尔伯，查尔斯·塔特，格瑞夫、沃尔什和沃恩、米杉等一批超个人心理学家共同推动了超个人流派的产生与发展，他们奠定了超个人心理学相关的理论基础和工作方法。在国内，90年代末和21世纪初有车文博、郭永玉、杨韶刚等心理学家介绍过超个人心理学，大多都是理论论述和探讨，也有学者介绍了超个人心理咨询的方法和技术。本文主要着眼于超个人心理学指导下的团体工作方法和技术，尝试详细介绍超个人团体工作的理论和文化基础、超个人团体工作目标和工作方法，超个人团体中的主持人与参与者，以及超个人团体的相关特点和最终评价。

1 超个人团体工作的理论基础

超个人团体工作的理论基础源于超个人心理学，超个人心理学的发展为超个人团体工作提供了丰富的思想和理论基础。超个人团体工作的理论基本延续于后人本主义心理学，到20世纪60年代中期，随着人本心理学被主流心理学所承认，一些人本心理学的领袖人物，包括马斯洛和苏蒂奇等人经常讨论超越人本主义的问题。他们开始不满人本心理学只关注个体的自我及其实现，意识到应该将自我与个人以外的世界和意义联系起来，而这个领域属于超越的领域或超出自我关怀的精神生活领域。因此他们共同推动和促使了超个人心理学的产生，后在一批超个人心理学家的推动下得到迅速的发展。威尔伯(Ken Wilber)介绍过诸多不同形式的东方智慧到西方心理疗法和心理学中，他让西方了解到了东方智慧。他以富于逻辑的方式重塑了这些智慧，并通过自己的著作，帮助人们更好地了解了这些充满神秘色彩的东方智慧；查尔斯塔特研究和描述了人类的意识状态，并且绘制和描绘了人类意识转换状态的模型；而格瑞夫则研究了意识在化学反应下的诱导状态，并且提出了与荣格原型理论相类似的观点，弗朗西斯·奥诺雷等人在超个人团体工作理论和实践方面做了较多的论述。

超个人团体工作具有多元文化的特征和基础，它吸收了诸多东西方传统智慧的内容和方法，试图将传统智慧纳入超个人心理学体系之中，因此在超个人心理学中，会出现诸多的东西方文化的内容。沃尔什和沃恩(1993)曾说超个人方法是“对古老智慧的重新认识”。例如，意识转换状态(altered states of consciousness)一直是从亚洲人到西半球原著人所使用的诸多古老而传统的方法之一。超个人方法包纳和吸收了许多来自不同传统文化中的民间智慧和其他实践活动。例如，根据鲁格尔所述，形成来自于“印度教、佛教和苏菲教等古老传统下更高层次的觉察和意识水平，可以实现与真实自我或宇宙自我的连接，以及与自然建立起真正的统一感”(P. 226)。在某种程度上，当个人能够抛弃自己孤立或错误的自我(幻境)时，可以达到一种理解、领悟甚或可能是“开悟”(觉悟)的境界。甚至是患有神经官能症的人，他们在认知上会出现曲解现实的情况，虽然并不一定每个人都是这样，也会在他的自我变得更为平衡时将之抛弃。促使来访者从幻境(illusion)中觉醒，体验心灵的解放，而这是超个人心理咨询和治疗的主要目标[7](Honore France, 2002)。

2 超个人团体工作的理论假设

超个人团体工作理论是以对人类本质和心理潜能的三个基本特征假设的探讨为主要内容：①我们通常的心理状态是不清晰的、尚未被人真正领会，并且在绝大多数情况下我们都无法控制；②这种未经训练的心理状态可以训练并且加以澄清；③这种心理训练可以催化超个人意识和行为的发展(Honore France, 2002)。这三个基本假设从另一个角度看，则认为人的本质是精神的，精神追求变得越来越重要并成为所有人生命的中心，人类存在的最深层动机是精神的追求。只有将现代心理学和世界精神传统关于人性的理论结合起来，才能形成完整的人性模型。在本性上每个人既是心理的(psychological)，又是精神的(spiritual)，但在超个人观点看来，精神处于首要地位，正是精神为自我(self)提供支撑性的架构。这个基本假设的另一层面的含义则是人的意识是多维的，经过训练，不同的意识状态之间是可以转化的。人的意识可分为正常的意识状态和转换的意识状态，前者是低层次的、分化的意识状态，而后者则是高级的、超越自我的意识状态。塔尔特将其定义为“个体明显地感觉到其心理功能的模式发生了质的变化，就是说，它感觉到的不只是一种量的转换，而且其心理活动的质已有所不同”。但是当前我们的状态通常是不清晰的，并未被人所真正地理解和领会，很多时候我们任由这种未加训练的初级和原始的状态支配了我们的生活。通常来说，普通的意识状态并不是人们最优的意识状态，因此通过提升个人超越这些平常意识水平的能力，可以增加个人对于存在于自我和环境中的不同力量的理解。因此我们要通过多种领域和训练，尤其是通过团体工作方法，试图让参与者觉察到自己当前的心理状态具有多种可能性，同时是可以通过训练促使个人精神性的发展。在这一过程中，个人获得超个人体验，获得觉悟和精神的解放，最终将自我与周围的世界甚或是宇宙、更高存在之间建立相互联系感（interconnectedness）和整体感（wholeness）。

3　超个人团体工作宏观及具体目标设定

超个人思想下的团体工作强调人的精神性发展，强调将超越自我或自我超越作为一种最高级价值的社会意识，而这意味着要超越人本主义所提出的自我实现层次的需要。达到更高层次的精神或意识，其主要特点是由忘我的服务精神所推动，能够同情他人的处境，对他人的需要提供无私的帮助，改善和建立良好的人际关系，能够与个人所处的家庭、学校、社会和国家建立良好的联系。由于人的自我中心意识的消除，我和非我的界限完全被突破，能够自我超越的人将更关心社会利益，直至达到和全人类、全宇宙的认同的融合。超个人心理学同样讲求整体由部分组成，人和社会作为整体，是由人的各个部分和社会的各个部分构成。从个人层面上看，人的各部分包括身体、心理、社会和精神，只有部分协同运作，才能发挥整体最大的作用，对于社会和国家来说同样如此。因此超个人团体的目标也包括促使个人各个部分整合成一个统一的有机体，可以发挥协调性的作用，而不是仍然处于分裂的状态。

超个人团体工作中所运用的诸多方法,可以根据不同的问题进行配置,进而有针对性地加以使用。这些超个人方法运用的目标,可以看作是超个人团体工作的具体目标,这些目标包括:①症状缓解,以缓解团体参与者的情绪、行为和认知等方面的症状;②行为改变,团体方法可以促使团体成员的行为发生改变;③处理超个人体验的概念框架,即团体成员想处理发生在个人身上的超个人体验时,团体工作方法可以提供概念性框架予以解决和处理;④发展和释放个人觉知或觉察,个人在成长过程中经常由于压抑性的经历导致个人觉察得不到充分的发展,而在团体工作中这部分被压制的觉察可以得到释放;⑤发展成员们的同情心;⑥改正个人错误的执念,在团体中可以通过多种方法促使人们能够接触和探讨个人错误的执念,并最终予以纠正;⑦学会相信自己的直觉,直觉来源于个人对自我有机体的信任,在团体中个人能够学会打开个人的直觉,并让个人超越平时所信赖的各种感官;⑧扩大个人意识,能够认同宇宙范围内所有的存在,并将自我与他们等同起来。

4 超个人发展阶段与团体目标的转换

个体在超个人团体中会很明显地发现自己的超个人发展阶段。如果超个人发展出现在团体中,那么团体成员会按照一定的发展顺序从超个人较低层次上升到较高的层次,而发生这些的原因是团体中所呈现出的不同文化、地点、活动次数、时间、团体领导等多方面因素相互作用的结果。当个人学会认同新体验,并且不断更新个人陈旧的经验和体验时,个人能够产生更高阶段和更高层次的新意识和新体验。有学者提出了超个人发展阶段模型来将超个人发展进行概念化,认为团体成员在团体中将会经历从认同自我(ego)阶段,然后发展到去自我阶段,最后发展到超越自我阶段。在认同自我阶段,团体成员的目标包括增强个人自我概念和体验,增加人们的自尊水平;在这一阶段团体领导有责任和义务帮助团体成员认同个人的想法、感受和行为,并教会团体成员学会为自己为自己负责;第二阶段是去自我阶段,这一阶段的目标包括团体成员要能够做到“去自我”,即把自我从主我和客我中解脱出来,去寻求个人生命历程的意义和目标,将个人附着从自我身上去除掉,比如个人的角色、财富、活动和人际关系等。当个人能够专注于自我生命意义和历程时,那么在这一点上自我将会消失,个人的认同范围将会扩大。最后一个阶段是超个人阶段,这一阶段的主要目标是促进自我超越,团体成员将能够感受到自己同更神圣的事物、同周围所发生的一切相联系。在这一阶段个人价值观念和行为将发生变化,个人对自我生命的感受也将是发生在当前当下的连续统一体,而不是被困于过去某一阶段或期望中。需要说明的是这些阶段可能是连续发展的,也可能是同时出现的,但是不管何时出现都需要团体领导来决定和评估何时何地需要进行超越。

5 超个人团体的结构

超个人团体的结构应始终围绕着超个人团体目标进行。在超个人团体结构中,有些要素是必不可少的,比如团体领导和团体成员,也有些与其他团体不一致的地方,比如超个人团体的操作基础和指导思想与其他团体并不相同。超个人团体结构一般是以建立有结构的微型化社区作为目标,它的理论渊源来自于超个人治疗和神秘主义,因此具有超越和神秘主义的特点。超个人团体结构中有一条主线,这个主线服务于最终的治疗或提升目标,一般这点与其他团体并无二致,同时超个人团体中会着重介绍人际间和个人内部的具有超个人性质的干预方法和策略。

5.1 超个人团体主持人

在超个人团体中,主持人是一个非常具有挑战性的角色,因为要承受太多来自团体成员的期望,这些期望可能是成员对于主持人应该做些什么,以及是个怎样一种人的期待。不管主持人表现得消极还是积极、民主还是专制、有结构还是无组织,在超个人的团体结构中,主持人都是一个唯一和特定的角色,这个角色通常与其他团体主持人有很大的不同。主持人需要将团体成员的注意力时刻集中在"当前当下"(here and now),并且需要用最接近的观点,对成员们做出应答。团体主持人要有高度的觉察水平,并且应要求团体成员提高自身的觉察水平,并对其他成员当前的感觉如何做出相应的反应。

主持人应致力于帮助团体成员在活动中形成一种更广泛的自我支持感。当他们向主持人寻求指导的时候，主持人应将之如数奉还给他们，并无需做出具体指导，而应让成员寻求自我支持。有时这样会造成混乱，让人觉得心情受挫，因为很多团体成员对这种方式很不熟悉。发生这样的情况，是让成员意识到，这些行为类型在日常生活中是如何帮助他们或是使他们受挫的。有效的主持人会强调团体成员的独立性而不是依赖性这一策略来避免这种情况。团体的目标，是帮助团体成员依靠自己内在的支持，而不是依靠外在的帮助。主持人扮演的是"沮丧代言人"的角色，在团体成员变得愤怒，或者表达自己的沮丧时，自己不要因此感到焦虑。实际上，主持人应努力做到帮助团体成员清楚地表达自己的感受，不管那些感受是什么。主持人应该经常关注团体成员之间的差异性。这些差异可能表现在成员的言语和非言语的表达、个人抱负和自我认识、获得感悟和之后的行动、别人如何看待自己以及自己如何看待自己等方面。

主持人的风格对团体产生直接影响，主持人要选择合适的风格进行团体工作。在领导类型的连续统一体中，有极其民主和极其专制两种风格。恰当的领导类型包含来自民主和专制类型的某些方面。有时应该采取低水平，但有时采取较高水平的控制。在多数情况下，主持人可以和团体成员商量甚至是劝告、说服他们，但是不能加入他们或是发号施令。这并不是说主持人运用恰当的领导类型就比作为成员参与到团体活动中效果要好，而是说主持人不能完全脱离领导角色，要担负起领导职责。有时候主持人需要维持团体的正常运作，但在其他一些时候，主持人要能够暂时停下来，把注意力集中到团体过程上。不管主持人有多少年的团体工作经验，都必须评估领导的有效性。从根本上讲，主持人需要对每个团体的不同动力特征有高度的觉察，要信任团体成员是有能力为自己负责，甘冒风险为团体成员树立榜样，要做到真诚可靠，不担心自己是否被别人喜欢、热爱和尊重，对恐惧、需求和幻想保持诚实和开放的心态，做一个可亲近的人，有着自发性的人，愿意暴露自己的个人信息、过往经历、感觉、想法和幻想。

5.2 超个人团体成员的选拔

团体必然由成员构成，超个人团体同样不例外。当人们加入超个人团体的那一刻起，超个人团体基本上已经形成，一旦团体开始运作，便会产生角色和规范，它们会从根本上帮助团体发挥作用。在绝大多数团体中，成员们都会相聚在一起，共同解决问题或者做出决策，包括那些提供支持和为个人成长而设的团体。超个人团体成员并不是随意可以加入的，基本上要经过主持人或领导的选择和面试，以决定是否可以加入。一般来说超个人团体的规模都不大，总人数不包括领导人在内一般在 11 个人左右为宜。对团体候选人在进行评估时，要从多方面进行判定，包括对其自我强度、精神兴趣、充分足够的维持工作和家庭的能力等，具有较强自我、对精神和超越感兴趣，能够维持个人工作和家庭运转的成员一般是比较受欢迎的，而那些有人格障碍的、情绪抑郁或者有孤僻倾向的，以及已经处于精神治疗阶段的人则不太适合。在进入超个人团体前，可以先询问他们这样的问题，“我为什么在这里，我的生命的目标是什么，我存在的意义是什么?”。

5.3 超个人团体的目标与规范的建立

超个人团体基本上是以建立具有共同价值观倾向、共同的目标任务和共同感受到的归属感和融入感为目标的，它是社群的一种形式(Tart, 1998)。超个人团体中仍然有诸多规范，帮助团体实现既定目标，同时确保每个人的行为都很有条理。比如超个人团体一般每周举行一次，每次大概两个小时左右的时间。在帮助团体设定目标和规范的过程中，主持人发挥着至关重要的作用。一般的超个人团体过程中，团体集会不会被记录下来，但是团体领导人或主持人要对团体或个人运作过程稍做些笔记。一般来说，超个人团体是持续进行的，也就是说没有时间限制，在超个人团体进行过程中非常强调超个人的理论和实践。个人与团体领导人的会面必须是不少的，因为这方便建立起个人和团体的目标。在超个人团体中没必要为每个团体成员单独开小灶，因为成员们的需求经常会变化。国外的超个人团体中，团体成员要付费来完成相关辅导，这些费用基本上被用来维持团体的运作和营造良好的氛围，而开销都是基于团体领导和成员共同商量完成。而这些都应该团体规范中予以说明。

5.4 超个人团体的决策与问题解决

在所有的团体中，决策都要比问题解决更为复杂，超个人团体亦不例外，因为团体是由很多不同类型的个人和多样的目标组成。因为彼此目标不尽相同，团体成员会带来不同的价值观、观念和个人风格，这些都使团体决策变得十分困难。其后果是，不是所有的团体决策都可以一次通过，或者可以一致地达成。当根据少数服从多数做出决策时，有些人会觉得被忽视，从而不愿完全对这一决定或团体负责。从另一方面看，团体要达成所有成员都完全同意的协议，获得同等水平的参与是不可能的。一般来说，越是用词含糊的决策，越是有可能在不同的意见中达成一致，决定越是具体，越不可能达成一致。这也意味着，有些团体决定看起来像是为了达成最终的一致或是决策，而将各种意见糅合在一起的。例如，对于团体来说，经常见到的做法是将团体成员分成专注于活动任务和专注于人际关系两种。到最后，团体通常会最终决定两方面的意见都各取一些。团体的可选方案越少，那些不同意见间的分歧就越发突出，而可选方案越多，越有可能达成协定或意见的一致。

在超个人团体中，解决问题的方式可以毫无计划，也可以高度系统化。它既提倡系统化的解决方法，又不排斥个人直觉水平的问题解决方式[17]。很多时候我们会发现最有效的问题解决方法，往往以一种系统化的方式进行。这种方法有诸多优势，既可以节省团体时间，同时也可以对备选方案进行彻底检验。但另一方面，问题有时候可以通过灵光一现或凭个人直觉就能解决。一些最成功和让人满意的解决方法往往发生在“直觉水平”感受上。问题解决可以从系统化的方法入手，但是在解决过程中的某个地方，直觉可以带来全新的解决方法。从本质上看，人们可以依靠自己的直觉，因为每个人都有一个系统，这个系统就像地图那样，可以让人们在自己发现一些“有意思”事情的时候，能够突破“惯例”去完成任务。绝大多数的问题解决范式都包括以下几个步骤：明晰问题，形成目标，识别困难，直面问题，选择解决方案和方法，以及付诸行动(France & McDowell, 1983)。问题从根本上可以放在：目标-困难-面对-选择这一背景中进行。这样问题的解决者可以更为近距离地审视问题。

5.5 超个人团体的评估

超个人团体的评估往往由团体主持人或领导人完成。如果是要进行正式的超个人研究,那么必须要选取一系列采取超个人理论建构的测量和调查问卷和方法,这些问卷和方法目前已由MacDonald、LeClair、Holland、Alter和Friedman等人提出和完善。比如我们可以采取超个人自我概念量表(Transpersonal Self-concept Scale)来测量超个人团体实施前和实施后的团体成员自我概念所发生的变化,虽然这只能测出一部分的自我变化[19]。所有的超个人团体和团体领导人或主持人,不论在任何情况下,都应该基于参与者的反馈进行功能性的团体评估。如果团体参与者能够完成自我动机从获得个人利益到服务他人,能够从拼命增加个人名誉财富到转向自己的生命意义的寻求,那么可以说这个超个人团体是成功的。当这一转变能够完成之时,那么团体成员将会为努力构建符合社会传统期待的社区而服务,同时也会从实践上努力践行自己业已获得的超个人认识。

6 超个人团体训练的内容与方法

6.1 超个人团体训练的核心内容

超个人团体训练的核心内容是基于人类心理状况的三种假设所进行的(France, 2002):第一种假设是,人们的心理很容易陷入外界的各种思想中,以至于他们不能控制自己的思维。也就是说,这种心理,连同决策的内在潜质都是腐化的。例如,"心"会让他们去做某事,但是心理却会打断它,并且告诉心,"等一会儿,这么做有什么用吗?"第二种假设是,人的心理可以通过训练而变得开放和灵活。通过经验,每个人都会形成特定的思维类型和行为方式,这些类型和方式会变成一种惯例。惯例会变成习惯,这样一个人能够如此做事的时候,就不会去想这是"正确的"事情还是不正确的事情。这种惯例虽然可以带来舒适感,但却让我们的想象变得匮乏,也阻碍我们用全新和新颖的方式看待事物。第三种假设是,由于训练的结果,人的意识和行为是可以"转化的"。需要注意的是,通常是心理将我们引向

"歧途",因此每个人都必须训练自己多倾听"心"的声音。塔特(1998)曾指出,超个人团体基本上是基于这三个假设进行训练的,通过多种多样的方法让人们摆脱模糊不清的平常意识状态,将人们的心理训练成开放和灵活的状态,最终可以将自己同万事万物建立起认同感。

6.2 超个人团体训练的方法

超个人团体工作方法与传统的心理咨询和团体工作方法不同,它提倡包纳整个人,包纳个人所处的环境,最重要的是,它包含了人类发展的精神维度。为了帮助人们开发和利用这个精神维度,超个人团体将运用一系列独特的方法来促进人的精神发展。曾有超个人心理学家(Vaughan, 1998)概述了这些方法的种类,包括以下一些:元需求、超个人过程、价值观和状态、统觉、巅峰体验、狂喜、神秘体验、存在、本质、极乐、敬畏、探究、自我超越、精神、日常生活神圣化、统合、宇宙意识、宇宙活动、个体和全物种互相协助、冥想的理论和实践、精神之路、超个人合作、超个人认识和实现以及相关的概念、经历和活动。在超个人心理学家看来,凡是能促进个体或团体精神发展,促进个人感悟和智慧的获得的所有方法都可以加以使用。在超个人团体工作专家 France 看来,传统心理咨询和团体工作的方法也可以纳入超个人工作方法中,他说"这并不是说超个人不能运用那些关注心理甚或是关注身体的方法(例如梦的工作或者心理剧)。任何能够帮助人们成为更好的人,开发人的本性的方法都可以利用"(France, 2002)。

6.3 超个人团体训练的具体领域与方法

6.3.1 道德训练

道德训练是超个人团体训练首要关注的领域,因为不道德的行为经常来自于并会增强破坏性的心理因素,比如贪婪、恐惧和愤怒等。道德训练的方法是指在从事团体工作时,主持人鼓励成员以帮助和支持他人的方式进行思考,把自己训练成为一个更有道德的人。塔特曾说,道德训练可以帮助团体形成良好的分为,彼此尊重和理解。他提供了几种道德训练的方法,一是领导人鼓励道德的言行;二是鼓励团体成员严格遵守传统的道德;三是对个人不道德的行为进行纠正。但最有效的两种方法，都是要求团体成员根据“感激”这一基础进行演示的。一种技术是要求参与者告诉团体中至少一个人，他/她最感激他/她的是什么。换句话说，就是鼓励参与者尽可能地多说“谢谢你”；另一种技术是，鼓励参与者对自己给他人带来的任何不舒服的感觉真挚地表示后悔，这种方法是让成员通过“清除”自身的愤怒、嫉妒和敌意等方式进行思考。

6.3.2 注意力训练

注意力训练(Attentional training)是第二个需要探讨的核心领域。注意力的集中可以看成是“全神贯注”的一种形式，达斯(Dass，1997)将之描述为一种“放松、开放、神志清晰、瞬间到瞬间呈现的觉察。它就像是一面明亮的镜子：没有附着、没有贪婪、没有厌恶、没有反应、没有歪曲”。进行注意力训练的方法主要有如下几种，一是观察自我，即对意识状态下的自我进行观察和探讨，但个人的想法、感受和行为并不参与；二是对睡眠状态与清醒状态进行探讨，比如在超个人团体中可以帮助参与者观察他们睡眠的状态；三是正念练习，即打开自己全身感官通道，去接收外界信息；四是进行冥想训练，比如在团体中花20分钟的时间静坐，什么都不做，只是观察个人的感觉、感受和想法。这些方法都有助于团体成员注意力的提升。

6.3.3 情感转化

个人的情感往往与认识和行为是分离的，有时个人的情感会带来破坏性的行为，因此个人消极负性的情感需要进行转化。做到情感转化的一种方法，就是通过学会“不认同”自己与各种情感的关系，或者学会在恰当的时候对产生各种情感的不同刺激进行反应。换句话说，与其根据感受进行反应，倒不如学会把它“晾在一边”，把它当成是一朵“花”(France，2002)。这不是说要压抑一个人的情感，而是要学会不让自己成为情感的奴隶。一旦人们可以训练到将自己与情感相分离，那么这些感受，在恰当的时候，可以用更为深入的方式表现出来。不过情感转化最为重要的方法，就是培养自己那些能够带来积极效果的情感(如同情、欢乐和爱心)。应该每天练习运用各种祈祷文、诗歌、音乐和任何其他表现方式，对周围环境中的人、动物和各种生物表现出积极的关心和问候。

6.3.4 动机训练

动机经常被认为是一个人看待自己世界的方式，以及在生命中从事各种不同事情的动因，但是动机在诸多时候我们却无法意识到。因此我们的行为很多时候自己不会去理解。因此，通过理解一个人做事情的原因，就有可能不受各种事情的操控。在超个人看来，人的目标应该是学会选择事情发生的时间，而不是去控制发生的事情。当一个人能够学会成为观察者，学会去观察而不是反应的时候，便会出现这种情况。在塔特(Tart，1998)看来，动机决定了我们的意识状态。团体领导人需要帮助成员发现他们深层次的动机，比如可以询问他们这样的问题："你的动机背后是什么呢?"或者"你说你想要平等和安静，但是你的言行却是非常生气的，具有惩罚性"这一类的问题，来指出他们言语和行为间的不一致，进而让他们发现自己的深层次的动机。

6.3.5 觉察训练

这是学会运用人的直觉的过程，方法就是在看任何事物时，都要像是第一次看到时那样。与其绕着"思维"走，不如学会停止"思维"，而仅仅是观察它。从这一意义上，思维就像是两个人谈话，当一个人在谈的时候，另一个人却不在听。因此，一个人停止思考，倒是可以学会从更深层次去看问题，或者用"内在眼睛"去看问题。冥想也是训练人们停止思考与判断的一个好方法。另一个方法是将觉察的对象指向自身的存在。

6.3.6 发展智慧

智慧不像知识，它不是一个人想得就能够得到的事物。知识是通过学习学到的，但是智慧却是一个人想要成为的状态。一个人可以有知识，但是却并不等于有智慧，甚至相反，有很多人很有智慧却没有知识。唤醒智慧的方法，可以是运用具有深层含义的传说、故事和寓言等，意义具有改变行为的力量，因此也可以改变人的本性。很多故事都具有多层次的、可以唤醒人与宇宙的更高层次反应的智慧。塔特(塔特，1998)认为发展我们智慧的方法还包括去除二元思维的方式，运用非二元的思维方法进行思考。

6.3.7 内心训练与人际训练

除此之外，超个人团体训练的领域还包括其他一些，如对自我内心的训练和对人们所表现出的角色进行本质进行探究等。对自我内心进行训练的方法有很多，比如进行自我对话，将注意力集中在个人的感受、想法、感觉和动机上，引导成员觉察他们并没有觉察到的诸多事物，允许自身进行更多的探索，如体会情感高潮等方法。而人际训练主要是采取现象学的方法，对人际交往所表现出的不同类型进行识别和演示。在超个人看来，人际交往中会有八种不同的类型，分为主动型和被动型各四种，可以通过训练来帮助人们识别不同的交往类型，并看清楚他们的本质属性和特征。比如有人表现出独裁者的人格特征，喜欢控制、命令、逼迫别人，对他人比较粗鲁，喜欢虚张声势等，但其实他的本质上是“能够做”的人，是一个需要和谐、具有同情心、真诚可靠、勇敢的人。

7 对超个人团体的评价与思考

超个人团体具有诸多与其他团体不同的特点和内容，这些特点和内容丰富了团体工作理论，以另一种视角重新定义了团体工作，即团体可以用来促进个人精神的发展，可以帮助人们建立起对他人和世界甚至是宇宙的认同。如前面介绍的那样，超个人团体的理论基础具有多元文化的特点，它既吸收了现代心理学的理论框架和体系，又从东西方传统文化中吸纳了对自身发展有利的内容，它试图用心理学的理论和建构，将传统文化纳入其体系中，是一中伟大的尝试，同时也使其方法具有一定的科学性。因此超个人团体具有极大的包容性和整合性，它是基于平等对话和交流的方式建立起来的，试图寻求共识的尝试。超个人团体不论在对人的假设，还是在训练内容和训练方法上，都可以说是独树一帜的。这些都是它比较显著的特点和积极的一面。

超个人团体在方法选择上不拘一格，凡是能用来提升人的精神，转化人的意识的方法基本上都加以使用，比如心理学中的诸多流派，例如精神分析、格式塔等，比如东西方传统宗教中有非常多的精神训练的方法，超个人同样拿来使用。西方超个人团体大量运用伊斯兰教中的苏菲派、基督教、佛教、印度教、天主教、道教等教派中的诸多方法，如将忏悔、经忏、冥思、瑜伽、坐禅、超然等方法和思想引入团体工作中，甚至是萨满教中的巫术；现代医学中的致幻剂，可以有效转换人的意识，让人体验到另一种意识状态，在有些超个人团体中也会使用。这些方法和思想的运用导致超个人心理学和团体辅导被蒙上了神秘主义的特点，对超个人思想具有一定的负面影响。即便如此，超个人团体工作方法和技术仍有重要的意义，值得我们取其精华部分加以使用。

参考文献

[1] Sheikh A, Sheikh K. Eastern and Western approaches to healing [M]. Toronto: John Wiley & Sons, 1989.

[2] Walsh R N, Vaughn F E. Comparative models of the person and psychotherapy. In S. Boorstein (Ed.). Transpersonal psychotherapy. Palo Alto, CA: Science and Behavioral Books, 1980.

[3] [比]米杉. 由心咨询—心理治疗中的超个人范式[M]. 倪男奇，译. 北京：社会科学文献出版社，2013.

[4] Clark, Carlton F. "Perk" 'Transpersonal group psychotherapy: Theory, method, and community' [J]. The Journal for Specialists in Group Work, 1998,23(4):350 - 371.

[5] Honore France. Nexus-transpersonal approaches to groups [M]. Brush Education Press, INC (Canada),2002.

[6] Legger T. Zen and the way [M]. Boulder, CO: Shambala Publications, Inc, 1978.

[7][8] [加]奥诺雷弗朗斯. 超个人团体工作方法[M]. 马前广，等，译. 上海：格致出版社，2014,10.

[9] Tart C T, Deikman A J. Mindfulness, spiritual seeking and psychotherapy [J]. Journal of Transpersonal Psychology, 1991,23(1):29 - 52.

[10] [加]奥诺雷弗朗斯. 其秋季课程上的讲课内容，Oct. ,2010.

[11] Shah I. Learning how to learn [M]. London: Octagon Press, 1981.

[12] Almaas A H. The pearl beyond price [M]. Berkeley: CA Diamond Books, 1988.

希望理论及其在团体心理咨询中的研究与应用*

卢丽琼(上海建桥学院心理咨询中心,上海,201306)

摘　要　本文首先介绍了希望理论的概念、要素、运作模式,强调希望理论中目标设定的重要性,突出了目标设定与路径思考、效能思考三者之间的关联及路径思考与效能思考之间互惠并进的关系;其次,从确定与设定目标、增加路径思考策略和活化效能思考方法等三个方面梳理了提升希望感的策略;最后,综述了希望理论在团体心理咨询中的相关研究与应用,为依托希望理论开展相关团体心理咨询、设计咨询方案提供了方向、理论和实务依据。

关键词　希望理论;策略;团体心理咨询

正向心理学中的希望理论,由 C. R. Snyder 所发起,从 1970 年代起,研究人们为失败找借口(excuses)的行为,除了留意到借口,更因为与受试者们有所交流,发现他们欲尝试表现更佳、达成目标的意图,进而开始对于人们追求目标的表现感到好奇,并投入其称为"希望"的研究(Snyder, 2000)。

1　希望理论

1.1　希望的概念与定义

Snyder, Harris, Anderson, Holleran, Irving, Sigmon, Yoshinobu, Gibb,

* 作者简介:卢丽琼,女,上海建桥学院心理咨询中心教师,Email: 1297195073@qq. com

Langelle 与 Harney(1991)指出:希望是相信自己能成功的针对已决定的目标(goal-directed determination)设定达成目标的计划,并能按此计划去做而达到目标的一种认知状态(cognitive set)。这个概念强调:第一,希望是在能量与效能方面的一种认知状态;第二,强调效能与方法间是互惠的关系(reciprocally derived)。

之后,Snyder(1994)指出希望是在追求目标达成的过程中个人心理意志力(mental willpower)及行动力(waypower)的总和。他强调希望是为追求某个具体的目标达成的过程中所需要的意志力,及知道要如何做达到该目标以能够付诸行动的行动力。

1.2 希望理论三要素

Snyder、Irving 和 Anderson(1991)认为,希望是个体在追求目标的过程中,运用方法思考(pathway thinking)和效能思考(agency thinking),且两者不断相互影响而得到的成功感受。通常抱持高希望者,不仅在追求目标上有相当高的动机,也愿意遵循所设定的方法追求目标的达成。因此,当我们对某一事情抱持着"希望"时,通常我们不会被动的等待着愿望来自动实现,而是我们会以一种主动的态度去追求我们的目标(Snyder, 1994,2000a; McDermott 和 Snyder, 2000),这是一种希望信念。希望信念是个人独特的目标和动机的朝向,而达成目标的方法是一连串思考的过程,它包含个体评估内外在条件所设定的"目标",设定目标实践策略的"路径思考",以及追求目标所需意志力的"效能思考",希望信念中包括了目标(desired goal)、路径思考(pathway thinking)及效能思考(agency thinking)三个要素。

1.2.1 目标

Snyder(1994,2002)强调希望必须是以目标为导向的。人类的行为是目标导向的,目标可能是个体心中想要的任何事、物或经验,且必须对于人具有相当重要性、价值和意义(Snyder, 2000a;唐淑华,2010;黄佩书,2012)。目标分为两类,一类是可带来积极结果的目标(positive goal outcome);另一类则是会引致消极结果的目标(negative goal outcome)。可带来积极结果的目标会引导人们有动力持续付诸行动,直至目标达成;而且当目标达成后,人们会有想要更上一层楼继续冲刺的动力。可带来消极结果的目标,则包括两种形式,一种算是较有利的做法,即是设定目标以避免让不喜欢的结果出现；另一种则是较不利的做法，即是设定让不喜欢的结果延后出现的目标(Snyder, 2002)。

目标对人的心智活动提供了一个行动的标靶，因此所设定的目标必须是实际与可行的(snyder, 2000a)，当人们对某些目标的达成十分确定，且不需要有所期待和付诸行动，目标就会达成，对追求该目标的动机反而会很弱；相反的，如果某些目标的达成性相当渺茫，也即该目标的真实性极低，人们努力的动机也会很弱，由此可见人们是会随着目标达成与否来调整其希望感的程度，所以设定实际与可行的适当目标对希望感的增强是相当重要的。所谓适当的目标指的是其重要性及达成的可能性皆在中等程度(Snyder 和 Ilardi 等人，2000)。研究证实在追求成功率50％的目标时，人们的希望感最高动力也最强(Quinn, 2007; Snyder, 2000a)。

1.2.2 路径思考

它是指个人是否相信自己有能力对所希望达到的目标，规划出实际可行的方法(Quinn, 2007; Snyder, 1994)，即个体在追求所设定目标的过程中，设法想出的各种可能方式。

人们对自己能力的信任度是路径思考的核心(Snyder, Ritschel, Rand，和Berg, 2006)，只有当人们相信自己能为所要达到的目标规划出可行的路线时，才会有付诸行动的动力(Snyder 和 Ilardi 等人，2000)。当我们想到目标时，会引发一连串的心理反应：思索如何达成、可能达成的方法，这些运作能力是一种路径思考，它是一种心理层面的计划与路径图，透过此种心理能力，可以使个体觉察一个或多个有效方法来达成目标(Snyder, 1994)，此种路径也包含了一种“我会找到方法完成它”的内在信念(林冠宇，2012)。

具希望感的方法思维是，个体知觉到自己能够想到达成目标的方法，对其方法有信心、且能在遇到阻碍时产生替代方法(Cheavens 等人, 2006; Snyder, 2000a, 2002)。相较于低希望者，高希望者对于达成目标的方法与方法评估较明确果断，而低希望者的方法思考则相对显得较弱(黄佩书，2012)。在遭遇阻碍、发现原先方法不可行时，高希望者较能设定出具体的目标及可行的替代方法，低希望者较无法设定有效的路径。高希望者形容自己较有弹性、较易找到替代途径，以达到预定的目标(Snyder, 2000a, 2002)。

人们过去的经验会影响他们对未来前途的规划，而他们对未来目标的规划又会回过头来影响到此刻的想法（Snyder，2002）。Snyder 认为，人类会在心中产生对自己、环境的心理意象，也会发展出对时间的意识，我们对时间具有过去——现在——未来的直线性概念，但是过去事件却可能会呈现循环式的重复现象（cyclical repetition）（Snyder，2002；Snyder，Rand 和 sigmon，2002），因此时间意识不尽然只是单向性的移动或影响，对未来的想法可能会影响现在的行为，对过去的观感也可能影响对未来目标的追求。希望理论强调相互影响的时间流意识，换言之，我们需理解过去会影响现在与未来，未来也会影响现在与过去（黄佩书，2012）。

1.2.3 效能思考

效能思考又称是效能或意志力（willpower），是指个人对运用路径或策略的能力知觉（Snyder，Rand 等人，2002；Snyder 等人，2007），是个体对于使用其方法达成目标的主观能力感。它是达成希望的驱动力（Snyder，Rand 等人，2002；Snyder 等人，2007），包含意志力、对自我达成目标的评估、与对自我的信念（黄佩书，2012）。

效能思考强调它所涵盖的动机性，是一种意志力的表现，在整个朝向目标的过程中说明自己努力向前的心理能量，能说明个体将动机导向到最佳替代方法（Snyder，1994，2002）。这些自我指示（self-referential）的想法是在各阶段中开始和持续运用方法追求目标的能量（黄佩书，2012），当我们遇到阻碍之时，这股能量可以适时帮助我们，使我们的内心产生一股力量和想法，想办法去克服所遇到的阻碍。有关研究显示，高希望者较易注意和记忆正向对话，而低希望者对于对话内容的反应不一，可能出现中性或模棱两可的反应（Snyder 等人，1998）；高希望的个体常使用诸如“我可以做得到”、“我不会被中断”等自我对话（Snyder，2000a，2002）。

1.2.4 希望理论三要素的关系

希望的启动源于对目标的渴望与思索，是效能和路径的总和（Snyder，1994，2000a，2002；唐淑华，2008）。从希望理论三个要素来看，在追求目标的过程中，路径与效能相辅相成、相互影响，进而增进彼此的力量，在提升希望感的过程中，缺一不可。

在追求目标过程中路径思考和效能思考的关系是：希望感极高的个体在追求

目标的过程中，会拥有流动、快速、且相互影响的路径思考与效能思考；相反的，希望感极低的个体在路径与效能思考上则显得缓慢而无力；而路径思考高但效能思考低者虽能产生许多方法，但无动力去实践；路径思考低但效能思考高则徒有动机而无实践的方法(Snyder, 2000a)。Feldman、Rand、与 Kahle-Wrobleski(2009)探究了目标与路径思考、效能思考之关联，结果显示目标与希望感受的变动是相互循环影响的，且其关联较多是透过效能思考中介的影响。

1.3 希望、阻碍与情绪

1.3.1 阻碍

Snyder(1994,2000a, 2002)强调希望是认知的过程，认为希望是一种思考历程。此思考历程中，个体会根据先前所设定的目标，反复计算自己是否具有足够的方法、能力达到目标，以及自己是否能够彻底地去执行。当个体在追求目标的过程中遇到阻碍时，透过路径想法试图找出替代的方法绕过障碍物而达到目标，且也会透过效能思考，使个体有动机和信心继续往目标前进(Quinn, 2007; Snyder, 2000a, 2000b, 2002)。

1.3.2 情绪

Snyder(2002)认为情绪是思考的附属品，是认知机制运作的衍生物，是个体对于追求目标过程中成功或失败的觉知所衍生出来的(Snyder, 2000a, 2002; Snyder, LaPointe, Crowson, Jr., Early, 1998)。

人们的情绪会受到他们是否相信自己能成功的想法所影响。若觉得自己能成功达到目标，并有清楚地路径与效能思考来克服困难，就会有积极正向的情绪(positive emotion)；反之，若自觉不能达到目标，且没有清楚的路径与效能思考来克服困难时，就较会有消极负向的情绪(negative emotion)(Snyder, 2002;骆芳美，郭国祯,2011)。高希望者和低希望者在生活中倾向于抱持不同的情绪基调。高希望者拥有较持久的正向情绪，对于其目标的追求有较热烈的情绪；相反的，低希望者则较易出现负面情绪，在追求目标上较不热切也了无生气(Snyder, 2002;黄佩书,2012)。因此，希望并非情绪产物，而是个体从幼年生活经验、与重要他人互动学习得来的结果(罗文秀,2005; Snyder, 1994,2000b;黄佩书,2012)，原初的、或特质性的(dispositional)希望感程度与目标追求过程中所衍生的情绪状态有关联。

1.4 希望理论的运作模式

Snyder(2002; Snyder 等人,2002)对希望理论的整体进行了整理,提出了希望理论的运作模式,以说明过去经验、情绪状态、对结果的评估、路径思考、效能/想法思考、以及阻碍/压力、情绪和目标达成的关系(见图 1)。

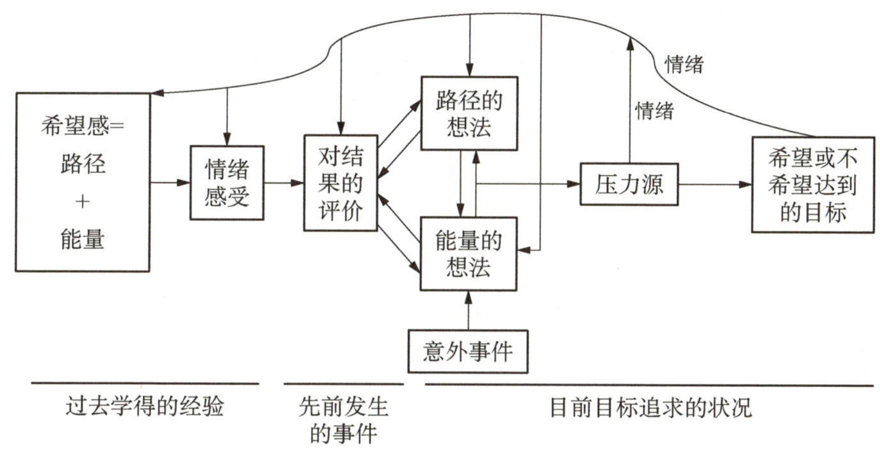

图 1 路径思考、效能思考与目标追求间的关系流程

资料取自:"Hope theory: Rainbows in the mind", by C. R. Snyder, 2002, *Psychological Inquiry*, 13(4), p. 254

最左边第一栏是个体目标导向的思考是从其幼年学得的经验所塑造的路径思考与效能/想法思考开始的,若幼年时不相信自己有机会及有能力追求成功,长大后就可能会缺乏希望感且否认自己有能力达到目标。

第二栏是情绪栏,从箭头所指的方向表明出人们的情绪状态会受到过去追求目标经验的影响。幼时正向的经验会培养出对目标追求的高希望感,其情绪状态会是友善、快乐且是有自信的;相反的,幼时负向的经验会使得个体对目标追求缺乏希望感,对目标追求的情绪状态也常是负向消极,且是缺乏自信的。

第三栏是对结果的评价,这里指的是当一个人设定目标之前通常会先对达成目标的可能性加以评价,如果评价结果是正向的,追求该目标的意愿就会较强而进入第四栏的路径思考(路径想法)与效能思考(能量想法),否则就会取消追求该目标的念头。

除此之外,第四栏下面出现一个意外事件,是指生活环境中难免出现受阻碍的状况,对追求目标的情绪所造成的影响。

第五栏是压力对情绪的影响,在追求目标的过程中也难免会遇到压力的情况(如第五栏所示)而引出不同的情绪反应,此情绪会回流而影响个体的希望感。当抱持高希望者面临此状况时,其效能思考/能量想法是:"我应该应付得了这些挑战,只要努力就会达到我的目标"。同时,其路径思考/想法也随着需要而想出几个可能的路线,因而其前进目标的战斗力就会强壮些。反之,当希望感者面临此状况时,其能量的想法是:"我应付不了这些挑战,干脆放弃算了"。其路径思考/想法也会因路线被阻挡而不知所措,而消减了向目标迈进的战斗力。

第六栏是结果,如果追求目标的结果是成功的,其成功的情绪会回流到前面的步骤,而增强下次面对新目标的信心与勇气;反之,如果最后的结果是失败的,其失败的情绪会回流到前面的步骤,而减弱下次面对新目标的希望感(Snyder, 2002;骆芳美,郭国祯,2011;黄佩书,2012)

1.5 希望感理论特色及与其他正向心理学概念的比较

Snyder 和 Lopez(2007)提及与未来导向相关的正向心理学概念,分别包括:Seligman(1991/2009)的习得乐观、Scheier 和 Carver(1985)的乐观感、Bandura(1997)的自我效能。习得乐观(learning optimism)焦点在于个体会透过对事件的归因(attribution)让心情保持良好,在发生好事时以自我归罪、发生坏事时以情境归因,若能够切换合宜,则有助于保持正向情绪。乐观感(optimism)是个体对事件发展习惯抱持正向的预期,也因为正向的预期,让个体产生较高的意愿与动机去行动。自我效能(self efficacy)是个人对自我达成特定目标的评估,自我效能高者的执行力较佳。自尊关注自我评价产生的情绪,问题解决则是在个体对目标的设定以及计划能力。

与其他正向心理学概念相比较,希望理论除了强调的重点较为多元,而且还较完善地描述了目标追求。目标追求需要计划与执行的相辅相成,更需要具体可行且有意愿的目标，同时不可忽视情绪所带来的各式回馈。

希望理论相对于其他理论，同时强调结果价值、目标、路径、效能、情绪等因素，结合问题解决重视目标与方法，以及乐观感和自我效能重视目标与执行的特色，并兼顾情绪的影响，对于个体的目标追求（希望感）有更充分的解释（见表 1）。

表 1 希望理论与其他正向心理学理论比较表

	希望感	习得乐观	乐观感	自我效能	自尊	问题解决
归因（atribution）		+++				
结果价值（outcome value）	++	+	++	++	+	+
目标（goal-related thinking）	+++	+	++	+++	+	+++
路径（perceived capacities for pathway-related thinking）	+++		+	++		+++
效能（perceived capacities for agency-related thinking）	+++		+++	+++		
情绪（emotions）	++	+	+	+	+++	+

资料取自："Hope theory: Rainbows in the mind", by C. R. Snyder, 2002, *Psychological Inquiry*, 13(4), p. 254

2 提升希望感之策略

Snyder、Lehman、Kluck 和 Monsson(2006)比较高希望感者与低希望感者间的差异（见表 2），结果显示高希望感者较低希望感者为佳，也是高希望感者表现优于低希望感者的要素。

表 2 高希望感者与低希望感者之差异比较表

向度	高希望感者	低希望感者
目标数量	多重目标	少量目标
目标具体性	明确且特定	模糊不清
目标实际性	实际可行	不切实际

（续表）

向度	高希望感者	低希望感者
目标挑战性	需要付出努力	容易达成而无挑战
目标特性	面对与因应	逃避与避免面对
信息收集	聚集有关信息	反刍负面信息
自我对话	偏好正向自我对话	偏好负面自我对话
路径多元性	创造多元路径	创造有限路径
路径替代性	善于创造替代路径	缺乏替代路径
策略使用	用策略提升能量	使用干扰性或无效策略
动机	具备高动机	动机偏低
目标信念	相信行动可以成功	不相信行动会成功
专注程度	专注度高	容易分心
自信心	对自己有信心	缺乏信心
面对阻碍	将阻碍视为挑战	为阻碍感到沮丧
过去经验的功能	从过去的经验中学习	反刍过往的失败

资料取自："Hope for Rehabilitation and Vice Versa",C. R. Snyder, K. A. Lehman, B. Kluck, & Y. Monsson, 2006,*Rehabilitation Psychology*, 51(2),p. 93

从希望理论模式研究和实务工作的结果(Snyder, 1994,2000a; Lopez、Floyd、Ulven 和 Snyder, 2000;黄致达,2008)来看,提升希望感的策略大致可归结为确立与设定目标、增加路径思考策略和活化效能思考方法三个方面(见表 3)。

表 3　提升希望感的策略

确立与设定目标	增加路径思考策略	活化效能思考方法
1. 确定你设定一个你真心想要达成的目标	1. 将比较长远或较大的目标分割成几个步骤或是次要目标	1. 告诉自己是自己选择这个目标的,因此去完成这个目标是你的任务
2. 当你设定一个重要的目标时,试着多觉察自己的决心	2. 从专心在第一个设定的次要目标/步骤上,来开始你所追求的长程目标	2. 试着告诉自己一些正向的话语
3. 在你设定目标之前,试着在生活上的不同领域多一点目标	3. 试着制造一些能达到你目标的不同方法与途径,并在当中选择一个最好的	3. 为可能碰到的障碍做准备
4. 将你每个领域的目标分级,从重要到不重要	4. 在脑中去试着预演你要达到的目标,你需要做些什么	4. 把问题或是困难视为一种能够激奋你的挑战

（续表）

确立与设定目标	增加路径思考策略	活化效能思考方法
5. 将你所设立的重要目标，明确的且有组织的具体说明	5. 在心里想着当你在追求目标时遭遇到阻碍，你会做些什么	5. 当你在追求目标时陷入泥沼动弹不得时，试着回想过去成功追求目标的经验
6. 找一个可以和他讨论你的目标的人，并说明与督促你持续的在追求该目标上	6. 当没有达到目标时，与其粗糙地责备自己，不如认为自己没有使用正确、有效的方法	6. 试着可以取笑自己，尤其在追求目标时遇到阻碍的时候
7. 留足够的时间给你所设定的重要目标	7. 假如你希望学习新的技巧，才能达到你的目标，请学习它	7. 当先前的目标遇到阻碍无法改变时，试着找到替代的目标
8. 建立你自己的生活步调，不要因为外在的因素影响而导致你的生活忙乱不堪	8. 建立你可以给予他建议，同时也能从他那里得到建议的朋友关系	8. 不要只是注重目标最后所呈现的结果，要让自己享受追求目标的过程
9. 延伸你之前所设定的目标，最好比你先前的表现再高一个等级	9. 当你不知道如何达成你想要的目标时，试着去求助于他人	9. 控制食欲、少量多餐，并且尽可能地早一点吃东西，减少含咖啡因的产品、酒精和香烟，另外要保持睡眠充足
		10. 持续的作一些精力充沛的运动
		11. 仔细注意你的周遭，包括任何发生在你周围细小的事
		12. 仔细注意你的周遭，包括任何发生在你周围细小的事

因此，个体在追求目标的过程中，透过路径思考的外在条件，加上内在的效能思考，两者相互影响，可以说明个体提高对于该目标的希望感，也就是说要具体的提升个体的希望感，除了要有明确、具体的目标及路径思考以外，还必须要有效能的支持才能使目标追求更为顺利。

3 希望理论在团体心理咨询中的相关研究与应用

3.1 希望理论在团体心理咨询中的相关研究

希望理论的提倡者将理论运用于团体心理咨询治疗，但发表的相关实证性研究并不多，理论应用形态大多采用团体形式、且为短期、心理教育性质的团体（如Klauaner，Clarkin，Pupo & Abrams，1998；Cheavens，Feldman，Gum，Micheal，& Snyder，2006）。国外研究包括了Irving等人（2004）的治疗前期引导团体，并测量个案不同希望感程度，在整个心理咨询治疗过程变化性的研究，结果显示：希望感与希望思考明显与生活各层面诸如课业、健康、因应及心理治疗等相关，也显示出治疗初效能思考的重要性，治疗后期路径思考则具影响力，说明希望理论在治疗前团体中的设计与环境营造，使个体处于一个安全的环境中。因此，团体心理治疗初期应增强个人的效能思考，使团体成员认为改变是可能的，来强化持续改变的动机；治疗后期则应借着提供各种有效问题因应方法增加其路径思考程度，使他们在生活层面中实际应用，使改变得以发生（黄佩书，2012）。

Klauaner等人（1998）将希望理论应用于忧郁症老人团体的实验研究中，并采用心理教育和技巧教导的方式进行，研究结果显示，实验组的目标导向使团体成员在希望感、无望感、焦虑和社交功能上都有所改善，其忧郁程度改善明显优于另外一组。此研究主要运用希望理论聚焦引发成员希望及过去的成功经验，而非过去的失败，重新框架其负向经验感受，如此也能提升个体的效能思考与效能感。

Cheavens等人（2006）则是将希望治疗应用在小区居民的实验研究中，以探究其治疗效果，此为“希望治疗”提出后的第一份实证研究，也较重视团体历程和成员的自发性研究，而之前研究则偏向心理教育性质。团体过程从回顾近况、家庭作业到希望立论的目标设定、路径思考及效能思考的应用等，从希望处鼓励成员自发性参与与互动，让成员将所学技巧应用于实际生活中。研究结果显示，实验组虽然在希望状态、忧郁程度上有较多改变但均未达显著差异，效能感增加则显著高于控制组，路径思考则未达显著，其他如实验组焦虑下降程度、生活意义与自尊提升的程度高于控制组，显示希望感的增加也能影响其他层面。

台湾对于希望理论实际研究方面，有唐淑华（2004，2006）以国中生为对象，进行希望感提供之情意教学，发现路径思考提升，学生能学习到解决问题的能力，克服生活中遇到的困难。黄德祥等人（2003）针对国民中学所做的希望与乐观、学期成就之相关研究，发现希望与乐观及学期成就有显著相关；并发现随着年龄增长，希望感逐渐消退，因此可在教学经验中，设计希望理论之相关教学活动，从而提升学生的正向经验。陈怡蒹（2007）则将希望理论融入生涯辅导方案以提升国中升学体育班学生的生涯发展概念与希望感，虽未达显著效果，却提供了实务性融入课程方案。李绣媚（2009）用希望理论为基础设计团体辅导方案，借此提升小学被同侪忽视儿童的社交技巧，其合作、同理心、自我控制等社交技巧有显著效果，同侪接纳程度也大为提升。

黄佩书（2012）以希望理论为理论基础，Sympson之六大生活领域为架构，建构适用于大专院校学生的生活目标量表，探求目前大学生在社交、课业学习、亲密关系、家庭、工作与休闲等各生活领域之希望感现况及整体希望感；同时，运用希望理论发展团体咨商方案，研究结果显示，实验组成员在后测和追踪分数上有所提升，但在后测的希望感总分和分量表均未显著高于控制组，在追踪的希望感总分和分量表也均未显著高于控制组；对多元成员的质性分析结果显示，在领导者带领与催化团体之下，团体中的人际互动与正向气氛促使成员相互分享、思考与厘清在各领域的目标上有正向效果，增加了对彼此的同理、支持与鼓励、不带批评式的回馈，使团体成员在效能思考上有较多影响。

黄致达（2008）以希望理论为基础，在为期七次的团体中运用案例讨论的方式，来提升具网络成瘾大学生的希望感，进而降低大学生网络成瘾的情况。研究显示，大部分成员在希望感方面都呈现些微上涨的反应，大部分成员在网络成瘾上呈现大幅下降的反应。钟宇星（2012）以问卷调查方式探讨大学生网络使用经验与希望感的关系，调查结果显示，网络希望感和提升式盼望及网络成瘾具正相关，但提升式盼望和网络成瘾呈负相关；男性网络成瘾高于女性，但男性的网络希望感与网络成瘾无相关；网络成瘾高危险群于假日上网时数较高且固定，但其网络希望感与网络成瘾无相关。

除此之外，有论著说明，希望理论也应用在身体健康管理与心理调适等方面，如戒烟、减重、低落情绪与忧郁等辅导工作上，研究结果都能达显著效果（Snyder，2002；Snyder，Ritschel 和 Berg，2006）。

3.2 希望理论在团体心理咨询中的应用

希望理论自 20 世纪 50 和 60 年代开始受到心理咨询与治疗学界的重视。Karl Menninger 在 1959 年美国精神医学院年会演讲中指出，我们需正视希望概念对于人类发展的重视，认为希望是对达成目标的正向期待，是促使个案迈向疗愈的未开发资源与力量；团体治疗大师 Yalom 也将希望的灌输与维持列为治疗疗效因子之一（Yalom，1970），希望理论在团体心理咨询上的应用主要可包括两大类（骆芳美、郭国祯，2011）。

第一类为针对特殊群体的团体心理咨询理念与方案。第一，帮助幼童增进其希望感，具体包括说明幼童抓住目标、增进行动力、提升意志力、厚植希望感的滋长等方面；第二，增进儿童、青少年与青年的希望感，具体包括目标设定的技巧、增进效能的技巧、设定路径的技巧等，并且提出父母和教师可通过营造富有希望感的家庭和学校环境来提升孩子的希望感；第三，增进成人与中年人的希望感，包括对亲密关系、工作生涯、中年危机等的影响与心理咨询策略及团体开展方案等；第四，增加老年人的希望感与幸福感，包括说明老年人订定目标、设定路径、增进能量等。

第二类为针对特殊议题的团体心理咨询理念与方案。第一，希望理论在戒瘾团体心理咨询上的应用策略，如抽烟、喝酒、药物滥用者，通过唤起成瘾者的改变动机、思考改变问题、为改变而努力、行动起来战胜瘾头、自我把持及克服诱惑等阶段来帮助瘾君子挥别瘾头，迈向健康的生活；第二，希望理论在抑郁心理咨询与自杀防治上的应用策略，通过设定可掌握的目标、发展清楚的路径、加强追求目标达成的效能等方面增加案主的希望感，从而减除抑郁；第三，希望理论在焦虑心理咨询上的应用策略，人们在追求目标的过程中，目标的特质、目标的清晰度及路径过程中的认知等因素，影响到人们追求目标达成的效能，因此可从改善目标、效能与路径等方面着手减缓人们的焦虑程度；第四，希望理论在癌症病患团体心理咨询上的应用策略，希望感对于病人们来说，可以让他们的有生之日，感到过程积极、乐观且有尊严，希望是人生的本质，可以帮助他们增加抗癌勇气，希望感有助癌症病患有效适应病情进展的过程、减轻抑郁感及病痛。

参考文献

[1] I D Yalom. 团体心理治疗的理论与实务[M]. 方紫薇，马宗洁，译. 台北：桂冠，2001.

[2] 骆美芳，郭国祯. 从希望着手——希望理论在咨询上的应用[M]. 台北：心理，2011.

[3] 王沂钊. 幽谷中的曙光：正向心理学发展与希望理论在上的运用[J]. 教育研究，2005，134，106 - 117.

[4] 李新民，陈密桃. 希望信念对复原力与正向组织行为关联之调节：以幼儿教师为例. 台湾行政院国家科学委员会专题研究计划成果报告(编号：NSC96 - 2413 - H - 366 - 002 -)[R]. 未出版，2007.

[5] 李绣媚. 运用希望感团体方案提升被同侪忽视儿童社交技巧之辅导效果研究[D]. 花莲：台湾国立东华大学国民教育研究所硕士论文，2009.

[6] 吴振贤. 大学生之希望概念及其相关因素之研究[D]. 台北：台湾国立政治大学硕士论文，1997.

[7] 施周明. 小学学童学校生活希望感量表之发展研究[D]. 新竹：台湾国立新竹教育大学硕士论文，2007.

[8] 陈怡蒹. 希望理论融入生涯辅导方案以提升国中体育班学生生涯发展概念与希望感之实验研究[D]. 花莲：台湾国立东华大学教育研究所硕士论文，2007.

[9] 陈海贤，陈洁. 贫困大学生希望特质、应对方式与情绪的结构方程模式[J]. 中国临床心理学杂志，2008，16(4)：392 - 394.

[10] 唐淑华. 我的未来不是梦？一个以希望感角度探究国中学生学业挫折经验的研究[J]. 中等教育，2006，57(3)：4 - 21.

[11] 唐淑华. 从希望感论情绪转化. 载于崔光宙、饶见维(主编)，情绪转化：美学与正向心理学的飨宴[M]. 台北：王南，2008.

[12] 唐淑华. 从希望感模式论学业挫折之调适与因应：正向心理学提供的“第三种选择”[M]. 台北：心理，2010.

[13] 黄致达. 以希望感理论设计案例讨论进行大学生网络成瘾之研究——以东华大学为例[D]. 花莲：台湾国立东华大学教育研究所硕士论文，2008.

[14] 黄佩书. Snyder希望理论应用在大学生心理咨询效果之研究——大学生生活目标量表与团体咨询方案发展[D]. 彰化：台湾国立彰化师范大学辅导与咨询所博士论文，2012.

[15] 黄德祥，谢龙卿，薛秀宜，洪佩圆. 小学、国中与高中学生希望感、乐观与学业成就之相关研究[J]. 台湾彰化范师大学教育学院，2003(5)：33－61.

[16] 敬世龙. 中学生希望感量表发展及相关因素之研究[D]. 台南：台湾国立台南大学博士论文，2010.

[17] 薛秀宜. 希望感理论在学生辅导上之应用[J]. 教育研究，2004，120：94－100.

[18] 赖英娟，巫博瀚. 希望理论的概念分析与理论应用[J]. 研习信息，2009，26(4)：71－78.

[19] 赖英娟，陆伟明，董旭英. 以结构方程模式探讨台湾大学生自尊、生活目标、希望感及校园人际关系对忧郁情绪之影响[J]. 教育心理学报，2011，42(4)：677－700.

[20] 钱静怡. 自杀企图者人格特质与希望感之研究[D]. 高雄：台湾国立高雄师范大学硕士论文，2005.

[21] 罗文秀. 希望理论、测量及教育上的应用[J]. 中等教育，2005，56：112－113.

[22] Cheavens J S, Feldman D B, Woodwand J T, Snyder C R. Hope in Cognitive psychotherapies: On working with client strengths [J]. Journal of Cognitive Psychotherapy: An International Quarterly, 2006, 20: 135－145.

[23] Juntunen C L, Wettersten K B. Work hope: Development and initial validation of a measure [J]. Journal of Counseling Psychology, 2006, 53: 94－106.

[24] Klausner E J, Clarkin J F, Spielman L, Pupo C, Abrams R, Alexopoulos G S. Late-life depression and functional disability: the role of goal-focused group psychotherapy [J]. International Journal of Geriatric Psychiatry, 1998, *13*: 707－716.

[25] Lopez S J, Floyd R K, Ulven J C, Snyder C R. Hope therapy: Helping clients build a house of hope. In C. R. Snyder (Ed.) Handbook of hope [M]. San Diego, CA: Academic Press, 2000.

[26] Lopez S J, Snyder C R, Rasmussen H N. Striking a vital balance: Developing a complementary focus on human weakness and strength through positive psychological assessment [M]. In S. J. Lopez & C. R. Snyder (Eds.) Positive psychological assessment: A handbook of models and measures (4th Ed.). Washington, DC:

American Psychological Association, 2006, 3 - 20.

[27] Lopez S J, Snyder C R, & Teramoto-Pedrotti J. Hope: Many definitions, many measures [M]. In S. J. Lopez & C. R. Snyder (Eds.) Positive psychological assessment: A handbook of models and measures (4th Ed.). Washington, DC: American Psychological Association, 2006, 3 - 20.

[28] McDermott D, & Snyder C R. Making hope happen: A workbook for turning possibilities into reality [M]. Oakland, CA: New Harbinger Publications, 1999.

[29] McDermott D, & Snyder C R. The great big book of hope: Help your children achieve their dream [M]. Oakland, CA: New Harbinger, 2000.

[30] Quinn C M. Hope theory: A formula for success [M]. Master Thesis of the University of Toledo, 2007.

[31] Snyder C R. The psychology of hope: You can get there from here [M]. New York: Free Press, 1994.

[32] Snyder C R. A case of hope in pain, loss, and suffering [M]. In J. H. Harvery, J. Ornarzu, & E. Miller (Eds.), Perspectives on loss: A sourcebook. Washington, DC: Taylor & Francis, 1998, 63 - 79.

[33] Snyder C R. Hypothesis: There is hope [M]. In C. R. Snyder (Ed.), Handbook of hope: Theory, measures, and application. New York: Academic Press, 2000, 3 - 21.

[34] Snyder C R. Genesis: The birth and growth of hope [M]. In C. R. Snyder (Ed.) Handbook of hope: Theory, measures, and applications. San Diego, CA: Academic Press, 2000, 25 - 38.

[35] Snyder C R. Hope theory: Rainbows in the mind [J]. Psychological Inquiry, 2002, *13* (4), 249 - 275.

[36] Snyder C R, Feldman D B, Shorey H S, & Rand K L. Hopeful choices: A school counselor's guide to hope theory [J]. Professional School Counseling, 2002, *5* (5), 298 - 307.

[37] Snyder C R, Harris C, Anderson J R, Holleran S A, Irving L M, Sigmon S T, Yoshinobu L, Gibb J, Langelle C, & Harney P. The will and ways: Development and validation of an individual-differences measure of hope [J]. Journal of Personality and

Social Psychology, 1991, *60*, 570 - 585.

[38] Snyder C R, Ilardi S S, Cheavens J, Michael S T, Yamhure L, & Sympson S. The role of hope in cognitive-behavior therapies [J]. Cognitive Therapy and Research, 2000, *24*(6), 747 - 762.

[39] Snyder C R, Irving L, & Anderson J R. Hope and health: Measuring the will and the ways [M]. In C. R. Snyder & D. R. Forsyth (Eds.), Handbook of social and clinical psychology: The health perspective. Elmsford, New York: Pergamon Press, 1991, 285 - 305.

[40] Snyder C R, LaPointe A B, Crowson Jr, J J, & Early S. Preferences of high- and low-hope people for self-referential input [J]. Cognition and Emotion, 1998, *12*, 807 - 823.

[41] Snyder C R, Lehman K A, Kluck B, & Monsson Y. Hope for Rehabilitation and Vice Versa [J]. Rehabilitation Psychology, 2006, *51*(2), 89 - 112.

[42] Snyder C R, & Lopez S J. Positive psychology: The scientific and practical explorations of human strengths [M]. Thousand Oaks, CA: Sage, 2007.

[43] Snyder C R, Lopez S J & Teramoto-Pedrotti J. Positive psychology: The scientific and practical explorations of human strengths (2nd Ed.) [M]. Thousand Oaks, CA: Sage, 2011.

[44] Snyder C R, Rand K L, King E A, Feldman D B, & Woodwad J T. "False"hope [J]. Journal of Clinical Psychology, 2002, *58*(9), 1003 - 1022.

[45] Snyder C R, Rand K L, & Sigmon D R. Hope theory: A member of the positive psychology family [M]. In C. R. Snyder & S. J. Lopez (Eds.) Handbook of positive psychology. New York: NY: Oxford University Press, 2002, 257 - 276.

[46] Snyder C R, Ritschel L A, Rand K L, & Berg C J. Balancing psychological assessments: Including strengths and hope in client reports [J]. Journal of Clinical Psychology, 2006, *62*, 33 - 46.

[47] Snyder C R, Sympson S C, Ybasco F C, Borders T F, Babyak M A, et al. Development and validation of the state hope scale [J]. Journal of Personality and Social Psychology, 1996, *2*, 321 - 335.

[48] Sympson S C. Validation of the domain specific hop scale: Exploring hope in life domains [M]. (Unpublished Doctoral Dissertation). University of Kansas, Lawrence, Kansas, 1999.

微信群在研究生历程式体验性团体中的运用*

薛　璟　蒋立峰(上海交通大学,上海,200240)

摘　要　历程式体验性团体已经被证明是一种非常高效的心理治疗手段,并在我国正受到越来越多的重视。近几年来,微信群的运用在中国蓬勃发展,已经成为主要的社交手段之一,影响着人们的生活。本文从微信群与团体的相似点出发,探讨如何将微信群与历程式体验性团体相结合,并达到深化历程式体验性团体疗效的功能。

关键词　历程式体验性团体;微信群

1　历程式体验性团体的特点

历程式体验性团体已被多项研究证明为非常高效的心理治疗手段,它可以帮助团体成员重塑希望、发现问题的普遍性、传递有用的信息、培养利他主义、矫正原生家庭的不良经验、提供模仿的对象、向其他人学习的机会、获得由团体凝聚力而体验到的归属感和安全感、宣泄不良情绪、获得存在的意义感等。尤其是向他人学习这一"疗效因子",其重要性相当于个体治疗中的内省、移情修通、矫正性情感体验等因素,而且是团体治疗中独有的过程。提供了人际学习的机会,这是团体先天的优势,团体中存在人际关系的存在,可以满足人与人之间与生俱来的相互需要,同时也是生存的需要,是社会化的需要,是追求满足感的需要;二是团体能提供矫

---

* 上海高校心理咨询协会课题"心理弹性视角下博士生与导师沟通效能干预研究"(Gxx-2014-2)
通讯作者:薛璟,上海交通大学心理咨询中心,Email: xjxjxj1@hotmail. com

正性情感体验，如来访者表达出强烈的正性情感，而这在他们的日常生活中并不常见；来访者所害怕的结果没有发生——没有被他人嘲笑、拒绝、利用或攻击；来访者发现了以前不了解的自我部分，因此能够用新的方式与他人接触。三是团体中的行为模式本身也是团体成员在社会中模式的再现，可以更清楚地呈现来访者的问题所在，另外他们也能把在团体中建立的行为模式带到生活中去，形成新的人际交往方式。

以上这些都会通过团体给成员带来强烈的体验，产生强烈的感受，从而促进此时此地的感受成为团体的主要话题，优先于团体之外或以往发生的事情，这使得团体更加成为社会缩影，使团体成员的社会角色在团体中重现，同时也促进了成员间的回馈、情绪宣泄、有意义的自我暴露和社交技巧的习得，使团体变得更有活力和凝聚力。但历程性团体不应只局限于此，否则成员们还不具备认知的架构去保持他们的体验，去识别和改变他们的认知行为，且无法从他们的所学中得出结论，并推广到今后的生活中去。这一现象正是几十年前许多交友团体领导者所犯的错误，也是在历程性团体中带领者需要强调并示范的。这也是历程性团体的难点，因为在一般的社交关系里，历程评论是被忌讳的，甚至常被认为是粗鲁或无理的。Miles 认为产生此种想象的原因主要有以下几点：

社会化焦虑的防御：历程评论有可能唤起参与者被父母或其他权威者批评的早年记忆和焦虑，这种早年的体验在成年后重现，常常让参与者有被吹毛求疵的感觉。

社会规范的约束：如果人们可以随时对他人的行为妄加评论，那么社交生活会变得危机四伏、矛盾冲突丛生或唯我独尊，让人无法忍受。成人之间的互动需要一种默契，只有知道自己的行为不受他人注意或控制时，自己才能获得思想和行为上的自由度和自主性。

对报复的担忧：担心过多的评论会引发对方的不满，从而导致显性甚至隐性的攻击或报复。

权力维护的需要：历程评论会破坏组织机构的权威。一个机构中的权威结构越大，则对于历程进行公开评论的警戒线就越严（比如军队或教会）。

但要注意，只有历程评论，没有体验，就会退化成内容枯燥的理性训练。所以历程性体验式团体既要激发团体进入此时此地，诱发体验，还要促成自我反省，也即历程评论，以进一步深化团体的治疗意义。

2 微信群应用的现状

腾讯公司发布的2015微信使用报告中指出，微信已不单单只是一个充满创新功能的手机应用，它已成为中国电子革命的代表，覆盖90%以上的智能手机，并成为人们生活中不可或缺的日常使用工具。这庞大的微信用户中，中青年用户占到86.2%，而其中大学生用户又占到65.41%。微信的使用人群对微信的依赖度非常高，每天打开微信超过10次的占55.2%，打开超过30次的“重度用户”也接近四分之一。随着微信团队的不断创新和深化服务，未来微信的应用还要进一步拓展和深化。为此，我们一直以来也在寻找传统线下心理健康教育和服务与年轻人更喜闻乐见的网络方式的结合，微信群的兴起则为历程式体验性团体辅导疗效的延长和深化提供了便利。

3 微信群与历程式体验性团体的结合

笔者曾在校内开设了5次历程式体验性团体，招募对象为博士研究生，每次持续8次，每次4～8人不等。经过8次的团体辅导后，团体成员基本上学会了此时此地的对话方式，能够对团体成员开放自己的经验和对彼此的真实感受，也学会了对团体历程的回顾，以此促进团体动力的深入和团体成员的互动以及自我的提高。但如果能在团体结束后依然能保持团体中的良性互动，以形成彼此持久的社会支持和持续的社会缩影，无疑可以进一步促进团体的疗效。彼时，微信群的蓬勃发展正为这一考量提供了可能。

微信群不光具有群即“团体”的性质，此外微信群与手机应用的结合使得其具有了及时、便利的功能，这些都为团体辅导的延伸提供了可能。而一般的微信群流于信息分享、观点交流、闲聊等弊端又因为之前团体中历程式评价方式的建立而得以避免，这也使在历程式体验性团体之外运用微信群仍能保持相当大的谈话深度成为可能。此外团体带领者在团体中适时的互动也不可少，但因为微信群的建立又不同于团体辅导，并且并不是真正的团体辅导，因此团体带领者在微信群的带领又与在线下团体中的带领大不相同，综合以往的经验来看，基本可分为三个阶段：

3.1 必要的干预阶段

在这一阶段，团体带领者的作用如同团体建立初期一样，要维系团体的关系、延续原来团体的文化，并要提出一定的团体规范，促进团体成员继续此时此地的表达，否则微信群极有可能变成一般意义上的微信群，而起不到团体辅导延伸的作用。

3.2 观望阶段

在团体从线下向线上转移，并且基本稳固的情况下，团体带领者已经可以慢慢退出团体的核心互动，往往这时候会有团体成员开始承担类似团队带领者的角色，带领团体进一步向前。这时候特别跟他们说明的一点是，团体带领者虽然貌似沉默，但一直在关注，如果有特别的情况，请及时@带领者；

3.3 “断奶”阶段

这一阶段微信群已经形成了自己稳固的交往模式，也在团体带领者提供的有部分限制但又充分自由的空间里，形成了单个微信群独有的文化和方式，也不再那么依赖带领者，此时团体带领者已经基本可以退出，让微信群自行良好运转。

因此，对现代化信息技术的运用，尤其是对基于移动社交的目前影响力最大的微信群的运用，有力拓展了传统心理健康教育和服务开展的广度和效率，使得有限的资源能让更多的人受益。

参考文献

[1] 欧文·亚龙.团体心理治疗——理论与实践[M].北京：中国轻工业出版社，2010.

[2] 周念慈.微信群对大学生的影响及对策[J].信息技术，2014，(28)：158－159.

[3] 吴秋霖.微信对社交行为的影响[J].华章，2013(17)：108.

大学生心理学素养初探*

宋　娟(上海第二工业大学　心理健康教育中心,上海,201209)

摘　要　心理学素养研究日益受到国内学者的重视,但有关大学生心理学素养的研究很少。大学生作为一个特殊的群体,应该具备基本的心理学素养,本文从四个方面阐释了大学生心理学素养的概念,即大学生需要建立心理学核心概念的正确表征,了解心理学的学科特点和研究方法,对心理学的价值和局限有正确的态度,并能有效处理生活中的心理学信息。文章进一步指出了工科类院校大学生心理学素养教育存在的问题,提出培养大学生心理学素养的必要性和重要性,并从学校、社会及大学生本身三个方面探讨了提高大学生心理学素养的途径。

关键词　大学生;心理学素养;内涵;途径

20世纪90年代以来,随着高等教育"宽口径"、"厚基础"教学理念的树立,各高校面向学生纷纷开设了大量的公共选修课,其中,心理学是其中非常重要的一门学科,受到了广大学生的欢迎。目前人们关注较多的是大学生的心理健康,而大学生的心理学素养并没有引起普遍的关注。那么,大学生的心理学素养到底是什么,如何提升大学生的心理学素养是亟须研究的课题。

---

* 作者简介:宋娟,女,上海第二工业大学心理健康教育中心专职老师,讲师 Email: songjuan@sspu.edu.cn.

1 大学生心理学素养的建构

1.1 心理学素养概念的廓清与阐释

我们经常会谈到“素质”或“素养”，以及与某一个领域的学问相关的素质或者素养，比如“科学素质”或者“科学素养”等。人们一般把两者等同于一个概念，其实，素质和素养是有区别和差异的。《辞海》对素质的解释是：“人或事物在某些方面的本来特点和原有基础。在心理学上指人的先天性的解剖生理特点，主要是感觉器官和神经系统方面的特点。”而素养则是“经常修习涵养。如艺术素养，文学素养。”这种解释强调素养是人逐步形成的文化特质或精神、观念或态度上的特点，偏重素养的获得过程。素质更强调的是与人的本质相关的特质和特性，当然现在强调的“素质教育”中的“素质”，其内涵已有所扩充但仍包括先天的特质。而素养则更强调的是人的后天的修习和通过学习而逐步形成的涵养的特性。因此心理素质和心理学素养存在区别和差异。

很多人谈论心理素养，如教师的心理素养，辅导员、班主任的心理素养，档案管理员心理素养等。不难发现，这些都是在描述某一专业群体应该具备怎样的心理学知识和能力，是心理学素养中的一个方面。

1.2 国内学者对心理学素养内涵的诠释

目前国内有关心理学素养的研究还不多见，少有的几项研究也多以概念性的描述为主，如我国教育部高教司认为，心理学素养是一种能用心理学的观点来思考问题的能力。刘京林认为心理学素养是指学生较系统地掌握和运用心理学的基础理论和基础知识的能力。夏盛民则认为从某种角度上说，心理学素养是人的全面发展多元结构中的核心成分，它的丰富与提高能够有效克服感性误区和理性盲点对人的片面肢解，使人更好地避免成为简单维度的人。也有学者对心理学素养不仅下了概念性定义，还给出了操作性定义，如郭瑞英认为心理学素养是指学生掌握并应用心理学知识解决各种实际问题的修养与能力，并且从认知、能力、心理品质和倾向性四个维度对其加以阐述。

1.3　对大学生心理学素养内涵的诠释

笔者认为，在有关心理学素养的讨论中，必须注意“从事心理学”和“使用心理学”之间的重要区别，这涉及到心理学素养的对象问题。对大学生而言，心理学素养只涉及后者，即使用心理学，是指非心理学或相关专业人员对心理学的理解程度，着重于观念和态度；对心理学专业人士而言，可以称之为心理学专业素养，是指培养心理学从业人员所需的训练，着重于心理学本身的内涵与操作，这样的区分对大学生的心理学素养教育的目标是有益的。

大学生心理学素养简单地说就是大学生对心理学的理解程度，具体而言包括以下四个维度：①心理学知识。对心理学核心概念、基本知识的正确表征。如对普通心理学中的有关知识以及心理学中各种流派的观点等的理解；②心理学研究过程与方法。主要包括对心理学学科特点、研究方法的认识，对理论与实验在心理学中的作用，实验设计的科学性的正确理解；③对心理学的态度。对心理学的价值，对“学”与“术”的认识，对心理学史实的正确态度，对心理学学派与各种分支的正确理解，对心理学局限性的正确态度；④心理学与生活。能有效地处理日常生活中的心理学信息，对日常生活中的心理学现象给以合理的解释，在媒体报道等信息源中有效提取心理学相关信息，对社会生活中与心理学相关问题的正确决策。

大学生作为一个特殊的群体，必须具备基本的心理学素养，即首先需要建立心理学核心概念的正确表征，这是形成观念的载体；其次是了解心理学的学科特点和研究方法，知道如何获取心理学知识；再次就是对心理学的价值和局限性有正确的态度，能理性思考，作出科学的决策；第四是能有效处理生活中的心理学信息。只有这样，大学生才能更好地适应现代的社会，更好地完成时代赋予的使命。

2　培养大学生心理学素养的必要性和重要性

2.1　大学生对心理学认识的现状不容乐观

在我国，心理学已由一个小学科发展成为国家优先发展的重点学科，各大学纷纷建立了心理学院或心理学系，但是除了心理学专业的学生系统地学习了心理学知识，师范类高校开设了公共心理学之外，其他的高校多是开设了一些有关心理健康和大学生心理等方面的选修课，这在一定程度上影响了大学生对心理学全面而系统的了解。作为接受高等教育的大学生们对心理学认识的现状，许多学者做了相关的研究。

盖乃诚、郑海斌对大学生心理学兴趣的调查研究表明，大学生希望借助心理学了解自己并从心理学中获得必要的知识与指导，对心理学有着普遍而浓厚的兴趣，大学生最感兴趣的是心理咨询和心理健康；而张积家、陈俊对广州大学生心中心理学的形象问题进行了调查，研究发现，非心理学专业大学生对心理学科学性和应用性的排序比心理学专业大学生低，对心理学的学科性质的评价也相对低，造成这种现象的主要原因是非心理学专业大学生对心理学了解不够；李康乐等[6]（2008）选取 1 400 名河南在校大学生，对其心理学的认识进行了初步的调查，发现很多人对心理学都非常感兴趣，他们渴望接触心理学，了解心理学的知识，但有不少人尤其是非心理学专业的学生，对心理学的认识还存在不少误区。将近 20％的人（非心理学专业）对心理学存在很大的偏见，甚至有 10％的人认为心理学是一门伪科学，根本没什么用；孙艳平等从心理学知识，心理学研究过程和方法，对心理学的态度及心理学的应用等几个方面对山西某高校大一至研二的心理学专业学生进行了访谈，发现他们对这几个方面的理解可归结为三个水平：前科学水平，科学水平和哲学水平。值得注意的是，心理学专业的研究生对心理学的认识并没有显著高于本科生，可能与部分学生是跨专业考取的有关；陈宏等采用自编的心理科学素养问卷对 632 名大学生进行调查，发现专业大学生心理科学素养整体水平高于非专业大学生，非专业大学生在心理科学素养方面存在一定的差异性，在一些心理学观点的理解上，专业与非专业大学生存在错误认识。

可以看出，一方面大学生对心理学有着浓厚的兴趣，另一方面大学生对心理学的认识存在偏差，我们可以因势利导，在大学生中加强心理学知识的宣传，使其对心理学有一个较为系统和完整的了解，因为对任何学科的一知半解都是不能解决实际问题的，甚至是有害而无益的。

2.2 心理学本身的价值不容忽视

大学生学习心理学可以满足求知的需要。人类通过探索宇宙间的一切奥秘积累知识,而人脑和人的心理活动则是其中最为难解的科学之谜,而心理学正是以人类心理为研究对象,主要揭示人类的内部世界的奥秘。随着心理学的不断发展,心理学家们将不断揭示人类心理的未知的领域,以满足人们的求知欲望。

大学生学习心理学适应了认识自我的需求。苏格拉底说:“去认识你自己吧。”学习心理学的意义之一就是为了认识我们自身。大学生正处于自我意识发展的关键阶段。在这一时期当中,大学生将把自己的内心世界作为重要的认识对象,在这一过程中,心理学知识可以让大学生了解人的心灵,并进而了解他们自己。

大学生学习心理学体现了马克思主义关于人的全面发展的理论和党的教育方针的精神,顺应了大学生完善自我的要求。高等教育的任务,不仅应传授给学生知识,而且要培养符合社会主义现代化建设需要的“四有新人”,即不仅要育智,而且要育德和育心。学习心理学的原理,应用心理学的知识,不仅可以启智,而且可以益心;不仅可以提高人的能力,而且可以帮助人们领悟人生,完善自我,提高生活的质量,还可以促使人通过自我修养和社会实践不断达到自我完善。

总之,在这个信息时代里,凡是没有学过心理学的人都不能算是受过完好教育的人,因为在报纸、广播、杂志、电视和互联网上到处都是与心理学有关的信息,而不懂心理学的人无法理解和把握这些信息。因此心理学知识应该是人人必备的,良好的心理学素养是现代社会的大学生成长与发展不可或缺的组成部分。

3 提高大学生心理学素养的途径

3.1 校园——大学生心理学素养教育的第一课堂

高校应建立一套完整科学的心理学素养教育工作体制。建立由学校领导牵头宣传部、教务处、学生工作部(学生处)、团委、学生会、党支部等各部门组成的工作领导小组,统一安排、布置、协调此项工作,如建立完善、科学的心理学素养教育督导和管理体制、编制心理学素养教育实施方案、制定可操作性强的考评、操作方法等。

尽快编写出适合当代大学生使用的有关心理学素养教育的通用教材，在大学生中广泛开展心理学素养教育讲座，逐步开设选修课、必修课，直到最终取得与“两课”同样的地位。对非心理学专业学生进行心理学的启蒙教育，应从根本上改变大学生对外在世界了解颇多、对个人内心世界所知甚少的尴尬局面。

3.2 社会课堂——大学生心理学素养教育的另一主要担当者

古希腊哲学家柏拉图认为：人性的缺陷似乎责任在于人，但实质上根本的责任在于社会。有缺陷的社会产生了有缺陷的个人，有缺陷的个人构成了有缺陷的社会。社会是大学生心理学素养教育的大课堂，它对大学生的影响是无形的、巨大的。在社会诸多因素中，媒体又是大学生心理学教育的中坚力量。各种新闻媒体应该发挥各自的优势，宣传心理学知识，提高大学生乃至公众的心理学素养，形成一种全社会关注心理学的良好氛围。如根据大学生接触报刊和电视的时间比较少，而获取信息的主要渠道是网络的特点，尽快建立若干有关心理学素养教育的网站。

3.3 大学生——建构大学生心理学素养的内在动因

要想开展好大学生心理学素养教育，仅靠学校和媒体等外因起作用是远远不够的，必须切实加强大学生自身建设。大学生是青年中知识层次较高、很有发展潜力和创造性的群体。他们要成长为有理想、有道德、有文化、有纪律的一代新人，成长为全面建设小康社会的生力军，接好中国特色社会主义事业的接力棒，就必须具有较高的科学文化素质和思想品德修养，又具有健康的生理、心理素质和健全的人格。大学生努力加强心理学素养，既是大学生健康成长的需要，也是时代发展和社会全面进步对大学生的必然要求。因为社会的进步需要物质文明建设与精神文明建设的同步发展，同样，在科学知识的普及中，心理学知识也需要与其他自然科学、社会科学或人文科学知识一道，同步得到提高。

美国心理学会第一任主席斯坦利·荷尔(S. Hall)在其就职演讲中提到：“心理

学正在缔造着一个时代，一个从此以后必为世人所熟知的科学思想中的心理学时代。”而美国心理学家丹尼斯·库恩博士曾说过，凡是没有学过心理学的人都不能算是受过完好教育的人。面对这样一种历史的发展，面对这样一种时代的责任，大学生们应该通过不断提高自身的心理学素养，去迎接心理学时代的到来。

参考文献

[1] 刘京林. 心理学素养教育亟待加强[J]. 新闻战线，2007，11：18－19.

[2] 夏盛民. 浅议乡镇干部加强心理学素养[J]. 互联网，2008.

[3] 郭瑞英. 高职高专学生心理学素养初探[J]. 教育与职业，2008，20：185－186.

[4] 盖乃诚，郑海斌. 大学正心理学兴趣调查研究[J]. 山东教育学院学报，2008(6).

[5] 张积家，陈俊. 广州大学生心中心理学的形象[J]. 现代教育论坛，2007(5).

[6] 李康乐. 河南在校大学生对心理学认识的初步调查[J]. 中国健康心理学杂志，2008(2).

[7] 周红路. 当代大学生传媒素养建构研究[D]. 大连：大连理工大学硕士论文，2006.

[8] 陈宏等. 大学生心理科学素养的实证研究[J]. 黑龙江高教研究，2011(9).

[9] 杨效华. 新课程背景下教师心理学素养的缺失与重塑[J]. 现代教育科学，2008，12：29－31.

[10] 冯宇佳. 高校辅导员队伍心理学素养现状及对策思考——以海南高校为例. 金田，2014，*12*，252－262.

[11] 陈艳丽. 新课程呼唤提高教师心理学素养[J]. 新课程(教育学术版)，2009，09：67.

[12] 林加彬. 教师良好心理学素养在教学实践中的意义和作用[J]. 考试周刊，2011，53：190－191.

[13] 于洪斌. 如何加强培养教师心理学素养的形成. *才智*，2012，*28*：136.

[14] 陈洪菊，熊涛，屈艺，母得志. 提高心理学素养在医学生人文素质教育中的作用[J]. 成都中医药大学学报(教育科学版)，2012，*04*：8－9.

[15] 杨凌辉. 论教师的心理学素养[J]. *素质教育人参考*，2004，*09*：4－5.

[16] 赵明，郭红，金海云. 教师心理学素养的重塑与教师发展研究[J]. *黑龙江社会科学*，2013(3)：153－155.

[17] 林蕾. 中学班主任心理学素养现状的调查研究[D]. 南昌：南昌大学硕士论文，2013.

[18] 林依定，洪俊. 初中思想品德教师应当具备一定的心理学素养[J]. 思想政治课教学，

2005(1):12 - 20.

[19] 李芳.中学政治课教师需要具备基本的心理学素养[J].中小学心理健康教育,2008,14:39.

[20] 何燕.培养学生健全人格,从重视教师心理学素养开始[J].平安校园,2014(3):64 - 65.

[21] 罗燕梅.提高教师心理学素养[N].光明日报,2000 - 05 - 17.

[22] (美)库恩.心理学导论[M].郑钢,译.北京:中国轻工业出版社,2004.

[23] 任庆祥.心理学素养:思想政治教师的素质构成要素[J].教育理论与实践,2013,*35*:31 - 33.

新形势下大学生心理危机干预工作的思考[*]

陈　进(上海交通大学心理咨询中心,上海,200240)

摘　要　文章围绕当前大学生的心理特点、心理健康教育所面临的机遇和挑战、心理咨询领域相关法律、法规的实行以及学科的发展和行业的规范,对当前大学生心理危机干预工作的影响进行了分析。文章从预防为主、加强大学生心理健康教育,医教结合、构建更加完善的心理危机干预体系,建立督导机制、提升危机干预水平以及制定规范制度、谋求师生最大福祉四个方面进行了详细的阐述。

关键词　危机干预;医教结合;精神卫生法;督导

自20世纪80年代中期,国内高校开始开展心理健康教育工作以来,心理危机干预一直是大学生心理健康教育中一个非常重要的内容。近年来,随着时代的发展、制度的推进和学科的发展,大学生心理健康教育在所处的现实条件、有关政策以及学科要求等方面都面临着新的形势。

随着90后相继进入高校学习和毕业,90中已经成为了高校的生力军,他们特殊的成长经历和背景使得他们的心理调适水平显得较为稚嫩,而新的高校办学精神又使得他们所面临的学校生活更具挑战,在这双重的压力下,大学生成了心理危机的高发人群。另一方面,国家、教育部的一些政策给高校的心理健康教育带来了新的契机。教育部多次下发了加强和改进大学生思想政治教育的文件,其中都对

* 作者简介:陈进,女,上海交通大学心理咨询中心专职咨询师,博士,副教授,Email: jinch@sjtu.edu.cn

大学生的心理健康教育提出了新的要求，也带来了新的机遇；习总书记参观北大心理系更被很多心理学界人士视为"心理学春天"的来临；新的大部制工作的推进使得很多高校的心理健康教育工作获得了更大的平台，工作的重心也从以前的心理咨询和危机干预转向了心理健康教育。第三，2013 年 5 月，《中华人民共和国精神卫生法》(以下简称《精神卫生法》)的正式实施，对高校的心理咨询和心理危机干预工作提出了新的法律规定和要求。此外，随着大陆高校心理健康教育工作与境外和海外高校心理健康教育工作交流的逐步深入，国内心理咨询的法律法规和伦理进一步规范，对高校心理咨询和危机干预的规范实施也提出了新的挑战。

在这一系列新形势的影响下，大学生心理危机干预也面临着新的机遇和挑战，笔者拟围绕这些新形势，对大学生心理危机干预工作提出一些新的探索和思考。

1 预防为主，加强心理健康教育

1.1 建立学生心理档案，全面了解学生心理健康状况

目前，心理咨询和新生心理健康普测已经在所有高校全面铺开。在这些工作中，学生的基本情况和个性特点、学生在面临一些心理困惑时所表现出来的心理反应和常用的应对方式等，都为了解大学生的生活适应能力和心理调节能力提供了资料；再加上心理健康教育课程的普及，学生的课堂表现和作业内容也为研究学生的心理素质提供了一些信息。在当今大数据技术的协助下，将这些信息结合学生的其他信息进行动态化的信息管理，形成学生心理健康档案，可以及早预测和发现学生可能面临的心理危机，提前做好相应的预防和支持工作。

1.2 普及心理健康教育，增强学生对心理危机的了解

随着大部制和高校心理健康教育工作的推进，高校心理健康教育有了更为宽广的平台，其工作内容也有了进一步的拓展，工作重心也从最初专注"救火"的危机干预转到心理健康教育上来，从培养大学生良好的个性心理品质、提高学生的心理弹性、提升学生的心理健康水平入手，实现危机干预的关口前移。在这些普及性教

育中，渗入心理危机的识别和常见的处理技巧，增强大学生对心理危机尤其是精神疾病的认识，提升学生面对精神疾患主动就医的意愿。

1.3 加强心理社团影响，发挥大学生自助互助功能

在学生心理健康教育中，学生社团是在大学生中普及心理健康知识、传播心理健康理念的生力军。学生组织在学生中所进行的宣传更具说服力，尤其是对一些在学生中还未普及的观念，社团学生的现身说法会让学生感觉到亲切、更易接受。学生所组织的一些心理自助互助团体也会使学生在团体的活动中得到心理上的支持，从而感觉到“其实我并不孤独”，提升其互助自助的动机和能力。

2 医教结合，构建更加完善的心理危机干预体系

2.1 《精神卫生法》颁布，给危机干预提出了新的挑战

2013 年 5 月 1 日《精神卫生法》的正式实施，对高校心理危机干预提出了新的要求。如，《精神卫生法》第二十三条强调“心理咨询人员不得从事心理治疗或者精神障碍的诊断、治疗。心理咨询人员发现前来咨询的人员可能患有精神障碍的，应当建议其到符合本法规定的医疗机构就诊”；第二十七条规定“不得违背本人意志进行确定其是否患有精神障碍的医学检查”；第二十九条规定“精神障碍的诊断应当由精神科执业医师作出”；以及第三十条规定“精神障碍的住院治疗实行自愿原则”，这些都对原有的心理危机干预模式提出了挑战。

2.2 引入精神科执业医生，提升学生就医意愿

根据《精神卫生法》第二十三条的规定，心理咨询人员不得对学生进行精神障碍方面的诊断或者心理治疗。在实际工作中，心理咨询师却是高校学生精神障碍的直接发现者，很多大学生的精神疾病都是在咨询的过程中经由心理咨询师发现的。在新的法规下，学校的心理咨询师不能直接将其送往精神卫生机构接受检查和治疗，只能建议来访学生主动前去医疗机构就诊，这对于一些对精神疾病认识不

足，视精神疾病如“洪水猛兽”从而讳疾忌医的学生来说，很可能会因此耽误了治疗，延误了病情，错过了最佳治疗时期。

这时，如果学校配备有精神科执业医生，一方面可以为来访学生的精神疾病提供更加准确的判断；另一方面，精神科执业医生在精神疾病方面的专长也使得学校老师在和家长沟通学生状态的时候，更容易得到家长的理解、信任和支持；此外，精神科医生和来访学生在咨询中建立起来的关系也有利于提高学生前往精神卫生医疗机构接受精神科医生的诊断以及后续治疗的意愿。

2.3 医校结合，构建更为立体、全面的心理危机干预机制

自大学生心理健康教育开展以来，各高校都建立了各级各线的危机干预体制，但在这些原有的干预机制中，鲜少有高校将精神卫生专门机构纳入。在现有的形势下，除了和精神科执业医生的合作外，高校与精神卫生专门机构的紧密合作也显得尤为重要。随着社会上精神疾病和精神障碍发病率的提高，精神疾病诊治的资源开始出现紧张的趋势。高校与精神卫生专门机构紧密合作，可以保证学生在涉及心理危机的时候能够得到及时的诊治，同时也有利于学校有关部门全面了解危机学生的病情发展状况，督促其定期就诊，并为学生制定量身定做的个性化的治疗和教育方案。

3 建立督导机制，提升危机干预水平

建立心理咨询师的督导制度，是提升高校心理咨询师业务水平的重要手段，也是提高高校心理咨询师开展大学生心理危机干预技巧的重要举措。随着新形势新背景的发展，新的大学生心理危机干预技巧和方法也在逐步探索和发展中。督导制度的实施，一方面可以借由督导的指引，进一步提高危机干预处理方法的科学性、技巧性和发展性；另一方面，督导师或督导小组的加入，也可以避免单个咨询师应对危机个案时的无助感。

在建立督导队伍的过程中，高校要适当引入精神卫生执业人员，加强咨询师对精神疾病和精神障碍的准确识别、常用药物的了解以及对相应法规的了解，提高心

理咨询师危机处理的能力。

4 制定规范制度，加强法规意识，谋求师生最大福祉

4.1 心理咨询师法律意识不容乐观，法律认识亟待加强

《精神卫生法》的实施、心理咨询法律法规的健全以及咨询伦理的进一步规范，对心理咨询师在法律和伦理方面提出了更高的要求。有研究者对心理咨询师的法律认知状况进行了调查，发现受访者法律知识评测平均分仅为63.7分(满分100)，从业时间大于10年的咨询师的法律意识比从业时间少于10年的咨询师更弱，在“不得从事心理治疗与精神障碍诊断”、“心理危机干预涉及来访者的隐私”、“咨询协议的签订”等问题的答对率较低。

4.2 发展规范流程，保护师生利益

现有咨询师法律意识还较为薄弱，尤其是工作时间较长的资深咨询师，在最初开始工作的时候，咨询的法律法规方面的要求还非常不完善，随着经验的丰富和技能的增长，更多的专注于咨询技巧的精进和经验的积累，对新的法规和伦理的要求专注度不够。在这种情况下，高校心理健康教育机构应该制定较为规范的流程和文件，通过这些流程的操作和文件的签署，促进心理咨询师对有关政策的了解，同时也最大限度地保护咨询师和来访学生双方利益。比如，通过咨询协议的签订，帮助来访者和咨询师了解双方的权利和义务；通过对咨询记录的规范化规定，加强咨询师的法规和伦理意识；制定用于危机学生的危机承诺，最大限度地激发危机学生的自我修复和约束能力，也最大限度地保护咨询师的利益，谋取双方的最大福祉。

在既遍布机遇又面临挑战的新形势下进行大学生心理危机干预工作，是一项艰巨而复杂的任务。在制度的保障下，进一步提升高校教师的危机预防能力、危机干预技巧和危机处理的法规意识势在必行。

参考文献

[1] 陈进,汪国琴.大学生心理危机预防与干预策略探析[J].思想理论教育,2009(17):77-80.

[2] 李云霄,杨倩,张妍.新形势下大学生突发事件预防和处理问题浅析[J].高等教育在线,2013(742):147.

[3] 姚玉红,毕晨虹,赵旭东.《精神卫生法》实施对高校心理咨询功能工作的影响初探[J].思想理论教育,2014(5):85-88.

[4] 袁忠霞,陈亮.《精神卫生法》背景下高校心理危机干预工作[J].德育天地,2014(32):6-7.

[5] 郑云恒.精神卫生法背景下对大学生心理危机干预的思考[J].现代交际,2014(8):243-244.

[6] 尹祥.新形势下高校新生心理健康教育探讨[J].高教管理,2013(2):56-58.

[7] 毕玉芳."医教结合"高校心理健康服务工作的探索[J].思想理论教育,2013(8上):67-70.

[8] 张演善,肖蓉,赵静波,杨雪岭,张小远.《精神卫生法》背景下心理咨询师法律认知的现状分析[J].中国健康心理学杂志,2015(6):837-842.

生命教育视野下对高校心理健康教育的新探索*

——以上海某高校为例

任丽杰(上海海关学院,上海,201204)

摘　要　本文在审视当代大学生心理问题和生命意识的基础上,反思了当前高校心理健康教育存在的不足,就如何更好地开展高校心理健康教育工作探讨了生命教育与心理健康教育融合的具体途径。

关键词　生命教育;心理健康教育;新探索

近年来,高校心理健康教育以现代心理科学为理论基础,从大学生个性发展方面开展教育工作,发挥了重要的育人作用,也取得了很大的成效。然而,在新的形势下,进一步强化与改进大学生心理健康教育,尤其突破心理学科背景的限制,破解心理学面对思想问题的困境,一个极其重要的方法,即是将生命观教育纳入到大学生心理健康教育系统中,吸收、借鉴与融合生命教育的有关理论,这对促进与提高大学生心理健康教育实际效果,具有重要意义。

1　心理健康教育与生命教育

1.1　心理健康教育内涵

心理健康的含义应有广义和狭义之分,广义的心理健康,主要以促进人们心理调节、开发心理潜能为目标,使人在环境中健康地生活,不断提高心理健康水平,更

---

* 作者简介:任丽杰,女,(1979—　),上海海关学院心理教师,副教授,电子信箱:ljren007@163.com

好地适应社会生活和积极有效地服务社会。狭义的心理健康则以预防心理障碍或问题行为为主要目的。1946 年，第三届国际心理卫生大会认为“所谓心理健康是指在身体、智能以及情感上与他人的心理健康不相矛盾的范围内，将个人心境发展到最佳状态。”在大学阶段，加强大学生的心理健康教育是十分必要的，它既是全面推进素质教育、培养高素质人才的需要，也是从大学生实际出发、满足大学生成长发展的需要，还是大学生思想品德教育的需要。

1.2 生命教育内涵

1968 年，美国学者杰・唐纳・华特士提出了“生命教育”的概念，在世界范围引起了广泛关注。我国大陆地区自 20 世纪 90 年代中期开始出现“生命教育”的理念，关于“生命教育”的定义可谓众说纷纭、莫衷一是，但总体而言，学者的主要观点集中在“侧重于建构生命教育体系；侧重于生命教育的内容；侧重于将生命教育认为是一种价值追求”等三大方面。综合关于生命教育的不同阐述，本文认为生命教育就是教育者依据生命的特征，遵循生命发展的原则，通过适当的教育方式，引导学生正确认识人的价值、人的生命，理解生活的真正意义，培养学生的人文精神，使其成为充满活力，具有健全人格，掌握创造智慧的活动。生命教育的目的在于帮助人们认识生命、珍惜生命、热爱生命、保护生命、尊重生命、升华生命。

1.3 心理健康教育与生命教育的关系

1.3.1 心理健康教育与生命教育的区别

两者在教育目的、教育内容和实施的途径上各不相同，具体表现如下：生命教育的目的，是引导学生正确认识人的生命，培养学生珍惜、尊重、热爱生命的态度，增强对生活的信心和社会责任感，树立正确的生命观，使学生善待生命、完善人格、健康成长、实现生命价值；而心理健康教育的重点在大学生心理的发展、调适、矫正上，着重于增进人的心理健康水平和社会适应能力，以提高大学生的心理健康素质为目的。生命教育的内容被概括为“三个层次”、“四个向度”、“五种取向”：“三个层次”是保存生命教育、发展生命教育和死亡教育；“四个向度”是人与自己、人与他人、是人与环境和人与宇宙；“五个取向”是生理取向、心理取向、生涯取向、社会取向和死亡取向；而心理健康教育是以心理学的基本理论为基础，同生物—心理—社会医学模式相联系，主要是对大学生进行心理卫生、学习生活、人际关系、职业选择、心理障碍、行为异常等多方面的指导和教育。实施的途径上生命教育是渗透式的，除了专门课程教育外，还可以通过各专业学科教学实施生命教育、通过课外活动实施生命教育；而心理健康教育是实施生命教育的一种专题活动形式，有其自身的规律性。

1.3.2 心理健康教育与生命教育的相同点

生命既是教育的逻辑起点，又是教育的最终目标，心理健康教育与生命教育的共同目的都是为了促进学生的身心健康发展。一方面，心理健康教育是生命教育必不可少的组成部分。从广义上看，生命教育包括心理健康教育。生命教育比心理健康教育有更深的内涵和外延，根据国内教育现状，生命教育专题可以分为心理健康教育、青春期教育、安全教育、法制教育、健康教育、预防艾滋病教育、禁毒教育、环境教育等。心理健康教育只是生命教育的一个分支，是生命教育的重要内容和必要环节与措施，是它的一个必不可少的组成部分。在关注的主题上，生命教育关注的很多主题同时也是心理健康教育正在关注的主题。另一方面，心理健康教育的过程也包涵着生命教育。心理健康是学生生命健康的重要组成部分，它既是其身体健康的基本保证，也是其智力发展与成才的必要条件。心理健康教育的价值在于促进人的身心健康，而健康的价值在于提升人的生命意义与境界。从这个意义上讲，关怀生命是心理健康教育的核心价值。生命教育可以说是心理健康教育走向深入的一个领域。

总之，生命教育与心理健康教育之间既有共同点，又有不同点，既有区别又有联系。

2 高校心理健康教育存在的问题

我国高校的心理健康教育虽经多年的摸索和实践，已经发展到一定的程度，但综观各高校的实际情况，还存在着一定的问题，存在着一些难以逾越的发展瓶颈，严重制约了高校心理健康教育的深入开展。

2.1 重心理矫治,轻预防引导

目前高校的心理健康教育大多是从解决学生的心理障碍人手的,由于心理咨询的专业技术要求很高,因而有些人将心理矫治作为重中之重的工作,误认为高校心理健康教育的对象只是那些存在心理障碍或人格缺陷的异常大学生,忽视绝大多数正常学生心理危机的预防,忽视绝大多数正常学生心理发展的引导。

2.2 重障碍咨询,轻发展辅导

高校心理健康教育往往以解决学生的心理问题、心理障碍或进行心理危机干预为主要出发点,注重学生的情绪调节和行为改变,忽视对大学生健全人格的教育和培养,忽视绝大多数正常学生的发展咨询与辅导。这种重障碍咨询轻发展辅导的倾向,大多遵循医学模式的治疗取向,而非教育模式的发展取向。

2.3 重心理测试.轻科学分析

心理测试在高校已经得到广泛应用,有的高校把心理健康教育工作重点放在心理测试上,将心理健康教育形式化、简单化,对心理问题的科学分析不够。这表现在两个方面:一是开展大规模的心理测试,但测试后很少对学生心理特点进行整体分析,对学生群体心理问题缺乏了解;也很少对少数有心理问题的学生予以主动地、积极的关注或帮助;二是有些心理咨询教师由于自身的专业知识不够或经验不足,往往不经过慎重的科学分析,就给学生贴上一个消极的"标签",反而加重学生的心理负担。心理测试的结果需要科学分析,并为下一步的工作提供依据,研究制定相应的措施,予以心理帮助,达到"助人自助"。

2.4 重课程开设,轻心理训练

有的高校片面强调开设心理知识类课程,将心理健康教育简单等同于开设心理健康教育课程,而轻视心理素质的训练。心理训练是发展和完善学生良好心理素质的必要手段,也是实施素质教育尤应采取的重要措施。如果能经常性地开展一些心理训练,譬如克服焦虑、克服自卑、人际交往技能、求职面试技能等训练,可以将大学生具有明显共性的问题解决好，使学生通过相关的技能训练，学会自我心理调适方法，增强自我心理风险防范能力。

3 高校心理健康教育亟须生命教育

3.1 高校心理健康教育需要危机干预知识，帮助大学生树立珍惜生命、珍爱生活的意识

当前，我国正处于一个社会急剧转型时期，各种社会问题频繁发生，大学生来自学业、就业、经济、情感等方面的心理压力不断增大，由此引发的心理障碍问题日益突出，由于生命教育的缺失和忽视，使得目前大学生中否定生命、漠视生命、虚度生命的现象极其普遍，高校自杀、他杀、伤害、出走等生命事件频繁发生，据第二届中美精神病学术会议资料显示，我国青少年自杀事件一直呈上升趋势，自杀已经成为青少年死亡的首要原因。高校心理健康教育中亟须危机干预知识，帮助大学生树立珍惜生命、珍爱生活的意识，防患于未然。

3.2 高校心理健康教育更需要以教育性为主，提升大学生生命质量与生命体验

20 世纪 80 年代末，学者马建青就提出了高等学校心理健康教育的"三级功能"思路，即以消除心理障碍为主要内容的初级功能，以维护心理健康为主要内容的中级功能，以促进心理发展为主要内容的高级功能。但目前我们过多地注重心理健康教育初级功能的发挥，在实施方式上更多地针对学生心理问题的辅导与干预，较多地关注心理问题的减少。这种"减法"式的心理辅导固然可以帮助部分学生走出心理困境，恢复正常的学习生活，但它忽视了学生积极心理品质的增加，其结果实际上是将大部分的学生排除在心理健康教育的服务对象之外，缩小了心理健康教育工作的服务对象与工作范围，限制了心理健康教育工作应有的作用。因此，要进一步推进心理健康教育的发展，要更关注广大学生一些积极心理品质的增加，多关注学生的成功与幸福，提升大学生的生命质量与生命体验，这样的心理健康教育的

目标定位与实施方式的阐释，与生命教育的目标有一致性的一面。

4 生命教育与心理健康教育的融合——高校心理健康教育的新探索

上海海关学院自2013年开始开展生命教育，由心理健康教育中心负责此项工作，设立了学生组织“青青草朋辈互助联盟”，对生命教育与心理健康教育的融合进行了为期两年的探索，心理健康教育要把对生命教育的认识纳入整个教育活动之中，不是另起炉灶，而是要整合现有的教育资源，将课堂教学、安全教育、心理健康教育、环境教育和法制教育等活动整合在一起，采取专题活动与学科渗透相结合的多元形式，动员教师全员参与、学校与家庭协同，以唤醒学生的生命意识，教育学生珍视生命存在，引导学生认识生命的意义，追求生命价值，活出生命的精彩。

4.1 加强情境教育，发挥大学生主动性，唤醒生命意识，珍视生命存在

心理健康教育既然要以人的生命为基础，直面人的生命，那么心理健康教育更高的追求就应当是唤醒生命意识，培养学生珍视生命的存在，上海海关学院心理健康教育中心注意调动大学生的主动性，发挥他们的主体性，加强情景教育，让学生加深对生命意义和生命价值的认识，体会生命的美好与不易，珍惜现在的美好生活。

4.1.1 “脚步丈量梦想，实践拓展生命”——开展大学生生命教育社会实践活动

通过大力支持大学生的社会实践、志愿者活动，创设机会让学生去体会生命的可贵与不易，开展大学生生命教育实践项目，学生分别赴敬老院、贫困山区、希望小学、陪伴白血病儿童、福利院、上海地区小学、大学、医院开展了丰富多彩的实践项目，在社会实践过程中，通过助人达到自我完善与成长。

4.1.2 “用心看世界，舞台绎人生”——心理剧表演体验人生百味

心理健康教育中心每年举行心理剧表演大赛和心理剧剧本大赛，截至目前共举行四届，除舞台表演方式之外，选择大学生的常见困扰，每月拍摄校园情景剧通

过学院媒体中心在食堂滚动播出，通过戏剧、角色扮演、模拟情景等各种方式的体验活动，让学生直接参与表演、分别感受“真实情境”中人物的各种情绪，体会其中的喜、怒、哀、乐，然后进行彼此分享。

4.1.3　“运动健身，合作健心，齐心协力，智勇通关”——举办各类体验式活动

心理健康教育中心设计了丰富多彩的体验式活动，如定向拓展比赛、心理运动会和各类团队拓展活动等，在有实际体验的背景下，个人才能更理解别人的需求和处境，进而学会体谅别人，学会与人共处，在竞争中学习合作，在合作中体验团队的力量，在体验中进行自我觉察，在自我觉察中促进个人的发展与进步；

4.1.4　“观光影世界，品百态人生”——心理电影展映

定期举行心理电影展映，引导学生观看一些励志的影片如《一公升的眼泪》、《阿甘正传》、《幸福终点站》、《楚门的世界》、《心灵捕手》、《当幸福来敲门》、《美丽心灵》等，使学生在观看他人的人生中，体悟到生命的神奇和不易，人生会有各种挑战与挫折，但只要坚持，只要心存希望，加倍地珍惜，生命必不负你。

4.2　推进心理素质教育，重视心理能力提升，尊重生命，发挥生命的创造力

心理健康教育是一种自我教育、自我实现的过程，更多的是自我选择和自我创新，以实现自我人生价值的追求，心理健康教育应该从人的生命成长的角度去开发人的创造性，激发生命的冲动，实现生命的优化与超越。心理素质教育正是针对不同学生的心理特点而开展的侧重点有所不同的教育方式。

4.2.1　开展贯穿大学四年的心理素质提升计划

根据不同年级的学生特点，开展有针对性的活动：新生的心理健康教育重点放在适应新环境上，帮助他们尽快完成从中学到大学的转变，确立合适的自我概念及发展目标，正确规划大学生涯；二、三年级学生要以帮助他们初步掌握心理调适技能以及处理好学习成才、人际交往、交友恋爱、人格发展等方面的困惑为重点；对大四学生要配合就业指导工作，帮助他们正确认识职业特点，客观分析自我职业倾向，做好就业心理准备。

4.2.2 因人因时开展专题讲座

对于大学生普遍存在的、较为集中的心理问题安排专题教育，有针对性的提供教育与支持，如“敢问路在何方——大学新生入校适应讲座”、“学习压力与考试焦虑”、“人际关系心理”、“青春期性生理和性心理”、“情绪的调节与控制”、“爱情让我欢喜让我忧”等专题讲座和报告会。

4.2.3 提供不同主题的成长性团体辅导

团体心理辅导是在团体的情境下进行的一种心理辅导形式，它是通过团体内人际交互作用，促使个体在交往中观察、学习、体验，认识自我、探索自我、调整改善与他人的关系，学习新的态度与行为方式，以促进良好的适应与发展的助人过程。成长性团体辅导是深受大学生喜爱的一种素质提升方式，“新生成长训练营”、“自信训练营”、“人际交往训练营“等在新生班级团队建设、学生自我能力提升和人际交往技能提升方面起到很好的作用。

4.2.4 为大学生提供内容丰富的主题活动

为了提升大学生的心理素质，心理健康教育中心设计了内容丰富的主题活动供大学生选择，如 5 月是心理健康宣传月、截至目前共举行了十届，10 月是新生适应周，截至目前共举行九届，11 月是生命教育宣传月，截至目前举行了两届，在宣传月或健康周里，设计内容丰富的活动，调动全体同学的积极性，参与到心理健康教育或生命教育活动中，提升大学生的心理保健意识和生命意识，如开展展板设计比赛、主题班会比赛、知识竞赛、演讲比赛、征文比赛、摄影比赛或者涂鸦活动、三行诗创作、团队拓展活动等。

4.2.5 多种途径宣传教育提供知识来源和智力保障

伴随录取通知书，寄送“心理健康教育中心致新生的一封信”；在新生入校之初，为新生发放《我是新生——大学心理适应手册》；在宣传月或健康周期间，为同学们发放制作精良的宣传手册、书签、折页等宣传材料，在食堂滚动播放活动视频；建设“上海海关学院心理健康教育网”，提供网络信息支持；定期制作电子杂志《E心球》，截至目前共有 18 期；建设了“上海海关学院大学生心理发展协会”微博、微信公众号“青青草朋辈互助联盟”，定期编辑心理健康或生命教育知识，并进行心理健康教育中心各种活动宣传。通过全方位、立体式的宣传教育为大学生心理健康教育和生命教育营造良好的氛围和智力支持。

4.3 开设与生命教育融合的心理健康教育课程

心理健康教育课程与其他课程的最大区别在于，它是一门直接介入学生心灵世界的课程，心理健康教育课程负有直接对学生进行生命教育的不可推卸的责任和崇高的使命。生命教育形态下的心理健康教育课程观认为，心理健康教育的根本任务是重视开发学生生命的潜能，丰富学生的心灵世界，引导学生认识生命的意义，帮助学生认识赖以生存的环境，消除来自生存环境的心理困扰，学会应对困难和挫折，形成对自我或他人生命的尊重和具有责任感，拥有生命的智慧和健全的人格。我院开设心理健康课程主要有：《大学生心理健康》、《社会心理学》，即将开设的课程有《大学生交往心理学》、《大学生情感心理解读》等，无论哪门课程都具备以下几方面特点：课程目标着眼于开发学生生命潜能的理念，课程内容着眼于尊重和满足学生的心理需求，课程实施着眼于师生的交往互动，课程评价着眼于学生的生命发展。

4.4 打造一支既有心理健康教育专业水平又有生命教育意识的队伍

4.4.1 加强心理健康教育教师的生命教育意识培养

针对当代大学生日趋严重的心理困顿和生命困顿问题，我们既要从心理的角度去解决，更要从生命的角度去探讨，当务之急是要建立一支既有心理健康教育专业水平又有生命教育意识的教师队伍，使他们在开展心理健康教育和心理咨询的时候，给予大学生极大的人文关怀和生命关照。我院在有意识加强专兼职心理教师在生命教育方面的培训外，下发生命教育专项课题，督促专兼职教师进行生命教育研究。

4.4.2 青青小草，平凡坚强——建设一支强有力的学生骨干队伍

无论心理健康教育还是生命教育，发挥大学生的主体性和主动性，发挥朋辈的力量，实现自我教育和自我成长都是教育的根本所在。我院自 2013 年成立学生组织“青青草朋辈互助联盟”，下设三个行政部门负责青青草的整体运营，下设五个业务团体，有针对性地开展心理健康教育和生命教育活动，而且业务团体性质各异，

如心理委员和大学生心理发展协会主要负责心理健康教育活动，其中心理委员属于班级学生骨干，主要负责班级心理健康宣传教育活动，大学生心理发展协会为社团，组织对心理学感兴趣的同学开展心理剧知识学习和探索类活动；青青草生命教育剧团、青青草生命教育宣讲团和绿色小超人均属于志愿者组织，负责生命教育活动，青青草生命教育剧团隶属上海市生命危急干预中心，参演“小丸子”剧团，主要辐射对象是上海小学生，同时负责学校的校园情景剧拍摄和心理剧表演大赛，主要以戏剧演出的方式传递生命教育知识；青青草生命教育宣讲团也隶属上海生命危急干预中心，开设朋辈课堂，为大学生提供“危机干预五法宝”和“快不快乐心理学”的知识讲授，并根据各班需要提供菜单式选择，进班进行宣讲；绿色小超人是社会基金会支持下的志愿者组织，面向希望小学的学生讲授环境保护的知识，宣传环保理念。青青草成立至今开展了丰富多彩的活动，有力的调动了学生的主动性和积极性，以朋辈的视角，以大学生喜闻乐见的方式推动心理健康教育和生命教育的开展。

从目前大学心理健康教育的机制来说，因为心理咨询和心理健康教育已经在各高校占有了一席之地，而且被重视的程度都已经相当高，而生命教育则还在呼吁和尝试之中。因此，将生命教育内容融入心理健康教育中，以生命教育理念来提升和转型现有的心理健康教育，是一条比较适合和实用的路径。

参考文献

[1] 刘环. 让生死不再“两茫茫”[J]. 思想 · 理论 · 教育，2003，37.

[2] 陶峰勇，叶宏玉，商利新. 大学生生命教育与心理健康教育的相关性分析[J]. 科技信息，2009，(19)，505.

[3] 莫振达. 近十年来我国生命教育研究综述[J]. 教育探索，2007(5)：224.

[4] 周晨. 当代大学生生命教育意识缺失现象分析[J]. 徐州教育学院学报，2008(6)：34.

[5] 左敏. 浅议大学生生命教育——从心理健康教育到生命教育[J]. 当代教育论坛，2009(8)：79.

[6] 单常艳，王俊光. 高校生命教育与心理健康教育的建构研究[J]. 内蒙古师范大学学报(教育科学版)，2009，(9)，55.

[7] 张国民,雷丽君,赵旭鹏.大学生生命教育的理论与实践探索[J].山西高等学校社会科学学报,2012,24(8):95-98.
[8] 徐文明.试析生命教育对高校心理健康教育的启示[J].中国电力教育,2011(9):18-19.
[9] 王丽丽.从高职大学生心理健康教育到生命教育的反思[J].青年文学家,2012(17):23-26.
[10] 胡亚妮.谈心理健康教育与生命教育[J].新课程,2011(4):33-36.

全方位构建大学生自杀心理危机干预机制*

陈晓静(华东政法大学,上海,201620)

摘　要　大学生不堪学业受挫、人际关系处理不当和就业压力过大产生的心理危机而自杀,这折射出高校在大学生自杀心理危机干预上存在缺陷:生命教育、挫折教育不到位;特殊群体心理辅导效果不佳;自杀过程中心理委员干预缺位;自杀事件后心理修复不及时。全方位构建大学生自杀心理危机干预机制,应从完善自杀前心理预防机制;重视自杀过程中心理干预机制;加强自杀后心理修复机制出发,提高大学生心理健康教育的针对性和实效性。

关键词　大学生自杀事件;心理危机;自杀心理危机干预;全方位机制

心理危机干预是运用心理学、心理咨询学、心理健康教育学等方面的理论与技术对处于心理危机状态的个人或人群进行有目的、有计划、全方位的心理指导、心理辅导或心理咨询,以帮助平衡其已严重失衡的心理状态,调节其冲突性的行为,降低、减轻或消除可能出现的对人和社会的危害。近年来,关于大学生自杀事件的报道频频见诸媒体。2015 年 5 月 2 日,中国人民大学一名男大学生跳楼自杀。2015 年 6 月 26 日,华南师范大学一名女大学生在参加毕业典礼当晚服下安眠药自杀未果。大学生是祖国和民族的希望,对大学生群体进行自杀心理危机干预不容忽视,有必要对当前大学生自杀心理危机干预进行反思,全方位构建大学生自杀心理干预机制。

* 作者简介:陈晓静,华东政法大学马克思主义学院研究生,Email:1536136408@qq.com

1 大学生自杀心理危机主要“扳机”因素分析

研究发现，个体的自杀行为很大一部分来自于个体自身的心智状态对外在刺激如何接受和反应。因此从大学生群体面对的主要外界刺激——“扳机”因素出发来分析其自杀行为。

1.1 学业受挫

大学环境相对来说较为宽松自由，部分学生在失去了外在的刚性规定之后，由于自控力不足而放松对学业的重视，临近考试往往焦头烂额，考试成绩不理想又会出现沮丧焦虑和持续内疚，甚至最后选择逃避。在已发生的大学生自杀事件中，不乏因为“挂科”过多而无颜面对父母家人才最后选择轻生的事件。

还有一部分学业优秀的学生因为过于追求完美而走上自杀道路。这部分学生往往是因为对自身期望值过高，一旦遭遇挫折则心理立即无法适应，产生郁闷、烦躁等不良情绪。特别是贫困大学生群体，这类学生大多自食其力，通过学业弥补与同学在其他方面的差距，一旦现实成绩或奖励没有达到预期目标，很容易困惑不解，甚至会出现钻牛角尖、对人生绝望等极端心理。

1.2 人际关系处理不当

大学生群体的人际关系坐标系主要由交友、恋爱这两个维度构成。一方面，大学新生刚刚脱离对父母的依赖开始全新的集体生活，其生活环境、社会关系网等发生了较大变化，易产生紧张、焦虑、失落、自卑、迷茫等心理，甚至出现自杀意念。很多新生往往因为对校园生活的不适应而产生对交友的恐惧，导致自己离群索居，尤其是女生群体，调查显示，被群体孤立或者说是离群的女生比男生更容易有自杀的想法。另一方面，临毕业大学生面临着“成家”和“立业”的双重压力，校园纯洁的爱情往往经受不住现实问题的考验，大学生一旦处理不好情感矛盾极易出现迷茫、困惑，甚至对未来失去希望。当前，大学生因恋爱产生心理危机已不仅仅局限于情感因素，由大学生同居问题、性的看待和处理等问题引发的焦虑、恐惧也成为导致大学生自杀的一个重要诱因。

1.3 就业压力过大

随着高校不断扩招,大学生已不再是当年的"天之骄子",本科毕业生数量逐年增加,社会的用人条件也逐步提高,大学生面临的就业压力越来越大。据统计,2015年高校毕业生人数为749万,比2014年再增加22万人,大学生就业面临新的挑战。面对严峻的就业形势,部分大学生不能正确调整自己的心态,或者怨天尤人、破罐破摔;或者过于紧张、十分在意结果好坏。这样的心理表现其实都是因为不能正视就业问题,且一般在两类大学生群体身上表现较为明显:一类是学业不佳、能力不强,毕业时自觉毫无希望;另一类则是学业出色、能力突出,但对就业期望值过高。在已发生的大学生自杀案例中,因"觉得自己找不到好工作,无颜面对父母、朋友"而选择结束生命的不在少数。

2 大学生自杀心理危机干预缺陷探究

2.1 生命教育、挫折教育不到位

当前,我国高校在对学生进行心理健康教育时已普遍开展生命教育,但却出现了教育浮于形式的问题。一方面,生命教育不能持之以恒,大多数高校只对大学新生开展生命教育,且主要是以公共讲座的形式,后续教育没有及时跟上。另一方面,生命教育内容不接地气,高校对大学生的生命教育过分偏重于宣扬宏大理想,缺乏贴近学生实际的生命观教育,对遭遇生命危机的自救教育更是少之又少。

我国基础教育长期处于应试教育的影响之下,加之受社会不正确的评价体系的干扰,学校对学生的各项教育过于强调成功,而忽视了挫折教育,忽视对学生坚强品格的培养。然而学生进入大学之后,高校并没有及时弥补,导致大学生的挫折教育一直处于缺位状态。部分大学生在遇到挫折时不能正确面对和处理,如果不对其进行有效的心理危机干预,就很可能出现极端心理危机事件。

2.2 特殊群体心理辅导效果不佳

在高校，往往存在着一些特殊群体，如贫困生群体、生理残疾群体、心理疾病群体等，这些群体都是自杀的高危人群，然而这类群体并没有引起足够的重视。首先，当前，高校已普遍对入学新生进行心理健康测量，但测量标准过于统一，没有进行分层划分，尤其是忽视了对特殊群体的针对性心理健康测量。其次，高校在课程设置上对心理健康课程有所忽略，大学生不仅要有专业的知识储备，更要具备优秀的心理品质才能更从容地扛起中国特色社会主义事业接班人的大旗，高校对特殊群体并没有设置更多的心理健康课程。最后，高校在对特殊群体的心理辅导没有分清主次，特殊群体在一些特殊时期或发生特别事件之后，如开学一周内、各种评优评先事件以及宿舍发生矛盾等事件，很有可能引发这类学生的心理危机。如果没有及时发现并对其辅助以心理治疗，则可能会发生校园极端事件。

2.3 自杀过程中心理委员干预缺位

日本自杀研究的代表性人物太原健士郎认为自杀者的第一位的心理特征是孤独，第二位便是“想以自杀获取同情”、自杀企图者一定有“想被救”、“要想办法得救”、“得到同情”这样的与“自杀——死亡”相反的心理。[vii]根据他的这一理论，如果高校能够及时察觉自杀者的这一心理特征，便可以将那些徘徊在自杀线上的大学生挽救回来。然而事实并非如此，通过研究近年来发生的大学生自杀案例，发现自杀大学生多数选择跳楼或大量服用安眠药的方式，他们在自杀时往往身边并没有其他老师或同学对其进行劝慰。当前，很多高校在班级都设有心理委员，目的就是通过学生心理委员，连接老师和普通同学，对有心理危机的同学做到早发现，早治疗。但这些心理委员在自杀大学生选择轻生时，并没有出现在第一线，没有能够发挥其应有的作用，没能及时挽救生命。

2.4 自杀事件后心理修复不及时

一方面，高校心理咨询中心对自杀未遂大学生的心理修复缺乏后续跟踪观察。一是在心理治疗结束之后，心理咨询中心没能定期了解自杀未遂大学生的心理状态，使得心理治疗缺乏持续性；二是心理咨询中心同大学生辅导员没有做好信息共享工作，对自杀未遂大学生的平时表现、人际关系、学习成绩等没有进行良好沟通，使得心理咨询中心不能准确掌握此类学生的心理规律，不能更好地防控自杀未遂大学生实施二次自杀。

另一方面，在发生一起大学生自杀事件后，部分高校对事件的处理止步于对自杀事件当事大学生的死亡赔偿、召开旨在提高重视学生安全的学院、班级会议等。然而，部分高校并没有及时深入地对大学生进行心理危机查访，对特殊群体如自杀者所在宿舍成员、所在班级学生等进行心理疏导，对在校大学生开展生命教育等工作，易导致大学生对自杀事件产生心理阴影、心理困惑，甚至可能发生自杀传染效应。研究发现，高校自杀事件发生后，大学生总体心理健康水平有所下降，同时产生自杀意念大学生的人数有所增多。

3 全方位构建大学生自杀心理危机干预机制

高校应从完善自杀前心理预防机制、自杀过程中干预机制及自杀后重视事后心理修复机制这三大方面构建全方位的大学生自杀心理危机干预机制，以有效应对当前多发的大学生自杀现象。其中，心理预防机制是关键，事发干预机制是补充，事后修复机制是保障。

3.1 完善自杀前心理预防机制

3.1.1 科学制定心理测评量表

高校在给大学新生建立心理健康档案时使用的量表主要有：SCL—90、UPI、MMPI、16PF、EPQ 等，使用 SCL—90 和 UPI 的最多。[xi]但是这些量表均是在从西方引进量表的基础上进行稍加修改的结果，尽管作了某些修订，制定了中国人的常模，但有些部分仍不完全适应中国被试，这给高校准确掌握大学生的心理危机因素造成了障碍。因此，高校在进行心理健康测评之前，应根据我国大学生的实际情况，结合社会上和本学校每年出现的大学生极端心理事件，在深入学生群体、了解学生的心理困惑之后，科学制定心理测评量表，并正确解释和使用该量表。

3.1.2　提高生命教育、挫折教育的实效性

美国高校的生命教育突出对学生实践意识的培养。因此，在对大学生进行生命教育时，不能一味的用说教的方式。不仅要带领学生认识生命个体，而且要通过丰富的社会实践活动，引导学生参与其中，使大学生认识到生活、团体合作的美好。同时，美国对大学生进行“压力管理培训”，主要包括告知学生压力在生理和心理上的作用机制，教会学生找出压力源并采取适合的应对策略，包括压力承受训练、减压计划、积极地解释体系和自我消遣等方式。[xi]其实质就是通过教师的外在力量帮助学生正视挫折、正确克服挫折，提高心理承受能力。因此，对大学生进行挫折教育，不能过分引导学生向成功看齐，应使学生认识到遭遇挫折的必然性和必要性；同时，可以通过一些减压训练，帮助大学生正确排解压力。另外，心理咨询教师应该教会大学生积极自信的生活态度，使大学生悦纳自我、提升自信。

3.1.3　加强对自杀高危大学生群体的重点预防

在高校产生自杀心理危机的高危大学生群体主要有贫困大学生群体、学业不佳大学生群体、人格障碍大学生群体、生理残疾大学生群体等，应对这四类自杀高危大学生群体进行重点预防。首先，制定针对性心理测评量表，对这四类群体分别进行内容不尽相同的心理测评，以找出其心理危机多发诱因。其次，心理咨询中心进行定期回访，心理咨询中心应制定专人进行跟踪治疗，平均一到两个月对这四类大学生进行抽样检测和心理辅导。最后，发挥辅导员和朋辈支持的作用，辅导员应及时关注这四类群体，多进行学习上的指导和心理关怀；班级和宿舍内部的同学也应给予其生活上的关心，心理委员更应主动了解其心理危机的发生发展，并及时告知辅导员和心理咨询中心。

3.2　重视自杀过程中心理干预机制

研究大学生自杀案例发现，在其真正结束生命之前，自杀大学生往往会表现出自杀征兆，如突然失踪、无故长期缺勤、说话方式异样、书写遗书等。一方面，高校应对心理委员进行专业培训，使心理委员能够及时辨识出周围大学生的自杀危机，进而告知辅导员和心理咨询中心，以便尽快对危机学生进行心理治疗，帮助其恢复生的意念；另一方面，对已发现有自杀危机的大学生要进行跟踪观察，一旦发现其

即将选择结束生命，心理委员、辅导员和心理咨询老师要第一时间出现在自杀现场，用最有效的方法解除其自杀意念。尤其是对因感到奖惩不公而选择轻生的大学生，老师应尽力抚慰学生并使其看到解决问题的希望，尽量用最小的代价挽回一条生命。

3.3 加强自杀后心理修复机制

"亡羊而补牢，未为迟也。"当发生了大学生自杀事件过后，高校应做的绝不仅仅限于发布通告、各级开会、赔偿损失等，最重要的是对大学生进行自杀事件过后的心理修复，防止发生二次自杀或连环自杀事件。因此，要注意两点：一是针对自杀未遂的大学生，首先要及时安排专业的心理咨询教师对其进行心理治疗，循循善诱，准确找到其自杀的直接因素，并根据需要联系家长和学校，解决其心理症结。其次要结合其心理测评结果或心理档案，对学生长久积累的心理危机因素进行逐一化解，在这个过程中，要积极和家长保持联系，家校互动才能更好地帮助学生渡过心理危机期，防止其二次自杀。二是针对自杀事件后的广大在校生群体，尤其是所在班级和宿舍的大学生群体，高校也要给予相应重视。认知行为疗法认为人的情绪来自人对所遭遇的事情的信念、评价、解释或哲学观点，而非来自事情本身。基于此，高校在对广大学生进行自杀事件后的心理修复应做到以下几点：第一，及时澄清事件本身真相，避免学生胡乱猜测，引发大学生心理困惑；第二，开展心理健康讲座，帮助学生积极认识人生；第三，重点开展对自杀学生所在班级、宿舍大学生的心理辅导，解除其心理焦虑和恐慌，帮助其回复到正常的学习生活中。

参考文献

[1] 阎英. 当代大学生心理危机干预的研究——从人际关系的视角探析[J]. 科教导刊，2012(4)：249－250.

[2] 中国人民大学两年内有 3 名大学生跳楼自杀. 2015－05－04，取自 http://daxue.163.com/15/0504/11/AOP2LPPV00913J5O.html.

[3] "感动吉林"女大学生因评优受挫出走，自杀未果. 2015－08－10，取自 http://society.huanqiu.com/article/2015-08/7232095.html.

[4] 王磊,王萍,董振娟,牟宏伟.大学生心理问题筛查及自杀预防研究概述[J].求实,2009(1):280-281.

[5] 黄亚萍.美国大学生自杀问题及对我国的启示[J].合肥学院学报(社会科学版),2012(1):120-121.

[6] 2015全国高校毕业生人数749万人.2015-8-15,取自 http://www.eol.cn/html/c/2015gxbys/index.shtml.

[7] 李建军.世纪日本对自杀问题的相关研究评述[J].贵州大学学报(社会科学版),2012(4):98-99.

[8] 巢传宣.某高校自杀事件对在校大学生心理健康及自杀意念的影响[J].中国学校卫生,2014(12):1874-1875.

[9] 王国庆.基于开放视角的高职教育课程体系建设[J].教育理论与实践,2013(3):21-23.

[10] 孙昊哲,王红.北京市高校学生心理健康普查工作现状分析[J].中国学校卫生,2009(2):163-164.

[11] 黄亚萍.美国大学生自杀问题及对我国的启示[J].合肥学院学报(社会科学版),2012(1):121-122.

高校学生寝室人际关系促进的心理学思考与实践探索*

陶茹文(华东政法大学马克思主义学院,上海,201620)

摘　要　寝室是大学生精神、情感的归宿和依托,也是大学生心理健康教育的重要阵地。和谐的寝室人际关系能给当代大学生带来幸福感和归属感。而高校心理健康教育对和谐寝室人际关系的建立具有重要作用。本文就寝室人际关系对大学生心理健康的重要性作了论述,并总结出目前大学生寝室人际关系的问题表现及对高校心理健康教育的反思,进而提出高校心理健康教育对促进大学生寝室和谐人际关系建立的可行性方法,主要包括:重视心理健康教育,加强各部门沟通;拓宽心理健康教育渠道,与网络平台相结合;设立班级心理委员,推行同辈辅导。

关键词　大学生;寝室人际关系;心理健康教育

学生宿舍是大学生学习、生活的重要场所,是大学生精神、情感的归宿和依托。和谐的寝室人际关系对大学生的身心健康及成长成才具有积极意义。因此,有学者将大学宿舍比喻为大学生的"第一个社会,第二个家庭和第三个学堂"。近年来,由宿舍问题引发的学生心理问题屡见不鲜,酿成苦果的也有不少。因此,探索为高校学生寝室人际关系的健康发展提供助力,不仅具有现实意义,对大学生健康人际关系的培养具有重要价值。

* 作者简介:陶茹文,华东政法大学马克思主义学院研究生,Email: 1329608134@qq. com

1 寝室人际关系对大学生知、情、意、信、行具有重要影响

“人际关系”是美国人事管理协会最先提出来的(CurryB Hearn JS, 1971)。《中国大百科全书.心理学》对人际关系的定义:人际关系是指人们在共同生活中建立起来的心理关系,通过这种关系满足彼此的心理需要。而大学生寝室人际关系则是指大学期间,室友之间通过语言符号、非语言符号(手势、举止、风度、表情等)进行知识、思想、情感等信息交流互动中结交成的交往关系。(这种交往关系,在一般情况下也可以理解为同伴关系)。发展心理学者认为同伴是在社交中处于相同地位的个体,或者至少目前来看,是具有相似的行为复杂性的同辈或个体(Lewis 和 Rosenblum, 1975)

从上述几个概念中进一步得出:寝室人际关系是长期生活在寝室这个特定空间下的几个同辈群体之间的互动关系,包括知识、思想、情感等信息的互动。而这种互动又会形成特别的寝室文化和氛围,反作用于寝室中的每个个体的成长与发展。寝室人际关系是大学生在大学阶段最为重要的人际关系之一。它对大学生的知、情、意、信、行都会产生重要的影响。

1.1 和谐的寝室人际关系为大学生提供安全感和社会支持

与室友形成的亲密关系可以提供一种情绪上的安全网,这种安全感使他们更容易承担其他生活压力。加里.拉德等人(Ladd 等人,1987,1990,1996)也发现,在新环境中拥有朋友(亲密关系)的人,更少有适应问题。从高中阶段到大学阶段,很多大学生面临着新的城市、新的学校,新的学习方式,如果不能与自己朝夕相处的室友建立融洽的寝室人际关系,相反,室友之间出现各种不可化解的矛盾和冲突,可能就会导致这部分大学生难以适应这个过渡阶段。在学习和生活上遇到受挫或受阻时,这些大学生更容易感到孤独、无助、绝望。而对有着和谐寝室关系的大学生而言,室友可能会在第一时间察觉到他们的不安、困难,帮助他们解决一些困难,无形中成为他们支持系统的一部分,给予他们安全感。

1.2 和谐的寝室人际关系提升大学生的社交能力

与朋友友好地解决冲突的能力无疑对形成成熟的社会问题解决技能(同伴社会地位的一个最强的预测因素)有重要影响(Rubin 等人，1998)。

寝室被誉为大学生的“第一个社会，第二个家庭和第三个学堂。”如何与性格迥异、生活习惯不同的几个同学建立融洽的关系，本就是一种挑战和锻炼。对于那些缺乏教育和内聚力的大学生而言，努力建立亲密的寝室人际关系的过程对于提升他们的社交能力也是非常有帮助的。

1.3 和谐的寝室人际关系是大学生成人浪漫关系的准备

大学阶段是大学生建立恋爱关系的一个重要阶段。而室友之间人际关系的亲密与否，对于大学生个体是否选择恋爱、选择怎样的恋爱伴侣以及在恋爱中的人际敏感性等都会产生影响。同时，温多尔.弗尔曼等人(Ferman 等人，2002)发现与那些没有朋友的同学相比，那些有亲密的同性友谊的个体更容易打破性别界限，与异性同伴形成亲密的联结。在与异性相处时更有能力，自尊心更强，抑郁症状较少。此外，室友作为与自己接触最多，联结最多的大学同学，当独在异乡的大学生失去恋人的陪伴与支持后，可能会感到抑郁、焦虑，甚至会有极端行为。此时，和谐的寝室人际关系也会成为自己生活和精神上最好的支持系统之一。

2 大学生寝室人际关系的问题表现及对高校心理健康教育的反思

西安交通大学通过网上调查寝室人际关系发现，有 60%的同学认为自己的宿舍里住着自己非常讨厌的同学，有 33%的同学认为舍友之间存在某些隔阂，不能互帮互助，关系并不是特别的和谐。近年来，关于我国高校因寝室人际冲突而导致的血案也时被报道。“90 后”大学生寝室人际关系的问题主要集中在：小团体、不良人际竞争、冷战、冷漠交往等问题上。

2.1 人际交往中的包容性缺失所导致的小团体现象

目前，大学生中存在一些独生子女和娇生惯养的学生，他们容易以自我为中心，在人际交往中缺乏包容性，加上性格、兴趣、爱好、目标、生活习惯甚至是家庭出生不同等因素，寝室中容易出现小团体现象。小团体对其他人，特别是同寝室小团体之外的同学具有很强的排斥性，不利于集体的团结。同一个寝室的同学来自不同地区，有着不同的家庭背景及成长背景，差异与不适应是在所难免的，但一旦彼此间的交往缺乏宽容与理解，小团体现象就难以避免。但由于小团体现象可能会阻碍同寝室同学之间的正常交流与沟通，甚至造成紧张的寝室人际关系，所以不容忽视。因而有必要将小团体组建成容纳全体同学的大团体，发挥小团体的积极作用。

2.2 过分追求成就所引发的负性情绪及扭曲竞争

出于管理、人力、财力等因素的考虑，目前国内多数大学宿舍的分配主要是根据学生专业进行随机分配的。也就是说，不出意外，同一个宿舍的 4～8 人都是同一个专业、一个班级的。不可否认，这种分配寝室的做法便于学校以及辅导员进行管理。但由于大学生有自我实现的需要，同一个专业、一个班级的同学之间必然会存在竞争，比如奖学金的竞争、班级干部职位的竞争、入党名额的竞争等，这些共同利益的存在，很容易使室友之间形成对比，产生不满情绪和心理上的落差、隔阂，甚至会把竞争带入到寝室日常生活中，演变成激烈的暗斗。这种不健康的心理一旦缺乏引导和疏通，必然会给大学生带来负性情绪并进一步影响大学生的学习、生活及成长。

2.3 自我形象低劣所带来的在寝室人际交往中的适应不良与冲突

调查发现，自我形象低劣的学生寝室人际关系堪忧，部分贫困生在寝室人际关系中感到不适，自我封闭、人际交往陷入困境等。家庭经济条件欠佳的同学易产生自卑心理，长期共同生活，在消费观、价值观、生活方式等方面潜移默化的与家庭经济条件好的学生做比较，产生心理落差，自我形象日渐低劣。加之生活中的各种小摩擦，部分贫困生甚至会产生嫉妒、怨恨等不健康心理，进一步阻碍部分贫困生的人际交往及人际适应问题，甚至会发生正面冲突或伤害、自残行为。

2.4 宿舍管理的心理学视角缺失影响和谐寝室人际关系的建立

高校心理健康教育除了课程、讲座、团体培训等形式外，应该渗透到各项工作之中。于大学生寝室人际关系而言，心理健康教育在宿舍管理中的渗透显然是严重不足的。一方面，目前，国内多数大学的宿舍管理人员多是物业公司或学校聘请的员工，特点是年龄普遍较大、文化水平不高、素质参差不齐。在具体管理过程中，他们意识不到管理对于促进寝室人际关系的重要性。在具体管理过程中，无法灵活运用心理学理论进行宿舍管理。宿舍管理于宿管人员而言，不过是其维持生计的一份工作，让他们全心全意为学生服务、扎根学生内部并且合理的、有策略的处理宿舍矛盾等，从宿管人员的主观意愿到他们所具备的处理问题的客观能力都是有待提高的。另一方面，高校的领导层对宿舍管理的定位值得商榷，宿舍管理作为直接作用于大学生寝室人际关系的学校管理的主要内容之一，在为学生的生活提高应有的设备及安全保障之外，更应该注重学生寝室内的文化建设及人际关系培养。学生寝室人际冲突的解决绝不能仅靠心理咨询部门，学生良好寝室人际关系的形成也绝不能单纯依靠学校心理健康课等来实现，高校宿舍管理从制度到管理实践都应该渗透着心理学的思维和方法。

3 高校心理健康教育与大学生寝室人际关系有效结合的路径

3.1 重视心理健康教育，加强各部门沟通

重视的态度是心理健康教育工作取得实效的前提。高校各部门包括二级学院，在各司其职的基础上必须重视以学生为本，重视学生的心理健康，投入更多的精力、人力和财力。此外，在具体遇到诸如寝室人际冲突引发的学生心理问题时，辅导员要深入学生内部，了解学生的想法及事情的来龙去脉。宿管人员要避免极端事件的发生，关注学生日常生活的异常行为，心理咨询部门要适时适当的介入，提供必要的心理援助，而所有相关部门必须加强沟通，联动起来，更有效地解决学

生因寝室问题而引发的心理问题。

3.2 拓宽心理健康教育渠道，充分利用网络平台资源

随着科技的发展，高校心理健康教育可利用的资源和技术日益丰富。心理健康教育工作可以开展以寝室人际关系为主题的团体培训、讲座、辅导、游戏等。此外，可借助高校的网络平台，诸如微信、易班等平台来开展和宣传寝室人际关系的知识和活动，并为因寝室人际冲突而产生心理问题的学生提供帮助等。这些生动活泼的教育形式及网络资源更易吸引大学生群体的关注，新颖、生动地开展心理健康教育更符合新时代大学生的特点，使学生在潜移默化的过程中学到心理健康的知识，懂得遇到寝室人际问题时运用所学的技能。

3.3 设立班级心理委员，推行同辈辅导

根据新时代大学生的心理特点，解决寝室人际冲突等心理问题，有效途径是设立班级心理委员，推行同辈辅导。一方面，同学之间接触多、更了解，进而更容易发现寝室人际冲突现象及冲突的深层次原因。另一方面，同学之间的特殊情感联结及共情，更易使彼此之间袒露心声，有利于更有效的解决寝室人际冲突类的心理问题。因而有必要在各班设立心理委员，进行专门的培训。为尽早发现学生心理健康问题及冲突的解决，有针对性地做好预防工作。

朋友之间的互动充满亲密感，互相尊重，他们在很大方面有相似性，相互之间确实有一种非常有利的“化学作用”。(Haselager et al. ,1998)大学生群体的寝室人际关系问题是大学生最为重要的问题之一，它对大学生完成学业、良好品质和技能的获得都具有重要意义。而高校心理健康教育作为与大学生寝室人际关系联系密切、可利用，却又缺乏衔接的、有待完善的一项重要工作，它的完善与实效性必须引起足够的重视。在重视基础上针对学生寝室人际关系采取灵活、多样的教育方式方法，为大学生群体提供一个和谐的人际环境，促进其成长成才。

参考文献

[1] 蒋丹.大学生自我认同与宿舍人际关系的研究[J].沈阳师范大学学报，2011:9-10.

[2] 何饶依."90后"大学生宿舍人际关系研究[D].武汉:武汉工程大学硕士论文,2013.

[3] 魏彤儒,余婷婷.试论大学宿舍人际关系与大学生心理健康[J].中国电力教育,2008(11).

[4] 张心琦.当代大学生心理健康教育存在的问题及对策研究[D].大连:大连海事大学硕士论文,2008,7.

[5] 魏秉权.试论高校学生宿舍管理与大学生心理健康[J].教育管理,2014(8):229.

[6] 吴四海.高校学生宿舍教育管理模式研究[D].武汉:武汉理工大学管理学硕士论文,2007.

大学生的社会交往困扰及其心理导引*

杨晓哲(华东政法大学马克思主义学院,上海,201620)

摘　要　社会交往作为人的基本需要,大学生从校园人向社会人转变的必然途径。随着大数据时代的到来,大学生的社会交往环境发生了前所未有的变革,再加上大学生自身一些不良心理因素影响,大学生社会交往现状不容乐观,大学生在社会交往中呈现出以下心理特点:尽管强烈渴求社会交往、建立自我同一性,但内心孤独,交往渠道虚拟化,交往方式"自我中心"化,社会关系弱化和交往快餐化等,这些都制约了大学生的社会交往能力及社会化发展。因此,本文在以上分析的基础上提出了相应的对策建议:一要正确引导大学生的交往价值观,加强大学生社会认知的客观性;二要创造有利于大学生社会交往发展的有利环境,努力提高大学生的社会化水平;三要建立健全心理疏导机制,特别是重视加强对"问题大学生"的心理援助。

关键词　大学生;社会交往;心理分析;障碍;调适

当前我们所处的社会竞争激烈,对大学生综合素质和自身能力的全面发展越来越重视,大学生自身也深刻体会到社会交往的重要性,当被问到大学生希望自己大学四年生活能够收获什么时,几乎所有大学生都直接或间接的提到希望扩大自己社会交往。根据马斯洛的需要层次理论,提出人有五大需求即生理上的需求、安全上的需求、情感和归属的需求、尊重的需求、自我实现的需求。这里的"情感和归

---

* 作者简介:杨晓哲(1990—　),女,华东政法大学马克思主义学院思想政治教育硕士研究生,主要研究方向为大学生心理健康与人生发展。Email: 1294614684@qq. com

属的需求”也称为“社交需求”，即社会交往的需求。社会交往是大学生获得情感和归属的需要，大学生想通过社会交往来寻找友谊、找到归属感。但现实是大学生当前正处于心智走向成熟的过程中，虽然对于社会交往强烈渴望，但由于个体生活经验缺乏、缺乏相应的人际关系维护技巧、一些不良的心理因素等导致大学生社会交往过程中出现心理困扰，据不完全统计，社会交往现已成为了大学生面临的主要压力来源。

1 当代大学生社会交往的心理特点及突出表现

1.1 强烈渴求社会交往，建立自我同一性

社会交往作为人与人相互往来，进行物质、精神等交流的活动，其实质就是大学生不断认识自我的过程，通过在与他人的相处过程中，交往双方都从对方眼中了解自己的形象，获得他人对自我评价有价值的相关信息。这样，个体在与他人的不断交往中就能不断认识调整自己，获得内在成长的动力，主动适应外部世界的变化、准确地把握自己的位置，建立积极、良好的人际交往关系，这种同一性的获得是同一性发展中最成熟的状态。埃里克森曾说：“这种同一性获得的感觉也是一种不断增强的自信心，一种在过去的经历中形成的内在持续性和同一感（一个人心理上的自我）。如果这种自我感觉与一个人在他人心目中的感觉相称，很明显这将为一个人的生涯增添绚丽的色彩”（埃里克森，1963 年）。而大学生处于自我同一性和角色混乱的冲突阶段，大学生的主要任务是建立一个新的同一感或自己在别人眼中的形象，以及他在社会集体中所占的情感位置，因此，大学生强烈渴求社会交往来排解自己离开父母亲友所产生的内心惆怅和不安全感，在新的关系中找到安全归属感，希望通过社会交往扩大自身社会资源，证明自身价值、获得老师、朋友、同学的尊重和爱，从而获得一种心理上的满足感和归属感。

1.2 内心孤独，交往渠道虚拟化

当代大学生是孤独的一代，大学生社会关系相对简单，人与人之间交往相对封

闭，基本局限在父母、亲友、同学之中，交际范围狭窄，而且大学生之间的交往多是以寝室为单位，人际交往受到很大限制，但寝室关系同时也是最易产生不愉快、摩擦、甚至冲突的地方，由于缺乏一定的人际关系处理技巧，现实生活的交往往往使大学生倍感压力，自身对社会交往的渴望与实际交往水平形成一定差距，于是大学生个体便会感觉到缺乏令人满意的人际关系，会感到内心十分孤独。而现代网络的出现，人们找到了自我表达的空间，逐渐成为大学生生活的很重要一部分，大学生不仅可以通过借助微信、微博等新媒体获取大量有效的信息和资源，拓展视野，扩大知识储备；还可以联络老朋友、结实新朋友，扩大自己人际关系圈子。大学生急于扩大自己社会关系网络，满足自身心理需求，于是不断地通过网络、发朋友圈、结实新朋友等途径来扩大自己的社会关系网络。在日常生活中我们也可以发现大部分学生对手机、Pad 等网络工具存有一定依赖，无论是在老师眼皮底下旁若无人地玩手机；还是同学聚会时大家面对面却各自在玩手机等等，甚至是有些大学生过度沉溺于网络聊天室、网游、网婚等网络交往，过分依赖网络，不喜欢与人交往，现实关系很少维护，情感自我封闭，使得寝室关系淡化，同学关系弱化等现象在大学生中非常常见。

1.3 交往方式“自我中心”化

如今大学生多是独生子女，若不是独生子女，也是在父母精心呵护下成长的一代，现在随着物资生活水平的提高，好多家庭都把重心放在培育孩子身上，无论是在农村还是在城镇，能考上大学的孩子更是家中的骄傲，家长往往一味追求孩子的学习成绩却忽视孩子自身能力的培养，甚至有的大学生连最基本的自理能力家长都事必躬亲，久而久之他们便习惯于被他人关心和照顾，自己却很少关心和照顾他人。在这样的成长背景下，虽然他们追求独立和社会认同，渴望融入集体获得归属感，但由于个人资历较浅，缺乏与人相处的经验，习惯于养成的以自我为中心的行为方式，在与人交往过程中倾向于以自我的标准和要求去衡量别人，从自我角度考虑问题，忽视或不考虑周边人的现实情况及感受，他们有时并不能更好的理解日常交往中正常争吵、碰撞、磨合等，导致发生像复旦大学生林森浩因生活琐事与室友关系不和投毒致人死亡，云南大学生马加爵因为打牌时朋友的不认可而沦为杀人狂魔，原吉林农业大学生郭力维因室友打呼噜上传网上导致两人关系不和杀害室友，大二女生关灯引室友不满遭毁容等令人痛心的悲惨事件的发生。

1.4 社会关系弱化和交往快餐化

人际交往是人与人之间的心理上的沟通，是人与人之间彼此情感关系及心理距离的接近，但随着经济的快速发展，市场经济条件下使越来越多的人更大程度的追求物质利益而忽视精神交往，人们之间的交往逐渐变得功利性，把交往当做利益互补的交易关系，交往的原则就是追求利益的最大化和暂时满足。大学生正处于人生观、价值观发展的关键时期，这在某种程度上也影响到了大学生的交往观，大学生往往把扩大社会关系的作用无限放大，大学生往往花很多时间与他人建立关系，但这种建立关系只是单纯地追求数量上多而忽视质量上的优，很多大学生反映自己没有推心置腹的朋友，大学生之间的交往呈现表面化、浅显化，缺乏深入交流，导致社会交往快餐化，人与人之间关系逐渐弱化，利益一旦满足，关系将自动解除，缺乏情感上的联结，造成社会交往困扰，影响大学生自身发展。

2 大学生社会交往困扰因素分析

2.1 社会认知与自我定位存在偏差导致人际交往的冲突

大学生在社会交往中，由于主客体及环境等客观因素的作用，通常会出现一些认知偏差，既可能是对自我的认知偏差，也可能是对他人的认知偏差。其中对他人的认知偏差主要表现为因首因效应、近因效应、晕轮效应、社会刻板印象等导致对他人不客观的评价，影响大学生之间交往双方的良性互动，容易产生交往困扰。而对自我认知的偏差主要表现为对自我意识中“理想自我”和“现实自我”之间的差距不能理性评价，如有的贫困大学生对自我评价过低，认为自己无价值，甚至看不起自己，也担心别人会因此而看不起自己，不敢与他人交往，在融入环境的过程中表现出自卑、自我掩饰、过分自强等行为；有的大学生对自我评价过高，过分以自我为中心，看不起别人，在环境融入过程中与同学的矛盾、摩擦甚至冲突等行为不断。

2.2　人际互动环境的虚实交错导致社会交往的复杂程度提升

随着大数据时代的到来，这在一定程度上增加了大学生社会交往环境的复杂性，由于网络交往具有虚拟性、隐匿性、互动性、传播速度快、信息量大等特点，而大学生具有强烈的好奇心、容易接受新生事物，毫无社会经验的大学生向社会拓展其社会交往网络的过程中，如果被一些居心叵测的人利用，极易发生受骗、迷失甚至人身伤害的案件。如近几年经常报道的女大学生见网友后被囚7月成性奴，威海25岁女大学生网上求包养被网友杀害，山西女大学生见网友惨遭杀害并焚尸配阴婚等，人际互动环境的虚实交错在一定程度上增加社会交往的复杂程度提升。

3　学校心理健康教育对大学生社会交往的导引策略

3.1　正确引导大学生的交往价值观，加强大学生社会认知的客观性

学校应普及与社会交往有关的基础知识，帮助大学生树立正确的社会交往认知、形成正确的交往价值观。健康的交往价值观是每一个大学生建立良好社会关系的前提，而大学生正处于世界观、人生观、价值观发展的关键时期，心智尚未完全成熟，学校作为大学生生活的主要场所，学校教育是引导大学生树立正确交往价值观的最直接的途径，学校可以整合课程教育资源，将社会交往理念和要求融入到各门课程中，使学生在课堂学习中无形习得正确的交往观，将其内化到自身的认知结构中。具体来说，一要培养大学生包容大度理念，做到真诚、宽容、尊重与倾听，互相理解各自的生活习惯和个性特点，接纳与自身不同的思想和观点，正确认识和处理日常生活中的正常磨合和互动。二要使学生认识到提高自身人际魅力的重要性，学会自我心理调适，掌握人际交往中的黄金法则①。

① 社会交往“黄金法则”：善待别人者为人善待，要想别人怎么对待自己首先要怎么对待他人

3.2 创造有利于大学生社会交往发展的有利环境，努力提高大学生的社会化水平

大学生社会交往活动基本上蕴含在校学生会、社团、寝室、校园活动、网络等环境中。因此，对社会交往环境的合理利用一方面可以满足大学生强烈的社会交往意愿，扩大大学生社会交往范围；另一方面营造良好的社会交往氛围是大学生提高其社会交往能力和技能、实现社会化和获得安全归属感的关键。于是，一可以开展丰富的校内外社会实践活动，为大学生社会交往提供丰富的社会实践平台和资源；二可以推进和谐交往寝室建设。大学生寝室是大学生主要生活园区，是一个小社会，是大学生人际交往最频繁的地方，寝室也是最易产生矛盾的地方，因此推进和谐交往寝室建设是大学生顺利完成社会化的关键因素；三可以实施健康网络交往教育，使大学生学会正确合理利用网络，能够合理处理网络交往和现实交往的关系，全面认识网络交往利弊，提高自身安全防范意识，加强现实交往的维护，提高自身交往技能。

3.3 建立健全心理疏导机制，重视加强对“问题大学生”的心理援助

纵观近几年发生的大学生社会交往热点案件，我们可以发现这些案件存在以下特点：一是情绪叠加，消极情绪无法排解，宣泄情绪不畅，造成心理积怨和心理失衡；二是出现认知偏差后，心理出现障碍得不到及时纠正，从而导致过激行为的发生。不良情绪和认知偏差得不到合理的宣泄和纠正，就有可能因为一句话、一件事引发行为矛盾。因此，高校有必要建立健全心理疏导机制，一方面高校应开展有关大学生社会交往的心理选修课或专题讲座，在心理咨询中心设置有关社会交往教育的主题专栏，向所有大学生普及社会交往的知识、技能及曾发生的不幸事件，引导大学生认识到社会交往的必要性及构建维护良好社会交往关系的重要性；另一方面对于心理有偏差或问题的学生，则要进行专门的咨询和辅导，给予更多的人文关怀，引导其掌握心理调适的方法、人际交往技能及提高挫折承受能力等。

参考文献

[1] 吴丹. 当代大学生交往心理分析及交往障碍调适[D]. 哈尔滨:哈尔滨工程大学硕士论文,2004.

[2] http://wapbaike.baidu.com.

大学生自我意识发展特点及引导策略*

黄永莲(上海海洋大学海洋科学学院,上海,201306)

摘　要　自我意识是多维度、多层次的高级心理系统,在人的一生中呈动态发展过程。大学阶段是大学生的自我意识迅速发展并逐步趋于稳定和完善的关键时期。良好的自我意识有助于大学生形成合理的自我认知、进行积极的自我体验、实施有效的自我调节,是促进大学生个体成才的基础。在分析自我意识对大学生的意义及当代大学生自我意识发展特点的基础上,本文提出培养大学生自我意识的主要策略:引导中肯的评价和认可、引导坦然的自我接受、引导良好的人际关系、引导大学生自我教育和完善。

关键词　大学生;自我意识;发展特点;引导策略

作为多维度、多层次的动态发展的高级心理系统,自我意识不仅在人的心理过程和个性心理中居重要地位,而且与大学生心理健康教育密切相关。大学阶段是个体心理发展成熟的重要时期,是大学生的自我意识迅速发展并逐步趋于稳定和完善的关键时期。大学生自我意识是否良性发展不但影响大学生的道德判断和人格的形成,而且影响其人生观、价值观的确立以及适应社会的能力。

1　良好的自我意识对大学生的意义

弗洛伊德认为,自我意识是意识的核心部分,是个体对自身生理、心理和社会

* 作者简介:黄永莲,上海海洋大学海洋科学学院,Email: ylhuang@shou. edu. cn

功能状态的知觉和主观评价，包含个体在社会实践中自己对自己、自己对他人、自己对社会、自己对自然等关系的意识。爱利克·埃里克森从自我意识的形成和发展来探讨自我意识的内涵。他把个体自我意识的形成和发展划分为八个阶段，而且特别强调"同一性"在自我结构中的作用。我国心理学界普遍认为自我意识是意识的一个特殊领域，是指对自我概念、自己的存在状态、生理和心理状态，以及自己同外部世界的关系的认识。

简言之，自我意识是一个多维度、多层次的动态发展的高级心理系统，是一个人对自己以及自己和他人关系的认识，它对个体的心理和行为起着重要的调控作用。从表现形式上来看，自我意识包含了认知、情感、意志三种形式，分别被称为自我认识、自我体验和自我调控。从内容上看，自我意识又分为生理自我、社会自我和心理自我。也有人从自我观念的角度，将自我意识分为现实我、投射我和理想我三个部分。自我意识具有社会性，人的自我意识不是生来就有的，而是在社会实践中，随着语言和思维的发展而逐步发展起来的。自我意识具有复杂性，因为自我意识本身是一个各种"我"相互为用的综合心理系统，无论我们从哪个角度分析，自我意识的内部结构都是错综复杂的。自我意识具有动态性，它是个体在社会化过程中，通过社会生活的实践形成和发展起来的，随着年龄的变更，环境的变迁，社会关系网络的变化，自我意识也呈现不同的内容和表现形式。自我意识具有发展性，自我意识是可以丰富、发展和完善的，自我意识的各种表现形式可以多姿多彩，但相互之间可以不断协调达到稳定的平衡状态。良好的自我意识对大学生发展有如下意义。

1.1　有助于大学生形成合理的自我认知

德国著名作家约翰·保罗说："一个人的真正伟大之处，就在于他能够认识自己。"大学生无论是身体的健康发展，还是学业、人际和求职方面的成败，均离不开恰当的自我认识。研究表明，一些缺乏正确自我认识的人，常常表现出自卑或自傲，对自己的错误认识常常导致行为决断上的错误，从而丧失机会，导致失败。合理的自我认识对一个人来讲至关重要。只有合理地自我认识，才会客观地评价自己，合理地要求自己，从而悦纳自己，产生不断完善自我的动力。也只有合理的自我认识，才会正确认识自己与他人的关系，并对周围事物产生合理的认知。

1.2 有助于大学生进行积极的自我体验

具有积极的自我意识的个体，倾向于做出积极的分析和解释；具有消极心态的人，倾向于做出消极的分析和解释。合理情绪疗法认为：情绪不是由某一诱发性事件本身直接引起的，而是由经历这一事件的个体对这一事件的解释评价所引起的，不合理的信念引起了不良的情绪反应和适应不良的行为，改变不合理的认知，可以改变情绪和行为。肯定自我还是否定自己，必然对大学生产生不同的情绪体验。积极体验多的人，其行为的主动性更高；消极体验多的人，其行为的被动性更多，良好的自我意识可以帮助大学生进行更多的积极的自我体验。

1.3 有助于大学生实施有效的自我调节

能否与现实环境保持良好的接触，一直是个体心理是否健康的重要衡量标准。具有合理的自我意识的人，能对周围事物和环境做出客观的认识和评价，能与现实环境保持良好的接触。环境改变时，能够面对现实、接受现实，并主动地适应现实，使个人行为符合环境的要求。适应大学生活较快的大一新生往往都是具有良好自我意识的人。面对突发事件，面对困难，能够适时调整勇敢面对的人，也是具有良好自我意识的人，良好的自我意识可以帮助大学生进行自我控制，实施有效的自我调节。

1.4 是促进大学生个体成才的基础

自我意识对人的一生都有影响，其形成也贯穿于人的一生，而在大学阶段，自我意识的确立对于青年人格的形成和心理的发展起着举足轻重的作用。合理的自我认知，积极的情绪体验，有效的自我调节，这些都是大学生心理健康的重要标准，是个体心理发展成熟度的重要标志。自我意识是认识和实践活动中的重要因素，它不仅是个体认识和行为的前提，还决定着个体认识的对象、方向和范围，对主体活动具有调节和控制作用，对个体生涯抉择和行为倾向产生重要影响，良好的自我意识是大学生成长的重要基础。

2　大学生自我意识发展的特点

大学阶段的自我意识是个体之前的自我意识的继续和深化，同时又伴随着质的变化，呈现着新的内容和特点，这对于人的一生发展都有特别重要的意义。作为在中国经济迅速发展时期成长起来的一代，在新媒体的影响下，当代大学生有着突出的心理特征、独立的个性、他们的自我意识有着显著的特点。笔者曾在课堂上，通过画画让学生用任一事物或物品来表现自己、表现父母、表现朋友、表现恋人、表现不喜欢的人。本部分用学生完成这一作业的内容来呈现大学生自我意识发展的现状。

2.1　自我意识的丰富性对片面性

对比中学时代，大学生的自我意识明显增强，能自觉通过自我剖析、自我觉察来客观认识自己的外表和内在品质，也能通过事件中他人的评价来综合认识自己，大学生的自我意识不管内容还是形成途径都日益丰富。但由于社会经验不足，同时脱离了父母的指导，他们对自己的需要、动机、理想和气质等认识比较模糊，可能出现认识偏差。由于缺乏正确的自我认知，没有形成统一的自我意识，他们有时不能进行恰如其分的自我评价。自我意识会出现片面性，如过度地自我接受，片面夸大自己的作用和长处；过度的自我拒绝，认为自己一无是处等。在上述画图作业中，有学生把自己画成一串佛珠，因为他觉得自己是由很多不同的部分组成的，而且每个部分都很鲜明。父母画成一尊佛，他们给了他转动下去的动力。恋人则画成了佛珠上的一个装饰，这个装饰是对佛珠的补充，使佛珠变得更完美，如果没有这个装饰它就是一串光秃秃、普通的佛珠。朋友被画成了一盏灯，带给他光明，而敌人则被画成了另一串佛珠，因为他不喜欢和他一样的人。

2.2　自我意识的稳定性对波动性

大学生的自我体验越来越深刻且丰富多彩，有喜欢、自信、欣喜等积极情感，也有厌恶、自卑、惆怅等消极情感。健康的自我意识总体来说是比较稳定的，在稳定中呈现上升和调节趋势。但大学生的自我情绪体验比较不稳定，常因一件小事成功就兴高采烈，自信满满；也会因为一件小事失败而灰心丧气，否定自己，使自己陷入矛盾的情感体验当中。究其原因，一是由于他们的自我认识不够成熟，易受到外界的影响；二是他们的自主性低，缺乏处理各种矛盾和适应环境的能力；三是缺乏对社会和环境的合理认知，缺乏是非善恶的主见，价值判断易受影响。有学生在图画中，用一块一半有棱角一半光滑的石头来形象地表现自己出自己的稳定性和波动性。光滑的石头表现自己的稳定性，而棱角需要在社会化过程中不断地被打磨。

2.3 自我意识的独立性对依赖性

大学时代，学生需要自己安排生活，处理人际关系，自主学习和解决问题。由于自我认识和自我体验的发展，大学生的自我控制水平较之高中已有提高，但在自我控制方面，主观自我与客观自我之间常常发生冲突。主观自我会对行动产生理智要求，而客观自我常常会产生行为冲动；主观自我希望形成坚定的目标，而客观自我常屡屡动摇；主观自我的成就动机多姿多彩，而客观自我的精力投入十分有限。这些都反映出大学生一方面要求独立，一方面却又常常产生依赖性。大学时期，学生须从他律依赖过渡到自律独立。凡事得自己想办法、拿主意，生活上完全要靠自理，这一突变让缺少自律教育和独立训练的大学生心慌意乱、手足无措。在图画中，一个学生把自己画成是月亮，而她的父母则被画成笼罩在月亮周围的云和漂浮在远处的云。父母保护她又任由她自由发展，时而离得很近，时而又离得很远，充分体现出独立性与依赖性的矛盾。有学生将自己画成正跃出鱼缸的鱼，鱼代表他自己，鱼缸和鱼缸里的水象征父母。鱼跃出鱼缸，象征着他想要挣脱父母的怀抱，走向社会。天空的飞鸟象征着爱人，跃出的方向向着飞鸟，象征着他会为了追求爱情而勇敢跃起。

2.4 自我意识的积极性对消极性

自我意识的形成和发展的过程，正是一个人人格成长的过程，忽视任一阶段的健康成长，都会给人带来终生的遗憾。当代大学生随着个体心理和意识的不断发展，自我评价能力日益提高。但是，由于大学生不能正确认识自我和客观现实，往往会出现自我评价偏差,较低自我评价直接影响大学生的身心健康。当代大学生中存在着积极的个性自我意识和消极的个性自我意识两种意识倾向。积极的个性自我意识是形成新的真实的自我意识统一的有利条件,能使人增强自信,努力奋斗,有利于自身发展。而消极的个性自我意识是自卑、多愁善感、情绪化、固执、胆小、暴躁、自制力弱,容易形成歪曲的自我意识,影响品德成长和身心发展。有学生在图画中将自己画成一个刺球,外面都是刺,一不小心就会扎伤别人,但她认为刺的里面却是软软的。她画的朋友是颗太阳,虽然有时候我们会被太阳晒伤,但是没有太阳,世界就会很黑暗。敌人被她画成了一个针筒,虽然会让她很难受,可是自己却能从中受益,变得更好。

3 引导大学生正确自我意识的策略

正确的自我意识是大学生成长成才的重要基础,对于大学生形成合理的自我认识,进行积极的自我体验,实施有效的自我控制起着重要的作用。大学生自我意识与大学生心理健康密切相关,积极的自我意识是心理健康的重要标志。加强大学生自我意识教育和研究,可为高校心理健康教育提供理论依据和具体指导。大学生优秀的道德自我和积极的自我意识是大学生自我意识的主流,但确实也存在片面性、波动性、依赖性、消极性等现象。现提出一些培养大学生自我意识的策略,以引导大学生心理健康发展。

3.1 引导中肯的评价和认可

正确认识自我是个体形成正确自我意识的基础,这是调适现在的我与理想的我的有利保障。面对当代大学生,高校辅导员应针对他们自我意识的特点,注意引导他们积极主动地认识自我,重塑或完善自我。一是要肯定大学生优点,给予他们表现自我和崭露头角的机会,并认可他们的表现。研究表明,一个人会在不知不觉中接受他人的语言和行为的影响,产生“认同”,这种心理过程被称为接受暗示。凡是使人增加力量、勇气、快乐和信心的暗示是积极暗示,反之则是消极暗示。老师给予的积极暗示多,学生不知不觉中就会朝积极的方面发生改变。如果老师能及时指出并放大这种积极改变，将会刺激学生更多积极行为的出现。二是在肯定大学生优点和长处的基础上引导他们自省，从审视自己的感受体验中发现自己的关注点和忽视点，从反思自身行为的过程中发现自身的长短得失，从事件处理的过程和结果中发现目标完成程度，通过自省获得经验和教训，有的放矢、发挥长处、改正不足、完善自我。三是引导他们恰当通过他人的评价来认识自己。研究表明，如果一个人的自我评价与他人对其客观评价在很大程度上一致，则说明他的自我意识比较成熟。因此，如果在实际生活中，当代大学生经常通过老师、朋友的评价来认识自己，虚心倾听多方面评价，则有助于正确地认识自我。当然选好参照对象很重要。笔者曾在课堂上，通过小组成员后背互贴不记名表扬条的小游戏引导同学们互相评价，效果较好。

3.2 引导坦然的自我接受

自我意识的丰富性即蕴含着自我意识的差异性。引导大学生树立健康的自我意识的一个重要内容就是引导大学生认识并接受人和人之间的差异性。金无足赤，人无完人，要引导大学生克服自我意识的求全求同性及认识上的片面性。承认存在差异的目的是看到自我意识是一个丰富的整体，不拿自己的缺点和不足与别人的长处和优势比较，能够欣然接受自我，而欣然接受自我则是形成健康积极的自我意识的关键和核心。根据心理学家的研究，心态积极乐观者更多地表现出对自我的接受和认可，相反，心态悲观多有心理问题者则会常表现出对自我的不满。要做到欣然接受自己即悦纳自我，一是要接受自己本来所具备的一切，包括长相、体形、性格、能力以及家庭背景等等，了解自己的长处和短处，争取做到扬长避短。一个人在这个方面的不足，可以通过另一方面来弥补，失之东隅，收之桑榆。如上文提到笔者曾在课堂上，让学生通过画画展现自己，随后让他们小组内自愿分享，可以起到这方面作用。二是要正视自己的短处，首先要和自己比，今天比昨天有进步，今天比昨天有收获，坚持每天都有进步，每天都比昨天好，每天都能体验到充实和快乐。要坚信只要自己真正付出努力，一定条件下，别人可以，我也可以，以此来增强自信心。三是要学会欣赏别人的长处，这是坦然接受自我的高级层次。欣赏到别人的长处不仅能让自己心情愉快，心态积极，而且能交到真正的朋友，形成良性互动的人际关系，能在与他人适度交往中认识自己、丰富自己、接受自己。

3.3 引导良好的人际关系

马克思说过，在其现实性上，人的本质是一切社会关系的总和。也有哲学家说，人只站在自己的双脚上无法生成完整的自我。良好的自我意识，只有在与他人的不断交往中逐步形成。人际关系强调的是个体之间的互动。从自我意识的角度看，引导大学生良好人际关系的形成，一是要客观认识自己、评价自己，了解自己的性格、气质、能力，了解自己在群体中的角色，适合交往的人群，适合担任的工作，适合展现的场所，并逐步尝试不同的朋友和工作。二是要在交往中看到人的整体性和丰富性，客观地认识他人、评价他人，不因某一方面的长处全盘肯定他人，也不因某一方面的不足全盘否定他人。对别人的长处真诚欣赏，对别人的不足引以为戒。三是要在交往中尊重彼此的自我意识，发扬各自的长处，平等交往互相帮助，我们俗称的良师益友，就是那些能使我们得到教益和帮助的人。笔者在班级主题活动中通过孤岛探险、共建家园、素质拓展等团队活动。为团队设置有一定难度的共同目标和任务，并强调不同的分工和彼此间的合作，有助于实现这个目标。

3.4 引导大学生自我教育和完善

自我意识的完善和发展是一辈子的过程。只要有正常的生命存在，自我意识的发展就不会中断。自我意识的发展是一个动态可变的过程，当代大学生的自我意识的发展更是如此。自我意识在经过正确认识和评价自我并欣然接受自我之后，还需要不断地完善自我。当代大学生正值人格塑造关键时期，尤其需要不断完善自我。不断完善自我，一是要确立合理的目标，人的行为需要目标作为指引和最终的评定标准。正确的目标能激发人的动机，指导人的行为，促使其向预定的目标前进。二是要培养自控力，人在实现目标的过程中，不仅有自身欲望的干扰，也会有外界刺激的诱惑，还会有客观条件的限制。自身的欲望、外界的诱惑、客观的困难容易使人偏离正确的前进方向，放弃对先前树立目标的追求。因此，一个人如果想要达到既定目标，成就事业，就必须具备很强的自控力，这样才能让自己抵制诱惑，约束自己的情感，把握自己的行为，面对困难不退缩。三是要在实现目标的过程中，体会到快乐和成功。如果目标的实现是单调和痛苦的，很难有人能坚持下来。因此目标需要细化成一个个小目标，每个小目标的实现都可以让我们体验到成功和积极的情感，可以给人带来快乐和成就感，并引导我们实现最终的目标。

总之，高校辅导员作为大学生的良师益友，需要在日常生活教育、服务和管理上做个有心人，在充分发挥大学生自我意识丰富性的同时，引导他们认识并克服片面性；引导大学生建立稳定的自我意识，减少情绪上的波动性；培养大学生的独立性，逐步减少他们的依赖性；帮助大学生树立积极的自我意识，逐步减少并消除消极的自我意识，为他们的人生奠定幸福的基础。

参考文献

[1] 弗洛伊德. 弗洛伊德后期著作选[M]. 林尘，等，译. 上海：上海译文出版社，1986，166.

[2] 朱静，王佳利. 浅析积极心理学在优化大学生自我意识中的应用[J]. 学校党建与思想教育，2014，4.

[3] 赖文龙. 大学生自我意识研究[J]. 心理科学，2009，32(2)：495－497.

自体心理学视角下的大学生“求点赞”网络泛成瘾行为分析及对策探讨*

王晓峰[1]　兰丽丽[2]

（1　上海政法学院，上海，201207；2　上海立信会计学院，上海，201620）

摘　要　当今大学生群体中存在着一种“状态文化”，即依靠网络平台发布自身学习、工作及生活的即时状态，大学生通过发布状态渴望得到“点赞”，由此导致了网络泛成瘾行为。网络泛成瘾行为加剧了“碎片化”信息和思维对大学生学业、职业和心理发展的消极影响。本文以精神分析自体心理学为视角讨论网络泛成瘾行为的心理机制——自体客体需求的回应失败及持续产生的抑郁感和消耗感，并进一步讨论应对的心理辅导技巧。

关键词　大学生；网络成瘾；精神分析；新自体心理学；心理辅导

1　大学生网络生活的“状态文化”

2010 年微博的出现促使大学生的网络生活从博客时代转向微博时代，2011 年微信的强势登陆使得手机网络基本覆盖了年轻人的生活，网络技术的快速发展极大地影响了大学生的生活状态，最明显的是“碎片化”特征严重影响着大学生的身心健康与成长。乔治・齐美尔认为，“现代性的一个本质特征就是‘碎片化’”。城市化和快速移动的生活方式让日常生活呈现“片段化”，把我们的生活从“日子”变成了“段子”。

---

* 本文为 2015 年上海高校心理咨询协会资助课题

作者简介：王晓峰，上海政法学院辅导员，Email：lndafeng@163.com

就在校大学生而言，微博时代的快餐文化和速食习惯培养了他们“短句式”地表达方式。他们喜欢只言片语的聊天或话语表达，微博的信息不像 QQ 或 MSN 聊天那样私人化，也不像博客那样需要费大力气去书写，对世界来说它更像是一种即时的、碎念的状态记录。这种生活方式催生了大学生当中的“状态文化”。即通过 QQ\微博\微信等网络平台发布自己的行为、心情以及感受的状态。这种文化具有以下几个特征：第一，发布内容会因时间不同而变化。早晨 7 点到 8 点这个时间段，会有大量描述晨跑、早餐、早起困难的行为事件和情绪状态。晚上 11 点至 12 点，会有大量回忆一天生活、憧憬未来等内容。第二、发布内容都围绕相对固定的活动空间进行。大学生的生活基本是围绕课堂、食堂、寝室、操场、超市几个空间来展开。因此，他们的状态也多是描述身在何处以及所思所想。第三，思想表达呈现成熟与幼稚两极化特征。大学生既是社会思想最敏锐的接收者，又是认知、情感、意志还没完全成熟的孩子。他们发布的内容既有关于国际、国内时政和社会思潮的敏锐触及，又有富含批判思维充斥生活的各种“萌”。第四，情感诉求与身心发展具有阶段性特征。大一学生关注的内容比较宽泛，美食、交友、家乡、高中生活等都是他们发布的内容。大二、大三学生则会更多涉及考证、学业发展、辅修等专业学习相关的内容。大四学生更多涉及考研、求职等未来职业规划的状态。“状态文化”的一个核心特征就是“求点赞”，大学生发布状态不仅是为了描述事件和抒发情感，更重要的是为了寻求一种“求点赞”的网络互动。

2 网络互动的“求点赞”现象

“点赞”一词为网络语言。来源于各大网络社区的“赞”功能。具体的操作是每个帖子下有一个大拇指形状的“赞”按钮，点击一下该按钮即对该帖子点赞，表明对该贴子的喜爱和赞同。国外 Facebook、国内 QQ 空间等很多社交网站都有“赞”功能。随着微信的发展以及大学生对它的广泛使用，点赞成为一种重要的网络互动。点赞极大地扩展了大学生网络交友的宽度和速度，只需碰触一下鼠标，就可以和熟悉的、不熟悉的人完成一次互动，点赞更加突出了网络人际连接的便利性和开放性。

随着点赞的流行，大学生发布网络状态这一行为背后的心理诉求也发生了变化，大学生为了获得点赞，为了获得被赞同、被喜爱的感觉，逐渐地，点赞变成了求点赞。主要表现在两个方面：一是频繁地发布各种状态；这些状态大多是关于自己和身边朋友的琐事。如起床要发个状态、吃到美食要发状态、看到一只猫要发状态等；二是状态发布后不断地刷新电脑或手机屏幕，看看是否获得了点赞以及获得多少点赞。求点赞的心理和行为加剧了大学生网络生活的碎片化，撕扯着本已碎片化了的就餐、学习和就寝时间，对大学生的身心发展和学业发展产生着负面影响，此种现象使得大学生的网络行为逐渐演变成一种泛成瘾行为。

3 大学生的网络泛成瘾行为

网络成瘾，也称为网络过度使用或病理性网络使用。是指由于过度使用网络而导致明显的社会、心理损害的一种现象。其主要特征是：无节制地花费大量时间上网，必须增加上网时间才能获得满足感，不能上网时会出现异常情绪体验，如学业失败、工作绩效变差或现实人际关系恶化。

数据显示我国网民规模已占据世界第一，大学生不仅是其中最为活跃的一个人群（CNNIC，2009），而且网络成瘾问题也令人堪忧，比例高达6.56%～13.5%。如今的情况更糟糕，网络购物和微博的快速发展以及微信的强势挺进，大学生网络使用达到了前所未有的程度。截至2011年12月底，中国手机网民规模达3.56亿，其中，大学生群体成为手机上网的主力军。95%以上的大学生都开通了手机上网功能。网络成瘾对大学生的身心发展造成了严重危害，这种危害涉及学业、身心健康、人际关系等方面。

本文所指的大学生泛成瘾行为中“泛”，一是指对象上的普遍性，即大部分的大学生都有这种网络行为习惯；二是该行为对大学生的身心发展产生潜在、持续的、消耗性的负面影响。本文所定义的泛成瘾行为是笔者作为辅导员对大学生心理健康做研判的经验标准，并不具备心理疾病的诊断意义。

网络泛成瘾行为虽然不具有疾病的诊断意义，但在实际工作当中我们发现，它影响了绝大部分大学生，同时对大学生的健康、学业、人际交往、职业发展等诸多方面都产生了负面影响。这应当引起高校思政工作者的关注。本文以自体心理学为视角，以该理论中的自恋、自体客体、回应、神入等概念剖析行为的心理机制并据此提出可操作性的心理辅导建议。

4 网络泛成瘾行为的心理机制分析

4.1 自体心理学成瘾心理分析

科赫特指出，新兴的自体心理学在成瘾领域具有特别巨大的潜在解释力量。他随后提到"成瘾行为"(addictive behavior)是自恋行为障碍的一种主要症状。他认为，成瘾者没有形成经验自体肯定的和自体确认的反应性自体客体功能所需的心理结构，也没有形成经验自体抚慰的和自体镇静的理想化自体客体功能。由于未能充分内化和建立必要的心理结构，成瘾者被迫依赖一种无生命物质(例如毒品、酒精和食物)作为自体客体的一个替代品。作为一种替代的自体客体，该物质发挥"补救刺激物"的作用，对抗自体的分裂或耗竭。在科胡特自体心理学的概念体系中，自体、自体客体、自恋、神入等概念是其核心概念。

自体(self)是人格的核心，从结构来看，自体是包含自我(ego)和伊底(id)在内的统摄性动力结构，有志向(ambitions)、理想(ideas)及才能和技巧(skills and talents)这三个成分。自体客体是指，当客体(通常是指婴幼儿重要的照顾者)在一种关系中被内在地经验为提供了功能，唤起、维持或积极地影响了自体感时，它就是一个自体客体。自体客体并非实体，主要是指一种心理功能。

自恋概念在科胡特的自体心理学理论体系中与弗洛伊德古典精神分析及普遍意义上文化所理解自恋有很大的区别。一是自体心理学不再将自恋看作是病理性的，而更强调自恋的健康功能。这样的转向更加适合普通人群，尤其是在校大学生；二是自恋在自体心理学理论中并非是狭义的心理疾病的代称，更多的是指心理结构的一种功能，具有更多的对心理状况的普遍解释意义。科胡特认为，自恋者将他人或客体体验为自己的一部分，为自体提供一种功能，以保持由于创伤、侵犯而遭损害的发展平衡，这种客体就成为自体客体。自恋者潜在地把他人作为一种自体客体，以维护自我的平衡。自恋是自体的心理结构的防御和代偿功能，是力比多对自体的投注。也就是说自恋障碍者会更多强调自己的感受而较少关注他人的感受,自恋障碍者会较少地表露出自己的需求,以免受到伤害。

科胡特认为,健康的自体在三种自体—客体经验的发展环境中形成。第一种经验需要自身客体"回应并可定儿童天生的活力、伟大和完美的感受",带着快乐和认可来看待他,支持儿童扩展心灵状态。第二种发展必需的经验是儿童与强大有力的他人有密切联系,"儿童可以仰望他,与他融合成为平静、绝对可靠和全能的形象"。最后,科胡特认为健康发展需要对儿童坦率并与儿童相似的自身客体,唤起儿童与他们之间重要的相似感。

新自体心理学家乌尔曼和保罗在科胡特研究的基础上提出"成瘾触发机制"(addictive trigger mechanisms, ATMs),ATM 是人们过度依恋的任何物质(Substance)(如酒精、药物或食物)、行为(behavior)(如强迫性进食或赌博)或人(person)。一个 ATM 通过原始自恋幻想和自恋性狂喜情绪,发挥原始自体客体的功能,并产生自体经验的一种分离性改变,这些经验涉及主观意识的潜意识构造。换句话说,从自体心理学角度来说,乌尔曼和保罗将成瘾视为"由 ATM 生化地、生理性地或心理性地触发的一种沉溺于幻想和情绪的自体客体经验"。

乌尔曼和保罗在分析了成瘾心理的发展过程,他们认为,成瘾性自体障碍所特有的心理结构缺陷基于早期照顾者神入地理解和回应婴儿及儿童与年龄相应的需要的失败,这些需要包括经验自体在幻想中与理想化和全能自体客体的融合,或者经验自体在自体客体面前表现夸大。早期照顾者可能非神入性地对这些与年龄相应的原始自体客体幻想刺激不足或过度刺激,从而严重妨碍"变形性内化"过程。通过这个过程,婴儿与儿童逐渐接管早期照顾者自体客体的抗焦虑和抗抑郁功能。由于发展的失败,成瘾倾向的个体可能开始依赖具有 ATMS 作用的药物、行为,或者附属物。缺少一个心理结构让成瘾倾向个体遭受耗竭焦虑以及空虚抑郁的持续痛苦。由此,成瘾倾向个体变得依赖于发挥抗焦虑和抗抑郁自体客体作用的 ATM 的缓冲和麻痹作用。

4.2 自体心理学理论对理解大学生网络泛成瘾行为心理机制的启示

自体心理学的理论和概念比较晦涩,概括地说,自体心理学认为婴儿和儿童在早期发展中的一些重要需求，如全能感、创造性、完美感没有得到重要照顾者的很好回应。照顾者对孩子的手舞足蹈、乱写乱画、自言自语、疯狂想象等行为背后的心理需求没有提供相应的及时回应，甚至提供相反的回应。如漠视、转移、喝止、训斥等。这使得父母作为一种心理结构没有能进入到孩子内心，从而使得个体在成长过程中缺少抵抗焦虑和抑郁的内心结构。个体内心产生一种持续的抑郁感和耗竭感，也就是我们说的无原因的无聊、无意义、无目标，身体上表现为宅，不想动，思想上表现为无激情、意志力差，不能专注。

为了对抗这种抑郁感和焦虑感个体逐渐发展出一组操作系统，包括一定的认知图式、情绪反应和行为习惯。通过这种操作，个体可以转移注意力，不去面对内心的抑郁感和焦虑感。但是这样的操作只是起到了缓冲和暂时的麻痹作用，并没有使得个体内心的结构更加完整或者完善。因为长期使用这种转移的策略，个体的内心结构会停留在心理发展的某个阶段，甚至会退行到儿童、婴幼儿期。这使得个体在发展过程中，当遇到更大压力、环境变化、身体变化时很容易产生心理健康问题。

网络泛成瘾行为正是这样一组操作系统。大学生通过不断发布状态、刷屏、求点赞来消耗时间避免体验内心的抑郁感和焦虑感。中国国内缺少严格的关于父母养育的实证性研究，但我们可以从社会现实来做一定描述和假设。中国社会转型剧烈，社会资源严重不均，社会组织的功能极弱，所以当今大学生的父母生存焦虑感很强。我们一直诟病的应试教育之所以屡克不下，除了教育资源不足，教师教育理念错误以外，很大一部分原因是父母们想通过儿女在教育上占据有利位置来缓解自己的生存焦虑。在这样强大的全社会的焦虑弥漫笼罩下，父母们的关注点一定是集中在孩子的学习成绩上，而且主要是集中在单纯、重复式的答案成绩上。除此之外，孩子的其他方面的发展，如情绪自我调节、挫折适应、自我认同一律让位给学习。所以，在这样的社会环境背景下，很多孩子的活力、热情、开朗和创造力因为始终得不到热情的回应逐渐萎缩成为平庸、单调、毫无意义的重复学习。通过不断的考试、升学，自体结构变得枯萎、瘦小而坚硬，一路走来笨拙地防御着脆弱的自体，避免面对孤单、虚无的真实自体。

到了大学，升学设置消失，知识不再是简单的答案，同伴之间的人际评价影响增强。坦露在这样变化之中的很多大学生，他们很难想象自己曾经的那些“不切实际”的需求会有人关注和满足，因为他们受到的忽视、否定太多，而修正自己需要，抗受挫折的自体客体心理机制因为没有得到锻炼十分脆弱，很容易因为一点小事(一个眼神，一句无关的话)而产生严重的羞耻感。又因为西方个人主义、享乐主义的价值观随着改革开放对中国社会文化、价值观念都带来了巨大的冲击。而这个冲击终于在大学阶段可以得到很好的释放，因为父母在空间上(不在身边)和情感上(不再死盯着考试)都允许这个冲击的到来。两个因素叠加到一起使得当今大学生群体不但要面对外部更多的选择，也开始面对自己内心的孤单和虚无。从大学生发布的状态来看，有不同的价值观念和生活方式，使人感到选择无所适从。而很多热词如无聊、宅、脑残、二代都表达了退缩、平庸、无意义、无理想的内心状态。

5 泛成瘾行为心理辅导的技巧与方法

关于大学生的网络泛成瘾行为有两点值得我们关注。第一，行为的产生是发展中的问题。正因为他们开始审视人生，所以才面对真实的自体，然后才无所适从、慌乱失措。第二，绕过行为，看背后的心理诉求更为关键。前文我们提到点赞代表了一种认同、赞同、喜爱，因此求点赞可以被理解为早年没有得到的心理需求在即将成年时的回响。他们索求被关注、被呵护、被称赞，不是过分的要求，而是他们理所当然应当获得的东西。

大学生网络泛成瘾行为是与社会发展伴行的群体行为和心理现象，我们不能把它剥离出来去“解决掉”它。这是一项浩大的关于反思、体验、行动、发展的工程，社会、家庭、高校、个人都有责任去努力。作为一线的思政辅导员，我们主要帮助大学生更好地认识到网络泛成瘾行为的危害和背后所表达的心理诉求以及行为和心理所反映的更深层次的人生意义。我们主要采用的方法包括一对一的深度辅导、一对多的小团体辅导和课堂教育。本文主要关注一对一的个体深度辅导。

科胡特认为健康的自体有三种需要：反映性需要、理想化需要和孪生需要。辅导的最终目的是充盈自体，使个体的自体客体功能能够完好地自动运行。辅导要特别关注自体的三种需求，并据此作出敏感性的反应。在辅导的过程中要始终坚持神入和内省的态度与方法。同时，作为辅导员，我们也要个性化地发展本土化的辅导技巧，根据工作实际发展理论和技巧而不是简单地照搬。

5.1 在面对面的辅导中真实地点赞——重新唤起自体客体需求

自体心理学理论认为，自体客体需要在个体的发展过程中起到非常关键的作用。如果在发展的早期，自体客体需要没有得到很好地回应，个体会选择减少自己的需求，以免产生持续的失望和挫败感。更为严重的是，个体甚至会完全封闭自己的需求，退缩起来，心理结构可能会停止发展。我们需要理解的是，学生在我们面前可能不愿意完全开放地表达自己，他们会有一种羞耻感，害怕体验到自体客体回应失败而产生的挫败感。这也正是大学生希望在网上求点赞的心理机制，正因为网络的匿名性、娱乐性、信息庞杂性、延时性可以很大程度上减少这种羞耻感。

所以，第一，我们要坚持面对面的辅导。网络泛成瘾行为从本质上来说是一种防御机制，用以转移痛苦的体验。这使得个体倾向于回避真实地面对虚无的自体，同时，作为一种防御机制，它也会回避真实人际交往以免唤起自体客体需要的羞耻感。因此心理辅导的第一步就是要开始面对这个防御机制。当然，面对面不等于否定电话、短信、网络等方式，但从瓦解防御机制这个角度来讲面对面辅导具有决定性的作用。面对面辅导给双方都会带来压力，也就是我们常说的心理辅导当中的阻抗，怎么去处理这个压力值得双方去思考。第二，辅导员要细心留意学生小成就，并在辅导中有针对性地给予学生反馈。这说到底要靠辅导员在辅导前后做大量的功课，辅导员要事先了解学生的家庭经济、学业发展、寝室关系、娱乐爱好等情况，把这些话题作为辅导谈话的切入点才更为适切。还要注意到学生在校学习、生活的一些小成就，并在辅导中予以共情和支持，这将慢慢地唤起个体的自体客体需求。而当自体客体需求被唤起，学生会逐渐在辅导员面前开放地坦露自己，从而使辅导双方将注意力转向个体的内心并耐心地凝视。

5.2 注重神入的使用——针对需求做出反应，不要针对行为本身

科胡特提出，神入（empathy）即替代内省（vicarious introspection）是我们得以了解另一人内部经验的工具。在心理辅导中，它不但是一种治疗技术，而且是进入

来访者内心世界,协助学生达到自我改变的辅导关键。任何助人工作,离开了神入的工具使用和神入理念的指引,不但初始的关系难以建立,后续的助人过程也会变得倍感艰辛,结果也往往以失败告终。

在深度辅导中,我们最希望来访者能认真、负责、主动、流畅地谈他们的困惑、苦恼、理想、规划……但在现实里,这样的场景极少上演。学生来到办公室,大多数时间都在沉默,眼睛盯着地板,一问一答。在他们的回答里,最多的是"还行"、"没想太多"、"一般"、"没想法"……这个时候不要急着去纠正他们,可以先采取神入倾听,认真地去听他们怎么说,重要的是了解他们传递出一种想要被理解、被关心的需求。

5.3 鼓励他们参加丰富、合适的文体活动——增强自体内聚性

在辅导中,我们要给学生布置作业——建议他们从事适当强度的体育锻炼。许多研究证明,有氧运动与心境改变和应激减少有关。这些运动包括慢跑、健身跑、自行车运动、登楼梯和游泳等。重复性慢跑与心理自我良好感的许多方面相联系:焦虑和抑郁的降低,自我概念、应激忍受力的增强。有些运动,如游泳可以有效地降低紧张、焦虑、抑郁、愤怒和慌乱,同时感受到精力的增加。长期的身体锻炼可以有效地促进心理健康和治疗心身疾病。但这种促进和治疗作用不是自动产生的。只有科学的身体锻炼,因人制宜地制定合适的运动处方,才有可能使身体锻炼取得最大的心理效益。

体育锻炼可以促进自体感的增强,产生胜任力感,从而个体会更果断地作出更多的决定,并付诸实施。而实施过程中获得的成就将进一步增进胜任力感,从而进一步增强自体感,这就产生了一个良性的循环。

6 总结

大学生群体的网络泛成瘾行为值得我们认真反思,总结经验,开展有针对性的心理辅导,作为思政教育工作者,我们希望每个青年学生都能够热情洋溢、满怀理想、主动学习、积极参加各项文体活动,不做手腕族、拇指族和低头族。我们更希望

他们能够充分地利用网络带来的海量信息和便利生活，以有利于他们未来的学业生涯和职业发展。而我们要做的是建立起支持他们的环境，重新唤起他们的正能量，让青年的爱和成长在我们的陪伴下饱含温暖和理性。

参考文献

[1] 李林容，黎薇. 微博的文化特性及传播价值[J]. 新闻与传播研究，2011(1).

[2] 邓林园，方晓义，万晶晶，张锦涛，夏翠翠. 大学生心理需求及其满足与网络成瘾的关系[J]. 心理科学，2012，35：123－128.

[3] 梁林梅，赵建民. 大一学生网络应用行为调查研究——以南京高校为例[J]. 电化教育研究，2013(1).

[4] (美)巴史克. 心理治疗实战录[M]. 寿彤军，薛畅，译. 北京：中国轻工业出版社，2014.

[5] 魏宏波. 从一种理论走向多种取向—新自体心理学研究. 2013.

[6] 蔡飞. 自身心理学：科赫特研究[M]. 福州：福建教育出版社，2008.

[7] (美)科胡特. 自体的分析[M]. 刘慧卿，林明雄译. 北京：世界图书出版公司，2012.

[8] 邓荣华，颜军，金其贯. 运动增进心理健康的机制及运动处方[J]. 西安体育学院学报，2003，20(3).

[9] 周素勤. 手机上网成瘾对大学生的影响及对策建议[J]. 教育与职业，2013(2).

从问题视角转向优势视角

——挖掘学生抗逆力的辅导员工作方式浅析*

林　琳（上海中医药大学针灸推拿学院，上海，201203）

摘　要　本文从优势视角出发，提出辅导员可以从三个环节开展工作：发现真正的问题，挖掘问题背后的抗逆力，提升学生抗逆力。

关键词　优势视角；抗逆力

抗逆力是20世纪50年代以来欧美各国心理学领域的一个热点问题。它从积极心理学视角挖掘求助者的内在潜能，强调人在面对压力或挫折时的潜力激发与自我超越。研究表明，每个人都有对抗逆境的潜质，在经历危机后能够利用内外部资源、寻求自我发展，恢复良好适应状态。这种潜能需要被唤醒，而且对抗逆境的行为表现有可能是积极的，也有可能是消极的。作为一名思想政治教育者如果能够透过问题看到学生内在的抗逆力，从优势视角挖掘大学生的抗逆力，帮助其构建强有力的社会支持网络，将对每一位正在处于困境中的大学生产生积极的推动力量。

1　案例陈述与分析

1.1　面临的困境

小杰是一名医学院校延长学制的学生，有大量的必修课、限选课考试未通过，

---

* 作者简介：林琳，上海中医药大学针灸推拿学院，Email：njll_1983@163.com

无法进入临床实习。按学校规定，五年制学生可允许在七年内完成学业，期满仍无法达到相关要求的则无法取得学历、学位。在第七年的开学之际，小杰犹豫是否要继续留在学校学习，即便一年后仍无法拿到学历证书。

1.2 小杰及家庭基本情况

小杰在高中时是一名理科生，成为一名工程师是他的梦想。进入医学院校后，他非常不适应死记硬背的学习方式。在坚持不懈地努力下，他通过了第一年的课程考试。但随着学习任务的加重，他与同学的差距越来越大。当同班同学全部进入临床实习后，他的学习成绩急剧下降，厌学情绪越发强烈。即便坚持上课，他从内心非常抗拒学习，学习效率几乎为零。辅导员先后为其提供学长辅导、教师答疑等学习资源，与家长共同督促学习，但效果微乎其微。

小杰的家庭经济条件一般，他的母亲非常希望他将来做医生。平时，他的母亲与辅导员保持密切联系，了解小杰在校学习、生活状态。但在家里很少与小杰面对面地谈论学习中的困难、未来的规划，她担心会给小杰带来压力。与辅导员沟通时，他的母亲不停地说，难以控制内心的焦虑情绪，小杰则说话很少，问他问题回答很简单，甚至不回答，低头，任凭母亲说什么都不作反应。在辅导员与小杰单独沟通时，他通常表现为，谈及学业时垂头丧气，少言寡语；谈及未来时有一点憧憬，但又感到很无助；谈及家人，他内心充满愧疚，强烈的自责让他无法与家人交流内心想法。

1.3 小杰身上的3种状态

小杰身上有3种状态：一是消极、退缩的状态；二是顺从、被动的状态；三是渴望独立和改变。他希望能够按照自己的兴趣爱好进行职业选择，追求自己的人生目标，但是遭到家人的极力反对。因此，他在行为上表现出了人在课堂，心不在课堂，看似努力学习，实际没有学习的成果。

1.4 三种状态的心理过程

第一种状态是抑郁状态。学业困难、成绩落后，有严重的挫败感，个性比较内向，在班级活动中表现不突出，得不到他人的关注。他渴望改善，但不知如何发展自己的爱好。母亲只强调好好学习，却不理解他为什么不愿意学习，也没有在他遇到困难时给予恰当的帮助。这是造成小杰抑郁状态的重要原因。第二种状态是退缩状态。在面对压力时，他本能地启动了逃避。他用“人在心不在”的方式逃避课堂，他用沉默拒绝辅导员的帮助，等待被退学。从他成长过程可以了解到，小杰从小对家人言听计从，没有独立性。长大后他有自己的设想，愿意探索，但是被母亲的要求压抑住。所以，他在遇到困难后一直用消极行为在抵抗，抗拒学医，抗拒家人对自己人生的安排。第三种状态是抗逆力状态。在宿舍中，他通过写网络小说赋予生活意义，在虚拟世界里获得他人肯定。这些行为体现出他为独立、自我决定、自我探索做出的努力。学业失败、同学疏远、家人施加的心理压力使得小杰遭受挫折，但他并没有抑郁而终，而是以一种抵抗、坚持的方式生活着。这就是抗逆力的一种表现，辅导员可以借助此为其提供资源、帮助。

2 基于“优势视角”开展辅导员谈话的三个环节

2.1 发现真正的问题

在辅导员的日常工作中，当学生出现逃课、学习困难、与同学关系不融洽等都会被视为问题。辅导员与学生谈话一方面为了解情况，另一方面是提供支持，解决问题。但是，学生身上呈现出的“问题”往往与周围的环境密切联系，是社会互动的结果。以小杰为例，之所以被认为有问题，在于他厌学。为什么厌学是问题，因为他的家人、老师认为这是问题。其实，对于“问题”学生进行帮扶的首要工作是同他们一起澄清“问题”，让他们意识到他们本人没有问题，是他们的想法、做法不合规矩，他们追求自我的方式不被人接受。小杰的“问题”不在于他没有学习能力、缺少学习资源，而是他不愿意按照家人的意愿从事医生这个职业。他希望按照自己的意愿选择专业、选择职业。这也就是为什么辅导员为他提供很多医学学习资源，却没有任何效果。因此，在界定学生的“问题”时我们可以采取这些工作方法：

（1）了解学生的生活经历。家庭经济困难、家庭关系不和谐、学业失败、身体疾病等会让学生处于困境，导致资源受损、缺失，限制他们自身力量的发挥。辅导员与学生沟通时要关注学生无法应对的困难，并且与之以往的经历联系起来。

（2）了解学生的家庭结构。学生对自身问题的认识通常与他生活中的“重要他人”的意见紧密相连。家人的批评、指责、期望都会在无形中强加于学生，导致学生看不清真正的问题所在。比如，小杰的母亲一直强调他必须完成学业，将来从事医生职业。如果不能毕业就是他人生极大的失败，从此低人一等，无法获得社会尊重。这些观念导致小杰认为自己不如同学，注定失败，离开学校就无路可走。辅导员通过了解学生的家庭结构以及重要他人对他的影响，就能够帮助学生明白他的问题从何而来，问题是如何形成的。

（3）聆听学生的叙述。在学生的生活中，谁是在主导我的思想，谁决定了我的行动方向，我真实的想法是什么，我最需要的支持是什么，等等，通过让学生讲述故事，帮助他了解生活中的困境是怎样产生的。

2.2 挖掘问题背后的抗逆力

辅导员要从“问题视角”转向“优势视角”。“厌学、失败、无价值、没出息、没面子、成绩差”等都是从问题视角对小杰的描述。从优势视角看待问题，就是要挖掘这些负能量词汇背后的抗逆力。以小杰为例，他在明知道无法完成学业的情况下仍留在学校“认真学习”是为了摆脱“学业失败”带来的心理压力和精神痛苦。在他看来，只要留在学校里读书，就不会被家人称为“丢面子、没出息”，哪怕这样的停留毫无意义。当母亲喋喋不休地诉说，表现出极度焦虑时，他沉默，保持自己的“独立性”，甚至是用自己的“沉着、镇定”的表现试图消除母亲的担忧。他写网络小说，拥有网络粉丝说明他没有放弃对生活的希望，渴望得到关注，渴望被肯定。显然，小杰的这些行为不一定恰当，但却在一定程度上维护了自尊心，让自己在困境中减少刺激、回避痛苦。此时，描述小杰的词汇可以改变为“挣扎、独立、成长、坚持、寻求自我”等。

“优势视角”是帮助个体在遇到危机时启动自身潜力，充分利用外在资源，通过与环境的互动、调试达到适应状态。小杰拒绝学习、不与家人沟通是其母亲倍感焦虑的问题,也是他面对压力和挫折坚持自我的一种力量——抗逆力。因此,作为辅导员,在开展工作的过程中必须树立"优势视角",关注学生内在的动力。

2.3 提升学生抗逆力的策略

辅导员需要引导学生深入思考自身的行为,正确认识原因所在,用建设性的方法改变现状,走出困境。国外学者提出的"抗逆力轮"技术对于培养学生抗逆力有一定借鉴意义。

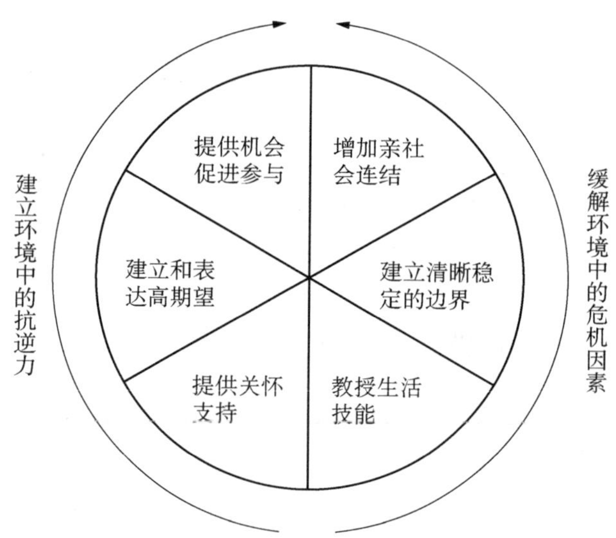

(1) 增加亲社会连结。在帮助小杰的过程中,辅导员鼓励他与家人面对面地交流,大胆说出自己的想法,共同面对困难,分析原因,找出对策。另外,一直与小杰保持联系的几位同学已转岗离开医院,他们的选择与生活现状对转变小杰母亲的观念有一定的帮助,这些故事是小杰可以和母亲分享的。

(2) 建立清晰、稳定的边界。什么是应该坚持的,什么是需要放弃的,对自己的选择有清楚的期望和把握是辅导员需要和学生交流的。辅导员要求小杰母亲放下担忧,停止焦虑,不批评、不指责,心平气和地与小杰讨论当前处境;同时,引导小杰思考不同选择的结果,明确需承担的责任,启发他对自己负责。

（3）教授生活技能。沟通方式、化解冲突的能力、拒绝的表达、决策能力、自我减压等，这些都是小杰缺乏的必要的生活技能，也是家人容易忽视的地方。辅导员可以帮助小杰了解如何掌握这些技能，并成为自动化行为。

（4）提供关怀与支持。关怀和支持是个体努力学习、积极工作的重要推动力。父母从心灵上关怀和支持孩子，不只是在乎他的分数、他无法毕业的现实，而是要关心他的意愿、他的情绪，他做出的努力。辅导员对学生的关心不仅仅在于监督他坚持上课、为他寻找学习资料、提供学业支持，而是要了解他真正的困难点。深入心灵的关爱才能打动人心，才能帮助学生摆脱困境，走出危机。

（5）建立和表达高期望。要帮助小杰勇敢地面对现实，果断地做出退学决定就需要辅导员、家长建立起对他的信心、信任，赋予高期望。辅导员鼓励他去了解成人高考、继续教育方面的报名安排，考试安排，鼓励他在亲戚介绍的单位实习，在行动中对自己有正确的定位。

（6）提供机会促进参与。辅导员要充分挖掘小杰身上的优势，让他认识到自己具备怎样的品质，可以胜任怎样的工作，为他提供施展才华的机会。

3 反思与建议

在日常工作中，辅导员习惯“问题视角”去看待学生的困境，并没有充分发掘其自身的潜能。这种工作方式容易出现几个问题：一是对问题把握得不准。只看到表面问题，如学习困难、与同学关系不和、过分关注自己等，却很难发现这些问题背后的症结所在。正如小杰的问题不是记忆力差、考前焦虑、缺少学习资源，也不是纠结于要不要继续留在学校，而是走出校园后的第一步应该如何走。二是提供的支持无效。没有抓到问题的根本所在，辅导员就无法给予学生他们真正需要的支持。三是导致学生“问题认同”，心甘情愿地认为自己存在问题，这反而成为逃避责任的理由。其后果就是削弱学生自身的能力，不思改变，自我放弃。因此，辅导员必须转变视角，转换工作方式。

3.1 在工作理念上要从关注逆境转为关注挑战

辅导员在对学生管理、服务、教育的过程中不仅仅在于帮助学生避免危机、压力，而是要帮助他们接受现实、经受磨练、坚强成长。危机既表明危险、困境，也是机会。压力和逆境能够调动起个体的潜能，积极应对，在困境中展现出强大的生命力。因此，辅导员要引导学生分辨逆境，认识自我，查找原因，调动自身力量克服困难，实现成长。

3.2 在工作方式上要注重能力的提升

“优势视角”是让人们意识到即便在困境中，人们也具备对抗压力的能量，唤醒生命中沉睡的部分才能推动自己走向更高的发展。经历过磨难的人往往展示出超出预期的生命力，这种力量也将带着他不断迎接更大的挑战。辅导员可以通过小组训练、学习讨论、主题活动等多种形式帮助学生认识逆境、了解抗逆力，具备应对挑战的技术和能力。

参考文献

[1] 孙积宏. 积极心理学视野下青少年学生抗逆力的培养[J]. 现代基础教育研究，2012(6):71-74.

[2] 刘劲松. 论当代大学生“抗逆力”的激发与培养[J]. 江苏高教，2013(4):127-128.

[3] 田国秀. 抗逆力研究及对我国学校心理健康教育的启示[J]. 课程·教材·教法，2007(3).

中国儒家传统道德教育与大学生心理健康教育的融合研究*

刘　永(上海理工大学出版印刷与艺术设计学院,上海,200093)

摘　要　道德教育对心理健康教育有重要意义,它是心理健康教育的重要环节。遵守道德可以令人远离烦恼、心灵宁静,获得一种道德上的愉悦。其原因在于遵守道德的人凡事能以道义为准绳,可以获得一种以天命为后盾的安全感和自信感,使得他能够素其位而行乃至乐天知命。儒家的一贯、三省、三戒、四非、五伦、五常等伦理道德理念仍然值得今天的我们学习和借鉴。将中国优秀传统儒家道德融入心理健康教育,可以从明理、践行、引领三个方面去落实。

关键词　儒家传统道德教育;大学生心理健康教育;融合研究

1　道德教育对于心理健康教育的重要意义

道德教育对心理健康教育的重要意义,可以从以下 4 个方面来理解:

1.1　从身心生态学的角度来看道德教育是心理健康教育的重要环节

生态学的研究对很多学科都产生了重要的影响。生态学的重要人物达尔文受到林奈的影响,"对自然界形成这样一种看法,就是大自然是一个复杂的网络,大自然里充满着和谐、依存。比如说一种植物,能靠自己存活吗?不可能的。当你开花

* 本文为 2015 年上海高校心理咨询协会课题"中国儒家传统道德教育与大学生心理健康教育的融合研究"成果,课题编号:Gxx－2015－7;暨 2015 年上海高校辅导员工作培育项目"大学生国学研习"培育项目成果、上海理工大学尚理国学工作室研究成果。

作者简介:刘永,上海理工大学出版印刷与艺术设计学院,Email: xiergu@foxmail. com

时，你要借助蜜蜂给你传播花粉；当你结果时，你要借助鸟将你的果实传到别处，这样这一植物才能将自己的后代繁衍、覆盖到地球的各个角落。所以他提出大自然是一个复杂的网络，其成员相互依存。”

心理学界受到生态学的影响，提出了生态心理学（psychological ecology）和心理生态学（ecological psychology）的概念。心理生态学“将人类心理比喻为生态学意义上的生态系统”，认为“心理是一个生态系统，环境是作为心理系统的一个有机部分而存在。在考察个体和群体的行为时，要先考察环境为这种行为的发生所提供的机遇和条件”。生态心理学“主张心理现象只能在背景中被理解，心理学研究对象必须由实验室行为转向现实生活行为，由只考察有机个体转向考察有机体和环境的相互关系”。

无论是生态心理学还是心理生态学都注意到人的心理和周围环境的关系，注意到周围的环境对心理健康的影响。

受此启发，我们提出“身心生态学”。如果说心理生态学或生态心理学关注的是心理和周围的“大环境”之间的生态平衡关系，那么“身心生态学”则是关注身心这个“小宇宙”之内的生态平衡。

我们从生死问题的视角将传统文化分为四个维度，提出了国学四维度的观点。（详见拙作：《中国传统文化四维结构视域中的大学生心理健康教育体系构建》，发表于《改革与开放》，2015 年第 11 期、第 13 期）用国学四维度来考察我们的身心，我们会发现我们的身心也离不开四个维度。即“身体的维度、情感的维度、道德的维度、智慧的维度”。要想获得心理的健康，必须要从这四个维度的身心小宇宙的生态系统中求得平衡。从身体的维度来看，身体的健康有助于心理健康；从情感的维度来看，情感的愉悦本身就是心理健康的一种表现；从道德的维度来看，道德的遵守有助于心理健康的提升；从智慧的维度来看，当我们对宇宙和人生有了一个智慧的认识之后，就能够通达人情世故，看开看淡很多事情，心境变得真正平和安宁。就像中医重视人的肌体的每一个部位一样，身心生态学是要从身心的四个维度一齐下手，注重身心的全面和谐。而在这里面，道德的维度是非常重要的一维。

1.2 道德的遵守可令人远离烦恼

在《论语》中，有很多话表明遵守道德可以使人远离烦恼。子曰："君子坦荡荡，小人长戚戚。"(《论语·述而》)子曰："智者不惑，仁者不忧，勇者不惧。"(《论语·子罕》)叶公问孔子于子路，子路不对。子曰："女奚不曰，其为人也，发愤忘食，乐以忘忧，不知老之将至云尔。"(《论语·述而》)

如果不恪守道德，贪一时之利，虽有一时的快乐，但不可能得到长久的快乐。子曰："放于利而行，多怨。"(《论语·里仁》)子曰："不仁者不可以久处约，不可以长处乐。仁者安仁，智者利仁。"(《论语·里仁》)

有道德的人即使处于逆境之中也不怨天尤人。子曰："贫而无怨难，富而无骄易。"(《宪问》)只有君子能做到贫而无怨。《卫灵公》篇记载孔子一行在陈绝粮，从者病，莫能兴。子路愠见曰："君子亦有穷乎?"子曰："君子固穷，小人穷斯滥矣。"

佛教提倡五戒十善，这是佛教对道德的要求。五戒即戒杀生、戒偷盗、戒邪淫、戒妄语、戒酒和毒品。五戒再进一步的要求就是"十善业道"，简称十善。"何等为十？谓能永离杀生、偷盗、邪行、妄语、两舌、恶口、绮语、贪欲、嗔恚、邪见。"(《佛说十善业道经》)

遵守道德，可以去除很多粗重的烦恼。上座部佛教的玛欣德尊者在给中国移动云南管理层人员的开示中说：

> 不要去杀人，不要去做伤害他人的事情；不是属于自己的东西不要去非法占据，不要去偷税漏税；不要去随随便便去玩弄感情，去损害自己的家庭，去做对不起自己配偶、自己另外一半的事情；说真实的话，不真实的话不说，虚假的话、骗人的话这些都不说；不去服用任何的麻醉品，最好不要抽烟、喝酒，毒品一点都不沾。如果能够做到这么样，那么我们自己的道德就在慢慢地完善当中。虽然可能自己的生活方面，平时比较不注意、不检点，可能会沾染一些不良的习气，但是如果我们真的能够做到这么样的话，那我们不仅仅是一等公民，而且可以坦坦荡荡地做人，问心无愧地做人，可以顶天立地做人，是不是？这是第一点，就是道德方面。如果我们在道德方面提升了很多，那些粗的烦恼

就可以去除掉。比如说可以去除掉后悔、懊恼，一些过度的贪婪，一些非法的占有，这些很粗的烦恼我们就可以去除掉。毕竟我们理直气壮地做人。这是第一点。

谚语“为人不做亏心事，夜半敲门心不惊”，也告诉我们，如果一个人不做坏事，那么他就会避免很多烦恼。

从佛教的观点看，烦恼可以分为3个层次：一是违犯的烦恼；二是缠缚或上升的烦恼；三是潜伏的烦恼。其中违犯的烦恼，就是上文提到的粗重的烦恼。违犯的烦恼是指违犯了有情众生的利益而带来的烦恼。“什么方法可以对治违犯的烦恼？持戒。”“一个常常持戒的人，内心是光明磊落，不畏缩，无恐惧，因为他不偷、不抢、不盗和不骗，因为不伤害众生，所以无论身在何处，他的心地永远光明、轻松自在。”

由此可见，道德的遵守是心理健康的基础。如果我们要想得到真正的、持久的心理健康，我们需要遵守一定的道德。

1.3 道德的遵守有利于心灵的安宁平静

儒家的经典《大学》首章说：“知止而后有定，定而后能静，静而后能安，安而后能虑，虑而后能得。”“定静安”可以说是一种比较安静、祥和的心境，是心理非常健康的表现，而“定静安”需要以“止”为基础。《大学》里阐释“止”时说：“为人君止于仁，为人臣止于敬，为人子止于孝，为人父止于慈，与国人交止于信。”止就是该做的事情要做，不该做的事情不要去做，止正是对道德的要求。即必须有一个道德的遵守之后才能真正达到“定静安”的心理健康的境界。

佛教的经典《楞严经》里也讲“摄心为戒，因戒生定，因定发慧”，戒可以理解为道德的遵守，定可以理解为心境的安宁，戒是定的基础，即道德的遵守是心境安宁的基础。

1.4 道德上的愉悦也是心理愉悦的一种表现

追求道德的人会获得一种道德上的愉悦。这种道德上的愉悦与物质和情感带来的愉悦相比，更关乎心灵，不需要太多的物质享受，也不需要过多的对情感的追逐，他只要在道德上没有瑕疵，践行了圣人对道德的要求，他就会感到快乐。中国古代被宋明理学家津津乐道的“孔颜乐处”代表了这种道德上的愉悦：

> 子曰：“饭疏食饮水，曲肱而枕之，乐亦在其中矣。不义而富且贵，于我如浮云。”（《论语·述而》）
>
> 子曰：“贤哉回也！一箪食，一瓢饮，在陋巷，人不堪其忧，回也不改其乐。贤哉回也！”（《论语·雍也》）

粗茶淡饭，住得也很简陋，但是孔子和颜回都很快乐。他们为何感到快乐呢？因为他们心中有完善的道德在。所谓“贫而乐（道）”（《论语·学而》）也。

因为遵守道德而获得的这种心灵的愉悦，是浸润在日常生活中的。如《论语·述而》篇提到孔子的日常生活：

> 子之燕居，申申如也，夭夭如也。

朱熹注引杨氏曰：“申申，其容舒也。夭夭，其色愉也。”程子曰：“惟圣人便自有中和之气。”

北宋理学家程颢有一首诗《春日偶成》表达了这种快乐：“云淡风轻近午天，傍花随柳过前川。时人不识余心乐，将谓偷闲学少年。”虽然他傍花随柳，但他不是放纵情感的寻花问柳式的快乐，而是在遵守道德的基础上来看待这个世界时获得的一种内心的愉悦。“时人”是指他周围的人，以为他是在“偷闲学少年”，以为他像那些四处闲逛寻花问柳的少年一样。但程颢指出，他得到的快乐不是这样的快乐。他的快乐是一种道德的愉悦。

2 道德遵守能提升心理健康的原因

为什么遵守道德就能提升心理健康呢？我们也可以从 4 个方面理解。

首先，君子心中有道义，凡事以道义为准绳，不以私利为准绳，所以没有烦恼。

就像是《论语·里仁》中所说的："君子之于天下也，无适也，无莫也，义之与比。"《论语·述而》篇记载了孔子弟子冉有和子贡的一段对话：

冉有曰："夫子为卫君乎?"子贡曰："诺。吾将问之。"入，曰："伯夷、叔齐何人也?"曰："古之贤人也。"曰："怨乎?"曰："求仁而得仁，又何怨。"出，曰："夫子不为也。"

君子所思在于道义，又何来怨恨、遗憾这些烦恼呢?

司马牛问君子。子曰："君子不忧不惧。"曰："不忧不惧，斯谓之君子已乎?"子曰："内省不疚，夫何忧何惧?"(《论语·颜渊》)因为道德的坚守，可以使心中无愧，上不愧于天，下不怍于地，又有什么忧愁恐惧的呢?

其次，君子坚守道德，还可以获得一种以"天命"为后盾的安全感、自信感，从而远离恐惧忧愁。孔子曾多次遇到迫害，桓魋、匡人、公伯寮曾危害孔子和他的弟子，但他自信自己的德行可以使自己度过危险：

子曰："天生德于予，恒魋其如予何?"(《论语·述而》)

子畏于匡，曰："文王既没，文不在兹乎? 天之将丧斯文也，后死者不得与于斯文也；天之未丧斯文也，匡人其如予何?"(《论语·子罕》)

公伯寮愬子路于季孙。子服景伯以告，曰："夫子固有惑志于公伯寮，吾力犹能肆诸市朝。"子曰："道之将行也与，命也。道之将废也与，命也。公伯寮其如命何!"(《论语·宪问》)

在孔子看来，坚守了道德，也就是顺应了天命。顺天命而行，又何忧何惧?

再次，这种知天命、顺天命而行的精神使得君子能够"素其位而行"，能够"居易以俟命"，并且具有自我反省的精神。《中庸》第十四章云：

君子素其位而行，不愿乎其外。素富贵，行乎富贵；素贫贱，行乎贫贱；素夷狄，行乎夷狄；素患难，行乎患难。君子无入而不自得焉。在上位，不陵下；

在下位，不援上；正己而不求於人。则无怨。上不怨天，下不尤人。故君子居易以俟命，小人行险以儌幸。子曰："射有似乎君子。失诸正鹄，反求诸其身。"

所谓素其位而行，是指无论处于什么样的境地、什么样的地位，遇到什么样的事情，都能够根据自己所处的位置，在遵守道德的基础上，静下心来，尽职尽责地做好自己应该做的事情。君子由于能够静下心来，接受现实，因此当下就获得心灵的平静。而且他能够根据自己的现状做好应该做的事情，而不是像小人那样抱着侥幸心理，去冒险做事情，因此就不会给自己带来危害。而且君子能反求自身，因此不会怨天尤人，不会因此给自己带来烦恼。

最后，有道德的君子的这种"居易以俟命"的精神会发展为"乐天知命"的精神。这就更进一步了，"居易以俟命"只是"不烦恼"，而"乐天知命"则是进一步获得了"快乐"。《周易·系辞上传》第四章说：

与天地相似，故不违。知周乎万物，而道济天下，故不过。旁行而不流，乐天知命，故不忧。安土敦乎仁，故能爱。

有道德的君子与天地一样心胸博大，而且其言行举止能顺应自然的变化，他的智慧也非常通达。有道德的君子能够"乐天知命"，所以没有忧愁。一方面，我们可以说君子由于能够"居易以俟命"，因此可以进一步"乐天知命"；另一方面，也可以说，君子正因为能够"乐天知命"，所以才能够"居易以俟命"。

综上所述，我们可以认为，中国传统儒家有道德的君子因为基于对天命的认知，所以能够坚守道义，因为有了天命的后盾和道义的准绳，所以能够"居易以俟命"、"素其位而行"，故能不忧不惧，心灵能够获得宁静，并进一步获得了基于道德上的心灵的愉悦。

3 具有启发意义的儒家传统道德要求

中国传统文化中儒家文化的道德理念是否还有适合我们当今社会的呢？还有

哪些道德理念值得我们继承和学习，并应用到日常生活之中？

可以说，中国文化的道德实践以儒家文化为代表。第三代新儒家的著名代表人物成中英先生把理性归结为五种形态：

(1) 纯粹理性(pure reason)：以形式系统与思辨哲学的建立为基本目的。

(2) 理论理性(theoretical reason)：以科学知识的理论系统之建立为基本目的。

(3) 技术理性(technical reason)：应用科学知识，达到创设广泛工艺技术的目的。

(4) 实用理性(pragmatic reason)：采撷知识，做成计划与决策以适用于个别的或群体的生活及生存需要。

(5) 实践理性(practical reason)：借助知识的开拓以完成一己心性之自觉，并表现意志的自由，发而为道德的行为与实践。

成中英先生认为："显然中国儒家的'知'与'理'的哲学侧重第五项理论形态。"[6]即中国的儒家思想主要侧重于道德的行为与实践。

本文主要从儒家的经典著作《论语》里面寻找儒家的道德理念。我们可以把儒家的这些道德要求归纳为"一贯""三省""三戒""四非""五伦""五常"。

(1) 一贯。

一贯，即忠恕之道。

子曰："赐也，女以予为多学而识之者与？"对曰："然。非与？"曰："非也，予一以贯之。"(《论语・卫灵公》)

那么，这条贯穿的线是什么呢？子贡没有继续追问，孔子也没有接着说下去。也许是因为子贡理解了孔子的意思，所以就不需要再问了。

在另一处，孔子和曾子的对话中把这个意思又说了一遍。

子曰："参乎！吾道一以贯之。"曾子曰："唯。"子出，门人问曰："何谓也？"曾子曰："夫子之道，忠恕而已矣。"（《论语・里仁》）

朱熹注曰："尽己之谓忠，推己之谓恕。"做人做事能竭己之诚、尽己之力就是忠，做人做事能将心比心，己所不欲勿施于人就是恕。

其中，"恕"又居于首位。《论语・卫灵公》云：

子贡问曰："有一言而可以终身行之者乎？"子曰："其恕乎！己所不欲，勿施于人。"

忠和恕虽然是孔子一贯的精神，但是如果两个不能全部做到，也首先要奉行一个"恕"道。所谓的恕，就是宽恕、宽容，能包容别人。

(2) 三省。

三省，即从三个方面来反省自身。

曾子曰："吾日三省吾身：为人谋而不忠乎？与朋友交而不信乎？传不习乎？"（《论语・学而》）

三省是君子的内省功夫。子曰："君子求诸己，小人求诸人。"（《论语・卫灵公》）古语也说"闭门常思己过，闲谈莫论人非"。遇到事情，从自己找原因，而不怨天尤人。这也是"为己之学"的表现。

曾子提到的三省中，前两个主要涉及到"君臣"和"朋友"。这都是出门在外所要注意的。"君臣"关系在今天没有了，但在单位里有领导和下属之间的关系，我们今天可以理解为领导交给我的工作上的事情，我有没有尽心做好？"朋友"在今天不仅仅有朋友，也可以包括同事，或者其他事情上有约定的人，在这种关系中，诚信是非常重要的。而"传不习乎？"这一条可以扩大到日常生活的方方面面。所以，曾子的三省，其实包括的范围很广。我们一天生活中的言行举止都可以作为反思的对象。如果我们每天能够这样反思自己的所作所为，"择其善者而从之，其不善者而改之”，每天都“迁善改过”，那么，我们每一天都会有所进步，也就可以做到《大学》里所说的“苟日新，日日新，又日新”。

(3) 三戒。

三戒指的是三种应当警惕并戒除的行为。

> 子曰：“君子有三戒：少之时，血气未定，戒之在色；及其壮也，血气方刚，戒之在斗；及其老也，血气既衰，戒之在得。”(《论语·卫灵公》)

孔子从不同的年龄阶段来说“三戒”，是因为这三种行为分别在这三个年龄阶段表现最为突出，所以要特别注意。其实，在这三个阶段中，这三种行为都有存在，都值得我们警惕。比如现在曝光的贪官包养情妇的，很多都是壮年之时，也有已经步入老年的。因为他们只有到壮年和老年，才获得一定的官阶，掌握更多的资源，然后却用这些资源来做不应当做的事情。我们也经常会看到有一些老年人，脾气特别大，在公共场合，因为一点小事情而和其他人争吵。因此我们应当做的，是要在每一个年龄阶段，都要警惕这三件事情。

(4) 四非。

四非，即四种不要去做的事情。《论语·颜渊》：

> 颜渊问仁。子曰：“克己复礼为仁。一日克己复礼，天下归仁焉。为仁由己，而由人乎哉？”颜渊曰：“请问其目。”子曰：“非礼勿视，非礼勿听，非礼勿言，非礼勿动。”颜渊曰：“回虽不敏，请事斯语矣。”

这一条即是教我们“诸恶莫作”，刘备给他的儿子刘禅的遗嘱说：“勿以恶小而为之。”这一点看上去好像不难，但真正做起来是很难的。所谓三岁小儿都懂得，八十老翁行不得。比如“非礼勿视”，现在网络上一打开就有很多情色图片，或者很多宣扬男女之欲的新闻、文字，我们是否能控制自己不去点击阅览？这一条就很难。再比如“非礼勿言”，我们能否不在背后说别人的闲话？能否不说脏话？等等。这也是不容易的。

但是孔子说："为仁由己。"只要我们努力，我们会不断减少不应当做的事情。这全在于我们自己。这"四非"要和前面的"三省"结合起来，在每一件事情都努力做到"非礼勿视听言动"，一旦有"非礼"而"视听言动"的行为，马上反省自己，努力改正错误。这样就是在仁道上的努力。

(5) 五伦。

五伦即君臣、父子、夫妻、兄弟、朋友这五种伦常关系。前面我们说过，君臣在今天可以指领导和下属的关系，朋友还可以扩展到同事之间的关系。

《论语·学而》篇：

子夏曰："贤贤易色；事父母，能竭其力；事君，能致其身；与朋友交，言而有信。虽曰未学，吾必谓之学矣。"

这一章中提到了夫妻、父子、君臣、朋友这四种伦常关系。

夫妻之间，更看重的是德行。夫妻之间互敬互爱，以德行为基础。

子女对待父母则要尽孝道，一方面保障父母的物质生活，另一方面要和颜悦色地对待父母，敬爱父母。

君臣之间，这里提到臣子对待国君要全身心奉献。没有提到国君如何对待臣子。孔子曾经对鲁哀公说："君使臣以礼，臣事君以忠。"即国君要以礼对待臣子，臣子则对国君忠心耿耿。即臣子的忠、全身心奉献不是愚忠，而是要求这个国君也要开明、仁慈、对臣子彬彬有礼。用它来处理今天的领导和下属的关系，则领导需要对下属彬彬有礼，爱护下属，要求下属做的事情也是工作上的事情，而下属对领导安排的事情要尽力做好，终于自己的职责。这里面其实包含了两点：一是讲原则，领导不能让下属什么都干，而是让下属做他应该做的工作上的事情，下属为领导负责的也是工作上的事情，而且不能超越法律和道德的规范；二是讲和气，领导和下属之间要互相尊重，一团和气，领导不能以地位来压制下属，下属也不要无缘无故地冒犯领导。这种和气是"君子和而不同"，互相之间可以有不同的见解，但是可以拿到台面上互相讨论，求同存异。

朋友之间要讲究诚信，这是最基础的原则。朋友的关系还可以扩展到今天的同事关系，同样要讲究诚信。

这一章没有提到兄弟这一伦。噫！难道子夏在两千五百年前就预见到今天的独生子女政策了吗？一叹！儒家对于兄弟这一伦，要求要“悌”，即弟弟要尊重哥哥。引申为兄弟之间要互相友爱。儒家很看重孝悌之道。孔子说：“弟子入则孝，出则弟（悌）。”（《论语・学而》）孔子的弟子有子说：“孝弟（悌）也者，其为仁之本欤！”（《论语・学而》）都强调孝悌的重要性，是人立身处世的根本，也是追求仁道的根本。传说古代的圣王舜就是一个大孝大悌之人，他也因此被尧看重，后来成为尧的继承者。

这五种伦常关系基本上包含了我们周围的各种人际关系，如果我们能够遵循儒家的教诲，正确处理这五种伦常关系，那么我们就可以有一个友好的人际关系，人际关系处理得好了，对我们的心理健康的维护和促进自不待言。

（6）五常。

五常，即仁义礼智信这五种应当遵循的恒常不变的道理。“仁”比较难以理解，我们着重讨论一下。

一是仁。关于什么是仁，孔子和他的弟子有过很多讨论，下面摘引《论语》中的几段：

① 颜渊问仁。子曰：“克己复礼为仁。一日克己复礼，天下归仁焉。为仁由己，而由人乎哉？”（《论语・颜渊》）

② 仲弓问仁。子曰：“出门如见大宾，使民如承大祭。己所不欲，勿施于人。在邦无怨，在家无怨。”（《论语・颜渊》）

③ 樊迟问仁。子曰：“爱人。”（《论语・颜渊》）

④ 樊迟问仁。子曰：“居处恭，执事敬，与人忠。虽之夷狄，不可弃也。”（《论语・了路》）

⑤ 子张问仁于孔子。孔子曰：“能行五者于天下为仁矣。”“请问之。”曰：“恭，宽，信，敏，惠。恭则不侮，宽则得众，信则人任焉，敏则有功，惠则足以使人。”（《论语・阳货》）

仁不是一言两语就能说清楚的，读者可以从这几段话中细细体会。

义是指合乎时宜，合乎道德。礼是指遵守礼教，遵守规范。智是指有智慧，有理性，善于思考，不为外界所迷惑。信是指诚信。这四点容易理解，这里就不多引用和讨论了。

南北朝时期的颜之推在《颜氏家训·归心》篇中将儒家的五常和佛教的五戒相互联系起来并做了一一比照：

> 内外两教，本为一体，渐积为异，深浅不同。内典初门，设五种禁，外典仁、义、礼、智、信，皆与之符。仁者，不杀之禁也；义者，不盗之禁也；礼者，不邪之禁也；智者，不酒之禁也；信者，不妄之禁也。

内教即佛教，外教即儒教（可理解为儒家的教导，不必理解为儒家这种宗教），两种教导本来属于一体，只是表现形式上有所分别，而且深浅不同。佛教对于初学者设有五种禁戒，儒家的仁义礼智信和它相符。儒家的仁，相当于佛教的戒杀；儒家的义，相当于佛教的戒偷盗；儒家的礼，相当于佛教的戒邪淫；儒家的智，相当于佛教的戒酒；儒家的信，相当于佛教的戒妄语谎言。虽然颜之推做了相应的比照，但颜之推也说了两者有深浅不同，读者可以自己去体会，这里不多引申了。

4 中国传统道德融入心理健康教育的路径

由于中国传统文化在过去的一百年中遭到了严重的破坏，所以将中国传统儒家道德融入心理健康教育，也不是一朝一夕的事情。我想，可以主要从以下三个方面去落实：一是明理，二是践行，三是引领。

4.1 明理

明理包涵两个方面：一是指要让同学们明白圣贤之道与人的“心”之间的关系，即圣贤之道就在我们自己的心中；二是让同学们明白，每个人都可以向往圣先贤学习，只要我们努力按照圣贤指出的道路一步一个脚印地走，也能成圣成贤。

首先，圣贤之道就在我们心中，不假外求。明代的大儒王阳明先生说："心即理也。"（王阳明《传习录》卷上）圣贤之道不是外在的东西，圣贤之道就在我们的心中，就是我们的心。是我们每个人心中本来就有的东西。我们每个人本来就具有圣贤的品质，只是由于世俗财色名利的诱惑，我们心中本有的圣贤品质被我们自己的贪婪之心、嫉妒之心、愤怒之心给遮盖住了。只要我们愿意努力去除私心私欲，我们内心本来的圣贤品质就会显现出来。王阳明说："至善是心之本体，只是明明德到至精至一处便是。"（王阳明《传习录》卷上）圣贤之道是我们自家本有的宝贝，不用向外求的，因此只要我们肯向内求，我们每个人都可以得到。

其次，我们每个人都可以向圣贤学习，只要我们方向正确、坚持向前走，也可以成圣成贤。孔子说："仁远乎哉？我欲仁，斯仁至矣。"（《论语・述而》）孟子说："舜何人也？予何人也？有为者亦若是。"（《孟子・滕文公上》）荀子说："涂之人可以为禹。"（《荀子・性恶》）释迦牟尼夜睹明星而悟道，说："奇哉奇哉，大地众生皆有如来智慧德相，但因妄想执着不能证得。"（《华严经》）王阳明《传习录》卷下记载了王阳明和他弟子的一段有趣的对话：

> 一日，王汝止出游归。先生问曰："游何见？"对曰："见满街都是圣人。"先生曰："你看满街人是圣人，满街人到看你是圣人在。"又一日，董萝石出游而归。见先生曰："今日见一异事。"先生曰："何异？"对曰："见满街人都是圣人。"先生曰："此亦常事耳，何足为异。"

这里说人人都是圣人，不是说已经成为圣人了，而是说，每个人都潜在地是圣人，都具有成圣成贤的品质和可能性。只要我们努力向圣贤学习，也终有一天会成圣成贤。

如果我们能明白圣贤之道就在我们自己的心中，我们只要努力，也可以成圣成贤，那么，我们就会一点一点去除我们内心里那些负面的情绪、情感，一点点增强内心中正面的情绪、情感，我们就由一颗凡俗之心，向圣贤之心靠近。这也就慢慢地转化了我们的心境，从而改善了我们的心理状况。

4.2 践行

所谓践行，是提醒同学们在日常生活中学会反省观照，以圣贤心为心，努力在日常生活中落实圣贤的教诲。

前文提到的曾子的“吾日三省吾身”不仅仅是一种道德的内容，也是一种实践道德的途径。这个途径就是每天反省自己，乃至时时反省自己。《论语·学而》的开篇，孔子说：“学而时习之，不亦说乎？”这里的“时习”，有一种解释就是时时刻刻运用圣贤的道德教诲和智慧来反思自己的行为。

有两句大家都经常引用的话叫“活在当下”和“每一个当下都是最好的”。一个追求道德圆满的人，当他说活在当下的时候，他的每一个当下都在关注自己的道德有没有提升，有没有更为圆满。如孔子赞叹颜回“其心三月不违仁”(《论语·雍也》)，孔子教导子张对于忠信要有“立则见其参于前也；在舆则见其倚于衡也。夫然后行”(《论语·卫灵公》)的精神，而孔子自己对于仁则是“无终食之间违仁，颠沛必于是，造次必于是”(《论语·里仁》)。当下无论顺境逆境还是一般的境况，其心都在“仁”上，这就是活在当下。为什么每一个当下都是最好的呢？顺境固然好，一般的境况也不错，而当逆境的时候，儒家把它看作是对自己的考验，把它看作是“天将降大任与是人也，必先苦其心志，劳其筋骨，饿其体肤，空乏其身，行拂乱其所为，所以动心忍性，曾益其所不能”(《孟子·告子下》)的一个机会。如果能够通过这个考验，他的德行就会更加提升一步。所以无论什么样的环境，对于一个以道德修养为目的人来说，每一个当下都是最好的。如果我们时时刻刻能想到圣贤的教诲，用圣贤之道来反观自己的言行，那么我们也许慢慢就可以体会到活在当下的真义，也可以真正的懂得“每一个当下都是最好的”这句话的内涵。

如果我们能学会在日常生活中反省观照，那么，当负面的情绪、情感来临的时候，我们用圣贤之道去反观它，负面的情绪、情感就会慢慢减弱它的力量，乃至消失，我们的心中充满了圣贤之道的光芒。如果我们能时时刻刻这样反省观照，那么总有一天，我们的心会变得光明纯净，我们获得的是一颗完全健康的心灵。

4.3 引领

所谓引领，是指由学校和社会提倡遵守道德的风气，尤其政府要提倡，政府的工作人员和学校的教育人员，即所有的公职人员要率先遵守道德。因为道德是由上而下的，是公职人员首先约束自己，自己遵守了以后，以身作则，从而影响教化民众的，而不是公职人员用道德来约束民众的。

孔子说："君子之德风，小人之德草。草上之风，必偃。"(《论语・颜渊》)这里的君子指的是当政者，小人指的是老百姓。领导者阶层如果能率先垂范，用道德来约束自己的行为，那么民众就会受到领导者阶层的良好影响，社会上就会比较容易地树立良好的道德风尚。

在《论语》《孟子》《老子》这三部经典著作中，孔子、孟子、老子主要是想以他们的思想学说来影响当时的领导者阶层。领导者阶层如果能做好，天下自然就会太平。孔子说："为政以德，譬如北辰，居其所而众星共之。"(《论语・为政》)孟子对梁惠王说："地，方百里而可以王。王如施仁政于民，省刑罚，薄税敛，深耕易耨；壮者以暇日修其孝悌忠信，入以事其父兄，出以事其长上，可使制梃以挞秦楚之坚甲利兵矣。彼夺其民时，使不得耕耨以养其父母。父母冻饿，兄弟妻子离散。彼陷溺其民，王往而征之，夫谁与王敌？故曰：'仁者无敌。'王请勿疑！"(《孟子・梁惠王》上)《老子》第五十七章："我无为而民自化。我好静而民自正。我无事而民自富。我无欲而民自朴。"虽然儒家和道家关于道德的理解不同，但是它们有一个共同点，那就是相信道德的教化首先要从领导者阶层做起(这里我们把老子关于节制欲望的思想在一定程度上也看作是一种道德要求)。道德风尚的建立，是一种教化，而不是强制执行的。所谓教化，注重的是教和化两个方面。如果说教含有教导的意思，强调对学习者的说教；化则强调领导者阶层对老百姓的言传身教。这就突出了领导者阶层率先垂范的引领作用。

除了政府部门的引领作用以外，学校教育工作者的引领作用也是非常重要的。我们假设一个人能活到80到100岁，他的人生的前四分之一几乎都是主要处在学习阶段。他不仅要在学校里学习知识，更重要的，他要从他的老师们那里学到做人的道理和智慧。因此学校的教育工作者的言传身教对社会道德风尚的引领作用是非常重要的，而且教师本来就有“传道”的重要使命。

除此之外，我们需要这样一批人才：他们既有着深厚的西方心理学的知识背景，又有着深厚的传统文化的底蕴；他们既有丰富的学养，又有着对心理学及传统文化的热爱和会心。相信经过数代人的努力，我们一定可以建立起以中国优秀传统文化为基础的心理健康教育体系。

参考文献

[1] 郑也夫. 城市社会学[M]. 上海：上海交通大学出版社，2009，36.

[2] 吴建平，侯振虎. 环境与生态心理学[M]. 合肥：安徽人民出版社，2010，16.

[3] 玛欣德尊者给中国移动云南管理层的开示 2. 第 16 分 5 秒至 17 分 45 秒. http://v.youku.com/v_show/id_XNDI2MDE5OTk2.html? f=18888260.

[4] 善戒法师. 朝向快乐之道[M]. 马来西亚：槟城正勤乐住出版社，2014，16－17.

[5] (宋)朱熹. 四书章句集注.(第 2 版)[M]. 北京：中华书局，2012.

[6] 成中英. 自孔子之知与朱子之理申论知识与道德之互基性. 见李翔海，邓克武编：儒学与新儒学(成中英文集第二卷)[M]. 武汉：湖北人民出版社，2012，13.

阶梯法在大学生生涯发展教育中的应用*

——基于社会主义核心价值建构的视角

陈方敏　杨正丹　杨　欣(上海应用技术学院,上海,201418)

摘　要　当前大学生理想信念缺失、对自我与环境认识不足、缺乏职业精神和职业观念不端正等现状对生涯发展教育提出了更高的要求。本文分析了目前国内高校生涯发展教育价值目标缺失的现状及原因,探讨了如何应用阶梯法在生涯发展教育中进行社会主义核心价值观的建构。

关键词　阶梯法;价值建构;生涯发展教育

随着大学生就业形势的变化和高校人才培养的需求,职业生涯教育已成为当今高等教育改革与创新的一个重要趋势。目前我国的大学生职业生涯发展教育主要依赖于西方的生涯发展理论及其方法,水土不服的情况突出,影响了生涯发展教育的有效性,主要表现在:西方的生涯教育个人本位色彩浓重,强调个人价值的实现。生搬硬套西方的理论和方法不仅弱化思想政治教育的主导性倾向,还可能进一步强化目前已有的功利主义潮流,使得学生忽略对社会价值的追求。在盲目追求自我价值实现的过程中,过分关注个人兴趣、性格、价值观,甚至可能成为逃避现实、不求上进的自我安慰。

1　国内高校生涯发展教育价值目标面临的突出问题

通过归纳前人的研究结果和对生涯发展教育的主客体进行调研、访谈发现,学

---

* 作者简介:陈方敏,上海应用技术学院,cfm8606@sit.edu.cn.

生的职业价值存在以下问题：

1.1 缺乏崇高的价值目标

我国大学生同时承载着实现个人理想和建设社会主义事业的双重任务。正确的人生观、价值观和职业观是保证职业生涯顺利发展的前提。大学生正处于身心发展的特殊时期，舒伯的生涯发展阶段理论认为，在 14～25 岁的青年期，主要任务是发展适合的自我概念并从众多机会中学习。大学生群体正处在这个阶段，是世界观、人生观、价值观逐渐形成的关键时期，自我实现的价值感越来越强；在个人理想方面具有较高的心理期望值，但面对现实生活中的就业难、发展难的实际问题时，又失去了崇高价值追求的落脚点，理想信念迷惘。不愿树立长远的职业发展目标，不愿积极做出职业规划，不相信崇高的职业精神，不愿培育优良的职业道德。

1.2 缺乏合理的价值选择和价值认同

大学生在高中阶段的主要任务是学习，受应试教育的影响，父母和老师很容易忽略学生的需求，淡化学生的体验。随着社会主义市场经济的发展，各种社会思潮不断冲击着学生，尤其上海是国际化大都市，就业竞争激烈而残酷，各种价值理念不断冲击着大学生，使得他们的学习、生活乃至发展规划普遍呈现功利化、碎片化、浮躁化的特点。从职业生涯的角度说，学生缺乏对自我价值的关注，缺少对社会和他人的关爱，无法认同自我价值，无法做出正确的价值判断。

1.3 无法正确处理个人价值与社会价值的关系

大学生追求知识、喜欢新奇、充满幻想，他们既渴望物质上的满足，又喟叹当今社会“世风日下”；他们力图摆脱狭隘的功利主义，又不免被不良社会风气侵袭。在充斥个人主义、享乐主义、拜金主义的社会环境中，一些大学生个人私欲膨胀，片面追求个人价值的实现和自我需求的满足。推崇及时行乐、享受当下，对于国家和集体的利益往往抛之脑后，甚至损公济私；还有一些大学生秉持利己主义、功利主义的个人态度，对国家、社会和集体缺乏基本的责任感和义务感。这些问题正是生涯教育所面临的挑战。

2 生涯发展教育价值目标缺失的主要原因

我们认为，目前我国大学生的生涯发展教育，能够注重引导大学生树立主动规划的意识，但也存在富含西方个人本位色彩，弱化思想政治教育主导性的倾向，对社会价值引导着力不够的问题。研究表明当前学校开展的生涯发展教育不能充分符合当代中国的社会现实，重理论轻实践，重阶段性指导轻生涯发展规划，重方法指导轻目标引导。当前，大学生生涯教育价值目标缺失的原因有：

2.1 对西方生涯发展理论的过分依赖

生涯发展理论根植于西方思想文化与发达自由的经济基础之上，欧美发达国家的生涯发展教育始于义务教育阶段，有完善的国家政策与法规保障其实施，在依托学校教育的基础上引入了社会协同机制。西方国家强调“个人本位”的价值观，无论是自我分析、职业探索，还是生涯决策和管理都是从自我出发的。同时，西方的职业生涯规划理论是在其市场经济体制充分发展的背景下建立的，与之相应的人力资源管理体制能够保证个人的兴趣、性格和能力等在职业选择和发展过程中起到主导作用。相比较而言，我国的生涯教育起步晚、各方关注不够，对国外职业生涯发展与规划理论的引进，经历了从无到有、从单一理论到百花齐放的阶段，国外主要的生涯发展理论从传统经典的职业匹配理论、职业发展阶段理论、职业锚理论到后现代的故事叙说取向等，在国内文献中都可以发现其身影。这些理论的共通之处在于：强调尊重个体需要，尊重个体的发展和权利，造成极端的个人主义价值观，缺少对社会发展的关注，不强调社会责任意识。生搬硬套这些理论来指导我国的生涯教育实践，缺乏创新性和实践性，缺乏对理论的转化应用，与我国国情实际有差距，对我国大学生的心理、行为规律把握不准确，无法很好地实现生涯发展教育的功能和效果。

2.2 生涯发展教育本土化研究深度不够

借鉴国外及港澳台地区生涯发展教育理论体系和实践经验的研究一直是内地

生涯发展教育者们关注的热点。先进的经验为内地开展生涯发展教育提供了宝贵的参考价值。随着内地的生涯发展教育中很多共性问题的不断凸显，近十年来，内地高校逐渐开始关注国外经典生涯理论应用在我国高校时发生的“水土不服”问题。对于这种现象及背后的原因，学界主要从两个维度进行了探讨：一是从社会制度、经济发展水平和历史文化背景差异等方面分析内地生涯教育缺乏实效性的原因。通过调研深入了解社会、学校、学生三方对生涯发展教育的需求，揭示我国生涯发展教育缺少实践经验，模仿改造理论缺乏深度的现状，提出生涯发展教育本土化的思路。二是从思想政治教育的视角，以马克思主义理论为指导，在社会主义核心价值体系的视野上探索大学生职业发展教育，从理论基础和现实价值等方面阐述将社会主义核心价值观融入职业生涯教育的重要意义，并提出价值引导应把握的原则，核心价值观融入的途径等，试图破解生涯教育的价值缺失问题。这些研究充分关注了生涯发展教育的本土化诉求，也在实践方面进行了一些有益的探索。但不管是结论还是方法都没有定论，需要进一步开拓。对于生涯发展教育的价值目标探讨不够深刻，对生涯发展教育的本土化理论根基缺乏深入讨论。

2.3 对生涯发展教育中的价值引导实践载体和方法关注不足

尽管有越来越多学者开始关注本土生涯发展教育的理论基础，也有一些实践操作层面的尝试，但系统性、科学性不强。一些生涯发展教育的工作者应用团体辅导、体验式模式、工作坊模式、叙事访谈、教练技术等新模式开展生涯发展教育和研究。这些将心理学、管理学和教育学中的先进方法应用于生涯教育活动的尝试往往关注于局部的课程设计或某一主题的探索尝试，一定程度上充实了生涯教育的实践载体。还有一些教育者立足本区域、本学校或某专业学生的现实情况，开展有针对性的教学改革和实践，尤其是根据不同专业学生生涯发展教育中存在的问题“对症下药”，有利于大学生生涯规划能力的实际提高，但对当前学生职业生涯发展、生涯决策、职业选择中出现的价值偏差关注不够。

3 基于社会主义核心价值建构的生涯发展教育

3.1 生涯发展教育的价值目标

为了解决职业生涯发展教育所面临的共性问题，首先应该明晰社会主义核心价值体系融入生涯发展教育的主要目标。

从西方社会职业指导到生涯规划的演变历史可以看出，生涯规划是人的价值追问和意义彰显，在西方国家所强调的"个人本位"的价值观语境下，生涯发展教育的目标更多体现的是个人价值的追求，而非社会整体的需要。我国高校开展生涯教育既有与西方教育相通之处，又有本质的区别。既应强调个人的兴趣、技能、价值观，更应着眼于大学生的社会属性，实现学生的可持续发展，培养合格的社会主义事业的建设者和接班人。从目标上看，社会主义核心价值体系融入生涯发展教育的总体目标是引导大学生树立正确的职业价值观和合理的职业理想，同时培养学生积极奋发的职业精神和自觉高尚的职业道德，引导大学生主动适应生涯发展。

总体来说，我国实施生涯发展教育的根本目标就是要教会人如何在经济社会快速发展的情况下实现核心价值观。是为了让每一个学生获得最佳的职业选择，并在这一过程中最大限度地实现自己职业规划与事业愿景的统一，最大限度地实现人生理想和社会价值。我国的大学生生涯教育应以社会主义价值体系为指引，结合当代社会需求而开展。我们认为，大学生生涯发展教育可以归纳出以下 3 种价值目标：

3.1.1 培养学生树立科学合理的职业理想、职业精神和职业道德

对于大学生而言，不管未来从事何种职业，掌握良好的自主学习能力是必备的基本素质，具备专业素养和职业精神是先决条件。大学生生涯教育首先应立足于提高大学生的生涯理想意识，坚定拥护社会主义制度，认同中国特色社会主义共同理想，引导大学生树立科学合理的职业理想。其次，要能够稳固学生的专业思想，指引学生积极学习和掌握专业理论和知识，形成适应专业领域内工作的专业素养；培养大学生奋发进取、团结协作、开拓创新的职业精神。养成严谨的职业责任和踏

实的职业作风，掌握职业道德规范，培养健康的职业道德情感，形成良好的职业道德品质。

3.1.2 促进大学生职业发展需求与社会人力资源需求间的平衡

20 世纪 70 年代，美国联邦政府提出的生涯发展教育目标主要包括：增进学校与整体社会之间的关系；使学校课程与社会生活需求更为相关；提供每个人成长过程中所需的谘商与辅导，以促进其生涯发展；使教育观念从学校延伸到家庭，社区及工作场所；培养学生更具弹性的知识，技能与态度，以适应社会快速变迁之需要；消除职业导向教育与普通及学术教育之间的鸿沟。不管基于东方或西方文化，生涯教育的出口都是使学生与社会接轨。生涯发展教育，应当能够引导学生把个人发展和国家、地区发展相结合，培养能将企业发展目标和个人奋斗目标较好结合的、对企业忠诚的、勇于创新的各类人才队伍，促进大学生职业生涯发展需求与企业需求之间的平衡。

3.1.3 构建核心价值体系，实现和谐有序的社会

生涯发展教育的落脚点是学生的实际行动，有意识地引导学生把职业理想和现实环境合理对接，引导大学生从“学校人”向“社会人”过渡，最终出口是实现稳定有序、安定团结的和谐社会。以合理的价值引导加强生涯教育，引导大学生客观合理地认知自我、认识就业形势，把个人理想和社会发展有机结合起来，做好职业发展的准备，充分实现自主就业、积极创业，做到人尽其用，有进步有发展有贡献，真正成为具有正确价值观的社会主义事业建设者和接班人。

3.2 建构理论在生涯领域的应用

建构理论由 George Kelly 提出，他认为：世上每个人都是科学家，在与环境的不断互动中产生、形成自己的认知观念，并使用这个结构化的认知观念对外界的不确定做出解释，预测未来事件并指引自己的行为。金树人认为：建构是人用来解释世界的方式，每个人都用自己的方式看待自己和所处的世界，在观察中得到各种预期。目前，建构理论作为一个后现代的咨询理论被广泛应用于生涯咨询实践中，阶梯法(Laddering)、认知复杂度(Cognitive complexity)、方格技术等都是生涯建构咨询中常用的技术，但在生涯发展教育领域仍鲜有探索。舒伯认为，生涯是生活中各

种事件的演进方向和历程，它统合了人一生中的各种职业和生活角色，由此表现出个人独特的自我发展形态。我们认为，职业生涯发展对于大学生而言，就是在对个人职业生涯的主客观条件进行测定、分析、总结的基础上，根据自己的特点，结合社会要求，确定最佳的职业生涯目标，作出妥善的安排与计划并不断实践的过程。可见，生涯并不是一个静止的点，而是一个动态的历程，具有个性化和主动塑造的特点，也就是说，生涯发展本身是在主体的建构中不断变化的，而价值取向是一切行动的根基。

3.3 价值建构视角下生涯发展教育的 ACP 模式

阶梯法(Laddering)是一种透过表面建构，层层深入到核心建构的方法。阶梯法的核心是"漏斗式"的追问，如剥洋葱一般层层抽取出核心价值。在生涯发展教育的实施过程中运用阶梯法，目的是引导学生跨越社会庸俗工具价值的阻碍，主动将实现个人价值同社会发展需求相结合，建立生涯发展教育的价值引导体系，切实提升生涯发展教育的实效性。站在生涯发展教育的起始点，表面建构应解决的是"What"的问题，即对未来愿景的期待；二层建构着重解决"Why"的问题，即为何有愿景，生涯发展的价值追求是何；而核心建构是要帮助学生解决"How"的问题，即如何实现，也就是最终激发行动的根本动力(见图 1)。

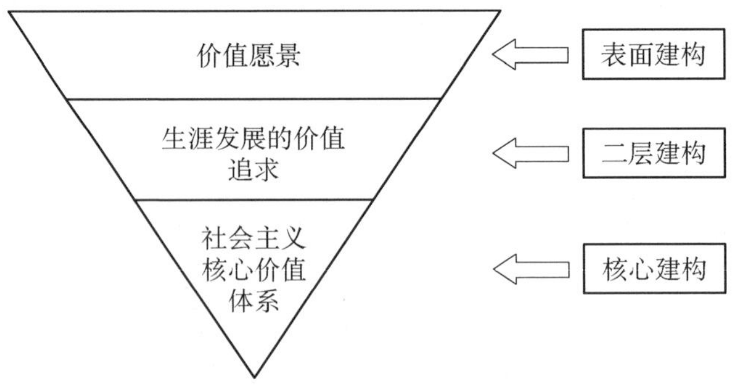

图 1 社会主义核心价值的阶梯建构

从内容来看，目前生涯发展教育侧重于人职匹配的观念、生涯发展与规划的方法与技能传授，并且以个人价值导向为主，仍缺乏对价值引导的深入思考。目前各高校开设的职业生涯发展与规划课程主要涵盖3个模块:生涯发展的基础理论和意识提升、自我和职业的探索、生涯发展能力。这三大模块均以知识目标和技能目标为主,并且仅在自我探索中有价值观相关的内容,很显然对价值引导的关注远远不够。而通过对实施生涯发展教育的教师和用人单位的调研发现,学校的生涯发展教育应更重视职业价值观、职业精神培养和专业素质教育,因为这些是当代大学生在职业活动中所呈现出的短板。应用阶梯法对应的价值建构层次,我们认为,符合价值目标的生涯发展教育可以归纳为ACP模式,具体内容如表1所示。

表1 生涯发展教育ACP模式

教育模块	主要任务	主要内容
Awareness	价值愿景的建立	理想职业及人生目标 职业生涯发展与规划理论 职业生涯发展与规划的意义
Construct	生涯发展价值目标澄清	自我意识和社会同一性 工作世界探索 职业精神培养 专业素质提升
Practice	社会主义核心价值观升华	学涯规划 生涯发展目标 职业决策和行动

觉知(Awareness, A)模块,主要任务一是发挥生涯发展教育的价值引导功能,从职业理想、人生目标入手,融入理想信念的激发教育,初步建立学生的价值愿景(Vision);二是填补学生进入大学之前生涯发展理论和实践的空白,使得学生认识到生涯规划的重要性,形成良好的生涯发展与规划意识,引导学生对自我价值建构进行反思。建构(Construct, C)模块主要承担的任务是用生涯发展的理论和方法帮助学生建立全面的自我认识和社会认知,帮助大学生立足自我,并结合客观现实和条件,树立正确的职业价值观。同时从大学生普遍关心的现实问题切入,比如就业选择、专业发展等,引导大学生关注外部客观环境的不断变换,不断提升自己,做好大学期间学业、生活、工作的规划,积累求职就业和职业发展的能力,为开展生涯实践打好基础。实践模块(Practice, P)是抽取核心价值并升华为行动,在此阶段,

应着力于学生的职业行动，进入对自我价值的实现角色，逐渐朝着理想的方向迈进，实现社会主义核心价值观的外化。

参考文献

[1] 房欲飞.大学生职业生涯教育存在的问题和对策建议——基于实证调研的分析[J].现代大学教育，2013(4)：104-110.

[2] 成希，李世勇.我国高校大学生生涯发展教育的现状分析与对策思考[J].思想理论教育导刊，2013(8)：138-140.

[3] 黄蕊，张乐雅，钟思嘉.高校生涯教育的反思和建议[J].思想政治教育研究，2013(10)：122-125.

[4] 王育飞，唐军栋，姚妍妍.职业生涯规划理论本土化问题的探讨[J].出国与就业，2010(10)：59-60.

[5] 许国成.本土化视角下的大学生职业生涯教育体系构建研究[J].长春教育学院学报，2011，(4)：72-73.

[6] 刘献文，李少芬.大学生职业生涯规划教育本土化研究[J].辽宁教育研究，2007(5)：93-96.

[7] 方伟.论社会主义核心价值体系与大学生职业生涯教育的融合[J].国家教育行政学院学报，2012(12)：57-62.

[8] 彭立春.社会主义核心价值体系融入大学生职业生涯教育研究[D].长沙：中南大学硕士论文，2012.

[9] 钟明荣，刘黎明.社会主义核心价值体系视野下大学生职业生涯规划探析[J].萍乡高等专科学校学报，2012(8)：82-84.

[10] 宋咏，张宇.基于价值引导视角下大学生职业生涯规划教育探析[J].黑龙江教育学院学报，2013(3)：11-12.

[11] 方雅静，赵佳菲.教练技术在大学生生涯教育中的应用[J].生涯发展教育研究，2014(1)：29-35.

[12] 张小菊，周绮云，茹秀华.应用工作坊模式开展大学生职业生涯教育的思考[J].教育与职业，2011(5)：64-66.

[13] 于波，李晓玮.团体心理辅导应用于大学生职业生涯教育的个案研究——以“筑梦之

旅"工作坊为例[J]. 山东青年政治学院学报,2014(1):93 - 96.

[14] 张振笋. 体验式职业生涯教育的模式探索[J]. 三门峡职业技术学院学报,2010(12):27 - 29.

[15] 陈玲. 基于团体辅导模式大学生职业生涯教育[J]. 长春理工大学学报,2011(4):23 - 24.

[16] 李维国,董莉莉. 开放式教学模式在高校职业生涯教育中的应用[J]. 河北农业大学学报,2010(12):480 - 487.

[17] 陈巍,周建平,郭本禹. 本土化的大学生职业可能自我初探——来自 4 所高校优秀毕业生的叙事访谈研究[J]. 教育发展研究,2014(12):77 - 84.

[18] 蔡红英. 西部地区大学生职业生涯设计教育的途径与方法[J]. 学校党建与思想教育,2012(5):76 - 78.

[19] 王玉才. 浅谈豫北高校学生职业生涯规划本土化教育革新——《大学生职业发展与就业指导》课程教学改革探析[J]. 课程教育研究,2013(1):256.

[20] 王征,郑亚宁,丁艳峰. 本科生《职业生涯规划》本土化教学实践研究——以舟山新区涉海类专业为例[J]. 萍乡高等专业学校学报,2013(8):93 - 97.

[21] 郭海侠. 体育教育专业大学生职业生涯规划实践教育模式的构建[J]. 教育与职业,2013(4):87 - 89.

[22] 宋勇,吴巧巧. 公安院校大学生职业生涯规划与创业教育研究[J]. 赤峰学院学报,2014(8):183 - 185.

[23] 汪正宏,孙富安. 经管类大学生职业生涯规划教育研究[J]. 淮北师范大学学报,2014(6):186 - 188.

[24] 姚峥嵘,张同远. 中医专业大学生职业生涯规划教育探讨[J]. 扬州大学学报,2014(10):67 - 69.

[25] Kelly G A. The Psychology of Personal Constructs [M]. New York: Norton, 1955.

[26] 金树人. 生涯咨询与辅导[M]. 北京:高等教育出版社,2007.

[27] Super D E. A theory of Vocational Development. *American Psychologist*, 1953, 8, 185 - 190.

农村生源大学新生问题探讨*

宋莉君(上海中医药大学公共健康学院,上海,201203)

摘　要　笔者将在本校本学院就读的农村非上海生源学生的适应问题大致分为四种,并着力分析,总结出三点相应的对策,期望他们能尽快缩短适应期,将适应问题的负性影响降到最低,最终能顺利毕业和成功就业。

关键词　农村生源;大学新生适应问题;职业发展教育;心理辅导

当媒体还在热烈讨论80及90后现象时,高校已迎来了95后大学新生,笔者在长期从事新生辅导员的工作经历中,观察到:他们在入学后,或多或少地存在着某些不适应大学生活的现象。大学生在大一新生阶段所呈现出的各种问题,是高中教育、家庭教育、社会环境、大学教育、学生个体等多种因素综合作用、互动生成的结果。尤其值得注意的是,这首先是一种群体现象,而非个别学生的问题。在这个群体中,笔者突出关注到外地农村学生,他们第一次离开家乡,经过高考的奋力拼搏,独自来上海求学,农村非沪籍大学新生满怀希望进入上海的高等学府。他们是家乡父老眼中的佼佼者,但是,当面对新的陌生的环境时,他们会更想家;与上海同学相比,他们甚至会产生自卑心理。特别在上海这一经济发达地区,几乎在学校里浓缩了全国各地区之间的经济、文化等方面的差距,学生间近距离的接触又使之形成更加强烈的对比,可能引发的内心冲突与失衡可想而知。笔者在与来沪外籍大学生的交流、沟通中,观察到外地学生来沪求学时的种种不适现象,进行了长期的观察、总结、实践与反思,笔者发现在本校本学院就读的非上海农村生源学生的

* 作者简介:宋莉君,上海中医药大学公共健康学院,Email: stevensonxu@163.com

适应问题大致有四种，并着力分析，得出三点相应的对策，期望他们能尽快缩短适应期，将适应问题的负性影响降到最低，最终能顺利毕业和成功就业。

1 农村非沪籍大学新生适应问题主要表现

1.1 生活方式

刚入校园时，他们会很兴奋，觉得上海真繁华，各项设施都很先进——从火车站出来，还要坐地下火车（地铁）来学校；学校好大呀！像花园；图书馆那么高呀！藏书量惊人；教室真干净，还有多媒体！等等。但一系列的好奇过后，还是要实实在在地生活，他们又会感到诸多的不满——食堂饭菜太贵；生活园区的公用事业收费太高；校园太大，寝室到教室的路太漫长；至此，刚踏入大都市时的兴奋早已荡然无存了。

1.2 人际交往

大学新生来自于祖国各地，在社会心理和行为方式等方面都存在一定的差异，这就给大学新生的人际交往带来了一些障碍，对大学新生形成新的和谐的人际关系有一定的影响。当大学新生不能在新的环境中迅速建立起和谐的人际关系，产生了很强的孤独感及安全感、归属感的缺失，对自己的学习、生活以及身心健康都带来了很大的负面影响。

1.3 自我管理

大学生的自我管理可分为生活管理、时间管理和学习管理。虽然外地学生的生活自理能力相当对较强，但在这“高强度”的适应中，这种优势早已磨平了；在脱离父母师长监控与服务的情况下，不能有效地自我安排日常生活，不能合理安排课余时间；另一方面，他们要从高中的班主任严格管理制度过渡到以学生自我管理为主、大学辅导员引导为辅的管理新方式，这就要求学生主要依靠自我管理与自我约束，一旦没有适应这种转变就容易影响学业。

1.4 心理适应

大学新生要面对新的教学风格和学习方式、新的人际氛围和生活环境，可能会出现"心理不适"。即新生在完成以上适应任务的过程中伴随的心理上的不良症状表现，如失落感、孤独感、自卑感等。很多新生对大学生活了解甚少，对大学有过高的期望。入学后，许多大学新生感到现实远非自己所想象的那样完美、丰富多彩，与理想中的大学形成巨大反差，许多同学会从心理上感到沮丧，产生失落感。也有些学生不了解自己所学专业，不熟悉本专业的就业前景，外省学生对在上海就业的可能性也很茫然，往往会产生强烈的不安。有研究者将大一这段适应时间称为"心理间歇期"，这本属正常现象，但如果不对其加以引导和疏通，一味任其蔓延，必将影响学生的学习、生活，严重者甚至出现心理问题。

大学新生的适应问题是他们在人生成长和发展中必然面临的问题，对这类问题的处理，不能仅仅停留在"适应"的层面上，而应该提升到通过大一的新生活而促进学生成长的层面上，关注到"成长"的需要。

2 新生适应问题的对策

2.1 加强入学教育，主动剖析"适应问题"，提供可能的应对方案

为帮助农村非上海生源新生尽快适应上海的生活，要向他们介绍上海的历史、风土人情、时事政治，带领他们参加"外地新生看上海"活动，及时交流，消除外地同学对上海人的一些偏见，加强沟通，促进彼此的了解。提供学校周围的生活设施的介绍，将外地学生可能遇到的情况及有效的解决方法汇集成册，最大限度地提供便利。开展积极有效的班团活动，定期开展多种多样的主题班会，丰富他们的课余生活，增强班级凝聚力，增进同学之间的了解。有针对性地对学生进行理想信念教育，世界观、人生观、价值观教育，形势政策教育，道德法纪教育，心理健康教育和就业指导；指导学生形成正确的人生目标、价值取向、思维方式、道德法制意识、良好的品行操守及健康的心理。结合丰富多彩的主题团日活动，使学生在活动中体验

成功、增强自信，树立正确的人生观、世界观。

2.2 开展职业生涯发展教育，将就业指导与学生日常管理与综合素质的教育结合起来，全面促进学生的进步

将日常工作与学生自身需求相结合，开展了“强化分专业、分层次、递进式的职业规划与指导”系列活动，努力适应学生的发展，并为他们的发展提供服务。从思想道德建设、理想信念教育等渠道，主动与职业规划、就业指导相结合，使学生充分认识到自身的价值，解除他们的困惑。全面贯彻实施职业发展教育的全程化。一年级学生觉得理想与实际的差距较大，指导就起了很大的作用，我们明确了第一年的重点是：结合本人的专业志向，对自身的能力倾向、大学的动机、理由、与现所学的内容进行综合；就大学三年学习的目标，进行自我规划；遵守校规和社会道德规范，努力适应大学生活。为落到实处，开展“朋辈教育”——请高年级同学介绍他们在学校的生活和学习感受；请学习优秀的同学介绍成功学习的经验；请毕业班同学交流一下实习和就业中碰到的问题及应对措施，等。并请专业教师开设一系列讲座，使学生从中找到专业学习和思维的导向。开展职业生涯发展教育的目标是使学生最终能顺利毕业和成功就业。

2.3 加强全方位的心理辅导，不断提高学生心理素质

有效开展新生心理普查工作。根据普查结果，心理咨询中心一方面全面“开花”——针对所有新生开展心理健康知识讲座，宣传心理卫生常识；另一方面“逐个击破”——及时对心理困扰大的同学一一进行回访，甄别危机事件。同时，心理咨询中心还提供个别咨询服务，团委还设学生心理社团协会，每个二级学院配备一名心灵导师，每班设立两名心理委员，定期开展各项培训活动。采取班级心理委员、学院辅导员团队、学校心理咨询中心三级干预可加强新生的心理教育，并能防患于未然，及时掌握情况，采取有效措施，推进学生对大学生活的积极健康的态度。

大学新生的适应问题关系到学生的人格发展，甚至于关系到学生的顺利毕业及就业，以至于关系到学生一生的成败。处理好上海高校中农村非沪籍新生的适应问题更具有促进民族团结、维护校园稳定的重大意义。作为辅导员，我们应一方

面积极帮助新生更好地利用学校的资源，尽快融入当前的大学生活；另一方面，也应发挥我们自身的优势，在日常的工作、学习和生活中，更多地与学生交流，把工作做细、做精。

参考文献

[1] 翁铁慧. 高校学生辅导员情境模拟训练[M]. 上海：中国福利会出版社，2006，31.
[2] 朱美蓉. 关于"90后"大学新生适应问题与适应教育的思考[J]. 佳木斯职业学院学报，2015(2)：125.

退伍复学大学生学校适应特点的质性研究*

——以上海S大学为例

朱　艳（上海大学，上海，200444）

摘　要　退伍复学大学生作为高校的特殊群体，从军营到校园的转变给他们带来了一系列适应问题。本研究在对13位退伍复学大学生深入访谈的基础上发现，退伍复学大学生学习适应和角色适应有明显的个体差异，而在人际适应方面，战友是重要的人际支持，其关系强度的变化是这一群体人际融入的重要标志。回到学校后，他们感受到了大学的自由和幸福，但也感到大学需要更高的自我管理能力。

关键词　退伍复学大学生；学校适应

1　问题的提出

从高校征兵是促进我国国防和军队建设、提高部队战斗力的重要举措。此举措最早可追溯到2001年，教育部首次提出在大学生群体中征集新兵。2002年9月，教育部、公安部、民政部、总参谋部、总政治部等五部委联合下发了《关于进一步做好从全日制高等学校在校生中征集新兵的通知》（[2002]参联字1号），细化了大学生征兵的相关政策和规定，并开始在部分高校进行试点。2004年，该项政策转为向全国全日制高校全面铺开，各高校先后成立武装部，负责承担从大学生中征集新兵及退伍学生的管理等相关工作，同时各省市及各高校均出台了相关的大学生入伍配套规定和办法等[1]。

* 作者简介：朱艳，上海大学，joyce.zd@163.com

上海S大学作为高校征兵工作的第一批试点单位，在2002年开始开展这项工作，当年有10位同学走进军营。之后该校参军人数逐年上升，2009年积极响应世博会安保任务的需求，共有102名学生应征入伍，成为上海市参军人数最多的高校。从2011年开始至今，该校每年参军入伍的大学生数基本上在60人左右，在上海市高校中属于参军人数较多的学校。随着两年的兵役期结束，上海S大学参军大学生中有90%会脱下戎装回到校园，他们经历着从军营到学校的环境变化以及从军人到学生的角色转换，在专业学习、人际交往、自我认知、大学环境等方面很容易出现适应不良等问题。截至2015年7月，上海S大学在校的退伍复学大学生数为110人左右，分别于2012—2014年期间退伍，这些学生分布在不同的专业院系和年级，以男生为主。作为大学生中的特殊群体，他们经历着不同于一般大学生的生活轨迹，尤其从军营回到校园后将面临很多新的挑战，那么这一群体在重返校园后适应状况有什么样的特点？退伍复学的大学生学校适应状况是否存在个体差异？若有差异，是哪些因素造成了这样的差异？带着这些问题，研究者将走进上海S大学的退伍复学大学生群体，对他们的学校适应状况进行探讨和分析。

2 研究的现状

2.1 退伍复学大学生群体的研究现状

大学生参军政策是基于我国的国情出发，是中国提高军队整体素质的一个创新举措。在国外，这样的群体相对较少，相关研究更少，国外对于退伍大学生，尤其是退伍复学大学生群体的专门研究几乎没有[2]。国内对退伍大学生状况的关注和研究较少，主要表现为研究论文数量有限，内容不够全面。截至2015年7月，研究者在中国期刊网数据库中以“复员大学生”或“退伍复学大学生”以及同时以“退伍”、“大学生”为主题共搜索到13篇文献，从2004年开始共有13位研究者关注了这一群体，从不同的视角进行了研究，具体情况如表1所示。

表 1 国内退伍大学生群体的研究状况(2004—2015 年)

年份	篇数	研究对象	研究主题
2004	1	退伍大学生	退伍安置
2006	1	复员大学生	思想政治工作
2009	1	复员大学生	角色转变
2010	1	复员大学生	心理健康
2011	2	退伍复学大学生/退伍学生	教育管理/思想政治教育
2012	1	退伍复学大学生	教育管理
2013	2	退伍复学学生/退伍学生	在学生工作/思想政治教育的作用
2014	2	参军复原大学生/退伍大学生	思想政治教育/担任军训教官的朋辈模式
2015	2	退伍返校大学生/退伍复学大学生	社会融入/适应性

由上表可见,对这一群体已有的研究文献呈现如下特点:

(1) 研究数量少。

2009 年以前仅有 2 篇,从 2009 年开始每年大约 1～2 篇,总数也不过 13 篇而已。

(2) 研究对象的称谓不统一。

有的研究称之为"退伍大学生"或"退伍学生",有的称之为"复员大学生",有的称之为"退伍复学大学生"或"退伍复学学生",还有一些研究称之为"参军复原大学生"或"退伍返校大学生"。事实上,退伍大学生群体包含两种情况:一种是由于参军前未完成高等教育,退伍后继续回到高校接受高等教育的大学生,笔者认为这一种应被称作为"退伍复学大学生"或"退伍返校大学生";而另一种是参军前完成高等教育的退伍大学生,退伍后直接就业,走向社会的。若按照这样的划分,以往的这些研究所探讨的是退伍大学生回到校园后的状况,因而其准确的研究对象应该被称为"退伍复学大学生"或"退伍返校大学生",本研究将采用"退伍复学大学生"的说法。

(3) 研究主题较表浅,主要从学校教育管理和学生个体这两条线展开一些研究从校方的角度分析如何对退伍复学大学生进行教育管理以及如何发挥这一群体在大学生中的示范和影响力等。李凯、王敏坚关注了复员大学生主要的思想困惑和存在的问题，从政策落实、增强个体自信心、提供平台、树立典型等四方面提出相应的对策。曾祥渭、武全等从退伍复学大学生的特点出发，分析了目前教育管理过程中存在的问题，提出了做好退伍复学大学生教育管理工作的具体思路。周晓彬分析了退伍复学大学生的现状和目前教育管理过程中存在的问题，提出做好退伍复学大学生教育管理工作的思路。宴毅、莫素娟提出通过多种方式发挥退伍学生在高职院校学生思想政工作中的作用。孟伟婷认为退伍复学学生在高校的学生工作中起到了很大的作用，同时分析了他们在价值观、人际交往和学习上存在的问题，最后提出了有针对性的教育对策。徐波阐述了由退伍学生参与高职院校学生思想政治教育的深远意义，并提出了相应的工作策略。宫巍、孙作青等关注了高校参军大学生复原后如何继续发挥作用以及他们在学习、就业方面面临的新问题和新困难该如何解决等。曲秀君、王松涛认为退伍大学生带训的方式是朋辈理论在军训教学中的最好践行，对培养学生教官和参训学生是双赢互促的结果。

另有一些研究从退伍复学大学生个体出发，关注他们从军营回到校园后的角色转变中存在的问题、心理健康状况、社会融入及适应性情况等。计颖指出复员大学生角色转变中存在的问题，提出了相应的建议。郭玉琼认为复员大学生重回校园后在学业、人际关系、就业等方面更容易遇到困难和挫折。钟旭从政府制度、学校教育、部队反馈、个人心态四个方面分析退伍返校大学生社会融入存在的问题，并相应提出了具体建议措施。朱积标关注了退伍复学大学生在角色、社会交往、学业、职业发展等方面面临的适应性问题，并提出了解决退伍复学大学生适应性问题的可行性策略。

已有的文献提出了退伍复学大学生返回校园后遇到的问题和困境，进而分析产生的原因，并从外界和学生个体的角度分别提出了解决问题的途径；同时，研究者也意识到退伍复学大学生这一新群体在大学生教育管理中具有的重要作用。这些已有的研究结果为这一领域的深入探讨奠定了基础，但大多是理论的分析，仅停留在描述性研究上，缺乏具体数据和资料的支撑；针对问题和现象的原因探讨比较零散，缺乏理论框架。对退伍复学大学生适应的研究文献直到最近才出现，事实上之前研究的主题如角色转变的困难、心理健康问题的关注、社会融入均可以与学校适应有密切的关系，但是没有能进行深入的探究。朱积标的研究可以说是首次较系统、较规范地对退伍复学大学生群体做了探讨，再加上作者自己也是退伍复学大学生的"局中人"身份更是为这一研究增加了便利性和情感性，也为"适应"主题的深入研究做了铺垫。

2.2 学校适应的概念界定

自"学校适应"这主题被西方学者 Birch S. H. 和 Ladd G. W. 于 20 世纪 80 年代提出以后，它就受到许多中外研究者的关注。目前对于学校适应的界定尚不统一，不过从已有的研究文献来看，大多围绕该概念的核心——"适应"一词以及在校园背景下学生所承担的角色与任务特征而展开。对于学校适应的界定主要有三种取向：①过程取向，代表性的观点有 Ladd 提出学校适应是学生试图适应学校环境要求的一个动态过程，1997 年他进一步修正了对学校适应的定义，认为学校适应就是学生在学校背景下愉快地参与学校活动并获得学业成功的程度。国内学者陈君提出学校适应是大学生生通过积极的身心调整和与学校环境的相互作用，达到学校的教育目的，顺利完成学业；②状态取向，主要观点有 Birch 认为学校适应不仅指学生的学校表现，而且也包括学生对学校的情感或态度及其参与学校活动的程度。国内研究者曾晓强提出，学校适应是指学生同学校环境的良好调适状态，即个体能够感觉良好地履行和完成学校环境和学生角色所赋予的各项任务；③两者兼之的取向，方晓义等认为学校适应是指学生的心理状态无论是在何种境遇条件下，无论自身条件的优劣，都能客观地加以认识，并从行动上进行积极的调整，使自身的心理状态很好地适应环境，它既是一种调整的过程，也是一种调整的结果。基于原有的研究结论，本研究认为对学校适应的界定应该从状态和过程两个角度进行，即退伍复学大学生的学校适应是指参军大学生从军营回到校园后学习、人际、角色的适应状态以及对大学的总体认同评价等；同时，学校适应也是退伍复学大学生在回到校园后依据自身条件及所处的境遇，能客观地认识新环境，并从行动上积极地进行调适，顺利完成学业的过程。

2.3　大学生学校适应的结构

国内外学者从不同的角度对大学生学校适应进行了大量地研究，取得一些有价值的成果。在研究方法上，目前的研究大多使用定量的研究方法，关注大学生学校适应的影响因素及其影响机制，并努力建构影响模型，定性研究的方式较少。

对于大学生学校适应的结构，国外的很多研究都认为学校适应包括心理、学业、社会的适应。而目前国内已有研究中，对于学校适应的构成还没有形成一个统一的、明确的体系。卢谢峰认为大学生的学校适应包括7个方面，即学习适应性、人际适应、角色适应性、职业选择适应性、生活自理适应性、环境的总体认同评价、身心症状表现。方晓义等人认为大学生适应包括人际关系适应、学习适应、校园生活适应、择业适应、情绪适应、自我适应和满意度七个方面。增晓强认为学校适应包括学习适应、人际适应和身心适应三个方面。高旭、王元认为学业适应、情绪适应和行为适应是学校适应的三个主要内容。候静认为大学生的学校适应包括七个方面的适应：学习适应、师生关系适应、集体适应、同学关系适应、自主性、生活适应和学校环境适应。邹小勤认为大学生学校适应是一个多维结构的系统，在这个多维系统中包括学习适应、同伴关系适应、身心适应、校园生活适应和就业自信五个维度。可以看出，虽然不同学者对大学生学校适应的结构由不同的结论，但是大多数的研究都认为学校适应均包含学习适应、人际适应、生活适应。

朱积标在对退伍复学大学生的研究认为适应性的框架包括角色的适应性、社会交往的适应性、学习的适应性。同时，退伍复学大学生在高校的适应性问题又会直接或者间接影响到其毕业离校后的职业发展适应。本研究基于大学生学校适应的研究结果以及退伍复学大学生适应性的研究，认为退伍复学大学生的学校适应包括学习适应、角色适应、人际适应和对大学的认同评价。

3 研究方法

3.1 研究对象

表 2 研究对象的基本资料

编号	性别	年级	专业	生源地	参军时间(年级)	退伍时间	兵种
S1	女	研二	社会学	山东	2009(大二)	2010	武警(世博女兵)
S2	男	大四	音乐	上海	2010(大二)	2012	解放军(文艺兵)
S3	男	大四	音乐	上海	2010(大二)	2012	解放军(文艺兵)
S4	男	大四	数学	重庆	2011(大四)	2013	武警
S5	男	大三	管理学	重庆	2011(大二)	2013	武警
S6	男	大三	材料	湖南	2010(大一)	2012	武警
S7	男	大三	理学	浙江	2010(大一)	2012	武警
S8	女	大二	工业工程	黑龙江	2011(大一)	2013	解放军
S9	男	大三	经济	江西	2011(大二)	2013	武警
S10	男	大二	工业设计	安徽	2011(大一)	2013	武警
S11	男	大四	微电子	上海	2011(大三)	2013	武警
S12	男	大二	通信工程	河南	2011(大一)	2013	武警
S13	男	大二	通信工程	福建	2011(大一)	2013	武警

访谈对象在选择时是以辅导员推荐和“滚雪球”的方式(战友之间的介绍)为主。访谈地点安排在学生社区的朋辈工作室,以淡化学校行政的印象。在受访的13位退伍复学大学生中,男性11人,女性2人,这与上海S大学退伍复学大学生男性居多的现状相当。这些受访者来自S大学的理工、人文、经管和艺术等专业,参军时间涵盖大一到大四,兵种以武警为主,也有解放军,还包括文艺兵以及世博女兵等特殊兵种。

3.2 研究工具与方法

本研究采用半结构式访谈提纲,主要围绕着研究主题中的学习适应、角色适应、人际适应、对大学的认同评价等展开,同时对一些可能的影响因素进行探讨和追问。在访谈前向访谈对象说明研究内容及目的，并签署知情同意书，得到对象同意后使用录音设备以完整记录访谈过程，便于进一步的资料整理和分析。本研究根据访谈录音资料进行整理，按主题分类，对转录文本资料进行编码与分析。

4　研究结果

4.1　退伍复学大学生参军的原因

退伍复学大学生参军的缘由是多样的，甚至有一些是综合的考虑。一方面他们受家庭或一些军营题材的影视作品影响，对部队有一定的向往，想通过参军的经历来历练自己，体验不一样的人生经历；另一方面也有的人因为高考时没有圆自己的军营梦而选择在大学里参军；此外，还有一些学生考虑到了自己遇到的现实困难，如经济压力和调整专业等，再加上对军营的向往选择了参军。在访谈的学生中，选择参军的原因大致包括以下几种：①自我的志向，如S4提到“我一直想去当兵，经常看一些关于军人方面的信息”；“从小就比较喜欢部队的生活，大一刚好有这个机会，然后就迫不及待地报了名体检”(S6)。②家庭的影响，如S3提到“我爸那一家几乎都是去当过兵的，他听说我要去当兵的时候，也是蛮支持的”；“我爷爷以前是抗美援朝的老兵，家里面有这样的影响，从小就有这种情结在。我爸爸以前想当兵但是没有当成，这次被我碰巧啦，所以我就去了”(S1)。③寻求不一样的体验，S10谈到“读书都读了12年，想换个环境待一会，那时候觉得学了12年学不下去了，就想缓一缓，大学也不急着毕业嘛，就去当兵了”。④弥补当初的遗憾，“当时我可能心里隐隐的有点不服输的精神，因为在部队也有考军校的机会，所以我就想这两年我在部队能够继续考上国防科技大学的话，我就直接留在部队了”(S12)。

4.2　退伍复学大学生学习适应的特点

退伍复学大学生回到校园后遇到的最大困难是学习的适应。他们在部队里主要以军事训练为主，即使有集中学习的机会，其形式和内容与大学存在着天壤之别。尤其是刚回到学校时,他们对大学的教学方式和教学环境感到很陌生,坐在教室里觉得浑身不自在,原有的一些知识体系已经遗忘地较多,需要重新拾起并要在较短时间内跟上其他同学的进度,这对他们而言确实是一大挑战。在这些访谈的学生中,他们对大学的学习感受不一,差异也比较明显。

4.2.1 时间紧迫感,珍惜学习的机会

有一些退伍复学大学生回来后,原来的同学已经毕业或即将毕业,一方面内心觉得自己比同龄人拉下了两年的时间,想尽快完成学业走入社会,施展自己的抱负;另一方面,在经历了部队的生活后,对自己人生的感悟更加丰富,对社会的认识也更加深入,对大学的学习机会也更加珍惜。

S2:"回来之后感觉自己更加珍惜在学校的时间了,所以自己更用功了。成绩方面,分数比原先要高很多,感觉更加珍惜时间了。"

S9:"可能是思想上一种意识吧,现在如果再不努力的话,以后靠什么。现在社会压力那么大,如果你自己不把自己能力提高,以后靠什么去生存。"

4.2.2 目标明确,规划清晰

在参军前很多同学对大学生活是很迷茫的,不清楚自己的目标是什么,而在经历了军营生活后,这些同学对自己未来的生活和发展有一定的思考和计划,并有了明确的目标。

S4:"回来后学习上想刷绩点,当时我是准备考哈尔滨的研究生(军校),后来我也去问了一下学校有没有国防生,没有这些东西,就破灭了。也是没办法,只能尽快把这些东西完成之后找工作。"

S9:"(学习)我感觉就是第一个就要好好规划一下嘛,你要选什么课,要有个计划,一定要计划好,而且要努力完成。"

S10:"那时候就有一个目标,就是把工业设计学好,以后出来做一些事情,然后绩点也好一点。"

4.2.3 迎难而上，积极应对困境

上海S大学施行的是“三学期”的教学制度（每个学期含10个教学周和2个考试周，整个学年由秋季、冬季、春季3个长学期和夏季1个短学期构成）。冬季征兵的大学生退伍时间大多是11月25日，当很多退伍的同学办好复学手续正式走进课堂时，冬季学期已经进入了第四周，老师的授课内容已经将近一半，他们一方面要努力进入学习状态，另一方面还需要赶上学习的进度。面对这样的困境，很多同学发扬了部队里的迎难而上的精神，积极应对。

> S10：“刚退伍回来的时候，错过了三周的课程，所以就比较辛苦地赶那个课程，而且两年都没看书了，就一直很用心的在赶，就天天看书。刚回来的时候课都比较多，要补以前的课。”
>
> S9：“我自己还是多花点时间去看，去问问老师，有的专业课可能比较难，我只能去把它学好，我感觉这个没什么的，一定要努力的。可能也是之前在部队吃了一点苦，所以感觉现在学起来还是比较轻松的。”

4.2.4 困难重重，抑或不够重视，无法进入学习状态

也有一些退伍复学大学生虽然回到了校园，但是觉得自己在部队里锻炼了两年，想早点进入社会提升自己的能力，对学习不是很重视；还有的同学因为两年没有接触书本，对学习感到很陌生，提不起兴趣。

> S6：“复学之后嘛，很多战友跟我出了一样的问题，就是很多心思都不在学习上，马马虎虎，因为经过部队的两年锻炼以后，想早一点步入社会，想做一些自己的事情，学习上就没有那么认真。在大学生活中，学习应该不算很重要的，我觉得更重要的话，应该是待人接物、为人处世这些，更多提高一些进入社会的能力。”
>
> S13：“可能退伍回来，两年多基本上没有摸过书本嘛，没有用过课本，也没有用过脑，基本上都是体力，有点生锈了。”

4.3 退伍复学大学生角色适应的特点

高校和军队的环境和文化不同，对军人和大学生这两种角色的要求也有较大差异。作为一名军人，规范较为严格和苛刻，需要有绝对服从的命令意识、行事标准规范、生活训练有序等，而大学的环境则相对宽松和自由，在这两种截然不同的环境间快速变化，很多退伍复学大学生出现了不同角色之间的冲突，需要他们不断地进行角色的自我调整。

4.3.1 角色的自然转变，"在其位谋其政"

有一些学生对军人/学生的角色转变显得较容易，脱下军装回到学校后很自然地就进入学生的角色。

S2："我觉得一切都蛮自然的，并没有说刻意去转变一个身份什么的，就很自然的碰到什么样的环境做什么样的事情，作为一个学生读书就读书嘛。"

S9："不是有在其位，谋其政这句话嘛，你在军人的一天，就要做好军人的职责，你回到学校就是学生，你就要做到学生应该做的。"

4.3.2 对新环境不适应，留恋军营生活

也有一些退伍复学大学生虽然回到校园了，但是对大学感到很陌生，部队里的一幕幕场景还时常浮现在脑海中。在度过一段时间的大学生活后，大学里的自由让他们反而觉得很空虚，不知如何安排自己的生活。

S6："经过两年的部队生活，(我对大学的感觉)大部分还是停留在大一，其实我觉得经过了部队的训练后我更倾向于部队的生活，因为我觉得部队的生活比较简单，除了训练，就是任务，不像在学校里面，各种学习任务，还有各种活动啊，还有来自社会上的诱惑啊，反而到了学校之后这种自由的生活会让你觉得不知道哪个地方是重点，不知道怎么去安排?"

S12："刚开始上课的时候肯定是很不适应的，因为自己平常待在办公室，或者在站岗，在中队，然后突然就面对教室，面对这些当初我在进大学的时候

他们还是在高中的同学，我就觉得真的是翻天覆地的变化，两年以后完全物是人非了。”

4.3.3 军人和大学生角色的自然结合，相互促进

在有的退伍复学大学生看来，军人和学生的角色并不一定是冲突的，他们将军人坚强、积极向上、奋斗不息的特质融入到大学生的角色中，很好地适应了当前的大学生生活。

S10:“虽然我当过兵，但是现在我还是一个学生。后来想想当个学生并不是就要舍弃军人的那个角色，毕竟那些都是经历过的，会给你留下一些气质、谈吐方面的不同。回来之后我还是把自己当成一个学生，但是做过军人嘛，男子汉那种坚强、向上、奋斗的感觉，让学生的这个身份做得更好，自己更优秀，每天更充实。”

S12:“一个是学生的特质，一个是部队的特质，这两个特质就看他怎么去平衡，有些时候不是说你非要去做一个学生或是非要去完全做一个退伍的军人，这个在学习和生活当中也会有体现你部队特质的地方，如果你用部队的方法去坚持，去努力，是完全可以做到的。”

4.4 退伍复学大学生人际适应的特点

4.4.1 与新班级同学的交往特点

(1) 新同学的友好、包容营造了良好的氛围，其军人的身份引发了新同学的关注和钦佩。

这些同学退伍复学后，参军前的同学已经步入高年级或者毕业离校，交流甚少；即使有交流的，交际圈也仅停留在原寝室的个别同学。对于与新班级同学的交流情况，有的退伍复学大学生感受到了新同学的友好、开放、包容，这拉近了彼此的距离，如S3谈到“我觉得那一批同学也没有因为我们比他们年纪大所以有隔阂”。同时，退伍复学大学生的参军经历吸引了新同学的关注，其军人的身份令新同学们

折服，为建立良好的人际关系打下了基础。

S1:“有一些同学特别友好，他们觉得女兵好神气啊这种，其实他们也好奇我们在部队里的生活，会主动过来问我，你在那边过得怎么样的啊？”

S6:“我一回来的时候他们就很欢迎我，因为我是那个班级唯一一个去当兵的，回来之后就给他们表演了一下军体拳，然后他们就掌声特别热烈，有很多同学特别对我感兴趣，我也特别喜欢这种氛围，我觉得没有隔阂，没有压力。”

(2) 主动调整自己的交友观，积极发展新的关系网络。

很多退伍复学大学生谈到自己参军前不会主动去交流和接触新朋友，但是从部队回来后很多想法发生了变化，变得更加主动、包容，愿意结交新的朋友。

S1:“你要学会与各种形形色色的人相处，你也没有办法去说服她做一些改变，但你能做的是去包容她，多多站在别人的角度去想问题。以前我不会说去主动的交流接触，我现在觉得交流和接触还是蛮重要的。”

S2:“在当兵前我对待自己喜欢的人会很聊得来，但是对待自己不喜欢的人虽然不会去惹他但是一般不会去主动接近他。而在当兵回来之后，我觉得自己也变得更能接受各种各样的人了。”

(3) 与新同学有隔阂，无法融入。

也有一些退伍复学大学生无法融入到新班级中，除了上课之外与同学接触、交流的机会很少。在访谈中，S4 提到“好像给我编了个班级，我不太清楚，我跟他们不住在一起，有时候学习啊什么的没法问，也没法交流；上课的话在教室待了两个小时之后，大家不知道去哪里了，都不在一个地方上课。交流不多，可以说是零”。同时，S12 觉得“自己和他们不是一块入学的，是中间插进来的，而且再重新认识他们，或者再让他们全部重新认识我，都是一个比较困难的事情”。这些学生感觉自己既不属于现在新的同学群体，也不属于参军前的同学群体，处在这样一种被孤立无助的状态。

4.4.2 与战友交往的特点

(1)“战友”是退伍复学大学生重要的人际支持。

与战友的交往是退伍复学大学生的重要人际支持。尤其是刚回到校园,周围的一切都很陌生,唯有有共同经历的战友成为彼此支持的情感纽带,S12 谈到“回来之后朋友变得好少,真正可能非常好的朋友都是这些战友”。与战友的交往方式很直接,和部队里很相像,“我们之间根本不需要客套话的,我们之间我看你不爽了就直接给你一锤子,很直接。这种感情更真实一点”(S7)。S4 提到“我没事的话就把这些战友叫出来,我说我在哪个地方,或者哪一天心情不好的时候,我说你们出来一下。他们的感觉不是像以前学生那样,然后几分钟就过来了”。“诉苦的话就找他们出去喝酒,喝酒聊天嘛,不爽了就喝酒,喝完了第二天就好了”(S7)。“战友之间的感情是一种说不出来的味道”(S6)。

此外,战友之间的交流和支持还体现在一些具体事务的处理和解决上。这些退伍复学大学生在复学时可能会遇到很多类似的问题,战友间的信息分享显得尤为重要。S12 提到“跟战友之间的交流刚开始的时候是一种互相的,就是能从他们身上找到一种归属感,就是我们才是一类的,我们是一起出去的,一起回来的,我们是一样的”。

(2)与战友的连接由“紧密”转为“疏远”是退伍复学大学生人际融入的重要标志。

由于参军经历相似,战友间在退伍复学后可能会面临一些共同的困难,他们相互支持、帮助,因此,很多退伍复学大学生回到校园后最重要的人际圈是战友。随着时间的推移,有的同学的交际圈慢慢变大,去认识更多的朋友,战友间的联系渐渐变少,这并不意味着战友变得不重要,其实他们的连接还在,正是在战友关系的支持下,这些退伍复学的学生能够进入到新的关系中,渐渐融入周边。S12 提到“刚开始的时候是聚的人(战友)非常多,聚的次数也比较多,后来是慢慢少了一点,现在大家每个人都有自己的模式了”。S8 提到“因为刚回来毕竟跟身边的同学都不认识,我觉得这个调整期你身边的人从战友变成同学,也就说明你完全跟这个学校啊,大学生活开始接触了。像我们开始接触的都是战友,因为上课都是那种大教室，也没有特别固定的同学，每天身边都是战友，后来慢慢适应了，也就是你身边变成了同学，室友啊，就说明你真的适应了”。

4.5 退伍复学大学生对大学的认同评价

两年的军营生活结束后，很多退伍复学大学生对新的大学生生活充满了憧憬，有的在部队里就已经在思考回到大学后的规划。对于大学，他们的第一反应是自由了，“终于解放了，天高任鸟飞对，飞到哪就是哪”(S11)。相对而言，部队里的自由程度要低很多，“每个星期每个班只有一两个外出的名额，出去要请假的，而且只有两个小时，要找班长签字，班长签完找排长签，排长签完找连长签，如果有任何一级不同意，你就出不去”(S11)。一方面，他们感受到了大学生活的自由、轻松和幸福，但同时在看似自由的环境中却有时也觉得压力重重。

4.5.1 大学生活很幸福

S9:“回来之后其实又难过又高兴，高兴从一个这样很有压力的一个环境出来，整个人都轻松了。我记得那时候那段时间我眼睛都是黑眼圈嘛，两年都这样子过来，可能就是很憔悴。到 12 月份回到学校的时候，这种日子我想想都是舒服的，一定要好好珍惜，我有时候跟我身边的同学说一定好好珍惜生活，这种生活简直太幸福了。”

S10:“大学还是很美好的，比较宽松的一个环境。当兵的时候我的心境改变了很多，因为在部队的时候很想回大学，觉得大学特别美好。”

4.5.2 大学有更多的选择和发展空间

S12:“回来以后我发展的空间可以由自己来选择，可以通过自己的努力和自己的选择去选择自己喜欢的生活。(而在)刚进来的时候感觉大学生活五彩斑斓，是一个可以做很多事情的地方，自己可以怎么做都可以。回来之后就不一样了，回来之后就是通过大学要实现一些东西，更加脚踏实地，更加现实。”

4.5.3 大学看似“自由”的背后需要自我管理

S13:“从一个很规律、很严肃的生活一下子回到这么自由,感觉学习压力又大了,回来之后是自觉的去适应了。因为学习压力大,但是未来要靠自己嘛,所以要自觉去适应,学习压力也要去克服嘛。”

5 结论与讨论

退伍复学大学生作为高校一个较为特殊的群体,从军营到校园,环境、文化、角色等转变迅速,交往主体由战友、首长变为大学同学、老师,任务要求从军事训练、政治教育转为专业知识的学习,这些变化给他们带来了一系列适应问题。本研究在对13位退伍复学大学生深入访谈的基础上,分别从学习适应、人际适应、角色适应和对大学的认同这四个方面归纳出这一群体学校适应的特点,并对可能的影响因素进行了探讨。研究发现:①退伍复学大学生学习适应状态有明显的个体差异,有的同学退伍后感觉到时间的紧迫,十分珍惜大学时间,并对自己的未来有较明晰的规划,不畏困难,迎难而上;也有一些同学在学习上遇到了很多困难,有的可能是本身学习基础就比较薄弱,有的则是对学习不是很重视,导致很难进入良好的学习状态。②退伍复学大学生在角色适应方面个体差异也较大,有的同学能很快地进入“大学生”角色,但有的同学在从军人转变为学生的过程中困难重重。事实上,可能更加有利于角色转变的方式是如何将这两个角色有机地结合,有的同学提到用部队里习得的方式去面对生活将有助于对大学生活的适应。③退伍复学大学生接触比较多的是周边的同学和战友,其中战友是重要的人际支持,其关系强度的变化——由“紧密”转为“疏远”是退伍复学大学生人际融入的重要标志。④经历着高标准、严要求的部队生活后,退伍复学大学生对大学的感受是很宽松、很自由、很幸福,自己有更多的选择空间和发展机会,但在这背后他们也感受到了更高的自我管理的要求。

为了更好地促进退伍复学大学生顺利地适应学校环境,除了学生自身的调整之外,周边环境还需要为他们提供一些便利条件。对高校而言,①在思想上要重视退伍复学大学生群体。相对于其他大学生特殊群体,这一群体规模相对较小,分散在各个院系，并且是近阶段出现的新兴群体，往往容易被忽视；在新兵入伍前，作为惯例，高校都会举行隆重的欢送仪式，但对于退伍后的大学生，高校在某些环节上却有所疏忽。S4 提到他们那一批退伍时学校不知情，也没有任何准备，他们内心感觉很失望，“我们本来在部队里面是盼着回来，很想回来的，回来之后是这种情况，心理落差很大”。因此，对于退伍学生学校同样要热情欢迎，营造“参军光荣、退役光荣”的氛围。②在制度上保障退伍复学大学生的相关政策的落实。退伍复学大学生是比较特殊的群体，其退伍后将会遇到一些具体的问题，如学分的认定、学籍的恢复、学费的核算等，尤其是上海 S 大学 2011 年进行了教育体制的大类招生改革，导致 2010 年参军的大一学生就遇到了一些前所未有的问题。这批学生参军前是有具体的专业的，但是退伍回来后发现一年级是不分专业的，这使得他们在专业选择、学分认定上不知如何操作，S7 提到当时“教务处不管，学院的话就几个比较负责的老师管一管，其他的对我们都是不闻不问，教务处有时把我们踢到学院，学院又没法管，就这样扯来扯去很麻烦”，因此有必要制定具体的制度来保障学生退伍后相关手续的顺利办理，相关政策的真正落实。③在行动上积极关注退伍复学大学生，为他们顺利适应大学生活提供便利条件。针对退伍复学大学生普遍存在的学业压力的问题，高校一方面要鼓励他们发扬军人勇于面对困难、战胜困难的精神，另一方面，也要努力为他们创造良好的学习条件，如集中辅导、单独对接关注等方式帮助他们掌握科学有效的学习方法，提高学习效率，建立合理的目标体系，逐步完善自身知识结构和能力，顺利完成大学的学业。

参考文献

[1] 刘素贞. 大学生入伍的发展趋势及其德育价值探析[J]. 思想理论教育，2013(8)：83-88.

[2] 朱积标. “营门”到“校门”：退伍复学大学生适应性问题研究——以无锡 J 大学为例[D]. 无锡：江南大学硕士论文，2015.

[3] 李凯，王敏坚. 复员大学生思想政治工作研究[J]. 学校党建与思想教育，2006(5)：77-78.

[4] 曾祥渭，武全，等. 浅议如何做好退伍复学大学生的教育管理工作[J]. 出国与就业，

2011(6):115.

[5] 周晓彬.对高职退伍复学大学生教育管理工作的思考——以漳州职业技术学院为例[J].南昌教育学院学报,2012(11):101-105.

[6] 宴毅,莫素娟.发挥退伍学生在学生思想政治教育工作中的作用[J].山西煤炭管理干部学院学报,2013(2):147-155.

[7] 孟伟婷.浅议退伍复学学生在学生工作中的作用以及对其管理对策——以广州大学体育学院退伍学生为例[J].中国科教创新导刊,2013(11):218.

[8] 徐波.组织退伍学生参与高职院校学生思想政治教育的策略[J].职业教育,2011(6):206-207.

[9] 宫巍,孙作青.高校参军复原大学生思想政治教育研究[J].才智,2014(33):114.

[10] 曲秀君,王松涛.退伍大学生担任高校学生军训教官的有益探索——基于朋辈模式的同济大学案例分析[J].教育科研,2014(4):68-70.

[11] 计颖.复员大学生角色转变中存在的问题及对策研究[J].理论导报,2009(11):59-63.

[12] Ladd, G W. Having Friends, Keeping Friends, Making Friends, and Being Liked by Peers in the Classroom: Predictors of Children's Early School Adjustment [J]. Child Development, 1990,61(4):1081-1100.

[13] 陈君.《大学生新生学校适应自评量表》的编制及信度和效度检验[J].咸宁学院学报,2006,26(1):94-97.

[14] Birch S H, Ladd G W. The Teacher-child Relationship and Children's Early school Adjustment [J]. *Journal of School Psychology*, 1997(35).

[15] 曾晓强,张大均.父母依恋对大学生学校适应的作用机制[J].心理学探新,2010,30(4):76-80.

[16] 方晓义,沃建中,蔺秀云.《中国大学生适应量表》的编制[J].心理与行为研究,2005,3(2):95-101.

[17] 高旭,王元.同伴关系:通向学校适应的关键路径[J].东北师大学报,2010(2):161-165.

[18] 侯静.高中生学校适应量表的编制[J].中国临床心理学杂志,2013,21(3):385-388.

[19] 邹小勤.我国大学生学校适应研究[D].厦门:厦门大学博士论文,2013.

对后进生自我心理干预方法的尝试研究*

阮 澎 马 莹 戴辉明(上海海洋大学,上海,201306)

摘 要 从积极心理学的视角对于后进学生进行特别关怀和引导,尊重与欣赏并举,通过启发与积极暗示,以及一系列正能量活动的培训和引导,改变了后进生的消极行为,提高了后进生的学习水平,促进了后进生优秀品质和健康人格的发展。

关键词 自我干预;挖掘潜能;后进生;优劣关系

传统的优劣关系模式表现为:优等生—差等生、表扬者—批评者、成功者—失败者;在强大的传统教育者群体视野中,用成绩和表现把所有的学生分成了两类,优等和劣等,无论是处于什么样目的和什么样愿望,在优劣关系模式中,这些角色往往蕴含对立的两种形式。一种是“优越、强大、肯定”,另一种是“劣势、弱小、否定”;在这种优劣关系模式下,后进生的感受是“空虚、愤怒、无助”,与之伴随的身体语言是“叛逆、对抗、另类”,使得他们的心理更加自卑,行为更加消极,其学习结果更加落后。

如何转变后进生? 如何发挥他们自身的内因作用? 笔者在积极心理学理论指导下,进行了一些大胆的尝试,取得了比较好的效果。

---

* 作者简介:阮澎,上海海洋大学,Email: pruan@shou. edu. cn

1 研究方法

1.1 采用推荐法

学院心理健康辅导员根据日常行为观察和学习成绩表现，推荐具有以下其中一项或以上特征的学生。

(1) 行为消极不参加任何集体活动、人际关系不良、自卑者。

(2) 学习成绩至少有一门以上不及格者。

1.2 问卷测验

采用 SCL－90 心理测试量表，该量表包含 90 个项目的症状自陈量表，5 级评定制，它测量的是被试最近一周的心理状况，通过九个分量表症状的强度，反映被试者的心理症状模式。

1.3 团体辅导

根据他们的实际情况运用针对性的主题团体辅导活动。

1.4 个别咨询

对每位后进生进行面询，因心理问题程度不同，心理咨询次数不同。最少 3 次，最多 10 次。

1.5 心理暗示

研究者通过录音的方式强化后进生的积极暗示，消除后进生的消极暗示。

2 研究对象

在上海海洋大学的 4 个学院中，选拔不同年级因自卑、人际关系、情绪情感等心理障碍的后进学生共80名。

3 研究过程

3.1 心理测试

对学院推荐的80名学生做心理健康水平测试，了解他们的心理状态，测验结果表明80名学生心理健康方面，均有3分以上不同方面的心理问题表现，概括起来主要表现在人际关系敏感、敌对、焦虑等方面，符合学院客观现实观察结果。

3.2 团体辅导

团体辅导是在团体的情境下进行的多种心理辅导形式，通过团体内人际交互作用，成员在共同的活动中彼此进行交往、相互作用，使成员能通过一系列心理互动的过程，探讨自我、尝试改变行为，学习新的行为方式，改善人际关系，解决生活中遇到的问题。从心理学理论上看，心理健康是一种持续的心理状态，在这种状态下，个人充满生命的活力，积极的内心体验，良好的社会适应，能有效地发挥积极的社会功能与个人的身心潜能。团体辅导的目的就是改变学生消极的感受和内心体验，促进良好的社会适应，使学生心理素质得以不断提升。心理学理论认为，人的感受和体验产生于人的活动。因此，要改变学生的感受和体验，促使学生形成良好的心理品质最好通过活动的方式。另外，团体动力理论的观点认为"团体往往在人的成长中扮演着重要的角色，人在成长的任何阶段都需要团体的支持"。本研究在一年时间里，为这群学生有针对性的安排了十个单元的团体辅导，走近同学、表现自我；人生曲线；心有千千结；好朋友来相会；独一无二的我；我的人生我做主；感恩；目标设计等，极大地改善了他们的人际关系，树立了自信心，每个人都有了较明确的目标。

3.3 个体咨询

个体心理咨询是心理咨询的基础类别，区别于团体心理咨询，是一名咨询师一次只接待一个来访者的咨询,具有针对性强,一对一操作的特点。

对个体的咨询是在进行了前期大量分析研究后进行,具有极强的针对性,有的学生需要发展性心理咨询,有的可能先要进行障碍性心理咨询;发展性心理咨询的内容也是因人不同,因学生困境区分,有的学生是对专业选择的困扰、有的是职业生涯规划迷茫、而更多的是个人潜能分析引导;障碍性心理咨询则更为复杂,每个人的情况各不相同,难度较发展性心理咨询大得多,比如情绪情感障碍、人际关系障碍等等,严重的有强迫症、性心理障碍、神经症等等。

对个体的咨询的困难远远超越了团体辅导,针对每个学生心理评估,制定了不同的咨询方案,在一年时间里,对每个学生至少进行了 3 次以上的咨询,最多的一个学生进行了 10 次咨询,这是一个因多次偷窃差一点被学校开除的学生,有严重的心理问题,在一年多的时间里,发生了惊人的变化,学习成绩进入专业前 3 名,获得了一次一等人民奖学金,优秀成绩一直保持到毕业,在上海找到工作后,顺利就业。

3.4 心理暗示

心理暗示,是指个体在自己的意念支配下发生心理或生理变化的过程。每个人都会受到心理暗示。受暗示性是人的心理特性,是人在漫长的进化过程中,形成的一种无意识的自我保护能力和学习能力。人无时无刻不在受到心理暗示,心理暗示有强弱之分,也有积极与消极之分。积极的暗示会给人带来正向的能量,促使人积极尝试性参与、尝试性解决问题;推动着人的创造性思维的发展,增强人的自信心。消极的暗示会使个体自信心丧失或陷入自卑无能的状态,促使人的消极回避行为出现。

实际上对于后进生来说,更多的障碍不是来自于智力的低下或实际行为能力的低下,而是对自己的不足或缺点有不正确或不客观的评价,放大了自己的不足,以致使自己看不到自身的优点,怀疑自己的实际能力,在这样的负性思维模式下,就会消极暗示自己认为自己不如他人,没有能力、没有人喜欢自己等,促使消极行为反复出现,严重影响学习的积极性,影响人际交往与自我评价的正确性与客观性。因此,对他们心理与行为的矫正,也要从心理暗示出发,帮助他们消除消极的心理暗示，增加积极的心理暗示。

因此，本研究结合后进生每个人不同的行为障碍，设置了相应的积极暗示主题。首先，通过个体面询，帮助后进生认识到实际上在生活中曾经遇到过的许多困难，自己通过努力也顺利解决了。研究者与后进生一起寻找发现在以前解决困难时的智慧与闪光点，并把它记录下来，写出来，大声念出来。其次，研究者在征求后进生同意的基础上，请后进生做研究者的助手，一起帮助学弟学妹，把他们成功战胜自己困难的方法与经历录音，在匿名的基础上播放给学弟学妹(实际不播放)。第三，为了取得良好的录音效果，要求后进生反复修改录音稿，并反复朗读达到熟练的程度时，开始录音。第四，录音完毕后，感谢后进生对老师工作的支持，以及对学弟学妹的帮助，并希望后进生也要按照自己朗读的内容要求自己鼓励自己，要给学弟学妹们树立良好的榜样。经常给自己说：我可以试试，只要努力，困难是可以克服的等等。心理学研究告诉我们：当人们处于一个环境中时，会无时无刻不被这个环境所“同化”，因为环境给予人们的心理暗示会让其在不知不觉中学习。正能量的体验，正能量的激励鼓舞人们一直向前。

4 结果

本研究运用团体辅导、个体咨询、积极心理暗示等方法，对后进生进行了针对性潜能挖掘辅导，以及自我干预的激励训练。跟踪研究一年以后，发现这些学生在心理健康状况，行为模式等方面都发生了不同程度的变化，有的甚至发生了惊人的转变。本课题尝试研究工作还在继续中，希望进一步寻找到更有意义的规律，用数据来说明。

参考文献

[1] 朱慕菊. 走进新课程[M]. 北京：北京师范大学出版社，2007.

[2] 张厚粲，彭聃龄，高玉祥，陈琦. 心理学[M]. 北京：中央广播电视大学出版社，2005.

[3] 李耀国，李锦兰. 学生心理与教育[M]. 太原：山西人民出版社，2010.

自闭症患者家庭干预的研究回顾和展望

祖燕飞[1]　杜亚松[2]　徐光兴[3](1　华东师范大学心理与认知科学学院，上海，200062；2　上海交通大学附属精神卫生中心，上海，200030)

摘　要　随着自闭症患病率的增加，该病的诊断率也越来越高，自闭症作为一个重要的研究领域日益为医学界和心理学界所关注，然而每一个自闭症患者背后的家庭却鲜有人关注。关于自闭症患者家庭的干预研究多注重于如何训练患者，较少关注到他们家庭系统特别是父母的心理健康，文章回顾了目前自闭症家庭干预研究现状，对以往的研究进行了评价，对今后的研究进行了建议和展望。

关键字　自闭症；家庭系统；干预；模糊丧失

1　前言

ASD在30年前是一种罕见病，随着对疾病认识的增加，目前除了实际病例的增加外，很多轻度病例被识别和诊断出来使此病成为了高发病。1980年前，亚洲地区的自闭症儿童平均患病率1.9/万，1980至2010年间上升至14.8/万。2014年3月27日美国疾病控制与预防中心(CDC)发布美国18到24月龄孩子患病率为2.76‰，每68个满8岁儿童中就有1人患症，男孩罹患率1/42，女孩1/189。

中国自2006年"第二次全国残疾人抽样调查"第一次将儿童自闭症纳入精神残疾范畴至今还没有全国患者数量的流调数据。无论患病率如何统计，在中国巨大人口基数下，自闭症患者以及家庭群体是越来越庞大。父母是自闭症患者干预训练的主要人员，我们在关注自闭症患者健康的同时，必须要关注患者的家庭，特别是患儿父母的身心健康，因此本文将对自闭症患者的家庭干预研究现状进行系统介绍，试图涵盖 2013—2015 三年间发布在同行评审杂志的有关文献，搜索数据库包括 Eric、PsycINFO、PubMed、CNKI 搜索关键词包括自闭症（如 autism parents，autism spectrum disorders，pervasive developmental disorder，parents therapy，group therapy，自闭症、心理干预）以及父母相关的词汇（如 parents，caregivers，mothers，fathers）。此外，还系统浏览了搜获文章的参考文献部分，确保在数据库搜索中遗漏的文献也能被找到。通过系统的文献回顾，回答针对家庭的现有干预方法有哪些？效果如何？以往研究有哪些可以借鉴？以期对国内相关临床和研究提供参考。

2 家庭关系的研究现状

2.1 患儿父母的心理特征

随着研究学者们视角的拓展，已经从关注疾病的诊断、什么是科学有效的训练方法的第一阶段慢慢转向从整体考虑患儿成长环境改善的第二阶段，再到从生态系统角度关注个体生命、存在意义的第三阶段。

对于 ASD 父母的心理特征的相关研究结果显示，患儿父母的心理特征会存在以下几个特征：初期意外、拒绝接受、否认继而焦虑、愤怒和自责；从绝望、无助、不甘心到转而求助各种机构进行治疗，心存侥幸；从训练初见成效到信心、力量上升再到瓶颈期的抑郁焦虑混合状态。整个过程伴随自罪感、自责感，悲观、焦虑、抑郁无法摆脱。

父母在患儿确诊前后会主动通过各种渠道搜集关于自闭症研究和教育实践等方面的信息。这些渠道能帮助他们对“自闭症是什么”有一个初步的认识，但却很难清晰明确地帮他们辨别出哪些信息对于自己的“自闭症”孩子更适用，特别是随着孩子年龄的增长，家长的体验就更深刻。“疾病的确诊”带来的急性应激和后续多个慢性应激会慢慢侵蚀到他们的家庭功能，影响家庭幸福感和婚姻满意度，夫妻因养育责任分配失允导致关系不良、生活质量下降，甚至婚姻解体。

由于很难在 ASD 患儿身上体会到正向的情感回馈和依恋，失望感和无助感常伴随他们左右。具体表现有：期望失落、亲职角色失落、自我失落、生活价值体系失落、原有的家庭生活方式失落和社会归属感失落，这种丧失感可以说是种特别的经历，不仅哀伤过程的不到完结，并而且随着时间的推移还会有加剧的可能，可称为模糊的丧失。很少有人把注意力放在正在经历模糊丧失群体的安抚与心理治疗工作上。Pauline Boss(2002、2010)把模糊丧失分为两类。第一类是身体存在但是心灵是缺席的，说了再见但还没离开(goodbye without leaving)；第二类是身体缺席但心灵存在，离开了但是没说再见(leaving without goodbye)。就像深爱的人的身体消失了，但没有被哀悼，其家属对丧失的亲人是否还会回来存在幻想。自闭症患儿父母就正在经历这第一类的模糊丧失状态。当一个人体验到了模糊丧失，而这种丧失还没有被个体正式的进行确定性感知，他们的哀伤就会变得更加复杂。自闭症患儿父母或是家人在哀伤的过程中体验到这种混乱和不确定的感知，无法完成整个哀伤过程，也没有能力处理情感上或是心理上的困惑，出现某种停滞状态。Varin-Mignano(2014)通过对 16 位单身 ASD 母亲半结构化访谈中对模糊动机进行探寻力图使 ASD 母亲可以重新定义或重新思考作为一个单身 ASD 母亲的经验。Cridland, Elizabeth K 等(2014)提出应以家庭系统作为未来 ASD 研究中心。探讨理论上的概念，如边界模糊丧失，韧性和创伤性增长等建立共同的理论框架，而这些正是对 ASD 家庭干预研究很重要的概念。

2.2 患儿父母的心理健康状况

研究者对 142 对 ASD 父母问卷调查他们压力来源于三方面分别为 1、诊断带来的压力；2、诊断造成的夫妻双方和其他孩子的影响；3、训练机构的远近。以生活质量综合评定问卷-74(GQOLI-74)和特质应对方式问卷(TCSQ)调查发现父母物质生活质量和精神健康均低于正常对照组，积极应对方式均低于对照组，消极应对方式均高于对照组。采用家庭功能量表(FAD)和 90 项症状清单(SCL-90)调查发现 ASD 患儿家庭功能偏低，SCL-90 中强迫、抑郁、精神病性因子分高于正常对照组。SCL-90 中抑郁因子呈负相关。对自闭症儿童临床症状和其父母心理健康状况进行相关性研究发现儿童的发育商数与父母 SCL-90 抑郁因子呈负相关。对自闭症父母以情绪面孔识别图片比较发现情绪识别能力与正常儿童家长相比存在辨别不足。采用简版应激事件量表(CERQ－short)和心理韧性量表调查表明在与孩子相处的过程中发现 ASD 患儿的家长不能在理性分析,重新关注计划、接受和自我责备等方面存在消极的倾向。当然,也有研究表明父母经过参加培训和孩子接受训练后,他们的心理弹性会明显提升。

2.3 家庭干预的研究现状

2.3.1 ASD 父母必须具备的知识

孩子被诊断出自闭症,对一个家庭而言是个巨大的应激事件,专业医师接到就诊个案时除了诊治外还要同时向其父母讲解疾病的核心症状表现、治疗方案、康复训练目的及意义,疾病预后及转归等,第一时间使患儿父母及时了解疾病发病相关因素,指导父母正确认识自闭症,避免为了求证患儿的疾病诊断而四处求医,耽误孩子最佳的干预时间,可以在一定程度上消除父母的疑虑,减轻父母的自责心理及负罪感。

父母是孩子干预团队的重要组成部分,美国国家自闭症干预专业发展中心(National Professional Development Center on Autism Spectrum Disorder)发布的 2014 年幼儿及青少年自闭症干预的循证实践报告中明确把家长执行式干预法(Parent-implemented Intervention)列入 27 种循证实践之一。家长可以用这其余 26 种训练方法中任何一种或几种对孩子进行直接干预。对 ASD 患儿常用的干预方法有应用行为分析发(ABA)、回合教学法(DTT)、图片交换沟通系统(PECS)、感统训练法(sensory integration therapy)、关键行为技能能训练(PRT)、药物治疗法、音乐及游戏疗法、认知行为干预方法(CBI 对成人以及高功能 ASD)、运动锻炼法(ECE)等等。获得这些干预方法的途径主要是来源于报辅导班、请教咨询机构的老师以及查看相关资料(20%)、咨询教师(44%)、请教其他家长或长辈(24%)、其他渠道(主要包括上网,看电视,听广播等方式)(12%)。对 53 个自闭症患儿进行的关键行为技能能训练(PRT)的随机对照研究表明 PRT 家长培训组孩子语言改善能力高于单纯心理教育组。以家庭为中心的音乐疗法(FCMT)、触摸疗法、亲子互动疗法可以改善家庭亲子关系,提高孩子认识问题行为和适应能力。由于自闭症儿童的行为问题与父母有极大的相关性,从家庭生态系统角度考虑父母子系统和家庭环境子系统对儿童心理问题的形成起正向作用。所以对于自闭症儿童的康复不应停留在干预与矫正层面上，应上升到对个体生命存在与发展的系统思考高度，即用整体全面的视角看待孩子成长需要和环境适应性或再造，特别着眼于家庭早期康复训练和全程互动作用。

父母培训效果好于父母教育，视觉演示、网上在线支持小组、电子邮件以及同行干预的形式帮助父母协同治疗显示有较高满意度和有效性。以家庭为中心的康复模式帮助自闭儿童及家长树立正确的成长教育观，父母所在的现有生活系统要融入到孩子确诊前原先的系统当中，两个系统都发生作用，最大化的利用父母的优势花最小的资源，同时努力排解父母在自闭症儿童康复中的消极影响，是长效机制（见表 1）。

表 1　国外对 ASD 患儿父母培训干预研究现状

作者	时间	设计	样本	干预方法	干预时间	结果
Cullen, L[27]	2002	个案研究	12 对亲子	触摸疗法	8 周	更容忍触摸，日常任务更容易实现。
Tonge,, [37]	2014	随机抽样	35/35	家长教育、行为管理/家长教育、心理干预	20 周	行为管理组优于纯心理干预组
Hardan [38]	2015	随机抽样	27/26	关键技能训练组/心理教育组	12 周	干预组儿童显著下降
Thompson, G. A. [39]	2014	随机抽样	20	家庭为中心的音乐疗法(FCMT)	36—60 月	亲子关系、社会交往改善。语言能力、社会回应不见提高
Stadnick, [40]	2015	随机抽样	30	父母为中介的社区训练计划	12 周	儿童沟通能力显著上升，父母压力下降
van Steensel, F. J. A., [41]	2015	随机抽样	79/95	CBT	2006—2010	干预组患儿焦虑症状显著下降

2.3.2 对 ASD 患儿父母的干预方法

ASD 父母与正常发育儿童和其他疾病患儿的父母相比，除了显著的经济紧张和时间压力外，突出的问题还有高离婚率，它会降低了整体家庭幸福感，而这些家庭因素产生的负面因素甚至会抵消干预的积极效果。现有的干预大多数只看重孩子训练的效果，忽略了父母关系和家庭因素可能对治疗产生的直接和长期的影响。

由于针对家庭的研究大多是描述性的，而旨在减少父母的压力的干预或是实验非常少。自闭症儿童智力和适应能力落后，很多患儿有各种攻击自伤或刻板行为，导致儿童的安全性受到威胁，父母就要付出更多的时间和精力去关注和制止各种行为障碍，从无疑也会是业已面临重大心理压力的父母雪上加霜。ASD 父母负担过重、康复知识和技能缺乏，致使在众多的需求当中，最迫切需要的是对孩子的干预技能和对自己的心理干预。

在对自闭症儿童父母的心理弹性研究中发现自闭症儿童的家长在精神支持、乐观坚韧和接纳度上的表现低于听力障碍和视力障碍儿童的家长；父亲在控制感和自信心两方面的表现显著优于患儿母亲。父母在干预状态上的差异导致主观幸福感不同，而心理压力突出表现在成就感缺乏，经济负担和终身照顾，这些是影响心理弹性的危险因子，由于危险因子并不一定导致不良适应结果，只是使得不良适应存在可能性，那些面临危险因子，通过努力与调试建构起抗压系统的自闭症儿童父母在逆境和压力中获得适应和发展，展现了心理弹性的重要方面，作为干预者要采取措施尽可能地控制危险因子，提高 ASD 患儿父母的心理弹性。父母的复原力受到患儿的病情和治疗的影响，特别希望能够获得长期的指导与帮助，以及能够有效地缓解心理压力的心理干预，使自己以更积极的心态面对所处境况。纯非专业性的疾病讲解、心理安抚是满足不了父母对患儿的各种行为问题的管理和日常照护的需求。Larson 指出父母心理问题属于职业治疗师的经验处理范围但现有康复服务模式未能将其纳入干预范围。

英国对自闭症儿童早期干预提供了两种早期家庭干预模式，分别为“不只是语言”和“早起鸟”模式。“不只是语言”模式：帮助父母理解和接受自闭谱系障碍儿童在某些感觉上的偏好和敏感性，以便父母能在平日里与儿童的互动中最大程度地接受儿童的偏好，并帮助家长创设与儿童展开更多积极互动的环境，为儿童提供更多在现实生活中学习交往技能的机会。针对儿童家长进行至少17.5个小时的团体培训,这种模式使父母正视孩子的自闭症谱系障碍,更好地与孩子沟通。“早起鸟”模式:强调通过专业人员与家长一起分析录像资料的方式帮助家长提高与自闭谱系孩子沟通,参与父母表示在专业人员的帮助下,使他们获得了心理上的支持。

美国针对ASD患儿父母的干预方法有辅助咨询和治疗咨询两种形式,辅助咨询就是帮助处于早期干预阶段的ASD儿童及其父母解决情感问题,同时针对一些特殊的心理危机提供信息援助及创新性的心理调节策略,不但帮助父母解决他们的基本的情感问题,而且集中帮助父母克服生理问题和情绪焦虑等一系列问题。对ASD儿童早期干预中,对父母情感进行支持的政府行为主要体现在对每一位儿童都制定了周详的教育计划,使父母对孩子早期干预和未来发展有一个明确的认知,不再盲目的焦虑,情绪压力得到了很好的缓解。早期干预的组织包括政府组织、社会援助机构、家长自发成立的组织等,它们不光为ASD儿童的早期干预提供物质、信息和经济上的援助,还把ASD儿童的家长作为早期干预的对象,在孩子的抚养与教育上提供支持,使家长形成良好的教养态度和方式,参与孩子的成长过程,拥有正常的人际社会关系。

以叙事疗法以及认知行为疗法能够有效地帮助ASD患儿父母。Divan,G、Fletcher,P. C、R. Markoulakis,以及P. J. Bryden对父母与孩子如何直面生活、社会融入、歧视等困难进行深度访谈和专题讨论并进行定量分析结果有助于帮助其他父母。同质性的团体干预可以使ASD患儿父母的抑郁和焦虑水平下降,家长的社会支持水平有所上升。团体干预中给患儿父母提供足够的心理支持,给予倾听、共情、安慰与开导宣泄,并教会放松技巧可以改善不良情绪,使他们有了归属感,感到被尊重、被理解。张薇对18名自闭症患儿母亲进行了为期六次的焦点解决短期(Solution-focused Brief Therapy,SFBT)团体干预,证明可以提高父母受创伤后成长能力。杜文海运用合理情绪治疗与叙事疗法相结合、逯明霞用认知行为疗法指导的团体咨询可以有效地改善ASD患儿父母的消极情绪、提高积极应对的能力,能够有效地提高患儿父母的情绪管理能力。国内外ASD父母心理干预2013—2015年三年间研究如表2、表3所示。

表 2 国外对 ASD 患儿父母心理干预研究现状

国外作者	发表	设计	样本（父母/对照组）	方法	时间	干预结果
Brezis[55]	2015	随机抽样	45	叙事疗法	3 个月	压力降低，亲子关系改善
Jurkowitz [56]	2014	方便取样	17	不详	7 周	压力下降，应激
Clifford [36]	2012	随机抽样	20/25	网络在线支持组	1—2 时/8	干预组压力下降
Micaela [57]	2013	方便抽样	5	焦点解决团体	三阶段	主诉参与评估过程有助于缓解应激负效应
Weiss[58]	2015	方便取样	18 对亲子	认知行为疗法	12 次	焦虑下降，育儿压力下降
Anclair [59]	2014	个案研究	2	认知行为疗法		降低压力，增加自我效能
Kowalkowski [60]	2013	随机抽样	13/4	接纳承诺疗法 ACT	8 次	简明症状量表 - 18 (BSI - 18)的 GSI 下降明显

表 3 国内对 ASD 患儿父母心理干预研究

国内作者		设计	样本（父母/对照组）	方法	时间	干预结果
陈关粉	2008	随机抽样	10/11	支持性心理干预	6 个月	SAS、SDS 得分下降
黄燕霞	2010	随机抽样	80	不详	13 个月	SAS、SDS 得分下降、教养方式改善

（续表）

国内作者		设计	样本（父母/对照组）	方法	时间	干预结果
翟鸿	2013	随机抽样	10/10	不详	2 小时/6 次	SAS、SDS 得分下降，社会支持量表均分提高
杜文海	2013	个案研究	3	叙事疗法	2 小时/3 次	ASD 父母压力减少，情绪好转
张薇	2014	方便抽样	18/20	焦点解决团体	1.5—2 小时/6 次	中文版创伤后成长问卷（PTGI-C）、领悟社会支持量表（PSSS）均有提升
卢迪	2015	方便取样	33/32	讲座、团体干预	1 小时讲座/1 小时团体/4 次	SAS、SDS 得分下降
逯明霞	2015	随机抽样	11/11	团体干预（人本主义、认知行为）	2 小时/8 次/人	SAS 得分显著下降

3 小结与展望

对 ASD 患儿家庭干预的研究进入到了一个新的时期，许多前沿的干预模式，如远程治疗、同行督导模式、智能技术和生物标志物研究都在发展。

由于自闭症谱系障碍儿童必须要持续的监督，才能帮助提高自理能力，促进社交能力发展，所以基于家庭的干预能帮助父母改进与孩子沟通的方式，减轻自闭症谱系障碍儿童父母的压力。学龄前 ASD 儿童表现出更多的情绪和行为的问题。[62]父母亲提高认知能力和技能才可以减少压力。

针对父母专业的干预需要具备特殊教育的知识和实践经验的专业人员才能做到[62, 63]。针对学前 ASD 患儿，父母、专业人员以及老师需要共同协商，制订衔接计划和干预方案，以保证这些基于家庭的早期干预策略能在儿童入小学后得到有效应用。特殊教育学校应为无法进行融合教育的孩子安排教育计划，甚至考虑到义务教育结束以后职业教育、职业规划或者养护的安排。

综上，专业的流程应包括以下几个模块：正式干预前的访谈、ASD患儿和家庭评估、针对父母进行团体、个别心理干预和父母培训、培训结束后，每个家庭听取专业治疗师的指导。通过干预和父母培训实现专业人员与父母的沟通与合作。干预人员要不断跟进家庭，使得在不同阶段自闭症患儿的父母都能有专业的指导（见图1）。

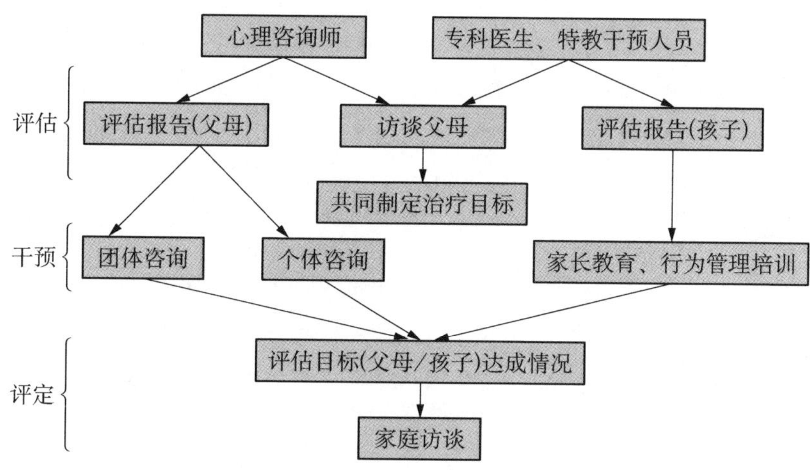

图1　ASD家庭干预方案流程

家有自闭症患儿影响家庭生活的多个领域，使用综合方法帮助父母以及其余子女，使他们在行为、意义和情感方面能够灵活面对挑战而非独自作战有赖于整体系统的考量和健康运转。

参考文献

[1] 张薇，杜亚松，刘晓虹. 孤独症儿童父母创伤后成长的研究进展及启示[J]. 中国临床心理学杂志，2013(01)：139-142.

[2] 萧素媚，周巧华，陈阳霞. 孤独症患儿父母心理特征及干预现状[J]. 现代临床护理，2015(02)：73-77.

[3] Boss P. The Trauma and Complicated Grief of Ambiguous Loss [J]. Pastoral

Psychology，2010,59(2):137 - 145.

[4] Boss P G. Ambiguous loss：working with families of the missing [J]. Fam Process，2002,41(1):14 - 7.

[5] 黄满霞，余萍，模糊丧失的研究述评[J]. 神经损伤与功能重建，2014(04):324 - 330.

[6] 王海涛，李辉，宋娜. 团体咨询：提高自闭症儿童家长情绪管理能力的有效途径[J]. 西华大学学报，2015(02):91 - 95.

[7] 李宗华，许永霞. 照顾照顾者视野中的自闭症儿童家长的压力因应策略[J]. 中国校外教育，2009(S2):8 - 9.

[8] Cridland E K，et al. Family-focused autism spectrum disorder research：a review of the utility of family systems approaches [J]. Autism，2014,18(3):213 - 22.

[9] Varin-Mignano，R. The experiences and perceptions of social support by single mothers of children diagnosed with autism spectrum disorder [J]. ProQuest Information & Learning，US，2013.

[10] Sim A，et al. Factors associated with negative co-parenting experiences in families of a child with autism spectrum disorder [J]. Dev Neurorehabil，2015:1 - 9.

[11] 陈瑜，裴涛，张宁. 孤独症患儿家庭应激状况调查[J]. 中国健康心理学杂志，2011(12):1419 - 1421.

[12] 冀永娟，et al. 孤独症儿童临床问题与父母心理健康状况的相关性研究[J]. 中国儿童保健杂志，2011(12):1133 - 1136.

[13] 张玉凤，et al.，孤独症者父母与正常儿童父母情绪识别能力比较[J]. 中国健康心理学杂志，2012(04):556 - 558.

[14] 赵阳，et al. 威胁性或应激性事件对自闭症儿童家长心理韧性的影响[J]. 中国健康心理学杂志，2014(12):1840 - 1842.

[15] Carbone P S，et al. The medical home for children with autism spectrum disorders：parent and pediatrician perspectives [J]. J Autism Dev Disord，2010,40(3):317 - 24.

[16] 曾松添，胡晓毅. 美国自闭症幼儿家长执行式干预法研究综述[J]. 中国特殊教育，2015(06):62 - 70.

[17] Wood J J，et al. Brief report：effects of cognitive behavioral therapy on parent-reported autism symptoms in school-age children with high-functioning autism [J]. J Autism

Dev Disord, 2009,39(11):1608-12.

[18] Solomon M, et al. The effectiveness of parent-child interaction therapy for families of children on the autism spectrum [J]. J Autism Dev Disord, 2008,38(9):1767-76.

[19] 林云强. 自闭症儿童家庭干预方法的研究[J]. 当代青年研究,2013(05):107-112, 171-81.

[20] 何侃,金元. 孤独症儿童"家庭中心"康复模式研究[J]. 现代预防医学,2009(10): 1841-1843,1846,1662-1675.

第三篇

大学生心理咨询理论研究

涧水疗法的时间维度研究新论*

杨文圣(上海交通大学心理咨询中心,上海,200240)

摘　要　涧水疗法中的时间维度可以分为过去和将来两极,其中过去为阳,将来为阴。过去端的内容,包括挖掘当事人过去的痛苦,处理当事人过去的痛苦,挖掘当事人过去的资源。将来端的内容包括帮助当事人明晰对于未来的憧憬,发现憧憬与当前问题的关联以及努力促进憧憬的实现等三个方面。心理咨询是一门对话的艺术,咨询师可以在过去和将来之间游走,可以在过去和将来里的一个小小的侧面间游走。

关键词　涧水疗法;时间;过去;将来

引言

涧水疗法是我国研究者根据以中国传统文化为基础,吸纳现代西方思想,形成的一种本土心理咨询理论。该理论认为心理咨询是一种对话艺术,在对话中,在咨询双方的碰撞中,当事人的烦恼得以澄清、解决。咨询对话可以围绕六个维度展开,且每个维度有两个方向。六个维度分别为时间(过去和将来)、行动(认知和行为)、参照(基点和目标)、身体(安静和运动)、同情(自我和他人)和利益(舍弃和争取)。其中时间维度是这个六维结构的基础,具有十分重要的意义。然而,笔者先前的阐释含混笼统,影响了该维度的应用,本文即对该维度进行重新阐述,以完善涧水疗法理论。

---

* 作者简介:杨文圣,男,上海交通大学心理咨询中心主任,副教授,Email: wsyang@sjtu. edu. cn

1 时间的内涵

时间是我们生活的背景。我们均生活在时间的长河里。从这个意义上说，我们当下经历的烦恼以及我们为摆脱烦恼所做的努力，都不过是这条长河里的浪花。因此，当我们遇到困惑的时候，跳出当下，从时间的长河里去审视，去发现问题的答案，是一种自然的选择。

时间的长河，根据其展开与否，可以分为过去和将来两部分。过去就是那些已经展开的岁月，而将来就是那些尚未展开的岁月。但是，无论是过去和将来都裹着大量的故事、情感与梦想，蕴藏着无尽的宝藏，为我们所用。

中国传统文化将将世间一切事物均分为阴阳两类，以便于了解、把握它们的属性，时间也不例外。根据中国道家思想，时间可以分为过去与将来两极，其中“阳主过去，阴主未来”。究其原因，笔者以为是过去多显明，现在的世界常现过去的印迹；将来多幽晦，存在太多不确定性。在中国传统文化里，凡显明的属阳，凡幽晦的属阴。因此，过去属阳，将来属阴。

2 心理咨询中过去的运用

中国人讲：“前事不忘，后事之师。”心理咨询可以从过去寻求帮助。通过追溯过去，我们可以更好地理解当事人，发现问题解决的线索。关于此，精神分析、叙事疗法和焦点解决等均有涉猎。下面，谨整合西方多家理论，对于咨询中当事人过去的运用进行深入的阐述。

2.1 帮助当事人考察过去产生的消极影响

心理咨询在分析思考当事人的烦恼遇到瓶颈的时候，经常去从当事人的过去里思考问题产生的原因。自觉不自觉地假设问题是有根源的，认为当下的问题是过去影响的结果。我们需要透过过去，更好地理解当事人。习惯性归因。发现问题产生的原因，对当事人经常是一个极大的安慰。

首先，帮助当事人考察过去经历的不幸

人过去经历的不幸经常带给人持久的伤害。这里的过去，可能是当事人的童年，也可能是人的青少年，也可能是高中。在西方心理学里，尤其注重人的童年经历，早期的家庭环境，认为它们对于人的一生有着决定性的影响。然而，诸法平等，诸时平等。每一个过去，都可能对当事人产生重大的影响，考察它们都具有意义，所不同的只是不同的当事人需要考察不同的过去罢了。

过去的不幸经常以"痛苦"示人。例如，父母的虐待，同学的欺凌，老师的苛责，恋人的背叛，考试的失败等。它们常常剥夺当事人的正常需要，侵犯当事人的正当权利，践踏了当事人的尊严。因为痛苦，因为往事不堪回首，当事人经常有意无意地压抑它们，以致有时候在意识的层面上彻底将它们彻底忘记。但是在内心深处，它们从来不曾离去，掀起它们是处理它们的第一步。

有时，这些不幸以"幸福"示人。例如父母无限的温暖，老师无限的宠爱，同学无限的欣赏。但是，这种"幸福"有时也是不幸。以父母的无限宠爱为例，Laurie Ashner 和 Mitch Meyerson(1996)指出："父母无意间给予了太多，这样的经历剥夺了孩子们的效能感。如果童年时期，父母在我们身上倾注了太多的关注、金钱和时间，那么我们会失去一些非常基本的东西：一种效能感，自尊心，缺乏开始行动、坚持到底、自力更生的动力。如果你在童年总是听到自己有特权拥有很多东西，然而却没有人信任你，放手让你为了这些东西做许多事情，那你就会明显需要仰赖他人。"这就是痛苦！

其次，帮助当事人考察不幸催生的情感

当事人的不幸经常催生他们内心的情感。很多时候，不幸已经过去，但是情感长留。这些长存下来的情感，影响着人的学习和生活，进而制造人的烦恼。"一朝被蛇咬，十年怕井绳"，说的就是这个道理。从这个意义上讲，考察不幸的经历只是给我们提供了一个理解当事人的基础，更为重要的是考察不幸所产生的情感。抓住了它们，就抓住了问题解决的关键。

当事人的不幸经常催生出很多的情感。这些情感根据对象的不同，可以分为两类，一类为面向自己，如讨厌自己，不相信自己；一类为面向外界，如喜欢成熟男士，厌恶异性等。对自我的情感和对外界的情感常常交织在一起。例如，一个家庭欠温暖的女生，一方面怨恨母亲，觉得母亲没有尊重自己，肯定自己，影响了自己的发展，导致自己不快乐，一方面不喜欢自己，认为自己能力差，没有魅力，没有未来，想以某种方式结束自己的生命。帮助当事人拟请这些情感，常让当事人受益良多。

需要指出的是，很多书籍对不幸催生的情感做出丰富的阐述。例如，遭受母亲虐待的孩子，经常觉得无助、忧伤。这些阐述对心理咨询师理解当事人具有很大的帮助。但是，如果迷信它们，则可能产生干扰作用，因为人和人是不同的：不是每一个倍受打击的人都怀疑自己的能力，有人可能只是变得更加坚强；不是每一个遭受虐待的人，都怨恨他人，他可能变得充满悲悯；不是每一个受到溺爱的人都自以为是，他可能宽容大度……这就需要咨询师倾听当事人，依靠当事人，相信当事人，只有这样才能挖掘出当事人的真实情感。迷信心理书籍，我们将犯下按图索骥的错误。

最后，发现当事人考察不幸催生的行为

过去不幸对当事人最显性的影响是当事人的行为习惯。当事人过去的不幸常常催生出一些条件反射式的行为。这些行为顽固异常，虽然明显妨碍当事人的正常生活，但是当事人却无力改变。例如一个男生。他童年受到父母亲的溺爱，以至读到博士依然遇到很小的困难就立刻向人求助，完全无视他人的忙碌与否，方便与否。虽屡屡碰壁，但毫无觉察！显然，是当事人的过去塑造了他的行为。虽然岁月流转，虽然世界改变，但是当事人的行为从来不曾改变。

根据美国学者 Jeffrey E. Young(1999)的研究，这些行为依照其对过去回应方式的不同分为三种：其一为再造过去不幸的行为。对于这些当事人来说，过去是这么的熟悉。而熟悉的就是最有魅力的。于是，他们千方百计想让过去再现。上面提到的这位当事人就是这样。他一直竭力创造过去的日子——那时，他是全家的太阳。他有要求，全家即把所有的工作放下来，来满足他。对他来说，过去很美好，而美好的事物当常在！其二为逃避过去不幸的行为。对于这些人来说，往事不堪回首。过去是恐怖的。他们如惊弓之鸟，他们想以逃跑的方式让过去永不再现！如果过去受到父母的虐待，他们就找一个无限温柔的伴侣。如果发现伴侣有一丝不如意，自己就断然离去。其三为改写过去不幸的行为。对于这些人来说，往事虽不堪回首，但是他们想做一个梦——在梦里，过去的世界变了，自己拥有一种截然不同的生活。他过去受到父母的虐待，现在自己有了孩子。他无限地宠爱自己的孩子，不让其受一丝委屈。他们要在孩子身上实现自己过去未曾实现的梦。

不幸催生的行为和不幸催生的情感是紧密相连的。一方面，行为由情感唤起。以前面提到的博士生为例。他的坚持表现了他内心的贪婪，贪婪地追求他人的帮助，同时也表现了他内心的傲慢，将自己的需要凌驾于他人的需要之上。这种情感为他行为的偏执提供了强大动力。另一方面，行为也强化了情感。因为行为的偏执以及间歇的成功，他们更加坚信内心的情感是合理的、正当的。换言之，行为滋养了情感。

2.2 帮助当事人消除过去对自己的消极影响

对于有些当事人，帮助当事人明晰过去对自己的影响，明白自己烦恼的某种合理性，内心即得安慰。但是，对于很多当事人来说，这是不够的，因为内心的情感还在那里，行为的习惯还在那里。这时，就需要帮助他们消除过去的影响。唯此，他们的烦恼方得解除。

首先，帮助当事人处理积压的情感

处理内心情感的一项常见技术空椅子技术，即鼓励当事人运用想象回到过去，去为自己申辩，表达自己对曾经的“他”或“她”的情感，去说当时想说但未能说出的话，抒发内心的委屈，宣泄心中的不满。例如，受到情感虐待的人大声地向父母诉说抗议。例如，“你们不应该这样待我”，“你考虑过我内心的感受吗”，“你知道我是多么痛苦吗”，“我没有过错”，“我不是故意的”，“我已经尽力了”等等。有时候，是自己对不起别人。自己也可以大声对他人说：“我伤害你了”，“对不起”，“请原谅我”……这种宣泄可以用空椅子技术来进行，也可以通过给人写信来实现(春口德雄，1987)即按照当时自己的语气写信给他人，表达情感。与空椅子技术相比，一些当事人用词方法更加自由，因为没有直面的压力。此外，如果条件允许，当事人甚至可以和当年的责任方面对面地交流，这种技术需要当事人具有更大的勇气。

心理咨询也可以帮助当事人表达对自我的安慰。自我安慰就是当事人向自己表达关心与爱护。如果说自我申辩是说出当时想说没有说出的话，那么自我安慰就是说出当时自己想听但没有听到的话。人在受伤的时候向往安慰。当时正是因为没有安慰，所以才心寒孤单。心理咨询可以帮助当事人通过冥想回到过去的时光。然后，想象理想中的慈父慈母等充满爱心的人出现，他们用言语，用身体，用行动保护我们，安慰我们，温暖我们。在我们受到苛责的时候，为我们申辩，说“不是孩子的错”，“母亲的要求太过分了”，“你不需要这样对待自己”等。有时，我们也可以想象现在的自己看着过去的自己，和他对话，鼓励他，安慰他，告诉他们：“一切都已经过去”，“今天的自己拥有更加强大的力量。”“过去的悲剧不会再重演”，“一切都还来得及”等。

帮助当事人整理不幸中的收获也可以帮助他们走出过去的情感。祸福相依。当事人的痛苦中也有收获。许多单亲家庭的孩子，虽然没有得到父爱或母爱，生活艰辛，但是这也铸就了他们的独立坚强；很多被父母歧视的孩子，虽然没有得到应有的关爱，但是非常要强上进；很多身体弱小，受欺凌的孩子，细腻敏感。对于，在温室中长大的孩子。他们同样收获良多。人生从来都是过程，既有欢笑，也有悲伤。他们比其他更早地体会到欢乐。不错，他们在性格上可能会有不足。但是，他们优越的成长环境也赋予他们很多好的品质。他们常自信，常勇敢，常大度。咨询中，帮助当事人整理收获，将让他们得安慰。

最后，帮助当事人改变行为习惯

当事人为了适应过去的生活发展出了特定的行为模式。久而久之，这些模式成为一种习惯。世易时移，这些曾经的适应性行为开始妨碍当事人的生活，影响当事人的成长。改变它们，成为当事人必须迈过的一道坎。那么，如何帮助当事人改变这些不合时宜的行为习惯呢？

Jack Hodge(2003)指出，习惯不可能被根除，只可能被替换。否则，旧的习惯很难根除。因此，改掉过去的行为习惯首先要做的是形成一个新的习惯。对于强迫症患者，笔者常给出以下建议：①当强迫症来袭的时候，深呼吸；②告诉自己“强迫症”来了，而不是危险(如“某种病毒”)来了；③体会呼吸5分钟，④做建设性的事情(如看书、打电话等)。这些建议常取得良好的效果。再如，某所大学校门对面就是网吧，一位游戏成瘾学生出了校门就想直迈步就去。笔者建议该生见到校门，闭上眼睛，从头数到十。当数到十的时候，再做决定。同学采纳了老师的意见。结果，该生数到十的时候，他的冲动就降低了。于是，他拒绝了网吧。人生常在一念之间。

心理咨询中,新的习惯被设计出后,是否合理不得而知,能否解决问题不得而知。这就需要咨询师像工程师对待新的设备一样需要对它们进行调试。例如,一位头痛患者,笔者建议他在头痛的时候进行身体扫描,依次感受身体的各个部位的状态。他试验后感觉并不好。他自己对此进行了改良,就是想象自己处在云端之上,全身即刻整体放松(而不是逐步放松),取得良好的效果。在习惯演练中,有一种演练叫"心理预演"。Jack Hodge(2003)指出,"匹兹堡大学和卡内基梅隆大学的研究人员发现,如果我们在执行任务的时候,事先在内心对理想结果进行过预演的话,那么,我们的额叶大脑皮层——大脑的一个部分——将被全面调动起来,极大激发我们积极行动。心理预演越充分,任务执行情况就会越好。一些人参加重要的见面的时候,经常紧张,想退缩。这个时候,积极进行心理预演就非常重要。"

咨询中经常发现很多当事人在取得一些进展的时候,常常放松警惕,结果旧态复萌,重新捡起旧习惯。例如,一个试图戒除网瘾的同学在坚持一段时间后又忍不住去打游戏,一个决心和女生一刀两断的男生禁不住又去联系女生……这个时候,当事人常常充满悔恨,恨自己管不住自己,恨自己"没有出息",以致自暴自弃。因此,首先让当事人明白这是人之常情,不要苛责自己;然后,鼓励当事人不忘初心,战胜自我,继续前进。此外,个人的力量是有限的,集体的力量是无穷的。为了防止反复,邀请他人监督自己对戒除旧习惯有百利而无一害。在实际生活中,主动邀请朋友、同学或父母监督自己,帮助自己,经常令人受益。在现代社会,当事人加入某个自助团体,参加某个网上论坛,也可以取得不错的效果。

2.3　挖掘当事人过去的资源

当事人摆脱烦恼的过程实际上是一场战争。在很多时候,单单理解当事人是不够的,他们还需要咨询师帮助自己赢得战争的胜利。而任何一场战争的胜利,都需要作战方充分了解并运用自己掌握的资源。在当事人战胜自我的战争里,同样如此。所幸的是,当事人的过去不仅含有解开当前困惑的答案,还拥有赢得战争胜利的资源。作为一名咨询师,有义务去帮助当事人发现这些资源。那么,当事人的过去含有哪些战争胜利所需的资源呢?

首先,过去的经验教训

当事人在烦恼时分,常常找不到问题解决的办法。但是,太阳底下无新事。当事人当下的困境经常只是过去困境的重演。过去的困境,当事人已走出,只是当事人将自己如何走出的方法遗忘。这个时候,挖掘出曾经的方法常让当事人受益。关于此,焦点解决理论强烈推荐这一策略,持该理论的咨询师常问:“你过去有过同样的困难吗?(如果答案是肯定的)你当时是怎么解决的?你要怎么做才能达到同样的结果?”等问题,是希望用过去的方法解决当下的困难。许多人误以为如果他们使用同一种方法,让问题在一段时间内消失了,但后来同样的或类似的问题再度发生,那么原先的解决方案就是无效的。焦点解决理论不这样认为。相反的,该理论认为一旦方法生效,许多人就会松懈,又回头用过去比较无效的方法来处理同一种状况;有些人或许因为忙碌而忘记过去成功的方法,一不小心问题又冒出来了。发生这种情况时,他们只需记起过去有效的方法,再照着做就好。

成功的经验固然可贵,失败的教训弥足珍贵。有时候,我们之所以不能摆脱烦恼,只是因为我们好了伤疤忘了痛——无视过去失败的教训,不断重复过去所犯的错误。如果我们能记起失败的教训,停止不断重复的错误,烦恼当下即解。

其次,过去的兴趣特长

在烦恼时分,我们常感觉自己一无是处,常感觉生命没有意义。我们不知道自己该做什么。我们都曾有过兴趣,或喜欢运动,或喜欢逛街,或喜爱音乐,或者只是享受一个人静静地呆着……. 在兴趣中,我们尽展我们的才华。在游戏中,我们成为真正的人,在游戏中,我们心流尽放。在烦恼时分,我们将兴趣遗忘。这时,如果我们将它们拾起,我们的心境改观。对于兴趣的选择,心流理论指出:“兴趣必须运用高度的注意力。我们能深入而好不牵强地投入到行动之中,日常生活的忧虑和沮丧都因此一扫而空。充满乐趣的体验使人觉得能自由控制自己的行动。游戏、运动及其他休闲活动经常是乐趣的源泉,这些活动与困难层出不穷的日常生活还有一段距离。”另外,在烦恼时分,我们常常看不清形势。焦点解决理论强力推荐当事人从过去的兴趣特长中汲取灵感,从来访者生活的其他方面里,寻找解决问题所需的能力与技巧。

最后,过去的美好情感

一段美好的感情常给人安慰。李泽厚说,对于很多中国人,情是生命的终极意义。在我们的生命中,有很多人给我们帮助,没有这些帮助我们不能生活,不能存在。但是在烦恼时分,我们常将这些忘记。我们觉得孤单,我们觉得世界抛弃了我们。其实,世界从未将我们抛弃。有时父母抛弃了我们,但是我们儿时的玩伴接纳了我们;有时医生抛弃了我们,但是父母从未放弃;有时熟人将我们抛弃,但是路人将我们扶起。如果我们将在过去困难时分给我们安慰的朋友忆起,常让我们感觉生的美好,让我们坚强!如果可能,设法和他们取得联系,听他们的消息,更让我们感动。另外,人是多面的。有些人,即使现在他们对我们的态度不好,让我们恼火,让我们愤怒,但是很多时候,他们也曾给我们一些切切实实的帮助,也曾给我们一些真真切切的欢乐。重温这段时光,重温大家在一起的快乐时光,也可让我们心胸开阔。有时,过去的朋友还可以给我们一些切实的帮助!

3 心理咨询中关于将来的运用

一阴一阳谓之道。心理咨询从过去来帮助当事人,自然地也可以从将来行动。德国哲学家卡西尔指出:我们更多地生活在对未来的困惑和恐惧、悬念和希望之中,而不是生活在回想中或我们的当下经验之中。如果我们能帮助当事人克服对于未来的困惑和恐惧,激发当事人对于未来的希望和激情,当事人当然地可以摆脱很多心理问题。实际上,弗兰克尔的意义疗法早已迈开了脚步。后来,认知疗法、优势理论也涉足此间。下面,谨整合西方学说,对于咨询中当事人将来的运用进行深入地阐述。

3.1 帮助当事人明晰对于未来的憧憬

运用将来为杠杆来帮助当事人,首要的是帮助当事人建立对于未来合理憧憬,这个憧憬如灯塔一样照亮当事人前方的路,给当事人方向与希望。关于未来的憧憬,在心理咨询中有三种表现形式:

3.1.1 关于远期生活的憧憬

在咨询中,远期生活的憧憬意指可以贯穿人一生的憧憬。例如期望成为一个杰出的科学家、艺术家、政治家等。尼采说过："懂得为何而活的人，几乎'任何'痛苦都可以忍受。"弗兰克曾被德国纳粹关在奥斯维辛集中营多年，他根据自己对集中营难友的咨询经验，说："任何人若以心理治疗或心理卫生方法来抗拒集中营对某俘虏身心的不良影响，就必须为他指出一个可堪期待的未来目标，借以增长他内心的力量。有些俘虏出于本能，也曾自行寻找这样的目标。人就这么奇特，他必须瞻望永恒，才能够活下去。这也正是人在处境极其困厄时的一线生机，即使有时候必须勉强自己，也一样。而对未来——自己的未来——失去信心的俘虏，必然难逃劫数。"关于远期憧憬，中国学者朱光潜指出，理想必须顾到事实。在理想和事实起冲突的时候，错处不在事实在不理想。我们必须接受事实，理想与事实背驰时，我们应该改变理想。坚持一种不合理的理想而至死不变只是匹夫之勇。我们一定要度德量力。

3.1.2　关于近期生活的憧憬

在咨询中，近期生活的憧憬意指排除问题影响，期待近期可实现的生活憧憬，例如组建一支乐队、去某一风景名胜旅游以及谈一场恋爱等。聚焦于当事人的近期憧憬给当事人带来希望，由于不是殚精竭虑地去思索他们的问题形成的原因，当事人能够利用自己期望的积极活力将问题减轻，并抓住机会开始期待一种超越问题的生活。在这里，当事人的希望和梦想为其生活提供了更大的脉络，其心理困扰乃至精神疾病只不过是这一幕戏剧中的小角色而已。澳大利亚心理学家 Ann Weick 记录了一个个案，一个名叫东的 38 岁男子，他有 20 年的癫痫史，情绪抑郁，失业，来向专业社工出求助。专业社工并没有将注意力放在西方常用的不合理思维的修正和情绪管理的小技巧的传授上，而是放在帮助他寻找到一份合适的工作上。在社工的帮助下，东在一家食品杂货店找到工作。东得到工作后，很兴奋，他的心境大为改善，癫痫的发作也不再像过去那样频繁。在食品店工作的 3 年多里，他向人们展示了他的能力和诚实可靠，受到店主的信任，他感受到"生命是美好的"。在东的故事里，为东工作涉及与其日常生活相关的近期憧憬，帮助他找到跳出问题的路径。虽然这些问题并没有消失且继续存在，但所采取的旨在将问题最小化的措施减轻了这些问题对其生活质量的影响。

3.1.3　关于问题解决的憧憬

所谓关于问题解决的憧憬就是当事人对问题解决后个人生活的美好憧憬。如果当事人忧虑的是夫妻感情,那么憧憬的常常是夫妻感情融洽后两人的相处状况;如果当事人忧虑的是学习效率不高,那么憧憬的常常是个人学习效率提高后的学习状况;如果当事人忧虑的是当众说话的紧张,那么憧憬的常是个人公众讲话放松时的表现。有心理学家指出,有许多求助当事人的困扰,主要是因为他们陷于问题情境中而无法自拔,不知道何去何从。因此,最有用的协助方法之一,便是帮助他们建立方向感或使他们了解新的、更建设性的行动方向。一些优秀的心理学家正是借着让他们在较好的未来和无法接受的现在之间所做的对话,来帮助他们谈论目前的问题。澳大利亚心理学家 Maria 及其合作者接待了一对夫妇,两人的感情出现问题,起因是男方在女方怀孕的时候出轨。两人虽然都想弥合伤口,但是收效甚微。治疗师以"就你生命的这一刻而言,当你想到你们的关系时,你最重要的梦想是什么?你有什么希望?"确定了谈话的方向,并最终成功地帮助他们修复了关系。

首先,帮助当事人明晰当前问题与未来憧憬的关联

对于许多当事人来说,仅仅帮助当事人明晰关于未来的憧憬是不够的,还需要帮助他们了解当前问题与未来憧憬的关联,从而指导他们更好地应对当下的问题,才可让他们释然。当事人的当前问题与未来憧憬之间经常存在着以下关系:

当前问题对于未来憧憬有消极影响

当事人的烦恼,从某种意义上说,是由于当事人内心的某种欲望受到现实挑战的阻碍所致。因此,摆脱之道似乎就是迎接现实的挑战,寻求内心欲望的满足。可是满足当下内心的某种欲望有时候是对个人未来憧憬的一种妨害。在心理咨询中,许多当事人恰恰没有发现这一点,他们只欲逞一时之快,却又不能迅速实现,于是陷入进退维谷之中。这个时候,让他们意识到当前问题对于其未来憧憬的妨碍常令他们幡然醒悟、改弦易张,一举走出烦恼。例如,有个大学生志向是成为一名大企业家,作为第一步,他想通过迫在眉睫的某知名大学的商学院研究生考试。但是就在此时,一直与自己关系欠佳的女友离开他与某位先生订婚。男生怒不可遏,强烈要求女友回到自己的身边,并威胁欲公布两人的亲密照片,而女友则宣称誓死捍卫自己的婚姻。于是双方陷入僵局,男生烦恼不已。在这里,该男生的问题有明确的憧憬,但是他没有将对于未来的憧憬与当前的情感纠葛挂钩,意识不到自己对于情感的态度与举动对于未来的消极影响。咨询师在咨询中指出了这一点，当事人幡然醒悟，停止了与女友的纠缠，自己也解脱。

当前问题对于憧憬实现有积极影响

有时，现实的挑战让当事人疲惫，他们的内心只想放弃，以赢得内心的一种暂时安宁。可是，由于种种原因，他们无法回避现实挑战，于是内心陷入煎熬，或颓废，或愤懑。他们需要一个理由支撑他们抗击现实的挑战。这个时候，让当事人看到当前问题对于未来憧憬的积极意义，无疑是给他们注入一支强心针，令其士气大振，勇敢地面对现实挑战。在弗兰克尔的书中，记录着许多俘虏正是籍着出去揭露纳粹暴行的憧憬去生活。因为他们想以后出去揭露纳粹暴行，当下的受难成为了一种最有力的证据与题材。他们经历，他们记载。于是各种肉体的、精神的折磨都具有了一个崭新的意义。这个崭新的意义撑起了他们的世界。

当前问题对于憧憬实现无影响

有时，当前的问题对于个人的未来既无明显的消极影响，也无明显的积极影响，这同样可以给当事人安慰。为什么？因为很多当事人陷于迷局中，以为痛苦暗无天日。这个时候，当事人看到了当前问题的威慑力不过在一个小小的时间段里，并无碍自己的未来，自然可以更加潇洒地应对。例如，一位女研究生，自述学习压力大，怕进实验室，怕老师批评，期待咨询帮助。但是详细了解下来，女生还有半年就要毕业，由于对本专业没有兴趣，想出国读其他专业的博士，且在海外的男友愿意提供帮助。谈至此，当事人意识到现在的受苦只是短暂的受苦，自己只要韬光养晦，熬过这段是时光，心情大为放松。

4　努力促进憧憬的实现

对于有些当事人确定了关于未来的憧憬与当前问题的关联，内心即得安慰，但是对于有些当事人来说还不够。他们还需要"扶上马，送一程"——心理咨询需要帮助他们努力促进内心憧憬的实现。伊根指出，协助当事人订定策略以达目标，可能是表达与当事人同在的最富人情味、最温暖且最有助益的方式。心理咨询师在帮助当事人采取措施实现个人憧憬，需要注意以下几点：

4.1 明晰努力的期限

任何事情都在一定的时间开始，又在另一个时间结束。人们关于憧憬的努力也一样。开始和结束时间的结合构成了努力的期限。憧憬需要在这个期限里去实现。在这个期限里，我们思考、酝酿、努力、探索、煎熬。我们既不可以期望一蹴而就，梦想憧憬一夜实现，也不可以以为自己可以无限地等待，从而肆意挥洒时光。

然而，不幸的是，一些当事人就是以为憧憬可以一夜实现，例如自己的家庭关系马上和谐，理想的工作马上到来，学习成绩马上提高…..为此，他们焦急万分；而另一些人以为自己可以无限等待，如自己还可以打游戏，自己还可以去忍受伴侣的虐待，自己还可以去加班工作……浑然不知自己已走到悬崖的边缘。这个时候，和他们一起明晰努力的期限，确定自己何时开始努力，何时结束努力，就显得非常重要。对于前者，明晰期限，可以让他们明白自己还有时间去等待、去尝试，从而大大地缓解焦虑；对于后者，明晰期限，可以让他们产生紧迫感，切实地行动起来，从而促进憧憬的实现。

4.2 明晰努力的节奏

任何的努力都需要把握好一定的节奏，它保证了努力的可持续性。这就像马拉松比赛，一个人必须克制自我，管理好步伐，分配好体力，只有这样才能保证自己有充沛的体力，取得好的成绩。如果他一开始太放松，被大部队甩开太多，纵使后面拼命追赶，也很难成功。同样的，如果他前面仗着自己体力好，像跑一百米一样跑，遥遥领先大部队，后面他一定会被超越，最后纵使他拼死努力，也不会有好的成绩。

咨询中，我们经常看到一些当事人有憧憬，有努力，但是没有节奏。有一个女生，想成为一名文艺明星，她严格要求自己，将自己的时间安排得满满的，她从不睡懒觉，每天读书，每天锻炼，严格饮食，从不吃零食……..她像一个苦行僧，她精疲力竭。咨询师告诉她，她的表现似乎"一万年太短，只争朝夕"，告诉她"文武之道，一张一弛"。咨询师告诉她放松、休息的重要性，建议她每天拨 1 个小时，让自己做自己喜欢的事。她听完后眉头舒展开来了。

4.3 明晰当务之急

将憧憬变为现实是一段漫长的旅程。旅程里充满了巨大的不确定性，一一觉察它们超越了人间智慧。怎么办？知道当务之急即可。孟子曰："知者无不知也，当务之急，仁者无不爱也，急亲贤之为务。"知道当务之急，我们即可迈开脚步，因循变化，在变化中求安慰，在变化中将憧憬化为现实。

关于当务之急的选择，有两种思路。其一，从要害着手，所谓擒贼先擒王。遇到问题，先抓主要矛盾。主要矛盾解决了，问题即迎刃而解。一个女生寝室关系不和，被3个女生孤立，很痛苦。经过和咨询师的讨论，发现其中一个女生态度中立，是自己疏忽了她。于是，同学主动和该女生走近。很快，该女生接纳了她，其他女生也慢慢接纳了她，她的烦恼解除。其二，从必须做的、最容易做的事情着手。关于此，老子说："图难于其易；为大于其细。天下难事，必作于易；天下大事，必作于细。是以圣人终不为大，故能成其大。"这个策略最适用于考试做题，考试做题大家一般从容易的题做起，将难题暂时放放。待容易的题做完了，再来思考难题。两种策略，无有优劣，各有千秋。在咨询实际中，可以和当事人讨论，一起决定策略的选择。

5 总结

一阴一阳谓之道。过去和将来是一个有机的统一，两者相互滋养。德国哲学家卡西尔指出，我们关于过去的意识当然不应该削弱我们的行动能力。如果以正确的方法加以使用的话，它会使我们更从容地审视现在，并加强我们对未来的责任心。人如果不意识到他现在的状况和他过去的局限，他就不可能塑造未来的形式。正如莱布利茨常说的：后退才能跳得高。同样的，当我们明确了对未来的憧憬，并行动起来向未来进发的时候，我们也常常重新思考我们的过去，发现从前所没有发觉的。过去是海洋，里面是无尽的宝藏，它随着我们思想的变化而常新。

涧水疗法认为心理咨询的本质是一门对话的艺术。咨询的世界是玄妙的世界，没有一种方法必有发生作用，这就要求我们"毋意、毋必、毋固、毋我"——心怀谦卑，随机应变，根据现场的情况，在过去、当下和将来之间自由穿梭，在过去、当下和将来内部的一个小小的侧面间自由穿梭，咨询之美在其中绽放！

参考文献

[1] 杨文圣. 涧水疗法的时间维度研究，本土文化下的两岸四地高校心理辅导与咨询特色[M]. 上海：东华大学出版社，2012.

[2] 杨文圣，王重鸣. 涧水疗法要义—心理咨询的中国阐释[J]. 医学与哲学，2006，(11).

[3] 杨文圣，朱育红. 基于中国传统文化的心理咨询概念研究[J]. 华东理工大学学报(社科版)，2009，(1).

[4] [瑞]丹尼什. 精神心理学[M]. 陈一筠，译. 北京：社会科学出文献出版社，1998.

[5] 南怀瑾. 易经杂说[M]. 上海：复旦大学出版社，2011.

[6] 杨文圣，朱育红. 涧水心理咨询理论的意志维度研究[J]. 华东理工大学学报(社科版)，2011，(4).

[7] [美]奥汉隆，戴维斯. 心理治疗的新趋势：解决导向疗法[M]. 李淑珺，译. 上海：华东师范大学出版社，2009.

[8] [美]米哈里・契克森米哈赖. 当下的幸福——我们并非不快乐[M]. 张定绮，译. 北京：中信出版社，2011.

[9] 梁漱溟. 中国文化的命运[M]. 北京：中信出版社，2010.

[10] [澳]麦克・怀特. 叙事治疗的工作地图[M]. 黄梦娇，译. 台北：张老师文化事业股份公司，2008.

[11] [德]恩斯特・卡西尔. 人论[M]. 甘阳，译. 上海：上海译文出版社，1985.

[12] [奥]弗兰克・维克多. 活出意义来[M]. 赵可式，沈锦惠译. 北京：生活读书新知三联书店出版社，1998.

[13] [美]Dennis Saleebey. 优势视角——社会工作实践的新模式[M]. 李亚文，杜立婕，译. 上海：华东理工大学出版社，2004.

[14] [美]Gerard Egan. 有效的咨询师[M]. 王文秀，译. 台北：张老师文化事业股份公司，1998.

[15] [澳]伯恩斯. 积极心理治疗案例——幸福治愈与提升[M]. 高隽，译. 北京：中国轻工业出版社，2012.

[16] [西]费尔南多・萨瓦特尔. 哲学的邀请[M]. 林经纬，译. 北京：北京大学出版社，2007.

涧水疗法的同情维度研究新论*

杨文圣(上海交通大学心理咨询中心,上海,200240)

摘　要　同情维度是涧水疗法对话六个维度中的重要维度。同情可以分为对于自身的同情和对他人的同情两种。根据中国传统文化,前者为阴,后者为阳。咨询中对于自身同情的运用,可以从帮助当事人正视事实真相、拒绝自我责备和加强自我安慰三个方面着手;对于对他人同情的运用,可以从帮助当事人感知他人、尊重他人和帮助他人三方面着手。对自身的同情和对他人的同情是一个有机整体,咨询师在实践中可以根据情况,灵活选用,也可将它们整合起来运用。

关键词　涧水疗法;同情;自我;他人

1　引言

涧水疗法是我国研究者根据以中国传统思维为基础,整合现代西方心理咨询理论,形成的一种全新心理咨询理论。该理论认为心理咨询是一种对话艺术。在对话中,在咨询双方的碰撞中,当事人的烦恼得以澄清、解决。对话可以围绕六个维度展开,它们分别是时间、行动、参照、身体、同情和利益。其中,同情是中间的重要一维,处于九五之尊的位置。本文即结合先前的研究,对该维度进行新的阐释。

* 作者简介:杨文圣,男,上海交通大学心理咨询中心主任,副教授,Email: wsyang@sjtu. edu. cn

2 同情的涵义

什么是同情？同情就是圣经罗马书所说的："与喜乐的人要同乐；与哀哭的人要同哭。"换言之，无论他人是欢乐还是忧伤，我们都愿意站在别人的立场上，与别人的心一起跳动：感受别人所感受的，快乐别人的快乐，忧伤别人的忧伤。

亚当·斯密指出，无论人们会认为某人怎样自私，这个人的天赋中总是明显地存在着这样一些本性，这些本性使他关心别人的命运，把别人的幸福看成是自己的事情，虽然他除了看到别人幸福而感到高兴以外，一无所得。这种本性就是怜悯或同情，就是当我们看到或逼真地想象到他人的不幸遭遇所产生的感情。由于我们对于别人的感受没有直接经验，所以除了设身处地的想象外，我们无法知道别人的感受。需要指出的是，引起我们同情的也不仅是那些产生痛苦和悲伤的情形。无论当事人对对象产生的激情是什么，每一个留意的旁观者一想到他的处境，就会在心中产生类似的激情。我们为自己关心的悲剧或罗曼史中的英雄们获释而感到高兴，同对他们的困苦感到的悲伤一样纯真，但是我们对他们的不幸抱有的同情不比对他们的幸福抱有的同情更真挚。

同情的对象并不仅仅指向他人，它还可指向自己。Kristin Neff(2011)指出自我同情意味着不再给自己贴上"好"或者"坏"的标签，以开放的心态接纳自己。友善、关切和体恤地对待自己，就像对待朋友甚至陌生人一样。

中国传统文化将世间一切事物都分为阴阳两类。其中，凡是向内的、向后的为阴，而向外的、向前的为阳。在两类同情中，对自我的同情指向人自身，而对他人的同情指向外面的世界。显然，对自我的同情为阴，对他人的同情为阳。

同情对于帮助当事人战胜自我、自在生活很重要。洄水疗法认为人之所以烦恼是由于人的主动性受到了执着性的压制，而执著性有五种，即贪婪、怨恨、糊涂、傲慢和猜疑，怨恨居其一。同情直接取消了人的怨恨，从而改变了人心中主动性与执着性的力量对比，为烦恼的消除赢得了机会。

3　对自我的同情

利用自我同情在帮助人们摆脱烦恼方面具有重要作用。Kristin Neff(2011)指出自我同情是通往幸福和惬意生活的康庄大道。给予自己无条件的关切和安慰，同时感受人们所有的体验，尽管困难依旧，我们却避免了恐惧、否定和疏离的袭扰。同时，自我同情还滋养了幸福和乐观的积极心态。正是有自我同情的呵护，才让我们健康成长，让懂得感恩生活的多姿多彩，一路风雨无阻。当焦灼得到同情的抚慰，是非也变得清晰可辨，它指引着我们奔向快乐的源泉。那么在心理咨询中，如何运用自我同情来帮助当事人呢?

3.1　正视事实真相

正视事实真相是自我同情的基础。事实真相可以分为两种，一为外部真相，一为内心真相。外部真相为存在于外部世界的事实真相，如自己离开了喜欢的学校，女友已经不爱自己了，自己喜欢的领导调离了……内部真相则为存在于内心世界的事实真相，如自己很不爱一个人了，自己认为某人很差劲，自己认为自己很高贵……这些真相经常让人不快，让人心愧，所以人们自觉不自觉地逃避它们，否认它们，试图以此来赢得心安，赢得放松。

自我同情要求当事人正视事实真相。正视事实真相，意味着诚实面对自己，面对这个世界，不自欺，不逃避。自我欺骗可以让人短暂地轻松，但实是饮鸩止渴，长远看给人带来的长久的伤害。例如，一名明明知道自己已经永远地离开某个心仪的大学，却告诉自己“我会回来的”！这种欺骗，虽然可以让当事人短暂安逸，但是代价也是沉痛的。事实真相如影随形，一次次地撞击他，折磨他。结果，他的抑郁悲愤，无心上课，无心与人交往，走到了退学的边缘。怎么办？正视事实真相。的确，正视真相也会让人痛苦。但是这种痛苦是有意义的。痛苦可以转化为动力，凭借这种动力我们改变着自己，也改变着世界。

3.2 拒绝自我责备

自我同情要求当事人拒绝自我责备。在烦恼的时候，人们很容易自我责备——人们责备自己过去没有好好读书，责备自己考试时候没有细心，责备自己的社交能力差，责备自己相貌不好……仿佛没有这些问题，自己的世界就一片湛蓝。在责备中，人们丧失自尊自信，萎靡不振，自我沉沦。生活中此类事件，每日都在上演。为了实现拯救，当事人必须拒绝自我责备。

自我责备之所以存在，是因为它让当事人获益了。当我们对自己进行评判并发起攻击的时候，我们事实上身兼了批评者和被批评者两个角色。通过对自身的不足报以无情地批评，我们感受到一份正义和力量；当我们用高标准要求自己，评价自己，这更让我们巧妙地将与高标准相捆绑在一起，从而生出一种高贵感。因此，自我责备，本质上说是人们傲慢的一种隐秘表达。最后，我们不停地自我责备，这催生了一种熟悉感，而熟悉感制造了一种安全的幻觉。在这种幻觉里，我们规避了不确定性。于是，我们在不知不觉之中就封锁了变化的大门。

Kristin Neff(2011)建议，改变对待自己方式的第一步是注意到你在何时会自我攻击。有可能像许多人一样，自我责备的声音不绝于耳，你甚至都没有在注意到它的存在。不管任何时候，只要你对某事感到很糟糕，就想想刚才你对自己说了什么，请尽量准确地记下你言语的每个字。在你自我埋怨的时候使用了哪些词？是那些一再出现的关键短语吗？你使用了何种语气？严厉、冷酷还是愤怒？这个声音是否让你想起了那些曾批评过你的人？你肯定想深入了解内部自我批评者，也想知道它何时变得活跃。譬如，“你让我恶心”，“你让我想吐”等。切切实实地试着了解你是怎样和自己交谈的。

识别出这些语言后，我们就可以处理它们。一种常见的策略是揭示它们的荒诞性。例如，一个家境贫寒的女研究生，在下课间歇被人电信诈骗近万元。女生懊悔不已，认为自己太愚蠢，认为自己以后肯定无法在社会生存。交谈中，咨询师发现该生父亲很早离世，母女相依为命，一路走来，不管在中学还是在大学都受到老师同学的很多照顾。咨询师指出女生不是笨，而只是过去由于受到了很好的保护而没有锻炼到自己的自我保护能力，从而上当受骗。亡羊补牢，犹未为晚。女生的学习能力很强，只要多多锻炼，就不会再发生类似的悲剧了。被骗，是提醒了自己要培养自己这方面的能力。女生破涕为笑。

但是有时候驳斥自我责备只是抽刀断水水更流。接受—承诺疗法指出，你要驳斥一个想法，你就需要判断这个想法的是非真假。在判断的过程中，你会浪费大量时间和能量，你的大脑一遍又一遍地试图让你陷入矛盾之中。所以，该疗法建议人们问自己："这个想法有益吗？它能帮我创造我想要的生活吗?"如果有帮助，那就关注它；如果不是，就当它在说故事，不去计较它。语言并不是问题，问题是我们把它们都做圣旨，要相信它，遵从它，或者急切地驳斥它。如果不去注意它们，不计较它们，它们也就不能影响我们。这样，我们就可以腾出精力，将其放在建设性的事情上。

3.3　加强自我安慰

自我同情还包含了加强自我安慰。一阴一阳谓之道。拒绝自我埋怨是对负能量的封堵。但是，负能量的离去并不代表着正能量的必然到来。有时候，我们需要主动引入正能量。正能量让当事人内心充满阳光。很多时候，只有正能量来了，负能量才能完全压下去。那么如何加强自我安慰呢?

首先，帮助当事人揭示个人的价值。

李白说："天生我材必有用，千金散尽还复来。"人世间，每个人都有自己的价值，都可以对这个世界作出某种贡献。这种贡献可以是对孩子的帮助，也可以是对学生的帮助，对同行的帮助，对国家的帮助，对花草的帮助……因为个人的能力不同，人生阶段的不同，所处的环境不同，各人为这个世界的帮助各有不同。但是诸法平等，帮助的种类和水平是次要的，帮助本身才是重要的。只要人们感觉到可以对这个世界提供某种帮助，个人就会获得一种价值感，而价值感可以让人获得一种强力的安慰。

在心理咨询中，帮助当事人揭示自己的价值也同样可以让其得安慰。遗憾的是，在困境中当事人经常怀疑自己，这个时候笼统地说"天无弃物"，"每个人都有自己的价值"没有意义。怎么办？咨询师和当事人一起挖掘出其具体价值，证明它们的存在。例如，一位女士电话求助，她想结束自己的生命，这种想法从幼时一直到当下。于是笔者曾经谈论她的家庭、工作、爱情，期望找到拯救她的抓手，但是她很小父母离异，并各自组建家庭，她感受到的来自父母的爱很少；工作上，也是匆忙中寻找的一份工作，在其中并无多少成就感；爱情上，自己刚刚被男友抛弃……她看不到自己的价值。笔者突然对女士的长相产生好奇，于是询问她的容貌。她振奋起来，得意地说自己非常非常漂亮。于是，气氛大转，她的心情好了起来。一个月后笔者电话回访，女士已经完全放弃了自杀的年头。在这里，因为美丽，她感觉被社会需要，因为美丽，她觉得她的人生还有趣味。美丽就是她的价值。

其次，帮助当事人揭示未来的变化。

世界是变化的世界，这可以让人安慰。和前面提到的事实真相类似，人的世界也可以分为两种：一为外部世界，主要指一个人的生活环境、人际关系和生活内容等显性的东西；一为内部世界，主要指一个人的精神追求、感知记忆和情绪状态等隐性的东西。显而易见，人的内部世界和外部世界相互联系，相互影响。无论是人的外部世界还是内部世界随着时间的变化都会发生变化。但是，有时候，人的内部世界变化更为显著，而有时人的外部世界变化更为显著。相信世界的变化给人安慰。关于这一点，俄国诗人普希金做了最为生动的阐述。他在在《假如生活欺骗了你》种写到："假如生活欺骗了你，不要悲伤，不要心急！忧郁的日子里须要镇静：相信吧，快乐的日子将会来临！心儿永远向往着未来；现在却常是忧郁。一切都是瞬息，一切都将会过去；而那过去了的，就会成为亲切的怀恋。"

在咨询中，帮助当事人揭示未来的变化常令当事人安慰。例如，一个名牌大学的男研究生被一所普通大学的本科生抛弃，痛不欲生，几欲自杀，来咨询中心求助。笔者和该生讨论了几年后该生可能的变化：如因为是名牌大学名牌专业的毕业生，因为自己的个人素质，他会在大城市找到一份很好的工作，而大城市很多女士，不论优秀与否，都处在一种待嫁状态。因此，那时自己会在恋爱过程种处于一种相对优势的地位，而不像现在——一个优势很少的人。同学大觉安慰，心情转变。需要注意的是，在这个例子里，咨询师主要讨论了外部世界的变化，取得良好效果，但是有时讨论外部世界的变化可能令人心寒，而讨论内部世界的变化则会让其得安慰。咨询师需要根据实际的情况，灵活调整策略。

最后，帮助当事人揭示事件的意义

弗兰克说："人要寻求意义是其生命中原始的力量。"一旦人们发现了意义，很多痛苦皆可忍受。因此，苦难中的人们常常自觉不自觉地来寻找事件的意义，来抚慰自己的心灵。事件的意义经常可以从两个方向去寻找：其一，联系自己的过去寻找。例如，秦朝大将白起南征北战，为秦朝最终统一全国立下汗马功劳，但结局是被秦王赐死。他感叹道："苍天！我犯何罪，竟至于此！"过了一会儿，他又说道："我固然该死。长平之战，赵国降者数十万人，我用欺骗的手段将他们全部活埋坑杀，足以一死。"他将自己的不公平待遇理解为是自己过去的残暴还债，从而实现了心里的平衡。其二，联系自己的将来寻找。例如，弗兰克描写的纳粹集中营里一位战俘，尽管遭受了很多非人的待遇，但是还是奇迹般地生存下来。为什么？因为他对未来有憧憬，有期待——他期望出去后写书控诉纳粹的暴行。因此，他用心观察集中营的生活，为将来的著作积累素材。借此，他超越了痛苦。显然，他对于事件意义的挖掘是面向未来的。

心理咨询也利用揭示出事件的意义来给当事人以帮助。例如，一名名牌大学的工科研究生即将毕业，明明知道自己应该投入毕业论文撰写，但是提不起丝毫精神，为此非常苦恼。咨询中，咨询师发现该生对学术研究完全没有兴趣，觉得撰写论文就是浪费时间，且已经找好一份市场销售方面的工作。但是，这份工作要求该生拿到硕士学位。于是，咨询师指出市场销售工作里面也有很多很多极其无聊的工作，如和领导一起陪自己不喜欢的客户说话寒暄等。这些工作需要很强的意志力。毕业论文撰写只是一种学术游戏，的确无聊。但是，完成它可以锻炼同学处理无聊事务的意志力。同学觉得这个意义挖掘得很好，很安慰。

4 对他人的同情

心理咨询中可以运用对他人的同情帮助当事人，至于同情的对象，可以是与当前问题密切相关的人，如一对恋人发生矛盾，一方放下自己的立场，换位思考，同情理解对方，从而改善了两人的关系。同情的对象也可以是与当前问题关联较少的人。例如，一个人因为亲人离去悲伤抑郁，但是他看到社会上其他没有父母孩子的艰难生活，同情他们，关爱他们。结果，自己的情绪改善了。这两种同情，虽然细节有所区别，但是本质并无不同——都是将他人的幸福与自己的幸福联系在一起。为了实现同情他人的效果，咨询中需要注意以下三点：

4.1 帮助当事人感知他人

感知他人是对他人同情的基础。同情是为他人的痛苦而痛苦，为他人的欢乐而欢乐，这里的前提就是要感知到他人的痛苦和欢乐。如果不能感知到他人的痛苦与欢乐，自然谈不上与他人齐痛苦，共欢乐，同情自然是空中楼阁。不仅于此，有时简单地感知他人的欢乐与忧伤，就可以给当事人带来帮助。生活中，我们经常发现：当人们去倾听他人时，他们就不再把注意焦点放在自己、自己的议题、自己的疾病或者自己的抑郁之上。把注意焦点放在他人身上能促使她们从自我中脱离出来。

感知他人最简单的方式就是实地考察，直接走进他人的生活，体验他们的生活——用眼睛去看，用耳朵去听，用鼻子去闻，用手去摸，用脚去丈量他人的世界。这样，自己的心灵自然地受到他人世界的撞击，自己的心灵自然地与他人的心灵靠近。

但是，很多时候直接走进他人的世界并不现实，因为他人不在身边，双方交流不便等。这时就要求当事人以间接的方式去感知他人的内心世界，感知他人的思想情感。间接走进的一种典型方式是分析、讨论对方的世界，从而理解对方。例如，一个女生与男友发生矛盾，因为女生想确定结婚事宜，但是男生不愿意表态。咨询师和女生讨论后，女生站在男生的角度思考，发现男生觉得自己工作单位还没有找好，先成家后立业，现在谈论结婚，实际上是一种不负责任的行为。

咨询中，间接的方法除了分析讨论他人的世界，还有角色扮演法。角色扮演也有两种方法，一种是在咨询的当下运用空椅子技术，在一张椅子上说出自己对他人想说而没有说出来的话，然后坐在另外一个椅子上，以他人的语气说他人的观点。如此反复，当事人可充分理解他人的内心世界。但是有时空椅子技术并不适合，因为有些人并不善于对面表达，羞于表现。这个时候，也可以用书信的方式来替代。这个方法由日本学者春口德雄提出，具体为站在自己的角度给他人写信，写出自己对于对方的情绪等，然后再站在对方的立场，以对方的口吻给自己回信。这样，多次来回,当事人也可较好地感知对方的思想情感。

4.2 帮助当事人尊重他人

同情还意味着尊重。弗洛姆说,尊重不是害怕和畏惧,根据该词词根来看,它表明按其本来面目发现一个人,认识其独特个性。尊重意味着一个人对另一个人成长和发展应该顺其自身规律和意愿。让被爱的人为他自己的目的去成长和发展,而不是为了服务于我。如果我爱另一个人,我感到与他或她很融洽,但这是与作为他或她自己的他或她,而不是我需要使用的工具。很明显只有我独立了,只有我无须拐杖也无须支配和剥削任何人而立足和前进,尊重他或她才是有可能的。尊重仅存在于自由的基础上,正像一首法国的诗歌所吟:"Lammoup est lenfant dela liberal."(爱是自由之子。),绝不是支配的产物。

在心理咨询中,一些当事人恰恰在这一环节出现问题。例如,一个中学女生,语文、外语和历史成绩很好,物理和化学很差。她若选择文科,则进入好大学的可能性很大,但若选择理科,则很困难。因为她的父母亲和老师都建议她填报文科,但是她自己却坚决拒绝。双方僵持不下,女生情绪很差。来咨询后,女生了解到原来她是为了还愿:她的父亲过去读书很好,喜欢理工科,但是因为十年浩劫,没有机会读大学,这也成为了父亲终生的遗憾。女生看在眼里,痛在心里,她期望自己去报考理科,圆父亲的梦。在这里,女生同情父亲,没有错,但是她没有尊重父亲的意愿——她的父亲并不希望女儿以这种方式同情他。

4.3 帮助当事人帮助他人

帮助他人是同情他人一种最强烈的方式。帮助他人意味着采取行动,伸出援手,促使他们的欢乐增加,痛苦减少。在此过程中,当事人突破自我的局限,主动将自己的生活和他人的生活联系在一起,在自己的命运与他人的命运联系在一起。这样,当事人在成就他人的同时成就着自己——感受自己存在的意义,感受到生命的欢乐,感受到生命的价值,从而走出小我,走出烦恼。

帮助他人的一种最质朴的方式就是陪伴见证,即倾听他人,观察对方,并将自己的感受以恰当的方式反馈给对方。一个人在忧伤的时候,常常觉得自己孤单,觉得自己不为人理解，不为人接纳，觉得世界在离自己远去。这个时候，陪伴对方，倾听对方，让他或她感觉到世界上真真切切地有个人关心着自己，在乎自己，接纳自己。这样，他的心经常得到极大的安慰。同样的，一个人在欢乐的时候，常常觉得自己幸福，世界美丽。这个时候，如果有人肯定他的感受，分享他的感受，他的幸福感觉将更加坚实。

有时候，单单陪伴见证是不够的，还需要给他人一些切实的帮助。例如，当他人学习不好的时候，帮助他人辅导功课；他人找工作遇到困难，帮助他们修改简历；他人情感遇到烦恼，帮助他人一起出主意想办法；在他人六神无主的时候，给他们一些分析建议或安慰鼓励。给予现实的帮助，并看到他人因自己而改变，经常能让人感到安慰，感到满足。切实的帮助意味着当事人更多的付出，更多的付出意味着更多的收获。但是，帮助如果把握不当，会让当事人卷入过多，让自己耗竭，从而增加了个人的烦恼。

有时候，由于条件的限制，我们并不能去陪伴见证他人，也不能给人切实的帮助。这个时候，当事人可以精神帮助的方式表达自己的情感。例如，一些人为他人在佛祖面前祈祷，祈祷他人的痛苦离去，祈祷他人的幸福降临。当然，当事人也可以进行慈心冥想。具体为首先尽可能生动地想象他人痛苦的种类与表现。然后，想象自己具有神奇的力量将他人的痛苦都吸出体外，或干脆扛在自己的身上。最后，将幸福播撒到他人的身上。整个过程就像生活中用吮吸伤口的方法帮助被蛇咬伤的人排毒。

5 总结

同情维度是涧水疗法对话六维度中的重要维度。同情可以分为对于自身的同情和对他人的同情两种。咨询中对于自身同情的运用，可以从正视事实真相、拒绝自我责备和加强自我安慰三个方面展开。对于对他人同情的运用，可以从感知他人、帮助他人和尊重他人三方面展开。对自身的同情和对他人的同情都可以对当事人起到积极的作用，咨询师可以根据情况，自由选用。

对自我的同情和对他人的同情本质上是一体的。从佛教的观点，只有学会了关心自己，才能真正地关心他人。如果你继续批判和批评自己，却努力善待他人，就会人为地划分出一道边界，从而导致隔离和孤立感。而这恰恰与统一性、互容和博爱——所有宗教的终极目标——背道而驰。同情他人和同情自己又有一种竞争性关系。因为一个人的注意力是有限的，有时候注意了他人的体验就意味着减少对自己的体验，照顾了他人的利益就意味着牺牲自己的利益。反之亦然。

参考文献

[1] 杨文圣. 涧水疗法的同情维度研究，哲学与社会学[M]. 上海：东华大学出版社，2014.

[2] 杨文圣，王重鸣. 涧水疗法要义——心理咨询的中国阐释[J]. 医学与哲学，2006，11，46-48.

[3] 杨文圣，朱育红. 基于中国传统文化的心理咨询概念研究[J]. 华东理工大学学报(社科版)，2009，3，83-87.

[4] 杨文圣. 涧水疗法的参照维度研究，哲学与社会学[M]. 上海：东华大学出版社，2013.

[5] [英]亚当·斯密. 道德情操论[M]. 蒋自强，钦北愚，等，译. 北京：商务印书馆，1997.

[6] [美]克里斯汀·聂夫. 自我同情——接受不完美的自己[M]. 刘聪慧，译. 北京：机械工业出版社，2012.

[7] [澳]路斯·哈里斯. 幸福是陷阱[M]. 吴洪珺，等，译. 上海：华东师范大学出版社，2008.

[8] [日]春口德雄. 角色书信疗法——一种针对问题少年的心理咨询方法[M]. 孙颖，译. 天津：中国轻工业出版社，2011.

[9] [美]弗洛姆. 爱的艺术[M]. 李建鸣，译. 上海：上海译文出版社，2008.

[10] [美]安德鲁·所罗门. 走出忧郁[M]. 李凤翔，译. 重庆：重庆出版社，2006.

绘画艺术治疗研究述评*

毕玉芳(上海立信会计学院,上海,201620)

摘　要　艺术是人类精神成长的表征,随着艺术疗法的发展,绘画艺术治疗越来越受到人们的关注。本文对绘画艺术治疗的理论基础、理论取向、存在问题、应用和发展趋势进行了总结,发现绘画艺术治疗在处理情绪冲突、创伤、丧失等方面有很好的疗效,还可以促进自我的完善和社会技能的提高,促进认知和语言的发展。绘画艺术治疗未来的研究应着重拓展适应范围、治疗的系统化、绘画心理分析的标准化和本土化,促使绘画艺术治疗更客观准确。

关键词　绘画艺术治疗;绘画评定;心理健康

艺术是人类精神成长的表征,人类借助艺术手段逃离了历次的精神困境,使人类的精神得以升华。在后现代文明的今天,迅猛发展的科学技术、多元化的价值取向、日趋远离的人与自然关系,使人类的精神再次陷入深层的迷茫,心有所想而口不能言是现代人各种精神压抑与心理冲突的缘由。以艺术为介质的心理治疗可触及人类心灵深处,安慰焦灼的心理体验,点燃本性中的灵性,揭示心理问题的症结所在,重塑平安与喜乐的生命状态。随着艺术治疗的不断发展,绘画艺术治疗越来越受到人们的普遍关注,呈现出她独特的魅力。

---

* 作者简介:毕玉芳,女,副教授,上海立信会计学院心理咨询中心主任,Email: phoenixbi@163.com

1 绘画艺术治疗简介

美国艺术治疗协会对绘画艺术治疗所做出的界定是:绘画艺术治疗是指通过运用绘画介质或材料、艺术创作的意象、创造性的艺术活动和患者对作品的反馈,来呈现个体的发展、能力、人格、兴趣、关注和冲突的一项服务性职业。这种以绘画艺术为介质的治疗实践是以人类发展的理论和心理的理论知识,如,教育、心理动力、认知、人际关系等为基础,并辅以其他的评估诊断标准和辅助治疗手段,主要解决来访者的情绪冲突,提升他们的自我意识,提高社交技巧和管理行为的能力,解决心理困惑和减少焦虑,辅助来访者取得适应性升华的能力,提高自尊水平,在追求艺术美的过程中治愈心灵疾病。

2 绘画艺术治疗的理论基础

绘画艺术治疗作为心理治疗的一种形式是以大脑两偏侧化理论和心理投射理论为基础的。

2.1 大脑偏侧化理论

神经生理学家 Spery 的裂脑实验证实,左半球同抽象思维、象征性关系以及对细节的逻辑分析有关,右半球则是图像性的,与知觉和空间定位有关,具有音乐的、绘画的、综合的集合——空间鉴别能力。这表明音乐、绘画、情绪等心理机能同属右半球所掌控。同时,对精神分裂症侧化损害研究发现,右半球功能损害会影响患者的情绪机能。由此,绘画艺术治疗认为以言语为中介的疗法在矫治由不合理认知或信念所引起的心理疾病时有疗效,但在处理情绪障碍、创伤体验等以情绪困扰为主要症状的心理问题时就显得无能为力了。心理学家 Ley 认为一个人不能用左半球的钥匙去打开右半球的锁。因此,同属右半球控制的绘画艺术活动可以影响和治疗来访者的情绪机能障碍。大脑功能侧化为绘画艺术治疗提供了生物学、生理学及脑科学的理论依据。

2.2 投射理论

心理投射在不同的心理研究领域有不同的界定，绘画艺术治疗主要以分析心理学中的心理投射为基础。在分析心理学中，投射被认为是无意识主动表现自身的活动，是一种类似自由意志在意识中的反映。投射的产物不仅以艺术的形式存在，梦境、幻觉、妄想等也都可以理解为心理投射。艺术心理学认为绘画天然就是表达自我的工具，是用非语言的象征性工具表达自我潜意识的内容。因此绘画可以作为心理投射的一种技术，而同样是心理投射技术的罗夏墨迹测试、主题统觉测试已被证明是科学有效的心理测验及心理治疗的工具。

3 绘画艺术治疗的理论取向

从事绘画艺术治疗的研究者或治疗师来自于各个不同的学科领域，如艺术、医疗、教育和心理健康等，他们对绘画艺术治疗的理解也有所不同。

3.1 精神分析取向的绘画艺术治疗

精神分析取向的治疗师们遵循弗洛伊德和荣格的分析路线，把来访者创作的艺术品看成是来访者心理问题的无意识表达，注重自发性并鼓励绘画者自由表达自我意象，通过绘画艺术治疗过程回溯过去发生的心理问题。诺姆伯格强调作品中的心理动力的无意识投射概念；克莱默强调艺术过程的升华对心理健康的作用；列维克注重防御机制作用下的绘画艺术；荣格学派则强调作品与象征。

3.2 客体关系取向的绘画艺术治疗

客体关系指的是人内部自我与他人微妙关系的复杂组织结构。温尼克认为游戏会推进“原始的创造性”的发现与转换性空间的再创造过程，并借此比作母—婴之间亲密范围；亚瑟·罗宾斯认为所有的心理现象都有一个美学意义上的对应物，将两方面的元素整合起来，就推动了心理治疗的过程。

3.3 现象学和存在主义取向的绘画艺术治疗

现象学和存在主义取向的绘画艺术治疗，除了一般艺术治疗的常规程序之外，注重对视觉信息的直觉的处理和对视觉现象的整合，主要分为四个阶段：第一阶段，预先准备和材料体验；第二阶段，制造个体现象的艺术创作过程；第三阶段，现象学的直觉阶段；第四阶段，现象学的整合。

3.4 格式塔理论取向的绘画艺术治疗

格式塔取向的艺术治疗运用以视觉形式呈现的关于人格完整性和统一性的信息，鼓励个体对其生命历程担负起不可推卸的责任。格式塔技术强调自我实现、自我责任和自我真实性的发展，这些原则都可以在绘画的良好氛围中得到印证，运用颜色和形状修补将这些碎片视觉化，在画面上完成那些"未了的心愿"，的确是迅速有效的方法。

3.5 人本主义取向的绘画艺术治疗

人本主义取向的绘画艺术治疗将治疗过程看作一个由心理治疗师和来访者共同完成的旅程，他们将全程探索个体的内在心理意象、梦境和心理原型、关系模型和意义，通过绘画艺术治疗促进个体的自我认识、自我接纳和自我整合。

除上述理论取向之外，还有表现性绘画艺术治疗、艺术作为疗法的绘画艺术治疗、教育发展取向的绘画艺术治疗、家庭系统取向的绘画艺术治疗和团体治疗绘画艺术治疗等理论取向，丰富了绘画艺术治疗的理论，强调艺术品和艺术创作活动本身的治愈作用，让来访者的心灵得到升华！

4 绘画艺术治疗的应用

国内外的许多研究都表明绘画艺术治疗是一种科学有效的心理治疗方法并取得了一定的成果。

4.1 情绪功能的回复

Forzoni 等对 157 名处于化疗期间的患者进行绘画艺术心理干预，发现绘画有利于放松焦虑情绪、改善心情、表达真实的自我情感和找到新的人生意义。Gussak 在对佛罗里达州背部的一个监狱进行研究表明，绘画艺术治疗能显著减轻服刑者的抑郁症状。康凯等在汶川地震一年后对灾区某中学三个年级的学生进行绘画艺术治疗，研究表明自由绘画能有效地促进他们释放情绪、提升自我、获得积极效应。汤万杰也发现绘画艺术治疗能够有效地缓解大学生抑郁状态。因此，绘画艺术治疗能够有效的处理患者的情绪问题，促进情绪功能的恢复。

4.2 社交功能的改善

绘画艺术疗法可以促进社交功能的改善，Kanareff 在一次对 4 名孤独症儿童进行共 38 期两周一次的团体绘画艺术干预的研究中发现，绘画能有效提高其社交技能。Gerding 则通过绘画艺术治疗来帮助退伍军人，发现绘画能增加其沟通和社交能力，达到缓解压力和减少创伤后症状。宁波大学的刘中华在对留守儿童进行心理健康教育的过程中，发现绘画艺术干预能改善留守儿童的人际关系，有利于其社交功能的提升。在对精神分裂症患者的研究中，孟沛欣等发现绘画艺术治疗有助于恢复患者的社交功能。

4.3 自我概念的提升

Jackson 通过研究即将辍学的儿童的心理健康，发现绘画艺术治疗能够改善其学习经验，促进其自尊的发展。Williams 和 Taylor 发现绘画艺术治疗能够有效地提升监狱女囚犯的自尊和自信，改变其看待生活的态度。Visnola 发现绘画艺术饮食障碍和肥胖患者的自我意识发展，提高其自尊水平。李仁鸿等在对海洛因依赖者的康复研究中发现绘画艺术治疗能够增强其自我探索的勇气和信心，从而促进自我概念提升，达到康复的目的。在绘画艺术活动中，作品的构建和自我的构建是同步的，绘画者在创作艺术作品的同时也重新创造了自我。

4.4 认知功能的恢复

20 世纪 90 年代国外学者就已经发现绘画艺术治疗能够显著提高中风和脑损伤等患者的认知功能。随后，孟沛欣等也发现绘画艺术治疗对精神分裂症患者认知功能康复有着积极作用。Visnola 在对员工心理状态研究中发现，绘画艺术治疗能够显著提高员工对理解应激状态和处理焦虑的认知，从而提高生活质量。绘画艺术创作过程自身就是一个认知过程，它能够通过训练注意力、抽象和形象思维能力、想象力，纠正不协调认知等，从而促进绘画认知功能的恢复和提高。

4.5 精神与躯体症状的改善

Richardson 等在对门诊治疗的慢性精神分裂症患者进行绘画艺术治疗的观察中发现患者的阴性症状得到了显著的减轻。费明首先在国内证实了绘画艺术治疗在改善精神分裂症患者阴性症状方面的积极作用。刘晋洪等通过对 103 例精神病患者研究发现，绘画艺术治疗能够改善精神分裂症患者的衰退症状和阴性症状，减少精神药物的用量。Rao 等对 79 名艾滋病患者进行辅助治疗，发现绘画艺术疗法能够显著减轻患者的躯体症状。同样，Beebe 等发现绘画艺术治疗也可减轻哮喘患儿的焦虑和一些躯体症状，从而提高生活质量。

5 绘画艺术治疗存在的问题

5.1 绘画艺术治疗评定存在的问题

5.1.1 绘画艺术评定的信效度与常模的问题

根据绘画作品内容和绘画过程，以及自由理想等方面进行解释的信度较低，比如，希尔弗绘画测验(SDT)三个分量表的评分者信度在 0.45 和 0.99 之间。绘画艺术评定由于评定标准的掌握上不如纸笔测验来的精准，其结果使绘画艺术评定的信效度不理想。而且，在绘画艺术评定方面建立常模是一个艰巨而繁杂的任务，目前，这方面的研究尚显薄弱，还有相当部分绘画艺术评定缺乏常模资料。

5.1.2 绘画艺术评定中无关因素的影响问题

绘画艺术评定在区分正常人被试和精神病被试的作品时，被试的绘画技巧和能力是重要的混淆因素。如卡普兰编制了自我发展的绘画艺术评定方案，结果发现绘画评定结果与言语测量结果相关性小。那些以绘画内容为基础进行计分和解释的绘画艺术评定，更易受到被试年龄和经验的影响，从而影响测验的效度。

5.1.3 绘画艺术评定中的单一变量问题

绘画艺术评定一般对绘画的形式特征进行分析，从形式特征变量(维度)方面比较不同群体的差异。目前，大多数研究对绘画艺术评定的信效度研究均依据不同群体变量层次的差异得出。如果把这些变量综合起来，运用统计方法，根据能够有效区分不同群体的变量(维度)建立回归方程，就可以得到不同群体绘画形式特征模式，从总体上提高绘画评定信度和效度。然而，由于研究人员的知识背景，在绘画艺术评定的量化研究方面，尚缺乏综合性的分析与评价。

5.1.4 绘画艺术作品的内容分析问题

绘画艺术评定虽然取得了一些成绩，绘画和诊断标准之间各种关系已经得到研究，发现总体测量(即把绘画作为一种整体或绘画中特定特征集)和总的不良适应在统计学上达到显著性水平。但卡普兰的一项研究发现，随着被试年龄增长和经验增加，图像的内容在很大程度上受到影响，而对这些变化的区分研究还不足，特别是对作品内容的分析缺乏一定的系统性。

5.2 绘画艺术治疗在临床中的问题

5.2.1 绘画艺术治疗中的心理功能康复问题

与运用言语进行的心理治疗相比，绘画艺术治疗有其独特的一面，其研究的重点在于对患者心理问题如情绪困扰、创伤经验、人格成长、自我概念等方面进行治疗。然而，这些研究仅仅把绘画艺术治疗当做是心理治疗之外的另一种选择，而忽略了绘画艺术治疗活动本身对患者心理机能的促进作用。如果绘画艺术治疗针对这一点，强化情绪管理、思维能力等心理机制的康复，将会对心理治疗研究带来有益的影响。

5.2.2 绘画艺术治疗研究的实验设计问题

绘画艺术疗法的研究设计本身也存在着被试样本少、研究方法简单、缺乏控制等问题，这导致研究结果往往无法从统计上说明研究方法的有效性。研究方法主要是来访者研究，采用前后测设计，缺乏对照，无法说明症状的改善是绘画艺术治疗的干预结果。

6 绘画艺术治疗的发展趋势

目前，绘画艺术治疗的应用面从医院逐渐扩大到学校，并在不同年龄层次中开展，实践应用范围逐步扩大。与传统的心理治疗相比，绘画艺术治疗是运用非语言的象征方式表达出潜意识中隐藏的内容，患者不会感觉被攻击，阻抗较小，容易接受，有利于真实信息的收集。已有理论探讨和实证研究都已说明绘画艺术疗法是行之有效的心理治疗方法之一。并且随着研究的深入，绘画艺术治疗将不断地发展和完善。绘画艺术疗法的发展趋势主要有以下几个方面：第一，绘画艺术治疗的应用范围扩大。随着绘画艺术治疗师的不断努力，绘画艺术治疗将会在癌症、酒瘾、药物依赖和物质滥用上深入研究，在认知与语言发展障碍上有所研究，同时探讨人群和特定行为上的差异。第二，绘画艺术治疗的系统化。在总结由临床实践取得经验的基础上，进一步明确绘画艺术治疗的操作性定义及效果评价，建立一套完善、系统的绘画评定、诊断和治疗的方法、原则、模式体系。第三，绘画心理分析的标准化和本土化。目前，只有少数的绘画心理分析方法进行了标准化的修订，而大多数的分析还是建立在理论的基础之上。因此，在今后的研究和应用中，要重视绘画心理分析的标准化处理，并结合本土文化背景，让绘画艺术治疗更客观、更准确。

参考文献

[1] 孟沛欣，郑日昌，蔡焯基. 精神分裂症患者团体绘画艺术干预[J]. 心理学报，2005，37(3)：403－412.

[2] 魏源. 国外绘画心理治疗的应用性研究回顾[J]. 中国临床康复，2004，8(27)：

5946 - 5947.

[3] 闫俊,崔玉华.一次集体绘画治疗尝试[J].中国临床康复,2003,7(30):4160 - 4161.

[4] Backos A K. Self-portraits with rape survivors in feminist-rogeri an art therapy[M]. MA: Ursuline College, 1997.

[5] Pagon B K. Insight-oriented art therapy with hospitalized adolescents[M]. MA: Ursuline College, 1991.

[6] Sing H A. Art therapy and children: A case study on domestic violence[M]. MA: Concordia University, 2001.

“乌托邦症候群”概念与悖论改变理论在大学生心理咨询中的运用*

钱　捷(复旦大学心理健康教育中心,上海,200433)

摘　要　精神病理学家与人类沟通行为科学家保罗·瓦茨拉维克等人在20世纪60年代首创“乌托邦症候群”概念,用来形容因理想化的,对现实扭曲和对未来夸大的心理现象所导致的复杂矛盾的心理困扰,并提出基于悖论改变理论的心理干预策略。本文首先介绍“乌托邦症候群”概念及其三种形态,然后结合中国高校心理咨询中的真实案例,讨论悖论改变理论对“乌托邦症候群”的心理干预方法与效果。

关键词　乌托邦症候群;悖论改变理论;大学生心理咨询

1　简介“乌托邦症候群”概念及其三种类型

“乌托邦(Utopia)”一词是英国人托马斯·莫尔在16世纪用拉丁文造出的,“乌托邦”也逐渐成为理想、美好、完美的代名词,广泛应用在人类的理论研究、艺术创作以及日常生活中。二战后,出于对战争创伤的反思与心理补偿的需要,乌托邦主义在欧美学界及社会生活中盛行。然而,正当乌托邦主义在美国盛行之时,美国著名人类学家贝特森的弟子、精神病学家和人类行为沟通专家瓦茨拉维克、威克兰德和菲什敏锐地观察到这种极端的乐观主义带来的消极的社会影响,并发出“谁来考虑乌托邦的愿景给人带来的心理影响”的质问(Watzlawick, Weakland, & Fisch, 1974/2007)。他们发现,“人们面对问题时,如果自认已经找到(或者可以找

* 作者简介:钱捷,复旦大学心理健康教育中心,Email: qianjie@fudan. edu. cn

到)最终的、最完满的解决办法,很容易就陷入极端主义。”因此而引发的行为,被他们称为“乌托邦症候群(The Utopia Syndrome)”(Watzlawick et al. ,1974/2007)。

“乌托邦症候群”的主要特点是人先设想一个理想状态,然后依据理想状态来要求现实,如果现实达不到理想状态,就认为是现实出了问题。瓦茨拉维克等(1974/2007)归纳了“乌托邦症候群”的三种主要形式,他们将第一型称为“内射式(introjective)”,即因没有实现乌托邦式的目标而责怪自己。第三型称为“投射式(projective)”,即因没有实现乌托邦式的目标而责怪他人或社会。第二型介于两者之间,这类人“并未因为没有能力实现乌托邦式的改变责备自己,反而会沉溺于一种比较无害的、几乎是儿戏的拖拉之中”(Watzlawick et al. ,1974/2007)。

“乌托邦症候群”现象在高校的心理咨询案例中是非常普遍的。第一型“内射式”是将乌托邦式的理想目标内射,而这个设定目标的动作本身就会导致目标无法达成的结果。在当事人为无法达成自己的目标而感受到痛苦时,他不去鉴别目标脱离现实,而是一味责怪自己的无能。例如,咨询师会在咨询室里听到“为什么别人轻轻松松学习就能拿奖学金,我辛辛苦苦的就是成绩不理想?”“上课时就应该从头到尾集中注意力、听一遍就会、作业全都会做!”这一类型的大学生来访者很容易给人充满理想和激情的印象,但又容易自责和羞愧。他们对于自我感受、学业表现、家庭关系都充满乌托邦式的期待,然而一旦面对现实,就立即产生强烈的受挫感,并且陷在“有完美的方案却无法实行”的自责泥潭之中。从临床经验来看,他们通常入学时都比较优秀,有过强烈的优越感体验,并且认为这种优越感体验是理所当然应该属于自己的,甚至应该专属于自己(极个别案例可能会有病理性自恋)。患有“内射式乌托邦症候群”的当事人富于幻想,通过“内射”的心理机制将现实中的挫折归咎自身,这种困境可能会造成学生心理上的焦虑与抑郁,社会行为上的退缩,甚至自杀(方新,钱铭怡,訾非,2007;李丹,周艳,尹华站,2014)。

“乌托邦症候群”第二型的典型特征是拖拉与犹豫迟疑。瓦茨拉维克等(1974/2007)认为这一类型的人将目标的实现乌托邦化,无法将达成目标看成一种重要的人生转折,来之不易并且意味着未来需要继续调整与适应,以至于是否会达到目的地已经变得不重要了。大学生的拖延行为主要是学业方面,一方面,对于写出一篇论文有着乌托邦式的想象:无论是从过程还是从结果,而另一方面,对于完成有一种有意无意的恐惧和拒绝——真的完成了好像也没有什么意思,所以先干点别的吧(刘宇,潘运. 2014;赵晋,叶绮华,赵静波. 2011)。瓦茨拉维克等(1974/2007)分析认为,“那些永远的学生、完美主义者,以及每次在成功前夕开小差的人,即是最好的例子。可欲而不可得的心理,往往使人在如愿以偿时感到失落和亵渎。”在咨询室中,抱怨自己有拖延行为的,一再延期毕业的学生中,不乏这样的现象;还有一些来访者喜欢跟咨询师无休无止地讨论哲学形而上的话题,但是对现实中的事情却漫不经心;甚至在一些学业和工作貌似成功的忧郁症患者身上,也能看到第二型中这种令人费解的如愿以偿之后的失落感现象。

“乌托邦症候群”的第三型是“投射式”,这一形式最核心的特征是当事人认为自己站在真理和正义的一边,“他们最初是通过各种方式企图说服别人,认为只要说得够清楚,所有的好人都将见到真理。”而那些不认同他们的人,就会被视为坏人,理所应当地遭受各种鄙视、语言侮辱或精神虐待(Watzlawick et al.,1974/2007)。在大学的咨询室中,第三型症候群的来访者通常是人际关系中的受挫者,愤怒与委屈是他们明显的情绪:“我这样明明是为了他(室友)好,他为什么不听!”“我认为室友都是一群自私自利的人。我比他们都大度。为什么受委屈的总是我?”还有一些来访者主诉是学业困难、抑郁、甚至是患有突发精神障碍,他们的精神困扰可能与他们的重要他人可能属于“乌托邦症候群”第三型有关,比如他们的父母,或者是他们非常依赖的导师(訾非,周旭,2005)。如果学生身边有属于第三型的他人,起初他们会以为被关注而产生认同感,但渐渐不知不觉地陷入“乌托邦症候群”的第一类型,他们要么将自己的乌托邦投射在他人身上,要么认同了他人的乌托邦目标,结果都是将自己困在了现实与理想脱节的深渊之中。

瓦茨拉维克等(1974/2007)总结乌托邦症候群的共通点是,“患者认为他们所根据的前提比现实还要真实。”三种类型的当事人因为经常让自己沉浸在乌托邦式的幻想中,他们常常混淆现实与想象。无法面对现实也就使得他们所有的改变的努力计划都成了无根之树,也只能停留在自己的想象中,无法发生在现实里。乌托邦的无法达成原本是一个正常的现实存在,但却成了需要解决的问题,导致了当事人真实的精神痛苦。

2 悖论改变理论

悖论现象或者悖论状态存在于人们的日常生活之中，在人类思想发展史上早已备受关注(韩励，2011)。在精神病学领域与心理治疗领域，贝特森、杰克逊、哈利和威克兰德在 1956 年发表的论文《通向精神分裂症的理论》中，首次描述了悖论对人类沟通的影响。之后，瓦茨拉维克等人将悖论的研究深入，并创造性地尝试将语用学悖论运用在心理干预上(Watslawick, Beavin, & Jackson, 1967)。乌托邦症候群的问题在于将想象当作现实，导致对问题解决的苛求和极端主义，因此，需要通过结构性，系统性的改变来进行纠正。事实证明，"试图以乌托邦来改变现状，所导致的后果往往使问题陷入胶着状态，甚至愈变愈糟(Watzlawick et al.，1974/2007)。"瓦茨拉维克等人提出的改变理论，首先要为改变的对象定位，即做一个是否属于乌托邦目标的划分与界定。难题没有解决办法，只有折中的办法；问题有解决的办法，但需要突破框架，重新定义就是在第二序上到达改变的结果。即不视问题为问题，利用悖论而产生的第二序改变。

在瓦茨拉维克等看来，当心理治疗师在关注于"为什么"时，就是在"以乌托邦来改变现状"，会使得心理治疗"变成一个漫无边际的过程"。若想要使当事人有具体而迅速的改变，只有处理此时此地的情境，利用悖论原理引发"自发性改变"，才可能打破原先的系统，使改变真正发生。这种改变被称为"第二序改变"。

基于以上原则，在心理咨询实践中，对于乌托邦症候群来访者的行为改变可以着重于以下几个方面：

(1) 了解来访者的主诉，并澄清来访者想要改变的具体行为。

(2) 了解来访者的情绪状态对自发性改变的阻碍，共情以建立信任，但不过度讨论过去以及"为什么"从而避免陷入"理解"的乌托邦。

(3) 关注此时此地，打破常理，使困境变得有趣。

(4) 咨询师对自身的"乌托邦情结"进行观察与反思。

3 基于悖论改变理论的"乌托邦症候群"干预案例

以下将呈现两个经改编的真实案例。咨询师运用精神动力式心理咨询理论对个案进行了资料收集及概念化,在干预环节运用了悖论改变理论,得到了出人意料的效果。

案例一:想做薛宝钗的林黛玉

女,上海某高校文科大一,北方人。入学一个月后来心理咨询中心求助,称感到非常不适应学校环境,竞争压力非常大,严重影响自信心,具体表现为较严重的社交恐惧,无论在课堂还是寝室,都感到无所适从,经常想哭。在咨询中,她称自己就像是大观园中的林黛玉,忧思过重,整天心事重重。了解了该生的家庭背景情况之后,按照传统的精神动力式的咨询思路分析,该生可能性格较为被动,叛逆期被压抑,超我压抑本我,内心的冲突与俄狄浦斯期的竞争相关,母亲的过于强势使得该生女性的自我认同存在冲突,缺乏自信。新环境中的竞争再次引发她的受挫感,退行是她应对焦虑的基本防御方式。咨询师尝试通过精神动力式的好奇、共情、面质防御机制、诠释移情及内心冲突等心理干预技巧,与该生工作了8次。虽然建立了较好的咨访关系,她对自己的焦虑也有了一定的了解和体验,但仍然在咨询室中时常提到"林黛玉"的感觉,而且对咨询师也表现出越来越多的依恋。

一次,当事人说起自己的父母一直期望她有高超的社交技能,像"薛宝钗"式的大家闺秀,她自己非常认可这种形象,觉得"我也希望自己在社团能被大家看到,在课堂上积极发言,得到好分数",所以对自己的无能非常失望。咨询师通过反移情也感受到当事人对"想当薛宝钗的林黛玉"的矛盾心态的无力和无助感。这就是"乌托邦症候群"的第一型,即首先认同了一种理想状态——善于交际的领袖式人物,如果不符合,就认为是自己出了问题。她觉得当"林黛玉"的感觉其实不错,能够让自己在新环境中找到自我,社交压力立即就减轻了许多。利用改变理论中的公理:越想改变越不会变,咨询师建议该生尝试"角色扮演",即三天扮演"薛宝钗",三天扮演"林黛玉",剩下一天自由选择,或者索性无所事事。原先的模式如果是第一序的努力,即越不敢发言越要求自己发言,越胆小越要求自己大胆,那么咨询师的建议就是第二序的改变,即打破"只有能言善辩者才有价值、只要能言善辩就能心想事成"的"乌托邦式的理想",跳出框架寻找达到目标的途径。该生充满兴趣与怀疑的对这个建议进行了尝试,果然有了不一样的体会,很快社交恐惧不再是困扰她的主要议题,其所需的咨询也从第一学期的每周一次(精神动力式的)变为每月一次,进而变成了每学期 2 次。大三时,该生成功申请到出国交流的机会,有勇气独立独自一人去国外学习 4 个月,并且已经能够自信地为自己作出未来的选择了。

案例二:"恨她控制我"

女,上海某高校博士 3 年级学生,因学业困难导致精神几近崩溃来到咨询室。在建立了初步的信任后,她向咨询师透露关于导师对自己的精神压迫与虐待,当能够说出自己"非常憎恨她对我的控制"时,委屈的眼泪止不住地流了下来,整个上半身都在愤怒地发抖。咨询师注意到当事人的这位导师很可能属于"乌托邦症候群"的第三种类型,占据道德和真理的高地,对依恋她的学生进行"出于善意"的"绝对正确"的思想控制。当事人非常担忧日后与导师的相处之道,并认为已经产生的恐惧会进一步使得她非常想回避导师,并且她发现,她越小心翼翼,越容易招致下一次导师更猛烈的攻击。

当然,从该个案的困难的成因分析,她个人的被动攻击的防御机制、隔离否认的防御机制、过度理想化的自恋缺陷等等,都与她与导师的纠葛相关,咨询中并不是要认同她把导师当作她所有心理痛苦的替罪羊。然而,如何应对这位明显也存在心理缺陷的导师,既与咨询相关,也可能会帮助到当事人领悟她自身与导师相似的性格特质。咨询师运用改变理论中的悖论公理,问当事人:"在下一次不得不见导师之前,你觉得你如果做了什么,可能会让她对你不那么愤怒呢?"原先当事人陷入"他人对自己造成痛苦,而痛苦的解除必须是他人做出改变"的死胡同;现在邀请她打破原先的框架,在循环系统中,找到自己可以控制的部分,从而影响到对方做出改变。这个建议是对"乌托邦症候群"第三型,即"我已完美无缺,只有你需要改变"的有效药方,并且方案本身杜绝了乌托邦的特性。在咨询师的建议下,这个当事人决定尝试在事先预约与导师见面的邮件中,具体地将自己的目前论文进展情况与困难一一列出,并且针对论文本身请导师"严厉地"批评。这样一来,一方面当事人对于"严厉"的反馈已经做出了非乌托邦式的心理准备,另一方面,导师看到当事人如此欣然地接受严厉，也会不自觉地不那么严厉了。咨询持续了4个月，当事人顺利完成博士论文，毕业工作。

4 结论

正如瓦茨拉维克等(1974/2007)所言，“乌托邦主义者对‘改变’的企图，往往把自己陷入僵局，他们无法清楚地区分难题与‘问题’，也无法区分‘问题’与‘解决办法’。”在高校进行心理咨询工作，面对有限的时间和学生成长阶段面临的紧迫挑战，传统的以分析理解见长的心理咨询模式有时不经意地已经变成了一种乌托邦式的奢侈品，使得咨访关系过度退行到母婴期，阻碍已是成年人的大学生来访者强化其更高级的心理防御机制。在高校心理咨询工作中，运用悖论改变理论干预乌托邦症候群，不仅可以弥补传统心理咨询技术中的短板，让来访者感受到改变的体验，还可以更好地释放心理咨询资源，让更多的学生求助者获益。

参考文献

[1] 方新，钱铭怡，訾非. 完美主义心理研究[J]. 中国心理卫生杂志，2007，21(3)：208-210.

[2] 李丹，周艳，尹华站. 大学生的抑郁症状与完美主义、自我和谐[J]. 中国心理卫生杂志，2014，28(7)：545-549.

[3] 訾非，周旭. 大学生完美主义心理与父母养育方式的关系[J]. 中国健康心理学杂志，2005，13(5)：321-323.

[4] 瓦茨拉维克 P，威克兰德 J，菲什 R. 改变：问题形成和解决的原则[M]. 夏林清，郑村棋译. 北京：教育科学出版社，2007.

[5] 刘宇，潘运. 大学生消极完美主义与拖延的关系研究[J]. 贵州师范大学学报(自然科学版)，2014，32(3)：34-38.

[6] 赵晋，叶绮华，赵静波. 医学生完美主义和拖延行为的关系研究[J]. *中华行为医学与脑科学杂志*，2011，20(8)：731-733.

[7] 韩励. 悖论在心理治疗中的运用与评述[J]. 广州大学学报(社会科学版)，2011，10(3)：

39 - 42.

[8] Watzlawick P, Beavin JH, Jackson D. Pragmatics of human communication: A study of interactional patterns, pathologies and paradoxes [M]. New York: W. W. Norton, 1967.

接纳与承诺疗法及其在高校心理咨询中应用的研究*

李　炜（复旦大学心理健康教育中心，上海，200433）

摘　要　接受与承诺疗法是以功能性语境主义和关系框架理论为基础，通过平衡接纳与承诺改变来提高心理灵活性的第三代行为疗法之一。本文对它的六边形心理病理模式和两阶段治疗模式做了阐释和介绍，并结合当代大学生的心理特点及心理问题的发展趋势分析了接受与承诺疗法在高校心理咨询中应用的优势。

关键词　接纳；承诺；心理咨询；高校

接纳与承诺疗法是美国内华达州大学心理学教授 Steven C. Hayes 博士及其同事于 20 世纪末 21 世纪初所创立的一种新的认知行为疗法。第二代认知行为疗法 CBT 的核心理论遭受到越来越多研究的挑战。有研究发现治疗效果会出现在 CBT 理论所假定的关键干预内容出现之前（Ilardi 和 Craighead，1994），原先被看重的认知内容的改变并不能解释 CBT 的效果（Burns 和 Spangler，2001），几项元分析研究表明"认知疗法中单纯的认知内容的干预并没有带来更多效果"（Dobson & Khatri，2000）。同时，语境主义哲学和后现代主义思潮也开始兴起。在这样的背景下，产生了以辩证行为疗法、内观认知疗法、接受与承诺疗法等为代表第三代行为疗法。接纳与承诺疗法（Acceptance and Commitment Therapy，ACT）在新一代认知行为治疗中占据中心地位。ACT 在国外已经被广泛地接受和使用，而国内也正在掀起一场 ACT 的研究热潮。本文从 ACT 的理论基础、心理病理模型和治疗

* 作者简介：李炜，复旦大学心理健康教育中心教师，Email：xlzxliwei@fudan. edu. cn

模式三方面介绍ACT疗法，并从当今大学生的心理特点谈谈ACT疗法在高校心理咨询中应用的优势。

1 ACT的理论基础

ACT是以功能性语境主义(functional contextualism)为哲学基础，以关系框架理论为心理学基础，因此也被称为语境认知行为疗法(contextual cognitive behavioral therapy, cCBT)。

1.1 哲学基础——功能性语境主义

功能性语境主义是一种基于语境主义和实用主义的现代科学哲学流派，它与机械论相对立，强调动态地理解和分析整个事件及其发生的背景，并根据目标采取有效的行动。以此为基础，ACT将心理事件看作是个体与情境之间一系列的互动，并对那些"负性的"、"非理性的"心理事件也保持开放态度。ACT治疗师更加注重心理事件的功能，即个体与所处情境之间相互作用，而非心理事件本身的内容和形式。另一方面，功能性语境主义的实用主义取向使得目标设置非常重要，要将目标具体到可以理解问题或采取行动为止。ACT治疗师不断澄清来访者的价值观，并鼓励来访者热情投入与自己价值观相一致的生活，实现自己的生活目标。功能性语境主义可以被看作是斯金纳的激进行为主义的拓展和语境解释，强调了有用性语境和目标在行为分析中的重要性，它不仅是关系框架理论的基础，也充分体现在了ACT的实际应用中。

1.2 心理学基础——关系框架理论

关系框架理论(Relational Frame Theory, RFT)是关于人类认知和语言基本性质的心理学理论，已得到很多实证研究的支持(Hayes, Barnes-Holmes & Roche, 2001)。因为理论本身较为复杂且专业术语较多，故本文仅对其作简要的概括，以利于ACT的理解。

关系框架理论认为人类在衍生和联合刺激物之间关系方面具有非凡的能力。

很多动物都能通过经典条件反射、操作条件反射等建立联系，但动物只能建立不随意的联系，即依靠视觉、听觉、味觉等机体形式(formal properties)的机制来建立联系。而人类可以通过非机体形式的机制建立随意刺激相关联系。例如"一角硬币少于一元硬币"，尽管物理大小并非如此。然后，人类会衍生出很多新的联系。而人类在建立和衍生刺激相关联系方面，主要有三个特征。

第一，相互推衍(mutual entailment)，即学习了从A到B的关系，也就学会了B与A的关系。第二联合推衍(combinatorial entailment)，即A和B建立关系，B和C建立关系，那么A和C的关系就会建立。第三，刺激功能的转换(transformation of the stimulus function)，即某一事件功能的改变会导致相关事件功能的改变，换言之关系的建立具有功能的传递性。当所有上述3个特征确定并形成某种特定的关系时，我们就把这种关系称为关系框架。语言的使用使得人类建立关系框架变得非常容易的，但要打破关系框架却异常困难(Wilson & Hayes, 1996)。关系框架理论指出语言如何给人类带来痛苦：由于联结过程的容易性和随意性，刺激情景可以改变相关网络及其功能，使得不相关的情景也引发负性思维和情绪(例如失恋的人看到别人热恋联想到自身的失败，即触景生情)。而试图改变或压制某种思维和情绪联结的尝试，实际上会加强非理性联系的强度，这一点已经获得实证研究的支持(Wegner, Schneider, Carter 和 White, 1987; Cioffi 和 Holloway, 1993)。关系框架理论很好地解释了针对认知内容的改变为何有时适得其反，也为ACT的正念、接纳、认知解离等技术找到了理论依据(Hayes, 2004)。

2 ACT的心理病理模型

正如关系框架理论所指出的，人类所具有的建立关系的超强能力一方面增强了人类的反应选择，提高了人类在进化上的适应能力，但另一方面在某种程度上也造成了人们反应选择的减少和心理僵化(psychological inflexibility)。ACT提出了人类心理病理的六大基本过程，六大基本过程相互影响、相互联系，而核心是心理僵化。ACT认为人类主要的心理问题源于语言/认知与人们直接经历的偶然事件之间的交互作用方式，产生经验性回避和认知融合；这两者会导致来访者失去对此时此刻的真实体验，并依恋于概念化的自我；最终，会让来访者缺乏明确的价值观，无法按照所选择的价值观过有意义的生活。心理病理模型主要包含以下内容：

2.1 经验性回避(experiential avoidance)

经验性回避又称为经验性控制（experiential control），指的是人们试图控制或改变自身内在经验（如想法、情绪、躯体感觉或记忆等）在脑海中出现的形式、频率，或对情境的敏感性。人们会利用自己的语言和认知能力对外部世界做出评价、预测以及回避危险，也习惯于将这些技能用于我们的情绪、想法、躯体感觉、记忆等内部经验上面。我们会像评估外界事物好坏一样对内部经验产生好恶，并希望通过处理外界事物的方式来趋近和回避内部经验。然而，对消极内部经验的回避或压抑会反过来强化这些内部经验的联系，从而陷入恶性循环。

2.2 认知融合(cognitive fusion)

认知融合指由于关系网络的建立，思想或语言与它所涉及的事物就会混淆在一起，从而使我们的行为受到语言或思维的限制（Harris，2007/2008）。当陷入认知融合中时，我们会把头脑中的想法当成是真实的现状，而没有意识到这些想法不过都是不断发展的认知过程的产物而已。例如一个人说“我真愚蠢”时，好像眼前真的上演出我真愚蠢的事件和场景，好像真实发生的一样。ACT 并不认为是不合理的想法或信念导致了问题，而认为把不合理的想法或信念当做真实才是问题根源。

2.3 概念化过去与恐惧化未来的主导(dominance of the conceptualized past and feared future)

经验性回避会使我们对个人经验的感知能力减弱，尤其是伴随着消极情绪体验的内部经验。认知融合则会使我们脱离此时此刻的体验。以上两者均是我们脱离当下，沉浸于过去的错误或可怕的未来。而当我们开始置身于概念化的过去或未来时，我们就失去了当下真实的经验，我们的行为也会受到很大的限制。

2.4 依附于概念化自我(attachment to the conceptualized self)

过去的历史是通过言语构建和评价的,未来的发展是通过言语预测和描绘的。在既定的言语模式下,我们会逐渐形成对自我过去和将来的描述。在这种描述过程中形成了概念化自我。所有与自我相关的分类、解释、评价和期望,都包含在这个概念化的自我中。而概念化自我形成之后会限制自我发展,导致行为僵化。

2.5 缺乏明确的价值观(lack of values clarity)

ACT认为价值观是其他想法和行为的评价标准,且深植于每个人的内心深处。价值观很容易被曲解成评价、情绪和过程目标。当来访者的行为受限于概念化自我时,他便无法看清自己的价值观,也就无法选择有意义的生活方式,从而缺乏价值感和自尊感。要想过上有价值和有意义的生活,就要在行为上遵从自己所重视的价值观。

2.6 不动、冲动或持续回避(inaction, impulsivity, or avoidant persistence)

当来访者无法按照自己内心的价值观去生活时,便会选择不动、冲动或逃避的行为以暂时减缓痛苦。从短期来看,不动、冲动或逃避会暂时降低来访者的负性反应,让来访者觉得正确,但从长远来看,最终让来访者迷失了他们内心真正重视的价值观,导致长远生活质量的降低。

3 ACT的治疗目标与治疗模式

基于以上心理病理模型,ACT理论认为应帮助来访者更多地与此时此刻联结, 让他在改变与坚持某种行为之间保持心理灵活, 实现与自己价值观一致的生活(Hayes, Luoma, Bond, Masuda和Lillis, 2006)。所以ACT以提高来访者的心理灵活性为目标,并提出六大治疗核心过程。

3.1 接纳(acceptance)

与经验性回避相反,接纳是让来访者建立一种积极而无防御的态度来拥抱各种经验。它不仅仅只是容忍,更重要的是对过去的事件、痛苦的感受等保持一种开放的、非评价性的觉察。

3.2 认知解离(cognitive defusion)

认知解离是指将自我从思想、意象和记忆中分离,客观地注视思想活动如同观察外在事物,将思想看作是语言和文字本身,而不是它所代表的意义,不受其控制。例如大声不间断地重复"牛奶"这个词,直到它只剩下无意义的音节,或者把想法或念头想象成小人,从而使得他们被"客观的"觉察。

3.3 此时此刻(being present)

ACT 鼓励来访者有意识地将注意力放在此时此刻的情景与正在发生的事情上, 而不是过去和将来,让来访者学会以一种非评价的方式感受此时此刻,目的是提高来访者行为的灵活性,与自己的价值观保持一致。

3.4 自我情景化(self-as-context)

改变来访者的概念化自我,从一种被评价的概念化自我,转变成一种作为各种心理事件的载体的自我,即各种事件、感受、想法均发生在自我这个情景下。ACT 通常采用正念技术(mindfulness)、隐喻(metaphor)和经验化过程(experiential processes)来帮助来访者达到自我情景化。

3.5 澄清价值观(values)

价值观标明了来访者所向往的和所选择的生活方向,ACT 治疗师在来访者的不同生活领域澄清其价值观,帮助来访者寻求有意义的生活。ACT 认为价值观是一个不断被实践的方向而不是某个具体的可实现的目标。

3.6　承诺行动(committed action)

帮助来访者将价值观落实到具体的短期、中期、长期目标并加以实践。

以上 6 个治疗过程相互联系，不分先后，治疗师可从任何一个过程入手。6 个过程又可分为两组：①正念与接纳过程（mindfulness and acceptance processes），包括接纳、认知解离、此时此刻和情境化自我；②承诺与行为改变过程（commitment and behavior change processes）包括此时此刻、情景化自我、澄清价值观和承诺行动。两组结合起来便是“接纳与承诺疗法”（Hayes et al. ,2006）。

4　ACT 在高校心理咨询中的应用

4.1　高校大学生心理问题的特点

大学生由于受到社会、传媒、家庭等因素的影响，在行为、思维、情感等心理方面都表现出鲜明的特点。他们在行为上表现出很强的自主性，同时对于父母、家庭又有着很强的依赖性；他们情感外显而张扬，但又显得肤浅，过于心境化；他们思想早熟，观念超前，但又有些冲动极端，单纯脆弱。

由于大学阶段，他们的生理、心理、所处的环境都发生着新的变化，所以难免会出现一些心理问题。尤其随着社会转型的加剧、改革持续深入、信息飞速发展，大学生在心理问题方面也呈现出两个趋势变化。第一，大学生的心理问题越来越多样化。除了较为普遍的学业、就业、人际、情感等四大类常见心理问题，现在也出现一些攻击、偏执、躯体化、性心理等方面的心理问题。第二，大学生的心理问题趋向严重化。除了发展性心理困扰，近年来也开始出现了强迫症、人格障碍、精神分裂症等严重心理疾病。第三，大学生的心理问题越来越复杂化。单纯心理方面的困扰或心理疾病已在减少，更多的大学生心理问题涉及到了思想政治教育、留学、导师、家庭等其他一个或多个方面，使得问题更加错综复杂。

4.2　ACT 在高校心理咨询应用的优势

这给高校心理咨询工作带来了新的挑战，同时给高校心理咨询师在理论素养和工作视野方面也提出了新的要求。为了适应新的要求，高校心理咨询师应进一步提高理论素养，拓展工作视野。而 ACT 疗法本身具有的一些特点，使得它在高校心理咨询应用中突显出很大的优势。

首先，ACT 疗法适用范围广，且效果也不错。从精神分裂、人格障碍、拔毛癖等重型心理疾病到慢性疼痛、社交恐惧、工作压力、抑郁、焦虑等心理问题都有疗效，且优于一般治疗方法或传统认知行为治疗。(Hayes et al. ,2006)

其次，相对于心理动力取向、传统认知行为治疗，ACT 疗程较短。高校心理咨询的对象是大学生，他们本身有较多的学业课程，再加上高校心理咨询师数量很少，高校心理咨询的资源较短缺。所以，相对于疗程较长的咨询取向来说，短期的、聚焦的是更加适合高校心理咨询的。

第三，ACT 更加关注一般心理过程，相对于具体的心理问题。所以即便问题并不是由于认知融合、经验性回避等原因引起的，ACT 也能在改善生活质量方面起到很大的作用。

最后，ACT 的理论和实践技术融入了很多传统文化(佛教、禅宗)的概念，相对比较符合中国的文化背景，非常利于在中国进行本土化发展推广。期待更多的专业人士努力开发出中国本土的心理治疗技术。

参考文献

[1] Ilardi SS, Craighead, WE. The role of nonspecific factors in cognitive-behavior therapy for depression[J]. Clinical Psychology: Science and Practice, 1994(1): 138 - 156.

[2] Burns DD, Spangler DL. Do changes in dysfunctional attitudes mediate changes in depression and anxiety in cognitive behavioral therapy [J]. Behavior Therapy, 2001, 32:337 - 369.

[3] Dobson KS, Khatri N. Cognitive therapy: looking backward, looking forward[J]. Journal of Clinical Psychology, 2000,56:907 - 923.

[4] Yovel I. Acceptance and commitment therapy and the new generation of cognitive behavioral treatments[J]. Israel J Psychiatry Relat Sci, 2009,46(4):304 - 309.

[5] Hayes SC, Strosahl K D, Wilson K G. Acceptance and commitment therapy: An experiential approach to behavior change[M]. New York: The Guilford Press, 2003, 13-49.

[6] McCracken L M, MacKichan F, Eccleston C. Contextual cognitive behavioral therapy for severely disabled chronic pain sufferers: effectiveness and clinically significant change[J]. Eur J Pain, 2007,11(3):314-322.

[7] Hayes SC. Analytic goals and the varieties of scientific contextualism[M]. Michigan: University of Michigan, Context Press, 1993,11-35.

[8] Hayes SC, Barnes-Holmes D, Roche B. Relational frame theory: a post-Skinnerian account of human language and cognition[M]. New York: Kluwer Academic/Plenum Publishers, 2001.

[9] Hayes SC, Follette VM, Linehan M. Mindfulness and acceptance: Expanding the cognitive-behavioral tradition[M]. New York: The Guilford Press, 2004,1-30.

[10] Wilson KG, Hayes SC. Resurgence of derived stimulus relations[J]. Journal of the Experimental Analysis of Behavior, 1996,66:267-281.

[11] Wegner DM, Schneider DJ, Carter SR, White TL. Paradoxical effects of thought suppression[J]. Journal of Personality and Social Psychology, 1987,*52*:5-13.

[12] Cioffi D, Holloway J. Delayed costs of suppressed pain[J]. Journal of Personality and Social Psychology, 1993,64:274-282.

[13] Hayes SC. Acceptance and commitment therapy and the new behavior therapies[M]. In SC Hayes, VM Follette, MM Linehan (Eds.), Mind fulness and acceptance: expanding the cognitive behavioral tradition. New York: Guilford Press, 2004:1-29.

[14] Hayes SC, Wilson K G, Gifford E V, et al. Experiential avoidance and behavioral disorders: a functional dimensional approach to diagnosis and treatment[J]. J Consult Clin Psychol, 1996,64(6):1152-1168.

[15] Harris R. 幸福是陷阱[M]吴洪珺,译. 上海:华东师范大学出版社,2008.

[16] Hayes SC, Pierson H. Acceptance and Commitment Therapy//Freeman A, Felgoise SH, Nezu A M (Eds.). Encyclopedia of Cognitive Behavior Therapy[M]. New York: Springer, 2005:1-4.

[17] Barnes-Holmes D, Hayes SC, Dymond S. Self and self-directed rules // Hayes SC, Barnes-Holmes D, Roche B (Eds.). Relational frame theory: A post-Skinnerian account of human language and cognition [M]. New York: Kluwer Academic/Plenum, 2001:119-139.

[18] Hayes SC, Luoma JB, Bond F W, Masuda A, Lillis J. Acceptance and commitment therapy: model, processes, and outcomes [J]. Behavior Research and Therapy, 2006,44:1-25.

[19] 张宝君. 90 后大学生的心理特点解析与对策[J]. 思想理论教育导刊,2010(4):111-114.

[20] 曾祥龙,刘翔平. 接纳与承诺疗法的理论背景,实证研究与未来发展[J]. 心理科学进展,2011,19(7):1020-1026.

[21] 祝卓宏,张婍,王淑娟. 接纳与承诺疗法的心理病理模型和治疗模式[J]. 中国心理卫生杂志,2012,26(5):377-381.

卦易心理咨询之乾卦运用*

张翠芳(上海建桥学院心理健康教育与咨询中心,上海,201306)

摘　要　作者在卦易心理咨询的基础上,指出其作为哲学咨询的一种,可以帮助人们解决哪些心理问题;文章的重点是从乾卦的卦象、卦辞和爻辞的角度来分析乾卦在卦易心理咨询模式中的运用,强调人生定位很重要,刚柔并济更利于成长和进步。

关键词　卦易心理咨询;易经;乾卦

乾。元。亨。利。贞。

初九。潜龙。勿用。九二。见龙在田。利见大人。九三。君子终日乾乾。夕惕若。厉。无咎。九四。或跃在渊。无咎。九五。飞龙在天。利见大人。上九。亢龙。有悔。用九。见群龙无首。吉。

彖曰:大哉乾元。万物资始。乃统天。云行雨施。品物流行。大明终始。六位时成。时乘六龙以御天。乾道变化。各正性命。保合太和。乃利贞。首出庶物。万国咸宁。

---

* 作者简介:张翠芳,上海建桥学院心理健康教育与咨询中心专职心理咨询师,Email: zcfzah@163.com。

象曰:天行健。君子以自强不息。

潜龙勿用。阳在下也。见龙在田。德施普也。终日乾乾。反复道也。或跃在渊。进无咎也。飞龙在天。大人造也。亢龙有悔。盈不久也。用九。天德不可为首也。

文言曰。元者、善之长也。亨者、嘉之会也。利者、义之和也。贞者、事之干也。君子体仁足以长人。嘉会足以合礼。利物足以和义。贞固足以干事。君子行此四者。故曰。乾。元、亨、利、贞。

初九曰。潜龙勿用。何谓也。子曰。龙德而隐者也。不易乎世。不成乎名。遁世无闷。不见是而无闷。乐则行之。忧则违之。确乎其不可拔。潜龙也。

九二曰。见龙在田。利见大人。何谓也。子曰。龙德而正中者也。庸言之信。庸行之谨。闲邪存其诚。善世而不伐。德博而化。易曰。见龙在田。利见大人。君德也。

九三曰。君子终日乾乾,夕惕若,厉无咎。何谓也。子曰,“君子进德修业。忠信。所以进德也。修辞立其诚。所以居业也。知至至之。可与几也。知终终之。可与存义也。是故居上位而不骄。在下位而不忧。故乾乾因其时而惕。虽危而无咎矣。

九四曰。或跃在渊。无咎。何谓也。子曰。上下无常。非为邪也。进退无恒。非离群也。君子进德修业。欲及时也。故无咎。

九五曰。飞龙在天。利见大人。何谓也。子曰。同声相应。同气相求。水流湿。火就燥。云从龙。风从虎。圣人作而万物睹。本乎天者亲上。本平地者亲下。则各从其类也。

上九。亢龙。有悔。何谓也。子曰。贵而无位。高尔无民。贤人在下而无辅。是以动而有悔也。

潜龙勿用。下也。见龙在田。时舍也。终日乾乾。行事也。或跃在渊。自试也。飞龙在天。上治也。亢龙有悔。穷之灾也。乾元用九。天下治也。

潜龙勿用。阳气潜藏。见龙在田。天下文明。终日乾乾。与时偕行。或跃在渊。乾道乃革。飞龙在天。乃位乎天德。亢龙有悔。与时偕极。乾元用九。乃见天则。

乾元者。始而亨者也。利贞者。性情也。乾始能以美利利天下。不言所利。大矣哉。大哉乾乎。刚健中正。纯粹精也。

六爻。发挥。旁通情也。时乘六龙以御天也。云行雨施，天下平也。

君子以成德为行。日可见之行也。潜之为言也。隐而未见。行而未成。是以君子弗用也。

君子学以聚之。问以辩之。宽以居之。仁以行之。易曰。见龙在田。利见大人。君德也。

九三。重刚而不中。上不在天。下不在田。故乾乾因其事而惕。虽危无咎矣。

九四。重刚而不中。上不在天。下不在田。中不在人。故或之。或之者。疑之也。故无咎。

夫大人者。与天地合其德。与日月合起明。与四时合起序。与鬼神合其吉凶。先天下而天弗违。后天而奉天时。天且弗违。而况于人乎。况于鬼神乎。

亢之为言也。知进而不知退。知存而不知亡。知得而不知丧。其惟圣人乎。知进退存亡。而不失其正者。其为圣人乎。

——摘自南怀瑾　徐芹庭《周易今注今译》

心理咨询是伴随西方物质文明、极端的物质崇拜产生的。人在追求物质的过程中，会有烦恼、焦虑、痛苦和恐惧，因此需要心理咨询。而烦恼、焦虑、痛苦和恐惧的核心是焦虑，而导致焦虑的主要原因，是不确定性。人生几十年，未来怎么样，谁也说不清楚，这种不确定性是很折磨人的；另外，死亡永远是悬在每一个人头顶的阴影，让人恐惧，从而焦虑。

中华文明延续五千年，但没有产生心理咨询，原因何在？一方面，中华文明没有走西方工业革命的路子——那时皇帝认为奇技淫巧不足倡也（这有其进步意义，也有其局限性，一阴一阳，这不是本文探讨的）；另一方面，我们的易经已经智慧地帮助人类描摹了社会和人生的画卷，让炎黄子孙懂得如何在自然和社会合理地生存，如何面对死亡，所以，心理咨询的思想和技术没有产生，也不需要。也就是说，易经包含了帮助人类处理烦恼、焦虑、痛苦和恐惧的智慧："是故君子所居而安者，易之序也”,“旁行而不流,乐天知命,故不忧”。当然,不仅如此,它是人类智慧之集大成者:“易与天地准,故能弥纶天地之道”,“《易经》是经典中之经典,哲学中之哲学,智慧中之智慧”。这是作者从心理咨询角度分析易经各卦的缘由,也是作者提出卦易心理咨询模式的缘由。

笔者曾提出基于中国传统文化的心理咨询模式——卦易心理咨询。卦易心理咨询是一种哲学咨询。伊壁鸠鲁认为“哲学能够治疗精神疾病,在这方面可称为心灵良方”;哲学咨询是一个相对较新却发展很快的领域。“哲学咨询关注的是现在——并展望未来,而不是回顾过去,这不同于许多传统的心理疗法。”“哲学咨询就是‘对心智健全之人的治疗’”。运用卦易心理咨询模式可以帮助人们解决如下问题:道德两难;职业规划和职业发展;感情和婚姻家庭问题;经验和信念不一致;人生意义探索;挫折应对;人生阶段变化;关系问题;死亡问题等。通过卦易心理咨询,对人类智慧之集大成者《易经》有所了解,从而帮助来访者真正获得心灵的平静,这是其他心理咨询理论和方法所忽略的方面。

1 从卦易心理咨询模式看乾卦的卦象

乾卦六卦皆阳爻,象曰:“天行健,君子以自强不息”。“大哉乾元!万物资始,乃统天。”万物凭借乾的刚健得以创造。这告诉我们每一个人:要想成为君子,成为心智健全的人,必须向天学习,学习天这种自强不息的精神。这种自强不息的精神,是人类创始的精神,是人类进取的精神,是人类不放弃不妥协的精神,是一个人之所以成为人的精神。

在咨询中,有这样的一类来访者:人生遇到一点困难就退缩,遇到一点问题就怀疑;在他们的眼中,人生就应该是一帆风顺的,要风得风,要雨得雨。很多男孩,完全没有了阳刚之气,没有了自强不息的精神。这类来访者要好好学习乾卦的精神。

2 从卦易心理咨询模式看乾卦的卦辞

乾卦的卦辞是:元、亨、利、贞。“它可以代表一个人一生的成长过程,也可以代

表一个团体或一个人群里每个人之间的互动关系，还可以代表一件事情从开始到最后的阶段性的变化”。元代表开始，亨代表亨通，利表示利益，贞表示贞正。开始就会亨通吗？万事开头难，开始了，也不一定亨通，所以每个人要慎始，要动机纯正；慎始之后，有可能亨通，也有可能不亨通；亨通之后，就会获利；有了利益之后，就涉及利益的分配，这是最关键的，这时候需要贞正；只有贞正，才能够再开始，重新开始新一轮的成长和发展过程。

以人际关系为例，两个人开始交往的时候，双方往往都小心翼翼，交往一般比较顺利亨通，这样的交往能促进双方的进步和成长，给彼此带来愉悦和快乐，这时候，需要双方都贞正，这样才可以使双方的关系开始新一轮的元、亨、利、贞。常见的人际交往中，在元、亨、利阶段都比较顺利，但是面对利益的分配，由于一方或双方的不贞，导致关系的破裂，无法贞下重新起元。个人的成长也是如此，一个阶段的元、亨、利是比较容易的，关键是能不能保持贞正，能不能贞下再起元，开始新一轮的进步和成长，让元、亨、利、贞的过程在人生的过程中，不断循环往复地出现。

3 从卦易心理咨询模式看乾卦的爻辞：人生阶段不可超越

易经每一卦的每一爻，不仅可以表示时，时表示时间；也可以表示位，位指空间、身份和地位。人生每一个阶段，都有自己合适的身份和地位，因此定位对一个人很重要，合理定位就是守分。人事要以时、位为背景，才能判断是非；离开时、位，就没有是非。人事调整，也要看时、位的变化，寻找合理的平衡点。

乾卦初爻，初九：潜龙勿用。龙是中华民族想象的动物，谁也没有见过，它能飞上天，能潜入水中，也能在陆地上生存；它变化多端，神通广大，困难难不倒它。人生其实是面临着很多的艰难困苦，所以中国人希望自己像龙一样的神通广大，可以克服一切的困难，所以中国人被称为“龙的传人”。作为中国人，首先自己要自强不息，要具有龙的精神，成为龙的传人，否则没有资格称为“龙”，也就无所谓“潜龙”了。潜龙的过程，就是增强自身实力的过程，就是学习的过程，就是积累的过程。现代人读书的过程，就是“潜”的过程，就是成为“龙”的过程。“潜”是时间过程，“龙”是“潜”的结果，两者缺一不可。

一个人从出生到走上社会这个阶段，是一个人的生理生长、发育到完全成熟的阶段，从 0 岁到大约 20 岁左右。其实，随着科技的进步和社会的发展，这个时间不断推迟。20 世纪以前，一对男女，可能 16 岁就已经成家，承担抚养子女的责任；现在，社会和父辈为青年进入成人期在时间上提供合法延缓，它反映了社会的需求。这段时间都是属于一个人"潜"的阶段。潜的目的，是为了"见"；潜得越深入，"见"得越成功。

对于"潜"的时间问题，比如童星和中科大少年班现象，聪慧的小孩是不是"见"得越早越好？我们来分析一下中科大少年班第一届学生的成长轨迹。宁铂、谢彦波、干政、张亚勤和秦禄昌都是中国科技大学第一届少年班的学生，宁铂 13 岁进入少年班，谢彦波(被戏称为"未来的诺贝尔奖得主")11 岁进入少年班，干政 12 岁进入少年班，张亚勤 12 岁进入少年班，秦禄昌 15 岁进入少年班。人际关系、心理健康教育这一课，整个班级的孩子都落下了，少年班班主任汪惠迪老师说："他们在上学时没能养成好的心态，没有平常心，这种缺陷不是一时的，而是终生的"。秦禄昌说，"一旦过了那个年龄，这一课就永远补不上了。"一些当年的少年班成员承认，他们至今仍缺少人际关系方面的能力。宁铂曾三次报考研究生都没有参加考试；曾三次报考托福，均未过关；2003 年宁铂五台山出家。谢彦波提前一年大学毕业，15 岁在中科院理论物理研究所跟随于渌院士读硕士，18 岁又跟随中科院副院长周光召院士读博士，但他没能处理好和导师的关系，博士拿不下来；于是转而去美国读博士，师从诺贝尔物理学奖得主菲利普・安德森教授，但他依然无法处理好和导师的关系，只能铩羽而归。最终，在持续不断的烦恼中，才过上了普通人的生活。干政与谢彦波有着同样的经历：都是在普林斯顿，都是学理论物理，都是与导师关系紧张，最后，干政把自己封闭在与母亲共同居住的屋子里。张亚勤，由于当时在少年班籍籍无名，"潜"得相对比较久一点，而能够最后走向世界并功成名就；秦禄昌当时也是不受瞩目，如今则在美国北卡大学物理系和材料系担任教授，因其国际领先的研究成果而被称为"纳米博士"。

中科大少年班的例子已经充分说明了潜龙勿用的道理：从时来说，他们处于初九，但是社会给他们的位阶已经是九二甚至是九三，德不配位的结果是他们的心理没有正常成长，最后导致拔苗助长。

现代社会还有另外一个极端：有些年轻人愿意一直“潜”着，而不愿意努力成为一条“龙”，最终沦为“啃老族”。这是对乾卦的的精神没有领会，不懂得自强不息的道理。

乾卦第二爻，九二：见龙在田，利见大人。这个阶段大约20～30岁，成家立业阶段。按照西方心理学，这阶段的主要任务是解决亲密感对孤独感的问题，也就是解决婚姻关系问题：如果一个人在青少年阶段很好地解决了同一性问题，那么，婚姻关系的建立就是顺理成章的事情。

一个人经过初九阶段的“潜”心苦练，个人的能力、学识、修养都达到了一定的程度，成为有本事的“龙”，从而走向社会，成家立业。见龙在田，一个人向社会全方位地展示自己，处理工作上的事情和家庭的关系，这是相当艰难的事情，即孔子说的三十而立。因为一个人立起来了，所以有机会得到“大人”的赏识，占有更高的位置，担当更大的社会责任。

那么，是不是说一个人有机会得到上级的赏识，得到更高的位置，就一定能担当这个位置的社会责任呢？是不是一个人有机会成家了，就一定能把家庭经营好呢？其实是没有这么简单的。现代社会，因为“见”得比较成功而导致离婚现象的屡见不鲜，这就是很多人持家失败的表现；这让人想起一句话：修身、齐家、治国、平天下。修身是“潜”龙阶段的功课，唯有身修，才能家齐。《大学》之道，与易经是一脉相承的。

到了九二这个阶段，人生的位阶高了一层，社会责任大了很多，对身心的要求多了很多。首先是持家。对现代男女，都是高度困难的事情，需要用心经营。家是一个人的心灵港湾，家庭与事业是相互影响的：家庭幸福，有助于事业成功；家庭不幸福，会阻碍事业的发展。中国一句古话：家和万事兴，说明了家庭与事业的关系，现代社会很多离婚人士对这句话的理解是不深刻的，虽然熟知这句话，依然不能得其精髓。其次是事业，现代人的不安全感直线上升，因此对事业的重视程度超过家庭，这也是离婚率持续走高的重要原因之一。

其次是立业。事业是为家庭服务的，人生最重要的是生活，而生活的家园是家庭，但现代人把家庭与事业的关系弄反了。毋庸置疑，没有事业，影响家庭幸福；但没有事业，依然可以拥有幸福的家庭和幸福的人生，这是很多人忽视的事实。

再次是立心。心是什么？这真是西方文化难以解释清楚的事情，心既不是"heart"，也不是"mind"，更不是"soul"。形而下之心，就是心脏即"heart"，但是在中国传统文化中，心的含义比西方"heart"的含义更深刻，中医认为心主血脉和心藏神，心主血脉包括心主血和心主脉两个方面；心藏神，又称主神明或主神志，是指心有统帅全身脏腑、经络、形体、官窍的生理活动和主司精神、意识、思维、情志等心理活动的功能。故《素问·灵兰秘典论》说："心者，君主之官也，神明出焉。"这比西方"heart"的含义深刻。

而形而上之心，就不是一句话能说清楚的了。在道德经中，道就是心；在儒家看来，没有"心"，一个人甚至不能被叫做一个真正的人："欲齐其家者，先修其身；欲修其身者，先正其心；欲正其心者，先诚其意。"说实话，"心"很容易腐化堕落，即不正，所以，儒家要求人们修身的前提是正心。本文立心的含义，也就是正心。

乾卦第三爻，九三：君子终日乾乾，夕惕若厉，无咎。这个阶段大约30～40岁，正是人到中年负重前行的阶段，家庭的重任（上有老，下有小）、事业的负荷都是很重的，同时，心理的负荷和挑战也是很大的，正所谓"中年危机"。乾卦第三爻告诉我们：一个人努力、自强不息，取得一点成绩之后，会面临各种各样的嫉妒、打击，这时候必须日日小心，夜夜警惕，方能保证没有后遗症，这是人必须要有的忧患意识。如果每个人知道人性本如此，人生本艰辛，社会就是复杂，家长对子女的教育，从小多一些自然，少一些保护；对生活的认识，多一些现实，少一些幻想；那么，到了中年，来到九三爻，保持应有的忧患意识，是可以顺利度过中年危机的。

一个人走到第三爻，就走完了下卦，来到第四爻，九四：或跃在渊，无咎。这个阶段大约40～50岁，正是一个人的人生高原阶段，人生的经验和智力处于最好的状态，但体力开始走下坡路了。这时候，一个人有机会可以往上跃，也可以选择不跃，这是一种人生的自由。要不要跃？选择权在于每个人自己。在现代社会的物质崇拜中，人们对物质的追求没有"度"，很多人疯狂而盲目追求成功，追求物质，只要有机会往上走，是不会选择放弃的，殊不知，走到更高一层面，对自己的要求就更严格。

乾卦第五爻，九五：飞龙在天，利见大人。这个阶段大约50～60岁，是每个人职业生涯的顶峰，飞龙在天，是每一个人的人生理想。但很多人不知道高处不胜寒,爬得越高,摔得越重。现实生活中,这类人的内心需要承受比常人多得多的压力,痛苦、苦闷、无助、无奈的感觉比常人反而要高很多,此时,要求人的气量要大,格局要大,容得下每个人,这里的每个人都是“大人”;水能载舟也能覆舟的道理就在这里:一个人飞龙在天,高高在上,若脱离群众,必然如乾卦上九的命运:亢龙有悔。

乾卦第六爻,上九:亢龙有悔。这个阶段大约60岁以后,是一个人职业生涯后阶段。如果一个人此时还仗着自己经验丰富,到处指手画脚;或者站在台上讲话,不愿意下来,都是人生的丑态,都是不懂得亢龙有悔的道理,也是乾卦没有学会的表现。

因为易经每一卦的每一爻,不仅可以表示时,也可以表示位,所以,乾卦六爻的境界,不是每个人都可能经历、体验的。有的人,终其一生的努力,可能只走完乾卦的下卦;有的人,充其量也只能走到九二,就停滞不前了。如登山,能登上顶峰的毕竟少数,有人的体能只能登到半山腰,这也没有什么不好,每个人都有自己的份,守份就是定位;而人生最重要的就是定位。每个人都希望能够登到人生的顶峰,但人生阶段无法超越,没有人能够直接飞龙在天的。

4 卦易心理咨询模式之乾卦运用:人生定位很重要,刚柔并济更利于成长和进步

卦易心理咨询的技术有象、数、理和占。数和占结合,就是现代科学的推理;而占的作用就是定位。占得一卦,有卦象,就如把一个人面临的处境全部表现出来,犹如挂在人的眼前,因此,称为“卦”。卦者,挂也。占卦的过程,就是了解人生定位的过程,了解自己所处位置的过程。

而孔子的一句名言:不占而已矣。就是说,一个人明白了易理,明白了自己所处的位置,根本不需要借助占卜,就能明白所有的人生道理,就能够趋吉避凶。卦易心理咨询也是这样,不一定需要通过占卜,通过来访者的叙述,了解来访者的问题,就可以帮助来访者成长。

一个卦,纵向看,可以表达一个人一生的成长经历;横向看,可以表达某一时段

所面临的局面。乾卦六爻皆阳，而阳爻代表一种能量，阴爻代表物质，物质和能量不断互换，事物才能成长。

纵向来看乾卦，相当于一个人的一生，充满了能量，不断地向上发展，充满了自强不息的精神；但就某一个时期横向来看，比如，九二，阳爻据阴位，是不当位的，并且九五是阳爻，两者也是不相应的。这种情况，相当于一个二三十岁的年轻人做了基层的领导，但由于人生的阅历或个性等原因，与上层的领导不能很好地配合，工作的开展也不是很顺畅，这是很辛苦的事情，只能靠自己艰苦地奋斗，才可能有出头之日。好在九二居中，比较贞正，因此才可以走出这种困境。在人际关系中，也有这样的情况：一个人太过于阳刚，总是难以与他人合作，导致矛盾和冲突不断；如果能刚柔并济，人际关系就会和顺很多。

乾卦六爻皆阳，二、四、六爻都是阳爻居阴位，是不当位的，如果处于这样的境况，能够明了情景合理应对，表现更加谦逊和柔顺，就能迈向圆满既济的局面；对个人来说，可以更好地进步和成长。

参考文献

[1] 南怀瑾，徐芹庭. 周易今注今译[M]. 重庆：重庆出版社，2011：407 - 409.

[2] 南怀瑾. 南怀瑾选集(第三卷)[M]. 上海：复旦大学出版社，2009.

[3] 张翠芳. 卦易心理咨询——基于中国传统文化的心理咨询模式[J]. 哲学社会科学论坛，2014(9)：173.

[4] [美]罗・马里诺夫. 哲学是一剂良药[M]. 黄亮，译. 北京：新华出版社，2010：1 - 10.

[5] 曾仕强. 易经的智慧 1[M]. 陕西：陕西师范大学出版社，2010：78.

[6] 猛猫. "神童"到中年——78 界中科大特殊的一届少年班. http://www.guokr.com/post/431358/2013 - 01 - 14

[7] 钱婷婷. 黄帝内经素问[M]. 江苏：江苏科学技术出版社，2013：67.

电影心理疗法的应用*

程　蕾（上海出版印刷高等专科学校，上海，200093）

摘　要　电影心理疗法作为一种较为新颖的心理治疗的有效补充手段，已被证明具有一定的作用。电影心理疗法可以采用单独或团体治疗的手段，让来访者在观看电影的同时，思考自己所面临的问题，从而引发相应的。改变采用这种方法不仅可以使问题外化让来访者直面自己的问题，减少阻抗，更快更好地与咨询师建立良好的关系，而且能让来访者学习到可以直接在现实生活中应用的技能。因此，电影心理疗法是值得推广应用的。

关键词　电影心理疗法；隐喻；问题外化

电影作为当代七大艺术门类之一，从20世纪20年代以来即成为媒体文化的重要组成部分。闵斯特伯格曾认为电影只能成为大众娱乐的方式（米特里，2012），但现在越来越多的电影选择了相对严肃的主题，或就某种特定现象进行阐释，使得电影不仅只是娱乐的手段，也起到了普及知识、教育大众的作用。

使用商业电影进行心理课程要追溯到早年一份杂志上对这个话题的探讨（Fritz 和 Pope，1979），然后迅速的大家对这个话题感兴趣起来并开始进行实际尝试（Berg-Cross，Jennings 和 Baruch，1990）。自此，电影和电影片段进入课堂，作为辅助性教学手段对各种心理问题进行阐释（Wolz，2004）。例如，在讲到《家庭心理疗法》中家庭和心理问题的产生这一章节时，《黑天鹅》、《钢琴教师》、《被嫌弃的松子的一生》等优秀影片都可以让学生深刻感受到母女、父女之间不良的关系对个体

* 作者简介：程蕾，上海出版印刷高等专科学校，Email：romennia@sina. com

心理健康的影响。另外，很多电影对心理学中的某些病症进行了详细的解读，从而让人们从中了解有关心理健康和心理疾病的知识，如《地球上的小星星》中的读写障碍；《雨人》、《自闭历程》中的自闭症；《美丽心灵》《黑天鹅》中的精神分裂症，《三面夏娃》《捉迷藏》《致命 ID》中的多重人格障碍等，这些电影无疑增加了人们对这些病症的了解。如今，电影不仅可以用来教育咨询者，也可以传授多方面的知识。通过图像、音乐、对话、灯光和特效，电影让观众在情感上、心理上以及认知上都产生了强烈的反应、深刻的印象，比单纯的教学能起到更好的效果。

在传授心理知识的基础上，电影也日趋成为治疗心理问题的一种手段。电影疗法是一种既可用于个体，也可用于群体的现代心理咨询技术，是指采用电影来支持个体的教育和发展过程、个人成熟和人际完善的方法。这是一种有着良好发展前景的方法，可以作为教育和个人发展的替代，也可以提升教育和治疗过程的吸引力，同时能增强个人以及人际发展的深度(Dumitrache, 2011, 2013)。在实际咨询中，如果咨询师直接对来访者指出他们自身的问题，很容易引起阻抗并影响良好咨访关系的建立。而借助电影中的角色引导来访者对自身问题的思考，则可能更快更好的建立起关系，为深入的治疗打下良好的基础。另外，电影疗法让来访者就一特殊事件进行思考和讨论，通过让来访者看其他人如何面对类似问题和情境，他们是否会产生同样的情感体验。此外，也可以让他们学习选择不同的态度和行为。电影中的角色可以示范如何成长、重塑问题以及成熟应对。这些方法，来访者都可以在自己的生活中采用。而且相对于阅读疗法，电影疗法对来访者的教育背景和文化水平要求不高。电影疗法所具有的良好的视听效果，对人们有着更强烈、更直接的影响，这也是其他疗法所不能比拟的。相较于其他作业，使用电影作为治疗后的家庭作业也是来访者更乐于接受和配合的，这也是其日渐流行的一个原因(Kazantzis 和 L'Abate, 2007)。

1 电影疗法的具体应用

根据不同的情况，电影疗法有着不同的使用方法和效果。概括来说，电影疗法存在以下 3 种方式：①爆米花式电影疗法，即观看一部具喜剧效果的电影，让观者放松紧绷的神经，这对负面情绪的调节起到一定的作用。有研究表明，此类电影疗法在经常体验高度紧张和焦虑的个体中能起到很好的降低焦虑的作用；②倾泻式电影疗法，常作为电影心理疗法的第一阶段，目的是让观者直接体验到不同的情绪水平；如对于一个处在抑郁情绪中的人，合适的电影可以让他们哭泣并了解到自己的抑郁程度；③启发式电影疗法，选取的电影能帮助观者更深入地了解自己，思考自己在不同的境况和遇到不同的人时会如何应对。一般的治疗程序为，治疗者询问个体的生活现状并对于他们所处的人生境况有所了解，然后推荐相关电影，由此可以让来访者熟悉他们所面临的情绪问题，这些问题在他们自己身上难以被发现，但在电影中的角色身上则很容易觉察（Wolz，2004；Mann，2004）。让来访者看一个与其本身生活事件有着某种类似的故事，来访者可能可以更好更客观地看待、学习和应对自身问题。电影通过在安全距离、采用不那么威胁的方式来为来访者的改变提供可能。因此，来访者能更容易地面对问题，并产生替代性想法和行为。如个体在探索自我的过程中，或者情侣在深化感情和建立长期关系方面都可能面临诸多问题，比如他们可能会选择不合适的伴侣、建立不健康的相处模式、不能就个人或个体间问题的解决进行有效沟通等等。这类问题在咨询、治疗、训练中经常出现，同样的，这些问题在电影中也经常得到呈现，电影的角色和场景呈现出隐喻或原型，这可以引起个体的反思和讨论，因此，治疗者是采用电影使问题外化，以此来让来访者在安全距离面对自身问题。

咨询师利用电影进行咨询和训练主要有3个步骤：评估（来访者和治疗目标），实施（布置电影作业），澄清（在接下来的环节中探讨电影的影响）（Caron，2005）。看电影被形容为一种分离状态，在这种状态中，现实暂时被搁置，观众感觉似乎他们自己就置身于电影中，被影片中的角色所环绕（米特里，2012）。通过角色认同，来访者将自我代入其中。电影使得来访者不仅能够体验，同时还保持体验之外的视角，通过这种方法，来访者可以更好地理解自身生活，提供发泄渠道，并学习纠正性想法和情感。而通过与咨询师讨论电影，来访者可以在咨询师的帮助下重构事件、发现问题的替代解决方法。这就是电影心理疗法的精髓所在，采用体验电影的情节和角色来帮助来访者改变消极信念、控制破坏性情绪、提升内省力，发展自尊和重新寻找到力量（Dermer 和 Hutchings，2000）。

Ulus(2003)从社会学习理论的角度来分析电影疗法，他认为观看电影中角色的行为可以为观众提供各种学习，使得观众可以模仿。由此，观众的加工过程有三步：投射、认同和内化。在投射阶段，影片中的事件或角色诱发了来访者的想法、情感和信念。在认同阶段，观众接受或反对角色与自身相关的部分，在不完全觉察的情况下感知与角色的相似之处。在内化阶段，来访者尝试在自己的现实世界中采用从电影中学习到的这个经验。治疗师在其中的主要作用在于帮助来访者顺利度过这些阶段，帮助降低或减少痛苦情绪（抑郁、焦虑或愤怒），或者吸收过程中产生的积极情绪（自信、自尊、心理赋权等）。

电影情节不一定完全和来访者的生活相契合，但可以作为重要方面的隐喻。隐喻在心理治疗中已经应用了很久。如果来访者通过拒绝阻抗信息和诠释，隐喻将是一个很有价值的不那么直接的沟通方式，来访者更容易接受，并能够进行开放的讨论。

另外，让来访者在看电影的时候记笔记是很有帮助的，这可以让他们加深印象，在训练或咨询阶段能更好地回忆。对于看电影的建议还有：保持舒适，注意身体反应和呼吸，缓解紧张，无先入想法和观点时体验个人反应。观赏结束后，要问自己一些问题，如“我再看电影时呼吸改变了吗”、“我喜欢什么，又不喜欢什么”、“我认同哪个角色”、“哪些场景看起来很吸引人或者让人沮丧”。

一个作为电影疗法变式的技术是要求来访者写下关于自己的电影剧本并导演自己的电影(Kuriansky, 2003)，来访者可以将他们自己的生活看成电影脚本，他们作为制片人、导演、决定剧情的剧作者，可以选择所有的演员。这样的练习可以让来访者感觉到有力量，就是说，他们可以主宰自己的关系和生活方向。布置这项任务后，可以问他们：“你的电影是喜剧还是悲剧”、“你喜欢自己的角色吗”、“你一直扮演的角色是什么”、“你电影的结局是怎样的”？制作关于自己的电影本身就有着相当的疗效，也可以让治疗师更清楚的看到来访者生命中的冲突并从他们角度来看待这个世界。

2 电影疗法的使用范围及注意事项

电影疗法可以用于个人、情侣，甚至是团体。一个团体电影治疗范式为成员8～12人，一周观看90分钟的电影，共计12周，团体成员对所看影片的角色、情节和隐喻进行讨论，并应用到真实生活中，电影的团体疗法在降低青少年的焦虑以及提升自尊等方面有着良好效果(Michael，Rebecca和Sang，2006；Sorina，2014)。电影团体疗法的效果在不同的领域都存在作用：与自我的关系，与本我的关系，在伴侣—家庭关系，或者在群体关系中，或者在社会—职业关系中。

电影可以是来访者、夫妻自己选择的，也可以是治疗师认可的。因为电影的选择和应用是要为来访者提供更多的自我理解、内省或功能，治疗师必须对其问题和处境进行全面的评估以使得选择更契合于来访者的处境、问题、需求和目标。也就是说，所选择的电影应与来访者的核心事件有关，并对治疗进程有帮助，其他主要考量的因素包括来访者的背景和文化程度以及其对于电影的兴趣。

3 电影疗法的疗效

心理学家在治疗中使用电影疗法非常普遍。一项对827名有执照的临床心理学家的采访发现，67%的人报告他们使用电影来提高治疗效果，特别是与咨询和心理治疗相结合的时候，确实能够对个体生活的健康起到促进作用。在对电影作为治疗手段效果的研究中，让心理治疗师根据自己的经验评估他们在治疗中采用电影进行治疗的效果，结果76%的人认为有作用，12%的人认为非常有用，11%认为效果不明显，只有1%的人认为可能有潜在危害(没有人认为非常有害)(Lampropouls，Kazantizis和Dean，2004)。

4 电影心理疗法在我国的应用前景

目前电影心理疗法我国还没有系统的应用和研究。在我国开展这项研究有着重要的现实意义：①现代资讯发达，获取电影资源的渠道广泛，使得电影日益成为大众日常娱乐的重要手段，且电影的主题大多来源于生活，与现代生活契合度高，人们易于从中吸取相应知识；②目前国内所进行的电影心理疗法较少，而采用国外的研究成果和方法存在一定问题。如由于文化背景的差异，国外影片常常不能很好地反映出我国观众所面临的问题及由此产生的应对方法及情绪体验，因此有必要对国内经典影片进行梳理，选择符合我国国情的且适合用于治疗的影片。

电影疗法的使用是对传统疗法的有用和便宜的补充，其目的多样：教育、鼓舞、帮助个体和情侣意识并应对个人和人际间问题。治疗师、咨询者和教练可以采用电影来引发敏感事件的讨论，并给与来访者以及他们的伴侣一个隐秘的面对事件的机会（在家观赏），进而与专家来讨论经验。尽管很多实践者报告在家庭作业中布置电影作业对来访者是有作用的，但关于这项技术的效用的研究较少。

总体来说，使用电影作为心理治疗的辅助手段尚在襁褓之中，新的理论、技术、质性研究、量化研究都需要进行。

参考文献

[1] 米特里. 电影美学与心理学[M]. 崔君衍，译. 南京：江苏文艺出版社，2012.

[2] Fritz G, Pope RO. The role of cinema seminar in psychiatric education [J]. American Journal of Psychiatry, 1979,136:207 - 210.

[3] Berg-Cross L, Jennings P, Baruch R. Cinematherapy: Theory and application [J]. *Psychotherapy in Private Practice*, 1990(8):135 - 156.

[4] Wolz B. The cinema therapy workbook: A self-help guide to using movies for healing and growth [M]. Cayon, CA: Glenbridge Publishing Ltd, 2004.

[5] Dumitrache SD.. Cinema-therapy-The sequences of a personal development group based on movies. The unifying experiential psychotherapy behind the scenes-case studies and applicative research [M]. Bucharest: SPER Publishing House, 2013: 71 - 83.

[6] Dumitrache SD. New directions in cinema-education and cinema-therapy. Experiential and unifying cinema-therapy. Cinema centred group of personal development [J].

Journal of Experiential Psychotherapy, 2011,15(3):32－36.

[7] Lampropouls GK, Kazantizis N, Dean FP. Psychologists' Use of Motion Pictures in Clinical Practice [J]. Professional Psychology: Research and Practice, 2004,35(5): 535－541.

[8] Mann D. Cinematherapy movies for mental health: Films that may help change the way we think and feel, 2004.

[9] Dermer SB, Hutchings JB. Utilizing movies in family therapy [J]. The American Journal of Family Therapy, 2000,28:163－180.

[10] Caron JJ. DSM at the movies: Use of media in clinical and educational settings, 2005.

[11] Ulus F. Movie therapy, moving therapy! The healing power of film clips in therapy settings [M]. Victoria, British Columbia, Canada: Trafford Publishing, 2003.

[12] Kazantzis N, L'Abate L. Handbook of homework assignments in psychotherapy [M]. New York: Springer, 2007.

[13] Kuriansky J. The complete idiot's guide to dating (3rd ed) [M]. Indianapolis: Alpha Books, 2003.

[14] Michael LP, Rebecca AN, Sang ML. Group cinematherapy: Using metaphor to enhance adolescent self-esteem [J]. The Arts in Psychotherapy, 2006,33:247－253.

[15] Sorina DD. The effects of a ciname-therapy group on diminishing anxiety in young people [J]. Procedia-Social and Behavioral Sciences, 2014,127:717－721.

心理咨询的副作用:定义、评估与应对策略*

吴 冉[1] 王广海[2] 张 梅[1] 徐光兴[3](1. 上海健康医学院,上海,201318,
2. 上海交通大学医学院附属上海儿童医学中心发育行为儿科,
转化医学研究所发育行为研究室,上海,200127;
3. 华东师范大学心理与认知科学学院,上海,200062)

摘 要 本文阐述心理咨询副作用的定义、分类、评估方式,以及如何利用副作用的分类与评估来引导心理咨询的过程,并从心理咨询理论与技术、咨询师、来访者三个角度阐述预防与避免副作用的方法。同时,研究以问卷的形式调查106名心理咨询师对心理咨询副作用的关注及理解情况,发现国内心理咨询师对心理咨询副作用的重视程度较低,在副作用的概念、造成原因、评估实践等方面存在误解,在咨询中忽视对心理咨询副作用的评估和应对。本文对心理咨询副作用的标准化研究与应用提出了建议。

关键词 心理咨询;副作用;评估与应对

1 引言

目前,很多研究者致力于考察各种心理咨询方法的有效性,但往往忽视了心理咨询的潜在副作用(side effect)。这与多方面的因素有关。一方面,心理咨询的消极影响不同于药物的副作用,它不能得到及时而症状明显的反馈,难以定义、分类和测量,增加了实证研究的难度;另一方面,一些研究者认为心理咨询几乎不具有危险性和消极影响,不需要对副作用过多关注,也有研究者认为心理咨询的副作用

---

* 作者简介:徐光兴,华东师范大学心理与认知科学学院教授,Email: gxxu@psy. ecnu. edu. cn
上海市高校学生心理健康教育与咨询示范中心课题:SFZX2014 - 04;上海高校心理咨询协会课题:Gxx - 2015 - 12 资助

常来源于不符合伦理道德的操作流程，咨询师为了自我保护会无意识中忽略咨询中的副作用。

20 世纪五六十年代，研究者发现在相同情况下，心理咨询来访者和未接受咨询的个体在一段时间后的改善情况并没有显著差异，这一观点引起了很大争议，有研究者提出这一结果可能与咨询持续时间和对照组设置等因素有关，但也有研究者认为心理咨询可能使来访者得到成长，也可能使其感觉更糟。而心理咨询带来的不同方向的结果，使得两组个体差异不显著。随后，越来越多研究者开始关注心理咨询的副作用，并得到惊人发现，3%～15%的来访者会受到心理咨询的消极影响，10%的来访者在心理咨询后可能比咨询前感觉更糟。

尽管心理咨询通常有助于解决来访者的心理困惑，提高心理健康水平，促进人格完善。但是，心理咨询的过程难免会对来访者产生暂时或持久的消极影响。例如，在心理咨询的最初阶段，有物质滥用史的来访者可能因回忆过往而经历强烈的负面情绪，暂时诱发或加重物质滥用的症状。尽管来访者通常可以从心理咨询中受益，但情绪、行为、人际关系等改变可能使其产生适应性的心理负担，同时这些改变可能打破家庭系统的原有平衡状态，诱发家庭或家庭成员的其他症状等。因此，不断改进心理咨询的技术和方法，不仅以提高心理咨询的效果为目的，降低和避免咨询过程对来访者的副作用同样重要。此外，评估心理咨询的副作用，了解副作用产生的缘由，并加以干预，对咨询师的个人成长和心理咨询的发展也极其重要。

本研究将梳理心理咨询副作用这一概念的形成和发展过程，阐述心理咨询副作用的分类、表现和评估方法，提出应对或避免心理咨询副作用的建议和策略。同时通过问卷调查，了解国内心理咨询从业者对心理咨询副作用的关注度和理解程度，为促进心理咨询实践的健康发展提供参考。

2 心理咨询副作用的定义与评估

2.1 心理咨询副作用的定义

为了解心理咨询的副作用，首先要澄清副作用的定义。模糊的定义不利于心理咨询副作用的评估、测量，可能使未受过相关训练的咨询师和研究者混淆心理咨询的副作用、消极影响、咨询的误操作等概念。

以往对心理咨询的副作用并没有明确、一致的定义。国内研究者借助《辞海》对药物治疗副作用的定义，将心理咨询副作用定义为“心理咨询的主要作用之外的作用，多指不良反应。”Ghraiba 区分了消极作用和副作用的概念，认为副作用是不易消失的，即使它不是永久性的，也是一种慢性、持久的作用。

Linden 借助药物治疗的副作用的定义方式，对心理咨询副作用的模型定义进行了探讨，他认为要定义心理咨询的副作用，很重要的一点就是明确“副作用”与“意外事件（unwanted event，UE）”、“误操作造成的反应（Malpractice reaction，MPR）”等其他相关概念区别。

UE 也可以叫做“咨询突发反应”，它是指与咨询同时发生的与来访者有关的事件，之所以“不希望发生”，是因为它本身并非积极的事件，可能对咨询过程带来负面影响。UE 可能与咨询过程有关，也可能无关。

一方面，当 UE 与咨询过程无关时，很可能直接对咨询过程带来负面影响，例如来访者在家中看到某人投诉一位陌生心理咨询师的新闻，可能引起来访者对咨询师或咨询过程的偏见，从而影响心理咨询的效果，但这种与咨询过程无关的 UE 不是咨询的副作用。

另一方面，UE 也可能是由咨询过程引起的，可以分两种情况来看。

第一种情况，在心理咨询中，很可能由于咨询师的个人原因或者操作不当，使心理咨询无效或者对来访者造成伤害。这一结果虽然与心理咨询过程有关，但不是副作用，它可以称为“误操作造成的反应”，即 MPR。这种情况等同于临床医学中的医疗事故，如医生开错药导致病人出现腹泻的症状，腹泻并不能叫做治疗的副作用，而是医生的过失行为。

第二种情况，有时候我们有充分的理由相信，来访者没有得到改善或受到伤害是由于咨询过程造成的，并且不是咨询师操作失当的后果。例如来访者因为讲述回忆而痛哭，痛哭不是咨询的目标，它本身带有消极的属性，虽然从长远来看它可能是咨询过程中强有力的推动力，但是强烈的情绪唤醒可能对来访者造成一定的伤害，这种现象可以称为心理咨询的副作用，它是一种咨询的内在效应，甚至是不可避免的。

因此,我们将心理咨询的副作用定义为:与心理咨询过程有关的,由适当的心理咨询过程造成的对来访者的负面突发反应。它与因咨询师操作不当或行为失范等对来访者造成伤害的情况截然不同。如果咨询中,有一种方法可以避免对来访者造成伤害,那么使用会造成伤害的方法就被认为是不合适的。同时,副作用过于强烈且对来访者造成严重伤害也是触犯禁忌的。这些情况下产生的副作用可以归结为 MPR。

Linden 列举了一个典型案例:一位 55 岁的来访者抱怨头疼、失眠、工作压力太大,因此求助于心理咨询。咨询师肯定了他的想法,致力于处理焦虑和压力,来访者也在咨询的过程中辞职了。一年后,该来访者诊断为多发性脑梗塞认知障碍,而这一年来访者只得到了心理咨询作为预防性治疗。这个案例中,咨询师没有排除来访者的身体疾病,在咨询效果评估中可能被认为操作不当。然而如何界定这一案例的结果要视情况而定,如果咨询师在评估来访者的过程中,并没有搜集到任何关于身体疾病的信息,则该咨询过程并不能认为完全不适当,毕竟没有咨询师会对来访者进行脑部生理检查。但是来访者认为自己的症状是心理压力引起的,因此选择了心理咨询而不是去医院查体,则这种情况便是心理咨询的副作用。

需要说明的是,由于心理咨询的副作用具有消极的性质,且难以避免,咨询师有义务告知来访者心理咨询存在的风险,保护来访者的知情同意权。

2.2 心理咨询副作用的分类与评估

对心理咨询副作用的觉察和判断非常困难,需要掌握心理咨询过程、咨询师操作细节和来访者情况等全面的信息,对心理咨询副作用的分类与评估则更加困难。但标准化的副作用分类和评估方式,有助于咨询师觉察咨询过程中的副作用,并尽量避免对来访者的伤害,提高心理咨询的效果。

以往对心理咨询副作用分类的探讨主要从副作用的来源、引起副作用的原因等方面入手。Ghraiba 列举了 7 类心理咨询的副作用,分别是:对咨询师的过度依赖,心理咨询引起来访者出现错误记忆,症状加剧和功能退化,治疗师对来访者灌输不恰当的观念,来访者获得肤浅的洞察力,出现新症状和功能失调的行为,人格解离障碍和医源性装病。这些都是心理咨询可能带来的消极后果,但若忽略了引起这些作用的过程,可能将副作用与 UE、MPR 等概念混淆。因此咨询师或研究者不仅要了解如何觉察和找到副作用,还必须对治疗过程进行密切而系统的监控。有时甚至需要咨询师接受专门的培训,并且使用标准化的方法来避免判断偏差。

针对这一问题,Linden 提出,研究心理咨询副作用分类和评估需要掌握四项内容:①心理咨询中发生事件的编码系统;②引起副作用的过程;③对心理咨询的恰当评价;④对副作用的严重性和结果的评价。这些内容对心理咨询过程—效果的评价提出了很高的要求,目前心理咨询的评价体系虽然在迅速发展,但其系统化、标准化程度还有待进一步提高,而国内相关研究较少,尚处于起步阶段。

Linden 提出了一个心理咨询副作用分类评价的核查表(见表 1),该核查表包括心理咨询中可能发生的意外事件、发生的背景、与咨询过程的关系、严重程度几个方面,咨询师通过填写表格,可以分辨咨询中发生的过程是否是副作用,了解副作用的原因、程度、影响等,从而引导咨询师开展后续咨询,并有助于不同研究中心理咨询副作用的评估和比较。

表 1　心理咨询副作用分类、评价核查表

意外事件的类别	是否出现	事件发展的背景	与咨询的关系	严重程度
1. 缺乏明确的治疗				
2. 治疗延长				
3. 来访者的非依从				
4. 出现新症状				
5. 症状恶化				
6. 来访者低幸福感				
7. 咨访关系僵化				
8. 咨访关系超好				
9. 家庭关系僵化				
10. 家庭关系变化				
11. 工作关系僵化				
12. 工作环境变化				
13. 来访者病假				

（续表）

意外事件的类别	是否出现	事件发展的背景	与咨询的关系	严重程度
14. 社会关系问题				
15. 来访者生活环境				
16. 来访者受到侮辱				

表格填写用词

事件发展的背景：	与咨询的关系：	严重性：
1. 诊断过程	1. 不相关	1. 很温和，没有后果
2. 理论起源	2. 可能不相关	2. 中等程度，带来痛苦
3. 治疗焦点的选择	3. 不确定	3. 严重，需要采取措施应对
4. 治疗过程	4. 可能相关	4. 非常严重，有持续的消极后果
5. 敏感化过程	5. 不相关	5. 极其严重，需要治疗或有生命威胁
6. 去抑制过程		
7. 治疗效果		
8. 咨访关系		

该核查表具有说明书的功能，但不具有量表的等级性，目前只能起引导作用，尚不具有标准化的评估功能。同时该核查表只提供了一部分可能发生的事件分类，而心理咨询实践中可能发生各种事件，需要在实践中不断补充来完善核查表。核查表在“与咨询过程的关系”一列列举了“可能有关或无关”的情况。与咨询过程无关的消极影响不属于咨询的副作用，但有一些事件可能无法断定是否与咨询过程有关，也就无法断定这种情况是否是副作用。判断是否是副作用并非根本目标，而评估过程的核心意义在于帮助咨询师或研究者增加对咨询过程的觉察和理解，从而起到引导作用，因此要允许存疑的情况存在。

3 副作用的应对策略

3.1 心理咨询理论与技术的发展

医学上，医生与患者都知道手术会对患者的身体造成一定的伤害，但不得已时，患者会选择接受手术。手术的伤害是医学技术本身附带的，而患者的选择是一种“付出——收益权衡”。同样,心理咨询的理论与技术本身的局限也会造成副作用,来访者选择回忆痛苦经历,选择改变习惯或者辞职、离婚等,来追求心理健康水平提高、生活幸福感提高、人格完善等更长远的收益。但这并不是说我们应该被动接受心理咨询可能存在的副作用,心理咨询由创始至今,不断经历发展变革,其意义不仅为了提高心理咨询的有效性,也旨在避免心理咨询对来访者造成副作用。

目前主流的、非主流的心理咨询技术、方法约有百余种,但没有哪种方法可以解释全部心理现象,解决一切心理困惑,现有的方法均有其局限性。例如精神分析疗法注重解释、耗费时间较长,它可能使来访者认为咨询师是全能、全知的,相比之下来访者看起来很弱小,长期的精神分析对来访者来说可能成为创伤经历。认知行为疗法过于理智、强调认知和技术,难以处理根本的问题。一些认知行为咨询师甚至指出,认知行为疗法对某些人来说可能是有害的,尤其对于具有强迫人格的来访者来说,它会增加来访者的内省与担心,从而加重抑郁、焦虑情绪。

心理咨询实践者和研究者均应看到单一理论的局限性,而各流派应当不断相互借鉴、达到融合,也在融合的过程中不断弥补理论的缺陷,减轻心理咨询的副作用。心理咨询理论技术本身带来的副作用,可以通过广泛学习、掌握不同理论与技术来避免。这就要求咨询师充分认识各理论、技术的优缺点,了解其适用人群和可能存在的副作用,减少因心理咨询理论、技术本身带来的副作用。

3.2 心理咨询师觉察与避免副作用

心理咨询师在咨询的过程中起到引导的作用,需要在了解来访者及其需求的基础上,选择合适的方法、技术,评估心理咨询对来访者的影响。这就要求咨询师明确心理咨询副作用的重要性,掌握心理咨询副作用的特征、表现以及觉察方法。

心理咨询师觉察、识别副作用是避免咨询过程对来访者造成消极影响的前提。咨询师在咨询过程中要有意而主动地评估可能对来访者的副作用,并对来访者承受副作用的能力进行预测。如果某种方法会对来访者造成副作用,咨询师有义务寻找可以替代且减少副作用的方法,当无法找到替代性的方法时,咨询师在副作用发生前、中、后期需要随时评估副作用对来访者的影响,并采取措施降低影响。

觉察与评估副作用对咨询师提出了很高的要求,要求咨询师能够把握心理咨询的过程，充分了解来访者，以标准化的方式评估心理咨询的效果，且不断克服自身的判断偏差。一些研究者强调对咨询师的特殊培训。通过训练咨询师觉察与识别副作用，评估副作用的发生以及如何避免或应对副作用，来减轻副作用。

3.3 来访者对副作用的觉知和应对

接受药物治疗的病人一般对药物的副作用很重视并有一定的了解，但心理咨询的来访者很少能意识到心理咨询具有副作用。就如谚语中讲“一切成长都伴随着痛苦。”在心理咨询领域，咨询师往往能够发现在来访者的情绪等症状改善之前，可能有一段时间变得更糟。但咨询师通常假定来访者也知道这一点，所以很少特意告知来访者。

来访者在不知情的情况下，如果经历负面情绪体验、生活习惯变化、人际关系变化等短时间内会来带消极影响的事件，很可能难以应对或对心理咨询失去信心。但如果咨询师可以告知来访者心理咨询可能存在的副作用，来访者可以提高对消极影响的掌控感和耐受性，有利于来访者应对暂时的副作用，追求长远的收益。同时，咨询师与来访者讨论副作用，提供支持和陪伴，并及时处理来访者受到的消极影响，也有利于来访者应对心理咨询的副作用。

4 心理咨询师对心理咨询副作用的理解问卷调查

4.1 研究方法

自编心理咨询副作用调查问卷，问卷共 14 道选择题，分为咨询师的个人信息和对心理咨询副作用的理解两部分。主要调查心理咨询师对副作用的定义、发生概率、诱发原因等的理解，以及咨询师在实践中对心理咨询副作用的关注情况。

4.2 研究对象

本研究发放问卷 120 份，排除无效问卷以及无心理咨询师国家二级及以上资格证书、且无心理学学位教育经历的问卷，共收集有效问卷 106 份。其中从事心理咨询工作 1 年及以下的被试为 17 人,1～5 年为 47 人,5 年至 10 年为 28 人,10 年以上为 14 人;80 人在学校从事心理咨询工作,26 人在公司、心理咨询工作室等机构从事心理咨询工作;其中 87 人接受过心理学专业的学位教育,19 人未接受过心理学学位教育。

4.3 研究结果

4.3.1 对心理咨询副作用定义和原因的认识

问卷设置六道选择题,提问被试以下描述是否是心理咨询副作用产生的原因,咨询师判断的正确率结果如表 2 所示。心理咨询的副作用指与心理咨询过程有关的,由适当的心理咨询过程造成的对来访者的负面突发反应。因此应排除强调由咨询师或来访者人为原因造成的或与咨询过程无关的事件造成的影响,题干中只有"心理咨询本身的内在效应"、"心理咨询理论、技术不完善"两项是副作用的原因。

调查发现,超过 75%的咨询师认可"心理咨询本身的内在效应"、"心理咨询理论、技术不完善"是心理咨询副作用的原因;明确"来访者不配合"和"来访者遭遇与心理咨询无关的意外事件"不是造成心理咨询副作用的原因的咨询师只有不足 50%;而约 90%的咨询师均认为"咨询师技术不过硬"和"咨询师的失误"也是造成副作用的原因,混淆了咨询误操作和副作用的概念。

总体来看,工作年限、从事咨询的机构、学历和是否接受过心理专业的学位教育等因素,对咨询师鉴别心理咨询副作用的原因没有提供帮助。各组被试正确率均在 40%～50%间,只有博士学历的咨询师正确率超过 50%,为 52.38%。

4.3.2 对心理咨询副作用的应用

本研究调查被试心理咨询师对心理咨询副作用的应用情况,包括心理咨询师对副作用发生概率的估计,心理咨询过程中评估副作用的频率,参与相关培训的情况等。

心理咨询师对副作用发生概率的估计调查结果发现,有 25.50%的被试心理咨询师认为药物治疗对患者造成副作用的概率不足 25%或无副作用,66.98%的被试认为心理咨询对来访者造成副作用概率不足 25%或无副作用;30.20%的被试认为

表 2 心理咨询师对副作用产生原因判断的正确率

	不同工作年限				从事咨询的机构		学历				心理专业的学位教育		总
	1 年以下 (N=17)	1—5 年 (N=47)	5—10 年 (N=28)	10 年以上 (N=14)	学校 (N=80)	其他机构 (N=26)	博士 (N=7)	硕士 (N=74)	本科 (N=74)	本科以下 (N=5)	是 (N=87)	否 (N=19)	总 (N=1)
咨询师技术不过硬	23.53%	6.38%	7.14%	21.43%	8.75%	19.23%	14.29%	10.81%	10.00%	20.00%	12.64%	5.26%	11.3
心理咨询本身的内在效应	76.47%	84.11%	75.00%	64.29%	80.00%	73.08%	71.43%	77.03%	85.00%	80.00%	79.31%	73.68%	78.3
咨询师的失误	23.53%	4.26%	3.57%	0.00%	6.25%	7.69%	14.29%	5.41%	5.00%	20.00%	6.90%	5.26%	6.6
心理咨询理论、技术不完善	70.59%	72.34%	75.00%	92.86%	77.50%	69.23%	85.71%	72.97%	80.00%	80.00%	72.41%	89.47%	75.4
来访者不配合	52.94%	44.68%	64.29%	28.57%	45.00%	61.54%	57.14%	52.70%	40.00%	20.00%	54.02%	26.32%	49.0
来访者遭遇与咨询无关的意外事件	41.18%	48.94%	53.57%	35.71%	45.00%	53.85%	71.43%	48.65%	35.00%	40.00%	48.28%	42.11%	47.1
总计	48.04%	43.62%	46.43%	40.48%	43.75%	47.44%	52.38%	44.59%	42.50%	43.33%	45.59%	40.35%	44.6

药物治疗对患者造成副作用的概率超过50%,而仅有5.66%的被试认为心理咨询对来访者造成副作用概率超过50%。对于来访者认为心理咨询是否有副作用的问题,被试心理咨询师进行了猜测估计。13.21%的咨询师估计,来访者不认为心理咨询具有副作用;71.70%的被试估计,来访者认为心理咨询的副作用不足25%。具体结果如表3所示。

表3 心理咨询师对副作用概率的估计情况

	无	25%以下	25—50%	50—75%	75%以上	100%
医学上的药物治疗对患者有副作用的概率	1.90%	23.60%	45.30%	11.30%	4.70%	13.20
心理咨询给来访者带来副作用的概率	8.49%	58.49%	27.36%	4.72%	0.00%	0.94%
来访者认为心理咨询可能有副作用的概率	13.21%	71.70%	12.26%	2.83%	0.00%	0.00%

研究调查了被试心理咨询师对评估副作用的必要性的认识,以及是否在实践中对副作用进行评估,结果发现:3.77%的咨询师认为从来没有必要评估副作用,而认为很多时候或者总是需要评估副作用的咨询师占36.79%。而在实践当中26.42%的咨询师从来不评估副作用,53.77%的咨询师很少评估咨询对来访者造成的副作用,较多或总是评估副作用的咨询师不足20%。具体结果如表4所示。

表4 心理咨询师对副作用的评估情况

	从来不	很少	较多	总是
心理咨询中是否需要评估对来访者造成的副作用	3.77%	59.43%	25.47%	11.32%
最近在心理咨询中是否有评估咨询对来访者造成的副作用	26.42%	53.77%	15.09%	4.72%

另外,参与调查的心理咨询师中仅有10.40%的咨询师参与过心理咨询副作用相关的培训,而81.10%的咨询师表示有必要参与相关培训。

4.3.3 讨论

从调查结果来看,目前国内心理咨询师对心理咨询副作用的重视程度较低,在心理咨询副作用的概念、造成原因、评估实践等方面存在误解。大部分心理咨询师可以理解心理咨询理论与技术的不完善会造成副作用，而这种副作用是心理咨询的内在效应，难以消除。但超过半数的咨询师混淆了误操作与副作用的概念，将咨询师技术不过关、操作不当等归结为副作用。也有超过半数的咨询师认为来访者发生与咨询过程无关的意外事件也是心理咨询的副作用，未能理解心理咨询与副作用发生的关系。另外，研究中工作年限、从事咨询的机构、学历和是否接受过心理专业的学位教育等因素，对咨询师鉴别心理咨询副作用的原因没有提供帮助，调查中仅有约10%的心理咨询师接受过心理咨询副作用相关的培训。我们可以猜测，心理学的学位教育和心理咨询师认证培训也相对缺乏对副作用的关注和指导。

对于心理咨询副作用造成原因的误解，间接体现出对心理咨询副作用概念的误解，这种误解必然影响心理咨询副作用的评估和应用。在接受调研的一百余名心理咨询师中，在心理咨询时会主动评估心理咨询副作用的咨询师不足20%，超过60%的心理咨询师认为不需要或很少需要评估心理咨询对来访者造成的副作用。

对心理咨询副作用的误解和忽略可能有很多原因。一方面在心理咨询师培训、培养的过程中，缺少相关内容的指导，使心理咨询师不了解心理咨询的副作用，难以评估、应对副作用。另一方面，很多心理咨询师认为心理咨询基本不具有副作用，不需要对相关问题进行探讨。国外研究者也提出，无论治疗师还是来访者，人们对药物治疗的副作用非常关注，却时常忽略心理咨询的副作用，但近年，国外研究者对心理治疗、心理咨询副作用的研究逐渐增加，ResearchGate 发起心理治疗和心理咨询副作用专题讨论，吸引了诸多有影响力的研究者和咨询师加入讨论，人们也提高了对副作用理论与应用的重视程度。但国内相关研究还较少。

5　研究展望

目前，心理咨询的副作用还没有得到足够的重视，对现有成果也缺乏应用经验和实证研究。Schachter 和 Joseph 提出，在咨询过程中，咨询师必须评估可能存在的副作用，并告知来访者[20]。重视心理咨询的副作用不但可以保护来访者避免伤害，也可以促进咨询师的成长和心理咨询理论与实践能力的提升。在未来，心理咨询领域可以通过学科教学、伦理规范制定、咨询师考核、继续教育与培训等方式，强化心理咨询师对副作用的重视程度和应用能力，更好地运用心理咨询副作用的相关知识。

值得注意的是，心理咨询副作用的标准化评估是开展上述工作的基础和关键。目前对心理咨询副作用的评估基本基于主观评价，Linden 提出的副作用核查表只能起到说明书式的引导作用，并非标准化的评估工具。因此需要通过更多实证研究，尝试对心理咨询的副作用的分类、表现、程度和影响进行标准化探索，开发标准化的评估工具，从而更加客观、准确地监控心理咨询过程。

参考文献

[1] Nutt DJ, Sharpe MS. Uncritical positive regard? Issues in the efficacy and safety of psychotherapy [J]. Journal of Psychopharmacology, 2008,22:3-6.

[2] Bergin AE. Some implications of psychotherapy for therapeutic practice [J]. Journal of Abnormal Psychology, 1966,71:235-246.

[3] Moos RH. Iatrogenic effects of psychosocial interventions for substance use disorders: Prevalence, predictors, prevention [J]. Addiction, 2005,*100*:595-604.

[4] Boisvert CM, Faust DF. Practicing psychologist's knowledge of general psychotherapy research findings [J]. Professional Psychologist Research and Practice, 2007, 37: 708-716.

[5] Jarrett C. When therapy causes harm [J]. Psychologist, 2007,21:10-12.

[6] Berk M, Parker G. The elephant on the couch: Side effects of psychotherapy [J]. The Australian and New Zealand Journal of Psychiatry, 2009,43:787-794.

[7] Lilienfeld SO. Psychological Treatments That Cause Harm [J]. Perspectives on Psychological Science, 2011,2(1):53-70.

[8] 吴和鸣，刘丹，方新. 心理治疗有无副作用[J]. 中国心理卫生杂志，2003，17(4)：213-214.

[9] Ghraiba N. Adverse effects and iatrogenesis in psychotherapy [J]. Arabpsynet E Journal, 2006,9:69-71.

[10] Linden M. How to define, find and classify side effects in psychotherapy: from unwanted events to adverse treatment reactions [J]. Clinical psychology &

psychotherapy, 2013,*20*(4):286 - 296.

[11] Finset A, Stensrud TL, Holt E, Verheul W, Bensing J. Electrodermal activity in response to empathic statements in clinical interviews with fibromyalgia patients [J]. Patient Education and Counseling, 2011,82:355 - 360.

[12] Lambert M. What we have learned from a decade of research aimed at improving psychotherapy outcome in routine care [J]. Psychotherapy Research, 2007,17:1 - 14.

[13] Vallano A, Pedrós C, AgustíA, Cereza G, Danés I, Aguilera C, Arnau JM. Educational sessions in pharmacovigilance: What do the doctors think [J]. BMC Research Notes, 2010,17:311.

[14] 江光荣,胡姝婧. 国内心理咨询的过程—效果研究状况及问题[J]. 心理科学进展, 2010,18(8):1277 - 1282.

[15] Bahri P, Tsintis P. Pharmacovigilance-related topics at the level of the International Conference on Harmonisation (ICH) [J]. Pharmacoepidemiology and Drug Safety, 2005,14:377 - 387.

[16] Wysowski DK, Swartz L. Adverse drug event surveillance and drug withdrawals in the United States, 1969 - 2002: The importance of reporting suspected reactions [J]. Archives of Internal Medicine, 2005,165:1363 - 1369.

[17] Castonguay LG, Boswell JF, Constantino MJ, Goldfried MR, Hill CE. Training Implications of Harmful Effects of Psychological Treatments [J]. American Psychologist, 2010,65(1):34 - 49.

[18] Levenson J C, Frank E, Cheng Y, Rucci P, Janney C A, Houck P, Forgione RN, Swartz HA, Cyranowski JM, Fagiolini A. Comparative outcomes among the problem areas of interpersonal psychotherapy for depression [J]. Depression and Anxiety, 2010,27(5):434 - 440.

[19] Linden M, Zehner A. The role of childhood sexual abuse (CSA) in adult behaviour therapy [J]. Behavioural and Cognitive Psychotherapy, 2007,*35*:447 - 455.

[20] Schachter HK, Joseph. On side effects, destructive processes, and negative outcomes in psychoanalytic therapies: why is it difficult for psychoanalysts to acknowledge and address treatment failures [J]. Contemporary Psychoanalysis, 2014,50(1):233 - 258.

绘画艺术疗法在心理咨询中的实践探索*

伍阿陆(上海公安高等专科学校,上海,200137)

摘　要　绘画艺术疗法是一种崭新的心理咨询与治疗技术。笔者在日常的团体心理辅导与个案心理咨询中坚持运用,已有四年。本文就一个典型的咨询个案进行分析与思考,并提出运用绘画艺术疗法的一些建设性的意见和建议。

关键词　绘画疗法;心理咨询;个案分析

1　心理咨询个案呈现与分析

在个案心理咨询中运用了绘画疗法,来访者把他的作品起名《乡村的中午》。

案例:乡村的中午

【基本资料】

萧晨(化名),男,24岁,20××级特警专业学员。

【咨询来历】

萧晨是20××年10月入校的第二专科特警专业学生,在校学习将近一年。在最近一次的警务技能对抗训练中用力过猛,造成同学王彬(化名)的右眼眼睑缝了两针。虽然王彬及其家长,还有警校的教师、同学们都认为,是训练用力不当,没有对萧晨提出任何批评,但是,萧晨的内心翻江倒海,甚至有些害怕,心里感到紧张与焦虑,还有些恐惧。

萧晨就是在事件发生两周后,主动寻求心理咨询。20××年笔者担任特警专

* 作者简介:伍阿陆,上海公安高等专科学校心理教研室副教授,Email: shanghaizhucl@163.com

业《警察心理训练》的教学工作，是萧晨的任课教师。

【咨询受理时间和地点】

2014年10月上海公安高等专科学校民警心理健康服务中心咨询室。

【咨询片段一】

A(咨询师)：咱们先画画，再聊聊，好吗？

B(萧晨)：好的。

A：这是你的纸和笔，今天我们要画一幅风景画，画得好不好不要紧，重要的是画你喜欢的，按照你内心的意愿把它画出来就好。它有一定的顺序，你按照我说的顺序画，然后再上色，最后要构成一幅风景画。好吗？

B：好的。小时候我学过几年画画。

(就这样开始了绘画，他一边按照我的要求画画，我们一边就画画的内容开始聊了起来。一般是咨询师提问，来访者回答问题，咨访双方就这样慢慢地开始交流，并打开话题。当画到动物时，萧晨画了一条蛇，还是盘旋着竖起头。)

绘画一：蛇

A：你属蛇吗？

B：不是。

A：你喜欢蛇吗？

B：小时候怕过蛇。外公说，你怕一样东西，是因为你不了解它，等你了解它时，也就不怕了。长大后，我看了很多有关蛇的资料，五步蛇、竹叶青这些毒蛇我都认识。我在楠溪江碰到一条毒蛇，导游把它处理了。

A：你是温州人？

B：我爸是温州的。小时候我们基本生活在绍兴，那里也有山，但不是很高，我喜欢和朋友一起登高山。

A：你喜欢登山？

B：是的，我很喜欢。我在××政法大学读书时，特别喜欢登山、旅游，后来参加旅游社团。有一次和朋友去西藏，爬到五千多米的高山，我感到特别的开心。楠溪江是我和学长带社团成员去旅游，我们在楠溪江上漂流时遇到一条毒蛇，导游很有经验，把它处理掉了。

小时候爸爸的一个朋友来我家玩，他很喜欢蛇，他很有气质，给我讲了很多蛇的故事，印象很深刻。后来我爸妈离婚了。

A：那是什么时候的事？

B：那是我七岁的时候……

（萧晨神色凝重，但是他还是鼓足勇气平静地叙述着）

A：还有印象吗？

（萧晨就此打开他的话匣，回忆起令他害怕吃惊甚至不敢面对的往事。因为父亲的移情别恋，母亲毅然选择离婚。母亲是中学英语教师，也很要强，一直一个人培养儿子至今。

尽管是七岁时候发生的家庭变故，但是那是一场对七岁孩子来说惊天动地的大事。从此，他的生活完全改变。从七岁到二十四岁，整整十七年，他再也没有见过爸爸，也没有任何关于爸爸的信息。妈妈绝口不提，也决不允许他提爸爸。

从那个时候起，妈妈就对他提出严格的要求。不能让人知道没有爸爸、不能与小朋友吵架闹事，作为家里小小的男子汉要承担责任。）

【绘画疗法分析】

原本是想运用绘画打开话题，以轻松愉快的状态进入咨询，但是大大出乎意料的是，从画面上一条小小的蛇，一口气聊了四十分钟，而且直接进入到问题的核心。这条小小的蛇在他的潜意识里，联系着、附着着很多信息，经过层层剥离，最后才发现是爸爸的朋友喜欢蛇，其实问题的核心是爸爸。从七岁开始，不知道什么原因，生活突然发生那么大变化，就与爸爸失联，也同时与父亲那一半所有的一切（包括爷爷、奶奶、姑姑、叔叔等等所有亲情）隔离。这对七岁孩子来说，无法理解，甚至感到很莫名，从而产生情绪、情感压抑。

大脑偏侧化理论认为，人脑左右两半球存在优势分工，左半球同抽象思维、象征性关系以及对细节的逻辑分析有关；右半球则是图像性的，与知觉和空间定位有关，具有音乐的、绘画的、综合的集合—空间鉴别能力，表明音乐、绘画、情绪等心理机能同属右半球掌控。因此，绘画艺术活动可以影响来访者的情绪，其绘画作品也就反映了他的情绪情感体验。

【咨询片段二】

A：在上小学、中学时有人欺负你吗？

B：有的。

A：那你怎么办？

B：后来我就偷偷地练双节棍，而且练得很好，很有力度。

A：你看上去很斯文，不像练武术的，真的有很大力气吗？

B：老师，我的力气实际上是很大的，我们区队（相当于普通高校的班级）没有人可以赢我。

A：真的？

B：是真的。

A：你好厉害！为什么要练双截棍，还瞒着妈妈？

B：我要保护自己，从小我生活在虹口提篮桥一带，有人会欺负我。

A：发生过什么事情吗？

B：上高中时，有一次，在放学回家的路上，有几个人拦着我，向我要钱，我先给了他五块钱，紧接着又说，“我书包里还有”，蹲下身子，迅速从书包里拿出双截棍，摔向他，当时就看到鲜血流出来，那几个人一见这种情形，全跑了。回到家，我非常害怕，也不知道会怎么样？更不敢告诉妈妈。担惊受怕了几天，什么事也没有，就这样过去了。

我想，我要学习法律，就这样我考了××政法大学。大学毕业后，我又选择当警察。这次在警务技能对抗训练中，我觉得王彬的动作很有攻击性，就出手还击，结果把他眼睑弄伤了。虽然家长、老师都没有责怪我，但是我很担心，以后会不会出事。

A：是这起事件让你感到很紧张、很焦虑，是吗？

B：是的。

（咨询师把萧晨家庭的变故，母亲的严厉要求，以及他人的欺负，乃至他本人对大学专业的选择、对职业的选择，做一个全面的梳理，让他明白这是一个关联网，相互之间都是有联系有影响的。警务技能对抗训练中出现的情景与中学时代发生的事件，有一些相似性，从而引发了情绪困扰。因为童年期的经历以及青少年时期遇到的很多事件，不敢与人交流，一个人独自承受着，导致很多不良情绪被压抑着，这一起意外事件触发萧晨回想起种种往事，引发了一连串的内心不安，无法自拔。咨询师对这些一并作了梳理与分析，期望对萧晨的成长、发展能有指导与帮助）

【咨询片段三】

A：你很喜欢登山，是吗？

B：是的。

A：你喜欢登山的过程，还是喜欢登顶的愉悦？

B：我更喜欢登上巅峰的快乐。

A：你是个有追求，喜欢挑战的人。你外出登山旅游，会想家、想妈妈吗？

B：有时候也会想。有时也想带妈妈一起去，但是妈妈和我兴趣不同。

A：看看你画的房子，感觉怎么样？这房子在哪儿？

B：在山脚下。

A：画里如果有你，你在哪里？

B：我已经进山了。

绘画二：房子

A：我们一起来看看你的《乡村的中午》中的房子。一般来说，你图画作品中的房子就是你的家。你看，你的房子相对来说，小了一点，而且门和窗户都没有，生活气息显得不够。你对家的感情，或者说家对你的作用，不是那么强烈。你在家感受到的亲情不够浓烈，或者说家对你的吸引力不是那么大，这可能与父母离异有一定的关系。

B：沉默不语

A：你已成人，要客观理性地分析、看待父母，相信他们也是有苦衷的，试着理解他们。可能他们也是性格不合。上海交响乐团著名的指挥家陈燮阳，幼年时父母因为性格不合离异，他吃了很多苦，曾经也很怨恨父亲。但是现在他还是原谅了父亲。前几年，父子还同台演出过。父母就是父母，你就是你，希望父母关系不要影响到你的婚恋观念与家庭观念。你很优秀，大胆去寻找自己的幸福，组建自己的家庭，这对你、对你母亲的身心健康都是有益的。

B：点头赞同

【绘画疗法分析】

绘画疗法主要是以分析心理学中的心理投射理论为基础。投射被认为是无意识主动表现自身的活动，是一种类似自由意志物在意识中的反映。投射的产物不仅以艺术的形式存在，梦境、幻觉、妄想等也都可以理解为心理投射。艺术心理学认为绘画天然就是表达自我的工具，是用非语言的象征性工具表达自我潜意识的内容。绘画作为心理投射的一种技术，已经得到世界心理治疗界的公认。

在绘画疗法中，一般来说，绘画作品中的房子就是作画者的家。房子的结构特点与个性特点相关，人与房子的关系就反映了他与家庭的关系。直观形象但意义深刻。《乡村的中午》的房子比较小，生活气息也不够，而且人是远离房子，反映萧晨与家的关系一般。家给他带来的积极情绪体验是不够充分的，他对家的依赖性也不是很强。画面上还有一些花，花一般理解为情绪体验，但都是白色的小花，说明积极的正向的情感体验有些缺乏，这些都是潜意识的投射与再现。

绘画三：白花

在第二次的咨询中，咨询师让萧晨画一幅“自画像”代表自己。萧晨很认真很投入地画了“一把刀”，几乎不受任何外界的影响，专注打磨自己心爱的刀。他用一把“利刃”来代表自己，让咨询师不免产生些许紧张和担忧。从下图可见，这把刀很锋利，说明来访者时刻保持警戒状态，他的内心还需要更多的温情与关爱。所幸，这把刀刀口朝下，从他的潜意识来看，更多的是用于防御。咨询师建议来访者有更多的包容，放下心中的包袱，轻松愉快地生活。

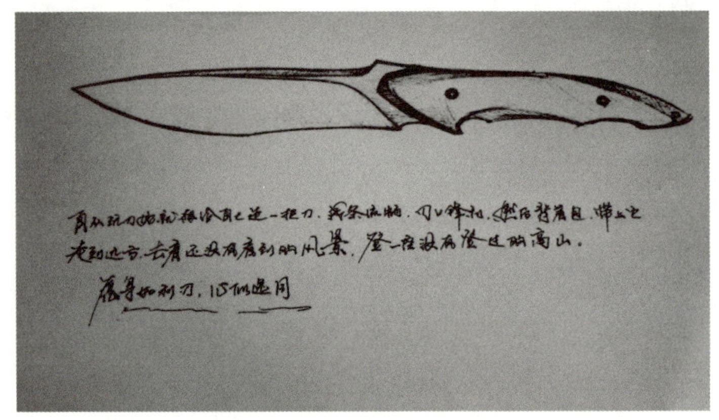

绘画四：利刃

2　应用总结与展望

在学习借鉴参考文献的前提下，通过对大量绘画疗法的学习，在日常个案心理咨询经验总结的基础上，开始有意识地在日常访谈咨询中运用绘画疗法。在应用过程中，体会深刻，现总结如下：

运用绘画疗法开展个案咨询，取得了良好的咨询效果。本研究所呈现的就是警校生活中，学警遇到的情绪困扰，也是常见的心理问题。首先，运用绘画疗法，愉快地开始咨询，本个案就是通过画面上“一条小蛇”很轻松地直抵来访者的内心深处，找到问题的根源，发挥了绘画疗法独特的作用。其次，通过对图画中房子的分析，以及房子与人关系的分析，投射出来访者的家庭观，以及他与家庭的关系，并给来访者提出建设性的意见与建议，深化了咨询效果。

绘画疗法作为一种新颖的咨询方法与技术，它的运用还值得不断总结和提高，在此，笔者对绘画疗法在个案咨询中的应用经验进行分享。

2.1 引导来访者运用绘画表达自我

为了确保在心理咨询中能够顺利使用绘画疗法，咨询师在开始阶段就应该告知来访者。我们不看重绘画技术，不评价绘画水平。而是强调，在绘画过程中，来访者应该按照咨询师的要求，利用绘画工具(水彩笔、油画棒、彩色铅笔与白纸)，自行选择自己喜欢的工具，在轻松愉快的氛围中完成，把自己的内心感受表达出来。绘画的效果主要看你表达了什么，绘画完成后，你的心情如何。

2.2 咨访双方共同解读绘画作品

每一幅绘画作品都是来访者的心理画像，作品中包含的信息量是巨大的，某个元素对于来访者可能具有特定的意义，来访者的亲自解读才能真正反映作品的内涵。但是来访者的觉察力与洞察力可能不够敏锐，需要咨询师的启发与引导，双方互相配合，挖掘绘画作品的内在信息，发挥绘画投射的作用。

2.3 使用形式可以多样化

在个案咨询中，可以简单地运用绘画艺术疗法，也可以从心理诊断到心理治疗甚至到心理治疗效果评估、治疗效果巩固的整套运用。可以用于发展性和预防性的辅导与咨询，也可以用于矫治性的咨询与治疗。

2.4 尊重来访者及其作品

尊重来访者与作品，这是各国艺术治疗机构一致强调的伦理原则。由于绘画艺术疗法目前在我国的应用还不够完善，很多咨询师并不会像尊重来访者个人的隐私那样维护来访者的作品。如果来访者不愿意分享的话，咨询师要尊重其选择。如果要收藏来访者的作品，要与其协商之后才能实行。

绘画艺术疗法应用于个案咨询是可行的、有效的，值得更深入的思考和进一步的探索。

绘画五:《乡村的中午》

参考文献

[1] 周丽.关于"绘画心理疗法"独特作用的综述[J].江苏社会科学,2006,12:61－63.

[2] 赵婉黎,刘云艳.绘画疗法——心理治疗的艺术途径[J].社会心理科学,2006(2):63－66.

[3] 魏源.意象交流改变人的心理——意象交流技术在心理咨询中的应用[J].台州学院学报,2003(4):93－96.

[4] 魏源.绘画是人们最适宜的心灵表达方式——绘画在心理治疗中的应用及其作用机理[J].医学与哲学,2005,*26*(3):59－60.

[5] 严虎,陈晋东.绘画艺术疗法在心理治疗中的疗效及应用现状[J].中国民康医学,2011,*23*(17):2173－2175.

[6] 杨晓光,孙月吉,吴军.艺术治疗的概念、发展及教育[J].医学与哲学,2005,26(3):57－58.

[7] 陶琳瑾.绘画治疗与学校心理咨询:一种新视野下的整合效应[J].中国组织工程研究与临床康复,2004,11(17):3393－3396.

[8] 尚晓丽,周颖萍.绘画疗法在大学生人际交往团体辅导中的应用与思考[J].济南职业学院学报,2008,(03):35－37.

[9] 巩丽群. 绘画艺术疗法在大学生心理辅导与咨询中的应用探索[M]. 上海：华东师范大学硕士论文，2008.

[10] 郭昱辰. 艺术团体心理辅导对大学生人际交往改善的实验研究[D]. 山东：曲阜师范大学硕士论文，2011.

[11] 严文华. 心理画外音——跨越 10 年的心理咨询个案[M]. 上海：华东师范大学出版社，2012.

[12] Malchiodi C A. 儿童绘画与心理治疗—解读儿童画[M]. 李甦，李晓庆，译. 北京：中国轻工业出版社，2005.

[13] 杨东，蒋茜. 艺术疗法——操作技法与经典案例[M]. 重庆：重庆出版社，2005.

从隐喻认知视角看《周易》哲学理念对现代心理咨询的启示*

杨　敏（上海公安高等专科学校，上海，200137）

摘　要　《周易》是中国最古老的一部文化典籍。其中，蕴含着丰富的心理学思想，其象辞、卦辞和爻辞等所运用的隐喻、象征与心理学潜意识所表达的最原始的认知一脉相通，具有改变思维方式和心理暗示功能。因此，从隐喻认知视角来研究和探索《周易》中的哲学理念，对于弘扬中国传统文化，推动现代科学技术和社会发展，尤其对现代心理咨询发展具有启示意义。

关键词　隐喻；周易；观物取象；立象尽意；心理咨询

一个民族的兴盛除了综合国力强大的以外，更重要则是对其传统民族文化的传承与发展。《周易》是我国传统文化的瑰宝，是中国最古老的一部文化典籍。自古以来被誉为中国传统文化的群经之首和源头活水，也是中国传统文化中儒家和道家的思想渊源。在中华文明的发展史上，《周易》对中国文化和社会发展产生了巨大的影响，对我国当今诸多领域都有巨大的影响与深刻的指导意义。《周易》中蕴含着丰富的心理学思想，尤其是《周易》中象辞、卦辞和爻辞等所运用的隐喻、象征与心理学潜意识所表达的最原始的认知一脉相通，具有改变思维方式和心理暗示功能。因此近年来备受心理学界的关注，产生了一批研究成果。世界著名的瑞士心理学家卡尔·古斯塔夫·荣格在多年研究《周易》之后，评价其是一个取之不尽用之不竭的智慧源泉。

现代心理咨询强调，每个人都会经常遭受各种挫折，可能因忧郁、焦虑、苦闷、

* 作者简介：杨敏，上海公安高等专科学校，Email：234076276@qq. com

烦恼、不满乃至愤怒等而造成心理状态失衡。消极地压抑这些不良情绪，就会在心理上积蓄侵犯性能量，削弱其正性能量。这与《周易》所强调的万事万物阳中有阴，阴中有阳，象征着阴阳之间的讯息交换，正所谓“一阴一阳之谓道”。《周易》中的“象”和卦爻辞之间的对应关系是常人的思维所力不能，其卦象爻辞晦涩难懂，主要原因是其中蕴含诸多隐性话语。这种隐曲之意的表达是古人隐喻思维模式的表现。传统的观念来讲，隐喻是一种比喻，是用一种事物暗喻另一种事物。现代隐喻研究的观点认为，隐喻不仅是一种语言的现象，还是一种通过语言表达出来对世界各种事物认知的思维模式，是在对某类事物特征的暗示下去感知、想象、理解、体验甚至讨论另一类事物的心理、语言和文化行为。因此从隐喻认知视角来研究和探索《周易》中的哲学理念，对于弘扬中国传统文化，推动现代科学技术和社会发展，尤其对现代心理咨询发展具有深远的启示作用。

1 《周易》“天人合一”的哲学理念

《周易》中含有我国最早出现的“天人合一”的哲学理念。孔子作《易传》深刻发掘和发展了这些观念并形成了系统的思想。《周易》中包含的“天人合一”哲学理念，在我国传统的“天人合一”思想系统中占有至关重要的地位。天、地、人是《周易》中最重要的三个概念，《周易》的哲学思想无不通过天、地、人三才（见图 1）概念构成的命题表达出来。譬如，被称为天下第一卦的“乾”卦（见图 2）。

	地	人	天
天道	阴	与	阳
人道	仁	与	义
地道	柔	与	刚

图 1

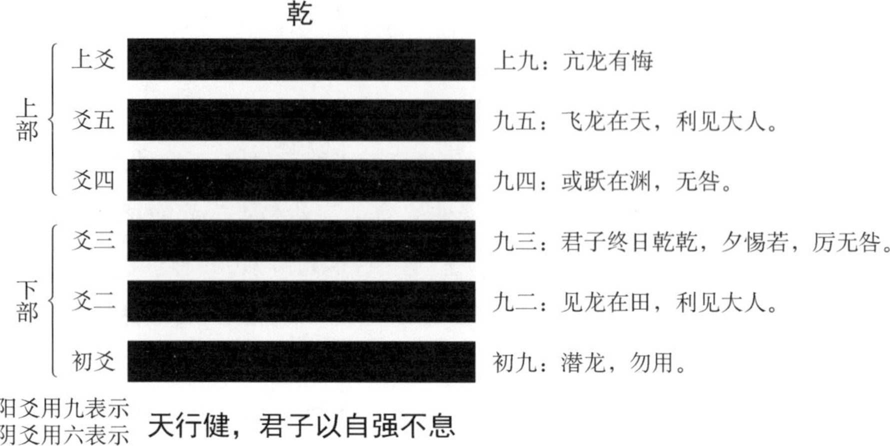

图 2

在《周易》六十四卦中，乾为纯阳之卦，坤为纯阴之卦，集中体现了天人合一、阴阳哲学的基本原理，称之为“乾元”、“坤元”，其他六十二卦都是通过“乾元”、“坤元”不同的排列组合派生而成的，所以作为深入地理解易道的关键，置于全篇之首六爻皆为阳爻。乾卦卦象为天，卦辞是“元亨利贞”。《彖传》通过对卦辞的解释，把“元亨利贞”提炼为四个哲学范畴，称为乾之四德，论述天道运行的规律，并且推天道以明人事，启示人们根据对天道的认识来确立社会政治管理的理想目标。

被誉为中国式管理大师的曾仕强教授从人生的发展历程和事物的发展规律，将“乾”卦的六爻一一对应为人生和事物发展的六个阶段：第一个阶段对应的是乾卦六爻中的初九，爻辞为“潜龙勿用”，在这个阶段关键要学会用好这个“潜”字。意味要潜藏起来，暂时不要过多地表现。在人生的第一个阶段，人的能力还很有限，需要先潜藏，积蓄更大的能力，蓄势待发。初出茅入时就像急于表现往往事与愿违，给人以轻率的印象；第二个阶段对应乾卦中的“九二”，爻辞为“见龙在田，利见大人”，一个人积蓄了足够的能量待时机成熟便要表现一番，所以在这个阶段关键要伺机“见”（同“现”），当机遇出现时，如果我们能适时好好地表现，就有机会得到“伯乐”的赏识，有助于更好地发展。这里的“利见大人”中的“大人”，当然有其字面上的大人之意，但扩延深意，也可理解为人生中的“贵”人、事业上的领导、慧眼识人的“伯乐”等等；第三个阶段叫“惕”，警惕的意思。对应的是乾卦中的“九三”，爻辞为“君子终日乾乾，夕惕若厉，无咎”，可以理解为一个人没有太多表现，偶尔不警惕犯点小错当然无伤大雅，但是一旦表现，如若再不警惕，随着时间的推移，那些在我们身上被靓丽的外衣遮掩的缺点就会慢慢暴露出来，进而威胁到自己。曾子曰：“吾日三省吾身——为人谋而不忠乎？在儒家，拥有存在的概念并非空洞，是个体的真实存在及其对整体的真诚关怀。正是因为社会的整体意识，人们才能时刻感觉人类和人性，感觉一种历史的和社会的使命感；第四个阶段叫“跃”。对应乾卦的“九四”，爻辞为“或跃在渊，无咎”。九四重刚而不中，上不在天，下不在田，中不在人，故“或”之。“或”之者，疑之也，故“无咎”。就是你要想办法，找机会去跃登龙门。一生一世就等这个机会，看看跃不跃得过去。一登龙门，就身价百倍，就能“飞龙在天”，要是跃不过去掉了下来，那也无怨无悔；第五个阶段，也是人生中最重要的一个阶段，通常也是人生的转折点——“飞”。对应乾卦中的“九五”，爻辞为：“飞龙在天，利见大人”，理解为在这个阶段是人生最耀眼之时，因为经历了前面四个阶段的磨砺和考验，终于达到了人生的顶峰，跃上去，便是飞龙在天，飞黄腾达。当然，此时也要摆正位置，如果面对取得的成功，妄自尊大、目空一切，忽视上面的“大人”，就会进入到“悔”的阶段，也就是乾卦中的“上九”，爻辞“亢龙有悔”；所以，第六个阶段叫“亢”，警惕意味很重。飞龙在天，很荣光，可是《周易》中的哲学不断在用隐喻提醒我们，物极必反，居高盈满是不可能长久保持的，当发展到第五个阶段的时候，大概要适可而止了，不能再过分了，再过分就是高亢，亢龙有悔，盈不可久也，君子应戒之。我们的人生看似复杂多变，但在《周易》看来却是有一定的规律可循，当然，《周易》对现代人的启迪意义并不局限于“趋吉避凶”，更多地是要警醒世人，在我们的人生处于茫然或是迷失之际，给我们很好地指引和告诫。

因此，自然界有客观性的普遍规律，人的活动也有客观性的规律，人要服从于普遍规律，这是《周易》“天人合一”观念的核心观点。《周易》把天、地、人视为一个统一的整体，认为它们各自呈现出自身的具体规律，这就是天道、地道和人道，即三才之道。由此出发，认为衡量人们的行为正确与否，就要看它是否与天地之道相合。人的规律与天的规律有着同样的客观性，人也要服从于普遍规律。正是为了解决人的主观意识和行动如何才能符合客观规律的问题，圣人才作了《周易》这部书。指导人们如何在不违背客观规律的前提下充分发挥主观能动性，来争取最好的结果，即达到主体和客体的高度统一与和谐。人生的最高理想是天人和谐，即达到主体与客体的高度统一，这是《周易》“天人合一”思想所追求的最终境界。

2 对现代心理咨询的启示

现代心理咨询过程中，往往是一对一的个案咨询，当然也有团体心理治疗，在心理咨询语境中，需要我们咨询师不仅要关注咨询实践活动的每个环节，还要对此实践活动进行相关的理论对照和应用，这里所述的“理论”不仅仅指某个具体的心理咨询理论或是隐喻理论，而且包括了与人的意义相关的所有理论，如伦理道德、言辞表意、人格尊重、人文价值等综合的理论。实践过程中，当理性无法言说或言说不能表达其意义的时候，我们只能通过隐喻来把握其精妙的含义，隐喻在心理咨询实践过程中有着非常重要的意义。然而，如果对这种理论思考没有把握到位，就会影响整个咨询过程，甚至导致咨询无效，无意中伤害到来访者。笔者在以往针对大学生就业心理问题开展个案咨询时，就多次根据个案个性特点和成长历程，运用《周易》“乾”卦的隐喻意义开展认知构架的重塑预设。在咨询过程中，当一个来访者叙述既想谈恋爱又怕受伤害时，咨询师就可以以隐喻的方式来表达自己欲要说明的深层含义，让来访者领悟此含义。例如，咨询师可以跟来访者说“如果你很想吃长在树上的苹果，但会有摔下来的危险性，你该怎么办?”当然，任何人都可以明白，咨询师并不是真正想让来访者去摘苹果，而是通过这样一个简单的隐喻可以让来访者明白其中的喻意，自己去领悟，然后进行选择，最后走出心灵的迷区，隐喻的意义就彰显出来。

2.1 用“隐喻”敲开咨访关系之门

在咨询过程中，通常认为建立良好的咨询关系是心理治疗的基石之一。充满信赖的咨询关系会让来访者感到安全和被接纳，伴随着这样的心理支持，来访者愈会自信的面对内心不为人所知只属于自己的复杂世界，而且可以随时打开伤口，接受与自己信念价值完全不同的价值观的挑战。很多来访者找到咨询师之前，其内心已经挣扎了许久。同时，对于某个出现的问题或状况又不便向其他人表述，但由于心理咨询本身的特点，在心理咨询过程中需要对来访者隐藏在内心的“秘密”进行挖掘与探索。这些“秘密”极有可能是来访者出现困扰的一个关键点，这就需要咨询师在咨询活动过程中对来访者的这个“秘密”保持极大的“兴趣”与“关注”。隐喻在咨询实践中的运用，恰恰可以提供给人们一种不会感觉到被威胁或被强迫的自主感受的氛围，这样就会无意识地拉近彼此的距离。因为隐喻的本质倾向于在不同感觉、经验和认识领域中发现相似之处，隐喻者由此会产生“似曾相识”的感觉，而心灵在观察熟悉的对象时往往因“轻车熟路”而感到轻松自在。此外，当咨询师与来访者关注一个共同的话题时，两者的联系就建立起来。在互动过程中，两者可以注意力非常集中，通过眼神等隐喻性表达相互交流，这不但可以增加咨询师与来访者的信任感和亲密感，而且还可以建立良好的咨询关系，这是咨询成功的前提。

2.2 用人文主义贯穿咨询全过程

人文主义是周易哲学传统的一个重要特色，强调的是“内在的人文主义”，象征着“生生不息的万物一体”体现人与天地万物的内在关联。现代心理咨询同样注重人本主义，尤其在咨访关系的建立初期，要求咨询师全身关注，充分关注来访者内心需求。在心理咨询过程中来访者与咨询师在言语与非言语层面做无意识或有意识的同理反映，况且人的需求与其期待息息相关。当咨询师的暗示与来访者的价值体系相冲突时，来访者便会以强烈批判的防御态度予以抗拒。许多来访者由于在接受咨询之前曾受到许多人合理和有益的劝说，他们会对这些劝说产生一种本能的“抗体”，因此这些劝导是没有产生治疗效果的。更大的影响是这就意味着咨询过程中任何类似的方法都有可能引起来访者的阻抗。这就需要咨询师在充分尊重来访者的基础上，以间接的方式传递促使来访者改变的信息。所以，规避阻抗能够通过来访者潜意识层面进入来访者的内在，尤其是当这些治疗性隐喻被用到当下情境时，来访者可以意识到其隐含的意义，从而愿意接受隐喻的暗示。在这个过程中，来访者会主动介入隐喻意义的赋予，并选择与自己有关联的部分来激发自己内在的改变，达到应有的咨询效果。

2.3 注重功能干预非内容干预

着重于功能干预而非内容干预是由心理咨询“助人自助”这一目标决定的。心理咨询的主要工作常常是要对来访者的“问题”进行干预，但在心理学中，一个人的价值观属于个性倾向性的内容。事实上，每个人都有其独特性，从人性上来说是要尊重其人格的。与伦理学不同，心理学只研究个体价值观的形成过程，价值观在个性结构中的地位和功能，不研究价值观的具体内容及其正确性。因此，在心理咨询与治疗过程中，价值干预不可避免，但在干预时，应着重于功能干预而不是内容干预。功能干预就是在涉及价值问题时，以对价值进行功能分析为主要话题即帮助当事人澄清其价值追求，让当事人意识到自己有什么样的价值观，帮助当事人认识其价值观之间是否存在矛盾，必要时引导当事人，而不是代替他进行价值选择。成功的咨询者不仅能帮助当事人克服当前的心理困难，更重要的是帮助来访者在以后的工作、生活中遇到障碍，能自己独立解决，而不是依赖咨询者，如同“授之以渔”，而不仅仅“授之以鱼”。反之，若咨询中着重于内容干预，不仅有碍良好咨访关系的建立，更是违背了心理咨询的本质意义。譬如，对于初涉社会的大学生，在就业初期往往存在好高骛远，自负心理等，其对于新进单位的人事制度、业绩考核等不满而易产生焦虑、心理不平衡等，此时咨询师可以通过对“乾”卦初九的爻辞“潜龙勿用”中的“潜”字的进行充分诠释，帮助来访者认识正确认识自我，正确把握初涉社会阶段的处事原则，这样既能帮到来访者使其解决自己的心理困扰和问题，又能增强来访者自主解决问题的能力。

总之，无论是在心理咨询的理论层面还是实践层面，隐喻都是一种意义的诠释方式，是意义表达展开的机制，对意义的探究是运用隐喻的根本所在。从隐喻认知视角看《周易》哲学思想在心理咨询中的重要意义是不可言喻的。中国古人正是在《周易》的占卜中形成了自己独特的思想观念，并在此基础上建立了中国古代的咨询心理学。我们应该看到，《周易》的占卜本身是以“易理”为根基，以卦爻作为其理性思维表现形式的一种咨询方法。从咨询结构上看，心理咨询是一种意义结构的综合性动力学解释的结果。所以，在现代心理咨询中所涉及的隐喻在此动力学解释的过程中有着非常重要的意义，它对任何理论和实践细节与宏观结构都是至关重要的。同时我们也要注意在心理咨询中的隐喻虽然很重要，但它的重要性并非是唯一的，它需要与其他咨询要素一起共同服务于来访者。因此，尽管在目前的心理咨询领域，隐喻的重要性还没有引起人们的足够重视，但作为一种咨询过程中的治疗手段，其对现代心理咨询的理论研究和实践意义都是不容忽视地，正确把握二者的相互作用，会给整个心理咨询带来更加丰满充实的效果。

参考文献

[1] 康中乾，王有熙. 中国传统哲学关于“天人合一”的五种思想路线[J]. 陕西师范大学学报(哲学社会科学版)，2011，40(1).

[2] 曾仕强. 大易管理[M]. 北京：东方出版社，2005.

[3] 陈福国. 实用认知心理治疗学[M]. 上海：上海人民出版社，2012.

[4] 杨文圣. 涧水疗法的参照维度研究[J]. 哲学社会科学论坛. 上海：东华大学出版社，2013，11.

[5] 申荷永，高岚.《易经》与中国文化心理学[J]. 心理学报，2000(03).

[6] 王国清.《周易》的理想人格与对当代心理学的启示[J]. 科教导刊，2011(04).

[7] 李存山. 对《周易》性质的认识[J]. 江苏社会科学，2001.

[8] 杨敏. 用心传递爱的正能量[J]. 人民警察，2013，11.

咨询技巧“质疑”应用后效果的启发*

韦开森(上海船厂技工学校心理卫生健康中心,上海,201209)

职业技术学校学生在接受心理健康教育过程中,经常会参加包含有“质疑”技巧辅助手段的活动,参加被设定有心理健康教育各个阶段辅导目标的群体活动,许多学生能够理解并且参与其中活动,进而自我意识加强;继而对情感控制力、认知能力、行动能力得到加强;持续切实的锻炼,提高了学习能力、人际交往的能力以及个体社会化的多方面能力;与此同时,学生行为偏差,人格形成,学生发展的差异化呈现了学生群体品质的多样性。

1 质疑的必要性

学校里面会有不少学生出现表现边缘化的情况,并且有扩大趋势,在一个被“手机控”泛滥信息包围的时代,他们每时每刻都会遇到各种现实的成长中的实际问题,大到涉及世界经济发展趋势,小到个人生活的选择。面对别人兜售的观点,貌似热点媒介动态反映——他们热衷于相信这是“事实”,让人明明觉得有什么不对劲,可一时又很难找到突破口反驳,于是不假思索,拿来全盘接收,不论真假信息?采取模仿行为,做出不负责任的举动,日久岁长,有的还显现出青少年行为障碍,人格障碍,影响到心理年龄成长的迟缓和“摧”长,影响到主流社会价值观,人生观对己的培育和发展。

---

* 作者简介:韦开森,上海船厂技工学校心理健康中心,Email: weiks0710@163. com

2 快速对焦,应用"质疑"技巧

这就提出一个学生辅导中的问题:往往从什么地方入手能够快速对焦解决学生个案表现出来的问题?怎么样提出关键问题,让众说纷纭的争论"立见分晓",让道貌岸然的说谎者原形毕露呢?质询如何做到面对选择立场时,怎么和自己完全相左的意见来分庭抗礼,选择不同的正向行为倾向?那么学生辅导中""质疑"技巧应用效果的启发,告诉了我们一些现象背后的可能性。那就是让学生自我反省、自我批判、自主成长。尝试告诉自己那"说谎者"是谁?质疑:"质"为询问、责问,质为动词,应用中具有反诘反问之意,用语言追问、盘问、究问。"疑"为疑问、疑惑,心有所疑,提出以求解答,表示怀疑,多用于否定,去做到不容置疑,无可置疑。利用证据,提出疑问,请人解答。从置疑到质疑,从表示怀疑地倾向否定,到心有所疑,提出以求解答。

(1) 辅导中经常以学生自我表现的常态,来比较、质疑自己心目中学习目标差距需要的态度,确定改变学习策略,以达到转变。如有的同学质疑自己,为什么达不到成绩为优良的学习水平?去寻找出种种原因,积极尝试应用自身积极因素的持久发挥的意志力,被辅导学生往往会有很大的进步,成绩在60~70分之间的科目的学生,往往会有达到90~95分的惊喜,虽然成绩状态不稳定,但是有了被改变的体验,学习感觉越来越好。应该相信学生有良好的自我觉查能力。

(2) 有的同学质疑自己,为什么会得不到竞赛奖项?通过积极寻找智力因素和非智力因素,创立自身新的思维方法和改变行为方式,如有一个一年级新生,入校后,第一次取得学校演讲竞赛大奖以后,到咨询室大哭一场,紧接着第二次又取得学校小品表演竞赛大奖,又来到咨询室大哭了一场,接着第三次又取得学校技能竞赛大奖以后,又到咨询室大哭了一场,原来他有一个"留守儿童"的经历,从小爷爷生活在一起,初到职业技术学校,具有清纯的"宅男"品质,也有着爷爷言传身教的种种技艺的积累,其自身特质在学习成长过程中得到了发挥,以至于每次都不相信自己表现,也茫然自己的能耐,胆小,害怕,存在不踏实的空虚感,认识到是在不断质疑自己,完善、锻炼、改变自己的过程中成长。以后再也听不到他的哭声了。相信学生有良好的自我发展能力。

(3) 有的同学质疑自己，在校园生活中为什么会自欺欺人，不但自己欺骗自己，还会欺骗老师和同学？经过批判性的思考，否定自己表现动机。如有那么一个班级，突然发生手机丢失，失主在短短的5分钟时间里，改变了主意，停止了兴师动众追查。原来是老师根据情况，制定了几项质疑问题供她思考，让她选择处置方法，原来是质疑中的测谎成分触发了伦理道德成分的思考，原先想通过报假案来争取个人利益，却以班级名誉为代价，以自己堕落为代价。如果一时糊里糊涂，却让人们发现她有着不良人格品质的阴影。事后她像是换了一个人，积极参加学校公益活动和社团活动。不久，去了考取的全日制本科大学进一步深造。相信学生有人格完善过程的自我改造能力。

(4) 经常有同学在发生事情的过程中，思想、行动的统一性、同一性不相配，不稳定，不能不说在世界观、价值观、人生观的形成环境中受到过各种影响。有着从众心理，依赖心理，侥幸心理和不良的防御机制等等不良心态和行为，他们需要不断质疑自己，警醒自己。认识到学会质疑很重要。

有一次，有一个班主任组织了5位同学参加团体辅导，采用问题聚焦解决办法和叙事回顾方法来进行头脑风暴活动。预备通过4次活动，来解决一个住宿学生新"苹果"手机丢失的问题。通过2个小时活动，其中也贯穿一个重要内容，经过学生本人同意以后，经历一个质疑环节，要先后通过针对事件设计编制的22个测谎题目，经过单人测试和群体选项测试，激发学生内省力、洞察发展的合理性，提高自觉性和问题解决能力，其中不止一个学生传达出一个信息："我们有能力解决好"，在快问快答环节听到这样的信息，老师不无惊喜，质疑环节里听到了好声音，看到了学生内心的扰动和集体意识的回归，是正能量的积累、流淌，反馈到了学生身上。果然在第二天，手机"完璧归赵"。接着不失时机地对失主质疑："为什么丢失的是我的手机?"他很快认识到自己轻视、歧视同学的意识和不良的人际关系以及生活方式习惯，看到了自身不良意识在校园生活中的反映，在同学身上的投射反映，还夸张地认识到：有这样的故事方式发生，不足为怪，只是时间早晚要发生的事情。由此认识出发，来重新构建与同学之间往来的新型的人际关系模式。老师也相信学生是能够设计自己，改变自己，是有能力把握自己命运的人。

(5) 有个班级共27人，其中4位同学期末想放弃职业技能应会考试，老师经过问卷调查，了解了情况后，当面质疑学生，让他们解答：“我为什么不能参加考试，去通过及格呢?”结果全班通过国家职业技能鉴定，取得高的成绩及格率和50%以上的优良率。老师改变发问方式，批判性的提问，通过质疑，促使学生思考学业，相信学生职业兴趣和职业能力培养的结合。

3 “质疑”技巧应用效果的启发

综上所述，学生在辅导中“质疑”技巧应用效果的启发告诉我们如下几点：

(1) 亲自动手才更有乐趣，也许我们根本就问错了问题，相信学生。咨询中这样，生活中也要这样。质疑——能够还原真实，关注修正。

(2) 价值观决定人与人之间的互动，理智思考和感情用事；质疑——或许是开始改变。

(3) 让师生对话一直进行下去，一厢情愿是批判性思维的最大劲敌，师生互动，做到教学相长。

(4) 只有问一问别人为什么持有这样的观点，并得到一个明确的答复，才能公正地判断为什么应该同意它。

(5) 拓展对质疑以及批判性思考的认识摘录如下：

①【改变你的发问方式】一次有人问德鲁克：“我如何才能成功?”现代管理之父德鲁克：“如果你不改变问问题的方式，你永远都不会成功。”

——德鲁克

② 提问题比回答问题更启发人的智慧。//@张欣：我们的学生不爱提问，但为什么微博却这么火？而且我看微博上有大批大批的学生。不是我们的学生不想说话，是我们的学生不敢在人前说话。

——潘石屹

③【以苏格拉底为师】最好的导师不是告知答案，而是向人提问。

——乔布斯

④ 我管理公司是靠“发问”，不是靠“回答”。问答会启动对话，对话会刺激创新。如果你想要一个创新文化，那就多发问。

——谷歌 CEO 施密特

⑤ 2011年某学院毕业典礼上吴敬琏先生以“毕业以后”为题发表演讲。他说，学会批判性分析性的思维方法，坚守实事求是，是促使他不断探索经济学的真理的两个根本动因。他希望同学坚持真理而非教条，努力思考而非盲从，在现实世界中保持理想，不断进步。

——吴敬琏

⑥ 教育的真正目的就是让人不断地提出问题、思索问题。

——哈佛大学

(6) 参阅《批判性思考》一书有如下这样的质疑，可以帮助到我们质疑：

① 如果同学做了明令禁止的事，会告诉父母、告诉老师还是隐瞒不说?

② 所有所谓问题背后，老师的观点是什么? 形成理由是什么? 有确凿的证据来证实吗?

③ 事件后面看得到一个个道貌岸然的说谎者的原形吗?

④ 面对立场和你完全不同的意见，会隐忍吗? 是党同而伐异? 还是能够控制感情冲动，做出理性的判断吗?

⑤ 面对提问和质疑，你有能力组织更多确凿的证据支持自己的观点吗? 还是只把声高当有理? 一遇到别人提出相反的观点，就认为是没事找茬，有意和自己过不去，甚至为此恼火：他为什么横竖不肯接受我的观点?

⑥ 过于感情投入，最大危险就是可能没法识别谬误和操纵。将难回答的问题直接枪毙掉比仔细思考后再回答要容易得多，而且这样做一定让你显得一言九鼎霸气外露，但也在无形中关闭了通往批判性思维的大门。

⑦ 不草率、不盲从，不为感性和无事实根据的传闻所左右，尽力理解那些价值观和我们背道而驰的分析推理方式，克服偏见对判断的影响，这样才有可能得出更为正确、理性的结论。

4　结论

“质疑”效果启发我们，需要靠自己去问为什么? 擦亮双眼努力看清变化中的现实，那才能够让我们做得更好!

第四篇

大学生心理咨询个案报告

发现真实自我，尝试创造性的生活*

——从精神分析视角看一例大学生案例

许 静 秦 伟（上海大学心理辅导中心，上海，200444）

摘　要　从中国文化大背景出发，以精神分析的视角看待大学生的自我身份认同主题，结合高校心理咨询临床案例，揭示大学生常用的防御机制，发掘虚假成熟背后的真实自我，分析普遍现象背后的可能原因，并探索在咨询过程中如何帮助大学生心灵成长，生活得更自由、更真实、更有创造性。

关键词　自我身份认同；精神分析；临床案例

100 多年前，美国心理学家 William James（1890）最早在心理学界提出自我（Self）的概念，并声称"自我是个人心理宇宙的中心"，居于心理学中的首席位置。90 多年前，奥地利心理学家 Sigmund Freud（1923）提出自我（Das Ich）的概念，认为自我遵循现实原则为伊底服务。60 多年前，英国心理学家 Donald. W. Winnicott（1949）再次提出自我（Self）的概念，并区分出真自我（the True Self）和假自我（the False Self）的异同。50 多年前，美国心理学家 Erik. H. Erikson（1963）提出自我同一性（Ego Identity）作为人格发展理论的核心概念。

在 Erikson 的人格发展八阶段理论中，青春期的核心任务即自我同一性问题，青少年需要回答"我是谁"并建立一个新的自我形象，同时明确自己在社会集体中的情感位置。"这种统一性的感觉也是一种不断增强的自信心，一种在过去的经历

---

* 作者简介：许静，女，上海大学心理辅导中心副教授，博士，Email：xujingfj@163.com
基金项目：2015 年上海高校"辅导员工作培育项目"之"朋辈互助　全人发展——创建基于生活社区的心理工作室"

中形成的内在持续性和同一感(一个人心理上的自我)。如果这种自我感觉与一个人在他人心目中的感觉相称,很明显这将为一个人的生涯增添绚丽的色彩”(Erikson, 1963),但并不是每一个青少年都能顺利度过这一危机,从而出现这样或那样的症状。

Winnicott 则强调主观经验的质量,关注那些在举止和功能上一如常人,但却感到自己不像人的病人。在他看来,在足够好的抱持环境中,幼儿在稳固地形成和确信“我”并愉快地感受“我”之后,“自我”可以成长为拥有真实体验并产生自己的个人意义。是长期的养育失败引起“自我”的根本分裂,一方是欲望和意义的真诚源泉(真自我),另一方是由于被迫过早地应对外部世界而形成的顺从自我(假自我)。虚假自我有三种功能,一是通过服从环境的要求而掩藏和保护真实自我,二是照料母亲,三是替代环境所没有提供的护理功能。遭遇不健全抱持环境的幼儿,只能将心灵(幼儿的头)与作为心灵源泉的躯体及自发经验断开,塑造出虚假自我,在应对必须要观察和处理的外部世界的同时,也掩藏了深层真诚体验的种子,等待着找到更适宜的环境。

所有这些关于自我的探讨都是以西方人为研究对象,根植于以个人主义价值取向为核心的西方文化,带着当时社会时代的烙印。今天,我们要在中国运用精神分析的理论、方法和技术来理解、解释和干预人们的心理生活,本土咨询师的实践与反思是非常重要的。中国自古以来有崇尚集体主义的传统,随着经济和社会的发展,城市化进程加快,多元价值观共存,家庭结构发生变化,都对当前中国大学生的心理成长造成影响。独生子女可能承受过多的爱与期待,留守儿童可能缺失亲情与保护,离异家庭可能充斥争吵与责骂,单亲家庭可能暗藏共生与诱惑……如此种种使得部分大学生内心充满不安全感,虽然表面看上去一切正常,甚至成熟懂事,实际上内心深处还是个脆弱而敏感的孩子,无法真实地表达自己,整天生活在假自我当中,难以建立真实而稳定的人际关系。

下面,用一个临床案例来说明这些“伪大人”现象。

王某,男,20 岁,某高校大一新生,因心理压力大而主动求助。自述从高三上学期期中考开始睡眠出现问题,曾想过自杀,后在父母的陪伴下完成高考。但是高三留下的心理阴影持续到现在,总觉得头痛不舒服,影响学习效率,以至于很多他想做的事没有办法去做。头痛唯一的好处是让他只能学习，其实他打心底真不喜欢学习。

王某就读于贫困县的重点高中，入学后开始感觉学习压力和同学间的竞争气氛。症状首次出现在高三上学期期中考第一天晚上，当时他在之前的三次月考中都是第一，“三连冠”给了他很大的心理压力，而期中考第一天感觉不好，让他一下子崩溃了，心跳快、头脑沉、情绪烦躁，整夜无法入睡，室友的呼吸声、水房的滴水声都会影响他的睡眠。

一次考试感觉不好何以导致症状，是个有趣的问题。“三连冠”对他意味着什么？可能意味着他“学霸”的身份，可能意味着包括父母、老师、同学在内的他人的愿望，或者他认为的别人的期待。早在小学一二年级，母亲就希望他“爬出农村的门”，而初中时的他也幻想成为“圣人”，当企业家、政治家和慈善家，用自己的成功改变家庭现状。如今，这些欲望让他不堪重负，只得借助症状让自己得以喘息，也为自己不继续努力找到合适的借口。

王某的家在北方农村，父亲长年在外打工，母亲虽在家中却也早出晚归，一年难得吃上几次团圆饭。家中的贫困和亲子交流不畅，让王某有些自卑、孤单和无助，唯有学业的成功为他赢得部分自信。他在真实的情感贫瘠与虚假的自我膨胀之间游走，幻想用全能感去对抗内心深深的孤单与无助。小学四年级当选班长，他感觉自己突然变成一个严于律己的人，需要笔直走路，像一个机器人，似乎整个世界都是他的了。初中时他更自称“完美”，坚持原则，独善其身，注重自我修养，以“圣人”为努力方向。

长期懂事听话、忙于学业的“伪大人”终于被自己的虚假自我理想压垮了，需要情感关爱的“内在小孩”得以短暂现身。他每晚打三四个电话给父母，向父母寻求安慰，甚至告诉父母他太痛苦了想自杀。终于，父母放下了手中的工作，在学校旁边租房陪儿子，直至高考。这是王某记忆中父母在自己身边最长的一段时间。高考结束之后，自己再没有理由留住父母，“伪大人”再次把“内在小孩”藏了起来，独自面对生活。

那么如何理解症状没有消失而是持续了呢？这里我们要将视线转回到青春期个体都可能遭遇的身份认同问题上，他要回答“我是谁?”。王某既有清晰的男性性别身份(梦中出现僵尸、武器、战斗等元素),但又在思考“我到底要成为什么样的男人?”是以脑力劳动为主的职场精英,还是以体力劳动为主的底层打工者?他处于极端的矛盾冲突中,焦点落在“我到底要不要好好学习?”上。学习是有后果的,如果好好学习次次第一,他将成为一名名校大学生,这一形象在他生活中缺乏榜样,而且意味着对父亲的超越和背叛,那种撕裂感是他难以忍受的。如果头疼无法学习,他极可能只能干些体力活,这意味着认同父亲,却无法满足他人要他出人头地的欲望。尽管王某最终选择了折衷之道,考入不那么名牌的大学,但两难困境还是让王某很是挣扎,冲突非常强烈。

王某在从男孩到男人的过程中,身份认同并没有完成,而是用防御机制来回避自己的成年男性身份。他强迫自己全身心投入学习,每天自习到晚上十一点,把自己放在一个中学生甚至小学生的位置上,无暇发展自己的其他社会技能,甚至是有意回避入党、社团等大学活动。他有很强的罪恶感,觉得父母过得辛苦,自己应该过得更辛苦,于是压抑自己作为一个人的性本能和享乐本能,“不愧屋漏”是他的处世哲学,克制性冲动,不许自己手淫,也不许看自己喜欢的动漫,担心自己沉迷其中。头疼、失眠等躯体化表现,从另一个角度让他对自己不谈恋爱、不快乐生活找到借口。其实,他也想要丰富多彩的大学生活,想找一个既识大体又任性随性的女朋友。

旁人看来,这是一个执拗倔强、独立自主的“伪大人”;在咨询师眼中,这是个恐惧不安、孤独无助的“真小孩”。他告诉咨询师,小时候一个人在家时多么害怕,需要在枕头下放一把刀或玩具枪来防身或防鬼,即使现在一个人在宿舍里也会想象柜子里躲着一个不怀好意的人;他告诉咨询师,离家住校时是多么悲伤,“别人只知道我爱哭,但不知道我为什么哭”,室友分别时自己又大哭了一场;他告诉咨询师,虽然理解父母的无奈,但是儿时的他多么希望把小狗留在身边做伴。

王某给咨询师讲了很多故事,但是总是让咨询师感觉有些支离破碎,需要花好多心力才能将这些片段拼凑出来,有时甚至感觉是凭空冒出来某些人或事,比如小他三岁的妹妹和曾经照顾他现已偏瘫的奶奶。似乎他有意将很多信息割裂起来,避免自己产生更多情绪情感。而智力活动过多的后果就是情感流动受阻,咨访关系若即若离,咨询师对王某既不反感,也谈不上喜欢,整个人的形象并不太清晰。

只有在极少的瞬间,咨询师才能够感知到王某身上的情感,他是那么悲伤、孤单、无助,又是那么愤怒、不满、自负。

这种情感表达受阻与早期情感接受不足有关,也可以部分解释他的躯体化症状,情感联结对他来说很痛苦,甚至是很危险,他无法敞开自己与人自然连接。高三上学期的崩溃正好给了他一个机会去表达之前无法表达的情感需求。一直以来,王某身边没有人明白他的感受,没有人支持他的行动。每天晚上母亲回家想跟他聊天时他已经犯困瞌睡,次日早上他想和母亲说话时妈妈还在睡梦中。于是,懂事的他渐渐学会把话憋在心里,一切不顺心的烦心事都只有自己知道。王某戏称自己是“外向孤独症”,表面上跟大家的相处还不错,不会有什么冲突矛盾,实际上内心却总是觉得很孤独。长期以来的亲身经验告诉王某“一切只能靠自己”,他已经非常不习惯依赖别人,也不允许自己软弱。

类似王某的大学生们活得很不真实,极其缺乏安全感,而且内心深处有无价值感,这与温尼科特提出的假自我相一致,假自我——被一个病患称为“临时代理的自我”,是保护真自我的一个结构。王某心底很自卑,表面上却说为了保持谦卑总是以自卑的眼光看自己;难以与人建立亲密关系,却说可怜、孤独是一种洒脱。温尼科特认为,儿时的自发举动未得到回应,幼儿便学会迎合环境而忽略自己的需要,慢慢变得僵硬,不断疲于应付生活却无法主动去做。就像王某,小时候父母极少给他买玩具,好容易养大一条最听他话的狗却又被父母卖掉,母子间的交流总存在“时差”。没有人回应他,更谈不上支持他、安慰他。于是他强迫自己投入智力活动中,作为“分裂智力”的结果成为好学生,成绩在几千人中排名前几十,却从没有创造性,宁愿干没有技术含量的体力活。他总感觉空虚,人际关系无能是“分裂智力”的另一面。

在温尼科特看来,只有真自我才具备创造性并能展现出整个人格,才能活得真实。真自我的建立需要一个成功的抱持性环境,需要足够好的母亲看到婴儿的需要,在婴儿的现实生活中建立起积极的感觉,被母亲看到就是被认可,母亲的关怀使婴儿感到自己是一个实实在在的人,而且使婴儿敢于表现自己的真实,将来敢于成为自己希望的样子。面对那些由于支持性抱持缺乏导致自我整合发展受挫的大学生们,咨询师所能做的,就是通过移情与反移情,更好地理解来访者,用新的客体关系替代旧的客体关系，租借咨询师的自我以增加来访者的自我功能，从而使他们的“内在小孩”获得再次成长的机会，在被抱持和被认可的环境中逐渐发展起更为强大的自我，逐渐完成自我身份认同，从而更加真实、自由、有创意地生活。

参考文献

[1] Brown J D. The self [M]. New York: McGraw-Hill, 1998.

[2] Freud S. 自我与本我[M]. 林尘，等，译. 上海：上海译文出版社，2011.

[3] Erikson E H. 同一性：青少年与危机[M]. 孙名之，译. 杭州：浙江教育出版社，1998.

[4] 郗浩丽. 客体关系理论的转向：温尼科特研究[M]. 福州：福建教育出版社，2008.

[5] 郗浩丽. 温尼科特：儿童精神分析实践者[M]. 广州：广东教育出版社，2012.

[6] Mitchell S A. 弗洛伊德及其后继者. 陈祉妍，等，译. 上海：商务印书馆，2007.

团体沙盘促进大学生寝室关系的个案研究*

潘佳丽（上海商学院，上海，201400）

摘　要　本研究采用团体沙盘这一咨询技术，帮助大学女生寝室4名成员改善人际关系，帮助学生获得良好的沟通技巧，化解寝室矛盾。

关键词　团体沙盘；寝室关系；人际关系；箱庭疗法

近年来，高校中因寝室关系不良引起的惨剧时时发生，从云南大学马加爵事件再到复旦大学投毒案，无一不让人痛心疾首。在学校的心理咨询工作中，也发现因寝室关系不和引发的心理失调而至心理咨询室求询的学生大有人在。因此，如何改善大学生寝室关系或促进大学生寝室关系就成为了高校心理健康教育工作者的一个重要任务。

沙盘游戏（又称为箱庭疗法）是一种在咨询师陪伴下，来访者自由地从陈放有沙具的柜子上拿下沙具，并在装有细沙的特制箱子里进行自我表现的方法。沙盘游戏从无意识层面帮助来访者在认知、情绪与行为上进行整合。近年来，团体沙盘由于其具有高效、经济、省时、轻松等特点，倍受心理健康教育工作者的推崇。

团体沙盘为成员创造了一个轻松、包容和接纳的空间，通过制作一个共同的沙盘作品，各成员可以自由地、象征性地表达自己的内心世界，进而直观地表达出自身的问题，释放内心被压抑的负面情绪，通过分享成员间的观点来加深相互间的理解，让成员体验到协调合作的重要性，为他们改善人际关系问题寻找潜在解决方式

---

* 作者简介：潘佳丽，上海商学院，Email：pan_jiali@126.com.
基金项目：2013年上海高校青年教师培养资助计划，编号：ZZsxy13008.

奠定基础。团体沙盘游戏中，成员间用象征和游戏进行交流，避免了言语交流过程中形象受损的威胁，且将交流沟通深刻化、具象化，从而在互动中不断地发现人际关系中存在的问题。

1 研究对象

研究者通过发布以《解读寝室密码——在团体沙盘游戏中快乐成长》为主题的广告，招募以寝室为单位的志愿者。

本研究中参加团体沙盘的志愿者均为女生，大一，文科专业，来自同一个班级同一个寝室。其中A来自西南地区的农村，家里排行老大，还有1个兄弟姐妹，同时还在班级里担任团支书，自我评价“活泼开朗，乐观向上，有耐性，容易相处，但是有些马虎，说话太直白”。B来自华北地区的农村，是独生女，自我评价“多愁善感，依赖他人，重感情，感情脆弱；但是另一方面也很独立”。C来自西北地区的城市，独生女，少数民族，自认为“活泼开朗，乐于交友，同时还不够独立”。D来自西南地区的农村，少数民族，非独生子女，排行老二，高中的时候就只身一人来到上海求学，自我评价为“慢热，独立，不喜欢麻烦别人”。

该寝室总体氛围较为和谐，但A、B、C三人经常共同活动，而D经常独来独往。整个寝室在相处的过程中也会有些小矛盾，但大家都没有挑明。此次来参加团体沙盘活动，希望能够在咨询师带领下借助团体沙盘游戏，达到以下目标：促进成员间的相互了解，增进信任感，彼此接纳；认识交往过程中误会的产生过程，掌握正确的方法，学习合作共事；体验人际交往中的负性情绪，积极地给他人提供支持与帮助，提高成员解决问题的能力；营造相互支持和鼓励的气氛，塑造和谐友善的人际关系，成员间互相尊重互相付出。

2 方法

2.1 工具

标准规格沙盘1个以及沙具1 200个，包括人物、动物、植物等

2.2 团体频率

由具有沙盘游戏治疗理论基础与实践经验的心理咨询师担任团体组长，带领寝室 4 个成员进行 6 次团体沙盘游戏，每周 1 次，每次 90 分钟。

2.3 团体契约

在团体沙盘游戏开始前，团体成员和团体小组长要签订《团体契约书》，以确保团体所有人员遵守团体沙盘游戏的活动时间，并保守秘密，尊重所有成员的个人经历和隐私权，营造自由、平等、友善的氛围。

2.4 操作过程

每次摆放次序随机生成（如黑白配、划拳等），确保每个人是平等的，不是特定的顺序。每人每次可以动沙一次、摆放一个沙具或者同类型的一系列沙具，不许拿走别人的玩具，但可移动（移动也算 1 轮）。在制作过程中，成员之间不需要各种方式的交流，不要用各种方式向他人表达自己的意图。制作结束前，最后一个人有权利对作品进行最后的修饰，但是也可以放弃。一般一次活动进行 6～7 轮的摆放。

2.5 分享过程

摆放结束，成员按轮次叙述所放置或所移动沙具的意图，以及对其他人所放置或所移动沙具的感受。

2.6 确定主题

由团体成员对共同制作的作品进行命名，在这个过程中可以进行思路的整合，观点的交换，最后达到一致的意见。

2.7 拆除作品

由团体成员共同拆除作品，将沙具归位。

2.7.1　过程

第1次沙盘

如图1所示，D是第一个摆放沙具的人。她放了一个手举弓箭、上半身裸露的男人。接下来，B和A分别放了一块草坪。最后，C放了一个穿粉色衣服的小女孩，认为这是故事的"主人公"。经过7轮摆放或移动沙具后，整幅作品如图2所示。

图1　第1次沙盘的第1轮

图2 《久久》

经过几轮讨论，大家最终选取《久久》作为沙盘的主题，象征着对寝室关系的期盼，希望能长长久久地保持联系。这幅作品，整个画面总体上是比较和谐的，但细看还是有些不和谐。如，当大家都在制造一场热热闹闹的婚礼时，D把那个手举弓箭、上身裸露的男人移到了新人的旁边，引起了其他人的困惑与不适。D认为新人的生活是需要挫折的，所以做了此番移动；在其他人都在营造婚礼、家园等温馨场所的时候，D又放了一个飞机，使主题发生了转变。紧接着B在飞机旁放置了一艘火箭，想要衬托下飞机，使之更丰富。但D却认为B误解了自己的意思，飞机是象征着自己对自由飞翔的渴望，而火箭会阻碍飞机的自由飞翔。

在第1次的沙盘制作中，可以发现寝室成员间的沟通存在些误解。在分享时，B认为"一开始是顺着自己的思路想摆什么就摆什么，后来也在配合。"而D也发表了类似的感想："一开始以为只要做自己的就好，后来还是配合大家，尽管好像有一些配合反倒弄巧成拙"。

第2次沙盘

在第2次沙盘的第1轮中，A第一个摆放沙具，放了图3右上角的蓝色小洋房。接下来轮到D。D在沙柜前思考了3分钟多，最后选定了图3左上角的灰色的人头放在了蓝色小洋房旁边。据D分享时了解到，因为D的手机刚刚坏了，所以很烦躁郁闷，才选择灰色的人头代表自己的状态。D摆放蛇，因为自己想妈妈，妈

图3 《缘》

妈是属蛇的；D还摆放佛，因为自己信佛，佛是代表着善良。而C将灰色的人头移到了图3中的左上角，认为人头是“魔鬼”，要把“魔鬼”移走，跟狮子投降。

这幅取名为《缘》的沙盘中，出现了蛇、狮子、老虎等攻击性较强的动物；出现了具有宗教性质的佛；出现了帆船、火车等交通工具；出现了C在第1次沙盘中就摆放的“主人公”小女孩以及其他人物等主题。画面比较凌乱，具有攻击性，这可能是跟D手机坏了，心情烦躁有关。

尽管这样，成员们在进行分享的时候还是能找到很多积极的元素，C表示很喜欢自己创造出的一家三口（在图3的右上角）；D也表示挺喜欢C创造出的一家三口，因为其乐融融；B认为A摆放的火车对自己的触动挺大的，一开始认为不是很和谐，在随着不断有新的元素加入之后，整个作品看起来又挺和谐的。

第3次沙盘

在第3次沙盘制作中，是B最先开始摆放的，放了图4左上角的带有佛的太阳。结束时的分享中A表示：“虽然今天大家摆放得很随意，但是很轻松，感觉很好”。这个沙盘出现了佛、观音、十字架、耶稣等具有不同宗教特征的主题；还出现了国内神话元素（西游记的师徒四人）和国外神话中的主角（机器猫）等，但是整个画面并不突兀。C认为：“不同宗教在一起，也能很好地相处，这样很好，给我一个不一样的视野。”

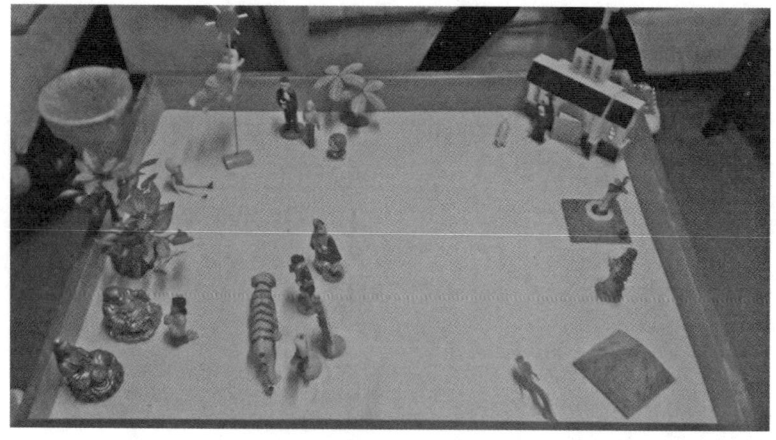

图4 《游记》

第 4 次沙盘

第 4 次沙盘中，寝室 4 人的摆放顺序分别为 C-D-B-A。第 1 轮中，C 最先开始在图 5 右上角摆放了一个箩筐，内有一只母鸡和一群小鸡。在最后 1 轮中，A 将 C 摆放的一箩筐母鸡和小鸡摆到了左下角的房子之后，引起了大家的不解。平时性格温柔的 A 在面对大家的疑惑时显得特别心急，面对大家的发问，一下子涨红了脸，也变得沉默了。当咨询师看到 A 不同往常的表现，并询问 A 的感受之后，A 突然间就委屈地落泪了。原来沙盘结束之后，A 需要参加演讲比赛，非常紧张，原本答应要为自己加油的 3 个室友因为各自的事情都不能到场，想起这个又更加伤心难过。A 还想起在上一次预赛的时候，当看到其他参赛选手有那么多人为他们加油助阵，而自己孤身一人，紧张又无助。当室友们看到平日里坚强的 A，此刻那么伤心，都纷纷对 A 表示道歉，并答应在结束之后，陪同 A 去参加比赛。这是唯一一次在咨询室中，寝室成员间的情感大爆发。由于此次的情感宣泄，是从讨论鸡的故事开始的，所以成员们将主题定为《一只鸡的故事》。

从沙盘作品本身来看，此次作品的主题范围在缩小，变得更具体了，4 个成员都共同认为展示了乡村风的主题，并在共同营造了这样的一个氛围。

图 5 《一只鸡的故事》

第 5 次沙盘

在本次制作中，B 首先在图 6 左下角摆放了坦克，因为“在前 4 次中，B 都会放

图 6 《军旅守望》

一个‘主人公’小女孩，这回想换一种风格，应该会很好玩”。A 了解 B 最近正在看一个跟军旅相关的节目，所以在坦克旁放置大兵。这使得所有成员都默认这是一个跟军旅相关的主题。在作品中，成员间相互掩护，相互帮助，并为共同的目标而奋斗。团体成员经商量后将作品命名为《军旅守望》，既反映了主题，又暗示了希望在接下来的大学生生活中共同帮助，共同见证，共同守望。

第 6 次沙盘

第 6 次沙盘，最先摆放的是 C。C 在图 7 的右上角摆放了前 4 次都选择过的“主人公”小女孩。接着，A 放置了靠近小女孩的熊猫，再接下来所有成员都努力围绕着动物园而进行创造。最后，团体成员不约而同地取名为《这是一个动物园的故事》。

相比于前 5 次沙盘，此次沙盘的主题鲜明，并没有存在着冲突与对抗；在本次沙盘制作中，团体成员间会更多地对比其他成员所摆放的物品，从而思索自己下一步所要进行的步骤；团体成员间的默契更强了，没有出现误解其他人意图。B 认为 A 所摆放的好几个沙具都是自己本来想要摆放的，为此感到很欣喜。

图 7 《这是一个动物园的故事》

3 讨论

3.1 呈现问题阶段

第 1、2 次沙盘制作，大家摆放沙具的速度很快，并没有过多地考虑他人的想法；相互间在理解他人的意图方面，屡屡失误；作品主题显得较为杂乱，冲突状态较多，出现明显的区域分割的状态。可以看到寝室成员间虽然在大部分时间是比较愉悦的，但还是存在一些矛盾。

3.2 磨合阶段

在接下来的第 3～5 次团体沙盘中，所有成员在进行摆放沙具时都更为谨慎，摆放沙具的速度在变慢，更多去考虑他人摆放或移动沙具的意图，尽量避免不和谐状态的出现。区域分割的状态在慢慢淡化，所有成员都在试图营造一个彼此融入的状态。在分享过程中，有些成员会引申出平时在交往过程中的一些困惑，虽然彼此会为自己的行为进行解释，但大家最终会发现原来每个人在做出某种行为时都有特定的立场和原因，不和谐的冲突原来是因为不沟通而产生的误解。只要多沟通，澄清误会，彼此间就会多了几分理解与信任。

3.3 结束阶段

最后一次沙盘，成员间更默契了。每一个成员虽然摆放的时候会考虑其他同学的意图，但是摆放的速度更快更流畅了。最后一个摆放的成员即使没有对全局进行修饰移动（也是唯一一次），看起来整幅作品依然主题突出，关系和谐。在摆放过程中，其他成员对某个成员的沙具的修饰或摆放某个沙具进行衬托，会更符合该成员内在的意图。谈及对其他成员所摆放或移动的沙具时的感受，大家都觉得没有不舒服的感受。观察整个作品，发现作品的整体感更强烈，主题也更突出。在对作品进行命名的时候，成员间很快就达成了一致的意见。

4 成效与展望

经过 6 次沙盘游戏的体验与分享，寝室成员间的关系有了巨大变化。从最初大家分批到咨询室，到后来所有人相约一同来到咨询室。

团体成员在非评价性的团体沙盘游戏中能体会到在人际交往中沟通的重要性，理解每个人的独特性，彼此互相接纳；即使在交流沟通中出现误解，团体成员也能利用沟通去澄清，学习更好地合作，为共同的目标而努力；还能体验到人际交往中的负性情绪，有能量为团体其他成员提供支持与帮助；团体成员们还表示当自己站在对方的角度去看问题的时候，内心会变得更柔和，这使得相处变得更轻松更容易了，相互间的关系也变得更真诚友善了。

参考文献

[1] 张日昇. 箱庭疗法[M]. 北京：人民教育出版社，2006.

[2] Goss S, Campbell M A. The value of sandplay as a therapeutic tool for school guidance counselors [J]. Australian Journal of Guidance and counseling, 2004, 14: 211 - 232.

[3] Steinhardt L. Foundation and Form in Jungian Sandplay: An Art Therapy Approach

[M]. Philadelphia: Jessica Kingsley, 2000:9 - 29.

[4] Bradway K, McCoard B. Sandplay-Silent Workshop of the Psyche [M]. New York: Routledge, 1997:7 - 26.

[5] Pearson M, Wilson H. Sandplay and symbol work: emotional healing and personal development with children, adolescents and adults [M]. Melbourne: Australian Council for Educational Research Ltd, 2001:24 - 31.

[6] Kestly Y. Groups and play in elementary schools [M]. In: Drewes A A, Carey L J & Schaefer C E (Eds.). School-Based Play Therapy. New York: J Wiley, 2001, 329 - 349.

我为什么那么恨她*

——一个憎恨情绪咨询的案例报告

原蓉霞(上海科学技术职业学院,上海,201800)

摘　要　大学宿舍中,因小事引起的愤怒情绪甚至暴力伤害事件,是常有的,也是心理咨询干预的重点。本文通过一例这样的心理咨询案例说明怎样用心理咨询的方法进行即时,短时而有效的干预。

关键词　愤怒;憎恨;心理咨询;大学生宿舍

1　背景

基本信息:女,大一,外地人,单亲家庭,和母亲一起生活。

咨询事由:被寝室一女生从自己的银行卡上偷取几百元钱,虽已还钱,但还是特别愤恨,有时甚至想用水果刀扎她几刀,不能理解自己的恨为什么这么强烈。而且这种恨已经影响到自己的学习和生活。

咨询时间:共一次,60 分钟。

* 作者简介:原蓉霞,上海科学技术职业学院,Email: rxyuan2002@163.com

2 咨询过程及咨询师的思考

当事人印象	*咨询师思考*
娇小身材，皮肤微黑，长相清秀，白色背心，淡紫色罩衫，紫色凉拖，淡紫色背包，淡紫色眼镜框。表情沉重，语气坚定，眼光直视，身体朝向咨询师。	这么多的淡紫色代表了复杂和矛盾的性格特征；语气坚定，眼光直视，反映出深深的受害愤怒感。
(1)了解情况，同情理解，建立信任关系	
咨询过程	*咨询师的思考*
咨询师：说吧，我很想听你的故事。	真诚开放的态度。
来访者：我们寝室六个女孩子，四个上海人，我是江西的，还有一个来自福建，只有我们两个外地人。本来我想我们应该成为好朋友的，我对她很好，她对我也不错。我那么信赖她，和她一起去超市买东西，还让她看到了我的银行卡密码。有一天我发现我的银行卡上少了几百块，我就知道一定是她偷取的。后来质问她，果然是她取的，大家都知道了这件事，她虽然还我钱了，但是我还是无法原谅她。本来我觉得这件事过去就算了，可是到现在一点都没办法，我一看到她就特别来气，当时就因为这事其中考试没考好。我是要拿奖学金的，现在又快期末考了，我觉得一定会考不好的。这件事都过去两个月了，我不知道为什么我会反应这么大，而且反应这么长时间，我觉得不睬她，不要她这个朋友就可以了，没想到怎么也不能让自己平静下来。我不理解我怎么会这样。所以就来找老师了。	事件：被自己信任的室友偷取了钱。 情绪：特别来气，无法平静。 结果：期中考试没考好。 担心：期末考试受影响，拿不到奖学金。 困惑：不知道为什么反应过于强烈。 好信息：想拿奖学金，来找老师。 坏信息：大家都知道了这件事，说明她的报复心太强，公开处理和好朋友的矛盾。特别要好的朋友背叛了，是难以接受的，但是为什么要弄得满城风雨呢？
咨询师：你信赖的好朋友做了背叛你的事，你感到很气愤，这件事虽然已经过去很久了，你也觉得应该不再受影响了，但是却依然无法平静，甚至会影响到你的考试，你不明白自己为什么反应这么强烈持久。	表达对当事人情绪和困惑的理解，建立良好的咨访关系。
来访者：对的。我想不明白。	
咨询师：你怎么看偷取你钱的这个女孩？	了解对“背叛了的好朋友”的看法。

（续表）

当事人印象	咨询师思考
来访者：我觉得她简直不能叫做人，特别没有教养，特别没有自尊，她是偷生的，生下来就被送出去偷着养大，根本就没人管她。她特别自私，完全不顾及别人的感受，用得着你的时候就买东西给你讨好你，用不着你连话也不睬你。特别会玩花样欺骗人。我非常鄙视这样的人。	全盘否定了。好的时候特别信任对方，觉得一切都好；不好的时候就特别恨对方，觉得对方一切都不好。这是一种幼稚而容易导致激烈冲突的思维方式。
咨询师：你特别不喜欢这样的人，所以当你被这样的人欺骗以后，你就特别气愤，特别委屈，甚至怀疑自己怎么会跟这种人做朋友，还那么信任她，把银行卡密码都让她知道了。	站在她的情感立场上进一步理解她，取得共鸣，不是纵容，而是建立信任关系，有助于下一步的思维引导。
来访者：是的，我简直觉得自己被侮辱了，特别委屈。（眼睛里开始含泪，同时身体向前倾。）	得到理解，信任感增强，尽情地表达自己的情绪。
咨询师：你跟其他人说过你的感受吗？	进一步探索她的人际关系。
来访者：说过的，我们寝室的人都知道，现在大家都不理她了，因为她还做了很多偷窃的事。前些天在肯德基打工偷了一百块钱被辞退了，在超市里也偷过东西，因为我们看到她买的东西条码都被撕掉了。她们都劝我不要理她，我也知道，但就是控制不住自己的怒火。	只和寝室的人说过，看来没有更好的朋友了。又一次提到无法控制自己的怒火，需要了解情绪后果。
咨询师：当你的怒火特别大的时候是怎样的感受，有什么想法和冲动吗？	了解强烈情绪下的行为冲动，防止恶性事件发生。
来访者：平时在一个寝室里，看见她就火大，特别是周末上海的都回家了，只有我们两个人的时候，我就睡不着，越想越恨她，恨得特别厉害就想拿寝室的水果刀扎她几刀。但是又想我是要做好学生的，我还要有将来，我还有妈妈，我不能让我妈妈失望，我妈对我那么好，又当爸又当妈的，我不能犯罪。	攻击冲动还是很强烈的。但是要做好学生，对得起妈妈，是她良好的资源，但是当前最重要的是对强烈情绪的干预。
咨询师：看起来你对她的恨还是很强烈的。	聚集“恨”的情绪。
来访者：对的，我就是怕哪一天控制不住自己。	
(2)探索情绪的原因	

（续表）

当事人印象	咨询师思考
咨询师：你以前遇到过这样的人吗？	强烈的情绪背后不是单一的原因，对一个人特别恨的背后是对这一类人恨的积累，积累越深恨越大，越有可能在当前这个人身上发泄。
来访者：没有，我从来没有遇到过这种人。	否认说明阻抗，不能着急。
咨询师：你刚才说你不能让妈妈失望，妈妈又当爸又当妈的。	从妈妈开始探索亲密关系中埋藏的强烈情绪。
来访者：我一直跟我妈生活在一起，是我妈一个人把我拉扯大的。我爸在我两岁时就跟我妈分居了。我妈是老师，她是那种很有教养的人，对我也很好，我并不觉得我比父母都在的孩子少了什么，也不比他们差。	对妈妈有着理想化的描述，提示对妈妈有着不能言说的恨。
咨询师：你妈一个人把你养大真的是很不容易。能说说你妈妈吗？	开放式问题让其展开描述。
来访者：……（妈妈的好）	
来访者：可是，我有时候觉得我妈妈特别蠢，买车票时那么容易就被黄牛骗了。有个美容院把我拉去做什么免费的护理，结果要让我买这买那，先是上千块，我说我没钱，又让我买几百块的，我还说我没钱，又让我买三十块的，反正我就不买，最后她们也没骗到我。	好事说尽就坏事就开始了。这里有非常重要的信息，特别讨厌妈妈被人骗，觉得这样很蠢，所以自己一直注意不被人骗，不想那样蠢。那么一旦被人骗时，就会特别愤怒。
咨询师：在美容院你没有被骗，我觉得你很智慧，也很能坚持。你做得很好。	赞扬她不想被骗的努力，引导出她这次真的被骗的局面。
来访者：是，我才不会上她们的当呢。	
咨询师：你和寝室那个福建女孩开始关系非常好，但是后来她却偷取了你的钱，你有没有被骗的感觉？	
来访者：我们先前是很好啊，她不是骗我的，应该是她后来见钱眼开了吧。	不能承认自己被骗，否则就是承认自己是蠢的，那样会非常难受。
咨询师：你们开始怎么会那么好呢？你怎么那么信任她，甚至让她看到你的银行卡密码呢？	帮助她寻找被骗的过程。
来访者：我觉得她人很好啊，什么事情也帮我做，对我很照顾，还跟我谈心，说小时候她怎么一生下来她妈妈就把她送人，还说她怎么怎么骗她的养母，又怎么被揭发，又怎么变得越来越会骗的养母。我很同情她，就跟她特别好。	人家一开始就说自己很会骗，她还不能识别人家开始对她好就是在行骗，恰恰说明她也够蠢的。可是咨询师绝不能直接说她蠢，要引导她自己承认。

（续表）

当事人印象	咨询师思考
咨询师：她一开始对你很好，跟你谈心，取得了你对她的同情和信任。	
来访者：对的。可我没想到她居然偷取我的钱！	愤怒始终对着别人。
咨询师：你觉得别人会怎么看这件事？	从别人的角度看会减少防御。
来访者：别人可能会觉得我很蠢吧，居然上这种人的当。	只有内心里也觉得自己蠢，才会推测别人会这么认为。
咨询师：如果真的有人这么说你，你心里是什么感受？	
来访者：那我会说是她太坏了。	还是不能承认自己有错。
咨询师：你有没有哪怕一瞬间，觉得自己是上当了？	继续引导。
来访者：这倒有的。	
咨询师：感觉怎么样？一定很痛苦吧。	
来访者：嗯。我有一天想到自己会上她的当就特别恨自己，整整哭了一个晚上。	终于承认对自己的恨了，这样就会减少对对方的恨。
咨询师：我很佩服你能够承认自己上当了。当我们承认自己做得不够好的时候是特别痛苦的，而承认别人不够好就容易得多。	肯定她的勇气，增加新的认识。
来访者：（哭着说）就因为这件事，前几天过端午节，我妈妈来上海看我，来了四天，我只陪了她一天，我不想让她觉得我受骗了，真的很难受。	以前一直说妈妈蠢，特别容易上当，所以自己努力不上当，但这次却上了大当，羞愧难当，才转化为对偷钱女孩强烈的恨。
咨询师：有的时候上当受骗是难免的，最重要的是自己要总结经验教训，提高警惕性，同时勇敢地承认自己的失误。如果不能承认自己的失误，就会把对自己的恨转移到别人身上。比如小偷偷东西是有罪，但罪不该死，有些人就特别恨小偷，以至于把他打死了，他其实是不能承认自己的失误，把对自己的恨也加到小偷身上，于是造成了不可挽回的结局。	这时候可以教育她了。
来访者：老师，我现在知道我为什么那么恨她了。其实是我一直不敢承认自己是上当受骗了，就把责任全都推到她的身上。怪不得我的室友都说我报复心太重了，说我因为这件事把她说得太坏了。	她能告诉我室友说她报复心太重，说明她真的明白了。

（续表）

当事人印象	咨询师思考
(3)提高控制情绪能力	
咨询师：你有这样的认识我很高兴。但是我还是担心你，因为强烈的情绪一旦上来是很难控制的，每个人都是这样的，尽管知道不应该，有时还是难以控制。如果哪一天万一你又想拿刀扎她，你会怎么办呢？	对其伤人倾向进行干预。
来访者：我就想到我要做好学生，好女儿，我要有好将来。	
咨询师：这个想法很好。还有吗？	赞同与鼓励。
来访者：嗯，我睡在二层，早点睡下，这样行动起来不方便。	
咨询师：嗯，非常好，还有吗？	探索更多可能性。
来访者：还有就是我有个抱抱熊，我有冲动的时候可以使劲地抱着它。	
咨询师：这个也非常好，还有吗？	
来访者：还有就是想想老师今天跟我说的这些话，理解自己为什么那么恨她。	
咨询师：好。你想得方法都很好。我再给你加一条，如果还是想不通再来找老师，说不定还有我们不知道的原因呢。	最后还有一招，增强信心与安全感。
来访者：好，这个方法最好。（开心地笑）	
咨询师：好，今天就先谈到这儿，祝你考试顺利！	结束在积极情绪时，可以保持咨询效果并且加强咨访关系。
来访者：谢谢老师。老师再见。	

3 案例思考

强烈的情绪可以由一件看得见的事件引发，但是如果超出了可以理解的范围，就有其背后深层的原因。有时是对自己亲人的不能表达的愤怒的转移，有时是不能承认的对自己的愤怒，从而让事件的引发者承担了过多的责任，无形中成了“替罪羊”，造成损失惨重的不良后果。

化解强烈情绪的方法有 3 个基本步骤：

(1) 理解当事人的情绪,建立良好的信任关系。

(2) 探索情绪的层层原因,逐渐化解情绪源头。

(3) 找到控制情绪的方法,避免悲剧的发生。

本案例中的当事人表面上看,是因为别人背叛了她,偷了她的钱,所以特别恨这个人。但是这个人值得这么恨吗?正常情况下,会把这件事秘密交给老师处理或者自己私底下和偷钱的人沟通了解,毕竟是好朋友嘛。最不好的方法就是一下子把这个人全盘否定,到处宣扬她的不好,揭发她的相关"罪行"。而本案中的当事人就采取这种方法,所以连室友都觉得她的恨超过了常规,觉得她报复心特别强,她自己也觉得不可理解。

通过心理咨询了解了她这种强烈愤恨情绪背后的三层情绪积累。

第一层,她父亲幼年时离开她和母亲,特别重要的是她母亲对她父亲的负面评价深深影响她对父亲的看法,让她对这种"不负责任,自私自利"的人有着极其强烈的恨,所以遇到这样的人就加了这层情绪。

第二层,她潜意识里觉得母亲嫁给父亲并不是有感情,而是不负责任,随意的,从而导致了自己家庭的不幸,所以也恨母亲。

第三层,她认为母亲是一个特别容易上当受骗的愚蠢的人,所以自己绝不要像母亲一样,而且也在努力这样做,但这次的上当恰恰证明她跟母亲是一样的容易上当,一样的愚蠢,她不能接受这个极具伤害力的极低的自我评价,所以把对自己的恨完全转嫁到偷钱女孩身上。

当然还可能有别的情绪积累,在短短的一次咨询时间里不可能完全明白。而且当事人在今后的生活中还会遇到情绪失控的情况。所以,探索控制情绪的个性化方法和保持心理咨询的畅通都是很有必要的。

参考文献

[1] 钱铭怡.心理咨询与心理治疗[M].北京:北京大学出版社,2005.

[2] 陈少华.情绪心理学[M].广州:暨南大学出版社,2008.

[3] 张麒.学校心理咨询实务[M].上海:上海人民出版社,2012.

咨询案例:沉迷网络游戏的学生*

肖君政(上海金融学院心理健康教育与咨询中心,上海,201209)

摘　要　运用焦点解决短期治疗技术对一例沉迷网络游戏的学生进行心理咨询与治疗。咨询过程秉持个案是自身问题的专家的理念,相信当事人的潜能和力量能够面对和处理他自身的问题。从此次咨询的反思得到的经验是,在面对沉迷游戏的学生时,要深入了解网络"成瘾"以及"成瘾"改变的过程,同时避免对来访者标签化,要看到问题症状同样也具有正向功能。

关键词　焦点解决短期治疗;沉迷;网络游戏

1　基本信息和简要分析

我已经做了四年实习咨询员和七年专职心理咨询员①。我在硕士阶段系统学习了人本主义的咨询方法和技术,并把这些咨询理念和技术完全应用到咨询过程中,我一直相信人有潜能和力量去改变自己,如果处在一种良好的氛围中。

同时十余年的咨询让我相信人的改变一定是在接受现实的基础之上的②。由于新媒体的影响带来人们碎片化的生活方式③,造成越来越多的学生要求短时期就能解决他们的问题,如果一段时间没有进展,他们便会变得没有耐心,尽管咨访

---

* 作者简介:肖君政,上海金融学院心理健康教育与咨询中心,Email: xiaojz@sfu.edu.cn

① 本文写于2014年10月。

② 此种观点最初来源于学习到的现实治疗流派理论。

③ 详细的论述可参见:雷利娟,肖君政.新媒体冲击下大学生生活方式的嬗变[J].江苏开放大学学报,2013,01:90-92。

关系建立很好，他们有些也会选择中途中断咨询。基于这些缘由，最近三年我特别学习焦点解决短期治疗[①]，并应用到我的咨询中。

我的来访者王强(化名)是一名刚进入大四的男生，最近的一周他开始足不出户，晚饭都是叫外卖，但从咨询的前两天整日躺在床上，电脑不开，连饭也不吃。寝室同学担心他的状态告知辅导员，辅导员亲自带领他到心理咨询中心，希望能对他进行疏导[②]。我与其辅导员进行了系统的探究，确认王强并没有主动寻求自杀的倾向。

王强非常沉迷于网络，他几乎将自己大部分时间都花在网络游戏上，大一的时候还能正常上课，大二开始逃课，到大三逃课已经是家常便饭，到目前已经挂科十余科，再挂科将影响到正常毕业。

辅导员带领王强来的当日，他告知了我一些王强沉迷网络游戏的严重情况。在大三的时候，他几乎每天除了睡觉就是在玩网络游戏，即使是在睡觉的时候电脑都开着，游戏都在挂机，吃饭都是叫的外卖，两三天才洗一次澡，连洗脸刷牙的事情都免了，寝室的同学抱怨怪味时他才去洗一下衣服。

王强被带来介绍给我寻求咨询帮助时，我是一所高校的专职心理咨询教师，对于学生的咨询是免费的，因为咨询量大，同时还需要兼做其他工作，我的咨询常常受到影响，有时不能全身心投入，而且有时不得不中断正在进行的咨询，这对于咨访关系的建立是一个较大的阻碍。

有学者提出焦点解决治疗的几个要点[③]：①以咨访关系为基础，依赖于具有促进作用的氛围；②时间限制；③实用的，以将来为导向；④以行动为基础；⑤社会互动；⑥明确具体而不抽象；⑦关注典型的发展需要；⑧幽默有趣。

从上面看来，焦点解决治疗方法和人本主义治疗的理念都非常注重咨访关系，而这正是我擅长的。王强当前的学业是非常糟糕的，但他当前的主要目标是沉迷

---

① 并未经过系统的培训和实践训练，以书籍自学和自我探索为主。

② 学校对辅导员要求发现有心理危机迹象的学生要及时与心理咨询中心沟通，必要时要带学生前往，是基于预防学生心理危机的目的。

③ 学习焦点解决治疗技术时从一篇焦点解决治疗的案例报告中摘录一位治疗师的观点，但是目前已经找不到出处，所以没法列出这位治疗师的名字。

网络游戏问题的处理。因为我预想学业的改善是较长远的目标，而且会随着沉迷游戏的解决自然而然好转。同时根据多例"网瘾"学生案例的经验，我确信当前是王强问题的重要转机。

2 咨询过程

第一次会谈

对于一个经过系统学习和专业训练的人本主义流派咨询员的我而言，咨询关系的建立已经不是一件困难的事情，我面对过各种各样的来访者。王强虽然不是主动的求助咨询，辅导员告诉我建议他来心理中心时，他有些犹豫，在我交待咨询的保密原则、时间和次数安排等事项后，我真诚而直截了当地询问了他。

咨询员：我知道你过来是辅导员建议你来的，但你后面答应了过来，我想知道是什么让你愿意来进行咨询的？

王强：室友和辅导员是担心我的情况，但实际上我并没有他们想象的那样，就是，(停顿)你懂的，我实际上是在思考我自己的未来，其实这是我自己的事情，得依靠我自己，但是后来我想来听听老师你的看法也好。

王强讲述了高中时期自己的优秀和来到大学后如何逐渐地迷上网络游戏。开始他只是对网络游戏感到有趣，但很快就被游戏所吸引，宿舍里面有同学跟他一起玩，另外还在游戏里结识了一批玩友，他发现自己在游戏里展现出了优秀的一面，是游戏里一个战队的创建者和领导者，因此他有义务带领他们升级，而在游戏上面花的时间也越来越多。我并没有询问，王强自己就反思自己之所以在游戏中逃避现实是因为他发现进入到大学后他跟同学比较是那么的差劲，不管是家庭条件、学习成绩和娱乐特长等等。在大二他开始挂科，但自己并未在意。

在了解王强的大致情况后，我试探性地探寻他最近一周行为的动机。

咨询员：最近一周你却没有像往常一样玩网络游戏，反而是什么也不做躺在床上，刚才你说是在思考未来，是有什么东西或者事情，又或是什么人让你觉得要改变呢？

王强：(停顿)我马上就要毕业了，我再不改变我的人生就完了。今年暑假回家我跟家里人吵了一架,他们知道了我在学校的情况,可能毕不了业,可能找不到工作。回来后我就想我不能再这样下去了。

咨询员:你觉得现在已经到了必须改变的地步。

之后,我询问王强回校后都做了些什么来解决自己的问题。他说自己尝试去上自习,但是发现根本看不进书,待在教室感觉书本和周围的一切都是陌生的,所以去了几次,但每次都不超过一个小时就回宿舍来了,不由自主地打开电脑,打开网络游戏,在游戏里才觉得一切都是那么自然。他玩游戏时有好多次都突然醒悟迅速做出决定把游戏删除了,但是后面又把游戏安装上,如此反复好几次。直到上周有一天深夜里,他退出游戏偶然看到一篇博文,写的是人的一生到底要追寻些什么。他开始思考问题,但是越思考就越找不到答案。博文说要为自己而活,要找到自己的一生想要的到底是什么,他想不明白。

咨询员:这一周你一直在思考这个深刻的问题,你找到些什么?

王强:我开始想着要为了自己辛苦一辈子的父母,自己要能够毕业能够找个工作,当然最好能够多挣点钱以后养他们。但是我看了这篇文章后就想这真的是我这一辈子想要的吗?

咨询员:本来你已经有了改变的动力和决定,而现在你有新的疑惑便开始怀疑了。

王强:我只是想弄清楚点,其实大家看到我整天都是在玩网络游戏,但是深夜的时候因为很多人都下线了,我又睡不着,我都在看很多的新闻很多的博客,了解社会上很多的事情。

咨询员:也就是说你对这个问题其实一直都在关注,只是没有仔细地想过,是这样吗?

王强:对的,(思考后,笑)这其实是每个人都想弄清楚的问题。

咨询员:为什么说到这个你笑了?

王强:因为没有几个人真正找到了答案。

王强对这个问题的对话欲望很强,他甚至试图从我这里得到答案,尽管我可能有一些观点和想法,但我只能告诉他我也一样在寻找的过程之中,因为我不想在第一次谈话就把我对如此深刻和复杂问题的所谓答案告诉他,而得靠他自己去发现和体验。

我试图回到他的改变尝试上来，他对于我岔开话题似乎有些沮丧，这在我的意料当中。他突然对我的经历发生了兴趣，我简单地告诉了他，因为跟他的成长经历很相似，他对我感觉到亲切，这从他的言语和表情中可以看得出来。但我还是意识到我岔开话题可能影响了咨访关系，如果我不做出回应可能会影响到咨询的深入。因此我坦诚地告诉他为了让我们对他的问题了解更多，我们得继续他的改变尝试话题。幸运的是他知道我们类似的经历后，好像忘了刚才的沮丧，反而显得有点兴奋地说得很多。这对我而言是好事，省却了继续为创造良好咨访关系的大量努力。

咨询员：不管是为了父母或者是你自己的人生，我想沉浸在网络游戏里面肯定不是你想要的，所以我想我们的咨询应该朝着怎样的方向走呢？

王强：先搞定网络游戏这件事吧，我知道人生的问题很难，但是这个比较确定。

咨询员：离开网络游戏具体而言是怎样一种状态呢，你能描述一下吗？

王强：要我完全不去碰它我还真的做不到，（思考了一会）我想限定一周不超过两次，每次不超过三个小时？（说完后看着我想得到我的意见）

咨询员：好的，这是你现在的想法，咨询结束后你可以继续想想这个问题，最好能够用清单的形式写下来。因为时间的关系，我们今天的咨询就到这里，这次咨询主要是对你的情况做了初步的了解和探索，我很高兴你过来咨询，并且看到你愿意改变我很开心。我们下周这个时间段再继续咨询，你看可以吗？

王强：好的，没问题，老师，谢谢你。

第二次会谈

王强第二次来咨询室时很准时，他的精神状态也好了很多，第一次见他时满脸的胡子，眼睛黑肿显得有点颓废，这次他穿得很精神，见到我主动微笑向我问好，我也显得有些高兴，这是良好咨访关系的表现，是王强转变的有利条件。

他坐下来后把上次布置的作业递给了我，写得很工整，我表扬了他的字，看到作业分成了两段。一段写着自己的问题，包括每周打游戏的时间段，挂科的科目等他自己能想到的问题。一段写着自己想要每天要做的事情，包括和同学去自习，寻求任课老师和辅导员的帮助，以及参加体育锻炼，还写了参加心理咨询。我想这是他能够想到的自己的问题和可行的办法了。

我看了一遍过去后，在我们讨论他的作业之前，我又一次进行了咨访关系的建立。罗杰斯认为良好的咨访关系是有效咨询的必要条件，有时咨访关系就足以让来访者产生改变，虽然我看到了咨访关系的良好现状，但我想还得做充足的工作。我有过这样的咨询经验，来访者突然没有原因的不来咨询了，有些可能是因为现实的原因，但有些可能就是因为咨访关系的建立并没有真正良好且有效，关系是否良好不依赖于咨询师，而是来访者的感觉，他们会依此做出决定的。

我询问王强这一周自己的感受，并认真听了他的话，我希望他感受到我是在用心倾听，并明白我是在帮助他，而这都是出自真心的。王强主动谈了更多关于游戏的话题，透露了很多的细节。他在游戏里是武将的角色，级别已经到顶了，而且自己的装备也很好，能够在游戏里面排名至少十名以内。游戏里面有一个玩友是个女生，还是很低的级别就跟着他在一起玩，在游戏里面他们以老公老婆相称，后面也加了网络的即时联系方式，但是一直没有通过电话也没有见过面。王强说自己对她有恋爱的感觉，因为害怕见面或者打电话会破坏这种感觉，所以自己一直没有提出来，而对方也始终没有提起。

我了解到现实生活中王强一直没有女朋友，他说大一的时候偷偷追过一个女生，谁知那个女生没答应也就罢了，还把他当成可笑的事情在全班传开了。有一个多月，全班的同学都在嘲笑他。他把原因归结为自己长得不帅、家里又穷、学习成绩又不优秀等。曾经很长一段时间都非常痛苦，在深夜里默默流泪抱怨世道不公。

我重新理解了王强玩网络游戏的行为，那是一种试图填补现实的落差，弥补现实中未能满足的需求，而这种恋爱的需求在大学生的年龄阶段是非常强烈和重要的。

咨询员：我感觉你实际上是想要和一个女生建立恋爱的关系，而这种关系在网络里找到了。

王强：是的，在游戏里我们每天在线，无话不谈，但是这始终是在游戏里面，要是现实中也有这样一个人就好了。

咨询员：很高兴你认识到了这一点，游戏里面的恋爱可以自由地表现自己，也可以随意隐藏自己而不容易被发觉，但是现实中并不容易做到，所以会更难一些。

我本来预想这一次会谈要跟王强谈一谈他的作业清单，但是我忍住了没有那么主动。我想我做对了，人本主义治疗强调跟随和陪伴来访者，而不是在前面引路，因为有时候你想带领来访者往前走，他却没有走的欲望和动力，甚至他想走的根本就不是你引导的这条路。

我询问他这天怎么对网络游戏的细节话题谈了这么多，王强告诉我其实是怕我像寝室的同学和辅导员那样来看待他，认为他就只是一个颓废的堕落青年。我意识到王强会在意我对他的看法，说明他是信任我的，如果我今天咨询一开始就直接切入讨论他的作业，那么这种信任很明显会慢慢消失，因为在他的眼里，我就跟他的同学和辅导员没有什么两样了。

由于接下来一周我要去参加培训提升自己，因此我跟王强约定下次的咨询延后一周，还是同样的时间，他答应了。这次我没有另外布置作业，只是让他按照自己上周的作业制定个一周安排然后去尝试执行，我想看看在我们还没有讨论如何去行动之前他在这两周的情况会不会还跟他原来那样，去上个自习一小时不到就回来了。

第三次会谈

王强过来咨询室时显得有些沮丧。会谈开始我让他谈一谈在这两周取得了哪些进步。

咨询员：能谈谈这两周取得了哪些进步吗？

王强：两个星期我按照你布置的作业，想了想我一周的安排，我写了一个一周安排表，把每天的事情都排进去，但是好像效果并不好。

咨询员：你觉得执行和计划的预想不一样，对此我能看出你感到有些沮丧。你能告诉我你每天安排和执行的细节吗，随便用哪一天举例好了。

王强：(从书包里拿出一张纸，看起来是作业的一周安排)比如你看昨天吧，我安排是早上七点起床然后洗漱吃完早饭，七点半学习半个小时英语，你知道我有一门挂科了，八点钟去图书馆，八点半开始学习，学的主要是挂科的课程，上午三门课程每门一个小时，中午吃过午饭，然后在图书馆休息一个小时，下午学习两个小时后去操场运动，吃过晚饭后再回图书馆学习两个小时，然后回寝室上网一个小时，十点钟洗澡睡觉。你看安排是挺好的，但是在执行这一栏，我是完成了打个钩，完成了一半勾上画根线，没有完成的就画个叉，当然如果完成很有效率的我会画个笑脸。这是昨天我自己记的结果，有一半都是叉。

咨询员：确实有一半是叉，但是我看到的是同时另一半是钩和半钩，也有一个笑脸。

王强：我觉得有一半的时间浪费了。

咨询员：这一半的时间不一定都是在浪费，可能是你自己在调整状态，如果没有这一半的浪费的时间说不定也就没有另一半有效率的时间啊。而且一天这么详细的计划能完成一半已经很不错了，很多其他的同学可能都没有你做得这么好，更何况你现在是按照计划来安排自己的刚刚开始阶段。

我试图鼓励和赞扬王强要看到自己的努力和努力的结果，而不是失败的一面，这会让他积攒信心，增强自我效能感，有力量继续坚持下去。他的思维方式可能偏向消极，我提供了一个视角让他感觉到同样一种结果我看到的却是积极的方向，即使是浪费时间的看法从一个角度来看也会完全不同。

我和王强详细讨论了他一周安排的各项活动，我并没有过多的调整他的安排，特别是安排里还有上网和玩游戏的时间段。如果存在不合理的地方，我想他会根据结果的反馈自己做出调整的，因为我发现王强是一个自省能力比较强的人。我只是极力肯定了他做出这些安排的决心和完成这些安排的巨大努力，鼓励他按照这些安排坚持下去就会慢慢变成习惯。他请教我控制玩游戏时间的技巧，我鼓励他自己寻找，当然鉴于他目前并没有掌握的一个方法，我告诉他玩游戏之前设好闹钟提醒是一个不错的安排，那可以事先告诉自己到底要玩多长时间，并且时间到了以后急促的闹铃是很好的中断器。

剩余的时间王强还谈到了另一个话题，就是他目前的现实情况。他每次想着都会觉得有些迷茫，挂科不说，等毕业了可能自己不能找到较好的工作，家里经济条件又很差，更不用说以后找对象结婚。对于未来担忧程度的加深是王强逐渐回到现实生活的自然过程，一方面说明他确实回来了，另一方面也说明现实的压力将是他能否坚持的一个重要考验。我多年的咨询经验总结，基于现实的压力很多人会选择不同的方式逃避,如果真正要有所改变,他必须接受他的现实,在没有接受他的现实做出的改变往往会成为无根之木无水之源,改变会动摇甚至回到了原点。因此我花了一些时间来让王强接受自己的现实。

咨询员:对的,你刚才谈论的挂科,以后的工作,对父母的亏欠,以后的伴侣和家庭生活,有些已经是事实,有些可能会成为事实,但这就是你的现实,就是你已经拥有的和将要面对的,这些你能明白吗?

王强:我能够明白,但是我就是,当这些压在你的面前的时候,你会觉得什么也不想做了。

咨询员:这些都是压力,当这些压力压在你的身上的时候,就像是一座大山压在自己身上根本都喘不过气来,这个时候自己会想,我干脆什么也不要做了,我不知道这个比喻和你的感觉是否贴切?

王强:就是这种感觉,每次有这种感觉的时候,我就一个人发呆,根本看不进书。

咨询员:这些东西就摆在你的面前,当然你可以说我不要承担这些,你可以走开,你可以离去,你可以选择逃避,但是你也可以选择接受它,它就是我要走的这条路上必须经历的,尽管很难,我还是会走这条路,那么你也就选择了面对它。

王强:(若有所思)你说要接受它?

咨询员:对的,承认这些就是自己生活的一部分。

王强:(笑了笑)就像是承认人生痛苦和不如意十之八九。

王强对于自己的现实有了初步的接受,当然这还需要时间和过程,他原来从来没有想到过这个问题,我看到他脸上流露出了笑容,我想经过一段时间以后,他会想得更加明白和清晰。咨询时间到了以后,我和王强约定下次继续过来咨询,我们计划下次咨询对他的一周安排进行检查和讨论。

最后一次会谈

通过上一次的会谈,王强对于自己的情况能够坦然接受了,这从他的一周安排完成情况可以看出来，这一周他的完成率已经达到了大概三分之二，而上一次只有一半的样子，我告诉他这是一个令人满意的结果，并且看到这个进步着实令人高兴。他非常激动地强调上次谈话我告诉他的控制游戏时间的办法有很好的效果，这个办法我跟之前的咨询案例讨论并应用过，确实可行。

他觉得现在每天都过得很充实，和同学的交流也多起来，他感觉自己重新找到了生活的感觉。他还特意地告诉我在网络游戏的那个女生，他把咨询的事情以及他的转变告诉了她，原来还担心她会不会不再理会自己，谁知道她非常支持，并且他们还通了电话，她鼓励他按照自己的计划坚持下去，今后做出一番属于自己的事业，她说从游戏中可以看出他在现实生活中也能成为一个优秀的人。

王强对于学业还有些担心，但相信自己在毕业之前顺利通过应该问题不大。上周五的时候他的辅导员找他进行了一次谈话，辅导员说通过寝室和班级同学的反馈感觉他变化很大，也同样鼓励他保持进步。

（中间领导有紧急事情吩咐，期间中断了咨询五分钟）后面的谈话内容并没有涉及到网络游戏和他的每周安排上来了，王强简单谈了一下他以后工作的想法，我对此表示欣赏和鼓励。他表示自己后面可能不能过来咨询了，他已经找了一家做进出口贸易的公司实习，那边要求每周必须要有三天全职的时间，剩余的时间自己除了上课以外还要安排复习和其他的事项，而且他觉得自己现在能够主导自己的生活了，他对我表示感谢。

咨询员：如果以后你觉得需要的你可以随时过来预约咨询，当然不一定是这次我们聊的话题，也可以是别的方面。

王强：（开玩笑的）我希望自己不用再过来了，那样少安排一个人老师你的工作也轻松一些。

咨询员：哈哈，谢谢，不过对于刚才咨询中断再次向你表示歉意，我已经尽可能安排好各种事情了，可是还会有突然的情况，（笑着说）这就是我要接受和面对的现实。

王强：（大笑）真的没有关系啦。

咨询员：今天的咨询时间已经到了，我们这次就到这里吧，真心地祝福你!

3 个案讨论和自我反思

后面陆续几次我通过王强的辅导员了解到他真的做出了很大的改变,顺利毕业了,而且找到一家做贸易的企业去工作。我在学校里见到过王强一次,他西装笔挺的手上拿着简历可能是去参加企业招聘,当然由于他没有看到我,而且由于职业伦理约束,我并没有主动过去跟他打招呼,看到他神采奕奕,我就已经很欣喜了①。

这次案例支持了一些观点。例如我认为此时的咨询是王强沉迷网络游戏改变的重要时机,这在咨询过程中得到了证明,我做过一个"网络成瘾"的课题②,期间对很多的学生进行了访谈,访谈的一个重要发现是,我了解到"成瘾"以及"成瘾"改变的整个过程是如何的,所以当发现王强足不出户电脑也不开了的时候我就相信这是转变的预兆和契机。然而我也意识到即使经过咨询王强的问题看起来已经转变了,但很多的案例告诉我问题可能仍然存在,或许在今后还会重新跑出来或者换一个方式,这是跟王强成长过程中学习到的问题解决和处理方式息息相关的,或者可以说这是他的人格问题,不是不能转变,而是转变比较困难。

我并没有使用"网瘾"的概念来对王强进行行为界定,这常常会对来访者标签化,认为他们就是这一类人,实际上每个人都很不相同,而且"网瘾"在DSM第五版中也只有界定为行为依赖,并且还需要进一步的研究。我在咨询的过程中也并没有对沉迷网络的细节和带来的负面影响做过多的探讨,而更多地从症状之中去寻找积极的一面,这是遵照了学习焦点解决短期治疗我的一个最大的感受:问题症状同样也具有正向功能。

我在咨询过程中同时还一直秉持了焦点解决短期治疗的一个理念:个案是自身问题的专家。这其实与人本主义治疗的理念相同,要相信来访者的潜能和力量

---

① 如果我的当事人并不在意我的身份在公共场合与我打招呼,我当然很乐于积极回应。

② 一项校级管理课题,我是课题组的主要成员,主要负责访谈、问卷调查和数据处理分析。

能够面对和处理他的自身的问题[①]。因此我并没有很积极主动地要掌控整个咨询过程要求来访者按照我所规划设计的方向前进，我所做的大部分是陪同，当需要的时候给予支持和鼓励。

经过七年的咨询和工作，我有些职业倦怠，这种感觉我清楚是来源于岗位与实际工作的偏差，我有三分之二的时间要处理咨询以外的事情，这对我的咨询干扰很大。甚至有段时间我相信各人各有其命运，这是自然运作的规律，你不断挣扎却始终逃脱不了，咨询的作用微乎其微。王强的改变让我重新审视了这一消极的观念，让自己重新集聚了力量可以重新出发。我想这是自己从读大学的时候就选定心理咨询作为职业方向的一个重要原因，那就是你在来访者身上学习到的收获到的有时候比你能够给予来访者的要多得多。

我的原生家庭是农村的穷人家庭，在那里我学到了勤奋和自我克制。在我的学习和职业生涯中，我认为勤奋是必须的，王强同样来自贫困的家庭，他与我有着相同的价值观，这是良好咨访关系迅速建立的一个重要原因，如果没有这个共同的基础，我想咨访关系的建立可能要更慢一些，花费的时间和精力也会更多。王强在网络中迷失了方向，但是我们的咨询让王强重新找到了生活的中心。当然咨询只是一个契机，在咨询的整个过程中透过他略显颓废的面庞我看到了他要改变的决心，而这种决心其实是来源于从贫困家庭中学到的勤奋和努力的优良品质。

最后，我通过这个案例看到，阶层固化和新媒体生活化将可能让一些不具备竞争力的学生依赖网络，逃到网络中封闭性地保护自己，但从而陷入了远离社会和人群的恶性循环中。

---

① 我认为这是当事人中心疗法创始人罗杰斯最核心的心理咨询理念。

暴食行为的认知行为治疗个案报告*

王　枫(上海健康医学院,上海,201318)

摘　要　目的:通过对1例暴食大学生采用认知行为治疗(CBT)的个案研究,探讨认知行为治疗技术对暴食行为的咨询效果。方法:在8次会谈中,使用CBT技术对当事人的暴食进行干预。结果:当事人焦虑、抑郁水平显著降低,暴食行为基本得到控制。结论:用CBT技术对暴食行为进行干预可取得良好效果。

关键词　认知行为治疗;暴食;个案研究

近年来,我国青少年进食障碍的发病呈现上升趋势,大学生暴食现象也很常见,严重者甚至会发展为神经性贪食症(BN)。CBT被认为是治疗BN最有效的方法,并且个体治疗的疗效要稍优于集体治疗。本文结合一例女大学生的暴食行为咨询个案,探讨CBT对暴食及相关心理行为问题的理解,报告咨询过程及技术策略,探讨治疗效果,以促进CBT在暴食行为矫正中的进一步研究和应用。

1　个案资料

1.1　个案基本情况

当事人,女,汉族,19岁,某校大一新生。出生于城市知识分子家庭,家庭关系

* 作者简介:王枫,上海健康医学院,Email: sywangfeng01@163.com

和睦，经济状况良好。到上海上大学后在学习、生活等方面有诸多不适应。经询问，父母均无人格障碍和其他神经症性障碍，家族无精神疾病史。

1.2　当事人主诉和个人陈述

当事人主诉暴食两月余。间歇性地无限量地进食，近两周完全没有自控能力。咨询前一晚晚饭时分吃了相当多食物，之后刺激咽部引呕，感到肠胃不适，头晕，伴随自责、担心、恐慌。

当事人自述上高中时学习成绩较好，父母对其要求和期望都很高，生活琐事细节都由父母料理。个人抱负很高，结果高考成绩一般未能进入理想中的大学，由父母做主填报志愿进入该校。入校后，在陌生的城市开始独立生活，不会料理日常事务，经常感到疲惫，不适应，想家。没有能够交心的朋友，周围许多同学都说上海话，自己听不懂，感到很孤独。不喜欢现在的专业，上课经常走神，学习效率不高。也无心参加班里组织的活动。常感失落、苦恼、自卑。一次走过学校超市，突然一股冲动进去买了很多零食，全吃下后感到很轻松，之后经常一个人悄悄外出买食物，躲着吃，不敢在同学面前大吃大喝，每次会吃很多，似乎生活中唯一的快乐就是让胃里充满食物。并从此一发而不可收，每隔一段时间就要暴食一次，几个星期下来，体重迅速增长，有同学叫其"胖妹"，别人越笑话，就越发泄越要吃，心里也越来越难受、自责，越来越需要食物的安慰。会自引呕吐或节食来控制体重，偶尔会节食一天，但之后暴食会更厉害。暴食周期也逐渐缩短，从不定期到每周两三次，来咨询时几乎每天就要暴食一次，每次都是胃撑得难受，可就是停不下来，甚至头晕脑胀，精神恍惚，肠胃不适，吃完只能在床上躺着。也想好好学习，但是学不进去。两周前到某医院心理科就医，拒绝药物治疗。胃镜检查提示浅表性胃炎。通过咨询医生及在网上和许多暴食症的患者交流，意识到自己是心理问题造成的暴食，希望能先通过学校心理咨询及自己的努力改善暴食行为。

1.3　咨询师观察到的情况

体型偏胖，身高 1.60 米左右，体重 65 kg 左右；衣着整洁，举止得体；神情略显倦怠，焦虑；交谈中思路清晰，有准确的理解力，对自己的问题有基本的认识，求助愿望迫切。

2　评估与诊断

2.1　初步心理测试结果

SDS 测试结果为粗分 52，标准分 65 分，提示有中度抑郁；SAS 测试结果为粗分 49，标准分 61 分，提示有中度焦虑。

2.2　诊断

以暴食为主要临床征的严重心理问题，伴有抑郁、焦虑情绪。当事人具有自知力，精神活动与行为具有一致性，人格稳定，可排除重性精神病；当事人存在一种持续的难以控制的进食和渴求食物的优势观念，并且屈从于短时间内摄入大量食物的贪食发作；采用过自我诱发呕吐、间歇禁食等方法抵消食物的发胖作用；存在异乎寻常地害怕发胖的超价观念；发作性暴食已达到每周 3～4 次，持续两月余；曾至医院就诊，排除神经系统器质性病变所致的暴食，暴食也不是其他精神障碍的继发症状。根据 CCMD－3 对神经性贪食(BN)诊断标准，时程尚未达到 3 个月，未达到神经性贪食的诊断标准。这种存在异常进食行为，但未完全达到进食障碍诊断标准的状态，被称为进食障碍的亚临床状态。

考虑到引起当事人不良情绪和行为反应的刺激事件，不再仅仅集中在最初刺激事件上(入大学后不适应独立生活)，而是很多与最初刺激事件有关联的事件也能引起当事人的不良反应，如听到同学讲上海话，内心感到很孤独，听到旁人提到妈妈就想哭，对课程学习感到担忧，以及对未来充满忧虑，不良情绪泛化到其他对象；反应强烈难以自然解脱，学习、人际交往等社会功能受到一定程度的影响；当事人不能自行解脱自己的痛苦，求治愿望迫切。判断为严重心理问题。当事人的临床症状正处于发展之中，在心理咨询中咨询师谨慎密切观察此症状的发展变化，若持续下去不能调整则将随时转诊。

3 成因分析

(1) 成长经历:入校前家长管教严厉,对学习要求严格,生活琐事细节都由父母照料。未曾单独离开过家。

(2) 生活事件:初入大学不适应,偶尔的暴食行为体会到满足和宣泄,暴食行为由此被强化和固定下来。

(3) 环境因素:当前社会文化观念认为女性身材苗条才是美,只有瘦才符合现代审美标准;周围女生普遍采取各种方式减轻体重。

(4) 心理因素:①歪曲的认知。自己的体型与"理想瘦"有一定差距,产生负面身体意向,并出现身体意向失调;认为自己各方面能力差,将来没有前途等;②情绪方面的原因。焦虑和情绪低落自己不能解决,不良情绪和认知相互作用加重问题。③完美主义倾向。自我评价低,缺乏自信,依赖,人际关系敏感,过分关注别人对自己的看法,低自我效能感。

(5) 行为因素:暴食后自引呕吐,甚至节食 1 至 2 天。

综合当事人临床表现和相关资料可以看出,当事人入校后各方面的不适应导致情绪低落,偶尔的暴食使心情得到缓解,缓解消极情绪的暴食同追求完美、害怕长胖及不能自制的自责、自我的否定形成了新的内心冲突和焦虑,并且相互强化,恶性循环。

4 咨询目标及干预计划

达成共识的心理咨询近期目标:帮助当事人认识自己对学习、人际交往及体形的不合理认知,建立合理的认知观念,降低抑郁和焦虑程度;形成一种规律的进食模式;对发生暴食和自引呕吐行为的高危情境发展出更积极的应对技能;使身体状况恢复正常。

远期目标:当事人能掌握基本的认知行为治疗的技术,成为自己的治疗师,自我调节;树立正确的审美观念、生活目标和自我认知,学习接纳自己,欣赏自己,爱护自己，不断发掘自身优点，增强自信心，建立健全的人格，保持良好的身心状态。

本例个案咨询为高校内部免费咨询，一共 8 次，每周 1 次，每次 50 分钟左右。在学校心理咨询室完成。1～3 个月后分别进行 1 次回访。

5 咨询过程

5.1 初期阶段(第 1～2 次)：搜集资料、制定目标、引入 CBT 治疗

通过摄入性会谈收集当事人资料，探询当事人心理困扰的状况及改变意愿，建立良好咨访关系；进行 SDS、SAS 测验评估当前心理状态；分析会谈获得的资料及测验结果，做出初步问题分析；与当事人一起分析其心理问题的性质及产生的原因，帮助她明白目前焦虑、抑郁情绪虽然是由暴食行为引起，但实际上根源于自己的认知。向当事人介绍认知行为治疗原理、过程及对心理问题的良好效果，引导当事人进入接受认知行为治疗状态。咨询师与当事人讨论协商后共同制定目标，请当事人将咨询目标写在纸上，放在自己经常能看到的地方，起到提醒和督促的作用。布置会谈作业，要求当事人进行决策练习，由当事人权衡做出改变和维持现状的利与弊。第二次咨询时通过面质当事人的矛盾心理，加强咨询动机。要求当事人每天在进食前、中、后自我监测进食情况、思维和情感并记录。指导当事人完成总体焦虑水平及干扰程度量表和总体抑郁水平及干扰程度量表，并绘制进展记录图。

5.2 中期阶段(第 3～7 次)：针对暴食行为进行干预

共同探讨当前进食问题，让其逐渐认识到自己现有问题的危害性。探询其关于进食、体形、体重等所持有的观念，引导当事人客观正确地评价自己，积极悦纳自己，形成健康的自我形象。

指导当事人从情绪的三成分(思维、感受/躯体感觉及行为)这一角度来观察情绪体验并进行监测，并对情绪驱动行为进行分析。如不会做题，没有朋友，无所事事时感到烦躁去暴食，不但可以使当事人避免强烈的情绪，实际上也让她习得不适

宜的行为。情绪驱动行为确实可以缓解当事人的烦恼情绪，让她不至于更加烦恼，正是由于这种缓解，学会了在体验到强烈情绪时反复重复这些情绪驱动行为。当暴食后深感懊恼，自卑，更加不愿与同学交往，因暴食量大，经常撑得难受，只能躺着，无力学习，甚至会进行自引呕吐，更加烦恼，形成恶性循环。

聚焦当下练习。让当事人习惯于注意自己内部和周围正在发生的事情，观察自己的思维、身体感觉或感受以及行为。学习接受自己的思维和感觉的本来面目，不要有批判性的评价或试图去改变，或去避免内部的体验。

识别和收集功能失调性自动思维。使用当事人自身的例子来讲解自动思维。在和当事人讨论具体问题的情况下，引出与该问题相联系的自动思维。如当事人在实验室里练习实验操作，不知道该怎么操作，想找同学问，但是感觉同学都在完成自己的操作，不会理她，于是就想："做什么事都完全要靠自己，没有朋友会帮我"，因而感到很烦躁。这个想法就是自动思维，是在头脑中涌现出来的想法，并没有刻意地去思考它，但是常会对它信以为真，从而产生烦躁、苦闷等情绪。指导当事人去记录下情境、自动思维、情绪及行为，重点强调认知模式。

检验和矫正功能失调性自动思维。向当事人讲述常见的思维陷阱，与当事人一起参照"功能失调性自动思维记录表"进行对照，逐一进行讨论，让当事人找出与自己自动想法相符的功能失调的自动思维。"我再这么暴食下去，什么都做不了，大学生活就毁了，找不到工作，没前途，我无能为力。"(灾难化)；"如果我不能完成这些操作，我就是个失败者。"(全或无思维)；"我又开始暴食，之前节食行为没有任何意义了。"(全或无思维)；"我的同学在操作时不想被我打扰，不会愿意给我讲解的。"(读心术)；"我是个失败者。"(贴标签)；"我感到我很没用。"(情绪推理)

经过自动思维的识别和矫正，逐步进入探索、揭示当事人负性核心信念。举例如下：

咨询师：之前我们探讨了你的自动思维，当你不能完成实验操作时，你认为没人能帮自己只能靠自己，是吗？

当事人：是的。

咨询师：当你不能完成实验操作时，你头脑中在想什么？

当事人：我什么都做不好。

咨询师：如果这是真的，你就是什么事都做不好，你也做不好实验操作这件事，这对你意味着什么？（箭头向下技术）

当事人：我很没用，很无能，什么都做不好。（核心信念）

咨询师：多大程度上你相信自己无能？

当事人：90%到100%吧。

咨询师：你无能的程度如何？只有一点点还是很多？

当事人：至少有80%。

咨询师：在每个方面都是吗？

当事人：是的。

咨询师：有哪些方面呢？

当事人：我不知道怎么跟同学交往，入校后交不到知心朋友。日常生活不知怎么管理，钱啊，衣服啊，以前都是妈妈替我安排，现在我什么都不会，一点儿自控力都没有，学习也学不会。

咨询师：有哪些方面可以证明你是有能力的吗？

（当事人思考性沉默……）

当事人：好像没有。

咨询师：你认为自己在所有事情上都没有能力？

当事人：是的。

咨询师：好的，我们回到前面的场景，当你不能完成练习时，你是相信没人能帮自己只能靠自己呢，还是更相信自己没有能力呢？

当事人：自己没能力。同学们都在完成自己的操作，未必知道我不会。我是恨自己都学不会。

通过会谈揭示当事人的核心信念“我无能”，进一步进行认知重建。学习针对自己的消极信念提出积极的想法。如“我是个失败者”——“只要努力，我会成功的”。咨询师经常肯定当事人在家庭作业上的努力和进步，鼓励当事人进行积极的自我对话，坚持每天回顾并发现自身优点，如善良、宽容、对人真诚、温顺等。

发展替代行为。和当事人共同找出5种生活中可能代替暴食的行为,引导其将注意力外投。从现实角度出发,以准备计算机等级考试和期中考试作为学业目标。人际关系上,改变交友方面的不合理信念,向身边关心自己的人求助;同时鼓励多参加集体活动。当事人原本爱好书法,鼓励其重拾兴趣;发现生活中美好的和自己能控制的方面,树立信心。

放松训练。根据当事人出现的身体紧张,心跳加快,呼吸急促等问题,选择深呼吸放松法介绍给当事人,通过当事人的日常练习,逐渐学会在焦虑增加时灵活自如地使用深呼吸放松技术。深呼吸放松法作为一种放松训练,同时也是一种很好的注意分散方法,它要求当事人将注意力完全集中于呼吸,即将注意力从焦虑刺激上转移开,注意力不再过分集中在想进食上面。

5.3 后期阶段(第8次):预防复发和随访。继续使用有效的辅导方法防止复发,并进一步改善辅导效果

咨询师与当事人共同回顾了前面所讲过的知识内容以及当事人的改变历程。并针对咨询目标和当事人的现状进行咨询效果评估。当事人的精神面貌有很大改善,表情轻松、愉悦。焦虑和抑郁水平明显降低。体重有所下降,两周来均无暴食行为。目前实施有效的控制暴食的方法有:①转移注意力,有吃零食冲动时,自己为了转移注意力将寝室收拾干净,对自己的表现有了信心;②自己约束自己,说服自己,经常看看决策工作表;③多和同学一起,和大家一起去食堂吃饭、聊天,感到开心;④晚上早点刷牙,之后不再进食;⑤在学习上花多一些时间,积极面对考试;⑥晚上会练一会儿书法,准备报名参加学校的书法比赛;⑦有计划地晚上看看书,觉得好好安静看书也是一种享受,感到轻松、愉快。

当事人已能较好控制饮食,情绪明显改善,父母也给予积极的帮助和支持,目前能够安心学习,状态较前明显好转。学校即将放假,提出暂时终止咨询。咨询师对当事人已出现的好转给予充分肯定,让当事人认识到自身是对抗症状的首要因素,强化当事人的自我效能感。同时向当事人阐明,消除暴食行为是一个漫长的过程,可能会有反复,需要长期坚持,要对此做好心理准备。并且和当事人共同讨论预防复发的具体措施。一般来说,应激容易导致病情复发。告诉当事人妥善处理

应激情况，同时继续使用CBT技术。咨询结束后，将间隔一定时间进行随访。最后，咨询师和当事人告别，结束咨询。

6 咨询效果评估与反馈

咨询中对当事人焦虑和抑郁水平的前后测分数显示其焦虑和抑郁指数显著降低。总体焦虑、抑郁水平及干扰程度均从11分降至4分。复测SDS测试结果：粗分28，标准分35分，提示正常；SAS测试结果：粗分32，标准分40分，提示正常。

当事人1个月后主动与咨询师联系，身体状况良好，对体形以及进食和体重的关系有了合理的理解。饮食基本正常，体重从干预前130斤，保持在目前115斤左右。能够认真学习，近期的考试都能通过，和舍友关系融洽，每晚和舍友一起到操场跑步，心理状态乐观、积极。自引呕吐行为未再出现，暴食行为明显下降。出现偶发的暴食行为时能够客观看待。3个月后咨询师电话随访，当事人称目前未再暴食，体重虽未回复到上大学前体重，但是自己能接受，一日三餐饮食正常，食用零食少量。和同学相处融洽。

7 讨论

神经性贪食是一种进食障碍，目前虽然不是大学生群体普遍存在的心理问题，但此症的患病率呈上升趋势，以女性为主。有研究表明认知行为治疗治疗神经性贪食症的疗效优于单纯药物治疗、支持性心理治疗和行为治疗。本案例当事人前来咨询时虽未达到神经性贪食的诊断标准，但是已属于亚临床状态，表现为严重心理问题，若不及时进行干预，将会继续发展。本案例主要采用认知行为治疗的基本原理和程序进行，并且在咨询中引入了短程的精神。

咨询在明确目标时就开始了，咨询师坚持用真诚、温暖、亲切的态度去积极关注当事人，运用了倾听技术、同感技术、自我表露等技术，传达出对当事人的尊重、理解、接纳和关心，与当事人建立了信任、平等合作的咨访关系。当事人在咨询中的主动性一方面来自强大的动机，另一方面则可归功于良好的咨访关系。

在本案例中，当事人本身有非常强的改变动机，同时也有很强的自我觉察能力，认知能力。咨询中并未逐一对不适应行为和不合理观念进行矫正，因为当事人并非是没有主动性的“错误实践者”，每一个问题都需要“教导”才能改变。因此一方面在咨询初期找出产生暴食和自引呕吐的心理原因，引导其识别适应不良的情绪驱动行为，通过具体的认知改变与行为训练，加强对暴食与怕胖自引呕吐的控制，另一方面强调寻找当事人本身的优点和资源，鼓励其积极尝试，找到并发展替代行为，不断鼓励当事人完成家庭作业，做出向目标进步的小的改变，使有效的、积极的行为得到强化，促进当事人的个人成长，同时积极争取家人、同学的支持和帮助，3 个月后回访已不再暴食，没有明显焦虑、抑郁等消极情绪，能够认真对待学习，人际关系融洽，自我评价更积极，达到预期目标。

参考文献

[1] 章晓云，钱铭怡. 进食障碍的心理干预[J]. 中国心理卫生杂志，2004，18(1)：31－34.

[2] G Szmaker, C Dare, J Treasure [M]. Handbook of Eating Disorders: Theory, Treatment and Research, 1995：308－331.

[3] 陆晓花，张宁. 进食障碍亚临床状态的概念及诊断[J]. 医学与哲学，2010，31(1)：56－62.

[4] 白云洋，韩丽彤，徐晶. 认知行为治疗神经性贪食症一例[J]. 精神医学杂志，2010，23(4)：299.

[5] 钱铭怡. 心理咨询与心理治疗[M]. 北京：北京大学出版社，1994：157－202，233－251.

学困结业生的心理危机干预案例分析*

肖景蓉　熊　会（上海立信会计学院经贸学院，上海，201620）

摘　要　心理危机是指学生因身心成长变化和环境适应不良而引起的内心混乱、绝望、沮丧、极度痛苦等严重心理失调状态。这很可能会给当事人带来严重后果。本文展示了辅导员对一位本科结业生心理危机的干预过程，并对未来工作中如何更加积极有效处理此类事件进行了思考。

关键词　本科结业生；心理危机；干预；案例

高等学校结业生，是指具有学籍的学生学完教学计划规定的全部课程，但其中有一至二门课程（包括毕业论文、毕业设计）不及格者。结业生由学校发给结业证书，结业后可按学校的规定补考，补考合格由学校换发毕业证书。本案例讲述了一位本科结业生的心理危机干预过程。

1　当事人基本情况

小 H，男，1989 年生，上海人。父母均为上海人，学历不高，母亲在超市收银，父亲从事服装销售工作。小 H 体型瘦弱，性格极为内向，不善言谈，几乎没有好朋友。高中时期曾有一两个好朋友，后因某些事件与他们疏远，甚至不再联系；大学时期和班级同学交往非常少，没有好朋友。在家中，与父母交流较少，个性心理、日常困惑等很少与父母进行交流。本科期间，基本都是老师主动找其了解情况与谈

* 作者简介：肖景蓉，上海立信会计学院经贸学院，Email：xiaojr@lixin.edu.cn.

心，从不主动与教师沟通。喜欢看经济史、哲学方面的书籍。

小 H 是 2011 届本科结业生。2011 年毕业时，因还有十多门课程未修满，他只取得了结业证书。2011 年 5 月（即毕业前夕），其母曾带他到上海市心理咨询中心咨询，被诊断为轻度抑郁症，并配有药物治疗。但此后，因小 H 反对，治疗中断。据了解，家族无精神病史及遗传病史。

为了在未来两年内取得本科学历证和学位证，小 H 就在学校附近的小区租下了一间小房，以便返校读书。自毕业后，小 H 没有主动与学院老师联系和沟通。

2 心理危机发生的过程

2012 年 12 月的某一天，辅导员突然接到小 H 的电话，电话中小 H 说说想和老师聊聊。辅导员警觉地意识到有些不对劲，马上答应并约好见面时间。

面谈中，小 H 背着书包，头一直低着，情绪低落，断断续续地述说了自己的情况。他说自己没有朋友，很孤单，本科同学都毕业了，现在学校都是新面孔，更是倍感孤独；虽然为了更好地读书在学校附近租房，可是自己却要么在租的房子里睡觉，要么就是漫无边际地浏览网页，很少到教室上课；就算到了教室，也是坐在最后一排，至于老师讲什么根本听不进去，经常开小差，脑子里总是冒出一些诸如自己是个天才、已经考上了研究生等不着边际的念头。尽管意识到一定要将重修课程考出来才行，但是控制不住自己的行为。

现在，离六年学制的最后期限越来越近，而自己却是迷糊的状态度过，于是变得越来越焦虑。晚上难入睡，睡着了又容易醒，特别是凌晨三四点钟醒来后就再也无法入眠，觉得时间好难熬。心情糟透了，不知道该怎么办。

3 心理危机的处理过程

小 H 在校期间就是辅导员重点关注对象，辅导员曾多次找小 H 谈心，对他的性格、状况都非常了解。鉴于小 H 曾有轻度抑郁的病史，且这两年来他的十几门课程只通过一门，学业压力不但没有减轻反倒随着六年学制的最后期限越来越临近而增加不少，辅导员认为情况十分严峻，如果处理不当小 H 可能再度患有抑郁症，甚至导致更严重的后果。辅导员在和他谈话后，马上汇报学院领导和学生处心理健康教育中心，认为该生属发展性心理危机，需进行心理危机干预并启动干预预案。辅导员就学生情况向学生处、校保卫处进行报备。

心理咨询目标：调整心态，控制情绪，保障生命安全；建构合理的认知模式，矫正对未取得学历证书和学位证书的消极认知；学会心理自助，防止问题复发。

学院第一时间与小 H 家长取得联系。学院领导和辅导员告知家长小 H 倾诉内容，希望家长密切关注小 H 的情绪和特殊举动，同时能理解并给予他心理上的支持，在期末考试阶段最好全程陪同小 H 复习备考，并建议家长带小 H 到上海市心理咨询中心咨询。此外，针对小 H 的实际情况（有十多门课程为通过，且含有多门高等数学）给出建议：诸如自学考试或函授；家长要做好不能取得学历和学位证书的心理准备，并帮助小 H 卸下思想包袱。家长说他们也最担心的是小 H 的生命和健康，这两年几乎没见到小 H 笑过，大部分时间独自在家，小 H 还曾说觉得特别烦想要跳楼。家长均表示会密切关注孩子，只要孩子健康，其他都不重要，并准备陪同孩子复习迎考。

第一次面谈中，辅导员在共情的基础上，重点给了一些关于如何集中精力应对考试的建议，并约好一周后再次面谈。

第二次面谈，小 H 情绪依然很低落，沉默的时间更多。辅导员询问了小 H 在第一次谈话后的生活、学习、睡眠情况，小 H 说还是睡不好，经常做梦，但没有谈到父母准备陪同复习的事情。询问他能否通过课程，他沉默了很久没有回答。辅导员和他分析自身学业状况，问他是否考虑通过努力仍不能在规定时间内修完重修课程后怎么办，他依然沉默。

期末考试结束后，小 H 并没有如期出现。于是，辅导员电话了解。询问期末考试情况，他感到考得一般，说不清楚是否可以通过。成绩公布后，辅导员再次电话了解情况，经了解，小 H 期末考试只通过了一门课程，情况并不太好。这些情况都在意料之中。辅导员询问他是否准备放弃，他说不放弃。辅导员提示社会上有很多发展不错的人其实并不是大学生，文凭不重要关键看能力；如果自己始终过不了那道坎，是不是可以通过自学考试或函授取得本科文凭，他也无言，只是沉默以对。辅导员点到为止，鼓励他在家好好准备补考，如果需要帮助可以联系。寒假里，小 H 还让家长请辅导员帮忙找家教辅导高等数学。辅导员也帮忙介绍了家教老师。

第二学期补考结束，小 H 又一门课程都没通过，因小 H 租房已退，辅导员再次电话约见小 H。辅导员问小 H 有什么打算？小 H 说准备找份工作先干起来。

整个过程，辅导员始终与小 H 家长保持联系，互通信息。

4 危机干预的效果

两个月后，辅导员又联系小 H 和其家长。小 H 已经接受了不能拿到学历和学位证书的现实，已经投了几次简历，并且有一些面试，虽然还没找到，但是定位比较准确，并且准备参加上海财经大学会计学专业自学考试。

5 危机干预的经验

在本案例中，由于反应快速、处理得当，让小 H 能及时得到帮助，有效地预防了不良后果的出现，为以后开展心理危机干预工作提供了宝贵经验。在本案例的处理过程中，笔者（即处理该事件的辅导员）对心理危机干预工作进行了一些思考。

第一，及时实施危机干预非常重要。在本案例中，小 H 一直处于内心不安、紧张、交流、失眠的状态中，如果不能及时化解他的这些危机反应，很可能会对其造成严重的影响。因此，抓住危机干预的时机，有效的干预可以缩短当事人心理恢复期的时间，减轻事件造成的心理伤害程度。

第二，制定心理危机干预预案。危机事件发生后对有关人员的有效干预可降低危机事件造成的心理创伤。在出现心理危机事件时启动心理干预预案，对突发问题进行有效应对和处理。在危机干预过程中，要做到信息通畅、工作到位、协调配合、记录备案、责任追究、健全心理干预的良好机制。在本案例中，整个危机事件的发生、发展过程，校院保持着紧密联系，并和家长建立起通畅的沟通渠道，通报案件情况，共同协商问题处理对策。因此，制定心理危机干预预案，抓住时机对目标进行有效干预，对保障高校学生心理健康具有十分重要的意义。

第三，高等学校结业生的心理健康问题有待引起足够重视。一般来说，结业生存在比在校生更多的学业和精神压力，更容易出现心理健康问题。然而，关于结业生的心理健康却处于“悬空”状态。造成这样的状况，一方面是因为学生结业后就算当年的应届毕业生，已算入毕业生范围内，不住校教育管理有一定难度；另一方面是原来的辅导员又有新的工作任务，很难有充足的精力充分关注这类学生。如何给这些结业生更多的帮助和辅导，需要多部门发挥联动效应。

第四，培养学生健全人格学生。由于时间紧张，本案例只处理了小 H 的学习压力问题。实际上，小 H 的学习压力只是导致小 H 出现心理危机的一个原因，在小 H 身上还有人际交往障碍、人格缺陷等诸多问题。小 H 的内向与孤独使其难以将内心激烈冲撞的消极情绪向朋友倾诉或通过其他渠道释放，于是郁积于心中，造成向内产生不断增强的冲击力，以至超过心理承受力而急速滑向崩溃，导致严重心理危机。要更好地预防心理危机的发生，辅导员需要联合多方资源，除了要及时解决应激情况外，而是更应该注重学生人格健全的培养。

第五，辅导员要处理好自身角色，不宜扮演心理咨询“专业人员”。心理危机干预是一项专业性很强的工作，它不同于一般的大学生思想政治教育工作。辅导员在日常的学生管理工作中主要充当思想政治教育者的角色，要求辅导员进行心理学基本理论、心理辅导等相关知识培训，为的是把握大学生心理发生发展的规律，更好地开展工作，而不是要求辅导员替代专职心理老师从事心理危机的诊断和干预工作，扮演“专业人员”角色。因为辅导员如果兼具思想政治教育者和心理辅导员教师角色，会引起角色冲突。心理辅导或者危机干预要求遵循价值中立原则，而思想政治教育有明确的价值导向，两者的冲突是显而易见的。更重要的是，心理危机干预中面对的问题往往是一些严重的心理问题甚至是精神疾病，即便是专职的心理教师面对此类的问题也会有专业受限，需适时转介给专科医院。因此，辅导员在心理危机干预中要处理好自身角色，一定不能扮演“专业人员”，如果贻误了干预的最佳时机，将会造成不可估量的后果。

参考文献

[1] 蒋楠,汪鸿山.高校学生心理危机干预个案分析[J].科技纵横,2012(7).

[2] 黄海群.大学生心理危机突发:案例分析及对策[J].嘉应学院学报(哲学社会科学),2010(9).

[3] 朱美燕.论大学生心理危机的后干预[J].教育评论,2011(1).

[4] 王慧琳.高校辅导员参与心理危机干预工作的思考[J].思想教育研究,2009(1).

[5] 沈文清,刘启辉.辅导员在心理危机干预中的角色定位[J].中国青年研究,2007(11).

错乱的精神世界

——小 L 的心理危机干预故事

王　维(上海金融学院工商管理学院,上海,201209)

1　当事人基本情况

小 L,200X 级 XX 班学生,男,1990 年出生,湖南省 X 市 X 县 X 乡人,父母均为农民,受教育较少,母亲更是连普通话都无法听懂。小 L 幼时父母离异,分别再婚并育有其他子女,父亲将小 L 委托给姑姑照顾,平时联系较少,母亲再婚后基本断绝了与小 L 父子和亲戚的联系。小 L 有一个表哥在上海工作,其余亲属均在老家。他身材瘦小,身高 1 米六出头,衣着朴素单薄,较内向。曾复读一年,以超湖南省一本线(理科)16 分的高考成绩考入我校。平时学习表现较好,成绩并不理想,大一第一学期期末基点 2.11(全班 51 人排名 34 名),英语不及格。

入校心理筛查显示某些指标存在偏差,需予以关注。在校出现系列行为异常后,在与其家人的沟通中了解到小 L 从小个性较为孤僻、偏激,很多行为和想法即使家人多次劝说也毫无改变。

2　心理危机发生的过程

小 L 最后经杨浦区精神卫生中心确诊为精神分裂症。因此小 L 的心理危机或者说精神危机是一个不断发展、各种事件层出不穷的过程。从大一入校至第二年 5 月26 日多次出现精神异常的行为,包括幻听、幻视、臆想以及不合正常逻辑的语言和行为。以下是按照时间顺序发生在小 L 身上的若干事件和危机的过程。

2.1 始终不相信自己上当受骗

虽然在特别提醒过学生开学期间可能遭遇骗子以订阅书籍杂志为名骗取钱财，不要轻易相信，但还是有极个别同学被骗，L同学就是其中之一。在对这个同学做工作过程当中，其他2位同学均表示会吸取教训、擦亮眼睛、提高警惕，但是L一直都不肯承认自己受骗一事（从其他同学那里已经确认他受骗的事实），而且表现出对上海这个城市和上海人的极大不信任感。

2.2 独自跑到隔壁学校进行军训

军训期间有一天上午小L和教官顶嘴，下午训练的时候他人就不见了，后来发现他跑到在隔壁财政学校军训的班级中训练了一下午。

2.3 他有一点怪

(1) 不像其他新生结伴而行，喜欢独来独往，经常戴着耳机听东西，很少参加群体活动。

(2) 上课总是有些异常表现。上午第一节课上课常常来的比较迟，只好坐在教室的最后，或者是最前面。有一两次上课老师提问他，几次叫他名字，都没反应。还有个别时候，他会在上课时莫名其妙突然站起来，在英语课上捂住耳朵。

(3) 时常会盯着自己的掌心、画好的靶心或梳妆镜中的自己看，时间多在超一刻钟至半小时左右，有时候会在深夜发生这种行为。在进行这种行为时，一般不理睬别人的招呼和问题。对这种行为，他解释为在练习定力。

(4) 一个90后却热衷于练习太极拳，在与同学很有限的交流中积极地推销他的观点。

(5) 常常片面地理解别人的说法，比如：某位任课老师说要博览群书，他就花很多时间在课外书上，而大量减少学校课程的学习。

(6) 穿着朴素，冬天愈加显得单薄。

(7) 班级通知的很多事情都不知道，常常晚交各种材料。班干部直接通知到他本人时，他常常当面说知道了，转眼就忘掉了，如果再次催他，他会生气。

2.4 “骚扰”女同学

12 月 31 号上午 L 同学同班女同学 Z 找到了老师，说自己实在受不了 L 的骚扰了，甚至想去报警。因为从 12 月 23 日晚开始，L 就以递纸条、发短信、打电话（手机和宿舍电话）和制造见面机会等方式，向 Z 示爱；Z 向他明确表示已有男友，但是 L 同学依然不依不饶，这让 Z 不胜其烦。

L 对此事却有不同的说法，他解释说刚刚开始他误以为 Z 喜欢他，于是他慢慢就喜欢上 Z，后来知道 Z 有男友后，只是想和她做朋友，那些短信都是想把自己认为好的东西告诉 Z，是为了她好。

12 月 31 号当天在辅导员和 L 谈话后，承诺以后不会再打扰 Z，但是从第二天开始还是陆陆续续有些莫名其妙的短信，不过呈逐渐减少的趋势。

2 月 28 号当晚查寝时，L 向辅导员反映当天下午她到校后没多久就收到 L 的短信，让 Z 不要再骚扰他！之后又陆续有一些莫名其妙的短信。

这次谈话后好几天 L 没有再找 Z，本以为事情就到此为止。谁知，3 月 8 号早上 8 点一上班，Z 就把 3 月 7 号以来 L 给她和 J 发的短信给辅导员看，其中有部分措辞非常极端，如：永别了，我的老同学！/不要把我和 Z 之事再闹大，她可能受不了打击，会做傻事。/明天她真的可能会出事，……说真的我从来没有这么恐惧过。

2.5 失踪了

一向独来独往的 L，3 月 8 号当天上午旷课，没有人知道他去哪里了。短信不回复，手机也一直打不通。一天中辅导员和同学四处寻找 L，但直到将近下午上课前，L 才给辅导员回电话，说他已经回到学校，知道自己旷课不对，上午是有些事情想不清楚，在外面梳理思路、排解压力的。

第二天，L 在和辅导员的谈话中说自己烦心的事情主要是这样几个方面：一是对于插班生考试患得患失，既想考上，又担心失败，认为自己为了插班生考试付出了很多，要舍弃很多，如果考不上损失就更大。二是认为班级、年级甚至整个学校的学生都没有人能够跟得上他的思路，认为自己的想法比较超前，因此也不愿意和同学交流。另一方面，他很渴望同学之间相处融洽的氛围，但周围的同学基本上他都看不上，“堕落”是他用来评价其他同学的词汇。他和同学之间没有什么交流，同时又极端渴望交流。三是承认自己比较敏感，常常看别人不顺眼，即使别人的言行和他根本没有关系，也会有别人歧视他的感觉。

2.6 想考插班生

L告诉辅导员自己从小到大一直都是这样，有点“另类”(这是他用来描述自己的词汇)，如果以后插班生考不上，对大学文凭也抱着可有可无的态度，打算去创业，但具体创业事宜还没想过。

据L的班级团支书将L常常不在宿舍，甚至有时在熄灯之后还未回宿舍。至于插班生考试，从他不重视大学英语和数学的学习(这些是插班生考试的基本内容)上看，有可能他都不知道考试范围和报考的一些信息。后来辅导员问起L插班生考试打算考什么学校，什么专业，怎么报名等基本信息，L均回答说不知道，还没想好。实际上，打算考插班生的同学去年10月份左右就对相关的问题进行了研究，应该早就确定了报考的学校、专业，而且最近一段时间正是报名的时间，可是L都完全没有概念。

2.7 隔着门看见了持枪者

3月9号凌晨2点左右，一阵手机铃声把辅导员惊醒，是L的电话，正要接电话挂断了，辅导员这才发现L已经发了四五条短信，说自己在宿舍遇到了危险，要求帮他报警，还要求不回短信和电话给他，因为那样会弄出响声。辅导员不知道情况怎么样，保险起见打电话给L同宿舍物流班同学C了解情况，让C观察L和所在宿舍的情况，C报告说宿舍一切正常，但是L神色紧张并瑟瑟发抖，几经劝告L执意不肯上床休息。

第二天从9点10分到9点52分，辅导员安排了与L的谈话。除了中间接了13分钟L姑姑的电话外，辅导员一直在和L谈话。谈话中了解到L认为自己有“第六感觉”或者说“心灵感应能力”。每当他在书本上或者是电脑上看到一些与自己相似人物(这些人物常常是成功人士)的信息时他的胃部附近就会有发凉的感觉，就会提醒他这些人和他很像。他常常会有一些预感，虽然他自己也承认这些预感最后都没有成为现实，但是仍然认为自己的预感是比较准确的，只是当时条件有变，没有成为现实而已。比如他在 3 月 7 号给 J 发出短信说要出事，这就是他的预感。

L 说从 3 月 8 号早上开始头部的右后方就有一个类似自己的声音多次说“要出事!”，下午的时候他的胃部附近又开始阵阵发凉，他非常肯定一定会有事情发生。3 月 8 号晚上大约 10 点，L 就上床睡觉了，但是总是睡不着，大概是 12 点 50 分的时候他们宿舍电话铃声响了，而且一连响了好几次。L 认为同宿舍同学都很有钱，别人一般不会打宿舍电话，而且这是时候打电话很奇怪，所以他认定自己预感的事情发生了。隐约中他还听到门外有脚步声，他担心有人在门外伺机破门而入，要害他，所以也不敢接电话，只好翻身下床握紧台灯在角落里呈防卫状态。一直到凌晨 4 点左右，天蒙蒙亮后，当他模糊中看到门外无人（宿舍门一直是关着的，他说自己功力还不够强，不能清晰地看到预言的景象），才安心上床休息。

2.8 “投毒”事件

4 月 9 日晚 10 点多，L 打辅导员电话声称有同班同学 K 投毒害他的证据，并说自己身体非常不适要去看病。L 在电话中诉说 K 是他的情敌，所以和自己有深刻的矛盾。但是 L 现在不想和他计较了，所以下午想找 K 说清楚，消除误会。但是 K 没有给 L 解释的机会，从图书馆一起离开时 K 搭着 L 的肩膀，临分手时还诡异的对 L 笑。L 说他被 K 手部接触的肩膀附近现在非常难受，认为是 K 利用搭肩膀趁机对他下毒，还要保留衣物去有关部门去做鉴定，并反复询问辅导员哪里可以做鉴定。同时，L 还多次强调以前老师和同学对他不信任，现在他有证据了，可以证明他周围的同学对他都怀有敌意并处心积虑地要害他，所以他一定要去做鉴定，并考虑报警。

2.9 有人要“杀我”

L 开始养成每天晚上睡觉前把脸盆架和椅子放到宿舍门后堵住门，蒙着被子在宿舍里走来走去等行为，偶尔有骚扰 Z、旷课外出行踪不定等情况出现外，没有特别不正常的情况。

5 月 23 日(周日)晚 8 点左右,L 致电辅导员说自己宿舍不安全要求住到学校门房间,问其原因,L 不愿告知。不久后,学校门卫致电辅导员说 L 在门房间,要求晚上住宿。后经辅导员与门卫劝说多时,L 返回宿舍。辅导员马上把这一情况汇报给院系领导。

回到宿舍后,L 先去邻班宿舍借了一把水果刀,然后借用舍友电脑查询致毒物和投毒方式的信息,最后蒙着被子在宿舍走来走去直到深夜。大约当天凌晨 2 点多,L 对着窗口大喊救命多次,据对面女生宿舍同学反映,好几个针对 L 宿舍的女生都被惊醒,而 L 相邻宿舍也有多人被 L 的救命声惊醒。据 L 舍友说当时并没有什么危险情况,只是学校相邻的居民区有汽车进出,汽车停稳熄火后,L 逐渐安静下来。

5 月 24 日晨,辅导员马上赶到 L 宿舍,L 一脸倦容,问及昨晚情况,L 不愿正面回答。5 月 24 日下午在学生处和浦西办的安排下,着手把 L 的宿舍(六楼)搬至招待所一楼,防止 L 精神异常情况下坠楼身亡的危险。L 开始同意搬宿舍的安排,但到下午 4 点左右,明显精神不正常,告诉辅导员其生父要杀他,不管住到哪里都不安全,所以不愿意搬宿舍。辅导员为了安抚 L 的情绪,要求他把生父为什么要杀他的原因写下来。下班后,辅导员和 L 一起到浦西心理中心,和心理中心曾老师一起看着 L 写材料。

晚饭期间,L 开始同意辅导员帮忙打饭,后来却拒绝吃食堂打来的晚餐,理由是食物有问题。辅导员和曾老师一起边吃饭边看 L 写材料,L 十分警觉地听外面车辆的声音,不时起身跑到窗户处看外面的情况,并多次问两位老师借刀子,说他生父马上就坐车来学校了,要来杀他,其神色异常紧张。突然,L 目露凶光对还未吃完晚饭的两位老师大声呵斥:“你们给我滚! 滚出去!”两位老师稍有异议,L 就威胁说要砸电脑,两位老师只好尽量拖延,直到没办法再拖延准备走出心理中心办公室时,L 突然抢先一步拦在门口,禁止出去。随后,辅导员趁 L 不备,以倒垃圾为名逃脱 L 的控制,马上把情况报告给学生处、浦西办和院系领导,并一直保持与被困的心理中心曾老师时时联系,此时大约将近 6 点。

5 月 25 日在持续了 2 天两夜的亢奋后,L 当晚仍然十分亢奋,根据专业知识判断 L 已经处于精神崩溃的边缘。

直至5月26日小L的父母到校，经辅导员、心理中心刘纯娇老师、校医分别介绍情况和沟通商谈后，与L家人一起带L到杨浦区精神卫生中心，经两位专科主治医生确诊为精神分裂症。

3 心理危机的处理过程

3.1 心理危机的发现

大学入学开始，如上文所述小L同学很快被发现有一系列有些怪异的行为和想法，这旋即即引起了辅导员的关注，并向上级领导和校心理中心进行了汇报。

3.2 心理危机的评估

截至骚扰女同学事件，对L的评估还处于因特殊的生活成长经历而形成的怪僻性格和偏激思想与行为，认为他存在较为严重的心理问题。

但当小L陆续多次出现精神异常的行为，包括幻听、幻视、臆想以及不合正常逻辑的语言和行为后，基本判断L存在一定程度的精神分裂和迫害妄想。

3.3 危机干预措施的制定及实施

以骚扰女同学事件为节点，之前的危机干预是按照普通的心理危机制定干预措施并实施。具体如下：

(1) 从大学报到受骗事件开始，辅导员就开始经常留意L同学的日常表现，并布置其舍友和班级同学多多留意观察L同学。

(2) 辅导员对于L的比较特别的行为，会在专门谈话或者某些方便的情况下，尝试了解他这些行为的原因并给予一定的提醒。

(3) 在发生骚扰女同学事件后，辅导员及时向上级领导和校心理中心进行了专门汇报，查看L的入学心理测试结果(某些指标严重异常)，并参照专业的心理咨询技术和手段对L的心理危机进行的必要的干预。

之后小L多次精神异常行为后，因L的家人不愿面对问题，对L不管不问，始终不肯到校处理 L 的问题。因此按照危机干预专家的判定和 L 家人表现，制定了对应的精神危机干预措施并实施。具体如下：

(1) 辅导员和 L 的班级同学每天全天 24 小时，密切关注 L 的言行举止和行踪，保证 L 不脱离视线。

(2) L 的班级同学、辅导员和校心理中心保持实时联动。如 L 有异动，马上采取相应的处理措施。

(3) 学生处、心理中心、院系领导老师均做了大量的针对 L 的心理抚慰工作从各个方面做了大量的针对 L 的心理抚慰工作，安抚其情绪，缓解其创伤。

(4) 采用电话、短信、快递等各种方式，学生处、心理中心、院系领导老师反复与 L 的家人联系，总是在第一时间告知 L 的异常表现，晓之以理，希望 L 的家人能到校处理。

(5) 在 L 家人到校之后，由分管学生工作的鲁海波副校长坐镇浦西，学生处、工商管理学院、浦西办、保卫科和校医院领导老师全部聚集浦西办，详细介绍 L 的情况，并协助 L 家人带 L 到杨浦区精神卫生中心就诊。并针对 L 的情况，特事特办，很快代理 L 办好了因病休学的手续，还特别给予 L 一定经济资助。

4 危机干预的效果

4.1 当事人现在的情况

5 月 27 日，L 同学由家人带回长沙住院治疗。辅导员一直与其家人保持联系，在住院治疗几个月后，L 情况有所好转，但还需长期服药和专人监管治疗。L 本人一直表示希望早日返校复学。休学一年后，L 的亲友帮其办理了休学延期，继续进行治疗；两年休学结束后，因 L 的病情时常反复，恢复有限，L 的母亲无限惋惜的为其办理了退学手续。据其母说，L 平常较为正常，与常人比稍有异样，但时常会有异常举动，需终身服药和专人护理。

4.2 危机评估专家的意见

(1) 鉴于 L 发病过程和校方、家长的处置，以及之后治疗，L 的现状属于正常。

(2) 校方在危机处理中表现得当,如家长在孩子的成长过程中不那么冷漠和疏离,多一点对孩子的关心和爱护;如果家长能早一点认真对待学校告知关于L的诸多异常举动,而不是在距L第一次精神分裂发病近3个月后,L反复精神异常发作,在学校各部门老师和同学的紧急处置下仍徘徊在精神崩溃边缘才赶到学校的话,L的病情一定可以在发展最初进行有效的控制,或将L在精神分裂的边缘挽回,不至于成为终身精神分裂症患者。

5 危机干预的经验

5.1 本次危机干预中出现的新问题

5.1.1 外地生源学生父母对孩子病情长期不管不问。

我校全国招生,许多学生来自各地。本例中L家在千里之外,又生长在特殊的离异后寄养家庭,从小缺少父母的关爱。到校出现异常后,学校各种方式反复与L的家人联系,无奈其家人始终对L不管不问,不愿面对问题,不肯到校处理L的问题。长达近三个月,L多次精神异常反复发作,学校上下和各个相关部门不得不通过各种方式,做了大量工作,不抛弃、不放弃,竭尽全力保护、关心L,保证其生命安全。

5.1.2 高考体检无精神筛查制度,面对学生的精神疾病,高校心理中心、校医院处于尴尬之地。

其一,现行的高考体检制度没有精神筛查,只有体格筛查。录取后新生入校相关测试也只有心理测试,无精神筛查。这是一个极大的制度漏洞,学习好但有精神疾患的学生只要通过高考,就能顺利地进入大学。而到了大学,为时已晚,普通的大学心理测试只能作为判断心理疾病倾向的参考,而非专业精神疾病诊断,无法判别学生是否一定存在精神异常。

其二,即使高校心理专业老师和校医院综合各种迹象,基本可以断定学生存在精神疾病。但是现行的高校心理专业老师和校医院均不具备精神疾病专科资质,不能给出医学结论。

其三，如若精神疾患学生家长拒不接受校方对于学生病情的推断和建议，对精神疾患学生不予采取积极正面的诊治措施，校方就只能眼睁睁地看着，而不能代替家长有所作为，最后留给学校和学生本人的都将是一个长期、巨大和不可挽回的痛苦。

5.2 有效的干预经验

(1) 通过辅导员长期细致耐心和周全的工作，建立起危机学生对辅导员的深厚信任，继而建立起对其他老师、学校和同学的深厚情感和信任，从而为学校的工作争取了主动，创造了有利条件。

(2) 对患病学生和不予配合的家长都要不抛弃不放弃

黎明的曙光常常是经历了长久的黑暗才看到的。面对一个很少有人承认的精神疾患的孩子，面对一个支离破碎的家庭里成长起来的学生，困难很大、阻力很多、条件不足是一定的。但是人心都是肉长的，只要你不抛弃不放弃，总有转机到来的时候，总有家长肯于直面的那一刻。坚持到那时，患病的学生就有救了！

5.3 危机干预中的不妥之处

基于现实条件，危机专家认为校方在危机处理中表现得当，已经做到了能够做到的最好，并无不妥之处。但是如果我们国家的高考体检不仅有体格检查还有精神检查，如果我们大众对于精神疾患可以像对待身体疾病一样坦然面对积极治疗，如果……

应用音乐治疗进行减压的心理干预案例

聂含聿(上海金融学院会计学院,上海,201209)

1 当事人基本情况

小勇,1992年生,男,籍贯黑龙江鸡西,父母离异,从小随母生活,小时候跟母亲住在亲戚家,靠母亲一人打工挣钱维持日常基本开销,家庭条件一般,小勇从小懂事独立,家族中无遗传性精神病史。

2 当事人心理症状

小勇在学生会和班级都担任主要学生干部,高考成绩600多分,学习成绩优异,能力很强,人很聪明,为人很朴实,做事踏实肯干。担任学生干部期间,有段时间事情特别多,自己觉得有些应付不来,出现睡眠少,白天没有精神,感觉浑身无力,疲惫的状态,脸上没有任何表情,眼睛无神。

音乐治疗减压过程

在发现小勇上述一系列状况后,对该生采取音乐治疗中接受式音乐治疗中的指导性音乐想象技术,对该生焦虑状况进行治疗。在治疗前后对该生进行S-AI状态焦虑量表的测验。在该生测试前,量表显示该生的压力感较大,压力值平均分为4.5(该压力量表评分区间范围0～5),在音乐治疗中,该生紧缩的眉头有所松动,呼吸逐渐平稳缓慢,不时脸上出现了些许笑容。

3 音乐治疗干预的效果

音乐治疗后，小勇再次进行了S-AI量表测试，测量的压力平均分为1.5(该压力量表评分区间范围0～5)。精神状态明显改善，面露笑容，眼睛炯炯有神。接下来一段时间，该生又投入到繁忙的学习、工作中，他觉得现在是面临着很大的挑战，但是自己愿意勇敢地去尝试，希望自己可以在大学期间顶住压力，养精蓄锐，准备备考考研。

该生是个非常优秀的学生，学习、工作上对自己的要求很高，凡事尽善尽美，但是处于大学生的年龄阶段，心智还尚未很成熟，面对压力和挫折，抗压能力不够强，加之完美主义的情怀和懂事的性格和道德化的自我，使该生没有将压力释放出来，而是内化将矛盾指向自己，产生自责。该生在面对较大压力时，没有选择向其他人说出自己的压力状况，而是自己选择硬抗着，但是该生的身体做出了第一时间的反抗，让该生觉得力不从心。

4 应用音乐治疗进行心理干预的经验

当前大学生多为独生子女，家里一般是6人(姥姥、姥爷、爷爷、奶奶、爸爸、妈妈)宠1人，可以说是集万千宠爱于一身，听的表扬远多于批评，抗挫折力、抗压能力较差，在面对困难时容易产生退缩、逃避的心理。加上优秀的学生完美主义会较明显，因此对自己提出更高的要求，当自己没有达到预期要求时，就会产生自责内疚。

近十几年来，我国高校不断扩招，本科生招生数量也在不断上升，截至到2012年，我国本科招生人数已经扩大到374.057 4万人。(中国统计年鉴，2012)剧增的人数，给大学生们带来了机遇，同时也带来了更大挑战，这一现象让大家意识到大学生这个群体值得关注。

我校隶属金融行业，金融行业的特点是风险高、收益大，但同时也面临着很大的压力。中智人力资源管理咨询有限公司副总经理胡彭令接受《第一财经日报》采访时指出:“这些行业有着较高的风险如金融业,更多的是高强度的脑力劳动,行业内许多企业对高额利润和绩效结果的追逐使得员工长时间处于高压状态。”(中国广播网,2011)长期处于高压状态,会严重损害人的身体健康,因此提高金融人有效调节自身压力的能力,要提前进行。在本科阶段,要通过各种途径,第二课堂、第三课堂或者其他心理疏导的方式,让学生进行抗压训练,以保障学生走进社会后,可以有效地自我调节、自我舒缓。

生活中缓解压力的方式很多:如运动、看电影、瑜伽、旅游等等。但是对于大学生而言,不是每个同学都会选择户外运动等方式,有些同学则选择“宅”在寝室,用看电影、网络聊天等方式舒缓自己的压力。音乐是无时无刻伴随我们的资源,由于现代社会媒体的高度发达,致使音乐资源无处不在,无论在大街上、电视里、电脑中、手机里等等,都有各种各样的途径接触音乐,因此当今大学生接受音乐的次数与频率远远大于其他资源。且大学生对于各种类型音乐的喜爱程度也超出了以往。如果能通过音乐这种简单易行且易于大学生接受的方式缓解压力,相信会是一件非常有意义的事情。

笔者认为,音乐治疗是一门集音乐、心理、医学等多学科为一体的交叉性学科,通过音乐对人们进行一段时期的干预,促进人们的身心健康,达到治疗的目的。

自 1918 年,Margaret Anderson 在哥伦比亚大学开设了第一门音乐治疗的课程以来,(吴幸如、黄创华,2010)音乐治疗学科的发展已有一百年的历史。很多国家的音乐治疗协会、机构相继开展起来。音乐治疗自诞生以来,影响不断扩大,1974 年世界音乐治疗联合会成立。(李林森、房立岩、孙岚、崔箭,2010)“据世界音乐治疗联合会统计,此后澳大利亚、德国、法国等 45 个国家先后成立了音乐治疗机构,150 所大学设立音乐治疗教育。”(洪文学、李昕、高海波,2004:221)

我国的音乐治疗起步较晚,1979 年美国音乐治疗博士刘邦瑞教授应邀到中央音乐学院讲学,第一次把欧美音乐治疗学介绍到国内,才拉开了我国音乐治疗学科建设的帷幕。(刘斌、余方、施俊,2009)1984 年,北京大学的心理专家做出了《音乐的心身反应》的实验报告,同年长沙马王堆疗养院开展了“音乐心理疗法”(是国内最早的心理音乐治疗室)(张鸿懿,2000)1989 年中国音乐治疗学会成立。1992 年中国音乐治疗学会北京设备研制中心成立。到目前为止,我国已有 200 多家医疗

单位开展音乐治疗。(刘斌、余方、施俊,2009)

国内外学者在音乐治疗减压领域中有了一些研究,研究显示,音乐治疗无论在生理还是心理方面都有舒缓压力的作用。

杨银、杨思环、张莉(2002)在音乐治疗减压的研究中将60名在读大学生作为受试者,测量受试者的脑电、肌电、皮温、心电信号。实验结果表明:与对照组相比,实验组的脑电α指数及脑电相干函数增高、心理变异中低频/高频比值降低、RR间期散点图形状得分升高,且SCL-90总分降低,证明放松训练对大学生心理、生理有一定效应,进而说明放松训练对大学生精神紧张有缓解作用。

Burns, J. L., Labbé, E., Arke, B. 等人(2002)研究中把60名心理专业的大学生作为受试者,其中男生31人,女生29人,该研究中将这些受试者分为古典音乐组、硬摇滚音乐组、自选音乐组、控制组四个小组,实验共持续1个小时,受试者带好仪器后,先进行心理旋转任务测试(即激发压力测试),然后静息或听音乐,最后填写问卷。

Knight, W. E. J. 和 Rickard, N. S. (2001)研究中把89名大学生作为受试者。研究分为两组:听放松音乐《卡农》组,及静息组,音乐组的男生22人,女生23人,静息组男生22人,女生20人。研究先让受试者静坐,记录生理指标10分钟,随后让每名受试者准备一个公开演讲,把准备过程作为受试者的压力任务,随后让受试者听放松音乐或静息,在压力任务前后测量受试者的焦虑状态、心理、血压、皮质醇(肾上腺素的一种)、唾液样本。

有上述案例、资料及临床实践显示,音乐治疗减压技术的可操作性很强,建议推广!

参考文献

[1] 杨银,杨斯环,张莉.放松训练对脑电、心率变异及情绪的影响[J].中国心理卫生杂志,2002(8).

[2] 张鸿懿.发展中的音乐治疗[J].中央音乐学院学报,2000(2):85—88.

[3] 刘斌,余方,施俊.音乐疗法的国内外进展[J].江西中医学院学报,2009(4):89-91.

[4] 李林森,房立岩,孙岚,崔箭.音乐治疗的发展概述[J].时珍国医国药,2010(12):

3324 - 3326.

[5] 吴幸如,黄创华. 音乐治疗十四讲[M]. 北京:化学工业出版社,2010.

[6] Bruscia K. Defining Music Therapy [M]. Spring City: Spring House Books, 1989.

[7] Knight W E J, Rickard N S. Relaxing Music Prevents Stress-Induced Increases in Subjective Anxiety, Systolic Blood Pressure, and Heart Rate in Healthy Males and Females [J]. Journal of Music Therapy, 2001,38(4):254 - 272.

新生适应不良的心理危机干预案例

顾正云(上海金融学院国际金融学院,上海,201209)

1 当事人信息

黄某,女,18岁,上海金融学院金融专业大一年级本科生,来自江苏,父亲为领导干部,母亲为老师,家境富裕。平时喜欢独来独往,寡言内向,与室友关系一般,近期与室友发生矛盾。没有朋友,只与以前高中同学交往比较密切。“十一”放假回家过程中扭伤了脚,其母亲来校陪同照顾。

2 心理危机发生的过程

新生开学不到一个月,在与一个班级导生、班级临时负责人工作中询问,班级是否有性格比较孤僻的同学。大家反映有一位女生性格内向,独来独往,与寝室其他同学关系不融洽,这让我非常惊讶。按常态,大一新生寝室关系刚开学比较融洽,陌生产生距离产生美。

深入了解,自上大学以来,她对学校不甚满意,高考没有发挥好,对校园环境不满,尤其是住宿环境。从初中到高中一直母亲租房子陪读,集体生活很少。对自己要求比较高,家长也有殷切希望,开学伊始选择在校外报名读ACCA。开学时,父母开车陪同过来并在学校周边住了好几天,刚开始与室友关系还可以,随后交往不下去,感到与同学们交往有困难。没有朋友可以倾诉,感觉同学们都以异样的眼光看着我,觉得孤独,郁闷。越来越不想和室友交流,很晚回宿舍,上课时也是一个人独坐。随着与室友关系的冷漠、紧张，情绪非常低落，有轻生的念头。

"十一"放假回校路上扭伤了脚踝，母亲来校陪同照顾，让她感到回到了高中。养伤期间，辅导员去看望，并与家长沟通，说明她来校的情况，告知情绪低落，如何改善。同时班委及同寝室同学积极帮忙搬寝室生活用品、经常来寝室补习聊天，让她感到同学们的情谊温暖，低落的心情不断转好。

3 心理危机的处理过程

得知此情况后，第一时间汇报给分管学生工作副书记，按照领导意见准备上报到学校心理中心，并与家长及时进行沟通联系。家长要求他们自己去看心理医生(因为有认识的朋友在医院工作)。根据了解到情况，加上辅导员身份，建立良好的咨访关系，进行问题的探索。

从关系的确立上看，本案例的当事人黄某由于对新环境的不适应表现出一种低落情绪，缺少关爱和朋友，高考失利的阴影也笼罩着她，缺乏集体生活经验，不利于其对新环境的适应。为了缓解她的低落情绪，和班委、室友积极关心，同时帮助我们确立相互信任的关系。在目标的建立方面，我采取了设立近期目标和长远目标相结合的方针，并借助同学的力量，在帮其创造出和谐的外围环境后，帮助其改善与同学们之间关系，对周围人的认识也从刚开始的敌对转变为去认识和发掘别人的优点，这为她改变错误认识奠定了一个良好的基础。

根据来访者的陈述及资料的整理和分析，来访者表现出的是新生适应不良，而导致情绪低落。高考发挥不好阴影还没有散去，加上其性格稍显内向和孤僻，全新陌生的环境和来自不同地方的同学使她处于紧张状态，缺少倾诉对象，对现实状态的不满使其无助、孤独，产生轻生的想法。心理医生反馈有点轻度抑郁。来访者自身问题的产生有三个方面的原因：第一，从自身原因分析来说，黄某由于高考不甚理想来到我校，却发现实际情况于其想象的大相径庭，加之陌生的环境和无集体生活经验使其较难融入同学，同学们对于她也有所排斥。对此，她找不到解决办法，无法倾诉，更多选择回避和退缩。可见其低落情绪是由于对新环境人际关系的适应不良引起的。第二，从社会原因来看，其家庭环境富裕，父母对其疼爱有加，但未对大学集体生活、人际关系处理加以指导。大学新生性格有所差异，来自不同地区，容易产生交往障碍，但得到老师和同学的关爱不够，便采取了回避、退缩解决问题。第三，心理原因：高考失利的阴影还未散去，陌生环境的不利因素又极易使其不能正确处理问题，不知如何进行正常的人际交往和沟通，面对寝室问题找不到解决办法，在人际交往中出现冷漠、孤僻的现象，加重了心理负担。

基于以上分析，初步制定如下达成共识的咨询目标：

具体目标和近期目标：改善黄某的低落情绪，指导求助者改善当前的学习和生活现状，同时寻求老师同学的支持和帮助，改善其现有人际关系。

最终目标和长期目标：完善黄某的个性，增强其社会和人际适应能力，促进她的心理健康和发展。

4 危机干预的效果

指导她学会解决自我情绪的调整和释放，合理解压，并积极寻求解决问题的合理办法。同时鼓励其重新塑造人生目标和理想，从高考失意的阴影中走出来，科学进行大学生涯规划，努力度过一个快乐向上的大学生活。

当事人实际情况反馈：

通过咨询，缓解了当事人的情绪低落状态，在一定程度上消除了个人关系的烦恼情绪，后经室友同学们反映，与同学关系融洽，已主动参加班级集体活动，个人状态较为积极，其利有自身的英语优势，参加英语类相关活动，并与室友关系增进，同学对其印象也改观不少，学习努力绩点名列班级前茅，获学习奖学金。同时她本人也表示在遇到心理问题时，会积极主动找我沟通，寻求帮助。

5 危机干预的经验

在我从事兼职心理辅导员的工作中，这是我接手印象较为深刻的一个案子，对这个案例我一直跟进，并为之做了很多努力。从结果看，这一案例的处理还是比较成功的，在回访和追踪中，老师和同学都反映她变得开朗和容易相处了，也能主动参加到班级活动中，并拿到学习奖学金，ACCA 课程已经通过 6 门，走出了一条属于自己的道路。从处理整个危机干预的过程来看，总结出三点经验：

第一，保密原则。保密原则是心理咨询中最为重要的原则，它要求心理咨询是要尊重和尽可能地保护来访者的隐私。作为兼职心理咨询工作的辅导员，出现此类事件，第一时间汇报给分管领导，听从领导安排，同时照顾到家长和同学的意见。在了解情况过程中，为她保守秘密，更不要随意贴上“心理有问题”标签。

第二，区分心理咨询与思想政治教育。心理咨询是指经过严格培训的心理咨询师运用心理学的理论与技术，通过专业的咨访关系，帮助合适的来访者依靠个人自我探索来解决其心理问题，增进心身健康，提升适应能力，促进个人成长与发展以及潜能的发挥。思想政治教育是社会或社会群体用一定的思想观念、政治观点、道德规范，对其成员施加有目的、有计划、有组织的影响，使他们形成符合一定社会所要求的思想品德的社会实践活动。从心理咨询与思想政治教育含义可以看出两者之间的巨大差别。辅导员与心理咨询师作用的千差万别。

第三，激发潜能。心理咨询是对来访者的帮助过程，促进来访者成长，自强自立，使之能够自己面对和处理个人生活中的各种问题。当代大学生应对突发情况和新环境的能力还比较弱，而在遇到问题时，发现来访者自身积极的心理因素，使她看到自身的潜能，从而调动和激发自我解决问题的信心和动力。心理咨询有一个重要原则就是助人自助，激发潜能相信学生自己能处理。危机处理中我主要用了倾听，共情，鼓励当事人对当前的人际关系进行更全面的思考、更理性的分析。在此之后，当事人确实对室友多了一份理解，对别人多了一份宽容，利用自身优势去适应环境，并力图为自己创造出更好的生活氛围。

作为一名兼职心理辅导员，还不能熟练运用咨询理论，对于咨询谈话技巧的把握还有所欠缺。同时我也希望能够有机会学习有经验的心理咨询师如何开展咨询工作。我将继续努力，加强理论和实践的学习，积累咨询经验，希望能够将心理咨询工作做深做好，切实帮助周围学生解决心理困惑并提升自我综合素质。深感自己水平有限，咨询中还有很多不足的地方，在此恳请专家老师给予批评指正。

参考文献

[1] 张麒.学校心理咨询实务[M].上海:上海人民出版社,2008.
[2] 桑标.学校心理咨询基础理论[M].上海:上海职业能力考试院,2008.
[3] 陈富国.学校心理咨询专业理论与技术[M].上海:上海职业能力考试院,2008.
[4] 荣格.荣格自传[M].上海:上海三联书店,2009.
[5] 李正云.学校心理咨询[M].北京:中国轻工业出版社,2002.
[6] 马立骥,张伯华.心理咨询学[M].北京:北京科学技术出版社,2005.
[7] 杨凤池.咨询心理学[M].北京:人民卫生出版社,2007.
[8] 林崇德.咨询心理学[M].北京:高等教育出版社,2002.

第五篇

大学教师素质提升研究

上海高校专职心理咨询师基本状况的调查与分析*

上海高校专职心理咨询师队伍调查研究课题组　陈增堂执笔

摘　要　专职心理咨询师是高校开展心理健康教育和咨询工作的核心力量，然长期来这支队伍的整体状况却如在雾中。本课题第一次将上海高校专职咨询师的基本情况调查清楚并进行分析研究，在此基础上就进一步加强咨询师队伍建设进行了探讨。

关键词　高校；心理咨询师；调查分析

历经30年的不断探索与发展，心理健康教育已经融入我国高等教育理念并成为高等教育的必要组成部分，心理咨询则是高校学生服务工作的重要内容。两者对于大学生的健康成长、成才及综合素质的提升日益发挥着重要作用，也日益受到党和政府及学校领导的重视。而做好高校的心理健康教育和心理咨询工作，领导是关键，制度是保障，队伍是基础。

为加强高校专职咨询师队伍建设，进一步促进大学生心理健康教育和心理咨询工作，本课题组对上海高校专职咨询师队伍的基本状况进行了深入的调查研究。这是上海高校专职咨询师的家底第一次呈现出来。

---

* 本文为上海学生心理健康教育发展中心2014—2015年度,《上海高校专职心理咨询师队伍调查研究》工作立项专题研究的成果。课题组成员：陈增堂、董海涛、刘明波、唐筱蓉、王枫、杨颎、殷芳、张翠芳、张宁、赵娟

作者简介：陈增堂，Email：ztchen@tongji. edu. cn

1 上海高校专职咨询师基本状况

1.1 调查的基本情况

总计调查上海市 66 所各类高校，核实专职心理咨询师 127 人。其中，公办高校 91 人，民办高校 17 人，行业高校 19 人。

对 127 名专职咨询师的调查通过网络平台进行。最终，收到调查问卷 102 份。参与此次调查的 102 位咨询师的分布情况为：公办高校 75 人，占 73.5％；民办高校 16 人，占 15.7％；行业高校 11 人，占 10.8％。

1.2 专职咨询师基本情况

接受调查的 102 名专职咨询师基本情况如下：

(1) 性别情况：男性 18 人，占 17.6％；女性 84 人，占 82.4％。

(2) 年龄情况：年龄等于和小于 30 岁的 17 人，占 16.7％；31～35 岁的 39 人，占 38.2％；36～40 岁的 26 人，占 25.5％；41～45 岁的 10 人，占 9.8％；46～50 岁的 4 人，占 3.9％；51～55 岁的 4 人，占 3.9％；55 岁以上 2 人，占 2.0％。

(3) 学历情况：专科 2 人，占 2.0％；本科 11 人，占 10.8％；硕士研究生，4 人，占 72.5％；博士研究生，15 人，占 14.7％。

(4) 专业背景情况：心理学 82 人，占 80.4％；教育学 10 人，占 9.8％；医学2 人，占 2.0％；社会学 1 人，占 1.0％；其他学科，7 人，占 6.9％。

(5) 职称情况：初级 16 人，占 15.7％；中级 54 人，占 52.9％；副高 23 人，占 22.5％；正高 3 人，占 2.9％；无职称，6 人，占 5.9％。

(6) 编制属性情况：学院专业教师 19 人，占 18.6％；思想政治教育教师 50 人，占 49.0％；行政编制 27 人，占 26.5％；其他 6 人，占 5.9％。

(7) 持证上岗情况：所有高校咨询师全部持证上岗，不少咨询师持有“双证”，即同时持有“国家二级心理咨询师”专业资质证书和“上海学校中级心理咨询师”专业资质证书。其中持有“国家二级心理咨询师”专业资质证书者占 69.6％，持有“学校中级心理咨询师”专业资质证书者占77.5%，持有“学校高级心理咨询师”专业资质证书者占9%。

(8) 从业时间：迄今为止，作为高校专职咨询师工作小于或者等于5年的33人，占32.4%；6～10年的41人，占40.2%；11～15年的18人，占17.6%；16～20年的7人，占6.9%；大于20年的3人，占2.9%。

2 上海高校专职咨询师现状分析

2.1 人数偏少，别具特色

上海高校的心理健康教育和咨询工作已经整整30年。但是，这次调查发现，上海高校的咨询师队伍却是一支颇具特色的、非常年轻的队伍。体现在以青年人为主体、以女性为主及职称偏低的“一少、一多、两高、一低”现象。一少即人数少，66所高校60余万大学生竟然只有专职咨询师127人。一多即年轻咨询师多，年龄在40岁(含40岁)以下的咨询师占80.4%；所谓的两高，即从业时间偏短的咨询师比例高和女性咨询师的比例高。高达72.5%的咨询师从业时间在10年(含10年)以下，高达82.4%的咨询师为女性，形成这支队伍的另一个重要特色。一低，即高级职称比例低，仅占28.4%，尤其是正高职称更低，只有2.9%。这大大低于大学教师高级职称一般超过50%甚至达到2/3以上，正高职称20%～30%甚至以上的情况一。

上海高校咨询师队伍的这个现状让我们颇感困惑和纠结。青年人多当然是好事情，可以反映这支队伍的活力。而问题是，一项30年的工作和事业，为什么大多数从业者的工作年限只有10年甚至不足10年？而调查发现的另一个数据更加令我们困惑甚至吃惊，工作年限大于20年的只有3人，仅仅占这支队伍的2.9%！

人数偏少，以青年人为主(80.3%)，以女性(74.1%)为主，以中、低级职称(71.6%)为主，45岁以下占86.5%以上，工作年限72.2%在10年以内，从业时间较短，职称层次偏低，也许这就是上海高校专职心理咨询师队伍的现实状况。

2.2　朝气勃勃，工作高效

这次调查在让我们基本上摸清上海高校心理健康教育和咨询工作队伍家底的同时，也着实让我们大吃一惊并十分地感叹。尽管人数偏少，但是这却是一支朝气勃勃，工作高效、富有战斗力的队伍。127 人支撑起 66 所高校 60 余万大学生的日常心理健康教育、心理咨询、危机干预及学生心理社团等这么大一摊工作，不可不谓奇迹。而且无论从表面上看还是实际上看，上海高校的心理健康教育和咨询工作无疑位于全国前列，各项工作有声有色，丰富多彩，甚至创造了不少富有上海特色的全国品牌。我们不仅对这支队伍肃然起敬。这确实是一支生气勃勃、工作高效、富有战斗力的精兵强将队伍！

上海教委 10 年前就规定专职咨询师与大学生的比例为 1∶3 000。然而调查数据显示，尽管经过 10 年的努力，达到这一比例的高校仍然寥寥无几。队伍不健全，人手不足，任务繁重，仍然是高校心理健康教育和咨询工作几乎与生俱来的老问题。60 余万大学生只有专职咨询师 127 人的现实，往往使得上万人的学校，只有 1～2 个专职咨询师在支撑着。这既可以视为奇迹、光荣，似乎也不能不说是个悲哀与无奈。

2.3　工作压力和职业倦怠状况

与一般人的看法相反，或者令人困惑的是，这么少的人承担这么多的工作，大多数咨询师一定是倍感压力山大吧。但是，调查数据显示，只有 43.1%的咨询师认为工作压力很大或者比较大，45.1%的咨询师只是认为工作太忙、太累。一天的工作结束时，感到非常疲劳和比较疲劳的占 41.2%。应该说，这些数据并不见得比其他行业更高，甚至有可能还低一些。如一项调查显示，高校青年教师 72.3%的受访者直言“压力大”，其中 36.3%认为“压力非常大”。

为什么会这样呢，这似乎不大合乎一般规律及现实状况，也令我们困惑不解。

也许这可以由以下两个方面得到一定程度的解释。即咨询师拥有比较强大的支持系统和积极的自我意识。

调查发现，高校咨询师对自己和自己的工作状况有着非常积极的评价。91.2%

的咨询师认为擅长于自己的工作；95.1%的咨询师自信能有效地完成各项工作；93.1%咨询师认为自己能有效地解决工作中出现的问题；64.7%的咨询师对自己的工作满意；77.5%的咨询师认为自己的工作很有成就感、价值感；75.5%的咨询师可以看见自己努力工作的成果；91.2%的咨询师认为工作使自己能够常常帮助别人。相比之下，咨询师要么不太重视他人对自己工作的看法，要么不太了解他人对自己工作的认识。只有43.1%的咨询师认为，在别人眼中自己的工作是很重要的。此外，认为自己的专业素质能够胜任工作的为80.4%，只有3.9%的咨询师认为自己不行；认为自己完成了很多有价值的工作的达86.3%，只有2%的咨询师认为不是；认为工作使自己经常获得成功感觉的咨询师占57.8%，只有9.8%的咨询师认为不是这样；认为自己能够在工作范围内自由发挥的占59.8%，只有19.6%的咨询师认为不可以。

调查还发现，大多数咨询师认为自己的工作能够得到领导、同事、社会以及家人的支持。认为工作中能够获得领导理解和支持的咨询师占68.6%，只有7.8%的认为没有得到领导足够的理解和支持。认为工作能够得到领导、同事或社会肯定的占57.8%，只有7.8%认为不是。有趣的是，当单独询问领导是否重视自己工作的时候，比例大幅度下降了，只有38.2%的咨询师回答领导重视自己的工作，认为领导不重视自己工作的反而上升了，达25.5%。认为在工作中能够获得同事理解和支持的占77.5%，只有3.9%的认为不是。认为家人支持自己工作的最高，达81.4%，只有3.9%认为没有获得家人支持。

此外，咨询师认为工作对自己和家庭有积极且有益的影响，也在一定程度上构成对其职业的支持。如76.5%的咨询师认为工作对家庭生活的影响是正向的、积极的，持相反看法的只有4.9%。再如，73.5%的咨询师认为工作对自己心理健康的影响是正向的、积极的，持相反看法的只占6.9%。

由此可见，咨询师的支持系统是比较完善和强大的。社会、同事、领导和家庭等，都在不同程度上构成对咨询师工作的支持。其中，家庭的支持最为重要。这些支持必然对咨询师应对工作压力产生积极的影响，从而一定程度上缓解或者化解工作压力。

2.4 对事业发展的看法

绝大部分咨询师热爱自己的工作，有很高的职业认同度。94.1%的咨询师喜欢并热爱自己的工作，66.7%的咨询师认为目前从事的工作完全符合自己职业发展目标，73.5%的咨询师打算长期从事现在的工作。如果重新选择，77.5%的咨询师仍然会选择现在的职业。从事这项工作以来，47.1%的咨询师从未想到跳槽或者变换工作。另外，52.9%的咨询师对自己的事业发展前景十分明确，54.9%的咨询师对自己的事业发展前景很有信心。

至于对心理健康教育和咨询工作专业化、职业化的态度和看法，高达87.3%的咨询师完全赞成走专业化、职业化的道路。如果推出高级心理咨询师，高达93.1%的咨询师愿意向高级心理咨询师方向努力。即使在教师职称系列和咨询师职称系列两者之间进行选择，选择咨询师职称系列作为发展方向的咨询师，也大大多于选择教师系列的。只有33.3%的咨询师选择教师系列，而选择咨询师系列的则达59.8%。

2.5 主要问题和烦恼

2.5.1 工作自主性和自由度问题

由于人手少，事物多，任务重，每个咨询师必须承担多角色的任务，这往往使得咨询师丧失了专业工作的独立自主性，而不得不疲于在不同的角色间不停地转换。67.6%的咨询师反映工作中的主要烦恼是，不得不干一些杂事。由于不像欧美大学的心理咨询中心均配备一定数量的行政事务人员，96.1%的咨询师认为要承担一些行政事务。这既包括咨询中心的一些行政事务，甚至也包括分管学院里的一些心理健康教育工作等。66.7%的咨询师认为工作内容过于繁杂，52%的咨询师在工作中经常受到领导或他人差遣，45.1%的咨询师感觉太忙了，34.3%的咨询师认为领导不理解不支持自己的工作。由于咨询师按照机关工作人员的方式上下班，有74.5%的咨询师认为上下班时间不自由。另外，作为心理健康课的老师，72.5%的咨询师认为没有专门的备课时间，而45.1%的咨询师还认为自己需要经常性地加班工作。

2.5.2 业务提升和职业发展问题

作为一种职业，从业人员和社会期待最重要的就是从业人员的专业技能水平。这不仅事关工作服务的水平和质量，也关乎从业人员的个人发展。近年来，虽然上海教委通过示范中心的工作大力加强咨询师的业务培训并鼓励开展督导工作，然而调查发现，咨询师对自己的专业提升仍然最为关切。64.7%的咨询师认为缺乏系统的专业训练，67.6%的咨询师认为缺乏督导，46.1%的咨询师认为自己业务提高慢，40.2%的咨询师认为缺少培训的机会，甚至有27.5%的咨询师认为缺少培训经费。此外，35.3%的咨询师认为自己的发展前景不明确，24.5%的咨询师认为没有发展前景，两者合占59.8%。如此高比例的咨询师对自己的事业发展前景持如此消极的看法，应该说是一个必须重视的、相当严重的问题。

2.5.3 待遇问题

调查发现，44.1%的咨询师认为收入太低。当问到工作收入是否能够让您安心现在的工作时，只有16.7%的咨询师持肯定的回答，持否定回答的高达65.7%。调查还发现，咨询师开设的心理健康课和心理健康讲座，只有42.2%的咨询师有一定的劳务报酬。

2.6 业务培训及督导的情况

这次调查和过去调查的一个重要区别，就是咨询师在参加业务培训方面有了很大的改善。以往，不能参加培训成为咨询师的一个重要烦恼。近两年，大多数(71.6%)咨询师每个学期至少可以保证参加一次培训，甚至36.3%的咨询师每个学期可以参加2次培训。在培训时间上，78.4%的咨询师每年参与心理咨询实务培训的天数在5～20天之间。

督导对于咨询师提升专业技能素质及心理健康的重要性不言而喻，也是心理健康教育和心理咨询专业化、职业化的重要标志。调查显示，近两年参加或接受督导个案讨论的频率从一周一次到每月一次的，占52.9%。这虽然仍不理想，但是已经有了很大的进步。

2.7 咨询模式及工作内容

调查显示，上海高校咨询师的咨询模式呈现百花齐放、百家争鸣的多元化态势。共有10大模式。依次为认知行为模式(65.7%)、人本主义模式(54.9%)、短程聚焦模式(32.4%)、积极心理治疗模式(26.5%)、精神分析模式(22.5%)、行为治疗模式(22.5%)、家庭治疗模式(15.7%)、叙事模式(11.8%)、存在主义模式(13.7%)和所谓的整合模式(47.1%)。此外，尚有36.3%的咨询师不能确定自己的咨询模式。

高校咨询师承担的工作内容十分繁杂，统称多面手。调查发现，专职咨询师的日常工作内容有10项之多。其中，100%的咨询师要做个体咨询，99.0%的要参与学生心理危机干预，96.1%的要承担一定的中心行政事务，93.1%的要参与大学生心理普测，93.1%的要开设心理健康教育讲座，91.2%的要带领团体训练活动，83.3%的要做团体咨询，82.4%的要上心理健康课，82.4%的要指导心理类学生社团的工作，69.6%的要分管一些院系的心理健康工作。

3 讨论与建议

3.1 进一步明确高校心理健康教育和心理咨询的性质与定位

上海高校30年来在改革开放中探索与开展心理健康教育和心理咨询工作，取得了有目共睹的成绩。但是也应该指出，我们心理健康教育和心理咨询工作的进一步发展，还存在着需要解决的一些问题。其中，心理健康教育和心理咨询的性质与定位，就是这样的问题。首先应该明确，心理健康教育和心理咨询不完全是一回事。虽然有人认为心理健康教育包含了心理咨询，我们还是认为两者不能完全混为一团。弄清楚两者的联系和区别，会更加有利于各自的发展。与思想政治教育一样，心理健康教育是素质教育，它一般不是问题导向，不以解决具体问题为目的，而是以提升大学生的心理素质为目的。心理咨询则以问题为导向，以解决具体问题为目的。

关于心理健康教育和心理咨询的定位问题，长期以来有个“补充论”的说法，即心理健康教育和心理咨询是思想政治教育的补充。这就产生了一个问题，就好像是说，我做不过来，你来帮助一下，或者说，我有的地方没有做到，你来补一下。如果这样定位，对于各自的发展和工作都是不利的。因此，为了各自的健康发展，将思想政治教育、心理健康教育以及心理咨询三者的关系和定位弄清楚，在理论上和实践上是十分必要的。

3.2 进一步明确高校咨询师的职业属性与定位

如前所述，几乎所有的咨询师都履行多个角色的工作职能。他们一般都不同程度地承担了教学、科研、咨询服务、危机干预以及行政管理等多角色的职能。一定程度上，他们陷于什么都做了，好像什么都是、又什么都不是的自我迷失状态。“我是谁?”在这儿出现了一定的问题。

职业属性不明确，工作定位不清，发展前景模糊，可能是30年来这支队伍不稳定、一些资深咨询师不断流失的主要原因。在我们的访谈中，曾经发现一所大学三年里五位咨询师流失的严重情况。

应该明确，咨询师的工作既非教师，也非研究人员，更非干部或者管理人员。咨询师就是咨询师。就像医生就是医生，工程师就是工程师，没有必要非要靠在别人身上去发展。而且咨询师对自己的职业认同度非常高。高达93.1%的咨询师愿意以高级咨询师为职业发展目标就是明证。因此，我们建议在咨询师的定位和发展方向上，不再走一般教师通过教学科研晋升职称的老路子(有人愿走另当别论)。而是建立咨询师职称系列，走咨询师职称发展的路子，并建立与之相对应、相匹配的待遇政策。

3.3 落实政策，增加数量

没有数量也就没有质量。一定的质量必定和一定的数量相联系。127人应对60余万大学生心理健康教育和咨询工作的现实，使得咨询师常常在几个工作角色之间转换，疲于应付各种事物，难以静下心来专门研究提升自己的专业水平和实务工作技能。调查显示，67.6%的咨询师反映工作中的主要烦恼是不得不干一些杂事,62.8%的咨询师认为心理咨询中心的人手不能够满足工作需要,其中20.6%的咨询师坚决认为心理咨询中心的人手不能够满足工作需要。

无论在什么情况下,做好心理健康教育和心理咨询工作,制度是保障,领导是关键,队伍是基础。基本上可以认为,专职心理健康教育工作队伍的数量和质量,决定了一个学校心理咨询和心理健康教育的水平和质量。

上海教委十年前就对上海高校心理健康教育和咨询队伍的建设有十分明确的规定,即按照1∶3 000的师生比来配备专职咨询师。遗憾的是,这一规定至今没有得到很好地贯彻执行。因此,目前以及今后一段时间,仍然需要采取一些措施,使上海各个高校能够贯彻落实上海教委的规定,按照1∶3 000的师生比来配备专职咨询师,以在数量上不断充实咨询师队伍。

参考文献

高校青年教师现状引关注[N].京华时报,2013-1-29.

上海高校心理健康教育政策及其执行中的伦理困境*

刘纯姣　王智弘*（上海金融学院心理健康教育与咨询中心，上海，201209；台湾彰化师范大学辅导与咨商学系，台湾，500）

摘　要　本文通过分析上海市高校心理健康教育的政策及其执行情况，总结本人28年的大学心理健康教育经验与同行的体会，认为上海高校心理健康教育相关政策及其在执行过程中存在诸多伦理困境。

关键词　上海高校；心理健康教育；伦理困境

由于社会竞争加剧，大学生压力源增多，心理问题与疾病突显，党和国家制定了一系列方针政策以应对，上海市也相应地制定了一系列政策制度，明确了高校心理健康教育的目的、任务、性质、意义，极大地推动了大学生心理健康教育。但毕竟起步较晚，认识不足，加之中国传统文化与观念的影响，现实条件的种种限制，有关政策与实践有些脱节，从而导致诸多伦理困境。

1　助人伦理与心理健康教育伦理的内涵

助人专业伦理是指"助人专业人员在实务工作中，根据个人的哲学理念与价值观，助人专业伦理守则，服务机构的规定，当事人的福祉，及社会的规范，以作出合理而公正之道德抉择的系统性方式。其中包含几个主要的要素，包括助人专业人员的人生观、价值系统、专业伦理守则，及法定的规章和政策等。但最重要也最具体的，是莫过于专业伦理守则所代表的意义与功能。"

---

* 作者简介：刘纯姣，上海金融学院心理中心教授，Email：liuchj@shfc.edu.cn

高校心理健康教育伦理是高校专职心理教师在学校心理健康教育实务工作过程中应当遵循的道德原则和行为规范，属于助人专业伦理范畴。

高校心理健康教育伦理的重要性在于：对内规范高校心理教师的专业行为并维持服务质量，对外建立师生乃至社会大众对心理健康教育的公共信任，维护来访者的最佳权益。而“当事人与社会大众对心理助人专业的公共信任是助人专业安身立命的基础。”

2 心理健康教育政策及其执行中的伦理困境

从 20 世纪 90 年代初期以来，上海市颁布了一系列有关心理健康教育文件政策。每一份文件每一个政策对当时的高校心理健康教育都起到重大的推动作用，具有重要指导意义。然而，“大学生心理健康教育”始终是“是思想政治教育重要组成部分”这一定性确实提高了心理健康教育在高校教育中的地位，但也正是对这一定性的不同理解导致无论在理论上还是实践中出现了以下伦理困境。

2.1 从理论与意识来看

将心理健康教育与思想政治教育两个内涵迥异的概念混淆，导致心理健康教育目前在理论上“存在着定名不妥、定义不清、定位不准等问题”、“教育队伍德育化倾向”以及在意识上“整体理念认识不到位，目标不清”等问题。具体来讲：

其一，思想政治教育是“思想政治教育是指一定的阶级、政党、社会群体按照一定的思想观念、政治观念、道德规范，对其成员施加有目的、有计划、有组织的影响，使他们形成符合一定社会、一定阶级所需要的思想品德的社会实践活动。”显然与心理健康教育无论是在内在质的规定性、教育目的、原则还是方法上都有很大的区别。但一些省市、学校管理者未能真正理解心理健康教育的内涵与实质，将大学生心理健康教育纳入大学生思想政治教育工作范畴，认为心理健康教育就是思想政治教育，混淆了两者的概念。

其二，20 世纪末高校开展心理健康教育之初，由于专业心理咨询师缺乏，一些思政课老师和思想政治辅导员勇担重任，开展心理健康教育（含心理咨询），其动机虽然善良，但由于缺乏专业训练与思维定势，工作效果往往事倍功半，甚至南辕北辙，因此谈不上遵守助人专业伦理。

其三，现在的思想政治教育工作者，尤其是思想政治辅导员，无论其专业背景，皆可以经过一年480个小时的专业培训，考试过关就成为学校心理咨询师。此举提高了辅导员的心理教育能力，增加了心理教育队伍数量，但却削弱了心理教育整体专业胜任力。

其四，心理专业背景的专职心理教育工作者没有自己的专业系列，而是划归思政系列，必然导致心理教师专业身份认同缺失问题，制约了心理健康教育专业化发展。

2.2 从所属机构来看

由于隶属关系不合理，导致心理教师角色冲突，工作负荷过大、工作绩效评定不公平，学生的福祉被削弱。

上海市90.2%的心理中心隶属于学生处，2%隶属于团委，7.8%隶属于其他部门如社科部、管理学院、人文学院等。(2014年上海市教委委托上海市高校心理协会对全市高校心理健康教育情况调查，称“摸家底”，以下简称“摸家底”)

在这种机制下，大学生本可享用的福祉被削弱。高校专职心理教师身兼数职，扮演多重角色，他们既是心理咨询师，也是上课老师，还是教育者与行政人员；心理教师要处理和学生、教师的多重关系。这必然导致不能很好地满足学生的心理需求，削弱大学生本可享有的福祉。在工作中，心理教师要求价值中立，为个案保密，但教育者则要求对学生的思想道德与行为规范负责，管理者必须要按法律政策严格管理学生，有时候还要考虑学校利益。因此当遇到诸如来咨询的男生嫖妓，女生援交，考试作弊等已然触犯了学校的校规校纪的行为时，咨询中的伦理两难也就无法避免。如某校有个大二女生，自高中起就不断割腕自伤，多次留遗书，进大学后，心理咨询师花了近2年时间，渐愈，并开始恋爱，不料，遇人不俗，交了个浪荡子，始乱终弃，女生堕胎后，也在校外胡来，夜不归宿达半月，被系思想政治辅导员(以下简称辅导员)发现上报学生处。学生处长要求心理中心主任(也就是女生的心理咨询师)将其劝回，中心主任运用之前建立的信任关系，将这个学生劝回校，结果，她一回来就被学校勒令退学(这个决定处长并没有告知主任,其实知道了结果也很矛盾,是抗旨不尊? 还是合谋?)。这个主任内心非常自责,觉得自己好像是处长的帮凶。

在这种机制下,心理工作的专业性被削弱,心理教师的专业技能得不到提高,严重影响心理教师的胜任力。高校心理中心隶属于学生处或其他行政部门,心理健康教育缺乏独立的体制、机制,在政策、人员、工作场所等方面附属于思想政治教育工作,无法体现其独特的学科性和实践主体性的作用。高校心理健康教育本来就师生比严重不足,工作严重超负荷,职业压力大。但心理教师除了完成个体咨询、团体咨询、上心理健康课、开设讲座、指导心理类学生社团、参与学生心理危机干预、心理普测、带领团体训练活动、课题研究、分管院系心理健康工作、咨询中心行政事务等本职任务外,还要完成学生处行政事务,这无疑雪上加霜。常常无时间也根本无力参加任何专业培训。心理中心归属某个行政部门,心理教师就要服从部门规则,服从领导。心理中心不仅人财物等都由部门领导决定,就连中心主任和心理教师是否参加专业培训、出席行业会议等,都得由领导审批。也就是说,心理教师的专业技术能力能否不断提高,很大程度上取决于部门领导对于心理健康教育的理解与重视程度。

在这种机制下,心理教师常常纠结于服务领导与服务学生等问题,影响了心理教师的价值观、伦理辨识与判断,导致心理中心本来就薄弱的专业力量出现内耗,严重影响中心的队伍建设。因心理中心归属某个行政处,处长与中心主任各自心中的工作"重心"不同,常常会有意见分歧,比如处里常常开学生工作会议(内容往往与心理中心关系不大),而心理中心一周前甚至更早已和学生有预约,那么心理教师是参会还是心理咨询呢? 由于是上下级关系,如果偶尔不参会,解释一下还过得去,但如果多次"旷会",问题可能就严重了。如果再加上平时不积极分摊一些与"心理"无关的行政事务,心理中心主任和处长的关系就会被这些"小事"僵化。整个心理中心和个人会被边缘化。有些心理教师因为个人利益(评优评奖)掌握在处长手里,很可能背着心理中心主任偷偷毁掉与学生的咨询预约而讨好处长。有个别学校的中心主任就被同事架空,大家都去为处长服务,没有人愿意做咨询、上课,因为这些对于升职作用不大,而和处长搞好关系,年轻人就可能前途一片光明。有的中心主任为了维护和处长的关系,就会尽量牺牲自己的休息时间,多干活。如有

52.7%的心理教师“在工作中经常受到处领导或他人的差遣”(摸家底)。有个别中心主任连续8年,在暑假新生军训时被派去学校食堂负责学生、教官的饮食半个月,后来因为年纪大,身体欠佳要看病才不被安排。

在这种机制下,专职心理教师的专业性质模糊,岗位不明确,工作绩效评估不合理,导致心理教师对自己职业生涯迷茫,严重影响心理健康教育事业。目前,由于没有比较合理的心理健康教育与咨询活动的工作量核算与师资队伍考核工作量化标准,一些学校各级领导对心理工作也不够理解与重视,再加上大多专职心理教师比较清高,淡泊名利(不想当行政领导,也没有想赚钱),导致专职心理教师在学校的普遍待遇:平时干活时啥角色都是但实际啥都不是;干活受重视,评优被忽视。心理教师大都比较能干,文能写论文、写总结报告,武能临阵干预各种危机、完成日常行政杂事,还能做技术含量高的心理咨询。如果加上听话,就会被领导非常“看重”,就会能者多劳。心理教师大都恪守职业道德,敬业爱岗,理应得到好评优评,可实际恰好相反:比如,国家、省市、校级“优秀教育工作者”、“先进个人”、“教学优质奖”、“优秀辅导员”等等,一般没有心理教师的份。因为心理教师所属某个行政的单位,既不是专业教师,也不是行政领导和辅导员,有的学校列为“教育职员”(非行政非教师),有的学校列为后勤人员等等,加之心理咨询本身静悄悄,基本上无法给学校增光添彩。所以就很难拿到这些奖项。而且,无论是年终考核,还是评奖评优,主要看上级领导的考量。上海有心理教师累死累活10年都得不到一个年终考核“优”。因此,心理教师公认一条规律:一个学校的专职心理教师越是踏实努力工作,学生越安康,校园越平静,心理工作就越不受重视,领导就越觉得心理工作可有可无。同时,一个学校的专职心理教师越专注于心理工作,领导越不欣赏,你就越拿不到“优”,评职称越无望!

2.3 从政策执行的现实来看

政策要求与现实执行的现状存在很大的差距与矛盾,最突出的是师生比严重不足,心理教师评专业技术职称十分困难。

2.3.1 师生比问题

市教委要求“加强大学生心理咨询与辅导专业教师队伍建设。各高校要重视专业教师的配置，至 2007 年底，各高校专业心理咨询教师的师生比不低于 1∶3 000”可事实是本市现有 67 所大学，在校大学生 60 多万，而专业教师只有 127 位（摸家底），各高校心理教育师生比明显不达标。

2.3.2 职评问题

目前心理教师的高级职称评定十分困境。教育部规定“专职教师的专业技术职务评聘应纳入大学生思想政治教育教师队伍序列，设有教育学、心理学、医学等教学研究机构的学校，也可纳入相应专业序列”（教育部[2011]5）。上海市教委设立了“上海高校学生思想政治教育教师职务聘任领导小组”，并在 2007 年下发了《中共上海市科技教育工作委员会、上海市教育委员会关于印发〈上海高校学生思想政治教育教师职务聘任办法（试行）〉的通知》（沪教委人〔2007〕3 号）以及《上海市教育委员会关于本市高校申请设立学生思想政治教育教师职务聘任评议组及开展评议工作的实施意见》（沪教委德〔2007〕21 号）2 份文件。并在同年 1 月公布了“上海高校学生思想政治教育教师高级职务聘任评议细则”（以下简称“细则”）。出台这些政策的目的，原本是关心高校专职心理教师，给那些在没有教育学、心理学、医学等专业的学校任职的专职心理教师开辟职称评定新的通道。但是，在实际操作中，这些专职教师为了满足一些职评条件却陷入伦理困境。

其一，看受聘范围：“本市各高校在岗专职学生思想政治教育教师，包括专职辅导员、校（院、系）分管及从事学生工作的党政干部和共青团干部”（细则）。这里压根就没有“专职心理教师”。

其二，看职评的条件，上海教委职评标准中规定：“二、聘任原则，（一）突出思想政治教育工作实绩；（二）注重思想政治教育科研能力”；“五、聘任高级职务条件：（三）强调从事学生工作基本年限。（四）工作实绩要求 1. 教授：具有丰富的从事学生思想政治教育工作的专业知识和实践经验，在学生思想政治教育工作中成绩突出。任现职以来，具备下列条件之一：（1）个人或所带学生团体累计获得省市级以上教育主管等部门颁发的荣誉称号 2 次以上；（2）个人或所带学生团体累计获得校级荣誉称号 4 次以上（荣誉称号的认定以证书签章是否为校级行政或者党委的签章为准）；（3）个人累计获得校内年度考核“优秀”3 次以上（五）科研要求……”（细则）。

首先，职评“突出实绩”，用什么表达一个心理教师的实绩？证明其优秀呢？如其中“五(四)(1)，(2)；五(四)(3)；二(一)”，表明“实绩”主要看“获奖”等级与数量。由于工作性质及行业伦理如保密等原则，心理教师的先进事迹不太好写，相反，行政领导和辅导员的先进事迹就比较可歌可泣。且不说各级领导获奖之容易，就辅导员而言，也较心理教师容易。因为一个辅导员一般负责 5 个行政班，基本上是一个系的一个年级学生。只要有班级参加活动获奖或被评上学校、省市以上“先进班级”与“先进年级”都算。而专职心理教师工作对象虽说是全校学生甚至包含教职员工，但是任何一个团体获奖都没有他们的份。至于个人，各级政府对辅导员每年都有各级别的评优，而专职心理教师却从来没有，各级行业协会因不是教育主管部门，所以评的“优”就不能算优，“先进”也不能算先进。这就导致即使你是个极优秀的心理咨询师，研究论文超出同时参评人很多，因为“实绩”不够，也不一定通过职评，甚至可能连参评资格都没有。长此以往，如果政策不调整，专职心理教师希望获得更高的职称，可能的途径会有：有良心的老师会更加努力，既要里子又要面子，各方面都照顾到，但最终自己会心理枯竭(“包括情绪衰竭(emotional exhaustion)、非人性化(depersonalization)和人成就感降低(reduced personal accomplishment)三个组成部分))；灵活点的可能会减少心理工作，增加领导看得见其他行政工作；或者，有的人直接改行做专业教师或行政人员；或者直接辞职走人。这必定减少学生的福祉，影响专业队伍的稳定，也违背了助人专业伦理。因为“助人专业人员应有良好的人格特质，维持个人身心健康，若面临个人之身心健康的议题时，应自我调适与向外求助，以使自己保持在良好的身心状态。”“助人专业工作的服务质量对民众的心理健康福祉影响极大。”

其次，职评也要求“科研”，可是有限制的。专职心理教师理所当然研究学生的身心发展规律，研究学生心理问题与疾病的现象及其发生发展规律，以及帮助之道。可是，因为参评思政系列，所以，除了有心理方面的研究论文，还必须有思政方面的研究成果。否则，基本通不过评审。

这就要导致专职心理教师科研的伦理困境，为了评职称，放弃研究自己从事的擅长的专业，转而研究自己不熟悉的领域，为评职称而研究。

其三，看职评的评委，到目前为止，上海市思政系列的职评专家库专家绝大多数都是上海各大学思想政治教育教授或各大学党委书记或副书记。他们几乎都是思政界的顶级专家或行政一二把手，但是，他们不一定对“心理”或“心理健康教育”有深入研究。而且有些人还认为专职心理教师评职称抢了思政老师的份额，多少有些排斥。他们在审查研究论文时，难免会有失偏颇。再说让非心理教育领域的专家评审心理领域学者，合道理乎？

其四，看参评同行，专职心理教师评职称一般和全市各大学专职辅导员，院系以及学校分管学生工作副书记 PK。这必然导致“出师未捷身先死”结局，专职心理教师连一般的辅导员都比不过（因为不是正统的思想政治系列人员），更遑论学校党委副书记?！让老百姓和管他的上级领导拼，让领导既当运动员又当裁判。

2.3.3 课程问题

教育部要求“1. 开设一门“大学生心理健康教育”公共必修课程，覆盖全体学生。2. 在第一学期开设一门“大学生心理健康教育”公共必修课程，在其他学期开设相关的公共选修课程，形成系列课程体系。有条件的可以增开与大学生素质教育、心理学专业知识有关的选修课程。”上海目前只有 1.4%的学校开设了公共必修课。（2015 微信调查），主要原因，一是学校不够重视，没有意识到“课堂教学在大学生心理健康教育工作中的主管道作用”（教育部[2011]5），二是没有足够的心理健康教育专职教学人员。

因此，从思想政治教育视角来指导心理健康教育，将心理健康教育定位思想政治教育重要组成部分或新途径，将工作体制主要挂靠思想政治教育体系，将机构归属于某行政处，必然导致理论与实践之间的落差与矛盾，也必然置学校心理教师于伦理困境中，因在某些情景中，非不为也，实不能也！

参考文献

[1] 牛格正，王智弘. 助人专业伦理[M]. 台北：心灵工坊，2008.

[2] Blocher, D. H.. *The professional counselor*. New York: Macmillan, 1987.

[3] 中华人民共和国教育部[N]. 人民日报，1995 - 11 - 23.

[4] 崔景贵. 我国高校心理健康教育存在的三大问题[J]. 江苏高教，2004，56.

[5] 陈健. 大学生心理健康教育存在的问题及对策研究[J]. 中国成人教育，2010，58.

[6] 张耀灿. 现代思想政治教育学[M]. 北京：人民出版社，2006，6.

[7] 上海市教委. 教育文件，2005 年 6 月 23 日.

[8] Maslach C, Schaufeli W B, Leiter, M P Job Burnout. Annu [J]. R ev. Pshchol, 2001，52，397 - 422.

[9] 牛格正，王智弘. 助人专业伦理[M]. 台北：心灵工坊，2008，78.

[10] 牛格正，王智弘. 助人专业伦理[M]. 台北：心灵工坊，2008，9.

[11] 中华人民共和国教育部.《普通高等学校学生心理健康教育课程教学基本要求》http://www.moe.gov.cn/publicfiles/business/htmlfiles/moe/s5879/201106/120774.htm. 教思政厅([2011]5)

“无思虑觉醒”冥想可为心理咨询师自我关怀的有效技术*

朱臻雯(复旦大学心理健康教育中心,上海,200433)

摘　要　目的:探讨“无思虑觉醒”冥想对心理咨询师正负性情感的影响,为心理咨询师进行自我关怀提供可靠途径。方法:采用冥想工作坊的形式对36位专兼职心理咨询师进行为期两天共12个小时的培训,采用单组前后测的实验设计,用正性负性情感量表PANAS为工具进行施测。结果:辅导之后,被试的负性情感有效缓解($t=3.992$, $p<.000$);且思虑越少的,负性情感也越少($e=.369$, $p<.05$)。结论:“无思虑觉醒”冥想能有效促进心理咨询师的情感健康,可以作为心理咨询师自我关怀的有效手段。

关键词　冥想;无思虑觉醒;心理咨询师;自我关怀;正性负性情感

1　引言

心理咨询师的自我关怀是一个越来越受到业界关注的话题。美国咨询协会要求心理咨询师致力于“参与自我关怀的活动,维持或提高自身情绪、身体、心理以及精神满意度,以求最好地满足他们的职业责任。”(Norcross J. C., Guy J. D., Jr., 2009.)。自我关怀有多种技术,冥想便是其中之一(Norcross J. C., Guy J. D., Jr., 2009.)。但是,国内关于心理咨询咨询师自我关怀的实证研究甚少,具体到冥想这一技术几乎没有。因此,本文将探索“无思虑觉醒”冥想促进心理咨询师正性情绪以及改善负性情绪的疗效,为心理咨询师自我关怀的具体技术手段提供实证

* 作者简介:朱臻雯,复旦大学心理健康教育中心教师,Email: zhuzhenwen@fudan. edu. cn

支持。

冥想促进身心健康方面的作用已经得到了广泛的证明。在缓解工作压力方面的研究也证实了这一点。一项以"心智宁静"为主要特征的冥想法干预工作压力的随机对照试验显示,以心智宁静为导向的冥想组在改善焦虑水平方面比其他技术组和未治疗组更显著(ManochaR., Black D., Sarris J. 和 Stough C. 2011)。此外,对律师和医生群体的初步研究也显示,参与冥想练习者,感受到了在"压力,焦虑和紧张"方面的显着改善(ManochaR., Gordon A., Black D., Malhi G.,2009)。

"无思虑觉醒"即一种"心智宁静"的状态,这种状态下,大脑保持着清醒和警觉,但没有思虑杂念。该冥想法认为,在冥想过程中神经系统活动的模式与简单的放松方式以及睡觉和小憩时的模式截然不同,在冥想过程中,个人高度觉知他/她周围的环境,非主观意愿的内部心理对话(念头升起和消散)显著降低(Schneider S. C, Zollo M., Manocha R.,2010)。因而,该冥想法能促发我们内在完全宁静的经验,使得我们能够掌控头脑和它创造的心智内容,而不是成为头脑的仆人(Manocha R.,2013)。

2 方法

2.1 对象

自愿报名参加"冥想工作坊"的专兼职心理咨询师,完成前后测的共 36 位。其中有 7 位男生,29 位女性;2 位专科,14 位本科,18 位硕士,2 位博士。其中 16 位已经有冥想经验和习惯,称为熟手。20 位新手。

2.2 方案实施

冥想工作坊持续两天,每天 6 个小时,共 12 小时。内容包括冥想概念诠释、冥想科研成果综述、"无思虑觉醒"冥想技术教授、集体练习、交流问答。工作坊带领者为意大利博科尼大学的 Maurizio Zollo 教授,集多年冥想实修、科研探索以及在知名企业授课经验于一身。

2.3 评估工具

2.3.1 正性负性情感量表(positive and negative affect scale, PANAS)。

该量表是由美国南米得狄斯特的 Watson D 和 Clark LA 及明尼苏达大学的 Tellegen A 于 1988 年共同编制的,用于评定个体的正性和负性情绪(Watson D, Clark LA, Tellegen A.,1988)。量表发表以来,获得了人们的公认。中文版同质信度 α 系数正性情绪为 0.85、负面情绪 0.83;结构效度使用方差极大旋转法计算二因素的负荷,正、负情绪因子的相关系数为−0.11(黄丽,杨廷忠,季忠民,2003)。

2.3.2 自编过程性调查问卷

了解被试在冥想工作坊过程中的感受。如在冥想过程中,您认为您的思虑水平如何?

2.4 统计分析

用 IBM SPSS Statistics 19 软件进行数据录入和统计,对数据采用了 t 检验等统计方法。

3 结果

3.1 正性负性情感前后测差异

表 1 正性负性情感前后测 T 检验

项 目	*N*	均值	标准差	*T*	*Df*	*Sig*
前后测负面情感差异	36	5.972	9.135	3.992	35	.000*
前后测正面情感差异	35	−1.657	5.263	−1.863	34	.071

统计显示,正性情感经过冥想练习后,平均分值提高 1.657,但尚未达到统计上的显著性差异。负性情感经过冥想练习后,平均分值降低 5.972,在.000 的水平上有显著性差异。

3.2 冥想熟手和新手在前测正性情感上的差异

表2 冥想熟手和新手在前测正性情感上差异的独立样本T检验

	熟手	N	均值	标准差	T	Df	显著性
前测正性情感	否	15	36.200	6.635	−2.414	32	.002*
	是	19	42.474	8.147			

两组方差齐性。统计显示,在冥想工作坊之前,冥想熟手学员在正性情感上显著高于新手学员。

3.3 冥想熟手和新手在前测负性情感上的差异

表3 冥想熟手和新手在前测负性情感上的差异独立样本T检验

	熟手	N	均值	标准差	T	Df	显著性
前测负性情感	否	16	30.188	9.799	.852	34	.400
	是	20	27.300	10.347			

两组方差齐性。统计显示,在冥想工作坊之前,冥想熟手学员在负性情感上与冥想新手学员之间无显著差异。

3.4 冥想熟手和新手在后测正性情感上的差异

表4 冥想熟手和新手在后测正性情感上的差异独立样本T检验

	熟手	N	均值	标准差	T	Df	显著性
后测正性情感	否	17	37.882	7.449	−2.570	34	.015*
	是	19	44.737	8.438			

两组方差齐性。统计显示,经过冥想工作坊培训后,冥想熟手学员在正性情感上显著高于冥想新手学员。

3.5 冥想熟手和新手在后测负性情感上的差异

表 5 冥想熟手和新手在后测正性情感上的差异独立样本 T 检验

	熟手	N	均值	标准差	T	Df	显著性
后测负性情感	否	17	26.352 9	6.194	3.319	34	.002*
	是	19	19.526 3	6.132			

两组方差齐性。统计显示，经过冥想工作坊培训后，冥想熟手学员在负性情感上显著高于冥想新手学员。

3.6 冥想练习中的思虑水平和后测正负性情感的相关性

表 6 思虑水平和后测正负性情感 person 相关

		后测正性情感	后测负性情感
思虑水平	Pearson 相关性	–.146	.369
	显著性(双侧)	.403	.029*
	N	35	35

统计显示，冥想练习中的思虑水平同后测负面情感有统计上的显著性差异，表明思虑越少，负性情感也越少。

3.7 不同性别和教育程度在前后测正性负性情感上的差异

统计显示，不同性别和教育程度的被试在前后测的正性以及负性情感上均无显著差异。

4 讨论

(1) 心理咨询师参加两天冥想工作坊后负性情感有效改善。由于团体的人数还不够大样本，加之没有设控制组剔除安慰剂效应，要给出十分确信的论断，即被试的改变是由本工作坊所教授的冥想法的特定效应所导致，还需后续进行大样本随机对照实验来验证。但是，同期正性情感没有出现统计上显著性的改善，没有受到安慰剂效应的影响，所以，负性情感的改善很有可能是由本工作坊所教授的冥想法带来的效果。

（2）在工作坊前，熟手和新手两组在正性情感上已经存在显著差异，但工作坊后差异程度进一步加大，表明两天的工作坊练习对于熟手提升正性情感效果更明显。在工作坊前，熟手和新手两组在负性情感上不存在差异，但经过两天工作坊练习后，差异非常显著，同样表明工作坊练习对于熟手降低负面情感更加显著。综合来说，就是两天的冥想工作坊练习对于新手和熟手都一定效果，但对于熟手有更显著的效果，提示我们冥想练习短期效果虽然显著，但长期练习效果更佳。根据本次冥想工作坊带领者博科尼大学的 Maurizio Zollo 教授的经验，通常冥想效果在持续稳定练习 10～18 小时后显现，特别是对促进正性心理特质的发展，往往要比消除负性心理特质所花时间更多。这次两天的工作坊，除去讲解理论和分享等的时间，练习不到 8 小时。可能这也就是为何在熟手身上效果明显的原因之一。

（3）冥想练习中的思虑水平同后测负面情感有统计上的显著性差异，表明思虑越少，负面情感也越少。可见，“心智宁静”、“无思虑觉醒”是冥想有效练习的重要乃至关键指标。临床上发现，焦虑的同时，也有大量的负面思虑，对过去的纠结和对未来的担忧等。这种现象可称为‘冗思’，即一种非适应性的反应风格，会让个体反复思考情绪本身、产生情绪的原因和各种可能的不良后果（Nolen-Hoeksema S.，2000），研究表明沉思可以显著预测抑郁和焦虑情绪的产生和发展（Roelofs J，Huibers M，Peeters F. et al. 2008）。所以，通过“无思虑觉醒”冥想法有针对性的处理“冗思”这一现象，将有效帮助练习缓解甚至消除负性的情绪和情感。

（4）不同性别和教育程度的被试在前后测的正性以及负性情感上均无显著差异。说明性别和教育程度对冥想效果没有影响，“无思虑觉醒”冥想的技术方法具有一定的广泛适用性。

5 结论

（1）“无思虑觉醒”冥想工作坊能有效降低心理咨询师的负性情感。

（2）“无思虑觉醒”冥想工作坊对于新手和熟手都有效，但对于熟手有更显著的效果。

(3) 冥想练习中思虑越少,后测的负性情感也越少,‘无思虑觉醒’是冥想有效练习的重要指标之一。

(4) 性别和教育程度对冥想效果没有影响,“无思虑觉醒”冥想的技术方法具有一定的广泛适用性。

参考文献

[1] 黄丽,杨廷忠,季忠民.正性负性情绪聊表的中国人群适用性研究[J].中国心理卫生杂志,2003,17(1):54-56.

[2] John C Norcross, James D. 别把烦恼带回家——心理治疗师的自我关怀指南[M].北京:中国轻工业出版社,2009.

[3] Nolen-Hoeksema S. The role of rumination in depressive disorders and mixed anxiety/depressive symptoms [J]. Journal of Abnormal Psychology, 2000,109(3):504-511.

[4] Manocha R, Black D, Sarris J, Stough C. A randomized, controlled trial of meditation for work stress, anxiety and depressed mood in full-time workers [J]. Evidence-Based Complementary and Alternative Medicine, 2011(6):1-8.

[5] Manocha R, Gordon A, Black D, Malhi G. Using meditation for less stress and better wellbeing: A seminar for GPs [J]. Australian Family Physician, 2009, *38* (2): 369 - 464.

[6] Manocha R. Silence Your Mind [M]. Hachette: Australia, 2013.

[7] Schneider S C, Zollo M, Manocha R. Developing Socially Responsible Behavior in Managers Experimental-Evidence of the Effectiveness of Different Approaches to Management Education [J]. The Journal of Corporate Citizenship, 2010,39:21-40.

[8] Roelofs J, Huibers M, Peeters F, et al. Effects of neuroticism on depression and anxiety: Rumination as a possible mediator [J]. Personality and Individual Differences, 2008,44:576-586.

[9] Watson D, Clark L A, Tellegen A. Development and Validation of Brief Measures of Positive and Negative Affect: The PANAS Scale [J]. Journal of Personality and Social Psychology, 1988,54(6):1063-1070.

上海高校心理咨询师咨询伦理的现状调查*

曹宁宁 石 惠 卢丽琼 王智弘 卢怡任

摘 要 调查上海高校心理咨询师对于各类伦理问题的认知判断和伦理行为，有效问卷64份，结果表明：上海高校心理咨询师普遍存在伦理困惑，伦理判断和行为存在分歧，分歧主要集中在高校心理咨询师的学校特色上，尤其是咨询师的多重角色上。调查结果为制定高校心理咨询伦理标准、加强专业伦理规范建设提供客观依据。

关键词 高校心理咨询师；咨询伦理；伦理判断；伦理行为

1 引言

随着心理咨询专业的发展，对专业伦理的重视与日俱增。咨询伦理是心理咨询过程必须遵守的行为规范和专业准则，是保障来访者和咨询师权益、保障心理咨询专业性和有效性的重要依据。目前，上海高校尚未建立适合高校特点的咨询伦理规范，高校心理咨询师常常面临咨询伦理的困扰。因此，对上海高校心理咨询师咨询伦理的现状进行有针对性的调研，调查高校咨询师的伦理观念和伦理行为，了解普遍的伦理分歧和伦理困惑，可以为制定高校心理咨询伦理标准、加强专业伦理规范建设提供客观依据。

---

* 本研究为上海市高校心理咨询协会2014年度资助课题。
作者简介：曹宁宁，东华大学副教授，Email：ningning@dhu. edu. cn.

2 对象与方法

本研究主要针对上海高校心理咨询师，调查以下内容：1. 高校心理咨询师的基本情况，包括性别、职称、工作年限、专兼职、相关培训情况等；2. 高校心理咨询师对各项伦理问题的认知判断；3. 高校心理咨询师在实际操作过程中对各项伦理问题所采取的行为；4. 咨询师对伦理制度设计的态度。

采用的调查问卷是在参照《中国心理学会临床与咨询心理学工作伦理守则》（第一版）[1]、修订卢丽琼、卢怡任、王智弘编制的《上海高校心理咨询师伦理判断与伦理行为调查问卷》[2]，并结合相关专家意见的基础上形成的。问卷包括三部分，第一部分：心理咨询师伦理判断与伦理行为问卷，包括专业关系、隐私权和保密性、职业责任、电话和网络咨询、其他情况五个大类，题项结构主要依据《中国心理学会临床与咨询心理学工作伦理守则》，其中电话和网络咨询为新增类别，共 56 题；第二部分：伦理制度的设计，共 5 题；第三部分：基本数据，共 11 题。问卷修订主要增加了与学校心理咨询实际工作密切相关的题项，删减了关联较低的题项，以更清晰的突出学校心理咨询师团队所面对的伦理议题。

研究对象为上海高校专兼职心理咨询师，调查采用匿名填写、自愿参与的形式，在上海高等院校中随机抽样发放问卷，有效回收 64 份，其中专职咨询师 34 人，兼职咨询师 30 人。原始问卷结果全部进行了保密处理。

3 结果

3.1 基本情况

共调查上海高校专兼职咨询师 64 人。按不同类别分布如下：专兼职分布，34 人为专职咨询师，占 53.12%，兼职咨询师 30 人，占 36.87%；性别分布，男性 12 人，占 18.75%，女性 52 人，占 81.25%；年龄分布，26～45 岁 41 人，占 64.06%，45 岁以上为 23 人，占 35.94%；学历分布，学士 8 人，占 12.5%，硕士 50 人，占 78.12%，博士 6 人，占 9.37%；职称分布，初级 10 人，占 15.62%，中级 37 人，占 57.81%，副高级15人,占23.44%,高级2人,占3.12%;学校类别分布,“985”高校5人,占7.81%,“211”高校10人,占15.62%,一般本科院校38人,占59.37%,大专院校11人,占17.19%;资格证书分布,41人获得高校心理咨询师证书,占64.06%,39人获得国家二级心理咨询师证书,占60.94%,4人获得其他机构颁发证书,占6.25%,1人无相关证书,占1.56%;从事咨询工作年限状况为,5年以下28人,占43.75%,6~10年18人,占28.12%,10年以上18人,占28.12%。

3.2 伦理判断与行为调查

3.2.1 专业关系调查

3.2.1.1 双重关系

大多数高校心理咨询师要兼负教育者的角色,在咨询中面临双重关系的情况颇为多见。调查显示,大部分咨询师认为为自己的朋友咨询和在咨询期间发展朋友关系是不合伦理的,这些行为出现的比例也较小;但是,29.69%的咨询师认为“为目前正在修读自己课程的学生咨询”、26.56%的咨询师认为“为自己学校老师提供咨询”是符合伦理的,行为出现的比例也较高,57.81%的咨询师曾为上课同学提供咨询,28.12%的咨询师曾为同事咨询,32.81%的咨询师曾“以教育者的身份要求学生接受咨询”。可见,高校咨询师在双重关系的问题上存在不同的伦理判断和行为选择,尤其是教育者和咨询师的双重身份,使得双重关系的伦理议题存在一定的复杂性,容易带来伦理困惑,需要更清晰的考量和研判(见表1)。

表1 双重关系问题的调查结果

题 项	伦理判断			伦理行为		
	是	否	不清楚	从未	有时	经常
为目前正在修读自己课程的学生咨询	29.69%	59.37%	10.94%	42.19%	50.0%	7.81%
为自己朋友咨询	10.94%	85.94%	3.12%	78.12%	20.32%	1.56%
以教育者的身份要求学生接受咨询	12.50%	75%	12.50%	67.19%	32.81%	0%
为自己学校老师提供咨询	26.56%	59.37%	15.62%	71.88%	26.56%	1.56%
在咨询期间与来访者成为朋友	4.69%	92.19%	3.12%	90.62%	7.82%	1.56%

3.2.1.2 咨询收费

虽然目前上海高校存在同一要求，心理咨询面向本校学生全部免费服务，但是咨询师对于收费问题的伦理判断和考虑并不是整齐划一的。调查显示，21.87%的咨询师认为对本校学生来访者酌情收费是符合伦理的，高达17.19%的咨询师在此问题上选择了“不清楚”。56.25%的咨询师认为“提供校外人士的收费咨询服务”是符合伦理的，92.19%的咨询师认为“依咨询的成效来收费”是不合伦理的(见表2)。另一方面，在伦理行为上，高校咨询师收费咨询的行为比例很低。可见，在收费问题上，高校咨询师的伦理行为很一致，但是伦理判断存在分歧，目前较多的观点是多数人认为对学生收费是不合理的，对校外人士是合理的。可能咨询师的伦理判断受到了工作要求的重要影响，但是，如何在免费的情况下，能够保障学生接受咨询服务的主体意识、保障咨询服务的质量也是咨询伦理需要考虑的重要部分。

表2 咨询收费问题的调查结果

题　项	伦理判断			伦理行为		
	是	否	不清楚	从未	有时	经常
提供校外人士的收费咨询服务	56.25%	31.25%	12.50%	79.69%	14.06%	6.25%
对本校学生来访者酌情收费	21.87%	60.94%	17.19%	98.44%	1.56%	0%
依咨询的成效来收费(如效果愈好收费愈高)	3.12%	92.19%	4.69%	95.32%	3.12%	1.56%

3.2.1.3 价值观

结果显示，大部分高校咨询师认为咨询中评判学生来访者的价值观是有违伦理的，以病理观点咨询同性恋来访者也有违伦理，对于后者选择“不清楚”的咨询师比例较高，达17.19%(见表3)。

表3 价值观问题的调查结果

题　项	伦理判断			伦理行为		
	是	否	不清楚	从未	有时	经常
告诉来访者他们的价值观是错的	6.25%	84.37%	9.37%	81.25%	18.75%	0%
以病理观点咨询同性恋来访者	7.81%	75%	17.19%	95.31%	4.69%	0%

3.2.1.4 亲密关系

结果显示，几乎所有咨询师认为咨询中的性亲密举动是不合伦理的，在告知被来访者吸引和产生性幻想两种情况中，咨询师判断其违背伦理的比例逐步降低，也都超过 80%。调查数据显示，没有咨询师报告曾对来访者有过性举动和性幻想(见表 4)。

表 4 亲密关系问题的调查结果

题项	伦理判断			伦理行为		
	是	否	不清楚	从未	有时	经常
告诉来访者“我深深地被你吸引”	6.25%	89.06%	4.69%	93.75%	6.25%	0%
对来访者有性亲密举动	1.56%	98.44%	0%	100%	0%	0%
对来访者产生性幻想	7.81%	81.25%	10.94%	100%	0%	0%

3.2.1.5 公平待遇

虽然所有来访者在咨询中享有公平待遇，但是对于咨询师选择来访者的问题，伦理判断存在较大分歧。对于刻意筛选来访者性别，咨询师的意见相对统一，表示其不符合伦理规范，同时报告在工作中极少存在该行为；但对于“为避免被告而拒绝某些类型的来访者”，伦理判断分歧很大，认为其合乎伦理与不合乎伦理的咨询师比例比较接近，25%的咨询师直接选择“不清楚”(见表 5)。来访者享有公平待遇，是否意味着咨询师没有选择来访者的权利？对于在学校工作的咨询师，如何更好地解决来访者的公平待遇与咨询师的个人倾向之间的关系？显然，在这些问题上存有困惑的高校咨询师占有一定的比例，值得深入探讨。

表 5 公平待遇问题的调查结果

题项	伦理判断			伦理行为		
	是	否	不清楚	从未	有时	经常
只接受男性或女性来访者	14.06%	73.44%	12.50%	96.87%	3.12%	0%
为了避免被告而拒绝某些类型的来访者	31.25%	43.75%	25%	89.06%	10.94%	0%

3.2.1.6 知情同意

调查表明，咨询师对于“没有告诉来访者保密的限制”、“说服他人使之成为自己来访者”两个题项意见比较统一，认为均不符合伦理规范。但对于“来访者知情同意后，在学校从事心理治疗”、“要求每位大学新生参加心理健康测试”是否符合伦理，意见分歧很大(见表6)。在来访者已经知情同意之后，咨询师是否可以在学校从事心理治疗？是否有违相关法规？是否会突破心理咨询师的专业界限和能力范围？对该题项的伦理考量需要涉及行业规范、专业边界、咨询师自身的专业水平和来访者的权益。新生心理健康测试，是目前上海所有高校的普遍做法，但在具体实施上是否给了大学生知情同意的权利？是否允许一些大学生不愿参与测试的诉求？直接要求每位新生参加心理测试是否合乎伦理？咨询师对这个问题的分歧非常大，可见从伦理的角度重新反思工作，反思心理测试的操作过程，是目前一个非常重要的议题。

表6 知情同意问题的调查结果

题　项	伦理判断			伦理行为		
	是	否	不清楚	从未	有时	经常
来访者知情同意后，在学校从事心理治疗	31.25%	54.69%	14.06%	70.31%	23.44%	6.25%
没有告诉来访者保密的限制	3.12%	95.31%	1.56%	89.06%	9.37%	1.56%
要求每位大学新生参加心理健康测试	40.62%	32.82%	26.56%	25%	18.7%	56.3%
说服他人使之成为自己来访者	4.69%	90.62%	4.69%	92.19%	7.81%	0%

3.2.2 隐私权和保密性

3.2.2.1 保密原则

高校心理工作是学生工作的一部分，所以心理咨询中常常涉及如何在充分保护学生隐私和与学校管理部门、辅导员、学生家长相互配合之间进行合理的权衡，处理失当时，可能会破坏学生的隐私权。调查发现，大部分咨询师能够清晰地判断保密原则是伦理规范的要求，但在一些具体的情况下有不同的判断和行为，如向前来问讯的监护人介绍咨询情况、向来访者的辅导员介绍咨询情况、将学生心理普测的结果通报学生辅导员、来访者袒露违反学校规定时告知相关部门、转介或移交档案时对个案档案材料保密。可见，这些分歧主要发生在和家长、学校管理部门、辅导员的合作上，可能在具体的操作方法上有着不同的选择(见表 7)。

表 7 保密原则问题的调查结果

题 项	伦理判断			伦理行为		
	是	否	不清楚	从未	有时	经常
来访者袒露违反学校规定时，告知相关部门	18.75%	64.06%	17.19%	70.32%	28.12%	1.56%
向前来问讯的监护人介绍咨询情况	32.81%	48.44%	18.75%	48.44%	45.31%	6.25%
向来访者的辅导员介绍咨询情况	14.06%	68.75%	17.19%	48.44%	48.44%	3.12%
将学生心理普测的结果通报学生辅导员	37.50%	46.88%	15.62%	32.81%	42.19%	25.0%
在未建立保密设置的团体中引导成员自我表露	4.69%	93.75%	1.56%	95.31%	4.69%	0%
当学校主管部门来询问咨询履历时，向其公开	6.25%	85.94%	7.81%	71.88%	28.12%	0%
在隐藏姓名的情况下与朋友讨论来访者	26.56%	62.50%	10.94%	48.44%	50.00%	1.56%
无意间揭露保密的资料	1.56%	98.44%	0%	96.88%	3.12%	0%
转介或移交档案时对个案档案材料保密	65.62%	18.75%	15.62%	45.31%	15.62%	39.07%
在没有来访者同意的情况下录音	3.12%	95.31%	1.56%	92.19%	7.81%	0%

3.2.2.2 危机状况下保密约定的处理

在危机状态下，打破保密约定，告知监护人，大多数咨询师都支持这一伦理判断。在伦理行为上，面对自杀议题绝大多数咨询师选择告知监护人，但是在“来访者可能伤害他人”的问题上，只有 9.37%的咨询师选择“经常”打破保密约定，42.19%的咨询师选择“从未”打破保密约定。对于“可能伤害他人”的情况，具体处理时需要考量更多的因素，如何在这种情况下减少来访者和潜在受害人的风险，确实需要更加周全的伦理考量(见表 8)。

表 8 危机状况下保密约定处理问题的调查结果

题项	伦理判断			伦理行为		
	是	否	不清楚	从未	有时	经常
在来访者可能伤害他人时打破保密约定	92.19%	4.69%	3.12%	42.19%	48.44%	9.37%
面对学生来访者自杀议题不告知监护人	6.25%	87.50%	6.25%	90.62%	7.81%	1.56%

3.2.3 职业责任

3.2.3.1 专业服务能力

通过调查，大部分咨询师认为通过合适的技术手段、咨询状态、咨询范围以及专业学习为来访者提供服务是符合伦理要求的，同时报告在这些方面如此实践。值得关注的是，绝大多数咨询师认为在压力太大的情况下咨询是不符合伦理的，却有近 45%的咨询师在工作中存在这样的行为(见表 9)。

表 9 专业服务能力问题的调查结果

题项	伦理判断			伦理行为		
	是	否	不清楚	从未	有时	经常
以自我揭露作为咨询技术	73.44%	18.75%	7.81%	25.00%	75.00%	0%
在压力太大而无效能的状况下咨询	4.69%	90.62%	4.69%	56.25%	40.62%	3.13%
提供超出自己能力范围的服务	1.56%	95.31%	3.12%	82.81%	17.19%	0%
接受来访者自杀的决定	14.06%	73.44%	12.50%	93.75%	6.25%	0%
加入专业协会使自己专业角色更为清楚	85.94%	6.25%	7.81%	20.31%	46.89%	32.8%

3.2.3.2 提供便利或获得私利

调查发现，咨询师认为与来访者之间有利益上的往来，或者为彼此提供便利有悖伦理规范，同时报告在工作中很少有这类行为发生。约 55%的咨询师认为接受来访者低于人民币 20 元的礼物是不违反伦理规范的，可见咨询师对于伦理规范的理解有一定的弹性区间(见表 10)。

表 10 提供便利或获得私利问题的调查结果

题 项	伦理判断			伦理行为		
	是	否	不清楚	从未	有时	经常
为来访者在某些学校事务上提供便利	9.37%	81.25%	9.37%	81.25%	17.19%	1.56%
借钱给来访者	4.69%	89.06%	6.25%	95.31%	4.69%	0%
与来访者有利益关系上的往来	1.56%	98.44%	0%	100.00%	0%	0%
接受来访者低于人民币 20 元的礼物	23.44%	54.69%	21.87%	64.06%	34.38%	1.56%

3.2.3.3 咨询设置

调查中,大部分咨询师同意咨询需要严格的设置,如做结束咨询的交待、事先甄选团体成员、长假前妥善安排咨询。比较有争议的是:是否让来访者阅读他们的咨询记录,是否让来访者接触测验报告。在伦理行为方面,“来访者无故缺席后即结束咨询”发生的比例较高,占 35.94%(见表 11)。当来访者无故缺席时,咨询师应该顺应来访者的行为选择,直接结束咨询,还是应该进行主动的沟通和处理?怎样选择对学生来访者更为有利?对于咨询设置的伦理考量非常重要,不仅是咨询师需要判断的,也是咨询机构需要有明确界定的。

表 11 咨询设置问题的调查结果

题 项	伦理判断			伦理行为		
	是	否	不清楚	从未	有时	经常
不与来访者做结束咨询交待	4.69%	90.62%	4.69%	87.50%	12.50%	0%
拒绝让来访者阅读他们的咨询记录	34.38%	50.0%	15.62%	82.81%	9.38%	7.81%
没有事先甄选团体成员	9.37%	76.56%	14.06%	75.0%	25.0%	0%
来访者无故缺席后即结束咨询	23.44%	64.06%	12.50%	64.06%	35.94%	0%
长假前妥善安排来访者的咨询事宜	93.75%	3.12%	3.12%	26.56%	40.64%	32.8%
不让来访者接触测验报告	15.62%	68.76%	15.62%	84.37%	10.94%	4.69%

3.2.3.4 咨询界限与转介

学校咨询中有精神疾患的来访者并不罕见,调查中,近 60%的咨询师认为为其医学治疗的同时进行心理辅导是合乎伦理规范的，但为拒绝医学治疗的来访者进行心理咨询是不合乎伦理规范的。行为方面，近60%的咨询师曾为有精神疾患的来访者提供心理辅导，也有近30%的咨询师曾为拒绝转介到医疗机构的来访者进行心理咨询(见表12)。这类学生常常引发学校的高度关注，作为高校心理咨询师，如何在自己的专业范围内提供适切的帮助，也是目前很多咨询师面临的伦理困境和工作难点。

表12 咨询界限与转介问题的调查结果

题　项	伦理判断			伦理行为		
	是	否	不清楚	从未	有时	经常
为有精神疾患的学生在接受医学治疗的同时提供心理辅导	59.37%	26.56%	14.06%	37.50%	59.37%	3.12%
为拒绝转介到医疗机构的来访者进行心理咨询	26.56%	57.81%	15.62%	71.87%	26.56%	1.56%

3.2.4 电话和网络咨询

目前大学生广泛使用网络等新媒体，常常出现通过电话、网页、电子邮件、甚至短信、QQ、微信咨询的诉求。咨询师普遍认为实施网络咨询必须告知来访者网络咨询可能的限制与伤害，咨询师必须接受网络咨询的训练。约70%的咨询师认为不应接受来访者添加QQ或者微信好友的请求，约40%的咨询师认为不应在非工作时间接受来访者的电话或网络咨询，伦理判断争议较大，同时，在行为上，约60%的咨询师曾经在非工作时间进行电话或网络咨询(见表13)。可见，网络等新媒介的应用，提出了新的伦理议题。

表13 电话和网络咨询问题的调查结果

题　项	伦理判断			伦理行为		
	是	否	不清楚	从未	有时	经常
非工作时间接受来访者的电话或网络咨询	31.25%	40.62%	28.12%	39.06%	54.69%	6.25%
接受来访者添加QQ或者微信好友的请求	12.50%	70.31%	17.19%	64.06%	35.94%	0%

（续表）

题　项	伦理判断			伦理行为		
	是	否	不清楚	从未	有时	经常
没有网络咨询的训练而实施网络咨询	6.25%	89.06%	4.69%	82.81%	17.19%	0%
网络咨询时没有告知来访者可能的限制与伤害	3.12%	93.75%	3.12%	92.19%	7.81%	0%

3.2.5 其他情况

其他情况涉及研究发表、心理测验、伦理问题处理 3 个方面。调查中，咨询师一致认为案例发表需要征求来访者同意，相应的行为也与判断吻合。对于“在家完成心理测验”的问题，64%的咨询师认为不合伦理。对于提出控诉的问题，咨询师的伦理判断争议较大，80%的咨询师认为“帮助来访者对同学或同事提出控诉”是不合伦理的，28%的咨询师认为“对同事提出伦理控诉”是不合伦理的，只有极个别的咨询师报告有过提出控诉的情况（见表 14）。基于前述调查结果，目前咨询师出现伦理失范的现象时有发生，但是很多咨询师认为不应控诉也从未控诉的现状，也值得进一步思考。

表 14　其他情况的调查结果

题　项	伦理判断			伦理行为		
	是	否	不清楚	从未	有时	经常
未经来访者同意将其案例发表	3.12%	95.31%	1.56%	93.75%	6.25%	0%
让来访者自己在家完成测验（如人格测验）	18.75%	64.06%	17.19%	82.81%	15.63%	1.56%
帮助来访者对同学或同事提出控诉	4.69%	79.69%	15.62%	96.87%	3.12%	0%
对同事提出伦理控诉	43.76%	28.12%	28.12%	98.44%	1.56%	0%

3.2.6 伦理判断与行为中的分歧

为了便于呈现咨询师的选择中分歧较大的议题，主观设置以下标准以筛选出分歧较大的题项：根据调查数据的整体分布，界定伦理判断存在较大分歧的标准是选择“是”与“否”的比例之差小于 20%，或者“不清楚”的比例大于 20%；界定伦理行为存在较大分歧的标准是，行为为“从未”的比例在 35%和 65%之间，或者“有时"与"经常"的比例之和在35%和65%之间。筛选后伦理判断和行为中存在较大分歧的题项如表15所示。

表15 伦理判断与行为中的分歧

题项	伦理判断			伦理行为		
	是	否	不清楚	从未	有时	经常
要求每位大学新生参加心理健康测试*	40.62%	32.82%	26.56%	25%	18.7%	56.3%
对同事提出伦理控诉*	43.76%	28.12%	28.12%	98.44%	1.56%	0%
接受来访者低于人民币20元的礼物*	23.44%	54.69%	21.87%	64.06%	34.38%	1.56%
拒绝让来访者阅读他们的咨询记录*	34.38%	50.0%	15.62%	82.81%	9.38%	7.81%
将学生心理普测的结果通报学生辅导员*△	37.50%	46.88%	15.62%	32.81%	42.19%	25.0%
向前来问讯的监护人介绍咨询情况*△	32.81%	48.44%	18.75%	48.44%	45.31%	6.25%
非工作时间接受来访者的电话或网络咨询*△	31.25%	40.62%	28.12%	39.06%	54.69%	6.25%
长假前妥善安排来访者的咨询事宜△	93.76%	3.12%	3.12%	26.56%	40.64%	32.8%
为目前正在修读自己课程的学生咨询△	29.69%	59.37%	10.94%	42.19%	50.0%	7.81%
向来访者的辅导员介绍咨询情况△	14.06%	68.75%	17.19%	48.44%	48.44%	3.12%
在隐藏姓名的情况下与朋友讨论来访者△	26.56%	62.50%	10.94%	48.44%	50.00%	1.56%
转介或移交档案时对个案档案材料保密△	65.62%	18.75%	15.62%	45.31%	15.62%	39.07%
在来访者可能伤害他人时打破保密约定△	92.19%	4.69%	3.12%	42.19%	48.44%	9.37%
在压力太大而无效能的状况下咨询△	4.69%	90.62%	4.69%	56.25%	40.62%	3.13%
为有精神疾患的学生在接受医学治疗的同时提供心理辅导△	59.37%	26.56%	14.06%	37.50%	59.37%	3.12%

（*表示伦理判断存在较大分歧，△表示伦理行为存在较大分歧，*△表示两者都有较大分歧）

通过筛选，仅在伦理判断上存在较大分歧的共有 4 题："要求每位大学新生参加心理健康测试"、"对同事提出伦理控诉"、"接受来访者低于人民币 20 元的礼物""拒绝让来访者阅读他们的咨询记录"，咨询师对这些问题有不同的想法，但其行为基本一致。这四个问题不仅涉及咨询师的自我判断，还与心理咨询机构的规范设置有关，目前很多高校要求所有新生参加心理普测，心理咨询行业缺少专业的处理伦理控诉的机构，同时，是否让来访者阅读咨询记录也应是咨询机构统一的要求，所以，解决这些分歧，需要由学校心理咨询中心乃至行业协会，在充分考量来访者的权益和现实情况的基础上，根据适切的伦理考量进行规范统一的行为要求。

仅在行为上存在较大分歧的共有 8 题。绝大多数咨询师一致认为"长假前妥善安排来访者的咨询事宜"符合伦理，但是仍有 26.56%的咨询师在工作中从未如此操作；大部分咨询师认为"为目前正在修读自己课程的学生咨询"不合乎伦理，而 60%的咨询师报告工作中曾有此行为；大部分咨询师认为"向来访者的辅导员介绍咨询情况"不符合伦理，但是半数咨询师在工作中曾有此行为；涉及保密原则的题项"在隐藏姓名的情况下与朋友讨论来访者"、"转介或移交档案时对个案档案材料保密"、"在来访者可能伤害他人时打破保密约定"，大部分咨询师的判断较为一致，而实际工作中有约一半的咨询师会做出与判断相悖的举动；90.62%的咨询师认为"在压力太大而无效能的状况下咨询"不符合伦理，但只有 56.25%的咨询师报告在工作中从未有过该行为；约 60%的咨询师认为"为有精神疾患的学生在接受医学治疗的同时提供心理辅导"不符合伦理，然而有约 60%的咨询师报告在工作中有此行为。可见，且不论咨询师个体的伦理判断是否全部适切，这种"知"、"行"不一致的现象本身就值得关注，在这些情况下，咨询师大量出现其自认为不合伦理的行为，有其复杂的内在原因，值得进一步探讨。

同时在伦理判断与行为上存在较大分歧的共有 3 题。"将学生心理普测的结果通报学生辅导员"、"向前来问讯的监护人介绍咨询情况"、"非工作时间接受来访者的电话或网络咨询"，伦理判断不一致，同时相应的伦理行为也不一致，这些情况本身具有一定的复杂性，与咨询师实际的处理方式也有密切的关系，需要结合具体情况进一步讨论。

3.3 咨询伦理制度设计调查

调查结果显示:90.63%的咨询师同意"心理咨询师的资格考试应将专业伦理列为一专门考试科目",64.06%的咨询师同意"应修改全国性的心理咨询师专业伦理守则",93.75%的咨询师同意"应制定高校心理咨询师专业伦理守则",50%的咨询师同意"我所在机构的要求与心理咨询的伦理规范有矛盾之处",78.12%的咨询师同意"在实际工作中,我存在咨询伦理方面的困惑"(见表16)。这些结果说明,大部分咨询师认为目前咨询伦理的制度尚不完善,尤其是高校心理咨询的伦理规范需要明确制定。就咨询师个体来讲,多数咨询师存在伦理困惑,半数咨询师认为所在机构的要求与伦理规范有冲突之处,这些数据非常清晰地呈现了,咨询师对于理清高校心理咨询工作中的伦理规范有着强烈的需求。因此,建立健全伦理制度,完善相关教育培训,为高校心理咨询机构提供更专业的伦理规范,将对于指导实际咨询工作、解决伦理问题和困境有积极的意义,也成为推动高校心理咨询工作专业化、规范化发展的必由之路。

表16 咨询伦理制度设计问题的调查结果

题项	非常同意	同意	不确定	不同意	非常不同意
心理咨询师的资格考试应将专业伦理列为一专门考试科目	48.44%	42.19%	6.25%	3.13%	0%
应修改全国性的心理咨询师专业伦理守则	29.69%	34.37%	34.37%	1.56%	0%
应制定高校心理咨询师专业伦理守则	50.00%	43.75%	4.69%	0%	1.56%
我所在机构的要求与心理咨询的伦理规范有矛盾之处	25.00%	25.00%	26.56%	17.19%	6.25%
在实际工作中,我存在咨询伦理方面的困惑	18.75%	59.37%	10.95%	9.37%	1.56%

4 讨论

4.1 上海高校心理咨询师伦理判断和行为存在分歧，普遍存在伦理困惑

在咨询实务中存在伦理分歧和伦理争议是合理的、正常的，但是如果在咨询的基本原则、专业设置等基本问题上也存在较多的伦理分歧，说明目前的行业规范过于薄弱，心理咨询的实施过程不够严谨，缺乏明确的规范。为了充分保护来访者的福祉、促进行业的可持续发展，必须提高整个行业对于咨询伦理的充分重视，建立符合高校心理咨询实际的、有针对性的、明确的伦理规范，以指导具体的咨询实践，促进咨询机构完善机构的专业设置，从而更大程度的保护来访者的福祉，提升咨询的成效，推动行业的可持续发展。

4.2 基于工作背景和角色的不同，高校心理咨询与社会咨询存有差异，需要建立适合高校的咨询伦理规范

高校心理咨询有着自身的特点。从工作对象来看，大学生虽已成年具备独立的社会责任，但高校对于其成长和发展仍负有一定的教育和管理责任。从工作背景来看，目前，高校心理咨询是大学生思想政治教育工作的重要组成部分，服务于学校的人才培养战略，心理咨询中心大都隶属于学生工作部(处)，心理咨询工作需要满足学生管理的需要，尤其是维持校园稳定的需要。作为高校的心理咨询师，常常需要同时承担教育和咨询两部分的工作职责，在不少高校，还承担部分管理工作的职责。从专业角色来看，咨询师的教育者、甚至管理者身份常常造成双重关系，影响心理咨询的专业性，尤其是管理者的部分，学生很难与跟自己有奖惩利害关系的人建立专业的咨询关系，存在着难以融合的冲突。因此，高校的心理咨询中心需要相对的业务独立，尽量避免管理者的角色。教育者的身份，与咨询师完全尊重来访者的自主权、价值观中立等很多方面，有着一定的冲突。从咨询付费来看，高校心理咨询中，学生并不是咨询的直接付费方，心理咨询中心的经费主要来自于教育经费和学生学费，使得咨询师和学生之间的关系与付费咨询有明显

的差异。这都决定了高校心理咨询有别于社会咨询，有着自身特点，高校心理咨询工作实践中必然会出现对一般伦理规范的很多挑战，需要建立适合高校的咨询伦理规范。

4.3 上海高校心理咨询师的伦理困惑突出地反映在工作角色的混淆上

从调查的结果可以看出，伦理判断和伦理行为的分歧主要出现在以下几类问题上：咨询师和教育者的双重关系、对精神障碍学生的心理咨询、与监护人和辅导员等协作中的保密原则、新生普测中的知情同意、非工作时间的网络或微信接触等。可以看到，这些困惑都与目前高校心理咨询师实际所承担的工作内容有密切的相关，基于师资队伍和专业化发展的限制，目前不少高校咨询师承担的工作任务确实过于复合，理清工作角色非常重要。同时，这些问题，也与咨询师本人对于伦理规范的认识和理解有关，尤其在工作任务本身非常复杂的情况下，有时难以提出单一、绝对的标准，咨询师需要在这些情况下进行复杂的伦理权衡。但是，也存在因为咨询师本人对于咨询和咨询伦理的理解不够，或者个人的专业成长问题，在这些工作角色中呈现大量的混淆，出现伦理失范的现象。

4.4 行业协会和高校专业机构需要建立明确的伦理制度

大部分咨询师认为目前咨询伦理的制度尚不完善，尤其是高校心理咨询的伦理规范需要明确制定。就咨询师个体来讲，多数咨询师存在伦理困惑，半数咨询师认为所在机构的要求与伦理规范有冲突之处，这些数据非常清晰地呈现了，咨询师对于理清高校心理咨询工作中的伦理规范有着强烈的需求。

行业协会需要承担起制定行业咨询伦理规范的职责，并能够起到培训、监督、管理的作用。由于高校心理咨询与社会咨询存有差异，行业协会的伦理规范需要对学校咨询有一定的考虑，根据学校的特色，建立适合高校的咨询伦理规范。高校需要充分重视咨询伦理，在最大限度地保障学生福祉的理念指导下，根据目前的实际情况，制定明确的伦理制度，为咨询师规范、专业、有效地开展咨询提供保障条件。

4.5 系统的咨询伦理的研究、培训和督导，有利于咨询师提升认识、规范行为

咨询伦理绝非简单的条文能够全部涵盖的，相反，在咨询实践中，对每个个案、每个问题的伦理考量都是需要有针对性地分析和评鉴的。如何更好地实现来访者的福祉，与咨询师的专业能力、人格特质、对伦理问题的理解和来访者的问题与特征，都有密切的关系，需要专业的研判。同时，对隐私权与保密性、知情同意、双重关系、职业责任等问题需要进一步具体地分别开展研究。因此，持续进行系统的咨询伦理的研究、培训和督导，不仅在执业资格的考试中加入伦理的科目，而且在咨询实践中保持持续的继续教育，对困难案例进行有针对性地督导，才能更好地帮助咨询师不断地提升认识、规范行为。

参考文献

[1] 中国心理学会临床与咨询心理学工作伦理守则. 一版. 中国心理学会临床与咨询心理学专业委员会，2006.

[2] 牛格正，王智弘. 助人专业伦理[M]. 台北：心灵工坊文化，2008.

上海高校心理咨询督导的现状调研*

陈丹丹　张小梅　张　麒

（华东师范大学心理与认知科学学院，上海，200062）

摘　要　本文采用网上发布问卷的方式，对 92 名上海高校心理咨询师进行督导现状、督导需求的调查，以期为上海高校心理咨询督导实践工作的推进提出建议。发现：虽然上海高校心理咨询师整体呈学历高、年轻、学科背景强，但对督导现状的认识存在差异，理论流派在督导中的运用不太受到重视。

关键词　上海高校心理咨询；督导；心理咨询师

1. 前言

1.1　问题提出

我国高校心理咨询一直走在国内心理咨询行业前列，在国家劳动和社会保障部于 2001 年 8 月试行《国家心理咨询师资格认证标准》之前的 20 世纪 80 年代末、90 年代初，上海交通大学、华东师范大学、北京师范大学等高校纷纷成立了本校的心理咨询中心，为在校大学生提供心理咨询服务，高校心理咨询依托学科优势和教育资源逐渐发展起来。

我国心理咨询行业总体起步较晚，目前虽然已有心理咨询师的准入要求，但对督导师的资质认证尚无统一标准，缺乏督导的规范与系统的培训。对心理咨询人员的专业督导还没有形成制度性要求，也没有建立完善的督导体系。根据国内一

---

* 作者简介：张麒，华东师范大学心理与认知科学学院副教授，硕士生导师，Email：qzhang@fl.ecnu.edu.cn.

份全国大样本调查(陈红等,2009)显示93.9%的从业人员认为机构应采取督导的管理办法,但42%的从业人员从来没有接受过专业人员的督导。督导对咨询行业的重要性以及心理咨询从业者对督导需求的迫切性已毋庸置疑。

借上海高校心理咨询协会筹建督导专家委员会之际,开展相关的调查工作,尝试给出高校心理咨询师的督导现状,从而为高校心理咨询督导工作的开展提供参考。

1.2 文献综述

1.2.1 督导的定义

国外学者对督导所下的定义有明显的差异。

洛根比尔(Loganbill, 1982)等人对督导的定义"一种强烈的一对一的人际关系,在这种关系中一个人被指派来促进另一个人治疗能力的发展",该定义强调了督导关系的重要性,但仅将范围限定在一对一的关系中,显然缩小了督导在实际工作中所使用的其他方式,如一对多督导,团体小组督导等。

霍洛韦(Holloway, 1995)认为督导是由一位有经验的临床工作者、敏感性高的教师或是以明察秋毫的专业人士的眼光来检视另一个人的工作情形,提供一个捕捉心理治疗师所呈现及示范心理治疗过程的本质,并能在真实咨询关系中重现这个过程的机会。该定义关注心理咨询过程的本质,督导是一个"检视"的过程,说明督导的评价性。

班纳德与古德伊尔(Bernard 和 Goodyear, 2005)提出的定义则为由一个高资历的专业人员对专业内下级或初级人员所提供的一种干预。这种关系是:①评价性的;②需持续一定的时间;③同时具有多个目标:提高下级人员的专业能力;监控被督导者向来访者提供的专业服务的质量;对即将进入本专业的人员进行评价和严格把关。他们将督导与教学、治疗、辅导进行了比较细致的区分,相对以往的文献更加严格地限定了督导的内涵。

综上所述,国外不同学者对督导的定义有很大的不同,而国内对督导的定义大抵如此,如我国学者樊富珉(2002)认为"督导是指在控制情形下去观察、监督并提供指导的活动。心理咨询员培训过程中的督导制度是指学习者在有经验的督导者的指导帮助下，实践咨询技巧、改进咨询工作、提高自身专业水平的过程”。冯杰则认为督导“是心理治疗师在督导者的帮助下，使自己的治疗方法和技术不断完善的过程，也是治疗师提高自我认识和完善自我构建的过程”。

1.2.2 国内外督导研究的发展及现状

国外督导最早出现在弗洛伊德的精神分析领域中——每周三的讨论会。因为最初的督导是随着治疗流派发展起来的，故督导模式也按流派来划分，如精神分析督导、行为主义督导等。国外研究从不同的角度探讨了学校心理咨询督导的各个方面，在督导领域中最有影响且研究成果最多的研究者是美国心理学家霍洛韦(Holloway)，她的系统取向督导模式(System Approach Supervision, SAS)是以督导关系为核心，辅助以另外六项动力因素的一个多元的跨理论督导模式，目前她的SAS模型运用最为广泛。

国内督导最初的发展起源于心理卫生杂志关于心理治疗相关问题的讨论专栏，一些学者发表了关于督导的文章，使得心理督导的研究也逐渐发展起来。2005年后，教育部哲学社会科学研究的重大课题“中国心理健康服务体系现状及对策研究”由西南大学黄希庭教授担任负责人，在他的带领下，课题组对国内心理咨询与治疗的现状进行了深入研究，发表了一些关于督导的文章，进一步促进了心理咨询督导的发展。近年来，许多国内的学者讨论了学校心理咨询师专业培训与督导方面的问题，对督导的实践工作具有一定的指导作用。

1.2.3 国内外高校心理咨询督导的现状

心理学最初在发达国家发展起来，因此国外在心理咨询督导方面拥有比较完善的体系。国外对于学校心理咨询师的条件十分严格，如美国心理学会规定：在取得心理学博士学位后，必须在督导下经过一年的学习，才可以申请咨询资格；英国规定心理咨询从业人员必须有3年以上、450小时在督导下的咨询实践，并且咨询督导是终身的。此外，德国、澳大利亚、日本等国家对于咨询师的督导也相当严格，这对国内心理咨询督导工作提供了一定的意见。

我国高校心理咨询起步于20世纪80年代中期，1990年北京师范大学召开“全国大学生心理咨询专业委员会成立大会”，标志着中国高校心理咨询开始起步。上海高校心理咨询机构成立较早，并于1993年成立了上海高校心理咨询协会，这些机构有力地推动了上海高校心理咨询工作的发展。目前,高校心理咨询师的入职要求大多为硕士以上,并要求心理学相关背景。虽说高校心理咨询的从业人员在学历教育程度上已经走在国内咨询行业的前列,但督导状况却不容乐观,在实践方面还存在很大的欠缺,还没有建立完整的督导体系。

2 研究方法

2.1 研究目的

了解上海高校心理咨询师督导现状、需求,为上海高校心理咨询督导实践工作提出建议。

2.2 研究对象

以上海高校心理咨询师(包括校内专职咨询师以及校内/校外兼职咨询师)为研究对象,其中回收问卷 92 份,因 2 份有明显错误,故有效问卷为 90 份。

2.3 研究方法

采用网上发布问卷的方式。

2.4 数据分析方法

采用 SPSS17.0 对问卷进行数据分析。

3 结果

3.1 咨询师基本状况

被调查咨询师中女性 79 人,男性 11 人;咨询师平均年龄 37.01 岁,咨询队伍整体年轻。硕士及以上学历者占绝大多数(81.11%),教育背景以心理学为主(61.11%),近五分之一的咨询师持有两种以上的资格证书。

3.2 咨询师从业状况

从被调查的咨询师从事咨询的年限来看，工作年限在 3 年以下的人数最少(17.78%)，3 年至 7 年的占到 40.00%，7 年以上有 42.22%。从平均每月咨询时间来看，每月咨询时数在 20 小时以下的咨询师最多(55.56%)，其次为 20～40 小时(33.33%)，40 小时以上的最少(11.11%)。被调查的咨询师中有只有三分之一左右(28.89%)有督导他人的经历，也有近三分之一(24.44%)的咨询师从未参加过督导。从理论流派取向来看，有确定的理论流派的咨询师中以精神动力学(16.67%)、认识行为(22.22%)、人本主义(12%)居多，家庭系统最少(3.33%)，不确定理论流派的占到 44.44%。

3.3 咨询师督导现状

督导现状主要分为督导内容和督导形式两方面，本文分别从督导师/被督导者、专/兼职、咨询工作年限讨论了不同群组的咨询师在督导现状不同方面的差异，以及他们对督导需求的差异。主要的结论如下：

3.3.1 督导师与被督导者在督导现状、督导需求上的差异

由表 1 可以看出：

在咨询内容现状上，督导师和被督导者在获得个人支持和成长、保证咨询伦理两个方面有显著差异，督导师更倾向于选择“获得支持与成长”、“保证督导伦理”两项。在提供咨询技术上没有显著差异。

在咨询形式现状上，督导师和被督导者在一对一、一对多、督导工作坊 3 个方面有显著差异，督导者更倾向于选择“一对一”督导；被督导者更倾向于选择“一对多”督导、“督导工作坊”。在同辈督导上没有显著差异。

在对督导的需求上，督导师和被督导者在期待评价、期待支持和期待建议三个方面均没有显著差异。

表 1 督导师和被督导者在督导现状、督导需求上的差异检验

		卡方值	*df*	*Sig.*
内容	提高咨询技术	0.423	1	.515
	获得个人支持和成长	4.763	1	.029*
	保证咨询伦理	3.891	1	.049*
形式	一对一	4.132	1	.042*
	一对多	8.039	1	.005*
	督导工作坊	15.039	1	.000**
	同辈辅导	.213	1	.645
期待需求	评价者	.017	1	.898
	支持者	1.597	1	.206
	建议者	.520	1	.471

3.3.2 专职咨询师与兼职咨询师在督导现状、督导需求上的差异

由表 2 可以看出：

在咨询内容现状上，专职咨询师和兼职咨询师在提高咨询技术方面显著差异，专职咨询师比兼职咨询师更倾向于选择“提高咨询技术”。在获得个人支持和成长、保证咨询伦理两方面没有显著性差异。

在咨询形式的现状上，专职咨询师和兼职咨询师在一对一、一对多、督导工作坊、同辈督导各方面均无显著差异。

在对督导的需求上，专职咨询师和兼职咨询师在期待评价、期待支持和期待建议 3 个方面均没有显著差异，表明专职咨询师和兼职咨询师在对督导的期待上差异不显著。

表 2 专职和兼职在督导现状、督导需求上的差异检验

		卡方值	*df*	*Sig.*
内容	提高咨询技术	7.559	1	.006**
	获得个人支持和成长	.002	1	.969
	保证咨询伦理	.259	1	.611
形式	一对一	.148	1	.700
	一对多	.053	1	.817
	督导工作坊	.020	1	.887
	同辈辅导	.910	1	.340

（续表）

		卡方值	*df*	*Sig.*
期待需求	评价者	.006	1	.937
	支持者	1.425	1	.233
	建议者	1.059	1	.303

3.3.3 不同的咨询年限在督导现状、督导需求上的差异

将咨询师按咨询年限分为3组:2年及以下,3年至7年、7年以上。总体来说,不同咨询年限的咨询师在咨询内容、咨询形式和督导需求上不存在显著差异(见表3)。

表3 从事咨询年限在督导现状、督导需求上的差异检验

		卡方值	*df*	*Sig.*
内容	提高咨询技术	3.044	2	.218
	获得个人支持和成长	.903	2	.637
	保证咨询伦理	1.581	2	.454
形式	一对一	.162	2	.922
	一对多	3.620	2	.164
	督导工作坊	2.965	2	.227
	同辈辅导	1.663	2	.435
期待需求	评价者	2.441	2	.295
	支持者	2.142	2	.343
	建议者	3.148	2	.207

3.3.4 不同组别咨询师在理论流派取向上的差异

由表4可以看出,督导者/被督导者、专职/兼职咨询师、不同工作年限的咨询师在理论流派取向上都没有显著性差异。

表4 咨询师在理论流派取向上的差异

	卡方值	*df*	*Sig.*
督导师/被督导者	.262	1	.609
专职/兼职	.326	1	.568
不同工作年限	5.203	2	.074

4 讨论

4.1 咨询师的基本从业状况及督导情况

从被调查结果来看，年轻化、高学历、心理学背景是高校心理咨询师的特点。年轻化这一特点一方面表明高校咨询师队伍充满活力，另一方面可能在经验上存有欠缺。高校咨询师自身要不断提高自己，另外，相关部门也要定期开展督导实际工作，从而积累咨询经验。

从接受督导的情况来看，从未接受督导的有 22 人，占总数的 24.45%。尽管仍有将近四分之一的咨询师从未接受督导，但与方力群等(2013)对 291 名心理健康服务从业者督导现状调查中未接受督导的 45.4%相比，说明上海高校的心理督导情况比整个行业情况要好。从这一点我们可以看出，一些咨询师对督导的认识比较肤浅，没有很好地认识督导对于自身和来访者的重要性。如果长期不接受督导可能不会促进自身成长，也不能更好地帮助来访者。对于从来不参加督导的咨询师培养其督导意识是十分重要的，在增强意识的基础上配合督导工作从而带来改变。

从督导师的来源来看，依次为校外机构推荐的督导师(61.11%)、曾经参加培训时的授课老师(48.89%)、本机构上级主管或资深咨询师(43.33%)、同辈咨询师(34.44%)，这样的排序反映出校内督导资源不充足的问题，需要校外资源的支持。原因可能在于高校没有意识到督导对于咨询的重要性，也有可能存在经济、精力和时间等方面的困难，同时这也受到高校所处的整个社会文化背景的影响。若这一问题得不到解决，则不利于督导专业化发展。这就需要相关机构做好引导工作，带领高校开展督导工作，学校也应设立有关的督导部门，使高校督导工作规范起来。

4.2 督导师和被督导者对督导需求的差异

从督导内容来看，督导师和被督导者对“提高咨询技术”这一内容不存在差异，这表明督导师和被督导者在督导中都非常重视咨询技术的提高，这也是督导的主要功能之一。

关于督导形式的差异，主要体现在：督导师更倾向于选择“一对一”督导；被督导者更倾向于选择“一对多”督导、“督导工作坊”，督导师在督导他人的同时，自己也会接受督导师相对数量较少，工作时间较长，有较多的资源优势，而被督导者则多选择参加小组类型的督导，从这种情况可以看出督导资源的缺乏。

4.3 专职咨询师与兼职咨询师对督导需求的差异

关于督导内容的差异，主要体现在：专职咨询师比兼职咨询是更倾向于“提高咨询技术”，这可能与所在岗位的职业要求不同有关，也为将来督导的针对性上提供了参考依据。

4.4 不同的咨询从业年限对督导需求的差异

从调查结果来看，不同年限的咨询师在督导现状上没有显著差异，可以看出督导在咨询师从业的各个阶段都是必要的，表明督导具有持续性的特点。

4.5 不同咨询师对督导的需求及理论流派取向

不同的咨询师对督导的期待大体相同，总体上都集中在建议与支持两方面，而忽略督导的评价功能。重建议与支持，轻伦理与评价，再次表明督导中的问题所在：即咨询师在取得资格前的培训时缺少督导部分，使得咨询师从业后对督导的伦理部分缺乏认识，对技术的督导评价有畏惧，而有意忽视。而对于督导师而言，可能是因为评价工作相当困难，充满挑战，从而让督导者感到为难。

而不同的咨询师对理论流派都不介意，这说明督导中理论指导不够，这可能与咨询师在受训时缺乏系统的技术训练、督导密切相关。我国目前开展的心理咨询的培训尚处初级阶段，缺少成熟的理论流派教授和督导，而对咨询师的认证主要是政府管理部门主导，不是由行业协会主导，所以对专业缺少深度的细分。系统的理论流派培训无法在咨询师培训中实现。这也提示我们，在咨询师获得证书后的实践工作中可以加入系统的专业理论训练，开展相关的、连续的培训项目等，这一点是十分重要的。

5 结论与展望

5.1 主要结论

上海高校心理咨询师整体从业者学历高，年轻化，多数背景为心理学相关学科。资质水平、从业经验与接受督导等方面，这些年有较大的发展。但是，不同咨询师对督导现状的认识存在差异，尤其是对咨询伦理的不重视，有可能影响督导的实施和效果。在督导中理论流派的运用，督导师与被督导者都不太在意。

由此，我们建议：咨询师应加强督导意识的培养；相关部门要开展针对性的督导工作；督导师应加强理论流派的培训及其在督导中的运用；发挥特定组织结构的指导作用；定期开展督导的研究工作，建立健全督导制度体系。

5.2 局限及展望

本研究只选定了上海地区的高校，不太利于研究结论的推广。随着国内咨询行业的发展与规范，督导体制的建立健全势在必行，高校心理咨询工作在整个行业内有自己的优势，在未来必将引领整个咨询行业的发展。

参考文献

[1] 樊富珉，黄蘅玉，冯杰. 心理咨询与治疗工作中督导的意义与作用[J]. 中国心理卫生杂志，2002，16(9)，648－652.

[2] 梁毅，陈红. 中国心理健康服务从业者的督导现状及相关因素[J]. 中国心理卫生杂志，2009，23(10)，685－689.

[3] Janine M, Bernard Rodney K, Goodyear. 临床心理督导纲要(第 3 版)[M]. 王择青，刘稚颖，译. 北京：中国轻工业出版社，2005.

[4] 方力群. 名心理健康服务从业者督导现状调查. 第四届中国中西医结合学会心身医学专业委员会换届大会暨，第七届全国中西医结合心身医学学术交流会[C]. 2013，291.

上海市教师职业压力与心理健康状况调查报告*

——以交大、上大等学校为例

汪国琴[1]　陈　进[1]　陈　滢[2]　喜苏南[3]　周蔷薇[4]

（1　上海交通大学心理咨询中心，上海，200240；
2　上海市闵行区教育学院，上海，200240；3　上海交通大学学生工作指导委员会，上海，200240；4　上海交通大学人文学院，200240）

摘　要　教师职业压力与心理健康问题已经是普遍引起关注的一个议题，在上海市教育工会的支持下，我们课题组以问卷调研和谈话访谈相结合的方式，基于职业压力“付出—获得平衡感理论”模型，通过研究“付出—获得平衡感”与身心健康之间的关系来反映在职教师的职业压力状况及其身心健康水平。通过问卷调查，获得有效样本508个，同时，以半结构化访谈的形式访谈了典型代表20人。

研究结果显示：高达45.3%的被试处于“付出—获得”失衡的状态（即：ERI值大于1），1.0%的被试处于临界点（ERI值等于1）。ERI值越大，提示职业紧张度越高，职业压力越大。进一步分析发现：ERI值在不同性别、子女处在不同年龄阶段、不同工作年限、不同职务和不同学科的教师间没有显著差异，但31～40岁和41～50岁教师ERI值显著高于30岁以下的青年教师、离异的教师ERI值明显高于其他婚姻状态组的教师，本科学历的教师ERI值最大，博士在读的教师ERI值最小，具有中级和高级职称的教师的ERI值显著高于无职称的教师，教学科研人员的ERI值显著高于行政和双肩挑的教师，普教系统的教师ERI值显著高于高教系统的教师。

在工作负荷上，不同性别、子女处在不同年龄阶段上、不同工作年限、职务、学科背景对教师的工作负荷没有显著影响，而年龄、婚姻状况、学历、职称、工作性质和学校类别对教师的工作负荷有着显著的影响。

* 作者简介：汪国琴，上海交通大学心理咨询中心副主任，副教授，Email：wangguoqin@sjtu.edu.cn

在应对方式上，女教师相比男教师更常采用积极的应对方式、41～50岁的教师更常采用消极的应对方式、无子女和有着小学在读的子女的教师更少采用消极应对方式、具有硕士学位的教师更常采用积极的应对方式，有着16～20年工作年限以及21年以上工作年限的教师更少采用消极应对方式，双肩挑的教师更常采用积极的应对方式，高教的教师更少采用消极应对的方式。

在身心健康状况维度上，不同年龄、不同性别、不同婚姻状况、不同子女年龄、不同工作年限、不同职称、不同学科背景的教师之间，身心健康状况无显著差异。但在不同学历、不同工作性质、高教与普教教师之间，身心健康水平呈现极其显著的差异，在不同职务的教师之间，身心健康水平呈现显著差异。

在职教师的ERI值与身心健康得分之间存在着显著的正相关（$r=.628^{**}$），即个体的ERI得分越高，个体的身心健康状况得分越高，换而言之，个体的付出-获得感越失衡，个体的身心健康状况越差。

个体的ERI值与积极的应对方式呈负相关（$r=-.221^{**}$），与消极的应对方式呈显著正相关（$r=.180^{**}$），符合我们的理论假设。说明越能采取积极应对策略的人，感受到的职业压力较小。

关键词 青年教师；职业压力；获得-付出感不平衡；身心健康；应对方式

当前，随着高等教育改革的不断深化，各级各类学校教师面临的压力也在不断升级。上海作为各类改革举措都走在前沿的国际化大都市，上海的教师群体既面临着前所未有的机遇，也面临着更多的发展可能性，与之相伴随的也有种种挑战与压力。上海在职教师的职业压力现状如何？他们的身心健康状况如何？职业压力与身心健康之间是什么关系？在职教师是如何应对他们的压力的？我们可以采取一些什么样的措施来应对教师的职业压力改善身心健康状况？这些议题，引起了研究者的强烈兴趣。

“振兴民族的希望在于教育，振兴教育的希望在于教师。”教师是学校教育的关键所在，教师的心理健康状况直接或间接地影响着学生及其他教师的心理与行为。关注和研究教师的心理健康与职业压力状况，具有非常重要的现实意义。

1 教师职业压力研究现状

Kyriacou 和 Sutcliffe(1977)首先提出了关于教师职业压力的概念,他们认为教师的职业压力是教师在意识到他们的工作状况对他们的自尊和健康已构成威胁这一知觉过程后而引起的一种消极情绪体验。压力是个体预期未来可能发生的不安,或对威胁有所知觉,因而对有机体产生刺激、警告或使其活动。压力的反应有心理上的、生理上以及行为上的,职业压力问题可以表现在行为、情绪和认知等方面。

我们在中国期刊网 CNKI 数据库中进行高级检索:以 1993—2014 为时间区间、输入篇名关键词:“教师”+“压力”,获得相关文献 2 050 篇,在上述检索结果中,进一步选择摘要关键词“心理健康”+“职业压力”进行检索,获得文献 448 篇。在对上述文献的篇名和内容摘要进行综合研究的情况表明:现阶段对于在职教师职业压力这一议题的研究主要涉及以下几个方面:第一,对于在职教师职业压力现状的描述;第二,对于在职教师职业压力源和应对策略的理论探讨。多数研究是在问卷调查的基础上展开的,其中引入了许多中介研究变量,如人格特征、自我效能感、社会支持度、自尊等,并从年龄、性别、教龄、学科等不同角度作了群组的对比分析。现有的研究结果表明:教师职业压力源涉及学生因素、工作负荷、工作条件、自我发展、社会变化及教改、人际关系等多个方面,总括起来是社会、学校和自身 3 个方面,从大类上属于物理的压力源和心理的压力源;多数研究支持教师压力是导致教师健康状况下降的一个主要因素,例如理查德和克利舒克采用已有的教师职业压力问卷,选取大学教师进行研究,分析结果显示,职业压力对于身体紧张度的解释是 45%。但也有研究表明并不相关。我们可以看到教师职业压力和身心健康之间的关系颇为复杂;在压力缓解和应对策略的研究中,则是从调节变量入手展开的,目前有徐学富等人认为提高教师的教学效能感有助于应对职业压力,总括而言,正确的自我认知、提高教师的自尊心、提供环境支持、引导教师对于挫折进行正确归因等都是目前较多切入的研究视角。目前的研究对象涉及高校、中小学等不同群体的压力现状描述,但较少涉及高教和普教之间的比较研究,也较少研究群组内部的相互关系。本研究从付出-获得平衡感的角度切入,使得高校教师和普教系统教师之间的压力感在一定程度上可以进行比较。

本研究则以上海在职教师为研究对象,探讨上海教师在当前所感受到的压力现状、压力和个体身心健康状况之间的关系、个体身心健康状况与个体的应对策略之间的关系,并试图从研究结论出发,为相关政策制定者提供决策参考依据。

2 研究方法

2.1 研究对象

本课题研究对象为上海市在职教师。教师职业压力界定为:由教师意识到他们的工作状况对其自尊和健康构成威胁这一知觉过程而引起的消极情感体验。

研究者采取随机抽样的方法,选取上海交通大学、复旦大学、上海大学、上海师范大学、上海中医药大学、上海金融学院、立信会计、新侨职业技术学院等八所高等院校为重点调查对象,通过工作人员发放纸质问卷的方式和通过问卷吧调研系统在线匿名填写的方式(网络调研还涵盖了杨浦高级中学、交大二附中、莘庄实验小学、民强小学等多所中小学)。研究者在后台导出数据,并人工剔除部分无效样本(网络问卷完成问卷时间在 3 分钟以内者视为无效样本,纸质版问卷有漏题、答案具有明显规律性者视为废卷)。纸质问卷信息手工录入电脑。全部数据导入 SPSS18.0 系统,由研究者进行统一处理。整个过程以尊重在职教师个人隐私的方式进行,特别注意保障抽样的代表性和随机性。调查时间为 2014 年 11 月 10 日—12 月 10 日。

同时,考虑到问卷调查样本的代表性及量化研究方法的局限性,研究者选取了 17 名高校教师进行访谈,其中专业教师 5 名(助教 1 名、讲师 2 名、副教授 1 名、特别研究员 1 名),行政人员 9 名(科员 3 名、副科 3 名、正科 2 名、副处 1 名),双肩挑教师 3 名。另外,再电话访谈了 3 名中小学教师。访谈时间跨度为 2014 年 7 月—12 月。

2.2　研究材料

本研究采用的材料为《上海教师职业压力与心理健康调研问卷》，该问卷由被试基本情况和三个分量表构成。共 67 题。

第一部分是“您的近期身心状况”，采用 Ever & Frese(2000)修订的心理健康量表汉化后的身心状况量表。该量表一共 14 道题目，采用 5 级评分，在题目正向计分的情况下，得分越高，心理健康水平越差，身体健康水平越差。其中，心理健康分量表的 Cronbach α 系数为.788。与 16PF 中心理健康因子得分的效标关联效度指标为.598。

第二部分是“工作中付出—获得感量表”，采用的是德国 Siegrist 提出的 ERI 量表(Effort-reward imbalance)、李秀央等人对中文版进行了检验。该量表包括付出、回报和内在投入三部分，23 个条目。Cronbach's α 系数分别为 0.78、0.75、0.82，其中外在付出包含 6 个条目，得分范围 6～30，回报模块包括报酬、尊重、工作前景和稳定性三个亚模块，共 11 个条目，得分范围 11～55，工作负荷模块包括 6 个条目，得分范围为 6～24。付出量表的总分(E)与获得量表总分(R)根据公式进行计算得出 ERI＝E/(R * C)，C 是根据不同数量分子与分母项目的校正数，在本研究中 C 是 6/11。ERI 结果等于 1，说明处于临界点。如果 ERI 结果大于 0 小于 1，说明处于付出获得平衡状态，如果结果大于 1，说明处于不平衡状态，即高付出低获得。ERI 的值可以近似看做职业紧张度，比值越大，职业紧张度越高。量表中付出、获得子量表可以直接应用于中国人群的调查。

第三部分是“您对工作压力应对方式”，采用的第一军医大学解亚宁汉化改编后的简易应对方式问卷。该问卷由 20 个条目组成，涉及人们在日常生活中经常可能采取的不同态度和措施，如尽量看到事物好的一面、寻求社会支持和通过吸烟喝酒来解除烦恼等。该量表为自评量表，采用多级评分，在每一应对方式项目后列有不采用、偶尔采用、有时采用和经常采用 4 种选择(相应的评分为 0、1、2、3)。其中积极应对分量表包括 1～12 题，消极应对分量表包括 13～20 题。该问卷内部一致性检验全量表的信度系数为 0.90；积极应对量表的信度系数为 0.89；消极应对量表的系数为 0.78。效度良好，因素分析结果能证实理论构想。

访谈问卷由半结构化访谈大纲构成,包含的题目有:您觉得在上海当老师有压力吗?主要是哪些方面的压力?如果从付出和获得是否平衡的角度来看,您觉得自己的付出和获得之间关系如何?就您观察或了解到的情况而言,您觉得性别、年龄、婚姻状况、子女年龄、学历、编制、工作类型、职称职务不同的教师之间在压力感上差别明显吗?您平时通常采取一些什么样的方法对职业压力进行自我调节?在压力调节方面,对学校和政府有些什么期待?

3 研究结果

3.1 调研对象基本信息

本次调研共采集有效样本 508 例,基本情况如表 1 所示。

3.2 描述性统计结果

根据相关专家对于 ERI 量表的信效度研究和分组处理的管理,本研究对 ERI 的处理也是分成了 3 个组,ERI 等于 1 是临界值,得分 0~1 之间是平衡组,大于 1 的是不平衡组。45.3%的受访者 ERI 值大于 1,也就是处于付出与获得不平衡状态,提示职业压力过大。

表 1 调研对象的基本特征($n=508$)

变量	均数±标准差或者频数(频率)
性别	男 184 人(36.2%),女 324 人(63.8%);
年龄分布	30 岁以下:81 人,(15.9%)
	31—40 岁:279 人(54.9%)
	41—50 岁:119 人(23.4%)
	51 岁以上:29 人(5.7%)
婚姻状况	未婚:71 人(14.0%)
	已婚:429 人(84.4%)
	离异:7 人(1.4%)
	丧偶:1 人(0.2%)

（续表）

变量	均数±标准差或者频数(频率)
子女年龄	无子女：133 人(26.2%)
	子女学龄前：163 人(32.1%)
	小学在读：77 人(15.2%)
	初中在读：47 人(9.3%)
	高中在读：18 人(3.5%)
	大学及以上：70 人(13.8%)
学历分布	博士：134 人(26.4%)
	博士在读：73 人(14.4%)
	硕士(含双学位)：178 人(35.0%)
	本科学历：117 人(23%)
	专科学历：6 人(1.2%)
工作年限	5 年以下：136 人(26.8%)
	6—10 年：143 人(28.1%)
	11—15 年：85 人(16.7%)
	16—20 年：52 人(10.2%)
	21 年及以上：92 人(18.1%)
职称情况	初级：73 人(14.4%)
	中级：274 人(53.9%)
	副高级：105 人(20.7%)
	高级：27 人(5.3%)
	无：29(5.7%)
职务情况	科员：147 人(28.9%)
	副科：64 人(12.6%)
	正科：66 人(13.0%)
	副处：23 人(4.5%)
	正处及以上：6 人(1.2%)
	无：202(39.8%)
工作性质	教学科研：253 人(49.8%)
	行政：196 人(38.6%)
	教学科研行政双肩挑：59 人(11.6%)
学校类别	高教：389 人(76.6%)
	普教：119 人(23.4%)

本研究 508 个样本 ERI 失衡的比例为 45.3%，王晓蕾等人报道三家医院值班护士 ERI 失衡的比例为 31.9%；在一定程度上可以说明与护士群体相比，教师的职业压力比较大。

表 2 描述性统计结果($n=508$)

变量		*M*	*SD*
职业压力	ERI	1.06	0.56
	超负荷	16.15	2.82
	付出感	18.31	5.78
	获得感	35.51	9.13
身心健康	身心健康	36.82	11.240
	生理健康	18.34	6.120
	心理健康	18.48	6.048
应对方式	积极应对	1.77	0.50
	消极应对	1.13	0.49
超负荷		16.15	2.82

3.3 不同类型人群的职业压力比较

运用 SPSS18.0 对不同组别的 ERI 值进行比较，ERI 值在不同性别、子女处于不同年龄阶段、不同工作年限、不同职务和不同学科的教师间没有显著差异，但 30 岁以下的青年教师 ERI 值明显低于 31～40 岁和 41～50 岁教师，离异的教师 ERI 值明显高于其他婚姻状态组的教师，本科学历的教师 ERI 值最大，博士在读的教师 ERI 值最小，无职称的教师 ERI 值显著低于具有中级和高级职称的教师，教学科研人员的 ERI 值显著高于行政和双肩挑的教师，普教系统的教师 ERI 值显著高于高教系统的教师。

下面具体分析之。

3.3.1 不同性别之间职业压力比较

运用单因素方差分析，对不同性别的教师 ERI 值进行比较，结果显示：不同性别之间无显著差异，如表 3 所示。

表3 不同性别人群的ERI值比较结果

	n	*M*	*SD*	*t*	*sig*
男	184	1.07	.600	.417	.677
女	324	1.05	.544		

3.3.2 不同年龄组的教师职业压力比较

对不同年龄组的教师的ERI值进行比较发现，不同年龄组的教师之间的ERI值存在显著差异（$F_{(3,504)}=2.968$，$p=.032$），LSD的结果显示这种差异具体表现为30岁以下的青年教师ERI值明显低于31～40岁以及41～50岁，其他年龄组之间没有显著差异。不同年龄组的青年教师的ERI值描述性结果如表4所示。结果显示：在教师群体中，31～40岁的群体是教师群中职业压力最大的人群，其次是41～50岁的人群，相对而言，30岁以下的教师群体的职业压力相对较小。

表4 不同年龄组教师ERI值

	N	**均值**	**标准差**	**F**	**Sig**
30岁以下	81	.911 3	.518 10		
31—40岁	279	1.106 9	.565 46		
41—50岁	119	1.081 8	.587 61	2.968	.032*
51岁以上	29	.950 5	.526 06		
总数	508	1.060 9	.564 68		

进一步对不同年龄组教师的付出感、获得感进行分析发现，31岁～40岁的教师是所有教师中付出感最高的人群而获得感相对较低。其工作负荷也和41～50岁的群体位居榜首。

3.3.3 不同婚姻状况教师的职业压力比较

统计发现，不同婚姻状态的教师之间的ERI值存在极其显著的差异（$F_{(3,504)}=4.238$，$p=.006$），LSD的结果显示各组之间均存在非常显著的差异。研究结果：离异组的教师的职业压力最大，显著高于其他两组教师，而未婚组的教师感受到的职业压力最小，具体结果如表5所示。

表 5 不同婚姻状况教师 ERI 值

	N	均值	标准差	F	Sig
未婚	71	.899 7	.520 52		
已婚	429	1.079 1	.556 34	6.346	0.002**
离异	7	1.593 3	1.020 50		
总数	507	1.061 1	.565 23		

进一步对付出感、获得感、工作负荷的交叉分析发现，离异组教师获得感最低，付出感最高。未婚组付出感最低，获得感最高。

3.3.4 不同学历的教师职业压力比较

结果显示：不同学历水平间的教师的 ERI 值存在差异(见表 6)。本科学历背景的教师职业压力最大，博士在读的教师职业压力最小。其中，在读博士的这一群体与我们印象中压力最大的直观感受有所不同，结合访谈情况，我们发现从付出—获得平衡这一理论模型出发，在读博士生感觉到自己因为读书在工作上的投入相对变少，读书与提升的机会也是一种意义上的获得，所以他们的 ERI 值比较低。结合付出、获得分量表的情况看，在读博士的获得感排名第一(36.45±9.558)，付出感倒数第二(仅次于硕士)。

表 6 不同学历背景教师 ERI 值

	N	均值	标准差	F	Sig
博士	134	1.063 1	.612 03		
博士在读	73	.934 1	.383 72	3.352	.01**
硕士(含研究生班、双学位)	178	1.011 3	.530 66		
本科	117	1.207 9	.629 97		
专科	6	1.157 8	.482 89		
总数	508	1.060 9	.564 68		

3.3.5 子女处在不同年龄段的教师职业压力比较

整体上，有着不同年龄子女的各组教师之间在统计学上并没有明显差异，提示他们职业压力之间无显著差异。进一步分后发现：子女处于学龄前和小学在读的教师ERI值最高,无子女的教师的ERI值最低。有着学龄前子女的教师其ERI值显著高于有着在读大学子女的教师(见表7)。

表7 子女处在不同年龄段的教师ERI值

	N	均值	标准差	*F*	*Sig*
无子女	133	.989 2	.579 63		
学龄前	163	1.113 4	.560 98	1.349	.242
小学在读	77	1.128 3	.579 26		
初中在读	47	1.094 2	.501 96		
高中在读	18	1.095 8	.610 23		
大学在读及以上	70	.969 4	.548 61		
总数	508	1.060 9	.564 68		

3.3.6 不同工作年限的教师职业压力比较

不同工作年限的教师之间的ERI值没有显著差异。

3.3.7 不同职称的教师职业压力比较

统计结果显示,不同职称的教师ERI值有显著差异。进一步的比较结果显示:没有职称的教师的ERI值最低,显著低于具有中级和高级职称的教师。职称和年龄的交叉分析表显示,无职称的教师年龄集中在30岁以下(见表8)。

表8 不同职称的教师ERI值

	N	均值	标准差	*F*	*Sig*
初级	73	1.041 2	.637 39		
中级	274	1.101 4	.565 95	2.388	.05*
副高级	105	1.003 4	.491 52		
高级	27	1.189 7	.708 88		
无	29	.816 0	.366 73		
总数	508	1.060 9	.564 68		

3.3.8 不同职务的教师职业压力比较

统计表明:不同职务的教师之间的ERI值无显著差异,进一步分析显示:与我们印象里的“无官一身轻”有所不同。无职务的教师职业压力最大,副处级及正处级以上职务的教师职业压力最小(见表 9)。

表 9　不同职务的教师 ERI 值

	N	均值	标准差	F	Sig
科员	147	1.033 8	.562 86		
副科	64	1.032 6	.567 78	1.857	.100
正科	66	1.042 7	.505 61		
副处	23	.815 7	.427 19		
正处及以上	6	.808 5	.226 51		
无	202	1.130 9	.595 49		
总数	508	1.060 9	.564 68		

3.3.9　不同工作类型的教师职业压力比较

不同工作类型之间,教学科研人员的 ERI 值显著高于行政人员和双肩挑的教师。结合访谈的情况看,双肩挑的教师成长路径多数为教学科研优秀者后来兼任行政职务,行政职务均在副处级以上,行政职务给了他们一些隐性的获得感,从而使得双肩挑的教师比单纯的教学科研型教师 ERI 值低(见表 10)。

表 10　不同职务的教师 ERI 值

	N	均值	标准差	F	Sig
教学科研	253	1.160 0	.614 60		
行政	196	.955 0	.509 51	8.052	.000***
双肩挑	59	.987 8	.432 67		
总数	508	1.060 9	.564 68		

3.3.10　不同学科的教师职业压力比较

文科、理科、工科、艺术等不同学科的教师之间 ERI 无显著差异。

3.3.11　不同学校类型的职业压力比较

普教系统的教师 ERI 值高于高教系统教师,两者之间有显著差异(见表 11)。

表 11　不同学校类型的教师 ERI 值

	N	均值	标准差	F	Sig
高教	389	1.002 3	.549 36		
普教	119	1.252 5	.573 90	18.503	.000***
总数	508	1.060 9	.564 68		

3.4　不同类型人群的工作负荷比较

研究结果显示，不同性别、子女处在不同年龄阶段、工作年限、职务、学科背景对教师的工作负荷没有显著影响。有差异的组别详见下列表格：

3.4.1　不同年龄教师的工作负荷差异比较

统计分析结果显示，不同年龄的教师之间的工作负荷存在这非常显著的差异 F(3，504)＝3.323(p＝.020)，30 岁以下教师的工作负荷显著低于 31 岁～40 岁组教师和 41～50 岁教师。各组之间的差异比较如表 12 所示。

表 12　不同年龄教师的工作负荷差异比较

(I－J)	30 岁以下(I)	31—40 岁	41—50 岁
31—40 岁(J)	－.981*		
41—50 岁	－1.008*	－.027	
51 岁以上	－.147	.834	.861

3.4.2　不同婚姻状况教师的工作负荷差异比较

对不同婚姻状况的教师的工作负荷进行比较发现，未婚组教师的工作负荷显著低于已婚和离异的教师。具体结果如表 13 所示。

表 13　不同婚姻状况教师的工作负荷差异比较

(I－J)	未婚(I)	已婚
已婚	－1.139*	
离异	－2.274*	－1.135

3.4.3 不同学历教师的工作负荷比较

不同学历教师的工作负荷比较结果显示，硕士学历教师的工作负荷显著低于博士、博士在读以及本科和专科的教师，具体统计结果如表 14 所示。

表 14 不同学历教师的工作负荷比较

	博士(I)	博士在读	硕士	本科
博士在读(J)	.011			
硕士	.909*	.898*		
本科	−.423	−.434	−1.332*	
专科	.381	.370	−.528	.803

3.4.4 不同职称教师的工作负荷比较

对具有不同职称的教师的工作负荷进行比较发现，教师的工作负荷平均值随着职称的上升而增长见表 15，进一步统计结果发现，具有高级职称的教师其工作负荷显著高于其他各组教师，没有职称的教师工作负荷显著低于初级、副高级和高级，具体如表 15(1)和表 15(2)所示。

表 15(1) 不同职称教师的工作负荷比较

	N	均值	标准差	F	Sig
初级	73	15.59	3.031		
中级	274	16.17	2.873		
副高级	105	16.37	2.532	4.059	.003
高级	27	17.74	2.566		
无	29	15.14	2.386		
总数	508	16.15	2.822		

表 15(2) 不同职称教师的工作负荷组内比较

(I－J)	无职称(I)	初级	中级	副高级
初级(J)	−.451			
中级	−1.034	−.582		
副高级	−1.233*	−.782	−.200	
高级	−2.603*	−2.152*	−1.369*	−1.369*

3.4.5 不同工作性质教师工作负荷差异比较

对不同工作性质教师群体的工作负荷进行比较的结果显示，工作性质对教师的工作负荷具有极其显著的影响，主要表现在从事教学科研的教师工作负荷极其显著高于从事行政的教师(见表16)。

表16 不同工作性质的教师工作负荷差异比较

(I-J)	教学科研(I)	行政
行政(J)	1.042*	
双肩挑	.456	−.586

3.4.6 不同学校类别教师工作负荷比较

对高教和普教的教师工作负荷进行比较的结果显示，普教的教师工作负荷极其显著高于高教的教师，结果如表17所示。

表17 不同学校类别教师工作负荷比较

	N	*M*	*SD*	*t*	*Sig*
普教	119	17.02	2.671	3.865	.000
高教	389	15.89	2.818		

3.5 教师应对方式的组别差异

3.5.1 不同性别人群应对方式的组别差异

对男、女教师的应对方式进行差异显著性检验的结果发现，女教师较男老师更易倾向于采用积极应对方式，两者差异在统计学上极其显著，在消极应对方式上，女教师也比男教师倾向于采取，两者的差异接近显著。具体结果如表18所示。

表18 不同性别人群应对方式差异

		M	*SD*	*t*	*Sig*
积极应对	男(n=184)	1.660 3	.483 13	−.379 4	.000
	女(n=324)	1.833 6	.501 10		

（续表）

		M	*SD*	*t*	*Sig*
消极应对	男(n=184)	1.0822	.46509	−1.807	.071
	女(n=324)	1.1632	.49674		

3.5.2 不同年龄教师应对方式比较

对不同年龄教师的应对方式进行比较发现，各组教师在积极应对方式上没有表现出明显的差异($F_{(3, 504)}=1.862$, $p=.135$)，但41～50岁的教师比31～40岁的教师更常采用积极方式应对；各组教师在消极应对方式上存在显著差异，($F_{(3, 504)}=3.557$, $p=.014$))，41～50岁的教师比30岁以下和31～40岁以下的人群更常采用消极应对方式；具体结果如表19所示。

表19 不同年龄教师应对方式比较

		30岁以下(I)	31～40岁	41～50岁	51岁以上	
积极应对	30岁以下(J)		.05058	.19585*	.12426	消极应对
	31～40岁	−.01839		.14800*	0.7368	
	41～50岁	−.13039	−.11200*		−.07433	
	51岁以上	−.12157	−.10319	.00881		

3.5.3 不同婚姻状况教师应对方式比较

不同婚姻状况的教师在不管是在积极应对方式还是消极应对方式上均无显著差异，进一步两两比较的结果显示已婚教师相对未婚教师而言，更常采用消极应对方式($t_{(1, 498)}=-2.015$, $p=.044$)。

3.5.4 不同子女年龄的应对方式比较

有着不同年龄子女的人群在积极应对方式上无显著差异，在消极应对方式上存在显著差异($F_{(5, 501)}=2.452$, $p=.033$)，有着不同子女年龄的教师消极应对方式的结果如表20所示。无子女的教师相对有着初中或高中在读的子女的教师更少采用消极应对方式，有着小学在读的子女的教师相比有着初中和高中在读子女的教师更少采用消极应对的方式。

表 20 有着不同子女年龄的教师消极应对方式比较结果

I-J	无子女(I)	学龄前	小学在读	初中在读	高中在读
学龄前(J)	-.052 95				
小学在读	.017 26	.070 21			
初中在读	-.224 24*	-1.712 9*	-.241 50*		
高中在读	-.247 44*	-.194 49	-.264 70*	-.023 20	
大学在读及以上	-.079 98	-.027 03	-.097 24	.144 26	.167 46

3.5.5 不同学历教师的应对方式比较

不同学历的教师群体在积极应对方式上有显著差异($F_{(4,503)}=3.033$，p=.017)，具体表现为具有硕士学位的教师相比具有博士学位和本科学位的教师更常采用积极应对的方式，而在消极应对方式上各组之间并无显著差异。

3.5.6 不同工作年限的教师应对方式比较

不同工作年限的教师在积极应对方式上无显著差异，在消极应对方式上存在着显著差异(($F_{(4,503)}=3.542$，p=.007))，主要表现为具有16～20年工作年限的教师相比5年以下和6～10年以及11～15年工作年限的教师更少采用消极应对的方式，而具有21年及以上工作年限的教师相比5年以下和11～15年的教师更少采用消极应对方式(见表21)。

表 21 不同工作年限的教师在消极应对方式上的差异

	5年以下	6—10年	11—15年	16—20年
6～10年	-.056 83			
11～15年	-.043 75	.013 08		
16～20年	-.235 15**	-.178 32*	-.191 40*	
21年及以上	-.183 10**	-.126 27	-.139 35*	.052 05

3.5.7 不同职称、职务的教师应对方式

不管是在积极应对还是消极应对方式上，也不管是不同职称之间，还是不同职务之间的教师均没有显著的差异。

3.5.8 不同工作性质的教师应对方式比较

对不同工作性质的教师的应对方式进行比较发现，不同工作性质的教师在消极应对方式上不存在显著差异，但在积极应对方式上有着极其显著差异（$F_{(2,505)}=9.605$，$p=.000$）。双肩挑的教师较教学科研和行政的教师更常采用积极的应对方式。

3.5.9 不同学科性质的教师应对方式比较

对不同学科性质的教师的应对方式进行比较，显示不管是在积极的应对方式上，还是消极的应对方式上，不同学科性质的教师均不存在显著差异。

3.5.10 不同学校性质的教师应对方式比较

对普教和高教的教师的应对方式进行比较，发现普教和高教的教师在积极的应对方式上并没有显著差异，但在消极应对方式上，高教的教师相比普教的教师显著较少地使用消极应对方式（$t_{(506)}=-.2833$，$p=.005$））

3.6 不同类型教师身心健康状况

运用SPSS软件统计分析发现，不同年龄、不同性别、不同婚姻状况、不同子女年龄、不同工作年限、不同职称、不同学科背景的教师之间，身心健康状况无显著差异。

但在不同学历、不同工作性质、高教与普教教师之间，身心健康水平呈现极其显著的差异，在不同职务的教师之间，身心健康水平呈现显著差异。

3.6.1 不同学历的教师身心健康水平比较

在不同学历之间，专科生的身心健康水平显著低于本科、硕士、博士和博士在读，这可能与被调查对象中专科学历者年龄有半数集中在51岁及以上有关系。

表22 不同学历的教师身心健康水平的差异

学历情况	均值	N	标准差	F	Sig
博士	36.63	134	11.145		
博士在读	35.96	73	8.990	5.080	.001***
硕士（含研究生班、双学位）	34.81	178	10.564		

（续表）

学历情况	均值	N	标准差	F	Sig
本科	40.26	117	12.684		
专科	44.17	6	12.703		
总计	36.82	508	11.240		

3.6.2　不同职务的教师身心健康水平比较

由表23可以看到，科员和无职务的教师在身心健康分量表中得分最高，提示这两类群体的身心健康水平需要引起关注。

表23　不同职务的教师身心健康水平比较

职务情况	均值	N	标准差	F	Sig
科员	38.12	147	10.772	2.623	.024
副科	34.61	64	10.754		
正科	34.64	66	9.012		
副处	33.04	23	9.251		
正处及以上	31.17	6	5.601		
无	37.90	202	12.393		
总计	36.82	508	11.240		

3.6.3　不同工作性质的教师身心健康水平比较

表24提示教学科研人员的身心健康分量表得分最高，意味着这一群体的身心健康状况最差，亟待关注。

表24　不同工作性质的教师身心健康水平比较

工作性质	均值	N	标准差	F	Sig
教学科研	38.82	253	11.730	8.168	.000***
行政	34.78	196	10.088		
双肩挑	35.08	59	11.390		
总计	36.82	508	11.240		

3.6.4　高教与普教教师的身心健康水平比较

普教系统教师身心健康水平要低于高教系统教师。这可能与本次被调查对象中，41 岁以上的教师占普教被调查者的 50%以上(见表 25)。

表 25　高教与普教教师的身心健康水平比较

学校类型	均值	*N*	标准差	*F*	*Sig*
高教	35.34	389	10.556	5.806	.000***
普教	41.67	119	12.061		
总计	36.82	508	11.240		

3.7　职业压力与身心健康水平、个体应对方式之间的相关性分析

为了进一步探索付出—获得感与个体的身心健康的关系，对个体的 ERI 值与身心健康得分进行相关分析，发现两者之间存在着显著的正相关(r=.628**)，即个体的 ERI 得分越高，个体的身心健康状况得分越高，换而言之，个体的付出—获得感越失衡，个体的身心健康状况越差。进一步相关分析发现，个体 ERI 与身心健康得分的相关体现在身心健康与个体的获得感呈显著负相关(r=－.455**)，与付出感呈正相关(r=.652**)，即个体付出越多，个体的身心健康状况越差，个体获得越多，身心状况越好，个体付出越多收获越少，个体的身心健康状况越差。

为了进一步分析个体的付出—获得感与应对方式之间的关系，对 ERI 值与不同的应对方式进行相关分析。结果显示，个体的 ERI 值与积极的应对方式呈负相关(r=－.221**)，与消极的应对方式呈显著正相关(r=.180**)，符合我们的理论假设。说明越能采取积极应对策略的人，感受到的职业压力较小。

积极应对与身心健康得分呈负相关(r=－.261**)，消极应对与身心健康得分呈现正相关(r=－.215**)。这说明，越能采取积极应对策略的个体，身心健康状况越好，越是倾向于采取消极应对策略的个体，其身心健康状况越差。

4　研究结论

教师这一职业与其他职业一样，也存在着个人付出与回报不匹配的情况，当引起这种不匹配的社会心理因素在工作环境中长期存在，势必会对教师的身心健康

造成影响。本研究运用付出—回报失衡问卷作为测量教师职业压力的工具,引入中介变量“应对方式”,探讨职业压力、应对方式与身心健康之间的关系。结合访谈的反馈情况,我们得出以下结论与建议:

4.1　高达45.3%的被调查教师体验到付出与回报失衡,教学科研人员职业压力居首位

当前教师的职业压力状况亟须引起关注,高达45.3%的教师感觉到付出与回报失衡,访谈中更是有超过5成的教师认为付出与获得不成比例。在本次调查中,ERI值在不同性别、子女处于不同年龄阶段、不同工作年限、不同职务和不同学科的教师间没有显著差异,但30岁以下的青年教师ERI值明显低于31～40岁和41～50岁教师,离异的教师ERI值明显高于其他婚姻状态组的教师,本科学历的教师ERI值最大,博士在读的教师ERI值最小,无职称的教师ERI值显著低于具有中级和高级职称的教师,教学科研人员的ERI值显著高于行政和双肩挑的教师,普教系统的教师ERI值显著高于高教系统的教师。

在职教师感觉到自己的付出高于回报,特别是31～40岁这一年龄段的青年教师。当青年教师与自己同期工作的同学相比较、甚至与自己的学生比较时,能深刻感受到收入上的深刻差距。结合访谈的情况看,31～40岁是青年教师面临结婚买房、建立家庭压力特别大的一个阶段,这一年龄段的教师普遍感受到在这个阶段缺少支持,压力很大。特别需要注意的是,单位要关注离异教职工的身心健康状况和职业压力问题。行政人员与科研人员之间压力感有显著差异,结合访谈的情况看,教学科研人员会认为行政人员相对轻松,行政人员自身并不这样认为,而是认为压力的形式和表现不一样而已。但从付出获得感的角度看,教学科研人员感觉失衡的比例较高。

本研究中的“获得感”包含三类因素,第一类是与金钱、地位相关的因素;第二类是尊重的获得;第三类是职业的满意度和安全性。就访谈结果而言,感觉失衡但依然选择留在教师岗位的教师,基本上都充分运用了心理自我平衡机制。例如多看到作为教师的工作稳定性,其中最有吸引力的是时间相对弹性,拥有寒暑假。大家试着用积极应对和心理防御机制的方式来调试自己面临职业压力的情境。

相对而言，大家认为大学教师的社会地位与社会尊崇度要高于中小学教师，这种意义上的获得感可能普教系统教师体验到付出回报失衡比例高于高教系统教师的原因之一。

上述问题亟待引起学校相关方面的重视，有研究表明教师付出—获得不平衡感与职业倦怠相关、离职意向明确相关。ERI 模型能较好地解释员工的职业倦怠，在付出和回报严重失衡的情况下，即在高付出低回报的情况下，教师更容易体验到情绪衰竭，产生疏远的态度。甚至发生虐待学生等恶性事件。

4.2 在职教师的身心健康状况与职业压力显著相关

本研究发现，在职教师的 ERI 值与身心健康得分之间存在着显著的正相关（r=.628**），即个体的 ERI 得分越高，个体的身心健康状况得分越高，换而言之，个体的付出—获得感越失衡，个体的身心健康状况越差。实证分析证明了 ERI 模型与身心健康之间的相关关系。教师在 ERI 失衡的状态下，也就是高付出低回报的情况下，出现身心健康状况的概率更大。教师职业压力在躯体化症状方面的表现突出。ERI 模型证实，如果人们长期处在工作中的付出与获得不平衡之中，会产生心理压力和损害健康。在工作中，如果付出-获得之间缺少互惠性（如高付出与低回报），就会引发负面情绪，并由此导致植物神经、内分泌系统的持续混乱，最终影响健康。

在访谈中，受访教师谈及很多身体症状，包括：易疲劳、颈椎腰椎问题、视物模糊等，特别是因为长期的电脑工作，教师普遍自述颈椎的问题严重，还有部分老师自述有慢性咽喉炎。在最近几年的单位体检中，甲状腺问题检出率很高，很多教师谈及了免疫系统疾病也是压力大的表现之一。

5 对策建议与展望

结合本次调研数据和访谈结果，本研究认为，以下几个方面的共同努力会在一定程度上改善教师的职业压力状况，改善教师的身心健康水平。

5.1 采取措施增进在职教师隐形的获得感,缓解付出获得不平衡的矛盾

进一步分析教师获得感的构成成分,我们不难发现其实是可以细分为金钱和地位、尊重和社会声誉、安全感和稳定性的。如果说受制于整体政策的影响,在金钱收入方面的改革与改善短期内难以实现的话,学校方面则可以在尊重、安全感、稳定性等方面加大投入力度,让在职教师的隐形获得感有所增加,从而在一定程度上缓解获得与付出之间的失衡。

在访谈中,有子女的高校青年教师普遍谈及一个现象:就是教职工子女入学的问题。例如上海师范大学的受访教师就非常自豪地谈及上师大的子弟学校口碑很好,孩子能顺利入学,是上师大对自己有强大吸引力的因素之一。利用高校的资源,与地方共建或者建设好子弟学校,解决教职工子女入学的后顾之忧,将会是一项非常有力的获得感,能在相当程度上环节付出-获得不平衡之间的关系。

此外,提供进修与学习培训机会,也是教师获得感的一个重要来源。本研究发现在读博士生的职业压力感相对较低,经访谈发现:很大程度上是因为他们归因为自己获得了提升和学习的机会,这种隐形收入较多,而在读博期间对工作上的投入相对较少,从付出-获得感平衡的角度看,在职博士压力感较低。

5.2 为在职教师提供员工心理援助与服务,提升心理自助与他助水平

面对职业压力时,教师会出现一系列身心反应症状,由于个体差异和应对机制的不同,不同教师感受到的压力感也有所不同。本次调查对象有13.2%的教师出现了比较严重的身心症状。近年来,在教师群体中也偶有极端事件发生。因此,加强预防十分重要。学校设有面向教工服务的心理咨询工作室,但鉴于师资多为校内咨询师,可能存在双重关系,教工求助时会有所顾虑。因此,加强诸如体检过后的健康指导与咨询,加强员工心理咨询服务,不妨借鉴企业的员工EAP服务模式,聘请第三方EAP服务机构,为教师提供心理咨询、健康咨询等服务。在本次研究的访谈中,当研究者向受访者介绍上海市2014年9月10日成立的教师心理发展中心时,受访教师表现出极大的兴趣,希望进一步了解详情,同时对服务水准有所顾虑。他们期待有专业、保密、安全的一对一心理服务,更多的是需要心理自助知

识的培训和有关家庭发展、亲子育儿方面的指导与服务。

鉴于此，受访教工期待通过诸如工会的午间课程，加大"如何进行情绪与压力管理、亲子沟通、婚恋家庭"等主题工作坊和课程，增进员工的心理免疫力和应对能力。例如交大受访教师就提及：诸如交大工会、妇委会组织的"快乐父母俱乐部活动"、"玫瑰花苑"等项目就能让青年教师感觉到被支持，属于隐性收入的范畴。

5.3 积极搭建教师自助互助平台，增进教师群体的交流与互动，减压增能

缓解职业压力的一个有效途径是强化其社会支持系统，教师是一份相对稳定的职业，教师的支持系统除了其家人和朋友之外，非常重要的一个就是同行同事。这种稳定的人际联结对于缓解教师职业压力增加其归属感非常重要。除了传统意义上的教工社团如摄影协会、足球队、合唱团等等有组织的教师团体之外，学校和社会要支持教师自组织的运行。例如妈妈帮、父母俱乐部、青年教师联谊会等不同平台的发展，帮助教师在不同层面上建立自己的支持系统，收获更多的满足感、满意感、接纳感，这或许是缓解教师职业紧张度的一个有价值的尝试。

参考文献

[1] Kyriacou C. Teacher stress: directions for future research [J]. Education Review, 2001(1).

[2] 陈德云. 教师压力分析及解决策略[J]. 外国教育研究，2002(12).

[3] Evers A, Frese M. Revisions and further development of the Occupational Stress Indicator: Lisrel results from four Dutch studies [J]. Journal of Occupational Psychology, 2012, *73*: 221 - 240.

[4] 范琳波. 工作中付出—回报失衡与高校教师自评健康关系[J]. 工业卫生与职业病，2009, *35*(6).

[5] 解亚宁. 简易应对方式量表信度和效度的初步研究[J]. 中国临床心理学杂志，*6*(2).

[6] 蒋芘菁，张雯. 付出回报失衡与工作倦怠的关系[J]. 中国心理卫生杂志，2011, 25(1).

积极视角下的高校辅导员师生关系影响机制研究*

——解释风格或心理资本

蔡雅琦(上海海洋大学学生处,上海,201306)

摘　要　为探索在积极视角下,辅导员及学生双方的解释风格、心理资本、对师生关系的影响,对上海海洋大学、上海海事大学、上海工商外国语学院等随机抽取辅导员98名,大学生336名施测解释风格量表、心理资本量表、师生关系量表以挖掘师生的心理优势与师生关系之间的关系。结果显示:①心理资本方面,辅导员的分数比学生高,不过只有自我效能($t=2.926$, $p=.004$)、希望($t=2.021$, $p=.044$)达到显著性差异;②解释风格方面,辅导员比学生更为乐观($t=4.749$, $p=.000$),且达到显著性差异;③师生关系方面,辅导员与学生相比,亲密性($t=8.102$, $p=.000$)、支持性($t=7.972$, $p=.000$)、满意度($t=5.151$, $p=.000$)、冲突性($t=2.881$, $p=.004$)分数都比学生高,均达到显著性差异;④解释风格与心理资本中的自我效能($r=.111$, $p<.01$)、希望($r=.098$, $p<.01$)呈显著正相关;⑤解释风格能够预测心理资本($\beta=.126$, $P=.013$);⑥心理资本在解释风格到师生关系之间,起着完全中介作用。

关键词　积极视角;师生关系;心理资本;解释风格

1　引言

辅导员身为高校学生工作的一线人员,因工作性质与学生息息相关,而在师生之间形成一种无论是形式、性质或程度上都会相互作用及影响的特殊人际互动。

---

* 作者简介:蔡雅琦,上海海洋大学学生处,Email:yqcai@shou.edu.cn.

《普通高等学院辅导员队伍建设规定》中指出，辅导员是学生健康成长的指导者和引路人，应当成为学生的人生导师和健康成长的知心朋友。

有研究者调查高校的师生关系，发现学生的专业、地域、年级、与教师的互动频繁与否，都会对其关系产生影响。也有研究显示，师生关系的影响是双向的，不仅影响到教师的教学、工作态度、心理健康等方面，同时也会影响学生的学习与身心健康等诸多方面。

积极视角来自于 20 世纪末期兴起的积极心理学运动，相反于传统的问题视角，而把研究重点放在人们的积极因素方面。积极视角主张挖掘人类自身潜在的建设性力量、美德与善端，提倡用一种积极的心态来应对人们生活中的困境，从而激发人们自身内在的积极力量和优秀品质，使潜能得到充分的发挥。积极视角所关注的人类积极心理品质，诸如幸福、满足和满意、希望和乐观等，恰好是完善师生关系的良方。

乐观作为积极视角研究的核心之一，是个体相当重要的积极资源，不仅能预测身体和心理健康，同时还是调节自我身心健康的重要内部资源。Scheier 和 Carver (1985)认为乐观是一种稳定的人格变量，是个体在总体上对外来积极或者消极的结果期待；Seligman(1988)则以归因理论为基础，把乐观看待为一种解释风格，采用归因风格问卷来测量；指的是个体对成功或失败进行归因时表现出来的稳定倾向，属于习惯性的思维模式，虽在童年或青少年期所养成，然而却可以透过学习来调整及转变。有研究者发现，学生会对其师生关系的好坏进行归因，与老师关系不好的学生，通常是采用消极型的解释风格。

许多研究表明，心理资本与个体的态度、行为和绩效有关，同时还被证实与心理健康、幸福感等存在显著相关。心理资本作为一种积极心理能力，具有被开发与投资的“状态类”特性，能够调动人的积极性、主动性和创造性，对学习投入、学业表现、就业能力和心理健康水平产生促进作用。心理资本概念的提出源于积极心理学与积极组织行为的框架下，Luthans 等将其定义为“个体在成长和发展过程中表现出来的一种积极心理状态”，包括了四个核心成分：自我效能、乐观、心理弹性和希望。自我效能是指在面对充满挑战性的工作时，个体有信心并能付出必要的努力来获得成功；乐观是指个体对现在和未来的成功持积极态度，有积极的归因；希望则是对目标锲而不舍，为取得成功在必要时能调整实现目标的途径；心理弹性是指个体身处逆境和被问题困扰时，能够持之以恒，迅速复原并超越，以取得成功。

目前，我国高校教育侧重于学生知识水平和技术能力的提升，只关注学生心理问题的发现和疏导，却忽略了对其积极心理能量的开发，从而在无意间造就了师生关系的矛盾与冲突。然而，根据《普通高等学校大学生心理健康教育工作实施纲要》(教育部办公厅 2002 年 4 月)及教育部、卫生部、共青团、中央出台的《关于进一步加强和改进大学生心理健康教育的意见》文件指示，加强和改进大学生心理健康教育的基本原则在于坚持正面教育，培养大学生良好的个性心理品质，积极引导大学生保持健康向上的心理状态。

在现今强调“以人为本”的教育理念下，如何从积极心理能量的角度着手，来构建和谐的师生关系，就是一项非常重要的课题。目前虽有许多文章探讨如何构建辅导员与学生之间和谐的师生关系，却鲜少有实证研究深入了解个体的心理优势、认知风格如何对师生关系产生影响。因此，本研究重点在于揭示辅导员与学生在解释风格、心理资本及师生关系三者之间的差异，借由对此三者关系的探索，找出影响师生关系的关键作用，以期贯彻国家政策坚持正面教育的文件精神，为高校创建和谐师生关系提供实证依据、理论价值及指导方针。

2 对象及方法

2.1 研究对象

采用整群随机抽样抽取公办学校上海海事大学、上海海洋大学及民办学校上海工商外国语学院，共发放 500 份问卷。其中辅导员 100 份，有效回收率为 98 份，占 98%；学生 400 份，有效回收率为 336 份，占 84%(见表 1)。

辅导员基本信息部分：男性 33 名(33.7%)，女性 57 名(58.2%)，缺失 8 名(8.2%)性别信息；工作年限为 1～3 年有 36 名(36.7%)，3～5 年有 16 名(16.3%)，5～8 年为 16 名(16.3)，8 年以上有 30 名(30.6%)；带班年限为 1～3 年有 39 名(39.8%)，3～5 年有 19 名(19.4%)，5～8 年有 15 名(15.3%)，8 年以上有 25 名

(25.5%);接受调查的学校辅导员分布为上海海事大学有39名(39.8%),上海海洋大学有37名(37.7%),上海工商外国语学院有22名(22.4%)。

学生基本信息部分:男性132名(39.3%),女性181名(53.9%),缺失9名(6.8%)性别信息;年级分布为一年级222名(66.1%),二年级74名(22%),三年级24名(7.1%),四年级4名(1.2%);学校分布为上海海洋大学119名(35.4%),上海海事大学95名(28.3%),上海工商外国语学院122名(36.3%)。

表1 被试具体分布情况($N=434$)

变量		人数	百分比
性别	男	165	38%
	女	238	54.8%
	缺失值	9	6.8%
身份	辅导员	98	22.6%
	学生	336	77.4%
学校	上海海洋大学	156	35.9%
	上海海事大学	134	30.9%
	上海工商外国语学院	144	33.2%

2.2 研究工具

2.2.1 心理资本量表

Luthans等人于2007年编制,李超平翻译。该量表共24个条目,主要反映个体的心理资本情况。其中:条目1~6测量自我效能、条目7~12测量希望、条目13~18测量心理弹性、条目19~24测量乐观。该问卷采用6点李克特评分标准进行评价,“0”代表非常不同意,“5”代表非常同意,其中第13、20、23条目反向计分。以往的测试表明,该量表SRMR=0.051,RMSEA=0.046,CFI=0.934,说明具有较高的效度。

本研究中,心理资本量表整体的Cronbach α值达到0.882,信度良好;心理资本其他的各分量表除“乐观”外,也均达到0.8以上,基本符合心理测量学的要求。

2.2.2 师生关系量表

该问卷由屈智勇(2002)编制,包括亲密性、支持性、满意度、冲突性等四个维度(亲密性、支持性和满意度三个维度体现正向的师生关系,冲突性体现负向的师生关系),共23个项目(其中亲密性维度7个项目,支持性维度5个项目,满意度维度4个项目,冲突性维度7个项目),各维度的Cronbach α系数为0.71~0.87。该问卷以大学生为测量对象,采用5点李克特评分标准进行评价(从“很不符合”到“完全符合”)。被试在亲密性、支持性和满意度三个维度上的得分越高,表明师生关系越趋向正向;在冲突性维度上的得分越高,则表明师生关系越趋于负向。

2.2.3 归因风格问卷

归因风格问卷是由美国心理学家Peterson等(1982)在抑郁的归因理论基础上编制的测量个体解释风格的自陈问卷。由12个场景组成,包括6个正性事件和6个负性事件,每个场景有4个题目,其中第1题是关于这个场景归因的文字描述,第2—4题是通过7点量表分别测量归因的三个维度,共48题。

此问卷可以得到6个独立维度的分数和3个综合维度的分数。6个独立的分数分别是:①6个消极事件的内在性评价平均分;②6个消极事件的稳定性评价平均分;③6个消极事件的普遍性评价平均分;④6个积极事件的内在性评价平均分;⑤6个积极事件的稳定性评价平均分;⑥6个积极事件的普遍性评价平均分。3个综合分数是:①消极事件解释风格综合分(把消极事件在内在性、稳定性和普遍性等维度上的得分相加后除以消极事件个数所得到的分数);②积极事件解释风格综合分(把积极事件在内在性、稳定性和普遍性等维度上的得分相加后除以积极事件个数所得到的分数);③解释风格总分(积极事件解释风格减去消极事件解释风格,分数越高,表示越乐观)。各维度的Cronbach α系数为0.69~0.83,总问卷的内部一致性α系数为0.82。大量的研究数据表明,该问卷具有良好的信度与效度。

2.3 统计方法

所有数据资料均通过SPSS 16.0统计软件进行统计分析。

3 结果分析

3.1 各变量的描述性统计结果

对高校辅导员及学生在心理资本、解释风格、师生关系各维度进行描述性统计分析如表 2 所示。与以往研究结果一致，辅导员和学生在心理资本的各个维度的得分都偏向 4 分，说明着师生彼此的心理资本状况较好；同时，在师生关系的各个维度中，学生对辅导员的满意度得分最高，而辅导员则显示出对学生的支持性得分最高；彼此之间的冲突性得分都是最低的。

表 2 辅导员与学生在心理资本、解释风格、师生关系的现状比较

		身份		*t*	*sig*
		辅导员(n=97)	学生(n=336)		
心理资本					
	自我效能	3.91±0.68	3.69±0.66	2.926**	.004
	希望	3.64±0.71	3.47±0.70	2.021*	.044
	心理弹性	3.45±0.57	3.44±0.62	0.082	.935
	乐观	3.35±0.63	3.28±0.68	0.887	.376
	心理资本总分	3.59±0.53	3.46±0.54	1.948	.052
解释风格					
	积极解释风格	4.69±0.76	4.57±0.74	1.441	.15
	消极解释风格	4.18±0.68	4.34±0.72	−1.906	.057
	解释风格总分	.51±0.67	.22±0.47	4.749***	.000
师生关系					
	亲密性	3.82±0.55	3.10±0.80	8.102***	.000
	支持性	4.18±0.56	3.44±0.85	7.972***	.000
	满意度	4.10±0.59	3.68±0.72	5.151***	.000
	冲突性	2.06±0.84	1.77±0.87	2.881**	.004
	师生关系总分	1.98±1.17	1.62±1.22	2.526*	.012

注：* 表示 $P<.05$，** 表示 $p<.01$，*** 表示 $p<.001$

在解释风格的得分上，辅导员比学生高且达到显著差异，表明辅导员比学生更为乐观。在心理资本及师生关系的四个维度上，辅导员分数均高于学生；心理资本

表 3 心理资本、解释风格、师生关系各维度的相关分析结果($N=434$)

1		2	3	4	5	6	7	8	9	10
心理资本维度	自我效能	1								
	希望	.675**	1							
	心理弹性	.573**	.624**	1						
	乐观	.406**	.442**	.508**	1					
心理资本		.820**	.855**	.830**	.726**	1				
解释风格		.111*	.098*	.075	.095	.126*	1			
师生关系		.222**	.167**	.120*	.176**	.200**	.076	1		
师生关系维度	亲密性	.292**	.367**	.280**	.208**	.347**	.001	.473**	1	
	支持性	.300**	.333**	.252**	.202**	.328**	—.009	.584**	.840**	1
	满意度	.229**	.288**	.273**	.197**	.212**	.073	.846**	.563**	.651**
	冲突性	—.066	.035	.044	—.079	—.004	—.087	—.822**	.073	—.051

注：* 表示 $P<.05$，** 表示 $p<.01$，*** 表示 $p<.001$

中的自我效能、希望，以及师生关系中四个维度的分数与学生相比，均达到显著性差异。

3.2 心理资本、解释风格与师生关系之间的相关

由表 3 可以看出，心理资本的维度与师生关系中的正向关系（亲密、支持、满意）都存在显著的正相关；解释风格与心理资本中的自我效能（$r=.111$，$p<.01$）、希望（$r=.098$，$p<.01$）呈正相关，与师生关系无关。

3.3 解释风格、心理资本与师生关系之间的关系

采用回归方法分析解释风格与心理资本对师生关系的预测作用。在第一个回归方程中，把解释风格及心理资本作为自变量，将师生关系作为因变量，进入回归分析，结果表明，解释风格无法预测师生关系，然而心理资本对师生关系的预测作用达到显著性差异（$\beta=.200$，$P=.000$），即心理资本越高，师生关系越正向（见表 4）。

为进一步探讨心理资本中哪个维度对师生关系起作用，接着再把师生关系作为因变量，分别将心理资本的四个维度作为自变量进行回归分析。结果显示，只有自我效能对师生关系的预测产生贡献（$\beta=.177$，$P=.01$）。

由于解释风格并不能预测师生关系，因此，最后将心理资本作为因变量，将解释风格作为自变量进入回归分析。结果显示，解释风格对心理资本的预测作用达到显著性差异（$\beta=.126$，$P=.013$），即个体越乐观，心理资本越高。

表 4 解释风格、心理资本对师生关系的回归分析

	因变量	R^2	F	自变量	Beta	t	P
模型一	师生关系	.046	9.077**	解释风格	.055	1.087	.278
				心理资本	.200	3.937	.000
模型二	师生关系	.052	5.396**	自我效能	.177	2.585	.01*
				希望	.032	0.444	.657
				心理弹性	−.061	−.893	.372
				乐观	.108	1.862	.063
模型三	心理资本	.016	6.227*	解释风格	.126	2.495	.013*

* 在 0.05 水平（双侧）上显著相关
** 在.01 水平（双侧）上显著相关

3.4 解释风格、心理资本对师生关系的路径分析

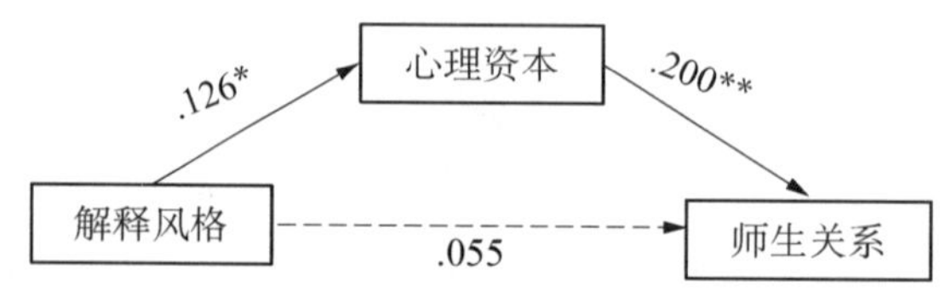

图1 解释风格、心理资本到师生关系的路径分析

图1可以看出,由解释风格、心理资本到师生关系的路径分析中,解释风格并不能直接影响师生关系,需要透过心理资本来形成正向的师生关系。

这样的结果可以说明,个体面对生活中的事件,无论做乐观型或悲观型的归因解释都不能直接影响对人际互动及环境的感受,而必须透过心理资本的积极心理能力才能让个体感受到正向的师生关系;表明着心理资本的积极心理能力在解释风格到师生关系之间起着完全中介作用。

4 讨论及建议

有研究者认为,现实中的辅导员工作存在着师生关系紧张的问题。然而,本实证研究却发现,师生关系并非想象中冲突。事实上,当前高校的辅导员与学生之间的关系还是趋于正向而友好。在亲密性、支持性和满意度三种正向的师生关系中,学生普遍对于和辅导员之间的关系较为满意,而辅导员则认为他们在生活中对学生更为支持;不过,此三个维度中,师生双方都同意彼此的亲密度是最低的。这样的结果也表明,由于辅导员特殊角色而形成的微妙师生关系,是很难达到工作条例中"成为学生的知心朋友"的要求。虽然辅导员平常得对学生进行管理,需将学校的规章制度、政策指令下达给学生,要求学生严格执行,因此而和学生之间产生距离与隔阂;然而,在工作中对学生的用心、照顾及关怀,还是让学生感到满意。

与前人研究不太一致的地方是,解释风格无法直接对人际关系造成影响,必须透过心理资本的积极心理能力才能形成正向师生关系,也就是说,心理资本是解释

风格与正向师生关系的中介变量，只有当个体自身拥有积极心理状态，才能够和他人及环境产生良性的互动。

研究中也发现，心理资本的四个维度中，自我效能是最关键性的因素，当个体在能够相信自己的情况下，才会更容易形成正向的师生关系。毕竟在心理资本此状态类的个体特征中，最能够被开发的心理优势及能力就在于自我效能。这样的结果也提醒教育当局，在学生能力养成的过程中，帮助学生看到自身的优势，使学生相信自己的能力，才是形成良性师生互动的不二法门。

尽管辅导员与学生的心理资本总的来说较为良好，但仍有一定比例的辅导员及学生的心理资本较缺乏，特别是心理弹性与乐观水平较低。广大教育工作者应该对心理资本缺乏的辅导员及学生给予充分的重视和关注，帮助他们如何提高累积与开发心理资本，尤其是强化自我效能。

以积极视角对辅导员及学生心理资本的培养和开发，主要有三大方针策略，即社会支持、积极关注和优势发挥；具体运用到辅导员及大学生群体的心理资本开发上主要的表现为以下两点：

1）在社会支持上，营造积极互动的师生氛围

有研究证据表明，人际关系和社会支持能解释与促进心理资本。同时，一个机能失调的社会情境也会抑制甚至破坏心理资本。因此，辅导员在平时需加强和学生之间的交流与互动，促进双方的沟通和了解。此外，辅导员在管理学生的过程中，需多用积极、鼓励、支持的方式来和学生互动，尽量避免使用批评和消极的反馈，缺乏对学生的认可，否则将会减弱学生拥有的自我效能，导致学生破坏性行为及心理问题的产生。

2）在积极关注和发挥优势上，加强对学生心理资本的开发训练

心理资本在很大程度上就是人类的积极心理特质，我们可以借由团体辅导方案的设计，带领学生挖掘、关注自身的心理优势。团体心理辅导作为培养大学生心理资本水平的重要措施，对于系统性地教导学生如何开发、提升拥有自我效能、希望、乐观、心理弹性等心理资本均有很大的帮助。

参考文献

[1] 中共上海市科技教育工作委员会、上海市教育委员会关于印发《上海高校辅导员工作条例》的通知(沪教委德[2007]2号)

[2] 付慧娥,邓新洲,郭昕. 高校师生关系现状调查分析[J]. 中国健康心理学杂志,2011,19(4):451-453.

[3] 陈建宏. 在积极心理学影响下研究师生关系[S]. 2013年心理学与社会和谐学术会议论文集,2013:125-127.

[4] 袁莉敏. 乐观对积极情感、消极情感的影响:情绪应对的中介作用[J]. 中国特殊教育,2012(6):75-80.

[5] 马丁·塞利格曼. 活出最乐观的自己—彻底改变人生的幸福经典[M]. 洪兰,译. 沈阳:万卷出版公司,2010.

[6] 姜力利. 初中生师生关系与其人格,交往归因的相关研究[D]. 上海:上海师范大学硕士论文,2003.

[7] 赵涵. 大学生心理资本现状及干预研究[D]. 长春:东北师范大学硕士论文,2013.

[8] 石灵,刘金兰. 基于心理资本和MBTI人格影响机制的高校学生成长研究. 河北科技大学学报(社会科学版),2013,*13*(4):100-107.

[9] Fred Luthans, Carolyn M Yousse, Bruce J Avolio. 心理资本[M]. 李超平,译. 北京:中国轻工业出版社,2008.

[10] 魏球. 心理资本对职业生涯成功预测作用的实证研究[D]. 广州:广东外语外贸大学硕士论文,2009.

[11] 王佳权. 大学生师生关系、学习动机及其关系研究[D]. 上海:华中师范大学硕士论文,2007.

[12] 马元广. 大学生生活事件、解释风格与心理健康的关系[D]. 济南:济南大学硕士论文,2010.

[13] 唐家林,李祚山,张小艳. 大学生积极心理资本与主观幸福感的关系[J]. 中国健康心理学杂志,2012,*20*(7):1105-1107.

[14] 高峰. 论辅导员与学生师生关系紧张的根源于重塑[J]. 思想理论教育,2009(1):78-83.

高校心理危机干预中的伦理困境与应对策略研究*

李永慧(华东理工大学心理咨询中心,上海,200237)

摘　要　大学生心理危机干预是高校心理健康教育的重要课题。作为高校心理咨询师,不仅要掌握危机干预的专业知识和技能,还要有迅速判断、处理和协调各种关系的能力。由于高校心理咨询师同时肩负教师、管理人员等多种角色,使其在危机关头容易陷入伦理困境。本文分析了我国高校心理危机干预的现状和特点,阐述了心理危机干预中的伦理困境,并提出解决伦理困境的策略,对高校大学生心理健康教育系统的完善具有重要意义。

关键词　高校;心理危机干预;伦理困境;应对策略

高校大学生心理危机的发生以突发性、高度威胁性、结果极具破坏性和传播性为特征,给高校心理咨询师带来较大的心理压力。由于高校心理咨询师身兼教师及管理人员等多种角色,在心理危机处理中易与当事人及校内员工形成多重关系,其保密、知情同意、角色定位,转介与跟踪等伦理原则很难顺利实施,容易在危机关头陷入伦理困境。当前我国高校心理咨询机构对伦理规范在特殊情境中的应用研究还比较匮乏,加上伦理规范本身尚不完善,因此在心理危机干预中规范专业伦理建设,加强专业伦理教育就显得尤为重要。

---

* 作者简介:李永慧,女,副教授,临床心理咨询技术学在读博士;研究方向:临床心理咨询理论与技术,积极心理学。Email: 545687425@qq.com

1 我国高校心理危机干预的现状与特点

自20世纪末,我国高校开始大规模扩招以来,大学生心理问题的数量逐年增加。据不完全统计,2008年我国仅教育部直属高校就发生极端事件63起,其中绝大多数为学生自杀事件。在大学生群体中,学生因精神病发作或无法应对生活事件等而引起的各类心理危机情况亦频繁发生。2004年中共中央国务院颁发题为《关于进一步加强和改进大学生思想政治教育的意见》的16号文件,明确要求全社会关心和重视大学生的心理健康问题。2011年2月,为推进大学生心理健康教育工作科学化建设,教育部办公厅印发《普通高等学校学生心理健康教育工作基本建设标准(试行)》,为大学生心理健康教育工作提供文件指导。在此背景下,全国各省市陆续成立了心理健康教育与咨询委员会,许多高校设立了心理咨询中心、危机干预专线以及多级心理危机预警系统与网络。同时,心理咨询师也逐渐从兼职走向专职,逐步形成初具规模的高校心理咨询师队伍。

近年来,各高校逐步聘用专职心理咨询师进行心理健康咨询和危机干预工作。但如果心理咨询师在从业实践中出现不知如何处理两难或是违反伦理的行为,将很容易对求助者造成伤害,同时有违咨询师助人的目的。此外,高校环境下的心理危机干预工作有其独特性,它是将事后干预与事前预防相结合,治疗和教育相结合,是"大干预"观念下的危机处理策略。高校内的心理危机干预工作不仅工作内容广、工作负荷大、专业要求高,而且所涉及的部门和角色较多。这意味着,心理咨询师也面临着独特的伦理困境与挑战。

2 心理咨询师在高校心理危机干预中遭遇的伦理困境

2.1 保密要求践行的困难

咨询师对来访者信息保密既是法律要求,也是道德要求。在心理咨询过程中保密是第一要素,但在咨询实践中保密要求也会面临其伦理困境与挑战,尤其在心理危机干预工作中。首先,保密的界限如何确定。高校心理咨询师对出现心理危机的学生,将其情况上报,保障学生安全是咨询行业的惯常做法。但针对可能出现风险的当事人,咨询师根据其透露的信息加以干预会遇到很多伦理问题,如:不确定问题的严重程度时,是否保密;危机当事人遭遇特殊事件时,如意外怀孕、暴力袭击、性侵犯等,是否需要保密以及如何保密等。其次,保密与行政伦理。学校的心理健康教育和心理危机干预工作需要行政系统的支持,咨询师要与行政领导保持良好的关系。面对领导对学生的关心,需要提供相关信息,以便他们可以针对问题进行处理或者进行政策性的调整。但困难的是,当行政人员得知信息后可能做出对学生不利的处理,这样就会导致心理咨询师在专业伦理与行政伦理之间的困惑与挣扎。此外,也存在其他行政领导过问有关心理危机事件的情况,出于保密原则和职业道德,咨询师应当拒绝其要求。而出于工作关系咨询师会担心如不告诉领导,会让领导觉得自己对其缺乏信任,损害了两者之间的"职业关系"。

2.2 执行知情同意的困境

知情同意是指在心理危机干预中,来访者有权知晓心理咨询师对其进行了哪些操作以及这样做的原因。来访者有权对这些操作表示同意或反对。心理危机干预的有效开展是以当事人与心理咨询师达成一致的干预目标为前提的,并且要求参与双方的相互配合。因而,心理咨询师只有充分尊重来访者的知情权并取得其同意,才能建立起双方之间良好的相互信任关系。保密例外作为知情同意的重要组成部分,是心理危机干预操作步骤的必经环节,然而在实际的咨询工作中,心理咨询师很容易陷入保密例外情况下的知情同意困境。首先,保密例外的知情同意与咨访关系的维护。在咨询实践中心理咨询师主动提起保密例外,很可能对咨访关系造成影响,甚至会引起危机当事人的反感,不利于保障其生命安全。因而,有些心理咨询师会对保密例外的知情同意采取回避的态度。其次,知情同意过程中,干预方案被拒绝。当心理咨询师在遇到遭受心理创伤或精神障碍的来访者时,通常会告知学生,针对其个人情况,咨询师将告知其辅导员,再由辅导员向学生父母转述,进而对其进行相应的心理辅导或使其回家休养。但当危机当事人没有精神问题、自我认知能力健全,且当事人对心理咨询师提供的干预方案表示反对时,心理咨询师应该如何决策？原本能够解决当事人危机的“父母”有可能成为诱发危机的因素时，心理咨询师是否应该向其父母透露学生存在生命危险的情况等。

2.3　心理咨询师的角色模糊与角色冲突困境

高校心理咨询师在咨询实践中常常存在两类角色冲突，即角色间冲突和角色内冲突。首先，角色间冲突，它是指多种角色兼具的角色行为主体同时履行不同角色行为要求时引起的冲突。有些高校心理咨询师所属的心理咨询机构从属于学生工作部门，心理咨询师除了具有咨询师的角色外，还带有行政人员和管理者的角色；而有些心理咨询中心挂靠在学院，心理咨询师不仅有“教师”角色而且还需从事与心理学相关的教学工作。面对多个角色集于一身的情况，自己究竟按哪一个角色的期望和要求来工作，这通常是心理咨询师在做决策时感到困惑的问题。其次，角色内冲突，它是指同一角色所规定的不同行为规范间的冲突，当同一角色面对不同群体的不同期望时，就会发生矛盾；另一方面是行为主体在实践角色和领悟角色时产生的冲突。作为心理咨询师，不同的角色具有不同的期待。由于学生家长、学校其他工作人员、辅导员对其具有较高的期望，会把心理咨询师定位为专家。当被定位为专家时，心理咨询师会由于过大的被期望压力而产生无力感。当被误解时，又觉得自身专业能力没有得到应有的尊重和认可。在个别情况下，学生家长也会认为由于心理咨询师具有教职人员的性质，就会为维护学校利益而夸大危机当事人情况的严重程度。心理咨询师在心理危机干预中努力保持中立性和专业性，但还是难以避免被定位为教师角色，被认为是学校利益的代表者，因而在做出咨询决策时常常会遭受质疑或不被接受。

2.4　转介与跟踪中的困难

转介是指在心理咨询过程中，心理咨询师在评价和判断当事人的心理危机程度后，发现自身无法胜任或者不适宜接待，在征得当事人的许可后，稳妥地推荐到其他与当事人心理危机相匹配的专业人员机构，或推荐给精神专科医师对当事人的心理危机或精神疾病做进一步的诊断和治疗，以免贻误时机，造成不良后果。适时适当的心理转介无疑在心理危机干预过程中具有重要的意义，但在咨询实践中往往会出现以下困境。首先,父母不接受子女的心理危机情况而无法转介。在危机干预中,部分大学生的父母不愿意自己的孩子失去在校学习的机会,同时考虑到孩子自身的隐私、自我尊严的保护以及对他人的不信赖等因素,当学生面临可能要暂时离开学校进行治疗时,有些家长会表现出无法接受的态度,从内心排斥转介措施,甚至愤然离去、将学生留在学校里,使转介工作陷入困境。其次,校内转介流程没有进行规范。高校内的心理危机干预工作不仅内容繁多、工作量大、专业性要求高,而且该项工作涉及的部门和角色也很多。许多高校仍然对"心理问题"存在偏见,有些学校员工甚至觉得心理帮助和心理干预是与"有病"划等号的。于是从辅导员到心理咨询师的转介工作中,会出现各种阻碍,不利于专业关系的建立。再次,跟踪不足导致后续工作出现疏漏。按照《普通高等学校学生心理健康教育工作基本建设标准(试行)》,心理咨询师要对需要关注的学生进行跟踪关注。许多心理咨询师表示自己对于经手个案转介后的治疗情况并不十分了解,没有相关人员告知心理咨询师,对学生返回学校学习的情况跟踪也十分有限。当曾经的"心理危机"当事人回到学校继续学习时,学生管理部门,如学院、辅导员与心理咨询师之间存在缺乏沟通的情况,导致在工作中可能存在一些疏漏。因此,咨询师无法详细掌握学生的情况以便进行及时、必要的跟踪和干预。

3 高校心理咨询师面对心理危机干预伦理困境的应对策略

针对以上问题,建立规范的高校心理危机干预工作网络系统,建立健全高校心理咨询督导机制,不断加强督导培训,努力提升高校心理咨询师的伦理水平,重视建立与危机当事人的良好关系以及维护学校的利益,提高心理咨询师专业胜任能力以及加强个人成长,是探索应对高校心理危机干预伦理困境的重要对策。

3.1 建立规范的高校心理危机干预工作网络系统

建立规范的干预工作网络系统是高校心理危机干预工作高效运作的制度保证。首先应该建立由学校学生心理危机干预领导小组、院系、班主任、学生骨干,宿舍管理人员构成的五级心理危机干预网络系统。详细制定各级职能部门及成员的工作职责，并对相关人员进行心理危机干预的专题教育培训，建立早期识别心理问题学生和有效干预的快速反应通道。其次制定并实施心理危机干预工作制度和工作流程。对心理问题高危学生的筛选、精神障碍学生的监护、转诊、休学、复学及通知家长等方面做出具体规定，并制定详细的危机干预工作流程，确立应对危机事件的处理程序，使该项工作制度化、规范化、系统化。

3.2 建立健全高校心理咨询督导机制，不断加强督导培训，努力提升高校心理咨询师的伦理水平

从心理咨询的专业角度，建立长期的心理咨询督导机制是促进心理咨询师养成教育与专业成长的重要途径。资深的督导师可以帮助心理咨询师解决咨询活动中遇到的困难，使其不断成长，成为更加成熟、合格的心理咨询师。与专业能力一样，操作的规范与否同样也是衡量一名高校心理咨询师职业素养的一个重要标准，对于任何一种类型的专业伦理规范，都需要专业人员自觉地去遵循。加强心理咨询师的伦理教育，规范心理咨询过程中的伦理设置，通过持续的教育、培训使高校心理咨询师较为系统地学习伦理学知识，提高心理咨询师的伦理水平。

3.3 重视建立与危机当事人的良好关系以及维护学校的利益

心理危机干预工作的开展需要得到当事人的支持与配合，与其保持良好的关系有利于咨询工作的有效开展。心理咨询师在工作开展中，首先应考虑自己在当事人眼中的地位以及当事人对自己的期望，以此为契机主动与当事人建立良好的关系。以温和、委婉的态度与其进行交流，并从多种话题入手，以当事人感兴趣或不设防备的话题为切入点，逐渐打消危机当事人的防范意识，使其对心理咨询师的态度由初步预防向完全信赖转化，以此使心理危机干预工作达到事半功倍的效果。此外，作为高校心理咨询师，由于其工作性质的缘故，其所提交的报告和决策会对学校其他工作的开展产生影响。由心理危机而引发安全问题时，学校会成为家长追究责任的第一方，这不仅会影响到学生未来的健康发展，也会影响到学校的声誉。因此，高校心理咨询师必须在维护学生安全的基础上统筹考虑学校利益，及时安排学生接受心理筛查和心理辅导，充分利用学校教育资源对学生进行心理健康

教育，引导其向健康的方向发展，以此帮助学校规避风险。

3.4 提高心理咨询师专业胜任能力以及加强个人成长

在处理心理危机事件时可以充分借助校外资源等多方力量，提高专业胜任力。为了弥补高校心理咨询师在精神障碍诊断和评估方面的不足，部分高校建立了学校与医院间的绿色通道。在发现精神障碍患者的过程中，医生将协助提供诊断。在大学新生筛查的环节中，对于通过量表筛查出来可疑的问题学生做出进一步评估，提供治疗的建议。心理咨询师还可以采取与上级咨询师进行探讨的方式来解决没有把握的问题，一方面能够分担责任和风险，同时也能增强处理的信心。此外，在心理咨询实践工作中咨询师可以通过专业培训、业务交流、接受督导、充实个人的专业技术资源等各种途径发挥专业特长，增加成功体验，促进自我成长。

参考文献

[1] 伍新春，林崇德，藏伟伟，付芳.试论学校心理危机干预体系的构建[J].北京师范大学学报(社会科学版)，2010(1)：45-48.

[2] 王晓荣，徐福山，李亚琴.高校学生危机干预研究现状[J].吉林医学，2010(34)：6406-6407.

[3] 中共中央国务院发出《关于进一步加强和改进大学生思想政治教育的意见》.人民日报.

[4] 中国教育部.普通高等学校学生心理健康教育工作基本建设标准(试行).2011.

[5] 傅安球.心理咨询师培训教程[M].上海：华东师范大学出版社，2011：414.

关于职业学院心理咨询的伦理问题的研究*

温婷婷(上海交通职业技术学院,上海,200431)

摘　要　本研究主要探讨在职业学院心理咨询师从业的过程中如何透过专业伦理的学习,增加对伦理问题的敏感度,并提高对伦理问题的思考和推理能力,增强对模糊情境中的伦理判断能力。

关键词　职业学院;伦理问题

1　引言及综述

随着来访者的维权意识不断提高,加上一些专业人员不合伦理的行为对大众造成身心层面的伤害,心理咨询伦理有越来越被重视的发展趋势。

1.1　心理咨询伦理历史发展研究综述

国内研究主要集中在伦理困境、伦理辨别能力、伦理决策和心理咨询中的双重关系、胜任能力等方面,对不同的从业者有相对严格的制度规范和不同的机构进行管理(高娟,2009)。心理咨询伦理指的是应该遵循的道德规范和行为准绳,是一种能够融合和联结咨访双方的价值判断体系和行为观念体系。这个价值判断体系和行为观念体系包含善行、自主、尊重、诚信、公正和无害等基本伦理原则和一些具体的伦理守则和行为规范(熊敏秀,2014)。另外,咨询师的保密态度与决策在一定程度上会受到其从业时间、是否接受督导及来访者具体情境的影响(张妩,王觅,钱铭

---

* 作者简介:温婷婷,上海交通职业技术学院教师,Email: dolphintyty@163.com

怡等,2014)。而且,专业人员总体上表现出较强的伦理意识和较为一致的伦理态度,而来访者的伦理态度更不一致,两组人群在保密原则和咨询关系方面的态度差异尤其明显(高隽,钱铭怡等人,2008)。我国台湾辅导与咨商学会也成立了专业伦理委员会,并颁布《设置要点》,明确指出:台湾辅导与咨商学会为落实商专业伦理守则之推动与执行,确保本会之专业服务形象与会员专业服务质量,维护咨商服务当事人之权益与社会福祉,特设立本咨商专业伦理委员会。委员会负责推动咨商专业伦理守则之解释与修习、专业伦理教育之实施,以及违反咨商专业伦理事件之申诉、调查、仲裁与惩戒等事宜。妥善处理心理咨询的伦理问题,要努力提升道德修养和专业素质,包括建构主体道德认知、普及职业伦理教育、强化专业技能培训等;切实加强道德自律和伦理监管,包括提升道德主体的自律意识、成立专业伦理委员会等共同体、加强对行业的伦理监管等;加快制定伦理守则和行业法规,借鉴有关国家和地区专业伦理守则,制定本土网络心理咨询伦理守则,制定和完善有关法律法规(熊敏秀,2014)。学校心理咨询双重关系问题发生率高且难以避免,而心理咨询与治疗师对双重关系的伦理判断上确信度不高且争议较大,在处理双重关系议题时应兼顾专业要求与人情法则(汤芳,赵静波,2013)。未来心理咨询与治疗专业伦理的研究将呈现发展性、文化性和情境性的趋势(刘慧,2014)。咨询伦理涉及到当事人的五大权利(自主、受益、免受伤害、公平待遇、要求忠诚)从未消失,但有消长。咨询师不能轻言放弃来访者,但超出能力范围要及时转介,资质不够就要转介,否则是误人青春,延误病情。王智弘老师也强调心理咨询并不是简单的有病治病,无病强身的概念,其中涉及到不少咨询伦理的问题。

1.2 研究意义、目的

心理咨询师在心理咨询实践中不断地遭遇进退维谷的伦理困惑,如何处置这些两难的伦理问题,成为心理咨询业必须面对和加以解决的课题。借鉴社会工作者工作伦理中有关伦理评估的原则和方法.有助于建立相关的心理咨询专业工作的伦理守则(朱华燕,2006)。学校心理健康教育工作者对心理咨询伦理的认识存在诸多偏差、普遍忽视知情同意过程、实践能力欠缺(卓潇,姚本先等,2011)。双重关系的一些问题在于它是普遍的,不可避免的。在决定是否继续一个双重关系时,关键是要考虑到潜在的利益与潜在的伤害之间的权衡(郑剑珠,2009)。在进行伦理决策的时候,心理教师往往根据自己的常识和判断进行,鲜有参阅相关法律与伦理规范的条文指导自己的伦理决策,做出的伦理决策有些明显存在潜在的伦理问题。规范的缺乏也令心理咨询员的工作责任与内容没有明确规定,这也带来疏忽职守或责任推卸的伦理问题(蔡素平,2013)。

2 心理咨询与伦理道德

由于心理咨询越来越受到重视,服务的品质也对当事人的福祉影响很大。

2.1 心理咨询伦理问题的内涵

专业伦理规范了专业人员的行为表现,心理咨询专业人员需要参照规范扮演专业角色,行使专业行为。由于心理咨询的专业特质,核心是咨访关系,所以这里指的是心理咨询人员与来访者互动关系的规范。

从实务运作的角度看,咨询专业伦理的内涵要考虑五个因素(王智弘,2004),分别是个人因素,如个人哲学观、价值观、专业伦理意识、专业技术与利弊得失的判断;服务机构因素,如服务机构的工作规定;专业组织因素,如专业学会的立场和伦理守则;当事人因素,如当事人的福祉和权益;社会因素,如社会规范和法律等。

2.2 专业伦理规范及相关法规

虽然各国国情不同,法律不同,但是在主要伦理问题上的看法仍有共通性。以下对伦理守则概况进行简要的探讨。

美国发展较早,是最早制定伦理守则的助人专业学会。1938 年美国心理学会成立暂时性的科学与专业的伦理委员会,1947 年成立正式的心理学家伦理守则委员会,1953 年制定第一版伦理守则,2002 年制定第十版。在第十版的伦理守则上,包含简介与适用时机、前言、一般原则、伦理标准。列出五项原则:受益和无伤害,忠诚和责任,正直,公正,尊重人们的权利和尊严。包含十大伦理主题:解决伦理议题,专业资格,人类关系,隐私权和保密,广告与其他公开论述,记录保管和收费,教育和训练,研究和出版,衡鉴,治疗等。

美国的情况比较特殊的地方是,它拥有很多私人开业的心理学家,因此对广告和公开陈述尤其关注。

美国的另一机构——咨商学会在1961年制定第一版伦理守则,1963年成立正式的伦理委员会,2005年制定第六版伦理守则。该学会与美国心理学会不同,先制定伦理守则再成立委员会。主要内容包含前言、目的和条文,条文涵盖了八大主题:咨商关系,保密和沟通特权和隐私权,专业责任,与其他专业的关系,评鉴,衡鉴和解释,督导、训练和教学,研究和出版,解决伦理议题等。

1989年台湾辅导与咨商学会制定第一版伦理守则,2000年成立正式的伦理委员会。2001年制定第二版,包含守则,修订说明,前言与条文。条文包括总则,咨商关系,咨商师的专业责任,咨询,测验与评量,研究与出版,教学与督导,网络咨询。2002年,台湾心理学会通过第一版的伦理守则,条文包括基本伦理准则,论文的撰写与发表,以人类为受试者的心理学研究,以儿童为受试者的心理学研究,动物实验,测验、衡鉴于诊断,心理治疗与咨商,咨询与社会服务,伦理准则之执行。

2007年,中国心理学会临床与咨询心理学专业机构制定第一版伦理守则,包括守则制定说明,总则与条文。总则的伦理原则有善行,责任,诚信,公正与尊重等。条文包括专业关系、隐私权与保密性、职业责任、心理测验与评估、教学培训与督导、研究和发表、处理伦理问题等。该伦理守则还包含附录,解释了涉及到的专业名词(王智弘,2008)。

2.3 高校心理咨询的伦理问题

虽然我国已经制定伦理守则,但是国内高校对该守则的认知程度和执行力度不一。

一方面,缺乏对伦理规范本身的了解,导致许多从业人员仅凭自己的助人热情在工作。另一方面,个案多,人力少的情况,让咨询师在实际操作过程中深感疲惫。此外,即使咨询师违反了伦理规范,可能出现不自知或者当事人不知道如何维权的情况。当事人对咨询师的资格能力和专业成长背景不甚了解,知情同意的权利常常没有得到保障,团体咨询的伦理更是很少被顾及,督导的工作在各个高校的发展也十分不平衡。在高校里，学校心理咨询师就常常需要面临双重身份的问题。因此，高校心理咨询存在不少伦理问题。

3 保密以及心理咨询师与重要他人的沟通

如何做好保密工作，是心理咨询师的重要任务。但是，由于所在机构各种因素的考虑，有时候可能无法对当事人的信息进行十分妥善的保密。学校心理咨询师的双重身份的问题也会成为一个障碍。

3.1 心理咨询保守秘密的重要性

来访者能够走入心理咨询室，对心理咨询师的专业期待比其他人更高。咨询记录的妥善保管对来访者本人来说具有十分重要的意义，对于咨询师的专业度也是基本的要求。丧失了这一点，对咨访关系的伤害是致命的。它关系着咨访关系是否稳固，咨询能否顺利进行。这也是咨询师责无旁贷的任务，既可以为来访者提供优质的服务，又可以作为咨询师自我保护的事实证据。

3.2 心理咨询的知情同意

知情同意的伦理意义是尊重当事人的自主权。咨询师与来访者沟通澄清，让双方充分了解在咨询中应该扮演的角色、任务和权责。因为当事人知道得越清楚，往往就越能够从咨询中受益。当事人常常不知道自己在咨询中的权利，也常常对咨询抱有不切实际的期待。通过这些澄清，可以对处理此类问题有帮助。

Welfel(1998)认为，咨询师需要和当事人沟通咨询的目标、技术、过程、限制、危险和益处，诊断测验和记录的运用，付费的规定，保密及其限制，督导及其专业人员的介入，咨询师的专业背景，当事人查看记录的权利，选择咨询师的权利和积极合作的义务，当事人拒绝咨询的权利及影响，询问有关咨询的问题并得到答复的权利等。

Haas 和 Malouf(1995)认为知情同意的优点包括：省时，可作为契约性责任证明，很快成为实用准则，能表述得更充分，让当事人依其能力吸收资讯，所有的当事人信息一致，可用于初次会谈，留下记录可作为当事人思考的证据，有助于建立沟通的开放气氛。

4 提升心理咨询伦理学意识

由于面临各种心理咨询的伦理学问题，因此，提升心理咨询伦理学意识势在必行。

4.1 心理咨询督导的伦理议题

督导的质量和有效性是需要探讨的问题。除了客观的知识和可见的技能，伦理标准还非常强调督导的态度和价值观，督导还需要有与直接服务中相一致的敬业精神。他们要负责任地使用督导影响力，因为督导常常是一个情感高度卷入的过程，被督导者只有有限的能力保护自己。督导关系中也常常出现移情和反移情，因为被督导的人员经常把督导师当做是专业行为的榜样，他们可能在督导师的影响下也采取相似的行为模式。错误使用自己的影响力就会给没有经验的人展示了不恰当的职业行为。

4.2 心理咨询师应具备的伦理要求

作为学校心理咨询师，同时也是学校的教师。作为咨询师，与来访者面谈的内容是保密的，只有来访者知晓或允许出于对来访者最大的考虑时才公开信息；作为教师，在工作时间里，与相关同事交流学生情况是需要的。因为如果咨询师不透露学生说的事情，其他同事会感到困惑甚至是抵触，他们可能会觉得咨询师不合作，不愿意让自己的学生前来咨询，这种压力是非常真实的。

咨询师希望得到学校同事的支持、接纳和尊重，而这需要依赖于开放的交流；同时，咨询师需要尊重保密原则。这两种愿望有时是相互排斥的，如何用一种负责任的方式来处理这样的冲突，就需要更多的实践。

5 研究结论与展望

综合上述，伦理问题是一个十分值得被关注的方面。因为当咨询师尊重来访者的尊严，给他们对自己生活的自由选择权利的时候，来访者有时却会做出与自身最大利益相冲突的选择。但是，如果咨询师用他（她）的权利去限制来访者的自由，防止其做出将来可能很后悔的决定，这也未必可取。辨别这是权利的滥用还是咨询师影响力的适当延伸是比较难的。来访者的最大利益常常与文化和社会因素相互关联。有时真正帮助来访者的行为可能是大众所不能理解的，而此时咨询师对来访者的忠诚会导致公众对该专业的信心发生变化。因此，Rest(1994)提出的道德行为的四个要素是值得参考的，即道德敏感，道德推理，道德动机和道德特质。这放在心理咨询服务中也是同样适用的，虽然将来咨询的伦理问题是越发复杂的，但是通过同行的探讨，对心理咨询法律法规的仔细参照，努力考虑来访者的最大福祉是可能的。

参考文献

[1] 熊敏秀. 网络心理咨询伦理的问题及其对策研究[D]. 湖南：湖南师范大学硕士论文，2014.

[2] 高娟，赵静波. 发达国家心理咨询与治疗伦理问题研究的历史发展[J]. 中国医学伦理学，2009.

[3] 高娟. 广州地区心理咨询与治疗工作者对行业伦理现状解读的质性研究[D]. 广州：南方医科大学硕士论文，2009.

[4] 李扬，钱铭怡. 国外心理咨询与治疗中双重关系及其利弊（综述）[J]. 中国心理卫生杂志，2007(12).

[5] （英）齐格蒙特・鲍曼. 后现代伦理学[M]. 张成岗，译. 南京：江苏人民出版社，2003.

[6] 王海明. 伦理学原理[M]. 北京：北京大学出版社，2001.

[7] 赵静波，季建林. 心理咨询和治疗的保密原则[J]. 中国医学伦理学，2007(4).

[8] 刘慧. 心理咨询与治疗专业伦理研究的回顾与展望[J]. 医学与哲学，2014，*35*：32－34.

[9] 王智弘. 咨商专业伦理之理念架构与咨商专业伦理机制的运作模式[C]. 中国辅导学会 2004 年年会暨学术研讨会,台北市,国立台湾师范大学.

[10] 伊丽莎白・雷诺兹・维尔福. 心理咨询与治疗伦理(第三版)[M]. 候志瑾,译. 北京:世界图书出版公司,2010:6 - 9.

高校教师职业倦怠心理及解决策略*

沈 丽 马建力 薛 玲(上海工程技术大学,上海,201620)

摘 要 随着社会的日益发展,竞争的加剧,有关研究表明,我国教师队伍已出现不稳定的现象,职业倦怠是其中一个主要因素。教师职业倦怠的存在,极大地影响了教师的身心健康,进而影响了教育教学质量。本文以上海市松江区松江大学城高校教师为调研对象,以教师职业倦怠的调查问卷的数据为基础,探讨高校教师职业倦怠的现状、特点和影响因素等问题,从而为完善教师职业倦怠及其相关理论提供有说服力的科学依据,同时为解决高校教师职业倦怠问题提供相应的解决策略。

关键词 高校教师;心理关注;职业倦怠;策略

1 何为教师职业倦怠

教师职业倦怠这一概念,到目前为止并没有明确的定义。但是对于职业倦怠这个概念,首先是由纽约心理学家费登伯格于1974年在《职业心理学》杂志上提出的,他指出职业倦怠是工作强度太大且忽视自己而带来的疲惫不堪的状态。

教师的职业倦怠是由于教师长期工作在压力的情境下,工作中持续的疲劳及在与他人相处中各种矛盾冲突而引起的挫折感加剧,最终导致一种在情绪、认知、行为等方面表现出精疲力竭、麻木不仁的高度精神疲劳和紧张状态,是属于一种非

---

* 基金项目:2015年上海工程技术大学工会理论研究项目
作者简介:沈丽,上海工程技术大学,Email: teacherchenli@126.com

正常的行为和心理。教师职业倦怠分类主要有以下类型:枯燥型、疲惫型,挫折型,疾病型和懒惰型。教师职业倦怠的表现特征主要为:情感衰竭、去人格化和无力感或低个人成就感。

我国职业倦怠概念的提出是刘维良在《教师心理卫生》一书中所提到的:职业倦怠指个体无法应付外界超出个人能量和资源的过度要求而产生的身心耗竭状态。教师的倦怠是指教师不能顺利应付工作应激的一种反应。杨秀玉、杨秀梅在《教师职业倦怠解析》一文中提到:职业倦怠是个体因不能有效地缓解工作压力或妥善地应付工作中的挫折所经历的身心疲惫的状态。

2 高校教师职业倦怠对其身心和工作的影响

高校教师职业倦怠不仅影响个体的身心健康、人际关系,还会使个体对工作产生消极态度,降低工作绩效,同时影响与同事、领导和学生的关系,对自己、他人和组织都会造成负面影响。在任何工作中,职业倦怠都是一种不好的职业情绪,教师作为特殊的群体,需要在工作中更为认真负责,积极上进,因此预防并且克服职业倦怠情绪是非常重要的。本文可以使教师更加了解教师职业倦怠情绪,进而帮助教师找到自身职业倦怠的原因以及影响因素,可以使教师对症下药,找到适合自己的解决方法。

根据对国内外教师职业倦怠相关文献的总结后,在教师职业倦怠研究领域上还存在着不足。目前并没有针对教师职业倦怠的量表形成。已有的大部分量表都是针对其他职业倦怠的测量,不同的职业会产生不同的职业倦怠,因此我们要继续努力,通过不断的研究和探索出针对高校教师职业倦怠量表,为我们高校教师更准确评估职业倦怠状况来打基础。就拿我们上海工程技术大学而言,理工科类教师占绝大多数,因此,我们的研究就是理清理工科类教师职业倦怠的原因,最终找到解决理工科类教师疲劳倦怠维度,情感衰竭维度和认知感无力维度。

3　解决我校教师职业倦怠策略

3.1　学校工会要敦促加强教师专业知识和技能的培训

高校教师的职业胜任能力与其职业倦怠有关，职业胜任能力奠基于高校教师的专业知识和专业能力，因此要缓解高校教师职业倦怠，必须要丰富教师的专业知识，提高其专业能力。

校工会要敦促教师通过在职学习、进修、研读等多种途径丰富教师的专业知识，做到专业知识深厚渊博，满足教学、科研工作的需要，以取得工作的成效，避免工作的低效感，知识枯竭感。另外，要培训教师熟练掌握现代教育媒体中的网络通信工具，如微博、微信等，则不仅能够使教师之间进行相互交流，实现资源、经验的共享，克服传统课堂教学的时空局限性，同时也能为与学生沟通、解决学生问题提供更便利的渠道，从而增强教师的工作效能感和控制感，有利于消除教师的职业倦怠。

具体实施计划如下：

1）专业知识的培训

类别：学校内部的老师互相培训和外部老师对本校老师的培训。即学校内部的老师互相培训，请本校的每个专业内部的老教师为年轻教师进行专业知识培训；外部老师对本校老师的培训，邀请一些专业上水平很高的专家，对本校的相关专业的老师进行培训。

详细操作：每个专业选一个负责人，前者的培训时间可定为每两周一次，后者的培训时间可定为每半年一次。每次培训进行奖罚机制，培训前进行签到，并对表现积极的老师进行奖励，奖励为一些小的礼品；对表现怠慢、不积极配合的老师进行一些小的惩罚，比如在培训前为大家进行文艺表演。在此说明，奖惩机制不涉及到老师的奖金、工资等。

2）技能的培训

即除专业知识技能外，一些现代教育媒体中的网络通信工具的应用。

详细操作：基于现在年轻教师在此方面的技能均较好，因此，可以从每个专业中的年轻教师中选几个技能较好的，对本专业技能比较差的进行培训，培训时间也相对较灵活，可每周一次。同时，在每月进行一次多媒体教学比赛，参赛老师必须是此前对此技能不熟的教师，对表现好的老师进行一些物质奖励。

3）设置教师职业倦怠心理辅导中心室和情绪宣泄室

鉴于教师这一职业的特点，职业倦怠发生的概率相对较高，校工会应适当设置教师职业倦怠心理辅导室。该辅导室用来帮助教师疏通心理和情绪上的问题，每当有教师出现职业倦怠的问题时，可到该辅导室进行心理辅导，尽快缓解职业倦怠的问题。另外，也可学习西方一些国家，设置一个情绪宣泄室，每当教师情绪出现问题时，可到情绪宣泄室进行宣泄，这样可使不良的情绪消失，从根源上解决职业倦怠的可能。

具体实施计划：

（1）心理辅导中心室：即专门为心理出现问题的老师进行心理辅导。详细操作：鉴于每个专业的情况可能不同，所以决定在每个专业设置一个心理辅导室，辅导室教师从具有国家心理咨询师资格证的老师中选择，心理辅导室的工作时间应定为每周固定的时间，然后将心理辅导室教师的电话和工作时间向全校教师公开，便于联系。心理辅导室老师应按工时计酬。另外，也可每月定期进行一次心理辅导讲座，讲座老师主要是心理辅导室的老师轮流进行，主题主要就是关于如何缓解教师职业倦怠方面的心理科普讲座。

（2）情绪宣泄室的设定：顾名思义，情绪宣泄室即为帮老师宣泄不满情绪的地方。详细操作：随着现在生活及工作压力的不断增大，人的情绪总会时不时出现波动，如果不良情绪得不到及时宣泄，对个人或集体都会带来不良影响。鉴于心理辅导室的设立，因此，情绪宣泄室可每院设置一个。内部设置一些简单的道具，如沙袋、飞镖、麦霸等。情绪宣泄室的位置应该设置在离办公区和教学区较远的地方，可设置在地下室，同时，宣泄室的隔音效果一定要好，每周在固定的时间开放宣泄室，进入需提前预约，并缴纳五元，用以内部设施的维护费。在此应注意做好情绪宣泄室内的监控情况，避免一些极端情况的出现。

4）降低教师工作负荷

上海本就是一个竞争激烈的城市，竞争和压力无处不在。校工会作为教师的服务机构，应尽可能为老师争取降低工作负荷：不要随意增加教师的工作时间，不能要求他们过多的加班，或提出要他们利用课外、节假期完成工作任务，使他们有放松或闲暇、娱乐的机会和时间，缓解紧张情绪；对教师教学方面的要求与期望要适度，尽可能减轻教师的教学负荷，班级规模要适当控制，对教师的教学任务要求实事求是，根据每位教师的实际情况出发，根据不同教师的教龄、教学技能等确定合理的教学工作量，避免教学工作量过高，班级规模过大，每年课时、每周课时、每天课时过多；对教师的科研要求和期望要适当，尽可能减少教师的科研负荷。

具体实施计划：降低老师的工作负荷是一项比较难实行的措施，因为每个教师每天都会有工作，每个老师的性格也都迥异，有想赶时间做完的，有想拖到最后在做的，但我们可采取间接的方法帮老师解决高负荷的工作。

详细操作：首先，对理工科类教师：对于项目较多的教师，应尽量减少其教学任务，将主要的教学任务交给年轻或项目较少的教师，做到相互职责明确；其次，对于文科类的教师来说，因项目相对较少，教学任务相对较轻，具体减轻工作负荷的做法为，在办公室内放置一些简单的娱乐器材，供老师闲暇之余进行简单的活动。

校工会可制订合理的周活动和月活动来降低教师的职业倦怠。具体执行为：在每周周三，组织一次有奖励机制的小型活动，让忙碌在工作、科研中的教师放松休息；月活动即在每月组织一次大型活动，让更多的教师参与进来，活动期限为两到三天为宜，同样设置奖励机制，也可带领教师参观游玩。心理的放松有助于降低职业倦怠发生的概率。

具体措施计划：校内活动和校外活动。

5）校内小型活动

详细操作：根据科学研究，每周周三是人一周中无论从心理还是从身体都感觉累的时候，因此，每周的周三定为校内的活动时间。校内活动主要做一些简单的小型活动，可为友谊性质的，也可为竞争性质的。如周三院与院之间可进行篮球赛，参赛人员仅限于教师，对获胜的院进行简单的物质奖励；也可进行乒乓球赛，每院选取几个代表，设置一二三等奖，等等一些简单的活动均可。

6）校外活动

以校为单位，带老师集体出去旅游，时间定为每季度的第二个月，以院为单位进行人员组织，然后将每院的人员名单送交工会，整体组织。

参考文献

[1] 伍新春，张军. 教师职业倦怠预防[M]. 北京：中国轻工业出版社，2009.

[2] 孙红. 职业倦怠[M]. 北京：人民卫生出版社，2010.

[3] 唐芳贵，彭艳. 工作满意度和社会支持与高校教师职业倦怠的关系[J]. 中国学校卫生，2011(11)：980－982.

[4] Zellars K L，Perrewe P L. Affective pepsonality and the content of emotional support：Coping in organizations [J]. Jounal of Applied Psychology，2011，86(3)：459－467.

[5] Maslach C，Schaufeli W B，l_eiter M P. Job Burnout [J]. Annual Review of Psychology，2012，*52*：397－422.